普通高等教育教材

高等代数及其应用

姜凤利 / 主编　　盛　浩 / 副主编

化学工业出版社
·北京·

内容简介

本书是根据教育部普通高等学校教学指导委员会制定的新的本科数学基础课程教学基本要求编写的．全书共9章，内容包括：多项式、行列式、矩阵、线性方程组、线性空间、线性变换、欧几里得空间、二次型及MATLAB实验等．本书注重培养读者的逻辑推理能力，论证严谨而简明，内容由浅入深、条理清晰，充分体现教学的适用性．除第九章外，书中每节配有一定量的习题，每章还附有习题．题目难度有层次，可供读者练习．

本书适合作为高等学校数学类专业高等代数教材和教学参考书．

图书在版编目（CIP）数据

高等代数及其应用 / 姜凤利主编 ; 盛浩副主编. 北京 : 化学工业出版社, 2025. 4. --(普通高等教育教材). -- ISBN 978-7-122-47094-2

Ⅰ. 015

中国国家版本馆 CIP 数据核字第 2025T68T95 号

责任编辑：郝英华　　文字编辑：孙月蓉
责任校对：宋　玮　　装帧设计：张　辉

出版发行：化学工业出版社
（北京市东城区青年湖南街 13 号　邮政编码 100011）
印　　装：河北鑫兆源印刷有限公司
787mm×1092mm　1/16　印张 17¾　字数 467 千字
2025 年 4 月北京第 1 版第 1 次印刷

购书咨询：010-64518888 售后服务：010-64518899
网　　址：http://www.cip.com.cn
凡购买本书，如有缺损质量问题，本社销售中心负责调换。

定　　价：59.00 元　

前言

高等代数是普通高等学校本科数学类专业最重要的基础课程之一，也是许多理工类专业的重要数学工具。其理论体系与数学的各个分支紧密相连，并为这些分支提供了理论支撑和方法基础. 学生无论是学习其他后续理工科课程，还是未来从事数学等相关学科的理论研究，或者与工程技术相关的工作，高等代数的基础都是至关重要的.

本书以矩阵为主要研究对象，其特点是概念多、定理多，内容具有高度抽象性和逻辑推理的严密性. 它强调从定义出发，通过严密的逻辑推理方法推导出性质、定理和推论，建立一套完整的理论体系. 编者在长期的教学实践过程中发现，学生能够掌握高等代数的基本概念和基础理论，但要灵活运用基本概念和基础理论去准确地分析问题和解决问题还是有很大的困难，甚至有时对问题束手无策. 本书系统地总结了高等代数的基本概念、基础理论，并通过典型例题的解析来介绍高等代数解题的基本方法和技巧，以达到提高学生数学能力和数学素养的目的.

本书是在辽宁石油化工大学进行的“应用型转型发展视域下大学数学课程教学改革与实践”省部级教学改革项目的推动下组织编写的大学数学教学改革教材之一. 辽宁石油化工大学数学与应用数学系高等代数教学团队在多年教学实践与改革探索的基础上，结合教育部普通高等学校教学指导委员会制定的新的本科数学基础课程教学基本要求，并充分发挥石油化工特色专业的优势，编写而成本教材. 全书内容既有理论基础，又有上机实践，旨在适应应用型本科院校的教学改革新形势需要.

本书由姜凤利担任主编，盛浩任副主编，赵晓颖、于晶贤、张明昕、陈德艳、宋云峰参与编写. 本书内容分为理论基础和数学实验两部分. 全书由姜凤利统稿.

感谢辽宁石油化工大学教务处对本书编写给予的指导和支持，感谢关心本书和对本书提出宝贵意见的同志！书中不足之处，恳请读者批评指正！

编　者

目录

第一章

多项式

第一节　数环和数域

多项式是代数学中最基本的研究对象之一，它不但与高次方程的讨论有关，而且在进一步学习代数以及其他数学分支时也会碰到．本章就来介绍一些有关多项式的基本知识．

我们知道，数是数学的一个最基本的概念．在历史上，数的概念经历了一个长期的发展过程，由自然数到整数、有理数，然后是实数，再到复数．这个过程是数的范围不断扩大的过程，也反映了人们对客观世界的认识的不断深入．

在数学中，依照所研究的问题，常常需要明确规定所考虑的数的范围，指出该讨论是在怎样的范围内进行的．实际上，在数的各种不同范围内，有些性质是不同的．例如，在整数集中，除法不是普遍可以施行的：两个整数的商未必再是整数．但在有理数集中，只要除数不等于零，除法便总是可以施行的：两个有理数的商仍是有理数．又如，在实数集中，每个柯西数列都有极限，但在有理数集中却未必．当然在数的各种不同范围内，也有某些性质是共同的，在代数中经常将有共同性质的对象统一进行讨论．关于数的加、减、乘、除等运算的性质通常称为数的代数性质．代数所研究的问题主要涉及数的代数性质，这方面的大部分性质是有理数、实数、复数的全体所共有的．有时我们还会碰到一些其他的数的范围，为了方便起见，把这些数当作整体来考虑的时候，常称它为一个数的集合，简称数集．尽管在不同的数集中各有特性，但是它们的若干代数性质却是相同的．因此，我们引入数环和数域的概念，作为全书今后讨论问题的基础．

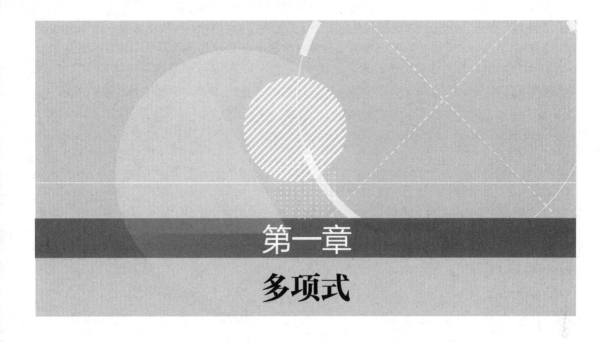

定义 1　设 S 是复数集 $\mathbf{C}$ 的一个非空子集．如果 S 对于数的加、减、乘三种运算封

闭，即对于任意的 $a,b\in S$，恒有 $a\pm b,ab\in S$．则称 S 为一个数环．

【例 1】 单独一个数 0 组成的数集 $\{0\}$ 是一个数环．全体整数的集合 **Z** 是一个数环，全体有理数的集合 **Q**、全体实数的集合 **R**、全体复数的集合 **C** 也都是数环．全体自然数的集合 **N** 不是数环，因为 **N** 对于减法不封闭，比如 $2,3\in\mathbf{N}$，但 $2-3=-1\notin\mathbf{N}$．

【例 2】 证明 $Z(\sqrt{p})=\{a+b\sqrt{p}\mid a,b\in\mathbf{Z}\}$ 是一个数环（其中 p 为任意素数）．

证 首先 $0\in Z(\sqrt{p})\neq\phi$，其次，任取 $\alpha,\beta\in Z(\sqrt{p})$，令

$$\alpha=a+b\sqrt{p},\beta=c+d\sqrt{p}(a,b,c,d\in\mathbf{Z}),$$

则

$$\alpha\pm\beta=(a\pm c)+(b\pm d)\sqrt{p}\in Z(\sqrt{p}),$$

$$\alpha\beta=(ac+pbd)+(ad+bc)\sqrt{p}\in Z(\sqrt{p}),$$

因此，$Z(\sqrt{p})$是一个数环．

由 p 是一个素数可知，数环有无穷多．且容易看出所有的数环都包含零环，也就是说零环是最小的数环．■

定义 2 设 P 是复数集 **C** 的一个非空子集，如果

（1）P 中含有不等于零的数；

（2）P 对于数的加、减、乘、除（除数不能为零）四种运算封闭．即对于任意的 $a,b\in P$，恒有 $a\pm b,ab\in P$，并且当 $b\neq0$ 时，也有$\frac{a}{b}\in P$，则称 P 为一个数域．

由定义可知，数域一定是数环，但数环不一定是数域．例如$\{0\}$和 **Z** 是数环，但都不是数域．例 2 中的数集 $Z(\sqrt{p})$也不是数域，因为$\sqrt{p},2\in Z(\sqrt{p})$，但是$\frac{1}{2}\sqrt{p}\notin Z(\sqrt{p})$，即 $Z(\sqrt{p})$对除法运算不封闭．

【例 3】 全体有理数的集合 **Q**、全体实数的集合 **R**、全体复数的集合 **C** 都是数域．这三个数域分别叫作有理数域、实数域和复数域．这是三个最常见并且也是应用最多的数域．

【例 4】 证明 $Q(\sqrt{p})=\{a+b\sqrt{p}\mid a,b\in\mathbf{Q}\}$ 是一个数域（其中 p 为任意素数）．

证 首先，显然 $Q(\sqrt{p})$含有非零数 1．其次，任取 $\alpha,\beta\in Q(\sqrt{p})$，令

$$\alpha=a+b\sqrt{p},\beta=c+d\sqrt{p}(a,b,c,d\in Q),$$

则同例 2 一样的证明过程可知 $\alpha\pm\beta,\alpha\beta\in Q(\sqrt{p})$．

又当 $\beta=c+d\sqrt{p}\neq0$ 时，易知 $c-d\sqrt{p}\neq0$，且

$$\frac{\alpha}{\beta}=\frac{a+b\sqrt{p}}{c+d\sqrt{p}}=\frac{(a+b\sqrt{p})(c-d\sqrt{p})}{(c+d\sqrt{p})(c-d\sqrt{p})}=\frac{ac-pbd}{c^2-pd^2}+\frac{bc-ad}{c^2-pd^2}\sqrt{p}\in Q(\sqrt{p}).$$

因此，$Q(\sqrt{p})$是一个数域．■

由此可见数域有无穷多个．

最后我们证明数域的一个重要性质．

定理 1 任何数域都包含有理数域．

证 设 P 是一个数域，由定义知，P 含有 1，根据 P 对于加法的封闭性，$1+1=2,2+1=3,\cdots,n+1=n+1,\cdots$全在 P 中，换句话说，P 包含全体正整数．又因 0 在 P 中，再由 P 对减法的封闭性，$0-n=-n$ 也在 P 中，因而 P 包含全体整数．P 也含有任意两个整数

的商（分母不为零），因此 P 包含一切有理数. ▌

在这个定理的意义下，可以认为有理数域是最小数域.

习题 1-1

1. 有没有只含一个数的数环？有没有只含一个数的数域？有没有只含有限个数的数域？

2. 下列各数集是否可作为数环或数域？

(1) $F_1=\{a+b\sqrt{2}\mathrm{i}\mid a,b\in\mathbf{Q}\}$；

(2) $F_2=\{a+b\mathrm{i}\mid a\in Q,b\in\mathbf{R}\}$；

(3) $F_3=\{a+b\pi\mid a,b\in\mathbf{Q}\}$；

(4) $F_4=\left\{\dfrac{a_0+a_1\pi+a_2\pi^2+\cdots+a_n\pi^n}{b_0+b_1\pi+b_2\pi^2+\cdots+b_m\pi^m}\mid a_i,b_j\in\mathbf{Z},m,n\text{ 为非负整数}\right\}$；

(5) $F_5=\{a\sqrt{5}\mid a\in\mathbf{Q}\}$.

3. 证明：两个数域 P_1 与 P_2 的交 $P_1\cap P_2$ 为数域，举例说明其并 $P_1\cup P_2$ 不一定是数域.

4. 证明：一切形如$\dfrac{q}{2^n}$的分数组成的集合 M 是一个数环，但不是数域. 这里 n,q 为整数，$n\geqslant 0$.

5. 证明：若数域 P 包含$\sqrt{2}+\sqrt{3}$，则 P 一定包含$\sqrt{2}$和$\sqrt{3}$.

第二节　一元多项式

在对多项式的讨论中，我们总是以一个预先给定的数域 P 作为基础.

定义 1　设 P 为数域，x 是一个符号（或文字）. 形式表达式为

$$a_nx^n+a_{n-1}x^{n-1}+\cdots+a_1x+a_0, \tag{1-1}$$

其中 $a_i\in P(i=1,2,\cdots,n)$，n 是非负整数. 该表达式称为数域 P 上的一个一元多项式，或者简称多项式.

在多项式(1-1) 中，a_ix^i 称为 i 次项，a_i 称为 i 次项的系数. 以后用 $f(x),g(x),\cdots$ 或 $f,g,\cdots$ 来表示多项式.

对于多项式(1-1)，人们约定：

(1) 系数为零的项可以删去，也可以添加进来，这时认为式(1-1) 在形式上没有变化. 特别地，如果一个多项式的各项系数全为零，则称这样的多项式为零多项式并且用数 0 来表示；

(2) 如果某项的系数是 1，则这个系数可以略去不写，例如 $1x=x$；

(3) 对于任意的 $a\in P$，规定 $ax^i=x^ia,i=1,2,\cdots$.

这里应该注意的是：式(1-1) 中的加法与乘法运算符号目前还没有意义. 比如说 ax 是不是 a 与 x 相乘，x^2 是不是两个 x 相乘，加号"+"所表示的是不是相加的意思，现在还不得而知.

定义 2　所有系数在数域 P 中的一元多项式的全体，称为数域 P 上的一元多项式环，记为 $P[x]$，P 称为 $P[x]$的系数域.

注意　$P\subset P[x]$，P 中的数 0 是 $P[x]$中的零多项式，P 中的非零数是 $P[x]$中的零次多项式.

定义 3 设 $f(x), g(x) \in P[x]$，即

$$f(x)=a_nx^n+a_{n-1}x^{n-1}+\cdots+a_1x+a_0,$$
$$g(x)=b_nx^n+b_{n-1}x^{n-1}+\cdots+b_1x+b_0.$$

如果对于每个 $i=0,1,\cdots,n$ 都有 $a_i=b_i$（通过添加系数为零的项总可以这样写），则称多项式 $f(x)$ 与 $g(x)$ 相等，记作 $f(x)=g(x)$.

依照这个定义，$P[x]$ 中一个系数不全为零的多项式恒可写成

$$a_nx^n+a_{n-1}x^{n-1}+\cdots+a_1x+a_0，\ a_n\neq 0,$$

的形式，并且这种写法是唯一的. 因此，对于系数不全为零的多项式可以引入次数的概念，而多项式的次数在多项式的理论中占有很重要的地位.

定义 4 设 $f(x)=a_nx^n+a_{n-1}x^{n-1}+\cdots+a_1x+a_0$ 是 $P[x]$ 中的一个多项式. 当 $a_n\neq 0$ 时，a_nx^n 叫作 $f(x)$ 的首项或最高次项，非负整数 n 叫作 $f(x)$ 的次数，记作 $\partial(f(x))$.

这样，$P[x]$ 中的每个系数不全为零的多项式都有一个唯一确定的次数，特别地，首项是零次项的多项式 $a(a\neq 0)$ 的次数是零.

由定义 3，一个多项式等于零多项式当且仅当它的各项系数全为零. 对于零多项式我们不定义它的次数. 零多项式是唯一没有定义次数的多项式. 今后当谈到多项式 $f(x)$ 的次数时，恒假定 $f(x)\neq 0$.

与中学代数中多项式的相关运算一致，我们可以定义 $P[x]$ 中多项式的加法和乘法运算如下.

设 $f(x), g(x) \in P[x]$. 令

$$f(x)=a_nx^n+a_{n-1}x^{n-1}+\cdots+a_1x+a_0,$$
$$g(x)=b_mx^m+b_{m-1}x^{m-1}+\cdots+b_1x+b_0,$$

不妨设 $n\geqslant m$，且令 $b_n=\cdots=b_{m+1}=0$. 称

$$f(x)+g(x)=(a_n+b_n)x^n+(a_{n-1}+b_{n-1})x^{n-1}+\cdots+(a_0+b_0)$$

为多项式 $f(x)$ 与 $g(x)$ 的和，其中的运算为 $P[x]$ 中多项式的加法. 称

$$f(x)g(x)=c_{n+m}x^{n+m}+c_{n+m-1}x^{n+m-1}+\cdots+c_0,$$
$$c_k=a_0b_k+a_1b_{k-1}+\cdots+a_{k-1}b_1+a_kb_0, k=0,1,\cdots,n+m,$$

为多项式 $f(x)$ 与 $g(x)$ 的积，其中的运算为 $P[x]$ 中多项式的乘法.

显然，$\forall f(x), g(x)\in P[x]$，则 $f(x)+g(x), f(x)g(x)\in P[x]$. 若令

$$-g(x)=-b_mx^m-b_{m-1}x^{m-1}-\cdots-b_1x-b_0,$$

则称

$$f(x)-g(x)=f(x)+[-g(x)]$$

为多项式 $f(x)$ 与 $g(x)$ 的差，其中的运算为 $P[x]$ 中多项式的减法.

显然，$P[x]$ 中的两个多项式经过加、减、乘运算后，所得结果仍然是 $P[x]$ 中的多项式.

不难验证，$P[x]$ 中多项式的加法和乘法满足以下运算规律：

(1) 加法交换律：$f(x)+g(x)=g(x)+f(x)$；

(2) 加法结合律：$(f(x)+g(x))+h(x)=f(x)+(g(x)+h(x))$；

(3) 乘法交换律：$f(x)g(x)=g(x)f(x)$；

(4) 乘法结合律：$(f(x)g(x))h(x)=f(x)(g(x)h(x))$；

(5) 乘法对加法的分配律：$f(x)(g(x)+h(x))=f(x)g(x)+f(x)h(x)$.

这些运算规律的正确性，都可以由多项式加法和乘法的定义直接推出，而且我们早已熟悉，这里不再赘述.

下面我们证明一个关于多项式次数的常用定理.

定理 2 设 $f(x),g(x)$ 是 $P[x]$ 中的两个多项式，并且 $f(x)\neq 0, g(x)\neq 0$. 那么

(1) 当 $f(x)\pm g(x)\neq 0$ 时，$\partial(f(x)\pm g(x))\leqslant \max(\partial(f(x)),\partial(g(x)))$；

(2) $\partial(f(x)g(x))=\partial(f(x))+\partial(g(x))$.

证 设 $\partial(f(x))=n,\partial(g(x))=m$，同时

$$f(x)=a_nx^n+a_{n-1}x^{n-1}+\cdots+a_1x+a_0,$$

$$g(x)=b_mx^m+b_{m-1}x^{m-1}+\cdots+b_1x+b_0,$$

并且 $n\geqslant m$. 那么

$$f(x)\pm g(x)=(a_n\pm b_n)x^n+(a_{n-1}\pm b_{n-1})x^{n-1}+\cdots+(a_0\pm b_0),$$

显然 $\partial(f(x)\pm g(x))\leqslant \max(\partial(f(x)),\partial(g(x)))=n$.

由假设 $\partial(f(x))=n,\partial(g(x))=m$，得 $a_n\neq 0,b_m\neq 0$，于是 $f(x)g(x)$ 的首项是 $a_nb_mx^{n+m}$.

显然 $a_nb_m\neq 0$，因此 $f(x)g(x)\neq 0$ 而且它的次数就是 $n+m$. ■

推论 1 $f(x)g(x)=0$ 当且仅当 $f(x)=0$ 或 $g(x)=0$.

证 如果 $f(x),g(x)$ 中有一个是零多项式，那么由多项式的乘法定义得 $f(x)g(x)=0$. 如果 $f(x)\neq 0,g(x)\neq 0$，那么由定理 2 的证明得 $f(x)g(x)\neq 0$.

推论 2 若 $f(x)g(x)=f(x)h(x)$，且 $f(x)\neq 0$，那么 $g(x)=h(x)$，或者换句话说，多项式的乘法适合消去律.

证 由 $f(x)g(x)=f(x)h(x)$ 得 $f(x)(g(x)-h(x))=0$. 但知 $f(x)\neq 0$，所以由推论 1，必有 $g(x)-h(x)=0$，即 $g(x)=h(x)$. ■

习题 1-2

1. 求 a,b,c，使得 $(2x^2+ax-1)(x^2-bx+1)=2x^4+5x^3+cx^2-x-1$.
2. 设 $f(x),g(x),h(x)\in R[x]$. 证明：若 $f^2(x)=xg^2(x)+xh^2(x)$，则 $f(x)=g(x)=h(x)=0$.
3. 设 $f(x)=2x^3-3,g(x)=8x^4-6x^3+4x-7$，试求 $f^2(x)g(x)$ 的所有系数之和.

第三节 多项式的整除性

我们知道，在一元多项式环 $P[x]$ 中，可以进行多项式的加法和乘法，减法作为加法的逆运算也是可行的，但乘法的逆运算除法却不是普遍可以进行的. 因此整除就成了两个多项式之间的一种特殊的关系.

定义 设 $f(x),g(x)\in P[x]$，如果存在 $h(x)\in p[x]$ 使

$$f(x)=g(x)h(x), \tag{1-2}$$

则称 $g(x)$ 整除 $f(x)$，或 $f(x)$ 可被 $g(x)$ 整除，记作 $g(x)\mid f(x)$. 此时也说 $g(x)$ 是 $f(x)$ 的因式(或因子)，$f(x)$ 是 $g(x)$ 的倍式. 如果不存在 $h(x)$ 使式(1-2) 成立，则称 $g(x)$ 不能整除 $f(x)$，或 $f(x)$ 不能被 $g(x)$ 整除，记作 $g(x)\nmid f(x)$. 此时也说 $g(x)$ 不是 $f(x)$ 的因

式，$f(x)$不是$g(x)$的倍式.

由定义不难看出：$c|f(x)$，其中$0\neq c\in P, f(x)\in P[x]$，换句话说，零次多项式整除任一多项式，这是因为，$f(x)=c(f(x)/c)$；$cf(x)|f(x)$，其中$0\neq c\in P, f(x)\in P[x]$，这是因为，$f(x)=cf(x)(1/c)$；$f(x)|0$，换句话说，任一多项式都整除零多项式，这是因为，$0=f(x)\times 0$；若$0|f(x)$，则$f(x)=0$，换句话说，零多项式只能是零多项式的因子，这是因为，由$0|f(x)$可推出$f(x)=0\times h(x)$，从而$f(x)=0$.

由定义还可以直接推出整除的以下常用性质：

(1) 若$f(x)|g(x), g(x)|h(x)$，则$f(x)|h(x)$（传递性）；

(2) 若$f(x)|g(x), f(x)|h(x)$，则$f(x)|g(x)\pm h(x)$；

(3) 若$f(x)|g(x)$，则$f(x)|g(x)h(x)$，其中$h(x)\in P[x]$；

(4) 若$f(x)|g_i(x), i=1,2,\cdots,r$，则$f(x)$整除$g_1(x), g_2(x),\cdots,g_r(x)$的组合：

$$f(x)|u_1(x)g_1(x)+u_2(x)g_2(x)+\cdots+u_r(x)g_r(x),$$

其中$u_i(x)$是数域$P[x]$上任意的多项式；

(5) 在等式

$$f_1(x)+\cdots+f_n(x)=g_1(x)+\cdots+g_m(x)$$

中，如果除某项外其他各项都可被$g(x)$整除，则该项也可以被$g(x)$整除；

(6) $f(x)|g(x), g(x)|f(x)$，当且仅当$f(x)=cg(x)$，其中$0\neq c\in P$.

性质（1）～（5）的证明比较容易，读者可以自行尝试证明. 下面证性质（6）：

证 充分性显然成立. 必要性：由于$f(x)|g(x), g(x)|f(x)$，所以存在多项式$u(x)$和$v(x)$，使

$$g(x)=f(x)u(x), f(x)=g(x)v(x). \tag{1-3}$$

将前式代入后式得

$$f(x)=f(x)u(x)v(x). \tag{1-4}$$

如果$f(x)=0$，则由式(1-3)得$g(x)=0$，从而$f(x)=g(x)$. 如果$f(x)\neq 0$，则由式(1-4)得$u(x)v(x)=1$. 于是由次数定理得$\partial(u(x))+\partial(v(x))=0$，这样$v(x)$是$P$中一个非零常数，记$v(x)=c$，即得$f(x)=cg(x)$. ■

由以上性质，我们还可以看出，多项式$f(x)$与$f(x)$的非零常数倍$cf(x)(c\neq 0)$有相同的因式，也有相同的倍式，因此，在多项式整除性的讨论中，$f(x)$常常可以用$cf(x)$来代替.

现在我们提出一个问题：任给$f(x), g(x)\in P[x]$，如何判断$g(x)$能否整除$f(x)$？当$g(x)=0$时，显然只有$f(x)=0$时才有$g(x)|f(x)$；当$g(x)\neq 0$时，可用$g(x)$实际去除$f(x)$，对此我们有下述结论：

定理 3 **（带余除法定理）** 设$f(x), g(x)\in P[x]$，且$g(x)\neq 0$，则存在$q(x), r(x)\in P[x]$使

$$f(x)=q(x)g(x)+r(x), \tag{1-5}$$

其中$\partial(r(x))<\partial(g(x))$或者$r(x)=0$，并且这样的$q(x), r(x)$是唯一的.

带余除法中所得的$q(x)$通常称为$g(x)$除$f(x)$的商式，$r(x)$称为$g(x)$除$f(x)$的余式.

证 $q(x)$与$r(x)$的存在性是我们早已知道的事实. 例如，设

$$f(x)=3x^3+4x^2-5x+6, g(x)=x^2-3x+1,$$

用$g(x)$除$f(x)$得（作长除法）：

x^2-3x+1	$3x^3+4x^2-5x+6$	$3x+13$
	$3x^3-9x^2+3x$	
	$13x^2-8x+6$	
	$13x^2-39x+13$	
	$31x-7$	

于是求得商式 $q(x)=3x+13$，余式 $r(x)=31x-7$. 并且显然有关系

$$f(x)=q(x)g(x)+r(x),$$

其中$\partial(r(x))<\partial(g(x))$或者 $r(x)=0$.

下面证唯一性：假设还有 $q_1(x)$与 $r_1(x)$使

$$f(x)=q_1(x)g(x)+r_1(x), \tag{1-6}$$

其中$\partial(r_1(x))<\partial(g(x))$或者 $r_1(x)=0$.

由式(1-5)、式(1-6) 得

$$g(x)(q(x)-q_1(x))=r_1(x)-r(x).$$

如果 $r_1(x)-r(x)\neq 0$，那么 $q(x)-q_1(x)\neq 0$. 这时等式右边的次数$<\partial(g(x))$，等式左边的次数$\geqslant\partial(g(x))$，而这是不可能的. 因此，必有 $r_1(x)-r(x)=0$. 又因为 $g(x)\neq 0$，所以 $q(x)-q_1(x)=0$，从而有 $r(x)=r_1(x),q(x)=q_1(x)$. ■

很明显，当 $g(x)\neq 0$ 时，$g(x)\mid f(x)$当且仅当用 $g(x)$除 $f(x)$的余式 $r(x)=0$. 当 $g(x)\mid f(x)$时，有时也用$\dfrac{f(x)}{g(x)}$来表示 $g(x)$除 $f(x)$的商式.

带余除法定理虽然简单，但却很重要，它是多项式整除性理论的基础. 最后，我们再来说明一个简单事实：

两个多项式之间的整除关系不会因为系数域的扩大而改变. 也就是说，如果 $f(x)$，$g(x)$是 $P[x]$中两个多项式，$\overline{P}$ 是包含 P 的一个较大的数域，那么 $f(x),g(x)$也可以看成是 $\overline{P}[x]$中的多项式. 从带余除法可以看出，不论把 $f(x),g(x)$看成是 $P[x]$中或者是 $\overline{P}[x]$中的多项式，用 $g(x)$去除 $f(x)$所得的商式及余式都是一样的. 因此，如果在 $P[x]$中 $g(x)$不能整除 $f(x)$，那么在 $\overline{P}[x]$中，$g(x)$也不能整除 $f(x)$.

习题 1-3

1. 用 $g(x)$除 $f(x)$，求商式 $q(x)$及余式 $r(x)$：

(1) $f(x)=x^3-3x^2-x-1,g(x)=3x^2-2x+1$；

(2) $f(x)=x^4-2x+5,g(x)=x^2-x+2$.

2. 确定 a,b,c 满足的条件，使

(1) $x^2+ax-1\mid x^3+bx+c$；

(2) $x^2+ax+1\mid x^4+bx^2+c$.

3. 设 $f(x)\in P[x]$，若用 $2x+1$ 除 $f(x)$得商为 $q(x)$，试问用 $x+\dfrac{1}{2}$除 $f(x)$得商为何？

4. 令 $f_i(x),g_i(x)\in P[x],i=1,2$，其中 $f_1(x)\neq 0$，若 $g_1(x)g_2(x)\mid f_1(x)f_2(x),f_1(x)\mid g_1(x)$. 证明：$g_2(x)\mid f_2(x)$.

5. 设 $f(x)\in P[x]$，$k\geqslant 1$ 为整数. 证明：$x\mid f^k(x)$的充分必要条件是 $x\mid f(x)$.

6. 证明：$x^d-1\mid x^n-1$的充分必要条件是 $d\mid n$.

第四节　最大公因式

我们知道，多项式的因式总是存在的. 如果一个多项式 $\varphi(x)$ 既是 $f(x)$ 的因式，又是 $g(x)$ 的因式，那么 $\varphi(x)$ 就称为 $f(x)$ 与 $g(x)$ 的一个公因式. 两个多项式的公因式总是存在的. 比如，每个零次多项式 $c\neq 0$ 都是 $f(x)$ 与 $g(x)$ 的公因式. 除零次多项式外，$f(x)$ 与 $g(x)$ 还可能有其他的公因式. 在公因式中占有特殊地位的是最大公因式.

定义 1　设 $f(x),g(x)\in P[x]$，若存在 $d(x)\in P[x]$ 满足：

(1) $d(x)$ 是 $f(x),g(x)$ 的公因式，即 $d(x)\mid f(x),d(x)\mid g(x)$；

(2) $f(x),g(x)$ 的任一公因式全是 $d(x)$ 的因式，即若 $d_1(x)\mid f(x),d_1(x)\mid g(x)$，则 $d_1(x)\mid d(x)$，

则称 $d(x)$ 是 $f(x),g(x)$ 的一个最大公因式.

例如，对于任意的 $f(x)\in P[x]$，$f(x)$ 就是 $f(x)$ 与 0 的一个最大公因式. 特别地，根据定义，两个零多项式的最大公因式就是 0.

问题　对于任意给定的 $f(x),g(x)\in P[x]$，$f(x)$ 与 $g(x)$ 是否一定有最大公因式？如果有，可能有多少个？

最大公因式存在性的证明，主要依赖于带余除法. 关于带余除法，我们说明以下简单事实.

引理　如果有等式

$$f(x)=q(x)g(x)+r(x) \tag{1-7}$$

成立，那么 $f(x),g(x)$ 和 $g(x),r(x)$ 有相同的公因式.

证　如果 $d(x)\mid g(x),d(x)\mid r(x)$，那么由式(1-7)，$d(x)\mid f(x)$ 与 $r(x)$. 这就是说，$g(x),r(x)$ 的公因式全是 $f(x),g(x)$ 的公因式. 反过来，如果 $d(x)\mid f(x),d(x)\mid g(x)$，那么 $d(x)$ 一定整除它们的组合

$$r(x)=f(x)-q(x)g(x),$$

这就是说，$d(x)$ 是 $g(x),r(x)$ 的公因式. 由此可见，如果 $g(x),r(x)$ 有一个最大公因式 $d(x)$，那么 $d(x)$ 也是 $f(x),g(x)$ 的一个最大公因式. ■

定理 4　对于 $P[x]$ 中的任意两个多项式 $f(x),g(x)$，在 $P[x]$ 中必存在一个最大公因式 $d(x)$，且 $d(x)$ 可以表示成 $f(x),g(x)$ 的一个组合，即有 $P[x]$ 中的多项式 $u(x)$，$v(x)$ 使

$$d(x)=u(x)f(x)+v(x)g(x). \tag{1-8}$$

证　(1) 如果 $f(x),g(x)$ 都是零多项式，即 $f(x)=0,g(x)=0$，则 0 是 $f(x),g(x)$ 的最大公因式. 此时可分别取 $u(x),v(x)\in P[x]$，并且显然有

$$0=u(x)\times 0+v(x)\times 0.$$

(2) 如果 $f(x),g(x)$ 中有一个为零多项式，不妨设 $f(x)\neq 0,g(x)=0$，则 $f(x)$ 就是 $f(x),0$ 的一个最大公因式. 此时可取 $u(x)=1,v(x)\in P[x]$，对于如此取定的 $u(x)$，$v(x)$ 显然有

$$f(x)=1f(x)+v(x)\times 0.$$

(3) 如果 $f(x)\neq 0,g(x)\neq 0$，对 $f(x),g(x)$ 施行辗转相除法，设用 $g(x)$ 除 $f(x)$，得

到商 $q_1(x)$，余式 $r_1(x)$；如果 $r_1(x)\neq 0$，就用 $r_1(x)$除 $g(x)$，得到商 $q_2(x)$，余式 $r_2(x)$；如果 $r_2(x)\neq 0$，就再用 $r_2(x)$除 $r_1(x)$，得到商 $q_3(x)$，余式 $r_3(x)$；如此辗转相除下去，显然，所得余式的次数不断降低，即

$$\partial(g(x))>\partial(r_1(x))>\partial(r_2(x))>\cdots,$$

而多项式的次数不能无限降低，因此在有限次之后，必然有余式为零. 于是得到以下等式：

$$\begin{aligned}
&f(x)=q_1(x)g(x)+r_1(x),\\
&g(x)=q_2(x)r_1(x)+r_2(x),\\
&\qquad\cdots\cdots\\
&r_{i-2}(x)=q_i(x)r_{i-1}(x)+r_i(x),\\
&\qquad\cdots\cdots\\
&r_{s-3}(x)=q_{s-1}(x)r_{s-2}(x)+r_{s-1}(x),\\
&r_{s-2}(x)=q_s(x)r_{s-1}(x)+r_s(x),\\
&r_{s-1}(x)=q_{s+1}(x)r_s(x)+0.
\end{aligned}$$

由于 $r_s(x)$与 0 的最大公因式是 $r_s(x)$，则 $r_s(x)$也就是 $r_s(x)$与 $r_{s-1}(x)$的一个最大公因式；同样的理由，逐步推上去，$r_s(x)$也就是 $f(x)$与 $g(x)$的一个最大公因式.

由上面的倒数第二个等式，我们有

$$r_s(x)=r_{s-2}(x)-q_s(x)r_{s-1}(x).$$

再由倒数第三个等式，得 $r_{s-1}(x)=r_{s-3}(x)-q_{s-1}(x)r_{s-2}(x)$，代入上式可消去 $r_{s-1}(x)$，得到

$$r_s(x)=(1+q_s(x)q_{s-1}(x))r_{s-2}(x)-q_s(x)r_{s-3}(x).$$

然后根据同样的方法逐个地消去 $r_{s-2}(x),\cdots,r_1(x)$，再并项就得到

$$r_s(x)=u(x)f(x)+v(x)g(x),$$

这就是定理中的式(1-8). ▌

注意 （1）定理 4 的逆命题不成立. 例如令

$$f(x)=x,g(x)=x+1,$$

对于 $P[x]$中的 $u(x)=x+2,v(x)=x-1$，则

$$x(x+2)+(x+1)(x-1)=2x^2+2x-1$$

显然不是 $f(x)$与 $g(x)$的最大公因式.

但是当式(1-8) 成立，而 $d(x)$是 $f(x)$与 $g(x)$的一个公因式时，则 $d(x)$一定是 $f(x)$与 $g(x)$的一个最大公因式.

（2）令 $\overline{P}$ 是含 P 的一个数域，$d(x)$是 $P[x]$的多项式 $f(x)$与 $g(x)$在 $P[x]$中的首项系数为 1 的最大公因式，而 $\overline{d}(x)$是 $f(x)$与 $g(x)$在 $\overline{P}[x]$中首项系数为 1 的最大公因式，那么 $\overline{d}(x)=d(x)$，即从数域 P 过渡到数域 $\overline{P}$ 时，$f(x)$与 $g(x)$的最大公因式本质上没有改变.

在定理 4 的证明中，不仅指出了最大公因式的存在性，同时也给出了具体求法——辗转相除法.

很明显，如果 $d_1(x),d_2(x)$是 $f(x)$与 $g(x)$的两个最大公因式，那么一定有 $d_1(x)\mid d_2(x)$与 $d_2(x)\mid d_1(x)$，也就是 $d_1(x)=cd_2(x),c\neq 0$. 这就是说，两个多项式的最大公因式在可以相差一个非零常数倍的意义下是唯一确定的. 我们知道，两个不全为零的多项式的最大公因式总是一个非零多项式. 在这个情形下，我们约定用$(f(x),g(x))$来表示首项系数是 1 的那个最大公因式. 特别地，由于两个零多项式的最大公因式就是 0，所

以我们也记$(0,0)=0$.

【例 1】 设

$$f(x)=x^4+3x^3-x^2-4x-3,$$
$$g(x)=3x^3+10x^2+2x-3,$$

求$(f(x),g(x))$，并求$u(x),v(x)$使

$$(f(x),g(x))=u(x)f(x)+v(x)g(x).$$

解 对$f(x),g(x)$施行辗转相除. 为了简单，辗转相除可按下面格式进行：

	$g(x)$	$f(x)$	
$q_2(x)=-\frac{27}{5}x+9$	$3x^3+10x^2+2x-3$	$x^4+3x^3-x^2-4x-3$	$q_1(x)=\frac{1}{3}x-\frac{1}{9}$
	$3x^3+15x^2+18x$	$x^4+\frac{10}{3}x^3+\frac{2}{3}x^2-x$	
	$-5x^2-16x-3$	$-\frac{1}{3}x^3-\frac{5}{3}x^2-3x-3$	
	$-5x^2-25x-30$	$-\frac{1}{3}x^3-\frac{10}{9}x^2-\frac{2}{9}x+\frac{1}{3}$	
	$r_2(x)=9x+27$	$r_1(x)=-\frac{5}{9}x^2-\frac{25}{9}x-\frac{10}{3}$	$q_3(x)=-\frac{5}{81}x-\frac{10}{81}$
		$-\frac{5}{9}x^2-\frac{5}{3}x$	
		$-\frac{10}{9}x-\frac{10}{3}$	
		$-\frac{10}{9}x-\frac{10}{3}$	
		0	

用等式写出来就是

$$f(x)=\left(\frac{1}{3}x-\frac{1}{9}\right)g(x)+\left(-\frac{5}{9}x^2-\frac{25}{9}x-\frac{10}{3}\right),$$
$$g(x)=\left(-\frac{27}{5}x+9\right)\left(-\frac{5}{9}x^2-\frac{25}{9}x-\frac{10}{3}\right)+(9x+27),$$
$$-\frac{5}{9}x^2-\frac{25}{9}x-\frac{10}{3}=\left(-\frac{5}{81}x-\frac{10}{81}\right)(9x+27).$$

因此

$$(f(x),g(x))=x+3,$$

且

$$\begin{aligned}9x+27&=g(x)-\left(-\frac{27}{5}x+9\right)\left(-\frac{5}{9}x^2-\frac{25}{9}x-\frac{10}{3}\right)\\&=g(x)-\left(-\frac{27}{5}x+9\right)\left[f(x)-\left(\frac{1}{3}x-\frac{1}{9}\right)g(x)\right]\\&=\left(\frac{27}{5}x-9\right)f(x)+\left[1-\left(\frac{27}{5}x-9\right)\left(\frac{1}{3}x-\frac{1}{9}\right)\right]g(x)\\&=\left(\frac{27}{5}x-9\right)f(x)+\left(-\frac{9}{5}x^2+\frac{18}{5}x\right)g(x).\end{aligned}$$

所以

$$(f(x),g(x))=\left(\frac{3}{5}x-1\right)f(x)+\left(-\frac{1}{5}x^2+\frac{2}{5}x\right)g(x),$$

从而得 $u(x)=\frac{3}{5}x-1, v(x)=-\frac{1}{5}x^2+\frac{2}{5}x$.

如果我们的目的仅仅是得到 $f(x)$ 与 $g(x)$ 的最大公因式，而无须求出 $u(x), v(x)$，则对 $f(x), g(x)$ 作辗转相除时，为了避免分数系数，我们可以用 P 中非零常数乘被除式或除式，而且不仅在开始时可以这样做，就是在进行除法的过程中也可以这样做．这时商式自然会受到影响，但每次求得的余式和正确的余式最多相差一个非零常数倍，而这对于求最大公因式来说是没有什么关系的.

定义 2 设 $f(x), g(x)\in P[x]$．若 $(f(x), g(x))=1$，则称多项式 $f(x), g(x)$ 互素.

显然，两个多项式互素当且仅当它们只有零次公因式.

定理 5 $P[x]$ 中两个多项式 $f(x), g(x)$ 互素的充分必要条件是有 $P[x]$ 中多项式 $u(x), v(x)$ 使

$$u(x)f(x)+v(x)g(x)=1.$$

证 必要性是定理 4 的直接推论．现证充分性：假设有 $u(x), v(x)\in P[x]$，使

$$u(x)f(x)+v(x)g(x)=1,$$

而 $\varphi(x)$ 是 $f(x), g(x)$ 的任一公因式，则由 $\varphi(x)\mid f(x), \varphi(x)\mid g(x)$，易得 $\varphi(x)\mid 1$．因此 $f(x), g(x)$ 互素. ▊

推论 1 如果 $(f(x), g(x))=1$，且 $f(x)\mid g(x)h(x)$，那么

$$f(x)\mid h(x).$$

证 由 $(f(x), g(x))=1$ 可知，有 $u(x), v(x)\in P[x]$，使

$$u(x)f(x)+v(x)g(x)=1,$$

等式两端乘 $h(x)$，得

$$u(x)f(x)h(x)+v(x)g(x)h(x)=h(x),$$

因为 $f(x)\mid g(x)h(x)$，所以 $f(x)$ 整除等式左端，从而有 $f(x)\mid h(x)$. ▊

推论 2 如果 $f_1(x)\mid g(x), f_2(x)\mid g(x)$，且 $(f_1(x), f_2(x))=1$，那么

$$f_1(x)f_2(x)\mid g(x).$$

证 由 $f_1(x)\mid g(x)$，有 $g(x)=f_1(x)h_1(x)$.

因为 $f_2(x)\mid f_1(x)h_1(x)$，且 $(f_1(x), f_2(x))=1$，根据推论 1，得 $f_2(x)\mid h_1(x)$．即

$$h_1(x)=f_2(x)h_2(x),$$

代入上式即得

$$g(x)=f_1(x)f_2(x)h_2(x),$$

这就是说，$f_1(x)f_2(x)\mid g(x)$. ▊

推论 3 如果 $(f_1(x), g(x))=1$，$(f_2(x), g(x))=1$，那么 $(f_1(x)f_2(x), g(x))=1$.

证 由 $(f_1(x), g(x))=1$，所以有 $u(x), v(x)\in P[x]$，使

$$u(x)f_1(x)+v(x)g(x)=1.$$

等式两端乘 $f_2(x)$，得

$$u(x)f_1(x)f_2(x)+v(x)g(x)f_2(x)=f_2(x).$$

由此看出，$f_1(x)f_2(x)$ 与 $g(x)$ 的任一公因式都是 $f_2(x)$ 的一个因式，因而是 $f_2(x)$ 与 $g(x)$ 的一个公因式．但知 $(f_2(x), g(x))=1$，所以 $(f_1(x)f_2(x), g(x))=1$. ▊

【例 2】 设 $f(x),g(x)\in P[x]$且不全为零．令

$$f(x)=d(x)f_1(x),g(x)=d(x)g_1(x),$$

证明 $d(x)$是 $f(x),g(x)$的最大公因式的充分必要条件是$(f_1(x),g_1(x))=1$.

证 必要性：设 $d(x)$是 $f(x),g(x)$的最大公因式，则 $d(x)\neq 0$，且存在 $u(x),v(x)\in P[x]$，使

$$u(x)f(x)+v(x)g(x)=d(x),$$

即 $u(x)f_1(x)d(x)+v(x)g_1(x)d(x)=d(x)$．故

$$u(x)f_1(x)+v(x)g_1(x)=1,$$

从而$(f_1(x),g_1(x))=1$.

充分性：由于$(f_1(x),g_1(x))=1$，所以存在 $u_1(x),v_1(x)\in P[x]$，使

$$u_1(x)f_1(x)+v_1(x)g_1(x)=1.$$

故
$$u_1(x)f_1(x)d(x)+v_1(x)g_1(x)d(x)=d(x),$$

即
$$u_1(x)f(x)+v_1(x)g(x)=d(x).$$

由 $d(x)\mid f(x),d(x)\mid g(x)$，且设 $d_1(x)$是 $f(x),g(x)$的任一公因式．则可得$d_1(x)\mid d(x)$．从而得到 $d(x)$是 $f(x),g(x)$的最大公因式．■

上述最大公因式与互素的概念，都是对两个多项式定义的．事实上，对于任意多个多项式 $f_1(x),f_2(x),\cdots,f_s(x)(s\geqslant 2)$，$d(x)$称为 $f_1(x),f_2(x),\cdots,f_s(x)(s\geqslant 2)$的一个最大公因式，假设 $d(x)$具有下面的性质：

(1) $d(x)\mid f_i(x),i=1,2,\cdots,s$；

(2) 如果 $\varphi(x)\mid f_i(x),i=1,2,\cdots,s$，那么 $\varphi(x)\mid d(x)$.

我们仍用$(f_1(x),f_2(x),\cdots,f_s(x))$符号来表示首项系数为 1 的最大公因式．不难证明，$f_1(x),f_2(x),\cdots,f_s(x)$的最大公因式存在，而且当 $f_1(x),f_2(x),\cdots,f_s(x)$全不为零时，$((f_1(x),f_2(x),\cdots,f_{s-1}(x)),f_s(x))$就是 $f_1(x),f_2(x),\cdots,f_s(x)$的最大公因式，即

$$(f_1(x),f_2(x),\cdots,f_s(x))=((f_1(x),f_2(x),\cdots,f_{s-1}(x)),f_s(x)).$$

同样，利用以上这个关系可以证明，存在多项式 $u_i(x),i=1,2,\cdots,s$，使

$$u_1(x)f_1(x)+u_2(x)f_2(x)+\cdots+u_s(x)f_s(x)=(f_1(x),f_2(x),\cdots,f_s(x)).$$

如果$(f_1(x),f_2(x),\cdots,f_s(x))=1$，那么 $f_1(x),f_2(x),\cdots,f_s(x)$就称为互素的多项式，同样有类似定理 5 的结论.

注意 (1) 当一个多项式整除两个多项式之积时，若没有互素的条件，这个多项式一般不能整除积的因式之一．例如 $x^2-1\mid(x+1)^2(x-1)^2$，但 $x^2-1\nmid(x+1)^2$，且 $x^2-1\nmid(x-1)^2$；

(2) 若推论 1 中没有互素的条件，则不成立．如 $g(x)=x^2-1$，$f_1(x)=x+1$，$f_2(x)=(x+1)(x-1)$，则 $f_1(x)\mid g(x),f_2(x)\mid g(x)$，但 $f_1(x)f_2(x)\nmid g(x)$；

(3) $s(s\geqslant 2)$个多项式 $f_1(x),f_2(x),\cdots,f_s(x)$互素时，它们并不一定两两互素．例如，多项式

$$f_1(x)=x^2-3x+2,f_2(x)=x^2-5x+6,f_3(x)=x^2-4x+3$$

是互素的，但$(f_1(x),f_2(x))=x-2$.

互素多项式的性质可以推广到多个多项式的情形：

① 若多项式 $h(x)\mid f_1(x)f_2(x)\cdots f_s(x),h(x)$与 $f_1(x),\cdots,f_{i-1}(x),f_{i+1}(x),\cdots,f_s(x)$互素，则 $h(x)\mid f_i(x)(1\leqslant i\leqslant s)$；

② 若各多项式 $f_1(x),f_2(x),\cdots,f_s(x)$都整除 $h(x)$，且 $f_1(x),f_2(x),\cdots,f_s(x)$两

两两互素，则 $f_1(x)f_2(x)\cdots f_s(x)\mid h(x)$；

③ 若各多项式 $f_1(x),f_2(x),\cdots,f_s(x)$都与 $h(x)$互素，则

$$(f_1(x)f_2(x)\cdots f_s(x),h(x))=1.$$

习题 1-4

1. 求 $f(x)$与 $g(x)$的最大公因式：

(1) $f(x)=x^4+x^3-3x^2-4x-1,g(x)=x^3+x^2-x-1$；

(2) $f(x)=x^4-4x^3+1,g(x)=x^3-3x^2+1$；

(3) $f(x)=x^4-10x^2+1,g(x)=x^4-4\sqrt{2}x^3+6x^2+4\sqrt{2}x+1$.

2. 求 $u(x),v(x)$使 $u(x)f(x)+v(x)g(x)=(f(x),g(x))$：

(1) $f(x)=x^4+2x^3-x^2-4x-2,g(x)=x^4+x^3-x^2-2x-2$；

(2) $f(x)=4x^4-2x^3-16x^2+5x+9,g(x)=2x^3-x^2-5x+4$；

(3) $f(x)=x^4-x^3-4x^2+4x+1,g(x)=x^2-x-1$.

3. 设 $f(x)=x^3+(1+t)x^2+2x+2u,g(x)=x^3+tx+u$ 的最大公因式是一个二次多项式，求 t,u 的值.

4. 设 $f(x),g(x)\in P[x]$，且 $d(x)$是 $f(x),g(x)$的一个公因式. 证明：$d(x)$是 $f(x),g(x)$的一个最大公因式的充分必要条件是存在 $u(x),v(x)\in P[x]$，使 $u(x)f(x)+v(x)g(x)=d(x)$.

5. 证明：在 $P[x]$中，$(f(x)h(x),g(x)h(x))=(f(x),g(x))h(x)$，$h(x)$的首项系数为 1.

6. 设 $f(x),g(x)\in P[x]$且不全为零. 若 $u(x)f(x)+v(x)g(x)=(f(x),g(x))$，证明：$(u(x),v(x))=1$.

7. 设 $f(x),g(x)\in P[x]$，且$(f(x),g(x))=1$，证明：$(f(x)g(x),f(x)+g(x))=1$.

8. 设 $f(x),g(x)\in P[x]$，$a,b,c,d\in P$ 且 $ad-bc\neq 0$. 证明：$(af(x)+bg(x),cf(x)+dg(x))=(f(x),g(x))$.

第五节　多项式的因式分解

在中学代数中，我们学过一些具体的方法，把一个多项式分解成不能再分的因式的乘积. 但是有一个问题没有讨论，还有一个问题没有明确. 没有讨论的问题是：分解是否唯一？没有明确的问题是：所谓不能再分是什么意思？实际上，不能再分并不是绝对的，而是相对于系数所在的数域而言. 例如，在有理数域 **Q** 上，把 x^4-4 分解成

$$x^4-4=(x^2-2)(x^2+2)$$

的形式就不能再分了. 但是在大一些的实数域 **R** 上就可以进一步分解成

$$x^4-4=(x-\sqrt{2})(x+\sqrt{2})(x^2+2),$$

而在更大的复数域 **C** 上，还可以更进一步分解成

$$x^4-4=(x-\sqrt{2})(x+\sqrt{2})(x+\sqrt{2}\mathrm{i})(x-\sqrt{2}\mathrm{i}).$$

由此可见，必须明确系数域后，所谓不能再分才有确切的含义.

在以下的讨论中，仍取定一个数域 P 作为系数域. 考虑数域 P 上的多项式环 $P[x]$中多项式的因式分解.

定义 1　设 $p(x)$是 $P[x]$中的一个次数$\geqslant 1$ 的多项式. 如果 $p(x)$能够分解成 $P[x]$中两个次数比 $p(x)$低的多项式的乘积，则称 $p(x)$在 P 上（或 $P[x]$中）是可约的；如果

$p(x)$不能分解成$P[x]$中两个次数比$p(x)$低的多项式的乘积，则称$p(x)$在P上（或$P[x]$中）是不可约的.

根据定义，首先，对于$P[x]$中的零多项式和零次多项式，我们既不说它们可约，也不说它们不可约．其次，$P[x]$中一次多项式总是不可约多项式.

正如上面讨论的x^4-4的可约性，一个多项式是否可约是依赖于系数域的.

下面我们介绍不可约多项式的一些重要性质：

性质 1 如果$p(x)\in P[x]$，且在$P[x]$中不可约，则P中的任一非零数c与$p(x)$的乘积在$P[x]$中也不可约.

证 用反证法．若$cp(x)$在$P[x]$中可约，则有

$$cp(x)=g(x)h(x),$$

其中$\partial(g(x))<\partial(p(x)),\partial(h(x))<\partial(p(x))$，于是

$$p(x)=\frac{1}{c}g(x)h(x).$$

由此看出，$p(x)$在$P[x]$中可约，矛盾. ■

性质 2 设$p(x)\in P[x]$，且在$P[x]$中不可约，则对$P[x]$中的任意多项式$f(x)$，或者$p(x)\mid f(x)$，或者$(p(x),f(x))=1$.

证 设$(p(x),f(x))=d(x)$，则$d(x)\mid p(x)$．由于$p(x)$不可约，所以或者$d(x)$是零次多项式，或者$d(x)=cp(x)(0\neq c\in P)$．由前一种情形得$(p(x),f(x))=1$，由后一种情形得$p(x)\mid f(x)$. ■

性质 3 设$p(x)\in P[x]$，且在$P[x]$中不可约，如果$p(x)\mid f(x)g(x)$，则$p(x)\mid f(x)$或者$p(x)\mid g(x)$.

证 若$p(x)\nmid f(x)$，则由性质 2，$(p(x),f(x))=1$．于是根据定理 5 的推论 1，$p(x)\mid g(x)$. ■

利用数学归纳法，性质 3 可以推广为：如果不可约多项式$p(x)$整除一些多项式$f_1(x),f_2(x),\cdots,f_s(x)$的乘积$f_1(x)f_2(x)\cdots f_s(x)$，那么$p(x)$一定整除这些多项式之中的一个.

下面我们来证明本节的主要定理.

定理 6 **（唯一分解定理）** 数域P上每个次数$\geqslant 1$的多项式$f(x)$都可以唯一地分解成数域P上一些不可约多项式的乘积．所谓唯一性是说，如果$f(x)$可以分解成两个分解式

$$f(x)=p_1(x)p_2(x)\cdots p_s(x)=q_1(x)q_2(x)\cdots q_t(x),$$

那么必有$s=t$，并且适当排列因式的次序后有

$$p_i(x)=c_iq_i(x),i=1,2,\cdots,s.$$

其中$c_i(i=1,2,\cdots,s)$是一些非零常数．换句话说，如果不计零次因式的差异，多项式$f(x)$分解成不可约因式乘积的方法是唯一的.

证 （1）先证分解式的存在．我们对$f(x)$的次数n应用数学归纳法.

因为一次多项式都是不可约的，所以$n=1$时结论成立.

设$\partial(f(x))=n$，并设结论对于次数小于n的多项式已经成立.

如果$f(x)$是不可约多项式，结论是显然成立的．假设$f(x)$是可约的，即有

$$f(x)=f_1(x)f_2(x),$$

其中$f_1(x),f_2(x)$的次数都小于n．由归纳假设$f_1(x)$和$f_2(x)$都可以分解成数域P上一些不可约多项式的乘积．把$f_1(x),f_2(x)$的分解式合起来就得到$f(x)$的一个分解式.

由归纳法原理，结论普遍成立.

(2) 再证唯一性. 设 $f(x)$可以分解成不可约多项式 $p_i(x)(i=1,2,\cdots,s)$的乘积

$$f(x)=p_1(x)p_2(x)\cdots p_s(x).$$

如果 $f(x)$还有另一个分解式

$$f(x)=q_1(x)q_2(x)\cdots q_t(x),$$

其中 $q_i(x)(i=1,2,\cdots,t)$都是不可约多项式，于是有

$$f(x)=p_1(x)p_2(x)\cdots p_s(x)=q_1(x)q_2(x)\cdots q_t(x). \tag{1-9}$$

我们对 s 应用归纳法. 当 $s=1$ 时，$f(x)$是不可约多项式，由定义必有

$$s=t=1,$$

且

$$f(x)=p_1(x)=q_1(x).$$

唯一性成立. 现在设不可约因式的个数为 $s-1$ 时唯一性已证.

由式(1-9)，得 $p_1(x)\mid q_1(x)q_2(x)\cdots q_t(x)$，因此，$p_1(x)$必能除尽其中的一个，不妨设

$$p_1(x)\mid q_1(x).$$

因为 $q_1(x)$也是不可约多项式，所以有

$$p_1(x)=c_1q_1(x). \tag{1-10}$$

在式(1-9) 两边消去 $q_1(x)$，就有

$$p_2(x)\cdots p_s(x)=c_1^{-1}q_2(x)\cdots q_t(x).$$

由归纳假设，有

$$s-1=t-1，即\ s=t, \tag{1-11}$$

并且适当排列次序之后有

$$p_2(x)=c_2'c_1^{-1}q_2(x)，即\ p_2(x)=c_2q_2(x),$$

$$p_i(x)=c_iq_i(x), i=3,\cdots,s. \tag{1-12}$$

式(1～10)～式(1-12) 合起来即为所要证的. 这就证明了分解的唯一性. ▌

在多项式 $f(x)$的分解式中，可以把每一个不可约因式的首项系数提出来，使它们成为首项系数为 1 的多项式，再把相同的不可约因式合并. 于是 $f(x)$的分解式成为

$$f(x)=cp_1^{r_1}(x)p_2^{r_2}(x)\cdots p_s^{r_s}(x),$$

其中 c 是 $f(x)$的首项系数，$p_1(x),p_2(x),\cdots,p_s(x)$是不同的首项系数为 1 的不可约多项式，而 $r_1,r_2,\cdots,r_s$ 是正整数. 这种分解式称为标准分解式.

【例 1】 已知 $f(x)=x^3+x^2-2x-2\in Q[x]$，在 $Q[x]$中分解 $f(x)$为不可约多项式的乘积.

解 利用中学所学过的因式分解法，不难看出

$$f(x)=(x+1)(x^2-2).$$

其中一次因式 $x+1$ 在 $Q[x]$中当然是不可约的. 我们说二次因式 x^2-2 在 $Q[x]$中也是不可约的. 若 x^2-2 在 $Q[x]$中可约，则 $x^2-2=(x-a)(x-b)(a,b\in\mathbf{Q})$. 把等式右端展开，并比较系数得 $a+b=0,ab=-2$，于是 $a=\pm\sqrt{2}$，这与 $a\in\mathbf{Q}$ 矛盾.

应该指出，因式分解定理虽然在理论上有其基本重要性，但是它并没有给出一个具体的分解多项式的方法. 实际上，对于一般的情形，普遍可行的分解多项式的方法是不存在的. 甚至要判断数域 P 上的一个多项式在 P 上是否可约，一般也是很困难的. 尽管如此，因式分解定理在多项式的理论中仍是基本.

【例 2】 两个多项式的整除条件可以利用因式分解定理加以分析. 设 $f(x),g(x)\in P[x]$，并且 $f(x)$与 $g(x)$的全部互异不可约因式只有

$$p_1(x),\cdots,p_s(x).$$

于是由因式分解定理可令

$$f(x)=ap_1^{k_1}(x)\cdots p_s^{k_s}(x),k_i\geqslant 0,i=1,2,\cdots,s,$$

$$g(x)=bp_1^{r_1}(x)\cdots p_s^{r_s}(x),r_i\geqslant 0,i=1,2,\cdots,s.$$

注意，如果 $p_i(x)$不是 $f(x)$的因式，则取 $k_i=0$. 这时我们显然有：$g(x)\mid f(x)$当且仅当 $r_i\leqslant k_i,i=1,2,\cdots,s$.

【例 3】 利用因式分解定理很容易求出两个多项式的最大公因式. 如果 $f(x)$与 $g(x)$可以如例 2 的形式表示，我们取

$$e_i=\min(k_i,r_i),i=1,2,\cdots,s.$$

则不难验证

$$(f(x),g(x))=p_1^{e_1}(x)\cdots p_s^{e_s}(x).$$

注意 这里的方法不能代替辗转相除法. 因为一般我们没有办法写出一个多项式的标准分解式.

由例 3，进一步可以知道，$(f(x),g(x))=1$ 当且仅当在 $f(x)$与 $g(x)$的分解式中没有共同的不可约因式.

习题 1-5

1. 分别在复数域、实数域和有理数域上将多项式 x^4+1 分解为不可约因式的乘积.

2. 求下列 $f(x)$在所指定的数域上的标准分解式：

(1) $f(x)=x^5-x^4-2x^3+2x^2+x-1$，在有理数域 $\mathbf{Q}$ 上；

(2) $f(x)=2x^5-10x^4+16x^3-16x^2+14x-6$，在实数域 $\mathbf{R}$ 上.

3. 设 $f(x),g(x)\in P[x]$. 证明：$g^2(x)\mid f^2(x)$当且仅当 $g(x)\mid f(x)$.

4. 设 $p(x)$是 $P[x]$中一个次数大于零的多项式. 证明：对于任意 $f(x),g(x)\in P[x]$，只要$p(x)\mid f(x)g(x)$就有 $p(x)\mid f(x)$或 $p(x)\mid g(x)$，则 $p(x)$不可约.

5. 设 $f(x),g(x),h(x)\in P[x]$. 有$(f(x),h(x))=1$，$f^k(x)\mid [g(x)h(x)]^k$对某一个正整数 k 成立. 证明：$f(x)\mid g(x)$.

第六节 重因式

现在我们来讨论因式分解中一个重要问题，即确定多项式有无重因式.

定义 设 $f(x),p(x)\in P[x]$，$p(x)$在数域 P 上不可约. 若存在正整数 k，使

$$p^k(x)\mid f(x)，但 p^{k+1}(x)\nmid f(x),$$

则称不可约多项式 $p(x)$为 $f(x)$的 k 重因式.

如果 $k=0$，那么 $p(x)$根本不是 $f(x)$的因式；如果 $k=1$，那么 $p(x)$称为 $f(x)$的单因式；如果 $k>1$，那么 $p(x)$称为 $f(x)$的重因式.

注意 k 重因式和重因式是两个不同的概念，不要混淆.

显然，如果 $f(x)$的标准分解式为

$$f(x)=cp_1^{r_1}(x)p_2^{r_2}(x)\cdots p_s^{r_s}(x),$$

那么 $p_1(x),p_2(x),\cdots,p_s(x)$分别是 $f(x)$的 r_1 重因式，r_2 重因式，…，r_s 重因式. 指数 $r_i=1$ 的那些不可约因式是单因式；指数 $r_i>1$ 的那些不可约因式是重因式.

很明显，如果我们能够求出 $f(x)$的标准分解式，那么 $f(x)$有没有重因式的问题便一目了然，然而由于没有一般的方法来求 $f(x)$的标准分解式，因此判别 $f(x)$有没有重因式的问题就需要用另外的方法解决.

不可约多项式 $p(x)$是多项式 $f(x)$的 k 重因式的充要条件是存在多项式 $g(x)$，使得 $f(x)=p^k(x)g(x)$，且 $p(x)\nmid g(x)$.

设 $P[x]$中的多项式

$$f(x)=a_nx^n+a_{n-1}x^{n-1}+\cdots+a_1x+a_0,$$

规定它的微商（也称导数或一阶导数）是

$$f'(x)=a_nnx^{n-1}+a_{n-1}(n-1)x^{n-2}+\cdots+a_1.$$

这种规定自然是来源于数学分析. 但数学分析中的导数定义涉及函数、极限等概念，而这些概念不能简单地应用于任意数域上的多项式，因此在目前的情况下，我们只把它当作是一个形式的定义. 通过直接验证，可以得出关于多项式微商的基本公式：

$$(f(x)+g(x))'=f'(x)+g'(x)$$
$$(cf(x))'=cf'(x)$$
$$(f(x)g(x))'=f(x)g'(x)+f'(x)g(x)$$
$$(f^m(x))'=m(f^{m-1}(x)f'(x)).$$

同样可以定义高阶微商的概念：微商 $f'(x)$称为 $f(x)$的一阶微商，$f'(x)$的微商 $f''(x)$称为 $f(x)$的二阶微商，等等. $f(x)$的 k 阶微商记为 $f^{(k)}(x)$.

一个 $n(n\geqslant1)$次多项式的微商是一个 $n-1$ 次多项式，它的 n 阶微商是一个常数，它的 $n+1$ 阶微商等于零.

定理 7　如果不可约多项式 $p(x)$是 $f(x)$的一个 $k(k\geqslant1)$重因式，那么 $p(x)$是微商 $f'(x)$的 $k-1$ 重因式. 特别的，$f(x)$的单因式不是 $f'(x)$的因式.

证　由假设，$f(x)$可以分解为

$$f(x)=p^k(x)g(x),$$

其中 $p(x)\nmid g(x)$. 因此

$$f'(x)=p^{k-1}(x)(kg(x)p'(x)+p(x)g'(x)),$$

这说明 $p^{k-1}(x)\mid f'(x)$. 如果令

$$h(x)=kg(x)p'(x)+p(x)g'(x),$$

那么 $p(x)$整除等式右端的第二项，但不能整除第一项，因此 $p(x)\nmid h(x)$，从而有 $p^k(x)\nmid f'(x)$. 这就证明了 $p(x)$是 $f'(x)$的 $k-1$ 重因式. ▌

注意　定理 7 的逆定理不成立. 如

$$f(x)=x^3-3x^2+3x+3,\qquad f'(x)=3x^2-6x+3=3(x-1)^2,$$

$x-1$ 是 $f'(x)$的 2 重因式，但却不是 $f(x)$的因式，当然更不是 3 重因式.

推论 1　如果不可约多项式 $p(x)$是 $f(x)$的 $k(k\geqslant1)$重因式，那么 $p(x)$是 $f(x)$，$f'(x),\cdots,f^{(k-1)}(x)$的因式，但不是 $f^{(k)}(x)$的因式.

证　根据定理 7，对 k 应用数学归纳法即得. ▌

推论 2　不可约多项式 $p(x)$是 $f(x)$的重因式的充分必要条件为 $p(x)$是 $f(x)$与 $f'(x)$的公因式.

证 由定理 7 可知其必要性显然成立. 充分性：如果不可约多项式 $p(x)$ 是 $f(x)$ 与 $f'(x)$ 的公因式，则 $p(x)$ 不可能是 $f(x)$ 的单因式，否则 $p(x)$ 将不是 $f'(x)$ 的因式，因为这与 $p(x)$ 是 $f(x)$ 与 $f'(x)$ 的公因式矛盾. 因此 $p(x)$ 必是 $f(x)$ 的重因式. ■

推论 3 多项式 $f(x)$ 没有重因式的充分必要条件是 $(f(x),f'(x))=1$.

证 根据定理 7，利用 $f(x)$ 的标准分解式即知结果成立.

这个推论表明，判别一个多项式有没有重因式，可以通过代数运算——辗转相除法来解决，这个方法甚至是机械的. 由于多项式的导数以及两个多项式互素与否的事实在由数域 P 过渡到含 P 的数域 $\overline{P}$ 时都无改变，所以由定理 7 得到以下结论：

若多项式 $f(x)$ 在 $P[x]$ 中没有重因式，那么把 $f(x)$ 看成含 P 的某一数域 $\overline{P}$ 上的多项式时，$f(x)$ 也没有重因式.

【例】 证明 多项式 $f(x)=x^3+px+q$ 有重因式的充要条件是 $4p^3+27q^2=0$.

证 $f(x)$ 有重因式的充要条件是 $(f(x),f'(x))\neq 1$，即 $\partial(f(x),f'(x))=1$ 或 2. 分两种情况讨论：

(1) 若 $\partial(f(x),f'(x))=2$. 由 $f'(x)=3x^2+p$，得 $f'(x)\mid f(x)$. 用 $f'(x)$ 除 $f(x)$ 得余式 $r(x)=\dfrac{1}{3}px+q$. 令 $r(x)=0$，则 $p=q=0$.

(2) 若 $\partial(f(x),f'(x))=1$. 由 $f'(x)=3x^2+p$，由带余除法得

$$f(x)=\frac{1}{3}xf'(x)+\left(\frac{2}{3}px+q\right),$$

则 $\dfrac{2}{3}px+q\mid f'(x)$. 当 $p\neq 0$ 时，进行带余除法得

$$f'(x)=\left(\frac{9}{2p}x-\frac{27q}{4p^2}\right)\left(\frac{2}{3}px+q\right)+\left(p+\frac{27q^2}{4p^2}\right),$$

故 $p+\dfrac{27q^2}{4p^2}=0$，即 $4p^3+27q^2=0$. 当 $p=0$ 时，此时若 $q\neq 0$，则显然有 $(f(x),f'(x))=1$，故 $p=q=0$.

综合上述讨论可得 $f(x)$ 有重因式的充要条件是 $4p^3+27q^2=0$. ■

有些时候，特别是在讨论与解方程有关的问题时，我们常常希望所考虑的多项式没有重因式. 为此，以下的结论是有用的.

设 $f(x)$ 的标准分解式为

$$f(x)=cp_1^{r_1}(x)p_2^{r_2}(x)\cdots p_s^{r_s}(x).$$

由定理 7 得

$$(f(x),f'(x))=p_1^{r_1-1}(x)p_2^{r_2-1}(x)\cdots p_s^{r_s-1}(x),$$

于是

$$\frac{f(x)}{(f(x),f'(x))}=cp_1(x)p_2(x)\cdots p_s(x),$$

这是一个没有重因式的多项式，但是它与 $f(x)$ 具有完全相同的不可约因式. 因此，这是一个去掉因式重数的有效方法，我们称为对 $f(x)$ 分离重因式.

习题 1-6

1. 判断下列多项式有无重因式. 若有重因式，分别求出重因式的重数：

(1) $f(x)=x^5-5x^4+7x^3-2x^2+4x-8$； (2) $f(x)=x^3-x^2-x+1$.

2. a,b 应满足什么条件，下列多项式才能有重因式？

(1) $x^3+3ax+b$； (2) $x^4+4ax+b$.

3. 设 $p(x)$是 $f(x)$的导数 $f'(x)$的 $k-1$ 重因式. 证明：

(1) $p(x)$未必是 $f(x)$的 k 重因式；(2) $p(x)$是 $f(x)$的 k 重因式的充分必要条件是 $p(x)\mid f(x)$.

4. 证明：多项式 $f(x)=1+x+\frac{x}{2!}+\cdots+\frac{x^n}{n!}$无重因式.

5. 设$(f(x),f'(x))=d(x)$，则不可约多项式 $p(x)$是 $f(x)$的 k 重因式的充要条件是 $p^{k-1}(x)\mid d(x)$.

第七节　多项式函数

到目前为止，我们始终是纯形式地讨论多项式，也就是把多项式看作形式表达式. 在这一节，我们将从函数的角度来观察多项式. 通过本节的讨论我们将会看到，数域 P 上的一个多项式可以作为定义在 P 上的一个函数.

设

$$f(x)=a_nx^n+a_{n-1}x^{n-1}+\cdots+a_1x+a_0\in P[x], \tag{1-13}$$

对于任意 $\alpha\in P$，在式(1-13) 中用 α 代替 x 得到一个唯一确定的数

$$a_n\alpha^n+a_{n-1}\alpha^{n-1}+\cdots+a_1\alpha+a_0,$$

称为 $f(x)$当 $x=\alpha$ 时的值，记为 $f(\alpha)$. 这样，多项式 $f(x)$就定义了一个数域 P 上的函数. 可以由一个多项式来定义的函数称为数域 P 上的多项式函数. 当 P 是实数域时，这就是数学分析中所讨论的多项式函数.

设 $f(x),g(x)\in P[x]$，那么对于任意的 $\alpha\in P$，由 $f(x)=g(x)$显然可得 $f(\alpha)=g(\alpha)$. 并且如果

$$h_1(x)=f(x)+g(x),h_2(x)=f(x)g(x),$$

那么

$$h_1(\alpha)=f(\alpha)+g(\alpha),h_2(\alpha)=f(\alpha)g(\alpha).$$

利用带余除法，我们可以得到下面的常用定理：

定理 8 **(余数定理)** 设 $f(x)\in P[x],\alpha\in P$，则 $x-\alpha$ 除 $f(x)$的余式为当 $x=\alpha$ 时 $f(x)$的值.

证 用 $x-\alpha$ 去除 $f(x)$，设商为 $q(x)$，余式为一常数 c. 于是得

$$f(x)=(x-\alpha)q(x)+c.$$

在等式中用 α 代替 x，得 $f(\alpha)=c$. ▇

根据定理 8，要求 $f(x)$在 $x=\alpha$ 时的值，只需用带余除法求出用 $x-\alpha$ 除 $f(x)$ 所得的余式. 但是因为除式 $x-\alpha$ 是一个首项系数为 1 的一次多项式，所以我们还有一个更简便的方法——综合除法.

设

$$f(x)=a_0x^n+a_1x^{n-1}+a_2x^{n-2}+\cdots+a_{n-1}x+a_n,$$

并且

$$f(x)=(x-\alpha)q(x)+r, \tag{1-14}$$

其中

$$q(x)=b_0x^{n-1}+b_1x^{n-2}+b_2x^{n-3}+\cdots+b_{n-2}x+b_{n-1}.$$

代入并比较式(1-14) 中两端同次项的系数，得到

$$\begin{aligned}&a_0=b_0,\\&a_1=b_1-\alpha b_0,\\&a_2=b_2-\alpha b_1,\\&\cdots\cdots\\&a_{n-1}=b_{n-1}-\alpha b_{n-2},\\&a_n=r-\alpha b_{n-1}.\end{aligned}$$

由此得出

$$\begin{aligned}&b_0=a_0,\\&b_1=\alpha b_0+a_1,\\&b_2=\alpha b_1+a_2,\\&\cdots\cdots\\&b_{n-1}=\alpha b_{n-2}+a_{n-1},\\&r=\alpha b_{n-1}+a_n.\end{aligned}$$

这样，欲求系数 b_k，只要把前一系数 b_{k-1} 乘以 α 再加上对应系数 a_k. 而余式 r 也可以按照类似的规律求出. 因此按照下面的算法就可以很快地求出商式的系数和余式：

$$\begin{array}{l|cccccc}\alpha & a_0 & a_1 & a_2 & \cdots & a_{n-1} & a_n\\ +) & & cb_0 & cb_1 & \cdots & cb_{n-2} & cb_{n-1}\\ \hline & b_0 & b_1 & b_2 & \cdots & b_{n-1} & r\end{array}$$

算法中的加号通常略去不写.

【例 1】 用 $x+3$ 除 $f(x)=x^4+x^2+4x-9$.

解

$$\begin{array}{r|rrrrr}-3 & 1 & 0 & 1 & 4 & -9\\ & & -3 & 9 & -30 & 78\\ \hline & 1 & -3 & 10 & -26 & 69\end{array}$$

所以商式 $q(x)=x^3-3x^2+10x-26$，而余式 $r=69=f(-3)$.

多项式的研究和方程的研究有着密切的关系. 例如，从中学代数中我们知道，求二次方程 $ax^2+bx+c=0$ 的根和二次多项式 ax^2+bx+c 的因式分解本质上是同一个问题. 因此我们把方程 $f(x)=0$ 的根也叫作多项式 $f(x)$的根. 确切的定义如下.

定义 设 $f(x)\in P[x]$,$\alpha\in P$. 如果 $f(x)$在 $x=\alpha$ 时函数值 $f(\alpha)=0$，那么 α 就称为 $f(x)$在 P 中的一个根或零点.

由余数定理，可以得到根与一次因式的关系：

推论 α 是 $f(x)$的根的充分必要条件是$(x-\alpha)\mid f(x)$.

由这个关系，可以定义重根的概念：如果 $x-\alpha$ 是 $f(x)$的 k 重因式，则 α 称为 $f(x)$的 k 重根. 当 $k=1$ 时，α 称为单根；当 $k>1$ 时，α 称为重根.

定理 9 设 $f(x)\in P[x]$，并且$\partial(f(x))=n\geqslant 0$，则 $f(x)$在 P 中至多有 n 个根（重根按重数计算).

证 对于零次多项式，定理显然成立. 如果$\partial(f(x))\geqslant 1$，把 $f(x)$分解成 $P[x]$中不可约多项式的乘积. 假设$(x-\alpha_1),\cdots,(x-\alpha_r)$是出现在 $f(x)$的标准分解式中的所有不同的一次因式，并且它们的重数分别是 $k_1,\cdots,k_r$，则 $f(x)$可以写成

$$f(x)=(x-\alpha_1)^{k_1}\cdots(x-\alpha_r)^{k_r}g(x).$$

其中 $g(x)$在 $P[x]$中没有一次因式．于是由推论和重根的定义知，$f(x)$在 P 中的根只有 $\alpha_1,\cdots,\alpha_r$，并且它们的重数分别是 $k_1,\cdots,k_r$．比较式中两边的次数即得 $k_1+\cdots+k_r\leqslant n$．∎

注意 这个定理不能用于零多项式，因为零多项式没有次数．实际上，P 中的每个数都是零多项式的根．

由上文我们可以发现，每个多项式函数都可以由一个多项式来定义．不同的多项式会不会定义出相同的函数呢？这就是问，是否可能有 $f(x)\neq g(x)$．而对于 P 中所有的数 α 都有

$$f(\alpha)=g(\alpha).$$

由定理 9 不难对这个问题给出一个否定的答案．

定理 10 设 $f(x),g(x)\in P[x]$，并且它们的次数都$\leqslant n$，而对 $n+1$ 个不同的数 $\alpha_1,\alpha_2,\cdots,\alpha_{n+1}$ 有相同的值，即

$$f(\alpha_i)=g(\alpha_i),i=1,2,\cdots,n+1,$$

那么 $f(x)=g(x)$．

证 用反证法．设

$$u(x)=f(x)-g(x).$$

如果 $f(x)\neq g(x)$，即 $u(x)\neq 0$，则 $u(x)$是一个次数$\leqslant n$ 的多项式，并且由定理的条件，$u(x)$在 P 中有 $n+1$ 个或更多个不同的根．这与定理 9 矛盾．∎

【例 2】 设 $f(x)\in P[x]$．若对 $\forall x,y\in P$，均有 $f(x+y)=f(x)+f(y)$．证明 $f(x)=af(x)(a\in P)$，并求 a．

解 由条件可得 $f(0+0)=f(0)+f(0)=2f(0)$，故 $f(0)=0$．而

$$f(1)=f(1+0)=f(1)+f(0)=f(1),$$
$$f(2)=f(1+1)=f(1)+f(1)=2f(1),$$

一般地，有

$$f(k)=kf(1),k=1,2,\cdots.$$

故令 $g(x)=f(x)-xf(1)$，则对任何正整数 k，有

$$g(k)=f(k)-kf(1)=0,$$

即 $g(x)$有无穷多个根．由 $g(x)=0$，得 $f(x)=xf(1)$，令 $a=f(1)$即得．

我们已经看到，$P[x]$中的每个多项式都可以确定 P 上的一个多项式函数．现在提出一个问题：如果 $P[x]$中的两个多项式 $f(x)$和 $g(x)$所确定的函数相等，这两个多项式是否相等？要注意，多项式 $f(x)$与 $g(x)$相等指的是它们有完全相同的项（形式完全一样），而 $f(x)$与 $g(x)$所确定的函数相等指的是，对于任意 $\alpha\in P$ 都有 $f(\alpha)=g(\alpha)$．这是两种不同的相等概念．

定理 11 设 $f(x),g(x)\in P[x]$，$f(x)$与 $g(x)$相等的充分必要条件是由它们所定义的 P 上的两个多项式函数相等．

证 设 $f(x)=g(x)$，那么它们有完全相同的项，因而对于任意 $\alpha\in P$，都有 $f(\alpha)=g(\alpha)$．这也就是说，$f(x)$和 $g(x)$所确定的两个多项式函数相等．反之，设 $f(x)$和 $g(x)$所确定的两个多项式函数相等，令

$$u(x)=f(x)-g(x),$$

那么对于任意 $\alpha\in P$，都有 $u(\alpha)=f(\alpha)-g(\alpha)=0$．这就是说，$P$ 中的每个数都是 $u(x)$的

根，于是由定理 9，$u(x)$必是零多项式，因而

$$u(x)=f(x)-g(x)=0,$$

亦即 $f(x)=g(x)$. ▌

这样，如果把两个多项式 $f(x)$和 $g(x)$所定义的两个多项式函数的相等叫作恒等，并且记作 $f(x)\equiv g(x)$，那么上述定理表明：$f(x)=g(x)$当且仅当 $f(x)\equiv g(x)$. 这也就是说，多项式的相等与恒等是一致的. 因此，数域上的多项式既可以作为形式表达式来处理，也可以作为函数来处理. 并且在各类函数中，多项式函数是最简单、最基本的. 但是应该指出，考虑到今后的应用与推广，把多项式看成形式表达式要方便些.

习题 1-7

1. 判断 5 是不是多项式 $f(x)=3x^5-224x^3+742x^2+5x+50$ 的根. 如果是的话，是几重根？
2. 设多项式 $f(x)=x^5-ax^2+b(a,b\neq0)$. 给出 $f(x)$有一个二重根的充要条件.
3. 把 $f(x)=x^4-2x^3+7x+3$ 表示成 $x+2$ 的多项式.
4. 求 t 值使 $f(x)=x^3-3x^2+tx-1$ 有重根.
5. 如果$(x-1)^2\mid ax^4+bx^2+1$，求 a,b.
6. 如果 a 是 $f'''(x)$的一个 k 重根，证明：a 是 $g(x)=\dfrac{x-a}{2}[f'(x)+f'(a)]-f(x)+f(a)$的一个 $k+3$ 重根.
7. 证明：如果$(x-1)\mid f(x^n)$，那么$(x^n-1)\mid f(x^n)$.
8. 证明：如果$(x^2+x+1)\mid f_1(x^3)+xf_2(x^3)$，那么$(x-1)\mid f_1(x)$,$(x-1)\mid f_2(x)$.

第八节　复系数和实系数多项式

前面我们讨论了在一般数域上多项式的因式分解问题，本节来看一下在复数域与实数域上多项式的因式分解. 复数域与实数域既然都是数域，因此前面所得的多项式理论的各种结果对它们也是成立的. 但是这两个数域又有它们的特殊性，所以某些结果可以讨论得更具体一些.

对于复数域，我们有下面重要的定理：

定理 12　**(代数基本定理)**　$C[x]$中任一次数$\geqslant1$ 的多项式在复数域中至少有一个根.

这个定理是由高斯（Gauss）于 1797 年首先证明的. 由于当时代数研究的主要对象为多项式理论，这个定理是关于多项式理论的非常有用、非常基本的结论，因而被称为代数基本定理. 它有多种证明（例如高斯就给出过四种证明），但每种证明都或多或少地用到数学分析等其他领域的知识. 最简单的证明是利用复变函数论的方法得出的，读者将来在学习复变函数论时有机会学到. 这里我们暂时承认它而略去它的证明.

利用根与一次因式的关系，代数基本定理可以等价地叙述为：

定理 13　$C[x]$中每个 $n(n\geqslant1)$次多项式在复数域 **C** 中恰有 n 个根（重根按重数计算).

证　设 $f(x)\in C[x]$，且$\partial(f(x))=n\geqslant1$. 则由基本定理，$f(x)$在 **C** 中有一个根 α_1，于是在 $C[x]$中有

$$f(x)=(x-\alpha_1)f_1(x).$$

其中 $f_1(x)\in C[x]$，且 $\partial(f_1(x))=n-1$．如果 $n-1\geqslant 1$，则 $f_1(x)$ 在 **C** 中有一个根 α_2，于是在 $C[x]$ 中有

$$f(x)=(x-\alpha_1)(x-\alpha_2)f_2(x).$$

如此继续下去，最后 $f(x)$ 在 $C[x]$ 中唯一分解成 n 个一次因式的乘积，因而 $f(x)$ 在 **C** 中恰有 n 个根．▌

这个定理也可以换一种说法叙述为：

任一个 $n(n\geqslant 1)$ 次复系数多项式 $f(x)$ 在 $C[x]$ 中都可以唯一地分解成 n 个一次因式的乘积：

$$f(x)=a(x-\alpha_1)(x-\alpha_2)\cdots(x-\alpha_n).$$

其中 a 是 $f(x)$ 的首项系数，在 $C[x]$ 中任一次数 $\geqslant 1$ 的多项式都是可约的．将上式中相同的一次因式合并，即得 $f(x)$ 的标准分解式：

$$f(x)=a(x-\alpha_1)^{l_1}(x-\alpha_2)^{l_2}\cdots(x-\alpha_s)^{l_s}.$$

其中 $\alpha_1,\alpha_2,\cdots,\alpha_s$ 是 $f(x)$ 的全部互不相等的根；$l_1,l_2,\cdots,l_s$ 分别是它们的重数．

下面我们讨论实数域上的多项式．

定理 14 设 $f(x)\in R[x]$．如果 $f(x)$ 有一个非实的复数根 α，则 α 的共轭数 $\overline{\alpha}$ 也是 $f(x)$ 的根，并且 α 与 $\overline{\alpha}$ 有相同的重数．换句话说，实系数多项式的非实复数根两两成对．

证 设

$$f(x)=a_0x^n+a_1x^{n-1}+a_2x^{n-2}+\cdots+a_{n-1}x+a_n\in R[x].$$

由假设

$$f(\alpha)=a_0\alpha^n+a_1\alpha^{n-1}+a_2\alpha^{n-2}+\cdots+a_{n-1}\alpha+a_n=0,$$

把等式两端都换成它们的共轭数得

$$\overline{f(\alpha)}=\overline{a_0\alpha^n+a_1\alpha^{n-1}+a_2\alpha^{n-2}+\cdots+a_{n-1}\alpha+a_n}=\overline{0}.$$

根据共轭数的性质，有

$$a_0\overline{\alpha}^n+a_1\overline{\alpha}^{n-1}+a_2\overline{\alpha}^{n-2}+\cdots+a_{n-1}\overline{\alpha}+a_n=0.$$

这就证明了 $\overline{\alpha}$ 也是 $f(x)$ 的根．

上述讨论表明，$f(x)$ 能被多项式

$$g(x)=(x-\alpha)(x-\overline{\alpha})=x^2-(\alpha+\overline{\alpha})x+\alpha\overline{\alpha}$$

整除．由共轭数的性质知道，$g(x)$ 的系数都是实数，所以

$$f(x)=g(x)h(x).$$

其中 $h(x)$ 也是实系数多项式．

如果 α 是 $f(x)$ 的重根，那么它一定是 $h(x)$ 的根，因而 $\overline{\alpha}$ 也是 $h(x)$ 的根，这样 $\overline{\alpha}$ 也是 $f(x)$ 的重根，续行此法可以看出，α 与 $\overline{\alpha}$ 的重数相同．▌

由定理 13 和定理 14 可以得到实系数多项式的因式分解定理：

定理 15 $R[x]$ 中每个次数 $\geqslant 1$ 的多项式都可以唯一地分解成 $R[x]$ 中某些一次因式与二次不可约多项式的乘积．

证 定理对一次多项式显然成立．

假设定理对次数 $<n$ 的多项式已经证明．

设 $f(x)$ 是 n 次实系数多项式．由代数基本定理，$f(x)$ 有一个复根 α．如果 α 是实数，那么

$$f(x)=(x-\alpha)f_1(x).$$

其中 $f_1(x)$ 是 $n-1$ 次实系数多项式. 如果 α 不是实数，那么 $\overline{\alpha}$ 也是 $f(x)$ 的根且 $\overline{\alpha}\neq\alpha$，于是

$$f(x)=(x-\alpha)(x-\overline{\alpha})f_2(x).$$

显然 $(x-\alpha)(x-\overline{\alpha})$ 是一实系数二次不可约多项式，因而 $f_2(x)$ 是 $n-2$ 次实系数多项式. 由归纳假设，$f_1(x)$ 或 $f_2(x)$ 可以分解成一次与二次不可约多项式的乘积，因而 $f(x)$ 也可以如此分解. ▌

因此，实系数多项式具有标准分解式

$$f(x)=a_n(x-c_1)^{l_1}(x-c_2)^{l_2}\cdots(x-c_s)^{l_s}(x^2+p_1x+q_1)^{k_1}\cdots(x^2+p_rx+q_r)^{k_r}$$

其中 $c_1,\cdots,c_s,p_1,\cdots,p_r,q_1,\cdots,q_r$ 全是实数，$l_1,\cdots,l_s$，$k_1,\cdots,k_r$ 是正整数，并且 $x^2+p_ix+q_i(i=1,2,\cdots,r)$ 是不可约的，也就是适合条件 $p_i^2-4q_i<0,i=1,2,\cdots,r$.

【例】 分别在复数域和实数域上分解 x^3-1 和 x^4-1.

在复数域 **C** 上：

$$x^3-1=(x-1)\left[x-\left(-\frac{1}{2}+\frac{\sqrt{3}}{2}\mathrm{i}\right)\right]\cdot\left[x-\left(-\frac{1}{2}-\frac{\sqrt{3}}{2}\mathrm{i}\right)\right],$$

$$x^4-1=(x-1)(x+1)(x-\mathrm{i})(x+\mathrm{i}).$$

在实数域 **R** 上：

$$x^3-1=(x-1)(x^2+x+1),\quad x^4-1=(x-1)(x+1)(x^2+1).$$

代数基本定理虽然肯定了 n 次方程有 n 个复根，但是并没有给出根的一个具体的求法. 高次方程求根的问题还远远没有解决. 特别是应用方面，方程求根是一个重要的问题，这个问题是相当复杂的，它构成了计算数学的一个分支.

习题 1-8

1. 求有单根 3 与 -2 及二重根 4 的四次多项式.

2. 设 $f(x)=x^3-3x^2+x-2$. 求：

(1) 以 $f(x)$ 根的相反数为根的多项式；

(2) 以 $f(x)$ 根的平方为根的多项式；

(3) 以 $f(x)$ 根的倒数为根的多项式.

3. 证明：奇数次实系数多项式至少有一个实根.

4. 设 $f(x)=3x^4-5x^3+3x^2+4x-2$ 有一个根 $1+i$. 求 $f(x)$ 在实数域和复数域上的标准分解式.

5. 设 $0\neq f(x)\in C[x]$ 且 $f(x)\mid f(x^n)$，其中整数 $n>1$. 证明：$f(x)$ 的根只能是零或单位根.

6. 设 $f(x),g(x)\in C[x]$ 且 $f(x),g(x)$ 的次数均 $\geqslant1$，m 次多项式 $f(x)$ 有 m 个不同的复根且 $g(x)\mid f(x)$. 证明：$(g(x),f'(x))=(g(x),f'(x)g'(x))$.

第九节　有理系数多项式

作为多项式因式分解的一种特殊情况，每一个次数≥1 的有理系数多项式都能唯一分解成不可约的有理系数多项式的乘积. 但与实数域和复数域的情况不同，对于任意一个有理系数多项式，要具体给出一个分解式是一个比较困难的问题. 因此，我们主要指出下列两个重要事实：第一，有理系数多项式的因式分解的问题，可以归结为整（数）系数多项式的因式分解问题，进而解决求有理系数多项式的有理根的问题. 第二，在有理系数多项式环中有任

意次数的不可约多项式.

设

$$f(x)=a_nx^n+a_{n-1}x^{n-1}+\cdots+a_0$$

是一个有理系数多项式. 选取适当的整数 c 乘 $f(x)$，总可以使 $cf(x)$是一个整系数多项式. 显然，$f(x)$与 $cf(x)$作为有理数域上的多项式，在 **Q** 上同时可约或同时不可约. 因此，在讨论有理数域上多项式的可约性时，只需讨论整系数多项式在 **Q** 上是否可约.

如果 $cf(x)$的各项系数有公因子，就可以提出来，得到

$$cf(x)=dg(x),$$

也就是

$$f(x)=\frac{d}{c}g(x).$$

其中 $g(x)$是整系数多项式，且各项系数没有异于±1 的公因子.

定义 假设一个非零的整系数多项式 $g(x)=b_nx^n+b_{n-1}x^{n-1}+\cdots+b_0$ 的系数 b_n，b_{n-1}，$\cdots$，b_0 没有异于±1 的公因子，即各项系数是互素的，则称 $g(x)$为一个本原多项式.

例如，整系数多项式 $g(x)=x^3+2x-1$ 即是一个本原多项式. 因为显然有$(1,0,2,-1)=1$.

上面的分析表明，任何一个非零的有理系数多项式 $f(x)$都可以表示成一个有理数 r 与一个本原多项式 $g(x)$的乘积，即

$$f(x)=rg(x).$$

可以证明，这种表示法除了差一个正负号是唯一的. 亦即，如果

$$f(x)=rg(x)=r_1g_1(x),$$

其中 $g(x)$，$g_1(x)$都是本原多项式，那么必有

$$r=\pm r_1,g(x)=\pm g_1(x).$$

因为 $f(x)$与 $g(x)$只差一个常数倍，所以 $f(x)$的因式分解问题可以归结为本原多项式 $g(x)$的因式分解问题. 下面进一步指出，一个本原多项式能否分解成两个次数较低的有理系数多项式的乘积与它能否分解成两个次数较低的整系数多项式的乘积的问题是一致的.

关于本原多项式，我们有如下定理.

定理 16 **(Gauss 引理)** 两个本原多项式的乘积仍是本原多项式.

证 设

$$f(x)=a_mx^m+a_{m-1}x^{m-1}+\cdots+a_0,$$

$$g(x)=b_nx^n+b_{n-1}x^{n-1}+\cdots+b_0,$$

都是本原多项式. 并且

$$h(x)=f(x)g(x)=c_{m+n}x^{m+n}+\cdots+c_{i+j}x^{i+j}+\cdots+c_0.$$

今证 $h(x)$也是本原多项式. 用反证法，如果 $h(x)$不是本原多项式，则一定存在素数 p 整除 $h(x)$的所有系数 c_{m+n}，$\cdots$，c_{i+j}，$\cdots$，c_0.

由于 $f(x)$，$g(x)$都是本原多项式，所以 p 不能整除 $f(x)$的所有系数，也不能整除 $g(x)$的所有系数.

设 a_i，b_j 分别是 $f(x)$和 $g(x)$的第 1 个不能被 p 整除的系数. 由于

$$c_{i+j}=a_0b_{i+j}+\cdots+a_{i-1}b_{j+1}+a_ib_j+a_{i+1}b_{j-1}+\cdots+a_{i+j}b_0,$$

而这个等式的左端被 p 整除，所以右端也被 p 整除. 根据 a_i，b_j 的选择条件，所有系数 a_{i-1}，$\cdots$，a_0 以及 b_{j-1}，$\cdots$，b_0 都能被 p 整除，因为等式右端除 a_ib_j 这一项外，其余各项都

能被 p 整除，于是 $p|a_ib_j$. 但 p 是素数，所以 $p|a_i$ 或 $p|b_j$. 而这与 a_i, b_j 的取法矛盾，这就证明了 $h(x)$一定也是本原多项式. ∎

由此我们来证明以下定理.

定理 17 如果一非零的整系数多项式能够分解成两个次数较低的有理系数多项式的乘积，那么它一定可以分解成两个次数较低的整系数多项式的乘积.

证 设整系数多项式 $f(x)$有分解式

$$f(x)=g(x)h(x),$$

其中 $g(x), h(x)$是有理系数多项式，且

$$\partial(g(x))<\partial(f(x)), \partial(h(x))<\partial(f(x)).$$

令

$$f(x)=af_1(x), g(x)=rg_1(x), h(x)=sh_1(x),$$

这里 $f_1(x), g_1(x), h_1(x)$都是本原多项式，a 是整数，r, s 是有理数. 于是

$$af_1(x)=rsg_1(x)h_1(x).$$

由 Gauss 引理，$g_1(x)h_1(x)$是本原多项式，从而

$$rs=\pm a.$$

这就是说，rs 是一个整数. 因此，我们有

$$f(x)=(rsg_1(x))h_1(x).$$

这里 $rsg_1(x)$与 $h_1(x)$都是整系数多项式，且次数都低于 $f(x)$的次数. ∎

以上定理把有理系数多项式在有理数域上是否可约的问题归结为整系数多项式能否分解成次数较低的整系数多项式乘积的问题. 由定理的证明容易得出：

推论 设 $f(x), g(x)$是整系数多项式，且 $g(x)$是本原多项式. 如果 $f(x)=g(x)h(x)$，其中 $h(x)$是有理系数多项式，那么 $h(x)$一定是整系数多项式.

这个推论提供了一个求整系数多项式的全部有理根的方法.

定理 18 设

$$f(x)=a_0x^n+a_1x^{n-1}+\cdots+a_n$$

是一个整系数多项式. 如果$\frac{u}{v}$[其中 u 和 v 是互质的整数，即$(u,v)=1$]是 $f(x)$的一个有理根，那么必有：

(1) $u|a_n, v|a_0$，特别地，如果 $f(x)$的首项系数 $a_n=1$，那么 $f(x)$的有理根都是整根，而且是 a_0 的因子；

(2) $f(x)=\left(x-\frac{u}{v}\right)g(x)$，其中 $g(x)$是一个整系数多项式.

证 由于$\frac{u}{v}$是 $f(x)$的一个根，所以

$$f(x)=\left(x-\frac{u}{v}\right)g(x), \tag{1-15}$$

其中 $g(x)\in Q[x]$. 我们有

$$\left(x-\frac{u}{v}\right)=\frac{1}{v}(vx-u).$$

其中 $vx-u$ 是一个本原多项式，注意$(u,v)=1$. 另一方面，$g(x)$可以写成

$$g(x)=\frac{a}{b}f_1(x),$$

其中$\frac{a}{b}\in\mathbf{Q}$，$f_1(x)$是一个本原多项式．这样，

$$f(x)=\frac{r}{s}(vx-u)f_1(x).$$

其中$(r,s)=1$，且$s>0$，而$vx-u$和$f_1(x)$都是本原多项式．由此可以推出$s=1$，而

$$f(x)=(vx-u)q(x). \tag{1-16}$$

其中$q(x)=rf_1(x)$是一个整系数多项式．令

$$q(x)=b_0x^{n-1}+b_1x^{n-2}+\cdots+b_{n-1},$$

则由式(1-16)得

$$a_0x^n+a_1x^{n-1}+\cdots+a_n=(vx-u)(b_0x^{n-1}+\cdots+b_{n-1}).$$

比较系数得$a_0=vb_0,a_n=-ub_{n-1}$．这就证明了$v\mid a_0,u\mid a_n$．另一方面，比较式(1-15)、式(1-16)得$g(x)=vq(x)$，所以$g(x)$也是一个整系数多项式．■

给了一个整系数多项式$f(x)$，设它的首项系数a_0的因子是$v_1,v_2,\cdots,v_k$，常数项a_n的因子是$u_1,u_2,\cdots,u_l$．那么根据定理18，欲求$f(x)$的有理根，我们只需对有限个有理数$\frac{u_i}{v_j}$用综合除法来进行试验.

当有理数$\frac{u_i}{v_j}$的个数很多时，对它们逐个进行试验还是比较麻烦的．下面的讨论能够简化计算.

首先，1和-1永远在有理数$\frac{u_i}{v_j}$中出现，而计算$f(1)$与$f(-1)$并不困难．另一方面，如果有理数$a(\neq\pm1)$是$f(x)$的根，那么由定理18，可得

$$f(x)=(x-\alpha)g(x).$$

而$g(x)$也是一个整系数多项式．因此商

$$\frac{f(1)}{1-a}=g(1),\frac{f(-1)}{1+a}=-g(-1)$$

都是整数．这样只需对那些使商$\frac{f(1)}{1-a}$与$\frac{f(-1)}{1+a}$都是整数的$\frac{u_i}{v_j}$来进行试验．[我们可以假定$f(1)$与$f(-1)$都不等于零．否则可以用$x-1$或$x+1$除$f(x)$而考虑所得的商式.]

【例1】 求多项式

$$f(x)=3x^4+5x^3+x^2+5x-2$$

的有理根.

解 $f(x)$的首项系数3的因子有$\pm1,\pm3$，常数项-2的因子有$\pm1,\pm2$．所以可能的有理根为$\pm1,\pm2,\pm\frac{1}{3},\pm\frac{2}{3}$．由于$f(1)=12,f(-1)=-8$，所以1与$-1$都不是$f(x)$的根．另一方面，由于

$$\frac{-8}{1+2},\frac{-8}{1+\frac{2}{3}},\frac{12}{1+\frac{2}{3}}$$

都不是整数，所以2和$\pm\frac{2}{3}$都不是$f(x)$的根．但

$$\frac{12}{1+2},\frac{-8}{1-2},\frac{12}{1-\frac{1}{3}},\frac{-8}{1+\frac{1}{3}},\frac{12}{1+\frac{1}{3}},\frac{-8}{1-\frac{1}{3}}$$

都是整数，所以 2 和$\pm\frac{1}{3}$都在试验之列．应用综合除法：

$$\begin{array}{r|rrrrr} -2 & 3 & 5 & 1 & 5 & -2 \\ & & -6 & 2 & -6 & 2 \\ \hline & 3 & -1 & 3 & -1 & 0 \end{array}$$

所以-2是$f(x)$的一个根．同时我们得到

$$f(x)=(x+2)(3x^3-x^2+3x-1).$$

容易看出，-2不是$g(x)=3x^3-x^2+3x-1$的一个根，所以它不是$f(x)$的重根．对$g(x)$应用综合除法：

$$\begin{array}{r|rrrr} -1/3 & 3 & -1 & 3 & -1 \\ & & -1 & 2/3 & \\ \hline & 3 & -2 & 11/3 & \end{array}$$

至此已经看出，商式不是整系数多项式，因此不必再除下去就知道，$-1/3$不是$g(x)$的根，所以它也不是$f(x)$的根．再应用综合除法：

$$\begin{array}{r|rrrr} 1/3 & 3 & -1 & 3 & -1 \\ & & 1 & 0 & 1 \\ \hline & 3 & 0 & 3 & 0 \end{array}$$

所以 1/3 是$g(x)$的一个根，因而它也是$f(x)$的一个根．容易看出，1/3 不是$f(x)$的重根．这样，$f(x)$的有理根为$-2, 1/3$．

与此同时，我们也得出了$f(x)$在Q上的因式分解：

$$\begin{aligned} f(x)&=(x+2)\left(x-\frac{1}{3}\right)(3x^2+3) \\ &=(x+2)(3x-1)(x^2+1). \end{aligned}$$

【例 2】 证明

$$f(x)=x^3-5x+1$$

在有理数域上不可约．

证 如果$f(x)$可约，那么它至少有一个一次因式，也就是有一个有理根．但是$f(x)$的有理根只可能是±1．直接验算可知±1全不是根，因而$f(x)$在有理数域上不可约．∎

以上的讨论解决了我们提出的第一个问题，现在来解决第二个问题．

定理 19 ［**艾森斯坦（Eisenstein）判别法**］ 设

$$f(x)=a_nx^n+a_{n-1}x^{n-1}+\cdots+a_0$$

是一个整系数多项式．如果存在一个素数p，使得：

(1) $p \nmid a_n$；

(2) $p \mid a_{n-1}, a_{n-2}, \cdots, a_0$；

(3) $p^2 \nmid a_0$，

则$f(x)$在有理数域上不可约．

证 如果$f(x)$在有理数域上可约，那么由定理 17，$f(x)$可以分解成两个次数较低的整系数多项式的乘积：

$$f(x)=(b_lx^l+b_{l-1}x^{l-1}+\cdots+b_0)(c_mx^m+c_{m-1}x^{m-1}+\cdots+c_0), l, m<n, l+m=n,$$

于是

$$a_n=b_lc_m, a_0=b_0c_0.$$

一方面，因为$p \mid a_0$，所以p能整除b_0或c_0．但是$p^2 \nmid a_0$，所以p不能同时整除b_0和c_0．

因此不妨假定 $p\mid b_0$ 但 $p\nmid c_0$. 另一方面，因为 $p\nmid a_n$，所以 $p\nmid b_l$. 假设 $b_0,b_1,\cdots,b_l$ 中第一个不能被 p 整除的是 b_k. 比较 $f(x)$ 中 x^k 的系数，得等式

$$a_k=b_kc_0+b_{k-1}c_1+\cdots+b_0c_k.$$

式中 $a_k,b_{k-1},\cdots,b_0$ 都能被 p 整除，所以 b_kc_0 也必定能被 p 整除. 但是又因为 p 是一个素数，所以 b_k 与 c_0 中至少有一个能被 p 整除. 这存在矛盾. ∎

由定理 19 可知，在有理数域上存在任意次数的不可约多项式. 例如 $f(x)=x^n+2$，其中 n 是任意正整数.

另外，定理 19 的条件只是一个充分条件. 有时对于某一个多项式 $f(x)$，艾森斯坦判别法不能直接应用，但把 $f(x)$ 适当变形后，就可以应用这个判别法.

【例 3】 设 p 是一个素数，多项式

$$f(x)=x^{p-1}+x^{p-2}+\cdots+x+1$$

称为一个分圆多项式，证明 $f(x)$ 在 $Q[x]$ 中不可约.

证 由于

$$(x-1)f(x)=x^p-1,$$

令 $x=y+1$，则

$$yf(y+1)=(y+1)^p-1$$
$$=y^p+C_p^1y^{p-1}+\cdots+C_p^{p-1}y,$$

令 $g(y)=f(y+1)$，于是

$$g(y)=y^{p-1}+C_p^1y^{p-2}+\cdots+C_p^ky^{p-k-1}+\cdots+C_p^{p-1},$$

由艾森斯坦判别法，$g(y)$ 在有理数域上不可约，$f(x)$ 也在有理数域上不可约. ∎

对任意给定的正整数 n，令

$$f(x)=x^n+2,$$

由艾森斯坦判别法可知，$f(x)$ 在有理数域上不可约. 这就说明，在有理数域上存在任意次数的不可约多项式.

习题 1-9

1. 判别下列多项式在有理数域上是否可约.

(1) $f(x)=2x^5+18x^4+6x+6$；　　(2) $f(x)=x^4-8x^3+12x^2+2$；

(3) $f(x)=x^6+x^3+1$；　　(4) $f(x)=x^p+px+1$，p 为奇素数；

(5) $f(x)=x^4+4kx+1$，k 为整数.

2. 求下列多项式的有理根：

(1) $f(x)=x^3-6x^2+15x-14$；　　(2) $f(x)=4x^4-7x^2-5x-1$；

(3) $f(x)=x^5-x^4-\dfrac{5}{2}x^3+2x^2-\dfrac{1}{2}x-3$.

3. 设 $f(x)=a_nx^n+a_{n-1}x^{n-1}+\cdots+a_1x+a_0$ 为整系数多项式，且 a_n,a_0 均为奇数，$f(-1),f(1)$ 中至少有一个为奇数. 证明：$f(x)$ 没有有理根.

4. 设 $f(x)$ 是整系数多项式，整数 a,b 的奇偶性互异，若 $f(a),f(b)$ 均为奇数. 证明：$f(x)$ 没有整数根.

5. 设 $p_i(i=1,2,\cdots,t)$ 为 t 个互异的素数. 证明：多项式 $f(x)=x^n-p_1p_2\cdots p_t$ 在有理数域上不可约.

6. 设 $f(x)=x^3+bx^2+cx+d$ 是整系数多项式. 证明：若 $bd+cd$ 为奇数，则 $f(x)$ 在有理数域上不可约.

第十节　多元多项式

前面，我们讨论的是数域 P 上的一元多项式的理论，但是在实践中经常遇到含多个未知量的多项式，即多元多项式，如中学数学中的二元二次方程、解析几何中的二次曲线方程及物理学中的一些问题等. 现在我们来讨论数域 P 上的多元多项式的基本概念.

定义 1　设 P 是一个数域，$x_1,x_2,\cdots,x_n$ 是 n 个文字（符号）. 形式表达式为

$$\sum_{i_1i_2\cdots i_n} a_{i_1i_2\cdots i_n}x_1^{i_1}x_2^{i_2}\cdots x_n^{i_n}, \tag{1-17}$$

其中 $a_{i_1i_2\cdots i_n}\in P$，$i_1,i_2,\cdots,i_n$ 是非负整数. 称式(1-17) 为数域 P 上的 n 元多项式. 记为 $f(x_1,x_2,\cdots,x_n)$.

式(1-17) 中的每一项 $a_{i_1i_2\cdots i_n}x_1^{i_1}x_2^{i_2}\cdots x_n^{i_n}$ 称为单项式，$a_{i_1i_2\cdots i_n}$ 称为这个单项式的系数，$i_1+i_2+\cdots+i_n$ 称为这个单项式的次数. 如果两个单项式中 $x_j(j=1,2,\cdots,n)$的幂指数对应相同，称它们是同类项. 我们约定式(1-17) 中的单项式都不是同类项. 多项式 $f(x_1,x_2,\cdots,x_n)$中的系数不为零的单项式的最高次数称为这个多项式的次数，记为$\partial(f(x_1,x_2,\cdots,x_n))$. 两个形如式(1-17) 的多项式相等是指它们所有同类项的系数对应相等.

虽然多元多项式也有次数，但是与一元多项式的情况不同，我们并不能对多元多项式(1-17) 中的单项式按次数给出一个自然排列的顺序，因为不同类的单项式可能有相同的次数. 我们看到，一元多项式的降幂排法（或升幂排法）对于许多问题的讨论是方便的. 同样地，为了便于以后的讨论，我们对于多元多项式也引入一种排列顺序的方法，这种方法是模仿字典排列的原则得出的，因而称为字典排列法.

由于式(1-17) 中每一个单项都对应一个 n 元有序数组$(i_1,i_2,\cdots,i_n)$，其中 $i_k(k=1,2,\cdots,n)$是非负整数. 因此我们要给出每一个单项式的排列顺序，只要给出其中的单项式对应的 n 元数组的一个排列顺序即可.

对两个 n 元数组$(i_1,i_2,\cdots,i_n)$和$(j_1,j_2,\cdots,j_n)$：

若 $i_s=j_s(s=1,2,\cdots,n)$，则称它们相等，记为$(i_1,i_2,\cdots,i_n)=(j_1,j_2,\cdots,j_n)$.

若 $i_1=j_1,i_2=j_2,\cdots,i_{s-1}=j_{s-1},i_s>j_s(1\leqslant s\leqslant n)$，则称$(i_1,i_2,\cdots,i_n)$先于$(j_1,j_2,\cdots,j_n)$，记为$(i_1,i_2,\cdots,i_n)>(j_1,j_2,\cdots,j_n)$.

例如，$(1,3,2)>(1,2,4)$.

由此可得，设两个 n 元数组$(i_1,i_2,\cdots,i_n)$和$(j_1,j_2,\cdots,j_n)$，则下列关系

$$(i_1,i_2,\cdots,i_n)>(j_1,j_2,\cdots,j_n),$$
$$(i_1,i_2,\cdots,i_n)=(j_1,j_2,\cdots,j_n),$$
$$(j_1,j_2,\cdots,j_n)>(i_1,i_2,\cdots,i_n),$$

有且仅有一个成立. 同时，关系“$>$”具有传递性，即如果

$$(i_1,i_2,\cdots,i_n)>(j_1,j_2,\cdots,j_n),\ (j_1,j_2,\cdots,j_n)>(k_1,k_2,\cdots,k_n),$$

则$(i_1,i_2,\cdots,i_n)>(k_1,k_2,\cdots,k_n)$.

例如，多项式

$$f(x_1,x_2,x_3)=2x_1^4x_2x_3+x_1x_2^5x_3+6x_1^3$$

按字典排列法进行其单项式的排列，可以表示成

$$f(x_1,x_2,x_3)=2x_1^4x_2x_3+6x_1^3+x_1x_2^5x_3.$$

按字典排列法写出来的第一个系数不为零的单项式称为多项式的首项. 例如，$2x_1^4x_2x_3$ 就是上面这个多项式的首项. 应该注意，多项式的首项不一定具有最大的次数. 当 $n=1$ 时，字典排列法就归结为以前的降幂排列.

数域 P 上的关于 $x_1,x_2,\cdots,x_n$ 的 n 元多项式全体记为 $P[x_1,x_2,\cdots,x_n]$. 在 $P[x_1,x_2,\cdots,x_n]$中，我们可以定义多项式的加法和乘法：

设 $f(x_1,x_2,\cdots,x_n),g(x_1,x_2,\cdots,x_n)\in P[x_1,x_2,\cdots,x_n]$. 令

$$f(x_1,x_2,\cdots,x_n)=\sum_{i_1i_2\cdots i_n}a_{i_1i_2\cdots i_n}x_1^{i_1}x_2^{i_2}\cdots x_n^{i_n},$$

$$g(x_1,x_2,\cdots,x_n)=\sum_{i_1i_2\cdots i_n}b_{i_1i_2\cdots i_n}x_1^{i_1}x_2^{i_2}\cdots x_n^{i_n},$$

则

$$f(x_1,x_2,\cdots,x_n)+g(x_1,x_2,\cdots,x_n)=\sum_{i_1i_2\cdots i_n}(a_{i_1i_2\cdots i_n}+b_{i_1i_2\cdots i_n})x_1^{i_1}x_2^{i_2}\cdots x_n^{i_n},$$

$$f(x_1,x_2,\cdots,x_n)g(x_1,x_2,\cdots,x_n)=\sum_{s_1s_2\cdots s_n}c_{s_1s_2\cdots s_n}x_1^{s_1}x_2^{s_2}\cdots x_n^{s_n},$$

其中 $c_{s_1s_2\cdots s_n}=\sum\limits_{i_1+j_1=s_1}\sum\limits_{i_2+j_2=s_2}\cdots\sum\limits_{i_n+j_n=s_n}a_{i_1i_2\cdots i_n}b_{j_1j_2\cdots j_n}$.

集合 $P[x_1,x_2,\cdots,x_n]$连同上面定义的加法和乘法作为一个整体考虑，称为 P 上的关于 $x_1,x_2,\cdots,x_n$ 的多项式环，或简称 P 上的 n 元多项式环.

利用多元多项式的字典排列法，我们有如下定理.

定理 20 设 $f(x_1,x_2,\cdots,x_n),g(x_1,x_2,\cdots,x_n)\in P[x_1,x_2,\cdots,x_n]$. 当 $f(x_1,x_2,\cdots,x_n)\neq 0,g(x_1,x_2,\cdots,x_n)\neq 0$ 时，乘积 $f(x_1,x_2,\cdots,x_n)g(x_1,x_2,\cdots,x_n)$的首项等于 $f(x_1,x_2,\cdots,x_n)$与 $g(x_1,x_2,\cdots,x_n)$的首项的乘积.

证 设 $f(x_1,x_2,\cdots,x_n)$的首项为

$$ax_1^{p_1}x_2^{p_2}\cdots x_n^{p_n},a\neq 0,$$

$g(x_1,x_2,\cdots,x_n)$的首项为

$$bx_1^{q_1}x_2^{q_2}\cdots x_n^{q_n},b\neq 0.$$

为了证明它们的积

$$abx_1^{p_1+q_1}x_2^{p_2+q_2}\cdots x_n^{p_n+q_n}$$

为 fg 的首项，只要证明 n 元数组

$$(p_1+q_1,p_2+q_2,\cdots,p_n+q_n)$$

先于乘积中其他单项式所对应的有序数组即可. 事实上，

$$f(x_1,x_2,\cdots,x_n)g(x_1,x_2,\cdots,x_n)$$

中其他单项式所对应的有序数组是

$$(p_1+k_1,p_2+k_2,\cdots,p_n+k_n),$$

或者

$$(l_1+q_1,l_2+q_2,\cdots,l_n+q_n),$$

或者

$$(l_1+k_1,l_2+k_2,\cdots,l_n+k_n),$$

其中

$$(p_1,p_2,\cdots,p_n)>(l_1,l_2,\cdots,l_n),$$

$$(q_1,q_2,\cdots,q_n)>(k_1,k_2,\cdots,k_n).$$

所以

$$(p_1+q_1,p_2+q_2,\cdots,p_n+q_n)>(p_1+k_1,p_2+k_2,\cdots,p_n+k_n),$$
$$(p_1+q_1,p_2+q_2,\cdots,p_n+q_n)>(l_1+q_1,l_2+q_2,\cdots,l_n+q_n),$$

是显然成立的.

同样有

$$(l_1+q_1,l_2+q_2,\cdots,l_n+q_n)>(l_1+k_1,l_2+k_2,\cdots,l_n+k_n),$$

由传递性即得

$$(p_1+q_1,p_2+q_2,\cdots,p_n+q_n)>(l_1+k_1,l_2+k_2,\cdots,l_n+k_n).$$

这就证明了 $abx_1^{p_1+q_1}x_2^{p_2+q_2}\cdots x_n^{p_n+q_n}$ 不能与乘积中其他单项式抵消，且先于乘积中其他单项式，因而它是 $f(x_1,x_2,\cdots,x_n)g(x_1,x_2,\cdots,x_n)$ 的首项. ▌

由数学归纳法可得如下推论.

推论 1 设 $f_i(x_1,x_2,\cdots,x_n)\in P[x_1,x_2,\cdots,x_n](i=1,2,\cdots,n)$，且 $f_i(x_1,x_2,\cdots,x_n)\neq 0$. 则 $f_1f_2\cdots f_n$ 的首项等于每个 f_i 的首项的乘积.

推论 2 设 $f(x_1,x_2,\cdots,x_n),g(x_1,x_2,\cdots,x_n)\in P[x_1,x_2,\cdots,x_n]$，且 $f(x_1,x_2,\cdots,x_n)\neq 0,g(x_1,x_2,\cdots,x_n)\neq 0$. 则 $f(x_1,x_2,\cdots,x_n)g(x_1,x_2,\cdots,x_n)\neq 0$.

定义 2 设 $f(x_1,x_2,\cdots,x_n)\in P[x_1,x_2,\cdots,x_n]$. 若 $f(x_1,x_2,\cdots,x_n)$ 的每一个单项式都是 m 次的，称 $f(x_1,x_2,\cdots,x_n)$ 是 m 次齐次多项式.

例如，$f(x_1,x_2,x_3)=2x_1x_2x_3^2+x_1^2x_2^2+3x_1^4$ 就是一个 4 次齐次多项式.

显然，$P[x_1,x_2,\cdots,x_n]$ 中的两个齐次多项式的乘积仍是齐次多项式，它的次数等于这两个多项式的次数的和.

对于任意一个 n 元多项式 $f(x_1,x_2,\cdots,x_n)$，若把其中所有次数相同的单项式合在一起，则 $f(x_1,x_2,\cdots,x_n)$ 可以唯一地表示成

$$f(x_1,x_2,\cdots,x_n)=\sum_{i=0}^{m}f_i(x_1,x_2,\cdots,x_n),m=\partial(f(x_1,x_2,\cdots,x_n)).$$

其中 $f_i(x_1,x_2,\cdots,x_n)$ 是零多项式或 i 次齐次多项式，它称为 $f(x_1,x_2,\cdots,x_n)$ 的 i 次齐次成分.

如果 $g(x_1,x_2,\cdots,x_n)=\sum_{j=0}^{l}g_j(x_1,x_2,\cdots,x_n)$ 是一个 l 次多项式，则有

$$h(x_1,x_2,\cdots,x_n)=f(x_1,x_2,\cdots,x_n)g(x_1,x_2,\cdots,x_n),$$

乘积的 k 次齐次成分 $h_k(x_1,x_2,\cdots,x_n)$ 为

$$h_k(x_1,x_2,\cdots,x_n)=\sum_{i+j=k}f_i(x_1,x_2,\cdots,x_n)g_j(x_1,x_2,\cdots,x_n).$$

特别地，$h(x_1,x_2,\cdots,x_n)$ 的最高次齐次成分为

$$h_{m+l}(x_1,x_2,\cdots,x_n)=f_m(x_1,x_2,\cdots,x_n)g_l(x_1,x_2,\cdots,x_n).$$

由此可得，多元多项式乘积的次数等于其因子次数的和.

与一元多项式的情形相似，多元多项式也可以看作是函数的表达式.

设 $f(x_1,x_2,\cdots,x_n)\in P[x_1,x_2,\cdots,x_n]$. 令

$$f(x_1,x_2,\cdots,x_n)=\sum_{i_1i_2\cdots i_n}a_{i_1i_2\cdots i_n}x_1^{i_1}x_2^{i_2}\cdots x_n^{i_n},$$

并设 $c_1,c_2,\cdots,c_n\in P$. 称

$$f(c_1,c_2,\cdots,c_n)=\sum_{i_1i_2\cdots i_n} a_{i_1i_2\cdots i_n}c_1^{i_1}c_2^{i_2}\cdots c_n^{i_n}$$

为 $f(x_1,x_2,\cdots,x_n)$ 在 $x_1=c_1,x_2=c_2,\cdots,x_n=c_n$ 时的值．显然，若

$$p(x_1,x_2,\cdots,x_n)=f(x_1,x_2,\cdots,x_n)+g(x_1,x_2,\cdots,x_n),$$
$$h(x_1,x_2,\cdots,x_n)=f(x_1,x_2,\cdots,x_n)g(x_1,x_2,\cdots,x_n),$$

则对 $c_1,c_2,\cdots,c_n\in P$，有

$$p(c_1,c_2,\cdots,c_n)=f(c_1,c_2,\cdots,c_n)+g(c_1,c_2,\cdots,c_n),$$
$$h(c_1,c_2,\cdots,c_n)=f(c_1,c_2,\cdots,c_n)g(c_1,c_2,\cdots,c_n).$$

最后，我们给出齐次多项式的一个特征性质：

定理 21 设 $f(x_1,x_2,\cdots,x_n)\in P[x_1,x_2,\cdots,x_n]$，且 $f(x_1,x_2,\cdots,x_n)\neq 0$，$m$ 是一个非负整数．则 $f(x_1,x_2,\cdots,x_n)$ 是 m 次齐次多项式的充分必要条件是：对 $\forall k\in P$，有

$$f(kx_1,kx_2,\cdots,kx_n)=k^m f(x_1,x_2,\cdots,x_n).$$

习题 1-10

1. 将下列多项式按字典排列法排列各单项式的顺序：

(1) $f(x_1,x_2,x_3,x_4)=x_3^4x_4-x_1^3x_2+5x_2x_3x_4+2x_2^4x_3x_4$；

(2) $f(x_1,x_2,x_3,x_4)=x_1^3+x_3^2+5x_1x_2^2x_4+2x_1^2x_3x_4^2-3x_2^3x_3$.

2. 设 $f(x_1,x_2,\cdots,x_n)$ 是数域 P 上的齐次多项式．证明：若 $g(x_1,x_2,\cdots,x_n),h(x_1,x_2,\cdots,x_n)\in P[x_1,x_2,\cdots,x_n]$，且 $f(x_1,x_2,\cdots,x_n)=g(x_1,x_2,\cdots,x_n)h(x_1,x_2,\cdots,x_n)$，则 $g(x_1,x_2,\cdots,x_n)$，$h(x_1,x_2,\cdots,x_n)$ 也是齐次多项式．

3. 证明定理 21.

第十一节　对称多项式

在多元多项式中，对称多项式占有重要地位．其来源之一以及它应用的一个重要方面，是关于一元多项式的根的研究．本节我们来讨论对称多项式的概念和基本性质．

定义 设 $f(x_1,x_2,\cdots,x_n)\in P[x_1,x_2,\cdots,x_n]$．若对任意的 $i,j\,(1\leqslant i<j\leqslant n)$，均有

$$f(x_1,\cdots,x_i,\cdots,x_j,\cdots,x_n)=f(x_1,\cdots,x_j,\cdots,x_i,\cdots,x_n),$$

称 $f(x_1,x_2,\cdots,x_n)$ 为数域 P 上的 n 元对称多项式．

例如 $f(x_1,x_2,x_3)=x_1^2x_2+x_2^2x_1+x_1^2x_3+x_3^2x_1+x_2^2x_3+x_3^2x_2$ 就是一个三元对称多项式．但 $f(x_1,x_2,x_3)=x_1^2x_2+x_1^2x_3+x_3^2x_1$ 并非对称多项式，因为交换 x_1 与 x_2，得 $g(x_1,x_2,x_3)=x_2^2x_1+x_2^2x_3+x_3^2x_2\neq f(x_1,x_2,x_3)$.

显然，下列 n 个 n 元多项式：

$$\sigma_1=x_1+x_2+\cdots+x_n,$$
$$\sigma_2=x_1x_2+x_1x_3+\cdots+x_1x_n+\cdots+x_{n-1}x_n,$$
$$\cdots\cdots$$
$$\sigma_k=\sum_{1\leqslant i_1<\cdots<i_k\leqslant n}x_{i_1}x_{i_2}\cdots x_{i_k},$$

$\cdots\cdots$

$$\sigma_n = x_1 x_2 \cdots x_n,$$

均为对称多项式. 称 $\sigma_1, \sigma_2, \cdots, \sigma_n$ 为初等对称多项式.

由对称多项式的定义可知，对称多项式的和、差及乘积仍是对称多项式. 若设 $f(x_1, x_2, \cdots, x_n) \in P[x_1, x_2, \cdots, x_n]$ 是对称多项式，且

$$g_i(y_1, y_2, \cdots, y_n)(i=1,2,\cdots,s)$$

均为数域 P 上的对称多项式. 则

$$h(y_1, y_2, \cdots, y_n) = f(g_1, g_2, \cdots, g_s)$$

也是对称多项式.

特别地，初等对称多项式的多项式仍是对称多项式. 关于对称多项式的基本事实就是，任一对称多项式都能表示成初等对称多项式的多项式，即有：

定理 22 设 $f(x_1, x_2, \cdots, x_n) \in P[x_1, x_2, \cdots, x_n]$ 是对称多项式，则存在数域 P 上的 n 元多项式 $\varphi(y_1, y_2, \cdots, y_n)$ 使

$$f(x_1, x_2, \cdots, x_n) = \varphi(\sigma_1, \sigma_2, \cdots, \sigma_n).$$

证 设对称多项式 $f(x_1, x_2, \cdots, x_n)$ 的首项（按字典排列法）为

$$a x_1^{l_1} x_2^{l_2} \cdots x_n^{l_n}, a \neq 0. \tag{1-18}$$

我们指出，式(1-18) 作为对称多项式的首项，必有

$$l_1 \geqslant l_2 \geqslant \cdots \geqslant l_n \geqslant 0.$$

否则，设有

$$l_i \leqslant l_{i+1},$$

由于 $f(x_1, x_2, \cdots, x_n)$ 是对称的，所以 $f(x_1, x_2, \cdots, x_n)$ 在包含式(1-18) 的同时必包含

$$a x_1^{l_1} \cdots x_i^{l_{i+1}} x_{i+1}^{l_i} \cdots x_n^{l_n},$$

这一项就应该先于式(1-18)，与首项的要求不符.

作对称多项式

$$\varphi_1 = a \sigma_1^{l_1 - l_2} \sigma_2^{l_2 - l_3} \cdots \sigma_n^{l_n}. \tag{1-19}$$

因为 $\sigma_1, \sigma_2, \cdots, \sigma_n$ 的首项分别是 $x_1, x_1 x_2, \cdots, x_1 x_2 \cdots x_n$，于是式(1-19) 在展开后，首项为

$$a x_1^{l_1 - l_2} (x_1 x_2)^{l_2 - l_3} \cdots (x_1 x_2 \cdots x_n)^{l_n} = a x_1^{l_1} x_2^{l_2} \cdots x_n^{l_n}.$$

这就是说，$f(x_1, x_2, \cdots, x_n)$ 与式(1-19) 有相同的首项，因而，对称多项式

$$f_1(x_1, x_2, \cdots, x_n) = f(x_1, x_2, \cdots, x_n) - a \sigma_1^{l_1 - l_2} \sigma_2^{l_2 - l_3} \cdots \sigma_n^{l_n} = f - \varphi_1$$

比 $f(x_1, x_2, \cdots, x_n)$ 有较"小"的首项. 对 $f_1(x_1, x_2, \cdots, x_n)$ 重复上面的做法，并且继续做下去，我们就得到一系列的对称多项式：

$$f, f_1 = f - \varphi_1, f_2 = f_1 - \varphi_2, \cdots. \tag{1-20}$$

它们的首项一个比一个"小"，其中 φ_i 是 $\sigma_1, \sigma_2, \cdots, \sigma_n$ 的多项式. 设

$$b x_1^{p_1} x_2^{p_2} \cdots x_n^{p_n}$$

是式(1-20) 中某一对称多项式的首项，于是式(1-18) 要先于它，就有

$$l_1 \geqslant p_1 \geqslant p_2 \geqslant \cdots \geqslant p_n \geqslant 0. \tag{1-21}$$

适合条件［式(1-21)］的 n 元数组 $(p_1, p_2, \cdots, p_n)$ 只能有有限个，因而式(1-20) 中也只能有有限个对称多项式不为零，即有正整数 s 使 $f_s = 0$. 即 $0 = f_{s-1} - \varphi_s$，从而有

$$f(x_1, x_2, \cdots, x_n) = \varphi_1 + \varphi_2 + \cdots + \varphi_s,$$

可以表示成初等对称多项式 $\sigma_1, \sigma_2, \cdots, \sigma_n$ 的一些单项式的和，即 $f(x_1, x_2, \cdots, x_n)$ 可以表示

成初等对称多项式 $\sigma_1, \sigma_2, \cdots, \sigma_n$ 的一个多项式. ■

进一步，可以证明，定理中的多项式 $\varphi(y_1, y_2, \cdots, y_n)$ 是被对称多项式 $f(x_1, x_2, \cdots, x_n)$ 唯一确定的. 这个结果与上述定理合起来，通常称为对称多项式基本定理. 即数域 P 上的每一个对称多项式都可以唯一地表示成初等对称多项式的多项式.

【例 1】 在 $P[x_1, x_2, x_3]$ 中，用初等对称多项式表示对称多项式

$$f(x_1, x_2, x_3) = x_1^2 x_2^2 + x_1^2 x_3^2 + x_2^2 x_3^2.$$

解 由 $f(x_1, x_2, x_3)$ 的首项 $x_1^2 x_2^2$，得它的幂指数组(2,2,0). 作多项式

$$\varphi_1(x_1, x_2, x_3) = \sigma_1^{2-2} \sigma_2^{2-0} \sigma_3^0 = \sigma_2^2,$$

$$\begin{aligned} f_1(x_1, x_2, x_3) &= f(x_1, x_2, x_3) - \varphi_1(x_1, x_2, x_3) \\ &= x_1^2 x_2^2 + x_1^2 x_3^2 + x_2^2 x_3^2 - (x_1 x_2 + x_1 x_3 + x_2 x_3)^2 \\ &= -2(x_1^2 x_2 x_3 + x_1 x_2^2 x_3 + x_1 x_2 x_3^2) = -2\sigma_1 \sigma_3. \end{aligned}$$

由 $f_1(x_1, x_2, x_3)$ 的首项 $-2x_1^2 x_2 x_3$，得它的幂指数组(2,1,1). 令

$$\varphi_2(x_1, x_2, x_3) = -2\sigma_1^{2-1} \sigma_2^{1-1} \sigma_3^1 = -2\sigma_1 \sigma_3,$$

$$f_2(x_1, x_2, x_3) = f_1(x_1, x_2, x_3) - \varphi_2(x_1, x_2, x_3) = 0,$$

从而得

$$f(x_1, x_2, x_3) = \sigma_2^2 - 2\sigma_1 \sigma_3.$$

对于齐次对称多项式可以采用更简单的方法——待定系数法，下面介绍此法.

由于基本定理中的

$$f = \varphi_1 + \varphi_2 + \cdots + \varphi_s,$$

其中每个 $\varphi_i (i = 1, 2, \cdots, s)$ 都是初等对称多项式方幂的乘积，但是每个 φ_i 又都完全取决于 f_{i-1} 的首项，而每个 f_{i-1} 的首项又都小于 f 的首项. 因此可以得到满足下列条件的所有可能的指数组及相应的 φ_i，即

(1) 写出小于 f 首项的一切可能的项；

(2) 每一项的指数组 $(k_1, k_2, \cdots, k_n)$ 满足 $k_1 \geqslant k_2 \geqslant \cdots \geqslant k_n$；

(3) 因为 f 为齐次的，因而各项次数都相等.

然后再确定每一项的系数.

【例 2】 $f(x_1, x_2, x_3) = x_1^3 + x_2^3 + x_3^3$ 为三次齐次对称多项式，将其化成初等对称多项式的多项式.

解 f 为三次齐次多项式，其首项为 x_1^3，写出满足上述条件的所有可能的指数组及相应的 φ_i，得

$$\begin{array}{llll} 3 & 0 & 0 & \varphi_1 = \sigma_1^3, \\ 2 & 1 & 0 & \varphi_2 = a\sigma_1^{2-1} \sigma_2^{1-0} \sigma_3^0 = a\sigma_1 \sigma_2, \\ 1 & 2 & 1 & \varphi_3 = b\sigma_1^{1-1} \sigma_2^{1-1} \sigma_3^1 = b\sigma_3. \end{array}$$

所以 $f(x_1, x_2, x_3) = \sigma_1^3 + a\sigma_1 \sigma_2 + b\sigma_3$. 下面确定系数 a 和 b：

令 $x_1 = x_2 = 1, x_3 = 0$ 得 $f = 2, \sigma_1 = 2, \sigma_2 = 1, \sigma_3 = 0$，解得 $a = -3$. 再令 $x_1 = 2, x_2 = x_3 = -1$，得 $f = 6, \sigma_1 = 0, \sigma_3 = 2$，解得 $b = 3$. 于是 $f(x_1, x_2, x_3) = \sigma_1^3 - 3\sigma_1 \sigma_2 + 3\sigma_3$.

对 $x_1, x_2, \cdots, x_n$，它们差积的平方

$$D = \prod_{i<j} (x_i - x_j)^2$$

是一个重要的对称多项式. 由对称多项式基本定理，D 可以表示成

$$a_1=-\sigma_1, a_2=\sigma_2, \cdots, a_k=(-1)^k\sigma_k, \cdots, a_n=(-1)^n\sigma_n$$

的多项式 $D(a_1,a_2,\cdots,a_n)$. 由根与系数的关系知，$x_1,x_2,\cdots,x_n$ 是

$$f(x)=x^n+a_1x^{n-1}+\cdots+a_n \tag{1-22}$$

的根，容易看出 $D(a_1,a_2,\cdots,a_n)=0$ 是式(1-22) 在复数域中有重根的充分必要条件. 我们称 $D(a_1,a_2,\cdots,a_n)$为一元多项式(1-22) 的判别式，记为 $D(f)$.

例如，$f(x)=x^2+a_1x+a_2$，则 $\sigma_1=x_1+x_2=-a_1, \sigma_2=x_1x_2=a_2$，$D(x_1,x_2)=(x_1-x_2)^2=(x_1+x_2)^2-4x_1x_2=a_1^2-4a_2$. 即判别式为 $D(f)=a_1^2-4a_2$. 而 $f(x)=x^3+a_1x^2+a_2x+a_3$ 的判别式为 $D(f)=a_1^2a_2^2-4a_2^3-4a_1^3a_3-27a_3^2+18a_1a_2a_3$.

习题 1-11

1. 用初等对称多项式表示下列对称多项式：

(1) $x_1^3+x_2^3+x_3^3-3x_1x_2x_3$；

(2) $x_1^3x_2+x_1x_2^3+x_1^3x_3+x_1x_3^3+x_2^3x_3+x_2x_3^3$；

(3) $x_1^4+x_2^4+x_3^4$；

(4) $(x_1+x_2)(x_1+x_3)(x_2+x_3)$.

2. 试求多项式 $f(x)=7x^4-14x^3-7x+7$ 的根的 3 次幂的和 s.

3. 设 x_1,x_2,x_3 是多项式 $f(x)=5x^3-6x^2+7x-8$ 的 3 个根，求：

$$g(x_1,x_2,x_3)=(x_1^2+x_1x_2+x_2^2)(x_2^2+x_2x_3+x_3^2)(x_1^2+x_1x_3+x_3^2).$$

4. 设 $f(x)=x^3+a_1x^2+a_2x+a_3\in P[x]$，求 $f(x)$的判别式 $D(f)$.

习题 1

1. 设 $f_1(x)=af(x)+bg(x), g_1(x)=cf(x)+dg(x)$，且 $ad-bc\neq 0$. 证明：$(f(x),g(x))=(f_1(x),g_1(x))$.

2. 已知实系数多项式 $f(x)$对 x 的一切值均不小于零. 证明：$f(x)$可以表示成 $f(x)=g_1^2(x)+g_2^2(x)$，其中 $g_1(x),g_2(x)\in R[x]$.

3. 证明：只要$\dfrac{f(x)}{(f(x),g(x))}, \dfrac{g(x)}{(f(x),g(x))}$的次数都大于零，就可以适当选择适合等式 $u(x)f(x)+v(x)g(x)=(f(x),g(x))$ 的 $u(x)$ 与 $v(x)$，使 $\partial(u(x))<\partial\left(\dfrac{g(x)}{(f(x),g(x))}\right), \partial(v(x))<\partial\left(\dfrac{f(x)}{(f(x),g(x))}\right)$.

4. 证明：如果 $f(x)$与 $g(x)$互素，那么 $f(x^m)$与 $g(x^m)(m\geqslant 1)$也互素.

5. 设 $f(x),g(x)\in P[x]$. 其中 $g(x)=h^m(x)g_1(x), h(x)\neq 0$，$m\geqslant 1$ 为整数且$(h(x),g_1(x))=1$. 证明：存在 $r(x),f_1(x)\in P[x]$，使 $f(x)=g_1(x)r(x)+h(x)f_1(x)$，其中 $r(x)=0$ 或 $0\leqslant\partial(r(x))<\partial(h(x))$.

6. 设 $f(x),g(x)\in P[x]$. 证明：$f(x)$与 $g(x)$不互素的充分必要条件是存在 $u(x),v(x)\in P[x]$，使 $u(x)f(x)=v(x)g(x)$，其中$\partial(u(x))<\partial(g(x)), \partial(v(x))<\partial(f(x))$.

7. 证明：如果 $f_1(x),f_2(x),\cdots,f_{s-1}(x)$ 的最大公因式存在，那么 $f_1(x),f_2(x),\cdots,f_{s-1}(x),f_s(x)$的最大公因式也存在，且当 $f_1(x),f_2(x),\cdots,f_s(x)$全不为零时有$(f_1(x),f_2(x),\cdots,f_{s-1}(x),f_s(x))=((f_1(x),f_2(x),\cdots,f_{s-1}(x)),f_s(x))$.

再利用上式证明：存在多项式 $u_1(x),u_2(x),\cdots,u_s(x)$，使 $u_1(x)f_1(x)+u_2(x)f_2(x)+\cdots+u_s(x)f_s(x)=(f_1(x),f_2(x),\cdots,f_s(x))$.

8. 证明：次数>0且首项系数为1的多项式$f(x)$是某一不可约多项式的方幂的充分必要条件是：对任意的多项式$g(x)$必有$(f(x),g(x))=1$，或者对某一正整数m，$f(x)\mid g^m(x)$.

9. 设多项式$f(x)=x^3-3x^2-tx-1$. 问：t取何整数时，$f(x)$在有理数域上不可约？

10. 设$a_1,a_2,\cdots,a_n$是互异的整数. 证明：多项式$f(x)=\prod\limits_{i=1}^{n}(x-a_i)-1$在有理数域上不可约.

11. 设$f(x)=x^{3m}-x^{3n+1}+x^{3p+2}$ (m,n,p为非负整数)，$g(x)=x^2-x+1$. 证明：$g(x)\mid f(x)$的充分必要条件是m,n,p同为奇数或同为偶数.

12. 证明：$x^n+ax^{n-m}+b$不能有不为零的重数大于2的根.

13. 如果$f'(x)\mid f(x)$，证明：$f(x)$有n重根，其中$n=\partial(f(x))$.

14. 设$f(x)\in C[x]$，$\partial(f(x))=n$且$f(0)=0$，令$g(x)=xf(x)$. 证明：若$f'(x)\mid g'(x)$，则$g(x)$有$n+1$重零根.

15. 若多项式$g(x)=x^{n-1}+x^{n-2}+\cdots+x+1$整除$f(x)=f_1(x^n)+xf_2(x^n)+\cdots+x^{n-2}f_{n-1}(x^n)$. 证明：$f_i(x)(i=1,2,\cdots,n-1)$所有系数之和均为0.

16. 设a,b是方程$x^3+px+q=0$的两个根，且满足$ab+a+b=0$. 证明：$(p-q)^2+q=0$.

17. 证明：三次方程$x^3+a_1x^2+a_2x+a_3=0$的三个根成等差数列的充分必要条件为$2a_1^3-9a_1a_2+27a_3=0$.

18. 设$x_1,x_2,\cdots,x_n$是方程$x^n+a_1x^{n-1}+\cdots+a^n=0$的根. 证明：$x_2,\cdots,x_n$的对称多项式可以表示成$x_1$与$a_2,\cdots,a_n$的多项式.

19. 多项式$m(x)$称为多项式$f(x),g(x)$的一个最小公倍式，如果满足：

(1) $f(x)\mid m(x)$，$g(x)\mid m(x)$；

(2) $f(x),g(x)$的任一公倍式都是$m(x)$的倍式.

我们以$[f(x),g(x)]$表示首项系数是1的那个最小公倍式. 证明：如果$f(x),g(x)$的首项系数都是1，那么$[f(x),g(x)]=\dfrac{f(x)g(x)}{(f(x),g(x))}$.

20. 设$a_1,a_2,\cdots,a_n$是n个不同的数，$F(x)=(x-a_1)(x-a_2)\cdots(x-a_n)$，$b_1,b_2,\cdots,b_n$是任意$n$个数，则$L(x)=\sum\limits_{i=1}^{n}\dfrac{b_iF(x)}{(x-a_i)F'(a_i)}$适合条件$L(a_i)=b_i$，$i=1,2,\cdots,n$. 这称为拉格朗日插值公式.

利用上面公式求：

(1) 一个次数<4的多项式$f(x)$，它适合条件$f(2)=3,f(3)=-1,f(4)=0,f(5)=2$；

(2) 一个二次多项式$f(x)$，它在$x=0,\dfrac{\pi}{2},\pi$处与函数$\sin x$的值相同；

(3) 一个次数尽可能低的多项式$f(x)$，使$f(0)=1,f(1)=2,f(2)=5,f(3)=10$.

第二章 行列式

第一节　引　言

解方程是代数中一个基本的问题，特别是在中学所学代数中，解方程占有重要地位. 在中学代数中，我们学过一元、二元乃至三元一次方程组的解法. 这一章我们引入行列式讨论一般的多元一次方程组，即线性方程组.

行列式是数学中的重要而基本的工具之一. 它的产生虽然是用于解线性方程组，然而它的应用却远远超出了解线性方程组的范围，它在许多领域都有着广泛而直接的应用. 它不但给计算带来了方便，而且也可以使许多问题得到更明确的表达.

我们从最简单的情形开始.

一、二元线性方程组

设

$$\begin{cases} a_{11}x_1+a_{12}x_2=b_1 \\ a_{21}x_1+a_{22}x_2=b_2 \end{cases}. \tag{2-1}$$

为求得式(2-1) 的解，用 a_{22} 和 a_{12} 分别乘式(2-1) 两式的两端，然后两个方程相减，可消去 x_2，得 $(a_{11}a_{22}-a_{12}a_{21})x_1=b_1a_{22}-a_{12}b_2$；类似地，可消去 x_1，得 $(a_{11}a_{22}-a_{12}a_{21})x_2=a_{11}b_2-b_1a_{21}$.

当 $a_{11}a_{22}-a_{12}a_{21}\neq 0$ 时，可求得式(2-1) 的唯一解，即

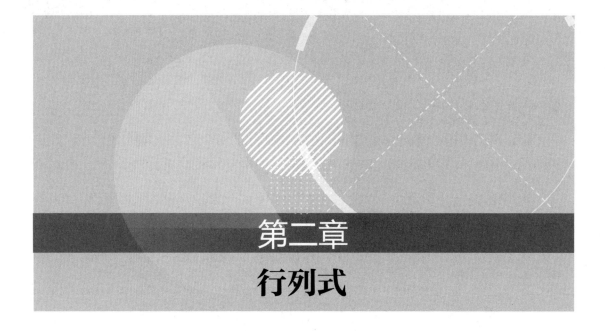

$$x_1=\frac{b_1a_{22}-a_{12}b_2}{a_{11}a_{22}-a_{12}a_{21}},\ x_2=\frac{a_{11}b_2-b_1a_{21}}{a_{11}a_{22}-a_{12}a_{21}}.$$

我们称 $a_{11}a_{22}-a_{12}a_{21}$ 为二阶行列式，用符号表示为

$$a_{11}a_{22}-a_{12}a_{21}=\begin{vmatrix}a_{11} & a_{12}\\ a_{21} & a_{22}\end{vmatrix}.$$

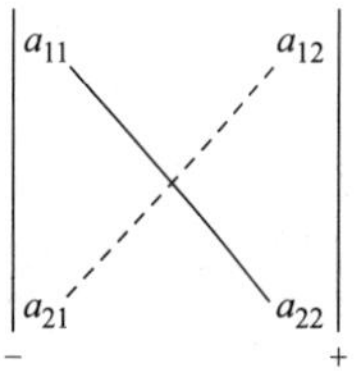

图 2-1 二阶行列式对角线法则

其中数 $a_{ij}(i=1,2;j=1,2)$ 称为行列式的元素或元，下标 i 称为行标，下标 j 称为列标.

二阶行列式的计算法则可利用图 2-1 进行，并称这一计算方法为二阶行列式的对角线法则.

类似地，记

$$b_1a_{22}-a_{12}b_2=\begin{vmatrix}b_1 & a_{12}\\ b_2 & a_{22}\end{vmatrix},\ a_{11}b_2-b_1a_{21}=\begin{vmatrix}a_{11} & b_1\\ a_{21} & b_2\end{vmatrix}.$$

由此可得式(2-1) 的解为

$$x_1=\frac{\begin{vmatrix}b_1 & a_{12}\\ b_2 & a_{22}\end{vmatrix}}{\begin{vmatrix}a_{11} & a_{12}\\ a_{21} & a_{22}\end{vmatrix}}=\frac{D_1}{D},\ x_2=\frac{\begin{vmatrix}a_{11} & b_1\\ a_{21} & b_2\end{vmatrix}}{\begin{vmatrix}a_{11} & a_{12}\\ a_{21} & a_{22}\end{vmatrix}}=\frac{D_2}{D}.$$

其中，分母 D 是由式(2-1) 的系数所确定的二阶行列式，D_1 是用常数项 b_1,b_2 替换 D 中第一列元素 a_{11},a_{21} 所得的二阶行列式，D_2 是用常数项 b_1,b_2 替换 D 中第二列元素 a_{12}，a_{22} 所得的二阶行列式.

【例 1】 求解二元线性方程组

$$\begin{cases}3x_1-2x_2=-8\\ x_1+3x_2=1\end{cases}.$$

解 由于

$$D=\begin{vmatrix}3 & -2\\ 1 & 3\end{vmatrix}=3\times3-(-2)\times1=11\neq0,$$

$$D_1=\begin{vmatrix}-8 & -2\\ 1 & 3\end{vmatrix}=-22,\ D_2=\begin{vmatrix}3 & -8\\ 1 & 1\end{vmatrix}=11,$$

所以方程组的解为

$$x_1=\frac{D_1}{D}=-2,\ x_2=\frac{D_2}{D}=1.$$

【例 2】 设 $D=\begin{vmatrix}\lambda^2 & \lambda\\ 3 & 1\end{vmatrix}$，问：

（1）当 λ 为何值时 $D=0$?

（2）当 λ 为何值时 $D\neq0$?

解 由 $D=\begin{vmatrix}\lambda^2 & \lambda\\ 3 & 1\end{vmatrix}=\lambda^2-3\lambda$，得：

（1）当 $D=0$，即 $\lambda^2-3\lambda=0$，解得 $\lambda=0$ 或 $\lambda=3$；

（2）当 $D\neq0$，即 $\lambda^2-3\lambda\neq0$，解得 $\lambda\neq0$ 且 $\lambda\neq3$.

二、三元线性方程组

三元线性方程组结论与二元线性方程组相仿. 设

$$\begin{cases}a_{11}x_1+a_{12}x_2+a_{13}x_3=b_1\\a_{21}x_1+a_{22}x_2+a_{23}x_3=b_2\\a_{31}x_1+a_{32}x_2+a_{33}x_3=b_3\end{cases}. \tag{2-2}$$

称代数式 $a_{11}a_{22}a_{33}+a_{12}a_{23}a_{31}+a_{13}a_{21}a_{32}-a_{13}a_{22}a_{31}-a_{12}a_{21}a_{33}-a_{11}a_{23}a_{32}$ 为三阶行列式，用符号表示为：

$$a_{11}a_{22}a_{33}+a_{12}a_{23}a_{31}+a_{13}a_{21}a_{32}-a_{13}a_{22}a_{31}-a_{12}a_{21}a_{33}-a_{11}a_{23}a_{32}=\begin{vmatrix}a_{11}&a_{12}&a_{13}\\a_{21}&a_{22}&a_{23}\\a_{31}&a_{32}&a_{33}\end{vmatrix}.$$

当三阶行列式

$$D=\begin{vmatrix}a_{11}&a_{12}&a_{13}\\a_{21}&a_{22}&a_{23}\\a_{31}&a_{32}&a_{33}\end{vmatrix}\neq 0$$

时，线性方程组有唯一解，解为

$$x_1=\frac{D_1}{D},x_2=\frac{D_2}{D},x_3=\frac{D_3}{D}.$$

其中

$$D_1=\begin{vmatrix}b_1&a_{12}&a_{13}\\b_2&a_{22}&a_{23}\\b_3&a_{32}&a_{33}\end{vmatrix},D_2=\begin{vmatrix}a_{11}&b_1&a_{13}\\a_{21}&b_2&a_{23}\\a_{31}&b_3&a_{33}\end{vmatrix},D_3=\begin{vmatrix}a_{11}&a_{12}&b_1\\a_{21}&a_{22}&b_2\\a_{31}&a_{32}&b_3\end{vmatrix}.$$

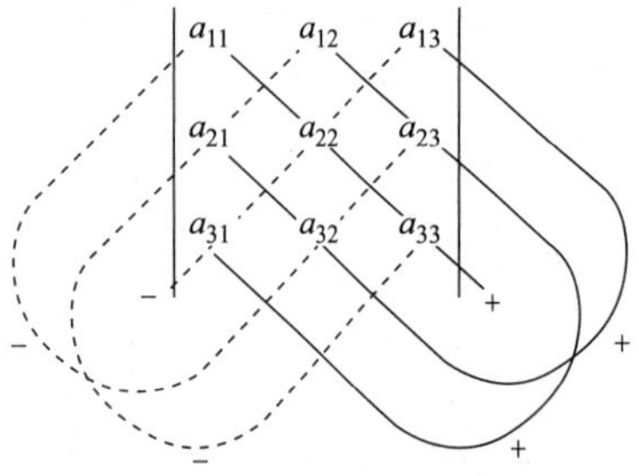

图 2-2　三阶行列式对角线法则

三阶行列式中含有 6 项，每项均为不同行、不同列的三个元素的乘积，并冠以正负号，其规律可遵循图 2-2 所示的对角线法则.

【例 3】 计算三阶行列式

$$D=\begin{vmatrix}2&1&-2\\-1&6&5\\3&1&-1\end{vmatrix}.$$

解　根据三阶行列式的对角线法则，有

$$\begin{aligned}D=\begin{vmatrix}2&1&-2\\-1&6&5\\3&1&-1\end{vmatrix}&=2\times6\times(-1)+1\times5\times3+(-2)\times(-1)\times1-\\&\quad(-2)\times6\times3-2\times5\times1-1\times(-1)\times(-1)\\&=-12+15+2+36-10-1=30.\end{aligned}$$

本章我们要把以上结果推广到 n 元线性方程组

$$\begin{cases}a_{11}x_1+a_{12}x_2+\cdots+a_{1n}x_n=b_1\\a_{21}x_1+a_{22}x_2+\cdots+a_{2n}x_n=b_2\\\qquad\cdots\cdots\\a_{n1}x_1+a_{n2}x_2+\cdots+a_{nn}x_n=b_n\end{cases}$$

的情形. 为此，我们首先要给出 n 阶行列式的定义并讨论它的性质，这是本章的主要内容.

习题 2-1

1. 计算下列行列式：

(1) $\begin{vmatrix} 1 & 2 & 3 \\ 2 & 3 & 1 \\ 3 & 1 & 2 \end{vmatrix}$；(2) $\begin{vmatrix} 0 & x & y \\ -x & 0 & z \\ -y & -z & 0 \end{vmatrix}$.

2. 证明：$\begin{vmatrix} a & b & c \\ c & a & b \\ b & c & a \end{vmatrix} = a^3+b^3+c^3-3abc$.

3. 试用行列式解如下线性方程组.

(1) $\begin{cases} x_1-2x_2+x_3=1 \\ 2x_1+x_2-x_3=1 \\ x_1-3x_2-4x_3=-10 \end{cases}$；

(2) $\begin{cases} x+y+z=1 \\ x+\omega y+\omega^2 z=\omega \\ x+\omega^2 y+\omega z=\omega^2 \end{cases}$.

第二节　排　列

作为定义 n 阶行列式的准备，我们先来讨论一下排列的概念及有关性质.

定义 1　由 $1,2,\cdots,n$ 组成的一个有序数组 $j_1,j_2,\cdots,j_n$ 称为一个 n 阶排列.

我们知道，n 个元素的排列总数为 $P_n=n(n-1)\times\cdots\times2\times1=n!$种.

例如：用 1,2,3 三个数字作排列，排列的总数为 $P_3=3!=3\times2\times1=6$，它们分别是 123,231,312,132,213,321.

显然，在 $n!$种排列中，$12\cdots n$ 是一个按照递增顺序的排列，称为标准排列，其他的排列都或多或少地破坏了这种顺序.

定义 2　在一个排列中，如果一对数的前后位置与大小顺序相反，即前面的数大于后面的数，那么它们就称为一个逆序，一个排列中逆序的总数称为这个排列的逆序数.

下面来讨论计算排列的逆序数的方法.

设 $p_1p_2\cdots p_n$ 为元素 $1,2,\cdots,n$ 的一个排列，考虑元素 $p_i(i=1,2,\cdots,n)$，如果比 p_i 大的且排在 p_i 前面的元素有 t_i 个，就说元素 p_i 的逆序数是 t_i，全体元素的逆序数之和 $\tau=t_1+t_2+\cdots+t_n=\sum_{i=1}^{n}t_i$ 即为这个排列的逆序数.

定义 3　逆序数为偶数的排列称为偶排列，逆序数为奇数的排列称为奇排列.

应该指出，我们同样可以考虑由任意 n 个不同的自然数所组成的排列，一般的也称为 n 阶排列. 对这样一般的 n 阶排列，同样可以定义上面这些概念.

【例】　求排列 32514 的逆序数，并说明其奇偶性.

解　在排列 32514 中：

3 排在首位，逆序数 $t_1=0$；

2 的前面比 2 大的数有一个（3），逆序数 $t_2=1$；

5 是最大数，逆序数 $t_3=0$；

1 的前面比 1 大的数有三个（325），逆序数 $t_4=3$；

4 的前面比 4 大的数有一个（5），逆序数 $t_5=1$.

所以这个排列的逆序数为 $\tau=\sum_{i=1}^{5} t_i=0+1+0+3+1=5$，易知排列 32514 为奇排列.

在排列中，将任意两个数的位置互换，而其余的数不动，就得到另一个排列. 这样一个变换称为一个对换. 将相邻的两个数对换，叫作相邻对换. 如果连续施行两次相同的对换，那么排列就还原了. 由此得知，一个对换把全部 n 阶排列两两配对，使每两个配成对的 n 阶排列在这个对换下互变.

关于排列的奇偶性，我们有以下的基本事实.

定理 1 对换改变排列的奇偶性.

证 先证相邻对换的情形.

设排列

$$\cdots jk\cdots, \tag{2-3}$$

经过 j,k 对换变成

$$\cdots kj\cdots. \tag{2-4}$$

这里"…"表示那些不动的数. 显然，在排列式(2-3) 中如 j,k 与其他的数构成逆序，则在排列式(2-4) 中仍然构成逆序；如不构成逆序则在式(2-4) 中也不构成逆序；不同的只是 j,k 的次序. 如果原来 j,k 组成逆序，那么经过对换，排列的逆序数就减少一个；如果原来 j,k 不组成逆序，那么经过对换，排列的逆序数就增加一个. 不论减少 1 还是增加 1，排列的逆序数的奇偶性总是变了. 因此，在这个特殊的情形，定理 1 是对的.

再看一般的情形. 设排列为

$$\cdots j i_1 i_2\cdots i_s k\cdots, \tag{2-5}$$

经过 j,k 对换，排列式(2-5) 变成

$$\cdots k i_1 i_2\cdots i_s j\cdots. \tag{2-6}$$

不难看出，这样一个对换可以通过一系列相邻对换来实现. 从式(2-5) 出发，把 k 先与 i_s 对换，再与 i_{s-1} 对换……也就是说，把 k 一位一位地向左移动，经过 $s+1$ 次相邻对换，排列式(2-5) 就变成

$$\cdots k j i_1 i_2\cdots i_s\cdots. \tag{2-7}$$

从式(2-7) 出发，再把 j 一位一位地向右移动，经过 s 次相邻对换，排列式(2-7) 就变成了排列式(2-6). 因此，j,k 对换可以通过 $2s+1$ 次相邻对换来实现，而 $2s+1$ 为奇数，相邻对换改变排列的奇偶性. 显然，奇数次这样的对换的最终结果还是改变排列的奇偶性. ∎

根据定理 1，可以证明以下重要结论.

推论 在全部 n 阶排列中，奇、偶排列的个数相等，各有 $n!/2$ 个.

证 假设在全部 n 阶排列中共有 s 个奇排列，t 个偶排列.

将 s 个奇排列中的前两个数字对换，得到 s 个不同的偶排列，因此 $s\leqslant t$. 同样可证 $t\leqslant s$，于是 $s=t$，即奇、偶排列的总数相等，各有 $n!/2$ 个. ∎

定理 2 任意一个 n 阶排列与排列 $12\cdots n$ 都可以经过一系列对换互变，并且所做对换的个数与这个排列有相同的奇偶性.

证 我们对排列的阶数 n 做数学归纳法，来证任意一个 n 阶排列都可以经过一系列对换变成 $12\cdots n$.

1 阶排列只有一个，结论显然成立.

假设结论对 $n-1$ 阶排列已经成立，现在来证对 n 阶排列的情形结论也成立.

设 $j_1j_2\cdots j_n$ 是一个 n 阶排列，如果 $j_n=n$，那么根据归纳法假设，$n-1$ 阶排列 $j_1j_2\cdots j_{n-1}$ 可以经过一系列对换变成 $12\cdots(n-1)$，于是这一系列对换也就把 $j_1j_2\cdots j_n$ 变成 $12\cdots n$. 如果 $j_n\neq n$，那么对 $j_1j_2\cdots j_n$ 做 j_n,n 对换，它就变成 $j_1'\cdots j_{n-1}'n$，这就归结成上面的情形，因此结论普遍成立.

相仿的，$12\cdots n$ 也可以用一系列对换变成 $j_1j_2\cdots j_n$，因为 $12\cdots n$ 是偶排列，所以根据定理 1，所做对换的个数与排列 $j_1j_2\cdots j_n$ 有相同的奇偶性. ▌

习题 2-2

1. 求以下 8 阶排列的逆序数，并判定它们的奇偶性：

(1) 13478265；(2) 35782146；(3) 87654321.

2. 选择 i 与 k，使以下成立：

(1) $1274i56k9$ 成偶排列；(2) $1i25k4897$ 成奇排列.

3. 写出把排列 12435 变成排列 25341 的那些变换.

4. 求排列 $n(n-1)\cdots 21$ 的逆序数，并讨论它的奇偶性.

5. 如果排列 $x_1x_2\cdots x_{n-1}x_n$ 的逆序数为 k，则排列 $x_nx_{n-1}\cdots x_2x_1$ 的逆序数是多少？

第三节 n 阶行列式

我们现在来定义 n 阶行列式. 从这一节开始，我们总是以一固定的数域 P 作为基础，所涉及的数都是指这个数域 P 中的数，所研究的行列式也都是数域 P 上的行列式.

在给出 n 阶行列式的定义之前，先来回顾二阶、三阶行列式的定义. 我们有

$$\begin{vmatrix} a_{11} & a_{12} \\ a_{21} & a_{22} \end{vmatrix}=a_{11}a_{22}-a_{12}a_{21},$$

$$\begin{vmatrix} a_{11} & a_{12} & a_{13} \\ a_{21} & a_{22} & a_{23} \\ a_{31} & a_{32} & a_{33} \end{vmatrix}=a_{11}a_{22}a_{33}+a_{12}a_{23}a_{31}+a_{13}a_{21}a_{32}-a_{13}a_{22}a_{31}-a_{12}a_{21}a_{33}-a_{11}a_{23}a_{32}.$$

从二、三阶行列式的定义中可以看出，它们都是一些乘积的代数和，而每一项乘积都是由行列式中位于不同的行和不同的列的元素构成的，并且展开式恰恰就是由所有这种可能的乘积组成.

二阶行列式展开式中的项表示为 $a_{1p_1}a_{2p_2}$，其中 p_1p_2 为 2 阶排列，当 p_1p_2 取遍了 2 阶排列，即得到二阶行列式的所有项（不包括符号），共 $2!=2$ 项.

三阶行列式展开式中的项表示为 $a_{1p_1}a_{2p_2}a_{3p_3}$，其中 $p_1p_2p_3$ 为 3 阶排列，当 $p_1p_2p_3$ 取遍了 3 阶排列，即得到三阶行列式的所有项（不包括符号），共 $3!=6$ 项.

展开式中每一项的符号遵循这样的规律：当这一项中元素的行标按标准顺序排列后，如果对应的列标构成的排列是偶排列则取正号，是奇排列则取负号.

在搞清楚了二、三阶行列式的结构之后，依照二、三阶行列式的构成规律，我们给出 n 阶行列式的定义.

定义 n 阶行列式

$$\begin{vmatrix} a_{11} & a_{12} & \cdots & a_{1n} \\ a_{21} & a_{22} & \cdots & a_{2n} \\ \vdots & \vdots & & \vdots \\ a_{n1} & a_{n2} & \cdots & a_{nn} \end{vmatrix} \tag{2-8}$$

等于所有取自不同行不同列的 n 个元素的乘积

$$a_{1j_1}a_{2j_2}\cdots a_{nj_n} \tag{2-9}$$

的代数和，其中 $j_1j_2\cdots j_n$ 是 $1,2,\cdots,n$ 的一个排列. 每一项式(2-9) 都按下列规则带有符号：式(2-9) 中行标按标准排列后，当 $j_1j_2\cdots j_n$ 是偶排列时，该项带有正号；当 $j_1j_2\cdots j_n$ 是奇排列时，该项带有负号. 因此，n 阶行列式所表示的代数和中的一般项可以写为

$$(-1)^{\tau(j_1j_2\cdots j_n)}a_{1j_1}a_{2j_2}\cdots a_{nj_n}.$$

当 $j_1j_2\cdots j_n$ 取遍所有 n 阶排列时，则得到 n 阶行列式表示的代数和中所有的项，共 $n!$ 项. 记作

$$D=\begin{vmatrix} a_{11} & a_{12} & \cdots & a_{1n} \\ a_{21} & a_{22} & \cdots & a_{2n} \\ \vdots & \vdots & & \vdots \\ a_{n1} & a_{n2} & \cdots & a_{nn} \end{vmatrix}=\sum_{j_1j_2\cdots j_n}(-1)^{\tau(j_1j_2\cdots j_n)}a_{1j_1}a_{2j_2}\cdots a_{nj_n},$$

简记作 $\det(a_{ij})$，其中元素 a_{ij} 为行列式 D 的 (i,j) 元.

按此定义的二、三阶行列式，与本章第一节中用对角线法则定义的二、三阶行列式显然是一致的. 当 $n=1$ 时，一阶行列式 $|a|=a$，注意不要将行列式与绝对值相混淆.

下面来看几个例子.

【例 1】 计算四阶行列式

$$D=\begin{vmatrix} a_{11} & 0 & 0 & a_{14} \\ 0 & a_{22} & a_{23} & 0 \\ 0 & a_{32} & a_{33} & 0 \\ a_{41} & 0 & 0 & a_{44} \end{vmatrix}.$$

解 根据定义，D 是一个含有 $4!=24$ 项的代数和. 但是在这 24 项代数和中，除了

$$a_{11}a_{22}a_{33}a_{44}, a_{11}a_{23}a_{32}a_{44}, a_{14}a_{23}a_{32}a_{41}, a_{14}a_{22}a_{33}a_{41}$$

四项外，其余的项都等于零，与这四项对应的列标排列分别是

1234,1324,4321,4231.

在这四个排列中，第一与第三个是偶排列，第二与第四个是奇排列. 所以第一与第三项应取正号，第二与第四项应取负号. 于是

$$D=a_{11}a_{22}a_{33}a_{44}-a_{11}a_{23}a_{32}a_{44}+a_{14}a_{23}a_{32}a_{41}-a_{14}a_{22}a_{33}a_{41}.$$

【例 2】 证明：

(1) $D=\begin{vmatrix} a_{11} & a_{12} & \cdots & a_{1n} \\ 0 & a_{22} & \cdots & a_{2n} \\ \vdots & \vdots & & \vdots \\ 0 & 0 & \cdots & a_{nn} \end{vmatrix}=a_{11}a_{22}\cdots a_{nn}$；

(2) $D=\begin{vmatrix}\lambda_1 & 0 & \cdots & 0\\ 0 & \lambda_2 & \cdots & 0\\ \vdots & \vdots & & \vdots\\ 0 & 0 & \cdots & \lambda_n\end{vmatrix}=\lambda_1\lambda_2\cdots\lambda_n$.

证 (1) 由于当 $i>j$ 时，$a_{ij}=0$，故 D 中可能不为 0 的元素 a_{ij_i}，其下标应有 $j_i\geqslant i$，即 $j_1\geqslant 1,\cdots,j_n\geqslant n$，而 $j_1+\cdots+j_n=1+\cdots+n$，因此 $j_1=1,\cdots,j_n=n$. 这说明，所有 D 中可能不为 0 的项只有一项 $(-1)^{\tau}a_{11}a_{22}\cdots a_{nn}$，而此项的符号 $(-1)^{\tau}=(-1)^0=1$，故

$$D=a_{11}a_{22}\cdots a_{nn}.$$

(2) 作为 (1) 的特殊情形，结论显然成立. ▌

说明 主对角线以下（上）的元素都为 0 的行列式称为上（下）三角形行列式；特别地，主对角线以下和以上的元素都为 0 的行列式称为对角形行列式.

容易看出，如果行列式的元素都属于某个数域 P，那么这个行列式就称为数域 P 上的行列式. 显然数域 P 上的行列式的值仍在 P 中.

在行列式的定义中，为了决定每一项的正负号，需要把该项的 n 个元素按所在行的先后顺序排列起来，然后再根据列标所组成排列的奇偶性来决定这一项的正负号. 事实上，数的乘法是交换的，因而这 n 个元素的次序是可以任意写的，一般地，n 阶行列式中的项可以写成

$$a_{i_1j_1}a_{i_2j_2}\cdots a_{i_nj_n}, \tag{2-10}$$

其中 $i_1i_2\cdots i_n$，$j_1j_2\cdots j_n$ 是两个 n 阶排列. 在这种情况下，能否根据这两个排列的奇偶性直接确定出该项所带的正负号呢?

利用排列的性质可以证明：式(2-10) 的符号等于

$$(-1)^{\tau(i_1i_2\cdots i_n)+\tau(j_1j_2\cdots j_n)}. \tag{2-11}$$

事实上，为了根据行列式定义决定这一项前面所带的正负号，可先把这一项的 n 个元素重新排列，使它们的行标成标准排列，也就是排成

$$a_{i_1j_1}a_{i_2j_2}\cdots a_{i_nj_n}=a_{1j_1'}a_{2j_2'}\cdots a_{nj_n'},$$

于是这一项前面的符号就是

$$(-1)^{\tau(j_1'j_2'\cdots j_n')}.$$

容易看出，从 $a_{i_1j_1}a_{i_2j_2}\cdots a_{i_nj_n}$ 变到 $a_{1j_1'}a_{2j_2'}\cdots a_{nj_n'}$ 可以经过一系列元素的对换来实现. 每做一次对换，元素的行标与列标所成的排列 $i_1i_2\cdots i_n$ 与 $j_1j_2\cdots j_n$ 都同时做一次对换，也就 $\tau(i_1i_2\cdots i_n)$ 与 $\tau(j_1j_2\cdots j_n)$ 同时改变奇偶性，因而它们的和

$$\tau(i_1i_2\cdots i_n)+\tau(j_1j_2\cdots j_n)$$

的奇偶性不变. 因此在一系列对换之后有

$$(-1)^{\tau(i_1i_2\cdots i_n)+\tau(j_1j_2\cdots j_n)}=(-1)^{\tau(12\cdots n)+\tau(j_1'j_2'\cdots j_n')}=(-1)^{\tau(j_1'j_2'\cdots j_n')},$$

这说明 $a_{i_1j_1}a_{i_2j_2}\cdots a_{i_nj_n}$ 前面的正负号是

$$(-1)^{\tau(i_1i_2\cdots i_n)+\tau(j_1j_2\cdots j_n)}.$$

由此可知，如果 n 阶行列式的每一项按列标进行标准排列：

$$a_{i_11}a_{i_21}\cdots a_{i_nn},$$

那么它前面的符号是$(-1)^{\tau(i_1 i_2 \cdots i_n)}$. 因此行列式的定义也可以写成

$$\begin{vmatrix} a_{11} & a_{12} & \cdots & a_{1n} \\ a_{21} & a_{22} & \cdots & a_{2n} \\ \vdots & \vdots & & \vdots \\ a_{n1} & a_{n2} & \cdots & a_{nn} \end{vmatrix} = \sum_{i_1 i_2 \cdots i_n} (-1)^{\tau(i_1 i_2 \cdots i_n)} a_{i_1 1} a_{i_2 2} \cdots a_{i_n n}. \tag{2-12}$$

定义表明，为了计算 n 阶行列式，首先求所有可能由位于不同行、不同列元素构成的乘积，再把构成这些乘积的元素按行（列）标排成标准排列，然后由列（行）标所成的排列的奇偶性来决定这一项的符号.

习题 2-3

1. 写出 4 阶行列式中包含 a_{23} 且取负号的所有项.
2. 在 6 阶行列式的展开式中，$a_{23}a_{31}a_{42}a_{56}a_{14}a_{65}$，$a_{32}a_{43}a_{14}a_{51}a_{66}a_{25}$ 这两项带有什么符号？
3. 用行列式定义计算下列行列式：

(1) $\begin{vmatrix} 0 & 1 & 0 & \cdots & 0 \\ 0 & 0 & 2 & \cdots & 0 \\ \vdots & \vdots & \vdots & & \vdots \\ 0 & 0 & 0 & \cdots & n-1 \\ n & 0 & 0 & \cdots & 0 \end{vmatrix}$；(2) $\begin{vmatrix} a_{11} & a_{12} & a_{13} & \cdots & a_{1n} \\ a_{21} & a_{22} & a_{23} & \cdots & 0 \\ \vdots & \vdots & \vdots & & \vdots \\ a_{n-1,1} & a_{n-1,2} & 0 & \cdots & 0 \\ a_{n1} & 0 & 0 & \cdots & 0 \end{vmatrix}$.

4. 由行列式定义计算下面 $f(x)$ 中 x^3 与 x^4 的系数，并说明理由：

$$f(x)=\begin{vmatrix} 2x & x & 1 & 2 \\ 1 & x & 1 & -1 \\ 3 & 2 & x & 1 \\ 1 & 1 & 1 & x \end{vmatrix}.$$

5. 证明：若 n 阶行列式 D 中 0 的个数多于 n^2-n 个，则 $D=0$.
6. 由行列式 $D=\begin{vmatrix} 1 & 1 & \cdots & 1 \\ 1 & 1 & \cdots & 1 \\ \vdots & \vdots & & \vdots \\ 1 & 1 & \cdots & 1 \end{vmatrix}=0$，证明：奇偶排列各占一半.

第四节　行列式的性质

行列式的计算是一个重要的问题，也是一个很复杂的问题. 从理论上说，行列式的定义本身就给出了计算行列式的方法. 然而问题并没有这样简单，例如，一个 10 阶行列式有 $10!=3628800$ 项，至于阶数更高的行列式，利用定义来计算行列式几乎是不可能的事. 因此，我们有必要讨论行列式的若干重要性质. 这些性质一方面是今后继续深入学习的需要，另一方面，利用这些性质可以使行列式的计算大为简化.

研究行列式的性质，主要就是研究：

(1) 在什么样的条件下，行列式等于 0？

(2) 行列式的哪些变换使行列式的值不变，或者它的改变是很容易估计的？

本节我们首先要讨论行列式的重要性质，然后，进一步讨论如何利用这些性质计算高阶行列式的值.

定义 将行列式 D 的行与列互换后得到的行列式，称为 D 的转置行列式，记作 D^{T}，即若

$$D=\begin{vmatrix} a_{11} & a_{12} & \cdots & a_{1n} \\ a_{21} & a_{22} & \cdots & a_{2n} \\ \vdots & \vdots & & \vdots \\ a_{n1} & a_{n2} & \cdots & a_{nn} \end{vmatrix}，则\ D^{\mathrm{T}}=\begin{vmatrix} a_{11} & a_{21} & \cdots & a_{n1} \\ a_{12} & a_{22} & \cdots & a_{n2} \\ \vdots & \vdots & & \vdots \\ a_{1n} & a_{2n} & \cdots & a_{nn} \end{vmatrix}.$$

性质 1 行列式与它的转置行列式相等，即 $D=D^{\mathrm{T}}$.

证 记行列式 $D=\det(a_{ij})$的转置行列式为

$$D^{\mathrm{T}}=\begin{vmatrix} b_{11} & b_{12} & \cdots & b_{1n} \\ b_{21} & b_{22} & \cdots & b_{2n} \\ \vdots & \vdots & & \vdots \\ b_{n1} & b_{n2} & \cdots & b_{nn} \end{vmatrix},$$

即 $b_{ij}=a_{ji}(i,j=1,2,\cdots,n)$，根据行列式定义

$$D^{\mathrm{T}}=\sum_{j_1j_2\cdots j_n}(-1)^{\tau(j_1j_2\cdots j_n)}b_{1j_1}b_{2j_2}\cdots b_{nj_n}=\sum_{j_1j_2\cdots j_n}(-1)^{\tau(j_1j_2\cdots j_n)}a_{j_11}a_{j_22}\cdots a_{j_nn},$$

又由行列式的另一种表示得

$$D=\sum_{j_1j_2\cdots j_n}(-1)^{\tau(j_1j_2\cdots j_n)}a_{j_11}a_{j_22}\cdots a_{j_nn}.$$

所以，$D=D^{\mathrm{T}}$ 结论成立. ▮

说明 行列式中行与列具有同等的地位，因此行列式的性质凡是对行成立的结论，对列也同样成立.

性质 2 行列式中某一行的所有元素同乘一个数 k，等于 k 乘这个行列式，或者说行列式中某一行所有元素的公因子 k 可以提到行列式的外边，即

$$\begin{vmatrix} a_{11} & a_{12} & \cdots & a_{1n} \\ \vdots & \vdots & & \vdots \\ ka_{i1} & ka_{i2} & \cdots & ka_{in} \\ \vdots & \vdots & & \vdots \\ a_{n1} & a_{n2} & \cdots & a_{nn} \end{vmatrix}=k\begin{vmatrix} a_{11} & a_{12} & \cdots & a_{1n} \\ \vdots & \vdots & & \vdots \\ a_{i1} & a_{i2} & \cdots & a_{in} \\ \vdots & \vdots & & \vdots \\ a_{n1} & a_{n2} & \cdots & a_{nn} \end{vmatrix}.$$

证 上式左端 $=\sum\limits_{j_1j_2\cdots j_n}(-1)^{\tau(j_1j_2\cdots j_n)}a_{1j_1}\cdots(ka_{ij_i})\cdots a_{nj_n}$

$=k\sum\limits_{j_1j_2\cdots j_n}(-1)^{\tau(j_1j_2\cdots j_n)}a_{1j_1}\cdots a_{ij_i}\cdots a_{nj_n}$

$=$右端. ▮

性质 3 如果行列式的某一行的元素都是两个数之和，则有

$$\begin{vmatrix} a_{11} & a_{12} & \cdots & a_{1n} \\ \vdots & \vdots & & \vdots \\ b_{i1}+c_{i1} & b_{i2}+c_{i2} & \cdots & b_{in}+c_{in} \\ \vdots & \vdots & & \vdots \\ a_{n1} & a_{n2} & \cdots & a_{nn} \end{vmatrix} = \begin{vmatrix} a_{11} & a_{12} & \cdots & a_{1n} \\ \vdots & \vdots & & \vdots \\ b_{i1} & b_{i2} & \cdots & b_{in} \\ \vdots & \vdots & & \vdots \\ a_{n1} & a_{n2} & \cdots & a_{nn} \end{vmatrix} + \begin{vmatrix} a_{11} & a_{12} & \cdots & a_{1n} \\ \vdots & \vdots & & \vdots \\ c_{i1} & c_{i2} & \cdots & c_{in} \\ \vdots & \vdots & & \vdots \\ a_{n1} & a_{n2} & \cdots & a_{nn} \end{vmatrix}$$

证 上式左端 $= \sum\limits_{j_1 j_2 \cdots j_n} (-1)^{\tau(j_1 j_2 \cdots j_n)} a_{1j_1} \cdots (b_{ij_i} + c_{ij_i}) \cdots a_{nj_n}$

$$= \sum_{j_1 j_2 \cdots j_n} (-1)^{\tau(j_1 j_2 \cdots j_n)} a_{1j_1} \cdots b_{ij_i} \cdots a_{nj_n} + \sum_{j_1 j_2 \cdots j_n} (-1)^{\tau(j_1 j_2 \cdots j_n)} a_{1j_1} \cdots c_{ij_i} \cdots a_{nj_n}$$

$=$ 右端. ∎

这一性质显然可以推广到某一行为多项和的情形.

性质 4 对换行列式的两行位置，行列式变号，即

$$\begin{vmatrix} a_{11} & a_{12} & \cdots & a_{1n} \\ \vdots & \vdots & & \vdots \\ a_{i1} & a_{i2} & \cdots & a_{in} \\ \vdots & \vdots & & \vdots \\ a_{j1} & a_{j2} & \cdots & a_{jn} \\ \vdots & \vdots & & \vdots \\ a_{n1} & a_{n2} & \cdots & a_{nn} \end{vmatrix} \begin{matrix} \\ \\ (i) \\ \\ (j) \\ \\ \\ \end{matrix} = - \begin{vmatrix} a_{11} & a_{12} & \cdots & a_{1n} \\ \vdots & \vdots & & \vdots \\ a_{j1} & a_{j2} & \cdots & a_{jn} \\ \vdots & \vdots & & \vdots \\ a_{i1} & a_{i2} & \cdots & a_{in} \\ \vdots & \vdots & & \vdots \\ a_{n1} & a_{n2} & \cdots & a_{nn} \end{vmatrix} \begin{matrix} \\ \\ (i) \\ \\ (j) \\ \\ \\ \end{matrix}.$$

证 等式左端行列式的每一项可以写成

$$a_{1k_1} \cdots a_{ik_i} \cdots a_{jk_j} \cdots a_{nk_n}.$$

由于左端行列式中每一项的元素在右端行列式中位于不同行、不同列，所以它也是右端行列式的一项. 反过来，右端行列式的每一项也是左端行列式的一项. 因此等式两端的行列式含有相同的项.

在左端行列式中该项的符号是$(-1)^{\tau(k_1 \cdots k_i \cdots k_j \cdots k_n)}$，在右端行列式中，原行列式的第 i 行变成第 j 行，第 j 行变成第 i 行，而列的次序并没有改变. 又 $\tau(1 \cdots i \cdots j \cdots n)=0$ 是偶数，$\tau(1 \cdots j \cdots i \cdots n)$是奇数，因此该项在右端行列式中的符号是

$$(-1)^{\tau(1 \cdots j \cdots i \cdots n)+\tau(k_1 \cdots k_i \cdots k_j \cdots k_n)} = (-1)^{\tau(1 \cdots j \cdots i \cdots n)} \times (-1)^{\tau(k_1 \cdots k_i \cdots k_j \cdots k_n)} = -(-1)^{\tau(k_1 \cdots k_i \cdots k_j \cdots k_n)}.$$

因而该项在左端与右端的行列式中的符号相反，所以对换行列式的两行位置，行列式变号. ∎

根据以上性质，我们不难得到下面两个推论：

推论 1 如果行列式中有两行元素相同，那么行列式为零.

证 因为互换相同的两行元素，行列式不变，但根据性质 4，它们又应该反号，即 $D=-D$，所以 $D=0$. ∎

推论 2 如果行列式中两行元素成比例，那么行列式为零.

证 设行列式中第 i 行的各个元素是第 $j(i \neq j)$行对应元素的 k 倍，那么把第 i 行的公因子 k 提到行列式外面，就得到有两行完全相同的行列式，因而行列式等于零. ∎

性质 5 把行列式的某一行的元素乘以数 k 后加到另一行对应元素上，行列式不

变. 即

$$\begin{vmatrix} a_{11} & a_{12} & \cdots & a_{1n} \\ \vdots & \vdots & & \vdots \\ a_{i1} & a_{i2} & \cdots & a_{in} \\ \vdots & \vdots & & \vdots \\ a_{j1} & a_{j2} & \cdots & a_{jn} \\ \vdots & \vdots & & \vdots \\ a_{n1} & a_{n2} & \cdots & a_{nn} \end{vmatrix} = \begin{vmatrix} a_{11} & a_{12} & \cdots & a_{1n} \\ \vdots & \vdots & & \vdots \\ a_{i1}+ka_{j1} & a_{i2}+ka_{j2} & \cdots & a_{in}+ka_{jn} \\ \vdots & \vdots & & \vdots \\ a_{j1} & a_{j2} & \cdots & a_{jn} \\ \vdots & \vdots & & \vdots \\ a_{n1} & a_{n2} & \cdots & a_{nn} \end{vmatrix}.$$

证 右端 $= \begin{vmatrix} a_{11} & a_{12} & \cdots & a_{1n} \\ \vdots & \vdots & & \vdots \\ a_{i1} & a_{i2} & \cdots & a_{in} \\ \vdots & \vdots & & \vdots \\ a_{j1} & a_{j2} & \cdots & a_{jn} \\ \vdots & \vdots & & \vdots \\ a_{n1} & a_{n2} & \cdots & a_{nn} \end{vmatrix} + \begin{vmatrix} a_{11} & a_{12} & \cdots & a_{1n} \\ \vdots & \vdots & & \vdots \\ ka_{j1} & ka_{j2} & \cdots & ka_{jn} \\ \vdots & \vdots & & \vdots \\ a_{j1} & a_{j2} & \cdots & a_{jn} \\ \vdots & \vdots & & \vdots \\ a_{n1} & a_{n2} & \cdots & a_{nn} \end{vmatrix}$

$= \begin{vmatrix} a_{11} & a_{12} & \cdots & a_{1n} \\ \vdots & \vdots & & \vdots \\ a_{i1} & a_{i2} & \cdots & a_{in} \\ \vdots & \vdots & & \vdots \\ a_{j1} & a_{j2} & \cdots & a_{jn} \\ \vdots & \vdots & & \vdots \\ a_{n1} & a_{n2} & \cdots & a_{nn} \end{vmatrix} + 0 =$ 左端. ∎

在计算行列式时，我们经常利用性质 2、4、5 对行列式进行变换：

利用性质 2，行列式的第 i 行（列）乘以数 k，记作 $r_i \times k(c_i \times k)$；

利用性质 4，交换行列式的第 i,j 两行（列），记作 $r_i \leftrightarrow r_j(c_i \leftrightarrow c_j)$；

利用性质 5 把行列式的第 j 行（列）的各个元素乘以数 k 加到第 i 行（列）的对应元素上，记作 $r_i + r_j \times k(c_i + c_j \times k)$.

作为行列式性质的应用，我们来看下面的例子.

【例 1】 证明

$$\begin{vmatrix} a+b & b+c & c+a \\ a_1+b_1 & b_1+c_1 & c_1+a_1 \\ a_2+b_2 & b_2+c_2 & c_2+a_2 \end{vmatrix} = 2\begin{vmatrix} a & b & c \\ a_1 & b_1 & c_1 \\ a_2 & b_2 & c_2 \end{vmatrix}.$$

证 由性质 3、4、5 得

$$\begin{vmatrix} a+b & b+c & c+a \\ a_1+b_1 & b_1+c_1 & c_1+a_1 \\ a_2+b_2 & b_2+c_2 & c_2+a_2 \end{vmatrix} = \begin{vmatrix} a & b+c & c+a \\ a_1 & b_1+c_1 & c_1+a_1 \\ a_2 & b_2+c_2 & c_2+a_2 \end{vmatrix} + \begin{vmatrix} b & b+c & c+a \\ b_1 & b_1+c_1 & c_1+a_1 \\ b_2 & b_2+c_2 & c_2+a_2 \end{vmatrix}$$

$$= \begin{vmatrix} a & b+c & c \\ a_1 & b_1+c_1 & c_1 \\ a_2 & b_2+c_2 & c_2 \end{vmatrix} + \begin{vmatrix} b & c & c+a \\ b_1 & c_1 & c_1+a_1 \\ b_2 & c_2 & c_2+a_2 \end{vmatrix}$$

$$=\begin{vmatrix} a & b & c \\ a_1 & b_1 & c_1 \\ a_2 & b_2 & c_2 \end{vmatrix}+\begin{vmatrix} b & c & a \\ b_1 & c_1 & a_1 \\ b_2 & c_2 & a_2 \end{vmatrix}=2\begin{vmatrix} a & b & c \\ a_1 & b_1 & c_1 \\ a_2 & b_2 & c_2 \end{vmatrix}. \blacksquare$$

我们曾经证明过，上三角形行列式等于主对角线上的 n 个元素的乘积. 因此我们可以运用行列式的性质，把一个行列式化为上三角形行列式进行计算.

【例 2】 计算 $D=\begin{vmatrix} -2 & 5 & -1 & 3 \\ 1 & -9 & 13 & 7 \\ 3 & -1 & 5 & -5 \\ 2 & 8 & -7 & -10 \end{vmatrix}$.

解

$$D=-\begin{vmatrix} 1 & -9 & 13 & 7 \\ -2 & 5 & -1 & 3 \\ 3 & -1 & 5 & -5 \\ 2 & 8 & -7 & -10 \end{vmatrix}=-\begin{vmatrix} 1 & -9 & 13 & 7 \\ 0 & -13 & 25 & 17 \\ 0 & 26 & -34 & -26 \\ 0 & 26 & -33 & -24 \end{vmatrix}$$

$$=-\begin{vmatrix} 1 & -9 & 13 & 7 \\ 0 & -13 & 25 & 17 \\ 0 & 0 & 16 & 8 \\ 0 & 0 & 17 & 10 \end{vmatrix}=-\begin{vmatrix} 1 & -9 & 13 & 7 \\ 0 & -13 & 25 & 17 \\ 0 & 0 & 16 & 8 \\ 0 & 0 & 0 & \frac{3}{2} \end{vmatrix}=-1\times(-13)\times16\times\frac{3}{2}=312.$$

【例 3】 计算 n 阶行列式 $D=\begin{vmatrix} a & b & b & \cdots & b \\ b & a & b & \cdots & b \\ b & b & a & \cdots & b \\ \vdots & \vdots & \vdots & & \vdots \\ b & b & b & \cdots & a \end{vmatrix}$.

解 这个行列式的特点是每一行有一个元素是 a，其余 $n-1$ 个元素是 b，根据性质 5，把第二列加到第一列，行列式不变，再把第三列加到第一列，行列式也不变……直到第 n 列也加到第一列，即得

$$D=\begin{vmatrix} a+(n-1)b & b & b & \cdots & b \\ a+(n-1)b & a & b & \cdots & b \\ a+(n-1)b & b & a & \cdots & b \\ \vdots & \vdots & \vdots & & \vdots \\ a+(n-1)b & b & b & \cdots & a \end{vmatrix}=[a+(n-1)b]\begin{vmatrix} 1 & b & b & \cdots & b \\ 1 & a & b & \cdots & b \\ 1 & b & a & \cdots & b \\ \vdots & \vdots & \vdots & & \vdots \\ 1 & b & b & \cdots & a \end{vmatrix}.$$

把第一行的 -1 倍分别加到第二行至第 n 行，就有

$$D=[a+(n-1)b]\begin{vmatrix} 1 & b & b & \cdots & b \\ 0 & a-b & 0 & \cdots & 0 \\ 0 & 0 & a-b & \cdots & 0 \\ \vdots & \vdots & \vdots & & \vdots \\ 0 & 0 & 0 & \cdots & a-b \end{vmatrix}=[a+(n-1)b](a-b)^{n-1}.$$

【例 4】 一个 n 阶行列式，如果它的元素满足

$$a_{ij}=-a_{ji}(i,j=1,2,\cdots,n),$$

就称它是反对称行列式. 由反对称行列式定义知其主对角线上的元素全等于零证明奇数阶反对称行列式等于零.

证 设

$$D=\begin{vmatrix} 0 & a_{12} & a_{13} & \cdots & a_{1n} \\ -a_{12} & 0 & a_{23} & \cdots & a_{2n} \\ -a_{13} & -a_{23} & 0 & \cdots & a_{3n} \\ \vdots & \vdots & \vdots & & \vdots \\ -a_{1n} & -a_{2n} & -a_{3n} & \cdots & 0 \end{vmatrix}$$

是一个奇数阶反对称行列式. 由性质 1、2 得

$$D=\begin{vmatrix} 0 & -a_{12} & -a_{13} & \cdots & -a_{1n} \\ a_{12} & 0 & -a_{23} & \cdots & -a_{2n} \\ a_{13} & a_{23} & 0 & \cdots & -a_{3n} \\ \vdots & \vdots & \vdots & & \vdots \\ a_{1n} & a_{2n} & a_{3n} & \cdots & 0 \end{vmatrix}=(-1)^n\begin{vmatrix} 0 & a_{12} & a_{13} & \cdots & a_{1n} \\ -a_{12} & 0 & a_{23} & \cdots & a_{2n} \\ -a_{13} & -a_{23} & 0 & \cdots & a_{3n} \\ \vdots & \vdots & \vdots & & \vdots \\ -a_{1n} & -a_{2n} & -a_{3n} & \cdots & 0 \end{vmatrix}=(-1)^nD.$$

因为 n 是奇数，所以 $D=-D$，即 $D=0$. ▌

习题 2-4

1. 计算如下行列式：

(1) $\begin{vmatrix} 246 & 427 & 327 \\ 1014 & 543 & 443 \\ -342 & 721 & 621 \end{vmatrix}$；　(2) $\begin{vmatrix} x & y & x+y \\ y & x+y & x \\ x+y & x & y \end{vmatrix}$；

(3) $\begin{vmatrix} 1 & 2 & 0 & 1 \\ 1 & 3 & 5 & 0 \\ 0 & 1 & 5 & 6 \\ 1 & 2 & 3 & 4 \end{vmatrix}$；　(4) $\begin{vmatrix} 3 & 1 & 1 & 1 \\ 1 & 3 & 1 & 1 \\ 1 & 1 & 3 & 1 \\ 1 & 1 & 1 & 3 \end{vmatrix}$；

(5) $\begin{vmatrix} 1+x & 1 & 1 & 1 \\ 1 & 1-x & 1 & 1 \\ 1 & 1 & 1+y & 1 \\ 1 & 1 & 1 & 1-y \end{vmatrix}$；　(6) $\begin{vmatrix} a^2 & (a+1)^2 & (a+2)^2 & (a+3)^2 \\ b^2 & (b+1)^2 & (b+2)^2 & (b+3)^2 \\ c^2 & (c+1)^2 & (c+2)^2 & (c+3)^2 \\ d^2 & (d+1)^2 & (d+2)^2 & (d+3)^2 \end{vmatrix}$.

2. 计算如下 n 阶行列式：

(1) $\begin{vmatrix} a_1-b & a_2 & \cdots & a_n \\ a_1 & a_2-b & \cdots & a_n \\ \vdots & \vdots & & \vdots \\ a_1 & a_2 & \cdots & a_n-b \end{vmatrix}$；　(2) $\begin{vmatrix} a_0 & 1 & 1 & \cdots & 1 \\ 1 & a_1 & 0 & \cdots & 0 \\ 1 & 0 & a_2 & \cdots & 0 \\ \vdots & \vdots & \vdots & & \vdots \\ 1 & 0 & 0 & \cdots & a_n \end{vmatrix}(a_1a_2\cdots a_n\neq 0)$.

3. 证明如下等式：

(1) $\begin{vmatrix} ax+by & ay+bz & az+bx \\ ay+bz & az+bx & ax+by \\ az+bx & ax+by & ay+bz \end{vmatrix}=(a^3+b^3)\begin{vmatrix} x & y & z \\ y & z & x \\ z & x & y \end{vmatrix}$；

(2) $\begin{vmatrix} a & b & c & d \\ a & a+b & a+b+c & a+b+c+d \\ a & 2a+b & 3a+2b+c & 4a+3b+2c+d \\ a & 3a+b & 6a+3b+c & 10a+6b+3c+d \end{vmatrix}=a^4$.

4. 设 $\begin{vmatrix} a_{11} & a_{12} & \cdots & a_{1n} \\ a_{21} & a_{22} & \cdots & a_{2n} \\ \vdots & \vdots & & \vdots \\ a_{n1} & a_{n2} & \cdots & a_{nn} \end{vmatrix}=b$，求 $\begin{vmatrix} a_{n1} & a_{n2} & \cdots & a_{nn} \\ a_{n-1,1} & a_{n-1,2} & \cdots & a_{n-1,n} \\ \vdots & \vdots & & \vdots \\ a_{11} & a_{12} & \cdots & a_{1n} \end{vmatrix}$.

5. 求 $\sum\limits_{j_1j_2\cdots j_n}\begin{vmatrix} a_{1j_1} & a_{1j_2} & \cdots & a_{1j_n} \\ a_{2j_1} & a_{2j_2} & \cdots & a_{2j_n} \\ \vdots & \vdots & & \vdots \\ a_{nj_1} & a_{nj_2} & \cdots & a_{nj_n} \end{vmatrix}$，其中 $\sum\limits_{j_1j_2\cdots j_n}$ 是对所有 n 阶排列求和.

第五节　行列式按一行（列）展开

我们知道，当行列式的阶数比较低时，计算就比较容易. 由此我们自然会想到：能否把一个阶数较高的行列式转化成阶数较低的行列式进行计算？本节我们介绍行列式按一行（或一列）的展开公式. 我们所给出的公式不仅可以用来简化行列式的计算，而且在理论上也常被使用. 可以认为，这些公式也反映了行列式的某种性质.

我们先来看一下三阶行列式的展开式：

$$\begin{vmatrix} a_{11} & a_{12} & a_{13} \\ a_{21} & a_{22} & a_{23} \\ a_{31} & a_{32} & a_{33} \end{vmatrix}=a_{11}a_{22}a_{33}+a_{12}a_{23}a_{31}+a_{13}a_{21}a_{32}-a_{13}a_{22}a_{31}-a_{12}a_{21}a_{33}-a_{11}a_{23}a_{32}.$$

将等式的右端按任意一行的元素加以整理，比如说，按第一行的三个元素 a_{11},a_{12},a_{13} 加以整理可得

$$\begin{aligned}\begin{vmatrix} a_{11} & a_{12} & a_{13} \\ a_{21} & a_{22} & a_{23} \\ a_{31} & a_{32} & a_{33} \end{vmatrix}&=a_{11}(a_{22}a_{33}-a_{23}a_{32})+a_{12}(a_{23}a_{31}-a_{21}a_{33})+a_{13}(a_{21}a_{32}-a_{22}a_{31})\\ &=a_{11}\begin{vmatrix} a_{22} & a_{23} \\ a_{32} & a_{33} \end{vmatrix}+a_{12}\begin{vmatrix} a_{23} & a_{21} \\ a_{33} & a_{31} \end{vmatrix}+a_{13}\begin{vmatrix} a_{21} & a_{22} \\ a_{31} & a_{32} \end{vmatrix}.\end{aligned}$$

这说明，一个三阶行列式的计算可以归结为某些二阶行列式的计算. 或者换句话说，一个三阶行列式可以按任意某行（或列）展开.

对于 n 阶行列式也可以做到这一点，为此我们先引入余子式和代数余子式的概念.

定义 1　在 n 阶行列式

$$\begin{vmatrix} a_{11} & \cdots & a_{1j} & \cdots & a_{1n} \\ \vdots & & \vdots & & \vdots \\ a_{i1} & \cdots & a_{ij} & \cdots & a_{in} \\ \vdots & & \vdots & & \vdots \\ a_{n1} & \cdots & a_{nj} & \cdots & a_{nn} \end{vmatrix}$$

中划去元素 a_{ij} 所在的第 i 行与第 j 列，剩下的 $(n-1)^2$ 个元素按原来的排法构成一个 $n-1$ 阶行列式

$$\begin{vmatrix} a_{11} & \cdots & a_{1,j-1} & a_{1,j+1} & \cdots & a_{1n} \\ \vdots & & \vdots & \vdots & & \vdots \\ a_{i-1,1} & \cdots & a_{i-1,j-1} & a_{i-1,j+1} & \cdots & a_{i-1,n} \\ a_{i+1,1} & \cdots & a_{i+1,j-1} & a_{i+1,j+1} & \cdots & a_{i+1,n} \\ \vdots & & \vdots & \vdots & & \vdots \\ a_{n1} & \cdots & a_{n,j-1} & a_{n,j+1} & \cdots & a_{nn} \end{vmatrix}$$

称为元素 a_{ij} 的余子式，记作 M_{ij}.

应用余子式的定义，三阶行列式可以改写为

$$\begin{vmatrix} a_{11} & a_{12} & a_{13} \\ a_{21} & a_{22} & a_{23} \\ a_{31} & a_{32} & a_{33} \end{vmatrix} = a_{11}M_{11} - a_{12}M_{12} + a_{13}M_{13}.$$

定义 2 令 $A_{ij}=(-1)^{i+j}M_{ij}$，A_{ij} 称为元素 a_{ij} 的代数余子式.

应用代数余子式的定义，三阶行列式可以改写为

$$\begin{vmatrix} a_{11} & a_{12} & a_{13} \\ a_{21} & a_{22} & a_{23} \\ a_{31} & a_{32} & a_{33} \end{vmatrix} = a_{11}A_{11} + a_{12}A_{12} + a_{13}A_{13}.$$

下面我们证明对于 n 阶行列式也有类似的公式.

定理 3 设 n 阶行列式

$$D=\begin{vmatrix} a_{11} & a_{12} & \cdots & a_{1n} \\ a_{21} & a_{22} & \cdots & a_{2n} \\ \vdots & \vdots & & \vdots \\ a_{n1} & a_{n2} & \cdots & a_{nn} \end{vmatrix}$$

等于它任意一行的元素与它们对应的代数余子式乘积的和，即

$$D=a_{k1}A_{k1}+a_{k2}A_{k2}+\cdots+a_{kn}A_{kn}\ (k=1,2,\cdots,n).$$

证 只需证明等式右端的每一项都是 D 的项，而且各项前面的符号与它在 D 中的正负符号也一致. 由于每个 $a_{kj}A_{kj}$ 有 $(n-1)!$ 项，所以等式右端一共有 $n(n-1)!=n!$ 项. 因此两端项数相等.

在等式右端，$a_{kj}A_{kj}$ 中每项可写成

$$a_{kj}a_{1j_1}\cdots a_{k-1,j_{k-1}}a_{k+1,j_{k+1}}\cdots a_{nj_n}, \tag{2-13}$$

其中 $j_1,\cdots,j_{k-1},j_{k+1},\cdots,j_n$ 是 $1,\cdots,k-1,k+1,\cdots,n$ 的一个排列. 因而式(2-13) 是 D 的项. 在等式右端中这个项前面的符号是

$$\begin{aligned} &(-1)^{k+j}\times(-1)^{\tau(j_1,\cdots,j_{k-1},j_{k+1},\cdots,j_n)} \\ =&(-1)^{k-1}\times(-1)^{j-1+\tau(j_1,\cdots,j_{k-1},j_{k+1},\cdots,j_n)} \\ =&(-1)^{\tau(k,1,\cdots k-1,k+1,\cdots,n)+\tau(j,j_1,\cdots j_{k-1},j_{k+1},\cdots,j_n)}, \end{aligned}$$

而这正是 $a_{kj}a_{1j_1}\cdots a_{k-1,j_{k-1}}a_{k+1,j_{k+1}}\cdots a_{nj_n}$ 在 D 中所带的符号. 这就证明了定理 3. ▋

由于行列式中行与列的对称性，所以同样也可以将行列式按一列展开. 即

$$D=a_{1l}A_{1l}+a_{2l}A_{2l}+\cdots+a_{nl}A_{nl}\ (l=1,2,\cdots,n)$$

也就是说，n 阶行列式 D 等于它任意一列的元素与它们对应的代数余子式的乘积的和.

由定义可以看出：元素 a_{ij} 的代数余子式只与 a_{ij} 所在的位置有关，而与 a_{ij} 本身的数值无关. 利用这一点，我们可以证明代数余子式的另一个重要性质：

定理 4 设 n 阶行列式

$$D=\begin{vmatrix} a_{11} & a_{12} & \cdots & a_{1n} \\ a_{21} & a_{22} & \cdots & a_{2n} \\ \vdots & \vdots & & \vdots \\ a_{n1} & a_{n2} & \cdots & a_{nn} \end{vmatrix}$$

中某一行（列）的元素与另一行（列）相应元素的代数余子式的乘积的和等于零. 即

$$a_{k1}A_{i1}+a_{k2}A_{i2}+\cdots+a_{kn}A_{in}=0,(i\neq k).$$

证 在行列式

$$D=\begin{vmatrix} a_{11} & a_{12} & \cdots & a_{1n} \\ \vdots & \vdots & & \vdots \\ a_{i1} & a_{i2} & \cdots & a_{in} \\ \vdots & \vdots & & \vdots \\ a_{k1} & a_{k2} & \cdots & a_{kn} \\ \vdots & \vdots & & \vdots \\ a_{n1} & a_{n2} & \cdots & a_{nn} \end{vmatrix}$$

中，将第 i 行的元素都换成第 $k(i\neq k)$行的元素，得另一个行列式

$$D_1=\begin{vmatrix} a_{11} & a_{12} & \cdots & a_{1n} \\ \vdots & \vdots & & \vdots \\ a_{k1} & a_{k2} & \cdots & a_{kn} \\ \vdots & \vdots & & \vdots \\ a_{k1} & a_{k2} & \cdots & a_{kn} \\ \vdots & \vdots & & \vdots \\ a_{n1} & a_{n2} & \cdots & a_{nn} \end{vmatrix}.$$

显然，D_1 的第 i 行各元素代数余子式与 D 中的第 i 行各元素的代数余子式是完全一样的. 将 D_1 按第 i 行展开，得

$$D_1=a_{k1}A_{i1}+a_{k2}A_{i2}+\cdots+a_{kn}A_{in},$$

因为 D_1 中有两行元素相同，所以 $D_1=0$.

关于列，相应的有

$$a_{1l}A_{1j}+a_{2l}A_{2j}+\cdots+a_{nl}A_{nj}=0,(l\neq j). \blacksquare$$

将定理 3 与定理 4 合并，可得

$$a_{k1}A_{i1}+a_{k2}A_{i2}+\cdots+a_{kn}A_{in}=\begin{cases} D, & k=i \\ 0, & k\neq i \end{cases},$$

$$a_{1l}A_{1j}+a_{2l}A_{2j}+\cdots+a_{nl}A_{nj}=\begin{cases} D, & l=j \\ 0, & l\neq j \end{cases}.$$

即简写为

$$\sum_{s=1}^{n} a_{ks}A_{is}=\begin{cases}D, & k=i\\ 0, & k\neq i\end{cases},\qquad \sum_{s=1}^{n} a_{sl}A_{sj}=\begin{cases}D, & l=j\\ 0, & l\neq j\end{cases}.$$

在 $n=3$ 时，行列式按一行展开公式具有明显的几何意义. 如果把行列式的行看作向量在直角坐标系下的坐标，即设

$$\boldsymbol{\alpha}_1=(a_{11},a_{12},a_{13}),\boldsymbol{\alpha}_2=(a_{21},a_{22},a_{23}),\boldsymbol{\alpha}_3=(a_{31},a_{32},a_{33}),$$

那么

$$\boldsymbol{\alpha}_2\times\boldsymbol{\alpha}_3=(A_{11},A_{12},A_{13}).$$

于是

$$a_{11}A_{11}+a_{12}A_{12}+a_{13}A_{13}=\boldsymbol{\alpha}_1(\boldsymbol{\alpha}_2\cdot\boldsymbol{\alpha}_3),$$
$$a_{21}A_{11}+a_{22}A_{12}+a_{23}A_{13}=\boldsymbol{\alpha}_2(\boldsymbol{\alpha}_2\cdot\boldsymbol{\alpha}_3)=0,$$
$$a_{31}A_{11}+a_{32}A_{12}+a_{33}A_{13}=\boldsymbol{\alpha}_3(\boldsymbol{\alpha}_2\cdot\boldsymbol{\alpha}_3)=0.$$

由此可得，三个向量 $\boldsymbol{\alpha}_1,\boldsymbol{\alpha}_2,\boldsymbol{\alpha}_3$ 共面的充分必要条件是它们的坐标构成的 3 阶行列式 $D=0$；若 $D\neq 0$，则 $|D|$ 表示以这三条向量为邻边的平行六面体的体积.

行列式按一行（列）的展开公式说明，n 阶行列式的计算可以归结为 $n-1$ 阶行列式的计算. 但是当行列式的某一行（列）的元素不为零时，按这一行（列）展开并不能减少计算量. 在实际计算时究竟按哪一行（列）展开？一般我们总是选择零比较多的行（列），显然按这样的行（列）展开，计算将有所化简. 更常用的方法是先利用行列式的性质，将行列式的某行（列）化简为只含一个非零元素的行（列），然后再按该行（列）展开. 这也是计算数字行列式的一种比较普遍的方法.

【例 1】 计算行列式

$$\begin{vmatrix}5 & 3 & -1 & 2 & 0\\ 1 & 7 & 2 & 5 & 2\\ 0 & -2 & 3 & 1 & 0\\ 0 & -4 & -1 & 4 & 0\\ 0 & 2 & 3 & 5 & 0\end{vmatrix}.$$

解 原式 $=2\times(-1)^{2+5}\times\begin{vmatrix}5 & 3 & -1 & 2\\ 0 & -2 & 3 & 1\\ 0 & -4 & -1 & 4\\ 0 & 2 & 3 & 5\end{vmatrix}$

$$=-2\times 5\begin{vmatrix}-2 & 3 & 1\\ -4 & -1 & 4\\ 2 & 3 & 5\end{vmatrix}=-10\begin{vmatrix}-2 & 3 & 1\\ 0 & -7 & 2\\ 0 & 6 & 6\end{vmatrix}$$

$$=(-10)\times(-2)\begin{vmatrix}-7 & 2\\ 6 & 6\end{vmatrix}=20\times(-42-12)=-1080.$$

【例 2】 计算行列式

$$\begin{vmatrix}1 & 2 & 3 & \cdots & n\\ 2 & 3 & 4 & \cdots & 1\\ 3 & 4 & 5 & \cdots & 2\\ \vdots & \vdots & \vdots & & \vdots\\ n & 1 & 2 & \cdots & n-1\end{vmatrix}.$$

解 把行列式的第 2 列到第 n 列都加到第 1 列上，并提取公因子得

$$\begin{vmatrix} 1 & 2 & 3 & \cdots & n \\ 2 & 3 & 4 & \cdots & 1 \\ 3 & 4 & 5 & \cdots & 2 \\ \vdots & \vdots & \vdots & & \vdots \\ n & 1 & 2 & \cdots & n-1 \end{vmatrix} = \frac{n(n+1)}{2}\begin{vmatrix} 1 & 2 & 3 & \cdots & n \\ 1 & 3 & 4 & \cdots & 1 \\ 1 & 4 & 5 & \cdots & 2 \\ \vdots & \vdots & \vdots & & \vdots \\ 1 & 1 & 2 & \cdots & n-1 \end{vmatrix}$$

$$= \frac{n(n+1)}{2}\begin{vmatrix} 1 & 2 & 3 & \cdots & n \\ 0 & 1 & 1 & \cdots & 1-n \\ 0 & 1 & 1 & \cdots & 1 \\ \vdots & \vdots & \vdots & & \vdots \\ 0 & 1-n & 1 & \cdots & 1 \end{vmatrix}$$

$$= \frac{n(n+1)}{2}\begin{vmatrix} 1 & 1 & \cdots & 1 & 1-n \\ 1 & 1 & \cdots & 1-n & 1 \\ \vdots & \vdots & & \vdots & \vdots \\ 1 & 1-n & \cdots & 1 & 1 \\ 1-n & 1 & \cdots & 1 & 1 \end{vmatrix}.$$

再把第 2 列到第 $n-1$ 列都加到第 1 列，得

$$\text{原行列式} = \frac{n(n+1)}{2}\begin{vmatrix} -1 & 1 & \cdots & 1 & 1-n \\ -1 & 1 & \cdots & 1-n & 1 \\ \vdots & \vdots & & \vdots & \vdots \\ -1 & 1-n & \cdots & 1 & 1 \\ -1 & 1 & \cdots & 1 & 1 \end{vmatrix}$$

$$= \frac{n(n+1)}{2}\begin{vmatrix} 0 & 0 & \cdots & 0 & -n \\ 0 & 0 & \cdots & -n & 0 \\ \vdots & \vdots & & \vdots & \vdots \\ 0 & -n & \cdots & 0 & 0 \\ -1 & 1 & \cdots & 1 & 1 \end{vmatrix}$$

$$= (-1)^{\frac{(n-1)(n-2)}{2}}(-1)^{n-1}\frac{n^{n-1}(n+1)}{2} = (-1)^{\frac{n(n-1)}{2}}\frac{n^{n-1}(n+1)}{2}.$$

【例 3】 计算 n 阶行列式

$$\begin{vmatrix} x & -1 & 0 & \cdots & 0 & 0 & 0 \\ 0 & x & -1 & \cdots & 0 & 0 & 0 \\ 0 & 0 & x & \cdots & 0 & 0 & 0 \\ \vdots & \vdots & \vdots & & \vdots & \vdots & \vdots \\ 0 & 0 & 0 & \cdots & 0 & x & -1 \\ a_n & a_{n-1} & a_{n-2} & \cdots & a_3 & a_2 & a_1 \end{vmatrix}.$$

解 将 n 阶行列式记作 D_n，并按第一列展开得

$$D_n = x\begin{vmatrix} x & -1 & 0 & \cdots & 0 & 0 \\ 0 & x & -1 & \cdots & 0 & 0 \\ \vdots & \vdots & \vdots & & \vdots & \vdots \\ 0 & 0 & 0 & \cdots & x & -1 \\ a_{n-1} & a_{n-2} & a_{n-3} & \cdots & a_2 & a_1 \end{vmatrix} + (-1)^{n+1}a_n\begin{vmatrix} -1 & 0 & 0 & \cdots & 0 & 0 \\ x & -1 & 0 & \cdots & 0 & 0 \\ \vdots & \vdots & \vdots & & \vdots & \vdots \\ 0 & 0 & 0 & \cdots & -1 & 0 \\ 0 & 0 & 0 & \cdots & x & -1 \end{vmatrix}.$$

等式右端第一个 $n-1$ 阶行列式和 D_n 有相同的形状，把它记为 D_{n-1}，第二个 $n-1$ 阶

行列式等于$(-1)^{n-1}$，所以

$$D_n=xD_{n-1}+a_n.$$

这个式子对于任意的整数$n(n\geqslant 2)$都成立，因此

$$\begin{aligned}D_n&=xD_{n-1}+a_n\\&=x(xD_{n-2}+a_{n-1})+a_n\\&=x^2D_{n-2}+a_{n-1}x+a_n\\&=x^3D_{n-3}+a_{n-2}x^2+a_{n-1}x+a_n\\&=\cdots\cdots\\&=a_1x^{n-1}+a_2x^{n-2}+\cdots+a_{n-1}x+a_n.\end{aligned}$$

【例 4】 证明行列式

$$D=\begin{vmatrix}1&1&1&\cdots&1\\a_1&a_2&a_3&\cdots&a_n\\a_1^2&a_2^2&a_3^2&\cdots&a_n^2\\\vdots&\vdots&\vdots&&\vdots\\a_1^{n-1}&a_2^{n-1}&a_3^{n-1}&\cdots&a_n^{n-1}\end{vmatrix}=\prod_{1\leqslant j<i\leqslant n}(a_i-a_j).$$

这个行列式称为n阶范德蒙德（Vandermonde）行列式.

证 我们对n作归纳法. 当$n=2$时，有

$$\begin{vmatrix}1&1\\a_1&a_2\end{vmatrix}=a_2-a_1,$$

结果是对的. 设对于$n-1$阶范德蒙德行列式结论成立，现在来看n阶的情形：

在D中，从第n行减去第$n-1$行的a_1倍，再从第$n-1$行减去第$n-2$行的a_1倍……，依次由下而上地从每一行减去它上一行的a_1倍，得

$$D=\begin{vmatrix}1&1&1&\cdots&1\\0&a_2-a_1&a_3-a_1&\cdots&a_n-a_1\\0&a_2^2-a_1a_2&a_3^2-a_1a_3&\cdots&a_n^2-a_1a_n\\\vdots&\vdots&\vdots&&\vdots\\0&a_2^{n-1}-a_1a_2^{n-2}&a_3^{n-1}-a_1a_3^{n-2}&\cdots&a_n^{n-1}-a_1a_n^{n-2}\end{vmatrix}$$

$$=\begin{vmatrix}a_2-a_1&a_3-a_1&\cdots&a_n-a_1\\a_2^2-a_1a_2&a_3^2-a_1a_3&\cdots&a_n^2-a_1a_n\\\vdots&\vdots&&\vdots\\a_2^{n-1}-a_1a_2^{n-2}&a_3^{n-1}-a_1a_3^{n-2}&\cdots&a_n^{n-1}-a_1a_n^{n-2}\end{vmatrix}$$

$$=(a_2-a_1)(a_3-a_1)\cdots(a_n-a_1)\begin{vmatrix}1&1&\cdots&1\\a_2&a_3&\cdots&a_n\\\vdots&\vdots&&\vdots\\a_2^{n-2}&a_3^{n-2}&\cdots&a_n^{n-2}\end{vmatrix}.$$

后面这个行列式是一个$n-1$阶范德蒙德行列式，根据归纳法假设，它等于所有可能差$a_i-a_j(2\leqslant j<i\leqslant n)$的乘积；而包含$a_1$的差全在前面出现了. 从而有

$$D=\prod_{1\leqslant j<i\leqslant n}(a_i-a_j).$$

即结论对n阶范德蒙德行列式也成立. ∎

【例 5】 证明

$$\begin{vmatrix} a_{11} & \cdots & a_{1k} & 0 & \cdots & 0 \\ \vdots & & \vdots & \vdots & & \vdots \\ a_{k1} & \cdots & a_{kk} & 0 & \cdots & 0 \\ c_{11} & \cdots & c_{1k} & b_{11} & \cdots & b_{1r} \\ \vdots & & \vdots & \vdots & & \vdots \\ c_{r1} & \cdots & c_{rk} & b_{r1} & \cdots & b_{rr} \end{vmatrix} = \begin{vmatrix} a_{11} & \cdots & a_{1k} \\ \vdots & & \vdots \\ a_{k1} & \cdots & a_{kk} \end{vmatrix} \begin{vmatrix} b_{11} & \cdots & b_{1r} \\ \vdots & & \vdots \\ b_{r1} & \cdots & b_{rr} \end{vmatrix}.$$

证 我们对 k 作归纳法. 当 $k=1$ 时，等式左端为

$$\begin{vmatrix} a_{11} & 0 & \cdots & 0 \\ c_{11} & b_{11} & \cdots & b_{1r} \\ \vdots & \vdots & & \vdots \\ c_{r1} & b_{r1} & \cdots & b_{rr} \end{vmatrix},$$

按第一行展开，就得到所要的结论.

假设对 $k=m-1$，即左端行列式的左上角是 $m-1$ 阶时已经成立，现在来看 $k=m$ 的情形，按第一行展开，有

$$\begin{vmatrix} a_{11} & \cdots & a_{1m} & 0 & \cdots & 0 \\ \vdots & & \vdots & \vdots & & \vdots \\ a_{m1} & \cdots & a_{mm} & 0 & \cdots & 0 \\ c_{11} & \cdots & c_{1m} & b_{11} & \cdots & b_{1r} \\ \vdots & & \vdots & \vdots & & \vdots \\ c_{r1} & \cdots & c_{rm} & b_{r1} & \cdots & b_{rr} \end{vmatrix} = a_{11} \begin{vmatrix} a_{22} & \cdots & a_{2m} & 0 & \cdots & 0 \\ \vdots & & \vdots & \vdots & & \vdots \\ a_{m2} & \cdots & a_{mm} & 0 & \cdots & 0 \\ c_{12} & \cdots & c_{1m} & b_{11} & \cdots & b_{1r} \\ \vdots & & \vdots & \vdots & & \vdots \\ c_{r2} & \cdots & c_{rm} & b_{r1} & \cdots & b_{rr} \end{vmatrix}$$

$$+\cdots+(-1)^{1+i} a_{1i} \begin{vmatrix} a_{21} & \cdots & a_{2,i-1} & a_{2,i+1} & \cdots & a_{2m} & 0 & \cdots & 0 \\ \vdots & & \vdots & \vdots & & \vdots & \vdots & & \vdots \\ a_{m1} & \cdots & a_{m,i-1} & a_{m,i+1} & \cdots & a_{mm} & 0 & \cdots & 0 \\ c_{11} & \cdots & c_{1,i-1} & c_{1,i+1} & \cdots & c_{1m} & b_{11} & \cdots & b_{1r} \\ \vdots & & \vdots & \vdots & & \vdots & \vdots & & \vdots \\ c_{r1} & \cdots & c_{r,i-1} & c_{r,i+1} & \cdots & c_{rm} & b_{r1} & \cdots & b_{rr} \end{vmatrix}$$

$$+\cdots+(-1)^{1+m} a_{1m} \begin{vmatrix} a_{21} & \cdots & a_{2,m-1} & 0 & \cdots & 0 \\ \vdots & & \vdots & \vdots & & \vdots \\ a_{m1} & \cdots & a_{m,m-1} & 0 & \cdots & 0 \\ c_{11} & \cdots & c_{1,m-1} & b_{11} & \cdots & b_{1r} \\ \vdots & & \vdots & \vdots & & \vdots \\ c_{r1} & \cdots & c_{r,m-1} & b_{r1} & \cdots & b_{rr} \end{vmatrix}$$

$$= \left[a_{11} \begin{vmatrix} a_{22} & \cdots & a_{2m} \\ \vdots & & \vdots \\ a_{m2} & \cdots & a_{mm} \end{vmatrix} +\cdots+(-1)^{1+i} a_{1i} \begin{vmatrix} a_{21} & \cdots & a_{2,i-1} & a_{2,i+1} & \cdots & a_{2m} \\ \vdots & & \vdots & \vdots & & \vdots \\ a_{m1} & \cdots & a_{m,i-1} & a_{m,i+1} & \cdots & a_{mm} \end{vmatrix} \right.$$

$$\left. +\cdots+(-1)^{1+m} a_{1m} \begin{vmatrix} a_{21} & \cdots & a_{2,m-1} \\ \vdots & & \vdots \\ a_{m1} & \cdots & a_{m,m-1} \end{vmatrix} \right] \begin{vmatrix} b_{11} & \cdots & b_{1r} \\ \vdots & & \vdots \\ b_{r1} & \cdots & b_{rr} \end{vmatrix}$$

$$= \begin{vmatrix} a_{11} & \cdots & a_{1m} \\ \vdots & & \vdots \\ a_{m1} & \cdots & a_{mm} \end{vmatrix} \begin{vmatrix} b_{11} & \cdots & b_{1r} \\ \vdots & & \vdots \\ b_{r1} & \cdots & b_{rr} \end{vmatrix}.$$

这里第二个等号是用了归纳法假定，最后一步是根据按一行展开的公式.

根据归纳法原理，等式普遍成立. ▌

习题 2-5

1. 求下列行列式中-1与3的余子式和代数余子式：

(1) $\begin{vmatrix} 1 & -1 & 2 \\ 3 & 2 & 1 \\ 0 & 1 & 4 \end{vmatrix}$；　(2) $\begin{vmatrix} 0 & 1 & 2 & 3 \\ 0 & -1 & 0 & 1 \\ 0 & 0 & 2 & 3 \\ 0 & 1 & -1 & -2 \end{vmatrix}$.

2. 计算下列行列式：

(1) $\begin{vmatrix} 1 & 1 & 1 & 1 \\ 2 & 1 & 1 & -3 \\ 1 & 2 & 2 & 5 \\ 4 & 3 & 2 & 1 \end{vmatrix}$；　(2) $\begin{vmatrix} 1 & \frac{1}{2} & 1 & 1 \\ -\frac{1}{3} & 1 & 2 & 1 \\ \frac{1}{3} & 1 & -1 & \frac{1}{2} \\ -1 & 1 & 0 & \frac{1}{2} \end{vmatrix}$；

(3) $\begin{vmatrix} 0 & 1 & 2 & -1 & 4 \\ 2 & 0 & 1 & 2 & 1 \\ -1 & 3 & 5 & 1 & 2 \\ 3 & 3 & 1 & 2 & 1 \\ 2 & 1 & 0 & 3 & 5 \end{vmatrix}$；　(4) $\begin{vmatrix} 1 & \frac{1}{2} & 0 & 1 & -1 \\ 2 & 0 & -1 & 1 & 2 \\ 3 & 2 & 1 & \frac{1}{2} & 0 \\ 1 & -1 & 0 & 1 & 2 \\ 2 & 1 & 3 & 0 & \frac{1}{2} \end{vmatrix}$.

3. 设 $D=\begin{vmatrix} 3 & 1 & -1 & 2 \\ -5 & 1 & 3 & -4 \\ 2 & 0 & 1 & -1 \\ 1 & -5 & 3 & -3 \end{vmatrix}$，$D$ 的(i,j)元的代数余子式记作 A_{ij}，求 $A_{31}+3A_{32}-2A_{33}+2A_{34}$.

4. 计算下列 n 阶行列式：

(1) $\begin{vmatrix} x & y & 0 & \cdots & 0 & 0 \\ 0 & x & y & \cdots & 0 & 0 \\ \vdots & \vdots & \vdots & & \vdots & \vdots \\ 0 & 0 & 0 & \cdots & x & y \\ y & 0 & 0 & \cdots & 0 & x \end{vmatrix}$；　(2) $\begin{vmatrix} 1 & 2 & 2 & \cdots & 2 \\ 2 & 2 & 2 & \cdots & 2 \\ 2 & 2 & 3 & \cdots & 2 \\ \vdots & \vdots & \vdots & & \vdots \\ 2 & 2 & 2 & \cdots & n \end{vmatrix}$；

(3) $\begin{vmatrix} x_1-m & x_2 & \cdots & x_n \\ x_1 & x_2-m & \cdots & x_n \\ \vdots & \vdots & & \vdots \\ x_1 & x_2 & \cdots & x_n-m \end{vmatrix}$；　(4) $\begin{vmatrix} a_1-b_1 & a_1-b_2 & \cdots & a_1-b_n \\ a_2-b_1 & a_2-b_2 & \cdots & a_2-b_n \\ \vdots & \vdots & & \vdots \\ a_n-b_1 & a_n-b_2 & \cdots & a_n-b_n \end{vmatrix}$；

(5) $\begin{vmatrix} 0 & 1 & 1 & \cdots & 1 & 1 \\ 1 & 0 & x & \cdots & x & x \\ 1 & x & 0 & \cdots & x & x \\ \vdots & \vdots & \vdots & & \vdots & \vdots \\ 1 & x & x & \cdots & 0 & x \\ 1 & x & x & \cdots & x & 0 \end{vmatrix}$；　(6) $\begin{vmatrix} 1-a_1 & a_2 & 0 & \cdots & 0 & 0 \\ -1 & 1-a_2 & a_3 & \cdots & 0 & 0 \\ 0 & -1 & 1-a_3 & \cdots & 0 & 0 \\ \vdots & \vdots & \vdots & & \vdots & \vdots \\ 0 & 0 & 0 & \cdots & 1-a_{n-1} & a_n \\ 0 & 0 & 0 & \cdots & -1 & 1-a_n \end{vmatrix}$.

5. 证明：

(1) $$\begin{vmatrix} a_0 & 1 & 1 & \cdots & 1 \\ 1 & a_1 & 0 & \cdots & 0 \\ 1 & 0 & a_2 & \cdots & 0 \\ \vdots & \vdots & \vdots & & \vdots \\ 1 & 0 & 0 & \cdots & a_n \end{vmatrix} = a_1 a_2 \cdots a_n \left(a_0 - \sum_{i=1}^{n} \frac{1}{a_i}\right);$$

(2) $$\begin{vmatrix} \alpha+\beta & \alpha\beta & 0 & \cdots & 0 & 0 \\ 1 & \alpha+\beta & \alpha\beta & \cdots & 0 & 0 \\ 0 & 1 & \alpha+\beta & \cdots & 0 & 0 \\ \vdots & \vdots & \vdots & & \vdots & \vdots \\ 0 & 0 & 0 & \cdots & \alpha+\beta & \alpha\beta \\ 0 & 0 & 0 & \cdots & 1 & \alpha+\beta \end{vmatrix} = \frac{\alpha^{n+1}-\beta^{n+1}}{\alpha-\beta};$$

(3) $$\begin{vmatrix} x & 0 & 0 & \cdots & 0 & a_0 \\ -1 & x & 0 & \cdots & 0 & a_1 \\ 0 & -1 & x & \cdots & 0 & a_2 \\ \vdots & \vdots & \vdots & & \vdots & \vdots \\ 0 & 0 & 0 & \cdots & x & a_{n-2} \\ 0 & 0 & 0 & \cdots & -1 & x+a_{n-1} \end{vmatrix} = x^n + a_{n-1}x^{n-1} + \cdots + a_1 x + a_0;$$

(4) $$\begin{vmatrix} 1+a_1 & 1 & 1 & \cdots & 1 & 1 \\ 1 & 1+a_2 & 1 & \cdots & 1 & 1 \\ 1 & 1 & 1+a_3 & \cdots & 1 & 1 \\ \vdots & \vdots & \vdots & & \vdots & \vdots \\ 1 & 1 & 1 & \cdots & 1 & 1+a_n \end{vmatrix} = a_1 a_2 \cdots a_n \left(1 + \sum_{i=1}^{n} \frac{1}{a_i}\right).$$

6. 试用范德蒙德行列式计算 $$\begin{vmatrix} a^n & (a-1)^n & \cdots & (a-n)^n \\ a^{n-1} & (a-1)^{n-1} & \cdots & (a-n)^{n-1} \\ \vdots & \vdots & & \vdots \\ a & a-1 & \cdots & a-n \\ 1 & 1 & \cdots & 1 \end{vmatrix}.$$

第六节　拉普拉斯（Laplace）定理　行列式的乘法规则

上一节所讲行列式按一行（列）展开，每次展开只能降低一阶，这样降阶速度太慢．作为按一行（列）展开法则的继续和推广，本节介绍降阶计算行列式的一般情形，并在此基础上介绍行列式的乘法规则．

首先我们把余子式和代数余子式的概念加以推广．

定义 1　在一个 n 阶行列式 D 中任意选定 k 行 k 列（$k \leqslant n$），位于这些行和列的交点上的 k^2 个元素按照原来的次序组成一个 k 阶行列式 M，称为行列式 D 的一个 k 阶子式．在 D 中划去这 k 行 k 列后余下的元素按照原来的次序组成的 $n-k$ 阶行列式 M' 称为 k 阶子式 M

的余子式.

从定义立刻看出，M 也是 M' 的余子式. 所以 M 和 M' 可以称为 D 的一对互余的子式.

【例 1】 在四阶行列式

$$D=\begin{vmatrix}1 & 2 & 1 & 4\\ 0 & -1 & 2 & 1\\ 0 & 0 & 2 & 1\\ 0 & 0 & 1 & 3\end{vmatrix}$$

中选定第一、三行，第二、四列得到一个二阶子式 M：

$$M=\begin{vmatrix}2 & 4\\ 0 & 1\end{vmatrix}.$$

M 的余子式为

$$M'=\begin{vmatrix}0 & 2\\ 0 & 1\end{vmatrix}.$$

【例 2】 在五阶行列式

$$D=\begin{vmatrix}a_{11} & a_{12} & a_{13} & a_{14} & a_{15}\\ a_{21} & a_{22} & a_{23} & a_{24} & a_{25}\\ \vdots & \vdots & \vdots & \vdots & \vdots\\ a_{51} & a_{52} & a_{53} & a_{54} & a_{55}\end{vmatrix}$$

中

$$M=\begin{vmatrix}a_{12} & a_{13} & a_{15}\\ a_{22} & a_{23} & a_{25}\\ a_{42} & a_{43} & a_{45}\end{vmatrix}$$

和

$$M'=\begin{vmatrix}a_{31} & a_{34}\\ a_{51} & a_{54}\end{vmatrix}$$

是一对互余的子式.

定义 2 设 D 的 k 阶子式 M 在 D 中所在的行、列指标分别是 $i_1,i_2,\cdots,i_k;j_1,j_2,\cdots,j_k$，则 M 的余子式 M' 前面加上符号 $(-1)^{(i_1+i_2+\cdots+i_k)+(j_1+j_2+\cdots+j_k)}$ 后称为 M 的代数余子式.

例如上述例 1 中 M 的代数余子式是

$$(-1)^{(1+3)+(2+4)}M'=M',$$

例 2 中 M 的代数余子式是

$$(-1)^{(1+2+4)+(2+3+5)}M'=-M'.$$

因为 M 与 M' 位于行列式 D 中不同的行和不同的列，所以我们有下述结论：

引理 行列式 D 的任一个子式 M 与它的代数余子式 A 的乘积中的每一项都是行列式 D 的展开式中的一项，而且符号也一致.

证 我们首先讨论 M 位于行列式 D 的左上方的情形：

$$\begin{vmatrix} a_{11} & a_{12} & \cdots & a_{1k} & a_{1,k+1} & \cdots & a_{1n} \\ \vdots & \vdots & M & \vdots & \vdots & & \vdots \\ a_{k1} & a_{k2} & \cdots & a_{kk} & a_{k,k+1} & \cdots & a_{kn} \\ a_{k+1,1} & a_{k+1,2} & \cdots & a_{k+1,k} & a_{k+1,k+1} & \cdots & a_{k+1,n} \\ \vdots & \vdots & & \vdots & \vdots & M' & \vdots \\ a_{n1} & a_{n2} & \cdots & a_{nk} & a_{n,k+1} & \cdots & a_{nn} \end{vmatrix}$$

此时 M 的代数余子式为

$$A=(-1)^{(1+2+\cdots+k)+(1+2+\cdots+k)}M'=M'.$$

M 的每一项都可写作

$$a_{1\alpha_1}a_{2\alpha_2}\cdots a_{k\alpha_k},$$

其中 $\alpha_1\alpha_2\cdots\alpha_k$ 是 $1,2,\cdots,k$ 的一个排列，所以这一项前面所带的符号为$(-1)^{\tau(\alpha_1\alpha_2\cdots\alpha_k)}$.

M'中每一项都可写作

$$a_{k+1,\beta_{k+1}}a_{k+2,\beta_{k+2}}\cdots a_{n\beta_n},$$

其中 $\beta_{k+1}\beta_{k+2}\cdots\beta_n$ 是 $k+1,k+2,\cdots,n$ 的一个排列，这一项前面所带的符号为 $(-1)^{\tau[(\beta_{k+1}-k)(\beta_{k+2}-k)\cdots(\beta_n-k)]}$.

这两项的乘积是

$$a_{1\alpha_1}a_{2\alpha_2}\cdots a_{k\alpha_k}a_{k+1,\beta_{k+1}}a_{k+2,\beta_{k+2}}\cdots a_{n\beta_n},$$

前面的符号是

$$(-1)^{\tau(\alpha_1\alpha_2\cdots\alpha_k)+\tau[(\beta_{k+1}-k)(\beta_{k+2}-k)\cdots(\beta_n-k)]}.$$

因为每个 β 比每个 α 都大，所以上述符号等于

$$(-1)^{\tau(\alpha_1\alpha_2\cdots\alpha_k\beta_{k+1}\cdots\beta_n)}.$$

因此这个乘积是行列式 D 中的一项，而且符号相同.

下面来证明一般情形. 设子式 M 位于 D 的第 $i_1,i_2,\cdots,i_k$ 行，第 $j_1,j_2,\cdots,j_k$ 列，这里

$$i_1<i_2<\cdots<i_k,j_1<j_2<\cdots<j_k.$$

变换 D 中行列的次序使 M 位于 D 的左上角. 为此，先把第 i_1 行依次与第 $i_1-1,i_1-2,\cdots,2,1$ 行对换，这样经过了 i_1-1 次对换而将第 i_1 行换到第一行. 再将第 i_2 行依次与第 $i_2-1,i_2-2,\cdots,2$ 行对换而换到第二行，一共经过了 i_2-2 次对换. 如此继续进行，一共经过了

$$(i_1-1)+(i_2-2)+\cdots+(i_k-k)=(i_1+i_2+\cdots+i_k)-(1+2+\cdots+k)$$

次行对换而把第 $i_1,i_2,\cdots,i_k$ 行依次换到第 $1,2,\cdots,k$ 行.

利用类似的列变换，可以将 M 的列换到第 $1,2,\cdots,k$ 列，一共作了

$$(j_1-1)+(j_2-2)+\cdots+(j_k-k)=(j_1+j_2+\cdots+j_k)-(1+2+\cdots+k)$$

次列对换.

我们用 D_1 表示这样变换后所得的新行列式，那么

$$\begin{aligned} D_1&=(-1)^{(i_1+i_2+\cdots+i_k)-(1+2+\cdots+k)+(j_1+j_2+\cdots+j_k)-(1+2+\cdots+k)}D \\ &=(-1)^{i_1+i_2+\cdots+i_k+j_1+j_2+\cdots+j_k}D. \end{aligned}$$

由此看出，D_1 和 D 的展开式中出现的项是一样的，只是每一项都相差符号 $(-1)^{i_1+i_2+\cdots+i_k+j_1+j_2+\cdots+j_k}$.

现在 M 位于 D_1 的左上角，它在 D_1 中的余子式和代数余子式都是 M'，所以 MM'中每一项都是 D_1 中的一项而且符号一致. 但是

$$MA=(-1)^{i_1+i_2+\cdots+i_k+j_1+j_2+\cdots+j_k}MM',$$

所以 MA 中每一项都与 D 中一项相等而且符号一致. ▌

定理 5 **(拉普拉斯定理)** 设在行列式 D 中任意取定 k （$1\leqslant k\leqslant n-1$）个行. 由这 k 行元素所组成的一切 k 阶子式与它们的代数余子式的乘积的和等于行列式 D.

证 设 D 中取定 k 行后得到的子式为 $M_1,M_2,\cdots,M_t$，它们的代数余子式分别是 A_1，$A_2,\cdots,A_t$. 定理 5 要求证明

$$D=M_1A_1+M_2A_2+\cdots+M_tA_t.$$

根据引理，M_iA_i 中每一项都是 D 中一项，符号相同，而且 M_iA_i 和 M_jA_j $(i\neq j)$无公共项. 因此为了证明定理 5，只要证明等式两边项数相等就可以了. 显然等式左边共有 $n!$项，为了计算右边的项数，首先求出 t. 根据子式的取法知道

$$t=C_n^k=\frac{n!}{k!(n-k)!}.$$

因为 M_i 中共有 $k!$项，A_i 中共有$(n-k)!$项. 所以右边共有 $tk!(n-k)!=n!$项. 定理 5 得证. ▌

【例 3】 利用拉普拉斯定理计算行列式

$$D=\begin{vmatrix}1&2&1&4\\0&-1&2&1\\1&0&1&3\\0&1&3&1\end{vmatrix}.$$

解 取定行列式的第一、二行，得到六个子式：

$$M_1=\begin{vmatrix}1&2\\0&-1\end{vmatrix},\quad M_2=\begin{vmatrix}1&1\\0&2\end{vmatrix},\quad M_3=\begin{vmatrix}1&4\\0&1\end{vmatrix},$$

$$M_4=\begin{vmatrix}2&1\\-1&2\end{vmatrix},\quad M_5=\begin{vmatrix}2&4\\-1&1\end{vmatrix},\quad M_6=\begin{vmatrix}1&4\\2&1\end{vmatrix}.$$

它们对应的代数余子式分别为

$$A_1=(-1)^{(1+2)+(1+2)}M_1'=M_1',\ A_2=(-1)^{(1+2)+(1+3)}M_2'=-M_2',$$

$$A_3=(-1)^{(1+2)+(1+4)}M_3'=M_3',\ A_4=(-1)^{(1+2)+(2+3)}M_4'=M_4',$$

$$A_5=(-1)^{(1+2)+(2+4)}M_5'=-M_5',\ A_6=(-1)^{(1+2)+(3+4)}M_6'=M_6'.$$

根据拉普拉斯定理得

$$\begin{aligned}D&=M_1A_1+M_2A_2+\cdots+M_6A_6\\&=\begin{vmatrix}1&2\\0&-1\end{vmatrix}\begin{vmatrix}1&3\\3&1\end{vmatrix}-\begin{vmatrix}1&1\\0&2\end{vmatrix}\begin{vmatrix}0&3\\1&1\end{vmatrix}+\begin{vmatrix}1&4\\0&1\end{vmatrix}\begin{vmatrix}0&1\\1&3\end{vmatrix}\\&\quad+\begin{vmatrix}2&1\\-1&2\end{vmatrix}\begin{vmatrix}1&3\\0&1\end{vmatrix}-\begin{vmatrix}2&4\\-1&1\end{vmatrix}\begin{vmatrix}1&1\\0&3\end{vmatrix}+\begin{vmatrix}1&4\\2&1\end{vmatrix}\begin{vmatrix}1&0\\0&1\end{vmatrix}\\&=(-1)\times(-8)-2\times(-3)+1\times(-1)+5\times1-6\times3+(-7)\times1\\&=8+6-1+5-18-7=-7.\end{aligned}$$

从这个例子来看，利用拉普拉斯定理来计算行列式一般是不方便的. 这个定理的意义主要还是在理论方面.

利用拉普拉斯定理，可以证明如下定理.

定理 6 两个 n 阶行列式

$$D_1=\begin{vmatrix} a_{11} & a_{12} & \cdots & a_{1n} \\ a_{21} & a_{22} & \cdots & a_{2n} \\ \vdots & \vdots & & \vdots \\ a_{n1} & a_{n2} & \cdots & a_{nn} \end{vmatrix} \text{与 } D_2=\begin{vmatrix} b_{11} & b_{12} & \cdots & b_{1n} \\ b_{21} & b_{22} & \cdots & b_{2n} \\ \vdots & \vdots & & \vdots \\ b_{n1} & b_{n2} & \cdots & b_{nn} \end{vmatrix}$$

的乘积等于一个 n 阶行列式

$$C=\begin{vmatrix} c_{11} & c_{12} & \cdots & c_{1n} \\ c_{21} & c_{22} & \cdots & c_{2n} \\ \vdots & \vdots & & \vdots \\ c_{n1} & c_{n2} & \cdots & c_{nn} \end{vmatrix},$$

其中 c_{ij} 是 D_1 的第 i 行元素分别与 D_2 的第 j 列的对应元素乘积之和：

$$c_{ij}=a_{i1}b_{1j}+a_{i2}b_{2j}+\cdots+a_{in}b_{nj}.$$

证 作一个 $2n$ 阶行列式

$$D=\begin{vmatrix} a_{11} & a_{12} & \cdots & a_{1n} & 0 & 0 & \cdots & 0 \\ a_{21} & a_{22} & \cdots & a_{2n} & 0 & 0 & \cdots & 0 \\ \vdots & \vdots & & \vdots & \vdots & \vdots & & \vdots \\ a_{n1} & a_{n2} & \cdots & a_{nn} & 0 & 0 & \cdots & 0 \\ -1 & 0 & \cdots & 0 & b_{11} & b_{12} & \cdots & b_{1n} \\ 0 & -1 & \cdots & 0 & b_{21} & b_{22} & \cdots & b_{2n} \\ \vdots & \vdots & & \vdots & \vdots & \vdots & & \vdots \\ 0 & 0 & \cdots & -1 & b_{n1} & b_{n2} & \cdots & b_{nn} \end{vmatrix}.$$

根据拉普拉斯定理，将 D 按前 n 行展开. 则因 D 中前 n 行除去左上角那个 n 阶子式外，其余的 n 阶子式都等于零. 所以

$$D=\begin{vmatrix} a_{11} & a_{12} & \cdots & a_{1n} \\ a_{21} & a_{22} & \cdots & a_{2n} \\ \vdots & \vdots & & \vdots \\ a_{n1} & a_{n2} & \cdots & a_{nn} \end{vmatrix} \begin{vmatrix} b_{11} & b_{12} & \cdots & b_{1n} \\ b_{21} & b_{22} & \cdots & b_{2n} \\ \vdots & \vdots & & \vdots \\ b_{n1} & b_{n2} & \cdots & b_{nn} \end{vmatrix}=D_1D_2.$$

现在来证 $D=C$. 对 D 施行行的变换：将第 $n+1$ 行的 a_{11} 倍、第 $n+2$ 行的 a_{12} 倍……第 $2n$ 行的 a_{1n} 倍加到第一行得

$$D=\begin{vmatrix} 0 & 0 & \cdots & 0 & c_{11} & c_{12} & \cdots & c_{1n} \\ a_{21} & a_{22} & \cdots & a_{2n} & 0 & 0 & \cdots & 0 \\ \vdots & \vdots & & \vdots & \vdots & \vdots & & \vdots \\ a_{n1} & a_{n2} & \cdots & a_{nn} & 0 & 0 & \cdots & 0 \\ -1 & 0 & \cdots & 0 & b_{11} & b_{12} & \cdots & b_{1n} \\ 0 & -1 & \cdots & 0 & b_{21} & b_{22} & \cdots & b_{2n} \\ \vdots & \vdots & & \vdots & \vdots & \vdots & & \vdots \\ 0 & 0 & \cdots & -1 & b_{n1} & b_{n2} & \cdots & b_{nn} \end{vmatrix}.$$

再依次将第 $n+1$ 行的 $a_{k1}(k=2,3,\cdots,n)$ 倍、第 $n+2$ 行的 a_{k2} 倍……第 $2n$ 行的 a_{kn} 倍加到第 k 行得

$$D=\begin{vmatrix} 0 & 0 & \cdots & 0 & c_{11} & c_{12} & \cdots & c_{1n} \\ 0 & 0 & \cdots & 0 & c_{21} & c_{22} & \cdots & c_{2n} \\ \vdots & \vdots & & \vdots & \vdots & \vdots & & \vdots \\ 0 & 0 & \cdots & 0 & c_{n1} & c_{n2} & \cdots & c_{nn} \\ -1 & 0 & \cdots & 0 & b_{11} & b_{12} & \cdots & b_{1n} \\ 0 & -1 & \cdots & 0 & b_{21} & b_{22} & \cdots & b_{2n} \\ \vdots & \vdots & & \vdots & \vdots & \vdots & & \vdots \\ 0 & 0 & \cdots & -1 & b_{n1} & b_{n2} & \cdots & b_{nn} \end{vmatrix}.$$

这个行列式的前 n 行也只可能有一个 n 阶子式不为零，因此由拉普拉斯定理得

$$D=\begin{vmatrix} c_{11} & c_{12} & \cdots & c_{1n} \\ c_{21} & c_{22} & \cdots & c_{2n} \\ \vdots & \vdots & & \vdots \\ c_{n1} & c_{n2} & \cdots & c_{nn} \end{vmatrix}(-1)^{(1+2+\cdots+n)+(n+1+n+2+\cdots+2n)}\begin{vmatrix} -1 & 0 & \cdots & 0 \\ 0 & -1 & \cdots & 0 \\ \vdots & \vdots & & \vdots \\ 0 & 0 & \cdots & -1 \end{vmatrix}=C.$$

定理 6 得证. ▌

在行列式的乘法规则中用的是行×列规则，由于行列式 D 与其转置行列式 D^{T} 相等，因此行×行，列×行，列×列规则均成立.

【例 4】 计算 n 阶行列式

$$D=\begin{vmatrix} a_1+b_1 & a_1+b_2 & \cdots & a_1+b_n \\ a_2+b_1 & a_2+b_2 & \cdots & a_2+b_n \\ \vdots & \vdots & & \vdots \\ a_n+b_1 & a_n+b_2 & \cdots & a_n+b_n \end{vmatrix}.$$

解 由行列式的乘法规则易知

$$D=\begin{vmatrix} a_1 & 1 & 0 & \cdots & 0 \\ a_2 & 1 & 0 & \cdots & 0 \\ \vdots & \vdots & \vdots & & \vdots \\ a_n & 1 & 0 & \cdots & 0 \end{vmatrix}\begin{vmatrix} 1 & 1 & 1 & \cdots & 1 \\ b_1 & b_2 & b_3 & \cdots & b_n \\ 0 & 0 & 0 & \cdots & 0 \\ \vdots & \vdots & \vdots & & \vdots \\ 0 & 0 & 0 & \cdots & 0 \end{vmatrix}=\begin{cases} 0, & n>2 \\ (a_1-a_2)(b_2-b_1), & n=2 \end{cases}.$$

习题 2-6

1. 用拉普拉斯定理计算：

(1) $\begin{vmatrix} 5 & 6 & 0 & 0 & 0 \\ 1 & 5 & 6 & 0 & 0 \\ 0 & 1 & 5 & 6 & 0 \\ 0 & 0 & 1 & 5 & 6 \\ 0 & 0 & 0 & 1 & 5 \end{vmatrix}$；(2) $\begin{vmatrix} 1 & 1 & 1 & 0 & 0 & 0 \\ 2 & 3 & 4 & 0 & 0 & 0 \\ 3 & 6 & 10 & 0 & 0 & 0 \\ 4 & 9 & 14 & 1 & 1 & 1 \\ 5 & 15 & 24 & 1 & 5 & 9 \\ 9 & 24 & 38 & 1 & 25 & 81 \end{vmatrix}$.

2. 设：

$$D_1=\begin{vmatrix} a & b & c & d \\ b & a & d & c \\ c & d & a & b \\ d & c & b & a \end{vmatrix}, D_2=\begin{vmatrix} 1 & 1 & 1 & 1 \\ 1 & 1 & -1 & -1 \\ 1 & -1 & 1 & -1 \\ 1 & -1 & -1 & 1 \end{vmatrix}.$$

求（1）D_1D_2；（2）利用（1）求 D_1.

3. 设 n 阶行列式 D 中有 k 行和 h 列的交叉处的元素全为零，且 $k+h>n$. 证明：$D=0$.

第七节　克拉默（Cramer）法则

从解方程组的目的出发，通过对二、三阶行列式的分析，我们引入了 n 阶行列式的定义，并研究了行列式的性质. 现在我们应用行列式解决线性方程组的问题. 在这里只考虑方程个数与未知量个数相等的情形. 现在我们来证明下面的重要定理.

定理 7　**（克拉默法则）**　一个含有 n 个方程、n 个未知量的方程组

$$\begin{cases} a_{11}x_1+a_{12}x_2+\cdots+a_{1n}x_n=b_1 \\ a_{21}x_1+a_{22}x_2+\cdots+a_{2n}x_n=b_2 \\ \quad\cdots\cdots \\ a_{n1}x_1+a_{n2}x_2+\cdots+a_{nn}x_n=b_n \end{cases}, \tag{2-14}$$

当它的系数行列式

$$D=\begin{vmatrix} a_{11} & a_{12} & \cdots & a_{1n} \\ a_{21} & a_{22} & \cdots & a_{2n} \\ \vdots & \vdots & & \vdots \\ a_{n1} & a_{n2} & \cdots & a_{nn} \end{vmatrix}\neq 0$$

时，有且只有一个解

$$x_1=\frac{D_1}{D},x_2=\frac{D_2}{D},\cdots,x_n=\frac{D_n}{D}. \tag{2-15}$$

其中 $D_j(j=1,2,\cdots,n)$是把行列式 D 中第 j 列元素换成方程组的常数项 $b_1,b_2,\cdots,b_n$ 后得到的 n 阶行列式，即

$$D_j=\begin{vmatrix} a_{11} & \cdots a_{1,j-1} & b_1 & a_{1,j+1} & \cdots a_{1n} \\ a_{21} & \cdots a_{2,j-1} & b_2 & a_{2,j+1} & \cdots a_{2n} \\ \vdots & \vdots & \vdots & \vdots & \vdots \\ a_{n1} & \cdots a_{n,j-1} & b_n & a_{n,j+1} & \cdots a_{nn} \end{vmatrix},j=1,2,\cdots,n. \tag{2-16}$$

定理 7 包含着三个结论：方程组有解；解是唯一的；解由式(2-15）给出. 这三个结论是相互联系的，因此证明的步骤是：

（1）如果方程组有解，那么它的解必为式(2-15）所给出的.

（2）把式(2-15）给出的$\dfrac{D_1}{D},\dfrac{D_2}{D},\cdots,\dfrac{D_n}{D}$代入方程组，验证它是解.

证　（1）假设方程式(2-14）有解，并且 $x_1,x_2,\cdots,x_n$ 就是它的一个解，我们看一看 $x_1,x_2,\cdots,x_n$ 应该等于什么？

用行列式 D 的第一列各元素的代数余子式 $A_{11},A_{21},\cdots,A_{n1}$ 分别乘方程式(2-14）的 n 个方程的两端，得

$$\begin{cases} a_{11}A_{11}x_1+a_{12}A_{11}x_2+\cdots+a_{1n}A_{11}x_n=b_1A_{11} \\ a_{21}A_{21}x_1+a_{22}A_{21}x_2+\cdots+a_{2n}A_{21}x_n=b_2A_{21} \\ \cdots\cdots \\ a_{n1}A_{n1}x_1+a_{n2}A_{n1}x_2+\cdots+a_{nn}A_{n1}x_n=b_nA_{n1} \end{cases}.$$

两端分别相加，由行列式按一列展开的性质得

$$Dx_1=D_1.$$

这里 D_1 是把 D 的第一列元素依次换成常数项 $b_1,b_2,\cdots,b_n$ 后得到的 n 阶行列式. 由题设 $D\neq 0$，有

$$x_1=\frac{D_1}{D}.$$

类似也可以求出

$$x_2=\frac{D_2}{D},x_3=\frac{D_3}{D},\cdots,x_n=\frac{D_n}{D}.$$

其中 $D_j(j=2,\cdots,n)$是把行列式 D 中第 j 列元素换成方程组的常数项 $b_1,b_2,\cdots,b_n$ 后得到的 n 阶行列式.

这样，如果方程式(2-14) 有解，那么它的解应是

$$x_1=\frac{D_1}{D},x_2=\frac{D_2}{D},\cdots,x_n=\frac{D_n}{D}.$$

这也说明，方程式(2-14) 最多有一个解.

(2) 把式(2-15) 代入方程式(2-14) 的第一个方程，那么式(2-14) 的第一个方程的左边变为

$$a_{11}\frac{D_1}{D}+a_{12}\frac{D_2}{D}+\cdots+a_{1n}\frac{D_n}{D}.$$

把 $D_j=b_1A_{1j}+b_2A_{2j}+\cdots+b_nA_{nj}(j=1,2,\cdots,n)$代入上式，由行列式按一行展开的性质得

$$\begin{aligned} & a_{11}(b_1A_{11}+b_2A_{21}+\cdots+b_nA_{n1})\frac{1}{D}+a_{12}(b_1A_{12}+b_2A_{22}+\cdots+b_nA_{n2})\frac{1}{D} \\ & +\cdots+a_{1n}(b_1A_{1n}+b_2A_{2n}+\cdots+b_nA_{nn})\frac{1}{D} \\ = & b_1(a_{11}A_{11}+a_{12}A_{12}+\cdots+a_{1n}A_{1n})\frac{1}{D}+b_2(a_{11}A_{21}+a_{12}A_{22}+\cdots+a_{1n}A_{2n})\frac{1}{D} \\ & +\cdots+b_n(a_{11}A_{n1}+a_{12}A_{n2}+\cdots+a_{1n}A_{nn})\frac{1}{D} \\ = & b_1. \end{aligned}$$

所以式(2-15) 满足方程式(2-14) 的第一个方程.

同理可证，式(2-15) 也满足方程式(2-14) 的其他方程. 这样，式(2-15) 即为方程式(2-14) 的解. ▌

很明显，上述证明也符合定理 7 的三个结论.

【例 1】 解方程组

$$\begin{cases} 2x_1+x_2-5x_3+x_4=8 \\ x_1-3x_2-6x_4=9 \\ 2x_2-x_3+2x_4=-5 \\ x_1+4x_2-7x_3+6x_4=0 \end{cases}.$$

解 方程组的系数行列式为

$$D=\begin{vmatrix}2&1&-5&1\\1&-3&0&-6\\0&2&-1&2\\1&4&-7&6\end{vmatrix}=27\neq 0.$$

因此可以应用克拉默法则．由于

$$D_1=\begin{vmatrix}8&1&-5&1\\9&-3&0&-6\\-5&2&-1&2\\0&4&-7&6\end{vmatrix}=81,\ D_2=\begin{vmatrix}2&8&-5&1\\1&9&0&-6\\0&-5&-1&2\\1&0&-7&6\end{vmatrix}=-108,$$

$$D_3=\begin{vmatrix}2&1&8&1\\1&-3&9&-6\\0&2&-5&2\\1&4&0&6\end{vmatrix}=-27,\ D_4=\begin{vmatrix}2&1&-5&8\\1&-3&0&9\\0&2&-1&-5\\1&4&-7&0\end{vmatrix}=27,$$

所以方程组的唯一解为 $x_1=3, x_2=-4, x_3=-1, x_4=1$.

常数项全为零的线性方程组称为齐次线性方程组．显然齐次方程组总是有解的，因为$(0,0,\cdots,0)$就是一个解，它称为零解．对于齐次线性方程组，我们关心的问题常常是，它除了零解以外，还有没有其他解，或者说，它有没有非零解．对于方程个数与未知量个数相同的齐次线性方程组，应用克拉默法则就有如下定理．

定理 8 如果齐次线性方程组

$$\begin{cases}a_{11}x_1+a_{12}x_2+\cdots+a_{1n}x_n=0\\a_{21}x_1+a_{22}x_2+\cdots+a_{2n}x_n=0\\\qquad\cdots\cdots\\a_{n1}x_1+a_{n2}x_2+\cdots+a_{nn}x_n=0\end{cases}\tag{2-17}$$

的系数行列式 $D\neq 0$，那么它只有零解．换句话说，如果方程式(2-17) 有非零解，那么必有 $D=0$.

证 应用克拉默法则，因为行列式 D_j 中有一列为零，所以

$$D_j=0, j=1,2,\cdots,n.$$

这就是说，它的唯一解是

$$x_1=\frac{D_1}{D}=0, x_2=\frac{D_2}{D}=0,\cdots,x_n=\frac{D_n}{D}=0.\ ▌$$

【例 2】 求 λ 在什么条件下，方程组

$$\begin{cases}\lambda x_1+x_2=0\\x_1+\lambda x_2=0\end{cases}$$

有非零解．

解 根据定理 8，如果方程组有非零解，那么系数行列式

$$\begin{vmatrix}\lambda&1\\1&\lambda\end{vmatrix}=\lambda^2-1=0,$$

所以 $\lambda=\pm 1$．不难验证，当 $\lambda=\pm 1$ 时，方程组确有非零解．

应该注意，克拉默法则所讨论的是方程个数与未知量个数相同，并且系数行列式不等于零的一类特殊线性方程组．克拉默法则的意义在于它给出了方程组的解对于系数及常数项的

明显的依赖关系．因此，它在理论上具有重要价值．但是用克拉默法则求解线性方程组是不方便的，因为按这一法则解一个含有 n 个未知量、n 个方程的线性方程组就要计算 $n+1$ 个 n 阶行列式，这个计算量是很大的．后面我们将介绍一种更加实际的解线性方程组的方法．

习题 2-7

1. 利用克拉默法则解下列线性方程组：

(1) $\begin{cases} x_1+2x_2+3x_3-2x_4=6 \\ 2x_1-x_2-2x_3-3x_4=8 \\ 3x_1+2x_2-x_3+2x_4=4 \\ 2x_1-3x_2+2x_3+x_4=-8 \end{cases}$；　(2) $\begin{cases} 2x_1-x_2+3x_3-2x_4=-6 \\ x_1+7x_2+x_3-x_4=5 \\ 3x_1+5x_2-5x_3+3x_4=19 \\ x_1-x_2-2x_3+x_4=4 \end{cases}$．

2. 设 $f(x)=c_0+c_1x+\cdots+c_nx^n$．用线性方程组的理论证明：如果 $f(x)$ 有 $n+1$ 个不同的根，那么 $f(x)$ 是零多项式．

3. 三条直线

$$l_1: a_1x+b_1y+c_1=0$$
$$l_2: a_2x+b_2y+c_2=0$$
$$l_3: a_3x+b_3y+c_3=0$$

有公共点．试证：

$$D=\begin{vmatrix} a_1 & b_1 & c_1 \\ a_2 & b_2 & c_2 \\ a_3 & b_3 & c_3 \end{vmatrix}=0.$$

习题 2

1. 利用行列式的定义证明：

$$\begin{vmatrix} 1 & 2 & \cdots & 2 \\ 2 & 1 & \cdots & 2 \\ \vdots & \vdots & & \vdots \\ 2 & 2 & \cdots & 1 \end{vmatrix}\neq 0.$$

2. 设四阶行列式

$$D_4=\begin{vmatrix} a_1 & a_2 & a_3 & x \\ b_1 & b_2 & b_3 & x \\ c_1 & c_2 & c_3 & x \\ d_1 & d_2 & d_3 & x \end{vmatrix},$$

试确定第一列元素的代数余子式之和 $\sum\limits_{k=1}^{4}A_{k1}$．

3. 证明：

(1) $$\frac{\mathrm{d}}{\mathrm{d}t}\begin{vmatrix} a_{11}(t) & a_{12}(t) & \cdots & a_{1n}(t) \\ a_{21}(t) & a_{22}(t) & \cdots & a_{2n}(t) \\ \vdots & \vdots & & \vdots \\ a_{n1}(t) & a_{n2}(t) & \cdots & a_{nn}(t) \end{vmatrix}=\sum_{j=1}^{n}\begin{vmatrix} a_{11}(t) & \cdots & \frac{\mathrm{d}}{\mathrm{d}t}a_{1j}(t) & \cdots & a_{1n}(t) \\ a_{21}(t) & \cdots & \frac{\mathrm{d}}{\mathrm{d}t}a_{2j}(t) & \cdots & a_{2n}(t) \\ \vdots & & \vdots & & \vdots \\ a_{n1}(t) & \cdots & \frac{\mathrm{d}}{\mathrm{d}t}a_{nj}(t) & \cdots & a_{nn}(t) \end{vmatrix};$$

(2) $$\begin{vmatrix} a_{11}+x & a_{12}+x & \cdots & a_{1n}+x \\ a_{21}+x & a_{22}+x & \cdots & a_{2n}+x \\ \vdots & \vdots & & \vdots \\ a_{n1}+x & a_{n2}+x & \cdots & a_{nn}+x \end{vmatrix} = \begin{vmatrix} a_{11} & a_{12} & \cdots & a_{1n} \\ a_{21} & a_{22} & \cdots & a_{2n} \\ \vdots & \vdots & & \vdots \\ a_{n1} & a_{n2} & \cdots & a_{nn} \end{vmatrix} + x\sum_{i=1}^{n}\sum_{j=1}^{n}A_{ij}$$，其中 A_{ij} 是 a_{ij} 的代数余子式.

4. 计算下列 n 阶行列式：

(1) $$\begin{vmatrix} x+a_1 & a_2 & a_3 & \cdots & a_n \\ a_1 & x+a_2 & a_3 & \cdots & a_n \\ a_1 & a_2 & x+a_3 & \cdots & a_n \\ \vdots & \vdots & \vdots & & \vdots \\ a_1 & a_2 & a_3 & \cdots & x+a_n \end{vmatrix};$$

(2) $$\begin{vmatrix} \lambda & a & a & a & \cdots & a \\ b & \alpha & \beta & \beta & \cdots & \beta \\ b & \beta & \alpha & \beta & \cdots & \beta \\ b & \beta & \beta & \alpha & \cdots & \beta \\ \vdots & \vdots & \vdots & \vdots & & \vdots \\ b & \beta & \beta & \beta & \cdots & \alpha \end{vmatrix};$$

(3) $$\begin{vmatrix} x & y & y & \cdots & y & y \\ z & x & y & \cdots & y & y \\ z & z & x & \cdots & y & y \\ \vdots & \vdots & \vdots & & \vdots & \vdots \\ z & z & z & \cdots & x & y \\ z & z & z & \cdots & z & x \end{vmatrix};$$

(4) $$\begin{vmatrix} x & a & a & \cdots & a & a \\ -a & x & a & \cdots & a & a \\ -a & -a & x & \cdots & a & a \\ \vdots & \vdots & \vdots & & \vdots & \vdots \\ -a & -a & -a & \cdots & -a & x \end{vmatrix};$$

(5) $$\begin{vmatrix} a_1 & a_2 & a_3 & \cdots & a_{n-1} & a_n \\ -x_1 & x_2 & 0 & \cdots & 0 & 0 \\ 0 & -x_2 & x_3 & \cdots & 0 & 0 \\ \vdots & \vdots & \vdots & & \vdots & \vdots \\ 0 & 0 & 0 & \cdots & x_{n-1} & 0 \\ 0 & 0 & 0 & \cdots & -x_{n-1} & x_n \end{vmatrix};$$

(6) $$\begin{vmatrix} 1 & 1 & \cdots & 1 \\ x_1 & x_2 & \cdots & x_n \\ x_1^2 & x_2^2 & \cdots & x_n^2 \\ \vdots & \vdots & & \vdots \\ x_1^{n-2} & x_2^{n-2} & \cdots & x_n^{n-2} \\ x_1^n & x_2^n & \cdots & x_n^n \end{vmatrix}.$$

5. 计算 $f(x+1)-f(x)$，其中

$$f(x)=\begin{vmatrix} 1 & 0 & 0 & 0 & \cdots & 0 & x \\ 1 & 2 & 0 & 0 & \cdots & 0 & x^2 \\ 1 & 3 & 3 & 0 & \cdots & 0 & x^3 \\ \vdots & \vdots & \vdots & \vdots & & \vdots & \vdots \\ 1 & n & C_n^2 & C_n^3 & \cdots & C_n^{n-1} & x^n \\ 1 & n+1 & C_{n+1}^2 & C_{n+1}^3 & \cdots & C_{n+1}^{n-1} & x^{n+1} \end{vmatrix}.$$

6. 设 $f_i(x)=a_{i0}x^i+a_{i1}x^{i-1}+\cdots+a_{i,i-1}x+a_{ii}$，其中 $a_{i0}\neq 0,(i=0,1,\cdots,n-1)$. 求

$$D_n=\begin{vmatrix} f_0(x_1) & f_0(x_2) & \cdots & f_0(x_n) \\ f_1(x_1) & f_1(x_2) & \cdots & f_1(x_n) \\ \vdots & \vdots & & \vdots \\ f_{n-1}(x_1) & f_{n-1}(x_2) & \cdots & f_{n-1}(x_n) \end{vmatrix}.$$

7. 解方程：

$$\begin{vmatrix} 1 & 1 & 1 & \cdots & 1 & 1 \\ 1 & 1-x & 1 & \cdots & 1 & 1 \\ 1 & 1 & 2-x & \cdots & 1 & 1 \\ \vdots & \vdots & \vdots & & \vdots & \vdots \\ 1 & 1 & 1 & \cdots & (n-2)-x & 1 \\ 1 & 1 & 1 & \cdots & 1 & (n-1)-x \end{vmatrix}=0.$$

8. 证明：方程组

$$\begin{cases}2a_{11}x_1+2a_{12}x_2+\cdots+2a_{1n}x_n=x_1\\2a_{21}x_1+2a_{22}x_2+\cdots+2a_{2n}x_n=x_2\\\qquad\qquad\cdots\cdots\\2a_{n1}x_1+2a_{n2}x_2+\cdots+2a_{nn}x_n=x_n\end{cases}$$

只有零解，其中 $a_{ij}(i,j=1,2,\cdots,n)$ 为整数.

第三章
矩 阵

第一节 矩阵的概念

矩阵是线性代数的主要研究对象之一，许多问题不但可以用矩阵来表现，而且还可以用矩阵来研究和解决. 有些性质完全不同的、表面上完全没有联系的问题，归结成矩阵问题以后却可能是相同的了，这就使矩阵成为数学中一个极其重要而且应用广泛的工具和研究对象，它不仅在代数学领域有广泛的应用，而且在数学的其他分支及物理学、经济学及其社会科学领域中都有广泛的应用.

定义 数域 P 中 $m\times n$ 个数 $a_{ij}(i=1,2,\cdots,m;j=1,2,\cdots,n)$ 排成的 m 行 n 列的数表

$$\begin{pmatrix} a_{11} & a_{12} & \cdots & a_{1n} \\ a_{21} & a_{22} & \cdots & a_{2n} \\ \vdots & \vdots & & \vdots \\ a_{m1} & a_{m2} & \cdots & a_{mn} \end{pmatrix}$$

称为一个 $m\times n$ 矩阵. 其中 a_{ij} 称为矩阵的元素，i 称为元素 a_{ij} 的行指标，j 称为列指标.

矩阵通常用大写的拉丁字母 $\boldsymbol{A},\boldsymbol{B},\boldsymbol{C},\cdots$ 表示. 为了明确起见，m 行 n 列矩阵 $\boldsymbol{A}$ 可记作 $\boldsymbol{A}_{m\times n}$，也可记作 $\boldsymbol{A}=(a_{ij})$ 或者 $\boldsymbol{A}=(a_{ij})_{m\times n}$. 今后用 $P^{m\times n}$ 表示数域 P 上全体 $m\times n$ 矩阵的集合.

行数和列数都等于 n 的矩阵称为 n 阶矩阵或 n 阶方阵，n 阶矩阵 $\boldsymbol{A}$ 也记作 $\boldsymbol{A}_n$.

只有一行的矩阵 $\boldsymbol{A}=(a_1,a_2,\cdots,a_n)$ 称为行矩阵，又称行向量.

只有一列的矩阵 $\boldsymbol{B}=\begin{pmatrix} b_1 \\ b_2 \\ \vdots \\ b_n \end{pmatrix}$ 称为列矩阵，又称列向量.

设 $\boldsymbol{A}=(a_{ij})_{m\times n}$，$\boldsymbol{B}=(b_{ij})_{l\times k}$，如果 $m=l$，$n=k$，那么称 $\boldsymbol{A}$，$\boldsymbol{B}$ 是同型矩阵；如果 $\boldsymbol{A}=(a_{ij})$ 与 $\boldsymbol{B}=(b_{ij})$ 是同型矩阵，并且它们的对应元素相等，即

$$a_{ij}=b_{ij}(i=1,2,\cdots,m;j=1,2,\cdots,n),$$

那么就称矩阵 $\boldsymbol{A}$ 与矩阵 $\boldsymbol{B}$ 相等，记作 $\boldsymbol{A}=\boldsymbol{B}$.

元素都是零的矩阵称为零矩阵，记作 $\boldsymbol{O}$. 注意，不同型的零矩阵是不相等的.

下面举例来说明矩阵的应用.

【例 1】 设有 n 个未知数、m 个方程的线性方程组

$$\begin{cases} a_{11}x_1+a_{12}x_2+\cdots+a_{1n}x_n=b_1 \\ a_{21}x_1+a_{22}x_2+\cdots+a_{2n}x_n=b_2 \\ \cdots\cdots \\ a_{m1}x_1+a_{m2}x_2+\cdots+a_{mn}x_n=b_m \end{cases}, \tag{3-1}$$

其中 a_{ij} 是第 i 个方程的第 j 个未知数的系数，b_i 是第 i 个方程的常数项，$i=1,2,\cdots,m$；$j=1,2,\cdots,n$. 当常数项 $b_i(i=1,2,\cdots,m)$ 不全为零时，式(3-1) 称作 n 元非齐次线性方程组；当常数项 $b_i(i=1,2,\cdots,m)$ 全为零时，式(3-1) 称作 n 元齐次线性方程组.

此时，有如下几个矩阵：

$$\boldsymbol{A}=(a_{ij})_{m\times n},\boldsymbol{x}=\begin{pmatrix} x_1 \\ x_2 \\ \vdots \\ x_n \end{pmatrix},\boldsymbol{b}=\begin{pmatrix} b_1 \\ b_2 \\ \vdots \\ b_m \end{pmatrix},\boldsymbol{B}=\begin{pmatrix} a_{11} & a_{12} & \cdots & a_{1n} & b_1 \\ a_{21} & a_{22} & \cdots & a_{2n} & b_2 \\ \vdots & \vdots & & \vdots & \vdots \\ a_{m1} & a_{m2} & \cdots & a_{mn} & b_m \end{pmatrix},$$

其中 $\boldsymbol{A}$ 称为式(3-1) 的系数矩阵，$\boldsymbol{x}$ 称为未知量矩阵，$\boldsymbol{b}$ 称为常数项矩阵，$\boldsymbol{B}$ 称为增广矩阵.

【例 2】 n 个变量 $x_1,x_2,\cdots,x_n$ 与 m 个变量 $y_1,y_2,\cdots,y_m$ 之间的关系式

$$\begin{cases} y_1=a_{11}x_1+a_{12}x_2+\cdots+a_{1n}x_n \\ y_2=a_{21}x_1+a_{22}x_2+\cdots+a_{2n}x_n \\ \cdots\cdots \\ y_m=a_{m1}x_1+a_{m2}x_2+\cdots+a_{mn}x_n \end{cases} \tag{3-2}$$

表示一个变量 $x_1,x_2,\cdots,x_n$ 到变量 $y_1,y_2,\cdots,y_m$ 的线性变换，其中 a_{ij} 为常数. 线性变换式(3-2) 的系数 a_{ij} 构成矩阵 $\boldsymbol{A}=(a_{ij})_{m\times n}$.

给定了线性变换式(3-2)，它的系数 a_{ij} 构成矩阵（称为系数矩阵）也就确定. 反之，如果给出一个矩阵作为线性变换的系数矩阵，则线性变换也就确定. 在这个意义上，线性变换和矩阵之间存在着一一对应的关系.

特殊地，线性变换

$$\begin{cases} y_1=\lambda_1x_1 \\ y_2=\lambda_2x_2 \\ \cdots\cdots \\ y_n=\lambda_nx_n \end{cases}$$

对应 n 阶矩阵

$$\boldsymbol{\Lambda}=\begin{pmatrix}\lambda_1 & 0 & \cdots & 0\\ 0 & \lambda_2 & \cdots & 0\\ \vdots & \vdots & & \vdots\\ 0 & 0 & \cdots & \lambda_n\end{pmatrix}.$$

这个矩阵的特点是：从左上角到右下角的直线（叫作对角线）以外的元素都是 0. 这种方阵称为对角矩阵，简称对角阵. 对角阵也可记作

$$\boldsymbol{\Lambda}=\operatorname{diag}(\lambda_1,\lambda_2,\cdots,\lambda_n).$$

当 $\lambda_1=\lambda_2=\cdots=\lambda_n=1$ 时的线性变换称为恒等变换，它对应的 n 阶方阵

$$\boldsymbol{E}=\begin{pmatrix}1 & 0 & \cdots & 0\\ 0 & 1 & \cdots & 0\\ \vdots & \vdots & & \vdots\\ 0 & 0 & \cdots & 1\end{pmatrix}$$

称为 n 阶单位矩阵，简称单位阵. 这个方阵的特点是：从左上角到右下角的直线上的元素都是 1，其他元素都是 0.

【例 3】 在解析几何中考虑坐标变换时，如果只考虑坐标系的转轴（反时针方向转轴），那么平面直角坐标变换的公式为

$$\begin{cases}x=x'\cos\theta-y'\sin\theta\\ y=x'\sin\theta+y'\cos\theta\end{cases},\tag{3-3}$$

其中 θ 为 x 轴与 x'轴的夹角. 显然，新旧坐标之间的关系，完全通过公式中系数所排成的 2×2 矩阵

$$\begin{pmatrix}\cos\theta & -\sin\theta\\ \sin\theta & \cos\theta\end{pmatrix}\tag{3-4}$$

表示出来. 通常，矩阵［式(3-4)］称为坐标变换式(3-3) 的矩阵. 在空间的情形，保持原点不动的仿射坐标系的变换有公式

$$\begin{cases}x=a_{11}x'+a_{12}y'+a_{13}z'\\ y=a_{21}x'+a_{22}y'+a_{23}z'\\ z=a_{31}x'+a_{32}y'+a_{33}z'\end{cases}.\tag{3-5}$$

同样，矩阵

$$\begin{pmatrix}a_{11} & a_{12} & a_{13}\\ a_{21} & a_{22} & a_{23}\\ a_{31} & a_{32} & a_{33}\end{pmatrix}\tag{3-6}$$

就称为坐标变换式(3-5) 的矩阵.

【例 4】 二次曲线的一般方程为

$$ax^2+2bxy+cy^2+2dx+2ey+f=0.\tag{3-7}$$

式(3-7) 的左端可以用

	x	y	1
x	a	b	d
y	b	c	e
1	d	e	f

来表示，其中每一个数就是它所在的行和列所对应的 x,y 或 1 的乘积的系数，而式(3-7)的左端就是按这样的约定所形成的项的和. 换句话说，只要规定了 $x,y,1$ 的次序，二次方程式(3-7) 的左端就可以简单地用矩阵

$$\begin{pmatrix} a & b & d \\ b & c & e \\ d & e & f \end{pmatrix} \tag{3-8}$$

来表示. 通常，式(3-8) 称为二次曲线的矩阵. 以后我们会看到，这种表示法不只是形式的.

【例 5】 在讨论国民经济的数学问题中也常常用到矩阵. 假设在某一地区，某一种物资，比如说煤，有 s 个产地 $A_1,A_2,\cdots,A_s$，n 个销地 $B_1,B_2,\cdots,B_n$，那么一个调动方案就可以用一个矩阵

$$\begin{pmatrix} a_{11} & a_{12} & \cdots & a_{1n} \\ a_{21} & a_{22} & \cdots & a_{2n} \\ \vdots & \vdots & & \vdots \\ a_{s1} & a_{s2} & \cdots & a_{sn} \end{pmatrix}$$

来表示，其中 a_{ij} 表示由产地 A_i 运到销地 B_j 的数量.

第二节 矩阵的运算

矩阵是从大量的实际问题中抽象出来的概念. 它虽然是把一些数排成矩阵形数表，但我们可以对它进行一些具有实际意义的运算. 下面我们来定义矩阵的运算，可以将它们认为是矩阵之间一些最基本的关系.

定义 1 **(矩阵加法)** 设

$$\boldsymbol{A}=(a_{ij})_{s\times n}=\begin{pmatrix} a_{11} & a_{12} & \cdots & a_{1n} \\ a_{21} & a_{22} & \cdots & a_{2n} \\ \vdots & \vdots & & \vdots \\ a_{s1} & a_{s2} & \cdots & a_{sn} \end{pmatrix},$$

$$\boldsymbol{B}=(b_{ij})_{s\times n}=\begin{pmatrix} b_{11} & b_{12} & \cdots & b_{1n} \\ b_{21} & b_{22} & \cdots & b_{2n} \\ \vdots & \vdots & & \vdots \\ b_{s1} & b_{s2} & \cdots & b_{sn} \end{pmatrix},$$

是两个 $s\times n$ 矩阵，则矩阵

$$\boldsymbol{C}=(c_{ij})_{s\times n}=(a_{ij}+b_{ij})_{s\times n}=\begin{pmatrix} a_{11}+b_{11} & a_{12}+b_{12} & \cdots & a_{1n}+b_{1n} \\ a_{21}+b_{21} & a_{22}+b_{22} & \cdots & a_{2n}+b_{2n} \\ \vdots & \vdots & & \vdots \\ a_{s1}+b_{s1} & a_{s2}+b_{s2} & \cdots & a_{sn}+b_{sn} \end{pmatrix}$$

称为 $\boldsymbol{A}$ 和 $\boldsymbol{B}$ 的和，记作

$$\boldsymbol{C}=\boldsymbol{A}+\boldsymbol{B}.$$

定义表明，矩阵的加法就是矩阵对应的元素相加. 当然，相加的矩阵必须是同型矩阵. 由于矩阵的加法归结为它们的元素的加法，也就是数的加法，所以不难验证，它符合如下交换律和结合律.

交换律：$\boldsymbol{A}+\boldsymbol{B}=\boldsymbol{B}+\boldsymbol{A}$；

结合律：$\boldsymbol{A}+(\boldsymbol{B}+\boldsymbol{C})=(\boldsymbol{A}+\boldsymbol{B})+\boldsymbol{C}$.

元素全为零的矩阵称为零矩阵，记为 $\boldsymbol{O}_{s\times n}$，在不致引起混淆的时候，可简单地记为 $\boldsymbol{O}$. 显然，对所有的 $\boldsymbol{A}$，有

$$\boldsymbol{A}+\boldsymbol{O}=\boldsymbol{A}.$$

设矩阵 $\boldsymbol{A}=(a_{ij})$，记 $-\boldsymbol{A}=(-a_{ij})$，则 $-\boldsymbol{A}$ 称为矩阵 $\boldsymbol{A}$ 的负矩阵，显然有

$$\boldsymbol{A}+(-\boldsymbol{A})=\boldsymbol{O}.$$

由此规定矩阵的减法为

$$\boldsymbol{A}-\boldsymbol{B}=\boldsymbol{A}+(-\boldsymbol{B}).$$

定义 2 **（数量乘法）** 数 k 与矩阵 $\boldsymbol{A}_{s\times n}$ 的乘积记作 $k\boldsymbol{A}$ 或者 $\boldsymbol{A}k$，显然规定为

$$k\boldsymbol{A}=\boldsymbol{A}k=\begin{pmatrix} ka_{11} & ka_{12} & \cdots & ka_{1n} \\ ka_{21} & ka_{22} & \cdots & ka_{2n} \\ \vdots & \vdots & & \vdots \\ ka_{s1} & ka_{s2} & \cdots & ka_{sn} \end{pmatrix}.$$

数乘矩阵满足下列运算规律（设 $k,l\in P$）：

(1) $(kl)\boldsymbol{A}=k(l\boldsymbol{A})$；

(2) $(k+l)\boldsymbol{A}=k\boldsymbol{A}+l\boldsymbol{A}$；

(3) $k(\boldsymbol{A}+\boldsymbol{B})=k\boldsymbol{A}+k\boldsymbol{B}$.

矩阵加法与数量乘法结合起来，统称为矩阵的线性运算.

矩阵的加法和数量乘法比较容易掌握，而对于乘法，初学的读者却常常感到不太适应. 这里我们举出一个引出矩阵乘法的示例.

设 x_1,x_2 和 y_1,y_2,y_3 是两组变量，它们之间的关系为

$$\begin{cases} x_1=a_{11}y_1+a_{12}y_2+a_{13}y_3 \\ x_2=a_{21}y_1+a_{22}y_2+a_{23}y_3 \end{cases}, \tag{3-9}$$

其系数矩阵是

$$\boldsymbol{A}=\begin{pmatrix} a_{11} & a_{12} & a_{13} \\ a_{21} & a_{22} & a_{23} \end{pmatrix}.$$

又设 z_1,z_2,z_3 是第三组变量，它们与 y_1,y_2,y_3 的关系为

$$\begin{cases} y_1=b_{11}z_1+b_{12}z_2+b_{13}z_3 \\ y_2=b_{21}z_1+b_{22}z_2+b_{23}z_3 \\ y_3=b_{31}z_1+b_{32}z_2+b_{33}z_3 \end{cases}, \tag{3-10}$$

其系数矩阵是

$$B=\begin{pmatrix}b_{11}&b_{12}&b_{13}\\b_{21}&b_{22}&b_{23}\\b_{31}&b_{32}&b_{33}\end{pmatrix}.$$

试求出 x_1,x_2 和 z_1,z_2,z_3 两组变量的关系.

显然，只要将式(3-10) 代入式(3-9) 即可求出两组变量的关系. 假设 x_1,x_2 和 z_1,z_2，z_3 两组变量的关系为

$$\begin{cases}x_1=c_{11}z_1+c_{12}z_2+c_{13}z_3\\x_2=c_{21}z_1+c_{22}z_2+c_{23}z_3\end{cases},\tag{3-11}$$

其系数矩阵是

$$C=\begin{pmatrix}c_{11}&c_{12}&c_{13}\\c_{21}&c_{22}&c_{23}\end{pmatrix}.$$

由实际计算不难得出

$$c_{ij}=a_{i1}b_{1j}+a_{i2}b_{2j}+a_{i3}b_{3j}\quad(i=1,2;j=1,2,3).\tag{3-12}$$

用矩阵的表示法，我们可以说，如果矩阵

$$\boldsymbol{A}=(a_{ik})_{2\times3},\boldsymbol{B}=(b_{kj})_{3\times3},$$

分别表示变量 x_1,x_2 与 y_1,y_2,y_3 以及 y_1,y_2,y_3 与 z_1,z_2,z_3 之间的关系，那么表示 x_1，x_2 与 z_1,z_2,z_3 之间的关系的矩阵

$$\boldsymbol{C}=(c_{ij})_{2\times3}$$

就由式(3-12) 决定. 矩阵 $\boldsymbol{C}$ 称为矩阵 $\boldsymbol{A}$ 与 $\boldsymbol{B}$ 的乘积，记作

$$\boldsymbol{C}=\boldsymbol{AB}.$$

一般地，我们有如下定义.

定义 3 **(矩阵乘法)** 设

$$\boldsymbol{A}=(a_{ik})_{s\times n},\boldsymbol{B}=(b_{kj})_{n\times m},$$

那么矩阵

$$\boldsymbol{C}=(c_{ij})_{s\times m},$$

其中

$$c_{ij}=a_{i1}b_{1j}+a_{i2}b_{2j}+\cdots+a_{in}b_{nj}=\sum_{k=1}^{n}a_{ik}b_{kj},$$

称为矩阵 $\boldsymbol{A}$ 与 $\boldsymbol{B}$ 的乘积，记为

$$\boldsymbol{C}=\boldsymbol{AB}.$$

由矩阵乘法的定义可以看出，矩阵 $\boldsymbol{A}$ 的列数等于矩阵 $\boldsymbol{B}$ 的行数，只有这样的两个矩阵才能相乘. 并且乘积的行数等于 $\boldsymbol{A}$ 的行数，乘积的列数等于 $\boldsymbol{B}$ 的列数. 而矩阵 $\boldsymbol{A}$ 与 $\boldsymbol{B}$ 的乘积 $\boldsymbol{C}$ 的第 i 行、第 j 列的元素等于矩阵 $\boldsymbol{A}$ 的第 i 行与矩阵 $\boldsymbol{B}$ 的第 j 列的对应元素的乘积的和.

【例 1】 设

$$\boldsymbol{A}=\begin{pmatrix}1&-2&3\\-3&2&1\\2&-1&3\end{pmatrix},\boldsymbol{B}=\begin{pmatrix}1&2\\-3&1\\-2&3\end{pmatrix},$$

那么

$$AB=\begin{pmatrix}1&-2&3\\-3&2&1\\2&-1&3\end{pmatrix}\begin{pmatrix}1&2\\-3&1\\-2&3\end{pmatrix}$$

$$=\begin{pmatrix}1\times1+(-2)\times(-3)+3\times(-2)&1\times2+(-2)\times1+3\times3\\(-3)\times1+2\times(-3)+1\times(-2)&(-3)\times2+2\times1+1\times3\\2\times1+(-1)\times(-3)+3\times(-2)&2\times2+(-1)\times1+3\times3\end{pmatrix}=\begin{pmatrix}1&9\\-11&-1\\-1&12\end{pmatrix}.$$

【例 2】 求矩阵

$$A=\begin{pmatrix}-2&4\\1&-2\end{pmatrix},B=\begin{pmatrix}2&4\\-3&-6\end{pmatrix}$$

的乘积 AB 及 BA.

解 按照公式有

$$AB=\begin{pmatrix}-2&4\\1&-2\end{pmatrix}\begin{pmatrix}2&4\\-3&-6\end{pmatrix}=\begin{pmatrix}-16&-32\\8&16\end{pmatrix},$$

$$BA=\begin{pmatrix}2&4\\-3&-6\end{pmatrix}\begin{pmatrix}-2&4\\1&-2\end{pmatrix}=\begin{pmatrix}0&0\\0&0\end{pmatrix}.$$

在例 1 中，A 是一个 3×3 的矩阵，B 是一个 3×2 的矩阵，乘积 AB 有意义而乘积 BA 无意义. 由此可知，在矩阵的乘法中必须注意矩阵相乘的顺序. AB 是 A 左乘 B 的乘积，BA 是 A 右乘 B 的乘积，AB 有意义时，BA 可以没有意义. 在例 2 中，A 和 B 都是二阶方阵，因而 AB 和 BA 也都是二阶方阵，但 AB 和 BA 仍然不相等. 总之，矩阵的乘法不满足交换律，也就是一般情况下 $AB\neq BA$. 而且两个不为零的矩阵的乘积可以是零矩阵，这是矩阵乘法的一个特点. 由此还可得出矩阵消去律不成立，即当 $AB=AC$ 时，不一定有 $B=C$.

对于两个方阵 A 和 B，若 $AB=BA$，则称 A 和 B 是可交换的.

矩阵的乘法不满足交换律和消去律，但仍然满足结合律和分配律：

(1) $(AB)C=A(BC)$；

(2) $\lambda(AB)=(\lambda A)B=A(\lambda B)$；

(3) $(A+B)C=AC+BC, A(B+C)=AB+AC$.

设 $A=(a_{ij})_{s\times n}, B=(b_{jk})_{n\times m}, C=(c_{kl})_{m\times r}$，我们证明 $(AB)C=A(BC)$：

令

$$V=AB=(v_{ik})_{s\times m}, W=BC=(w_{jl})_{n\times r},$$

其中

$$v_{ik}=\sum_{j=1}^{n}a_{ij}b_{jk}, i=1,2,\cdots,s;k=1,2,\cdots,m,$$

$$w_{jl}=\sum_{k=1}^{m}b_{jk}c_{kl}, j=1,2,\cdots,n;l=1,2,\cdots,r.$$

因为 $(AB)C=VC$ 中 VC 的第 i 行第 j 列元素为

$$\sum_{k=1}^{m}v_{ik}c_{kl}=\sum_{k=1}^{m}\left(\sum_{j=1}^{n}a_{ij}b_{jk}\right)c_{kl}=\sum_{k=1}^{m}\sum_{j=1}^{n}a_{ij}b_{jk}c_{kl}, \tag{3-13}$$

而 $A(BC)=AW$ 中 AW 的第 i 行第 l 列元素为

$$\sum_{j=1}^{n}a_{ij}w_{jl}=\sum_{j=1}^{n}a_{ij}\left(\sum_{k=1}^{m}b_{jk}c_{kl}\right)=\sum_{j=1}^{n}\sum_{k=1}^{m}a_{ij}b_{jk}c_{kl}; \tag{3-14}$$

由于双重连加号可以交换次序，所以式(3-13)、式(3-14) 的结果是一样的，这就证明了结合律.

定义 4 主对角线上的元素全是 1，其余元素全是 0 的 $n \times n$ 矩阵

$$\begin{pmatrix} 1 & 0 & \cdots & 0 \\ 0 & 1 & \cdots & 0 \\ \vdots & \vdots & & \vdots \\ 0 & 0 & \cdots & 1 \end{pmatrix}$$

称为 n 阶单位矩阵，记作 $\boldsymbol{E}_n$．或者在不致引起混淆时简记为 $\boldsymbol{E}$．显然有

$$\boldsymbol{A}_{s\times n}\boldsymbol{E}_n=\boldsymbol{A}_{s\times n},\boldsymbol{E}_s\boldsymbol{A}_{s\times n}=\boldsymbol{A}_{s\times n}.$$

可见单位矩阵在矩阵乘法中的作用类似于数 1.

有了矩阵的乘法，我们还可以定义矩阵的幂．设 $\boldsymbol{A}$ 为 n 阶方阵，定义

$$\boldsymbol{A}^0=\boldsymbol{E},\boldsymbol{A}^1=\boldsymbol{A},\boldsymbol{A}^2=\boldsymbol{A}^1\boldsymbol{A}^1,\cdots,\boldsymbol{A}^{k+1}=\boldsymbol{A}^k\boldsymbol{A}^1,$$

其中 k 为正整数，也就是说，$\boldsymbol{A}^k$ 就是 k 个 $\boldsymbol{A}$ 连乘．显然，只有 $\boldsymbol{A}$ 为方阵，它的幂才有意义.

由于矩阵的乘法适合结合律，所以矩阵的幂满足以下运算规律：

$$\boldsymbol{A}^k\boldsymbol{A}^l=\boldsymbol{A}^{k+l},(\boldsymbol{A}^k)^l=\boldsymbol{A}^{kl},$$

其中 k,l 为正整数．又因矩阵乘法一般不满足交换律，所以对于两个 n 阶矩阵 $\boldsymbol{A}$ 与 $\boldsymbol{B}$，一般来说 $(\boldsymbol{AB})^k \neq \boldsymbol{A}^k\boldsymbol{B}^k$，只有当矩阵 $\boldsymbol{A}$ 与 $\boldsymbol{B}$ 可交换时，才有 $(\boldsymbol{AB})^k=\boldsymbol{A}^k\boldsymbol{B}^k$．类似可以知道，$(\boldsymbol{A}+\boldsymbol{B})^2=\boldsymbol{A}^2+2\boldsymbol{AB}+\boldsymbol{B}^2,(\boldsymbol{A}+\boldsymbol{B})(\boldsymbol{A}-\boldsymbol{B})=\boldsymbol{A}^2-\boldsymbol{B}^2$ 等公式，也只有当矩阵 $\boldsymbol{A}$ 与 $\boldsymbol{B}$ 可交换时成立.

矩阵

$$k\boldsymbol{E}=\begin{pmatrix} k & 0 & \cdots & 0 \\ 0 & k & \cdots & 0 \\ \vdots & \vdots & & \vdots \\ 0 & 0 & \cdots & k \end{pmatrix}$$

称为数量矩阵．如果 $\boldsymbol{A}$ 是 n 阶方阵，则有

$$k\boldsymbol{A}=(k\boldsymbol{E})\boldsymbol{A}=\boldsymbol{A}(k\boldsymbol{E})$$

这个式子表明数量矩阵 $k\boldsymbol{E}$ 与任何同阶方阵相乘时都是可交换的．另外，我们还有

$$k\boldsymbol{E}+l\boldsymbol{E}=(k+l)\boldsymbol{E},$$
$$(k\boldsymbol{E})(l\boldsymbol{E})=(kl)\boldsymbol{E},$$

这就是说，数量矩阵的加法和乘法完全归结为数的加法和乘法.

定义 5 把一矩阵 $\boldsymbol{A}$ 的行列互换，所得到的矩阵称为 $\boldsymbol{A}$ 的转置，记作 $\boldsymbol{A}^{\mathrm{T}}$．可确切地定义如下：

设

$$\boldsymbol{A}=\begin{pmatrix} a_{11} & a_{12} & \cdots & a_{1n} \\ a_{21} & a_{22} & \cdots & a_{2n} \\ \vdots & \vdots & & \vdots \\ a_{s1} & a_{s2} & \cdots & a_{sn} \end{pmatrix},$$

所谓 $\boldsymbol{A}$ 的转置就是指矩阵

$$\boldsymbol{A}^{\mathrm{T}}=\begin{pmatrix} a_{11} & a_{21} & \cdots & a_{s1} \\ a_{12} & a_{22} & \cdots & a_{s2} \\ \vdots & \vdots & & \vdots \\ a_{1n} & a_{2n} & \cdots & a_{sn} \end{pmatrix}.$$

显然，$s\times n$ 矩阵的转置是 $n\times s$ 矩阵.

矩阵的转置适合以下规律：

(1) $(\boldsymbol{A}^{\mathrm{T}})^{\mathrm{T}}=\boldsymbol{A}$；

(2) $(\boldsymbol{A}+\boldsymbol{B})^{\mathrm{T}}=\boldsymbol{A}^{\mathrm{T}}+\boldsymbol{B}^{\mathrm{T}}$；

(3) $(k\boldsymbol{A})^{\mathrm{T}}=k\boldsymbol{A}^{\mathrm{T}}$；

(4) $(\boldsymbol{A}\boldsymbol{B})^{\mathrm{T}}=\boldsymbol{B}^{\mathrm{T}}\boldsymbol{A}^{\mathrm{T}}$.

前三式显然成立，我们只证（4）式. 设

$$\boldsymbol{A}=(a_{ik})_{s\times n},\boldsymbol{B}=(b_{kj})_{n\times m}$$

则 $\boldsymbol{AB}$ 中的(i,j)元为

$$\sum_{k=1}^{n}a_{ik}b_{kj}.$$

所以$(\boldsymbol{AB})^{\mathrm{T}}$ 中的(i,j)元为

$$\sum_{k=1}^{n}a_{jk}b_{ki}. \tag{3-15}$$

其次，$\boldsymbol{B}^{\mathrm{T}}$ 中的(i,k)元是 b_{ki}，$\boldsymbol{A}^{\mathrm{T}}$ 中的(k,j)元是 a_{jk}，因此，$\boldsymbol{B}^{\mathrm{T}}\boldsymbol{A}^{\mathrm{T}}$ 中的(i,j)元为

$$\sum_{k=1}^{n}b_{ki}a_{jk}=\sum_{k=1}^{n}a_{jk}b_{ki}. \tag{3-16}$$

比较式(3-15)、式(3-16) 即知上述的（4）式成立.

【例 3】 设

$$\boldsymbol{A}=(1,-1,2),\boldsymbol{B}=\begin{pmatrix}2&-1&0\\1&1&3\\4&2&1\end{pmatrix},$$

则

$$\boldsymbol{AB}=(1,-1,2)\begin{pmatrix}2&-1&0\\1&1&3\\4&2&1\end{pmatrix}=(9,2,-1).$$

$$\boldsymbol{A}^{\mathrm{T}}=\begin{pmatrix}1\\-1\\2\end{pmatrix},\boldsymbol{B}^{\mathrm{T}}=\begin{pmatrix}2&1&4\\-1&1&2\\0&3&1\end{pmatrix},$$

所以

$$\boldsymbol{B}^{\mathrm{T}}\boldsymbol{A}^{\mathrm{T}}=\begin{pmatrix}2&1&4\\-1&1&2\\0&3&1\end{pmatrix}\begin{pmatrix}1\\-1\\2\end{pmatrix}=\begin{pmatrix}9\\2\\-1\end{pmatrix}=(\boldsymbol{AB})^{\mathrm{T}}.$$

设矩阵 $\boldsymbol{A}$ 为 n 阶方阵，如果满足 $\boldsymbol{A}^{\mathrm{T}}=\boldsymbol{A}$，即 $a_{ij}=a_{ji}(i,j=1,2,\cdots,n)$，那么 $\boldsymbol{A}$ 称为对称矩阵，简称对称阵. 对称矩阵的特点是：它的元素以对角线为对称轴对应相等.

【例 4】 设矩阵 $\boldsymbol{X}=(x_1,x_2,\cdots,x_n)^{\mathrm{T}}$ 满足 $\boldsymbol{X}^{\mathrm{T}}\boldsymbol{X}=1$，$\boldsymbol{E}$ 为 n 阶单位阵，$\boldsymbol{H}=\boldsymbol{E}-2\boldsymbol{XX}^{\mathrm{T}}$. 证明：$\boldsymbol{H}$ 是对称阵，且 $\boldsymbol{H}^{\mathrm{T}}\boldsymbol{H}=\boldsymbol{E}$.

由于 $\boldsymbol{H}^{\mathrm{T}}=(\boldsymbol{E}-2\boldsymbol{XX}^{\mathrm{T}})^{\mathrm{T}}=\boldsymbol{E}^{\mathrm{T}}-2(\boldsymbol{XX}^{\mathrm{T}})^{\mathrm{T}}=\boldsymbol{E}-2\boldsymbol{XX}^{\mathrm{T}}=\boldsymbol{H}$，所以 $\boldsymbol{H}$ 是对称阵.

$$\begin{aligned}\boldsymbol{H}^{\mathrm{T}}\boldsymbol{H}&=\boldsymbol{H}^2=(\boldsymbol{E}-2\boldsymbol{XX}^{\mathrm{T}})^2\\&=\boldsymbol{E}-4\boldsymbol{XX}^{\mathrm{T}}+4(\boldsymbol{XX}^{\mathrm{T}})(\boldsymbol{XX}^{\mathrm{T}})\end{aligned}$$

$$=E-4XX^{T}+4X(X^{T}X)X^{T}$$
$$=E-4XX^{T}+4XX^{T}=E.$$

定义 6 由 n 阶方阵 $\boldsymbol{A}$ 的元素所构成的行列式，称为方阵 $\boldsymbol{A}$ 的行列式，记作 $|\boldsymbol{A}|$ 或者 $\det\boldsymbol{A}$.

应该注意，方阵与行列式是两个不同的概念，n 阶方阵是 n^2 个数按照一定方式排成的数表，而 n 阶行列式则是这些数按照一定的运算法则所确定的一个数.

由 $\boldsymbol{A}$ 确定的 $|\boldsymbol{A}|$ 的运算满足下述运算规律（设 $\boldsymbol{A},\boldsymbol{B}$ 为 n 阶方阵，k 为数）：

(1) $|\boldsymbol{A}^{T}|=|\boldsymbol{A}|$；

(2) $|k\boldsymbol{A}|=k^{n}|\boldsymbol{A}|$；

(3) $|\boldsymbol{AB}|=|\boldsymbol{A}||\boldsymbol{B}|$.

由（3）可知，对于 n 阶矩阵 $\boldsymbol{A},\boldsymbol{B}$，一般来说 $\boldsymbol{AB}\neq\boldsymbol{BA}$，但总有 $|\boldsymbol{AB}|=|\boldsymbol{BA}|$.

习题 3-2

1. 已知如下，求 $\boldsymbol{AB}$.

(1) $\boldsymbol{A}=\begin{pmatrix}2&-1&0\\3&1&2\end{pmatrix},\boldsymbol{B}=\begin{pmatrix}1&-3\\2&1\\-5&0\end{pmatrix}$；

(2) $\boldsymbol{A}=\begin{pmatrix}1&-1\\-1&1\\1&-1\end{pmatrix},\boldsymbol{B}=\begin{pmatrix}1&2\\1&2\end{pmatrix}$.

2. 已知如下，求 $\boldsymbol{AB},\boldsymbol{AB}-\boldsymbol{BA}$.

(1) $\boldsymbol{A}=\begin{pmatrix}3&1&1\\2&1&2\\1&2&3\end{pmatrix},\boldsymbol{B}=\begin{pmatrix}1&1&-1\\2&-1&0\\1&0&1\end{pmatrix}$；

(2) $\boldsymbol{A}=\begin{pmatrix}a&b&c\\c&b&a\\1&1&1\end{pmatrix},\boldsymbol{B}=\begin{pmatrix}1&a&c\\1&b&b\\1&c&a\end{pmatrix}$.

3. 计算：

(1) $\begin{pmatrix}2&1&1\\3&1&0\\0&1&2\end{pmatrix}^2$；

(2) $\begin{pmatrix}3&2\\-4&-2\end{pmatrix}^5$；

(3) $\begin{pmatrix}1&1\\0&1\end{pmatrix}^n$；

(4) $\begin{pmatrix}\cos\varphi&-\sin\varphi\\\sin\varphi&\cos\varphi\end{pmatrix}^n$；

(5) $(2,3,-1)\begin{pmatrix}1\\-1\\-1\end{pmatrix}$，$\begin{pmatrix}1\\-1\\-1\end{pmatrix}(2,3,-1)$；

(6) $(x,y,1)\begin{pmatrix}a_{11}&a_{12}&b_1\\a_{12}&a_{22}&b_2\\b_1&b_2&c\end{pmatrix}\begin{pmatrix}x\\y\\1\end{pmatrix}$；

(7) $\begin{pmatrix}\lambda&1&0\\0&\lambda&1\\0&0&\lambda\end{pmatrix}^n$；

(8) $\begin{pmatrix}1&-1&-1&-1\\-1&1&-1&-1\\-1&-1&1&-1\\-1&-1&-1&1\end{pmatrix}^n$.

4. 设 $f(x)=a_0x^m+a_1x^{m-1}+\cdots+a_m$，$\boldsymbol{A}$ 是 n 阶方阵，定义 $f(\boldsymbol{A})=a_0\boldsymbol{A}^m+a_1\boldsymbol{A}^{m-1}+\cdots+a_m\boldsymbol{E}$. 试求如下两种情况下的 $f(\boldsymbol{A})$：

(1) $f(x)=x^2-x-1$，$\boldsymbol{A}=\begin{pmatrix}2&1&1\\3&1&2\\1&-1&0\end{pmatrix}$；

(2) $f(x)=x^3-5x+3$，$\boldsymbol{A}=\begin{pmatrix}2 & -1\\ -3 & 3\end{pmatrix}$.

5. 设

$$\boldsymbol{A}=\begin{pmatrix}a_1 & 0 & \cdots & 0\\ 0 & a_2 & \cdots & 0\\ \vdots & \vdots & & \vdots\\ 0 & 0 & \cdots & a_n\end{pmatrix},$$

其中 $a_i\neq a_j$ $(i\neq j;i,j=1,2,\cdots,n)$. 证明：与 $\boldsymbol{A}$ 可交换的矩阵只能是对角矩阵.

6. 用 $\boldsymbol{E}_{ij}$ 表示 (i,j) 元素为 1、其余元素全为零的 n 阶方阵，而 $\boldsymbol{A}=(a_{ij})_{n\times n}$. 证明：

(1) 如果 $\boldsymbol{AE}_{12}=\boldsymbol{E}_{12}\boldsymbol{A}$，则当 $k\neq 1$ 时 $a_{k1}=0$，当 $k\neq 2$ 时 $a_{2k}=0$；

(2) 如果 $\boldsymbol{AE}_{ij}=\boldsymbol{E}_{ij}\boldsymbol{A}$，则当 $k\neq i$ 时 $a_{ki}=0$，当 $k\neq j$ 时 $a_{jk}=0$，且 $a_{ii}=a_{jj}$；

(3) 如果 $\boldsymbol{A}$ 与所有的 n 阶矩阵可交换，则 $\boldsymbol{A}$ 一定是数量矩阵，即 $\boldsymbol{A}=a\boldsymbol{E}$.

7. 设 $\boldsymbol{A}=\dfrac{1}{2}(\boldsymbol{B}+\boldsymbol{E})$，证明：$\boldsymbol{A}^2=\boldsymbol{A}$ 当且仅当 $\boldsymbol{B}^2=\boldsymbol{E}$.

8. 设 $\boldsymbol{AB}=\boldsymbol{BA},\boldsymbol{AC}=\boldsymbol{CA}$，证明：$\boldsymbol{A}(\boldsymbol{B}+\boldsymbol{C})=(\boldsymbol{B}+\boldsymbol{C})\boldsymbol{A}$；$\boldsymbol{A}(\boldsymbol{BC})=(\boldsymbol{BC})\boldsymbol{A}$.

9. n 阶方阵 $\boldsymbol{A}$ 称为对称的，如果 $\boldsymbol{A}^{\mathrm{T}}=\boldsymbol{A}$. 证明：如果 $\boldsymbol{A}$ 是实对称矩阵且 $\boldsymbol{A}^2=\boldsymbol{O}$，则 $\boldsymbol{A}=\boldsymbol{O}$.

10. n 阶方阵 $\boldsymbol{A}$ 称为反对称的，如果 $\boldsymbol{A}^{\mathrm{T}}=-\boldsymbol{A}$. 证明：任一 n 阶矩阵都可以表示成一个对称矩阵与一个反对称矩阵之和.

11. 设 $\boldsymbol{A},\boldsymbol{B}$ 是 n 阶对称矩阵. 证明：$\boldsymbol{AB}$ 是对称矩阵当且仅当 $\boldsymbol{AB}=\boldsymbol{BA}$.

12. 设 $\boldsymbol{A}$ 是 3×3 矩阵，$\boldsymbol{B}$ 是 4×4 矩阵，且 $|\boldsymbol{A}|=1,|\boldsymbol{B}|=-2$. 求 $||\boldsymbol{B}|\boldsymbol{A}|$ 及 $||\boldsymbol{A}|\boldsymbol{B}|$.

第三节　矩阵的逆

本节我们继续讨论矩阵的运算. 我们知道，每个不等于零的数 a 都有倒数 a^{-1} 使 $aa^{-1}=a^{-1}a=1$. 试问，对于每个非零的矩阵 $\boldsymbol{A}$，是否也存在一个矩阵 $\boldsymbol{A}^{-1}$ 使 $\boldsymbol{AA}^{-1}=\boldsymbol{A}^{-1}\boldsymbol{A}=\boldsymbol{E}$？

从前面关于矩阵乘法交换律的讨论，我们意识到，很多矩阵都难以满足这种要求. 当 $\boldsymbol{A}$ 是 $s\times n$ 矩阵（$s\neq n$）时显然不可能存在这样的 $\boldsymbol{A}^{-1}$. 即使 $\boldsymbol{A}$ 是 n 阶方阵也未必存在这样的 $\boldsymbol{A}^{-1}$. 例如，当 $\boldsymbol{A}$ 的第一行全是零时，对任何 n 阶方阵 $\boldsymbol{B}$，$\boldsymbol{AB}$ 的第一行也全是零，$\boldsymbol{AB}$ 不可能等于 $\boldsymbol{E}$. 因此对于这样的 $\boldsymbol{A}$（尽管它不是零矩阵）就不存在满足要求的 $\boldsymbol{A}^{-1}$. 但这不等于说，对于所有的 n 阶方阵 $\boldsymbol{A}$ 都不存在 $\boldsymbol{A}^{-1}$. 我们引入如下定义.

定义 1　设 $\boldsymbol{A}$ 为 n 阶方阵，如果存在 n 阶方阵 $\boldsymbol{B}$，使得

$$\boldsymbol{AB}=\boldsymbol{BA}=\boldsymbol{E}, \tag{3-17}$$

那么称矩阵 $\boldsymbol{A}$ 是可逆的.

首先我们指出，由于矩阵的乘法规则，只有方阵才能满足式(3-17). 其次，对于任意的矩阵 $\boldsymbol{A}$，满足式(3-17) 的矩阵 $\boldsymbol{B}$ 是唯一的（如果有的话）. 事实上，假设 $\boldsymbol{B}_1,\boldsymbol{B}_2$ 是两个满足式(3-17) 的矩阵，则有

$$\boldsymbol{B}_1=\boldsymbol{B}_1\boldsymbol{E}=\boldsymbol{B}_1(\boldsymbol{AB}_2)=(\boldsymbol{B}_1\boldsymbol{A})\boldsymbol{B}_2=\boldsymbol{EB}_2=\boldsymbol{B}_2.$$

定义 2　如果矩阵 $\boldsymbol{B}$ 满足式(3-17)，那么 $\boldsymbol{B}$ 就称为 $\boldsymbol{A}$ 的逆矩阵，记作 $\boldsymbol{A}^{-1}$.

这样，如果 $\boldsymbol{A}$ 可逆，则有

$$AA^{-1}=A^{-1}A=E.$$

由 A,A^{-1} 在式中的对称性，这时 A^{-1} 也可逆，并且$(A^{-1})^{-1}=A$. 因此 A,A^{-1} 互为逆矩阵.

可逆矩阵有时也称为非退化的或非奇异的. 相应的，不可逆矩阵有时也称为退化的或奇异的.

下面要解决的问题是：在什么条件下矩阵 A 是可逆的？如果 A 可逆，怎样求 A^{-1}？

定义 3 设 A_{ij} 是矩阵

$$A=\begin{pmatrix} a_{11} & a_{12} & \cdots & a_{1n} \\ a_{21} & a_{22} & \cdots & a_{2n} \\ \vdots & \vdots & & \vdots \\ a_{n1} & a_{n2} & \cdots & a_{nn} \end{pmatrix}$$

中元素 a_{ij} 的代数余子式，则矩阵

$$A^{*}=\begin{pmatrix} A_{11} & A_{21} & \cdots & A_{n1} \\ A_{12} & A_{22} & \cdots & A_{n2} \\ \vdots & \vdots & & \vdots \\ A_{1n} & A_{2n} & \cdots & A_{nn} \end{pmatrix}$$

称为矩阵 A 的伴随矩阵.

由行列式按一行（列）展开公式，我们显然有

$$AA^{*}=A^{*}A=\begin{pmatrix} |A| & 0 & \cdots & 0 \\ 0 & |A| & \cdots & 0 \\ \vdots & \vdots & & \vdots \\ 0 & 0 & \cdots & |A| \end{pmatrix}=|A|E. \tag{3-18}$$

如果 $|A|\neq 0$，那么由式(3-18) 得

$$A\left(\frac{1}{|A|}A^{*}\right)=\left(\frac{1}{|A|}A^{*}\right)A=E. \tag{3-19}$$

定理 1 n 阶方阵 A 可逆，当且仅当 $|A|\neq 0$. 而且当 A 可逆时

$$A^{-1}=\frac{1}{|A|}A^{*}. \tag{3-20}$$

其中 A^{*} 是 A 的伴随矩阵.

证 当 $|A|\neq 0$ 时，由式(3-19) 可知，A 可逆，且

$$A^{-1}=\frac{1}{|A|}A^{*}.$$

反之，若 A 可逆，则有 A^{-1} 使

$$AA^{-1}=A^{-1}A=E.$$

两边取行列式，得

$$|A|\,|A^{-1}|=|E|=1, \tag{3-21}$$

因而 $|A|\neq 0$. ▌

根据定理 1 容易看出，对于 n 阶方阵 A 和 B，如果

$$AB=E,$$

那么 A,B 就都是可逆的，并且它们互为逆矩阵.

推论 1 如果 A 可逆，则

$$|\boldsymbol{A}^{-1}|=|\boldsymbol{A}|^{-1}.$$

由式(3-21) 直接可得.

推论 2 如果矩阵 $\boldsymbol{A},\boldsymbol{B}$ 可逆，那么 $\boldsymbol{A}^{\mathrm{T}}$ 与 $\boldsymbol{AB}$ 也可逆，且

$$(\boldsymbol{A}^{\mathrm{T}})^{-1}=(\boldsymbol{A}^{-1})^{\mathrm{T}},$$
$$(\boldsymbol{AB})^{-1}=\boldsymbol{B}^{-1}\boldsymbol{A}^{-1}.$$

证 由矩阵 $\boldsymbol{A},\boldsymbol{B}$ 可逆知，$|\boldsymbol{A}|\neq 0,|\boldsymbol{B}|\neq 0$，进而得 $|\boldsymbol{A}^{\mathrm{T}}|=|\boldsymbol{A}|\neq 0,|\boldsymbol{AB}|=|\boldsymbol{A}||\boldsymbol{B}|\neq 0$，即 $\boldsymbol{A}^{\mathrm{T}}$ 与 $\boldsymbol{AB}$ 也可逆.

由 $\boldsymbol{AA}^{-1}=\boldsymbol{A}^{-1}\boldsymbol{A}=\boldsymbol{E}$，两边取转置，有

$$(\boldsymbol{A}^{-1})^{\mathrm{T}}\boldsymbol{A}^{\mathrm{T}}=\boldsymbol{A}^{\mathrm{T}}(\boldsymbol{A}^{-1})^{\mathrm{T}}=\boldsymbol{E}^{\mathrm{T}}=\boldsymbol{E},$$

因此 $(\boldsymbol{A}^{\mathrm{T}})^{-1}=(\boldsymbol{A}^{-1})^{\mathrm{T}}$.

由 $(\boldsymbol{AB})(\boldsymbol{B}^{-1}\boldsymbol{A}^{-1})=(\boldsymbol{B}^{-1}\boldsymbol{A}^{-1})(\boldsymbol{AB})=\boldsymbol{E}$，即得

$$(\boldsymbol{AB})^{-1}=\boldsymbol{B}^{-1}\boldsymbol{A}^{-1}. \blacksquare$$

【例】 判断矩阵 $\boldsymbol{A}=\begin{pmatrix}2&1&1\\3&1&2\\1&-1&0\end{pmatrix}$ 是否可逆. 如果可逆，求 $\boldsymbol{A}^{-1}$.

因为 $|\boldsymbol{A}|=\begin{vmatrix}2&1&1\\3&1&2\\1&-1&0\end{vmatrix}=2\neq 0$，所以 $\boldsymbol{A}$ 是可逆的.

又因

$$\boldsymbol{A}_{11}=2,\boldsymbol{A}_{12}=2,\boldsymbol{A}_{13}=-4,$$
$$\boldsymbol{A}_{21}=-1,\boldsymbol{A}_{22}=-1,\boldsymbol{A}_{23}=3,$$
$$\boldsymbol{A}_{31}=1,\boldsymbol{A}_{32}=-1,\boldsymbol{A}_{33}=-1.$$

所以

$$\boldsymbol{A}^{-1}=\frac{1}{2}\begin{pmatrix}2&-1&1\\2&-1&-1\\-4&3&-1\end{pmatrix}.$$

定理 1 不但给出了矩阵可逆的条件，同时也给出了求逆矩阵的式(3-20). 然而依照这个公式来求逆矩阵，当 $\boldsymbol{A}$ 的阶数较高时计算量显然是非常大的. 在以后我们将给出另一种求逆矩阵的方法. 这个公式的意义主要还是在理论方面. 比如利用求逆矩阵的公式可以非常简单地推导出克拉默法则.

设线性方程组

$$\begin{cases}a_{11}x_1+a_{12}x_2+\cdots+a_{1n}x_n=b_1\\a_{21}x_1+a_{22}x_2+\cdots+a_{2n}x_n=b_2\\\quad\cdots\cdots\\a_{n1}x_1+a_{n2}x_2+\cdots+a_{nn}x_n=b_n\end{cases},$$

可以写成

$$\boldsymbol{A}\begin{pmatrix}x_1\\x_2\\\vdots\\x_n\end{pmatrix}=\begin{pmatrix}b_1\\b_2\\\vdots\\b_n\end{pmatrix}. \tag{3-22}$$

如果 $|\boldsymbol{A}|=D\neq 0$，那么 $\boldsymbol{A}$ 可逆．并且

$$\boldsymbol{A}^{-1}=\frac{1}{|\boldsymbol{A}|}\boldsymbol{A}^{*}.$$

用 $\boldsymbol{A}^{-1}$ 左乘式(3-22) 得

$$\begin{pmatrix}x_1\\x_2\\\vdots\\x_n\end{pmatrix}=\frac{1}{D}\boldsymbol{A}^{*}\begin{pmatrix}b_1\\b_2\\\vdots\\b_n\end{pmatrix}=\frac{1}{D}\begin{pmatrix}\boldsymbol{A}_{11}&\boldsymbol{A}_{21}&\cdots&\boldsymbol{A}_{n1}\\\boldsymbol{A}_{12}&\boldsymbol{A}_{22}&\cdots&\boldsymbol{A}_{n2}\\\vdots&\vdots&&\vdots\\\boldsymbol{A}_{1n}&\boldsymbol{A}_{2n}&\cdots&\boldsymbol{A}_{nn}\end{pmatrix}\begin{pmatrix}b_1\\b_2\\\vdots\\b_n\end{pmatrix}=\frac{1}{D}\begin{pmatrix}D_1\\D_2\\\vdots\\D_n\end{pmatrix},$$

这里的 D_j 就是克拉默法则中的 $D_j\,(j=1,2,\cdots,n)$．由此可见，若式(3-22) 有解，则其解只能是

$$x_1=\frac{D_1}{D},x_2=\frac{D_2}{D},\cdots,x_n=\frac{D_n}{D}.$$

将这组数代入原方程组得

$$\boldsymbol{A}\ \frac{1}{D}\begin{pmatrix}D_1\\D_2\\\vdots\\D_n\end{pmatrix}=\boldsymbol{A}\ \frac{1}{D}\boldsymbol{A}^{*}\begin{pmatrix}b_1\\b_2\\\vdots\\b_n\end{pmatrix}=\begin{pmatrix}b_1\\b_2\\\vdots\\b_n\end{pmatrix},$$

可见这组数确是方程组的解．

习题 3-3

1. 求下列矩阵的逆矩阵 $\boldsymbol{A}^{-1}$：

(1) $\boldsymbol{A}=\begin{pmatrix}a&b\\c&d\end{pmatrix},ad-bc=1$；

(2) $\boldsymbol{A}=\begin{pmatrix}1&1&-1\\2&1&0\\1&-1&0\end{pmatrix}$；

(3) $\boldsymbol{A}=\begin{pmatrix}1&2&3&4\\2&3&1&2\\1&1&1&-1\\1&0&-2&-6\end{pmatrix}$；

(4) $\boldsymbol{A}=\begin{pmatrix}1&3&-5&7\\0&1&2&-3\\0&0&1&2\\0&0&0&1\end{pmatrix}$.

2. 求下面方程中的矩阵 $\boldsymbol{X}$：

(1) $\begin{pmatrix}2&5\\5&3\end{pmatrix}\boldsymbol{X}=\begin{pmatrix}4&-6\\2&1\end{pmatrix}$；

(2) $\boldsymbol{X}\begin{pmatrix}1&1&-1\\0&2&2\\1&-1&0\end{pmatrix}=\begin{pmatrix}1&-1&1\\1&1&0\\2&1&1\end{pmatrix}$；

(3) $\begin{pmatrix}1&-1&1\\1&1&0\\3&2&1\end{pmatrix}\boldsymbol{X}\begin{pmatrix}1&-1&1\\1&1&0\\3&2&1\end{pmatrix}=\begin{pmatrix}4&2&3\\0&-1&5\\2&1&1\end{pmatrix}$；

(4) $\begin{pmatrix}2&1\\5&4\end{pmatrix}\boldsymbol{X}\begin{pmatrix}1&3&3\\1&4&3\\1&3&4\end{pmatrix}=\begin{pmatrix}1&0&-1\\1&-2&0\end{pmatrix}$.

3. 设方阵 $\boldsymbol{A}$ 可逆，证明：$\boldsymbol{A}^{*}$ 可逆，并求 $(\boldsymbol{A}^{*})^{-1}$.

4. 若 $\boldsymbol{A}^k=\boldsymbol{O}$（$k$ 为正整数），证明：$\boldsymbol{E}-\boldsymbol{A}$ 可逆，并且 $(\boldsymbol{E}-\boldsymbol{A})^{-1}=\boldsymbol{E}+\boldsymbol{A}+\boldsymbol{A}^2+\cdots+\boldsymbol{A}^{k-1}$.

5. 设方阵 $\boldsymbol{A}$ 满足 $\boldsymbol{A}^2-\boldsymbol{A}-2\boldsymbol{E}=\boldsymbol{O}$，证明：$\boldsymbol{A}$ 及 $\boldsymbol{A}+2\boldsymbol{E}$ 都可逆，并求 $\boldsymbol{A}^{-1}$ 及 $(\boldsymbol{A}+2\boldsymbol{E})^{-1}$.

6. 证明：$|\boldsymbol{A}^{*}|=|\boldsymbol{A}|^{n-1}$，其中 $\boldsymbol{A}$ 是 $n(n>2)$ 阶矩阵.

7. 证明：

(1) 如果 $\boldsymbol{A}$ 对称（反对称），则 $\boldsymbol{A}^{-1}$ 也对称（反对称）；

(2) 不存在奇数阶的可逆反对称矩阵.

8. n 阶矩阵 $\boldsymbol{A}=(a_{ij})$ 称为上（下）三角形矩阵，如果 $i>j\,(i<j)$ 时有 $a_{ij}=0$. 证明：

(1) 两个上（下）三角形矩阵的乘积仍是上（下）三角形矩阵；

(2) 可逆的上（下）三角形矩阵的逆仍是上（下）三角形矩阵.

9. 设

$$\boldsymbol{X}=\begin{pmatrix} 0 & a_1 & 0 & \cdots & 0 & 0 \\ 0 & 0 & a_2 & \cdots & 0 & 0 \\ \vdots & \vdots & \vdots & & \vdots & \vdots \\ 0 & 0 & 0 & \cdots & 0 & a_{n-1} \\ a_n & 0 & 0 & \cdots & 0 & 0 \end{pmatrix},$$

其中 $a_i\neq 0\,(i=1,2,\cdots,n)$，求 $\boldsymbol{X}^{-1}$.

第四节　矩阵的分块

对于行数与列数较大的矩阵，我们常常把它分割成一些较小的矩阵（称为块）来进行讨论，然后把每个小块看成元素，这样以块为元素的新矩阵的“阶数”迅速减小，这种分块方法在矩阵理论中是非常有效的. 本节介绍矩阵的分块运算及其应用.

为了说明这个计算方法，下面先看一个例子. 设矩阵

$$\boldsymbol{A}=\begin{pmatrix} 1 & 0 & 0 & 0 \\ 0 & 1 & 0 & 0 \\ -1 & 2 & 1 & 0 \\ 1 & 1 & 0 & 1 \end{pmatrix}=\begin{pmatrix} \boldsymbol{E}_2 & \boldsymbol{O} \\ \boldsymbol{A}_1 & \boldsymbol{E}_2 \end{pmatrix},$$

其中 $\boldsymbol{E}_2$ 是二阶单位矩阵，而

$$\boldsymbol{A}_1=\begin{pmatrix} -1 & 2 \\ 1 & 1 \end{pmatrix},\boldsymbol{O}=\begin{pmatrix} 0 & 0 \\ 0 & 0 \end{pmatrix}.$$

矩阵

$$\boldsymbol{B}=\begin{pmatrix} 1 & 0 & 3 & 2 \\ -1 & 2 & 0 & 1 \\ 1 & 0 & 4 & 1 \\ -1 & -1 & 2 & 0 \end{pmatrix}=\begin{pmatrix} \boldsymbol{B}_{11} & \boldsymbol{B}_{12} \\ \boldsymbol{B}_{21} & \boldsymbol{B}_{22} \end{pmatrix},$$

其中

$$\boldsymbol{B}_{11}=\begin{pmatrix} 1 & 0 \\ -1 & 2 \end{pmatrix},\boldsymbol{B}_{12}=\begin{pmatrix} 3 & 2 \\ 0 & 1 \end{pmatrix},\boldsymbol{B}_{21}=\begin{pmatrix} 1 & 0 \\ -1 & -1 \end{pmatrix},\boldsymbol{B}_{22}=\begin{pmatrix} 4 & 1 \\ 2 & 0 \end{pmatrix}.$$

在计算 $\boldsymbol{AB}$ 时，把 $\boldsymbol{A},\boldsymbol{B}$ 看成是由这些小矩阵组成的，即按 2 阶矩阵来运算. 于是

$$\boldsymbol{AB}=\begin{pmatrix} \boldsymbol{E}_2 & \boldsymbol{O} \\ \boldsymbol{A}_1 & \boldsymbol{E}_2 \end{pmatrix}\begin{pmatrix} \boldsymbol{B}_{11} & \boldsymbol{B}_{12} \\ \boldsymbol{B}_{21} & \boldsymbol{B}_{22} \end{pmatrix}=\begin{pmatrix} \boldsymbol{B}_{11} & \boldsymbol{B}_{12} \\ \boldsymbol{A}_1\boldsymbol{B}_{11}+\boldsymbol{B}_{21} & \boldsymbol{A}_1\boldsymbol{B}_{12}+\boldsymbol{B}_{22} \end{pmatrix},$$

其中

$$\boldsymbol{A}_1\boldsymbol{B}_{11}+\boldsymbol{B}_{21}=\begin{pmatrix} -1 & 2 \\ 1 & 1 \end{pmatrix}\begin{pmatrix} 1 & 0 \\ -1 & 2 \end{pmatrix}+\begin{pmatrix} 1 & 0 \\ -1 & -1 \end{pmatrix}=\begin{pmatrix} -2 & 4 \\ -1 & 1 \end{pmatrix},$$

$$\boldsymbol{A}_1\boldsymbol{B}_{12}+\boldsymbol{B}_{22}=\begin{pmatrix}-1 & 2\\ 1 & 1\end{pmatrix}\begin{pmatrix}3 & 2\\ 0 & 1\end{pmatrix}+\begin{pmatrix}4 & 1\\ 2 & 0\end{pmatrix}=\begin{pmatrix}1 & 1\\ 5 & 3\end{pmatrix}.$$

因此

$$\boldsymbol{AB}=\begin{pmatrix}1 & 0 & 3 & 2\\ -1 & 2 & 0 & 1\\ -2 & 4 & 1 & 1\\ -1 & 1 & 5 & 3\end{pmatrix}.$$

不难验证，这与直接按 4 阶矩阵乘积的定义来计算，结果是一样的.

一般地，设 $\boldsymbol{A}=(a_{ik})_{s\times n}, \boldsymbol{B}=(b_{kj})_{n\times m}$，把 $\boldsymbol{A}, \boldsymbol{B}$ 分成一些小矩阵（对 $\boldsymbol{A}$ 的列与 $\boldsymbol{B}$ 的行施行同样的分割），比如

$$\boldsymbol{A}=\begin{matrix} & n_1 & n_2 & \cdots & n_l \\ s_1 & \boldsymbol{A}_{11} & \boldsymbol{A}_{12} & \cdots & \boldsymbol{A}_{1l}\\ s_2 & \boldsymbol{A}_{21} & \boldsymbol{A}_{22} & \cdots & \boldsymbol{A}_{2l}\\ \vdots & \vdots & \vdots & & \vdots\\ s_t & \boldsymbol{A}_{t1} & \boldsymbol{A}_{t2} & \cdots & \boldsymbol{A}_{tl}\end{matrix}, \tag{3-23}$$

$$\boldsymbol{B}=\begin{matrix} & m_1 & m_2 & \cdots & m_r \\ n_1 & \boldsymbol{B}_{11} & \boldsymbol{B}_{12} & \cdots & \boldsymbol{B}_{1r}\\ n_2 & \boldsymbol{B}_{21} & \boldsymbol{B}_{22} & \cdots & \boldsymbol{B}_{2r}\\ \vdots & \vdots & \vdots & & \vdots\\ n_l & \boldsymbol{B}_{l1} & \boldsymbol{B}_{l2} & \cdots & \boldsymbol{B}_{lr}\end{matrix}, \tag{3-24}$$

其中每个 $\boldsymbol{A}_{ij}$ 是 $s_i\times n_j$ 小矩阵，每个 $\boldsymbol{B}_{ij}$ 是 $n_i\times m_j$ 小矩阵，于是

$$\boldsymbol{C}=\boldsymbol{AB}=\begin{matrix} & m_1 & m_2 & \cdots & m_r \\ s_1 & \boldsymbol{C}_{11} & \boldsymbol{C}_{12} & \cdots & \boldsymbol{C}_{1r}\\ s_2 & \boldsymbol{C}_{21} & \boldsymbol{C}_{22} & \cdots & \boldsymbol{C}_{2r}\\ \vdots & \vdots & \vdots & & \vdots\\ s_t & \boldsymbol{C}_{t1} & \boldsymbol{C}_{t2} & \cdots & \boldsymbol{C}_{tr}\end{matrix}, \tag{3-25}$$

其中

$$\boldsymbol{C}_{pq}=\boldsymbol{A}_{p1}\boldsymbol{B}_{1q}+\boldsymbol{A}_{p2}\boldsymbol{B}_{2q}+\cdots+\boldsymbol{A}_{pl}\boldsymbol{B}_{lq}(p=1,2,\cdots,t;q=1,2,\cdots,r). \tag{3-26}$$

这个结果由矩阵乘积的定义直接验证即得.

矩阵的分块乘法有许多方便之处，矩阵间的相互关系常常在分块之后更加清晰地显示出来.

【例 1】 设矩阵 $\boldsymbol{A}=(a_{ik})_{3\times 3}, \boldsymbol{B}=(b_{kj})_{3\times 3}$，如果将 $\boldsymbol{A}, \boldsymbol{B}$ 按以下方式分块：

$$\boldsymbol{A}=\begin{pmatrix}a_{11} & a_{12} & a_{13}\\ a_{21} & a_{22} & a_{23}\\ a_{31} & a_{32} & a_{33}\end{pmatrix}=(\boldsymbol{A}_1, \boldsymbol{A}_2, \boldsymbol{A}_3),$$

$$\boldsymbol{B}=\begin{pmatrix}b_{11} & b_{12} & b_{13}\\ b_{21} & b_{22} & b_{23}\\ b_{31} & b_{32} & b_{33}\end{pmatrix},$$

则

$$AB=(A_1,A_2,A_3)\begin{pmatrix}b_{11}&b_{12}&b_{13}\\b_{21}&b_{22}&b_{23}\\b_{31}&b_{32}&b_{33}\end{pmatrix}$$

$$=(b_{11}A_1+b_{21}A_2+b_{31}A_3,b_{12}A_1+b_{22}A_2+b_{32}A_3,b_{13}A_1+b_{23}A_2+b_{33}A_3).$$

如果将 A,B 分块为：

$$A=\begin{pmatrix}a_{11}&a_{12}&a_{13}\\a_{21}&a_{22}&a_{23}\\a_{31}&a_{32}&a_{33}\end{pmatrix},$$

$$B=\begin{pmatrix}b_{11}&b_{12}&b_{13}\\b_{21}&b_{22}&b_{23}\\b_{31}&b_{32}&b_{33}\end{pmatrix}=\begin{pmatrix}B_1\\B_2\\B_3\end{pmatrix},$$

则

$$AB=\begin{pmatrix}a_{11}&a_{12}&a_{13}\\a_{21}&a_{22}&a_{23}\\a_{31}&a_{32}&a_{33}\end{pmatrix}\begin{pmatrix}B_1\\B_2\\B_3\end{pmatrix}=\begin{pmatrix}a_{11}B_1+a_{12}B_2+a_{13}B_3\\a_{21}B_1+a_{22}B_2+a_{23}B_3\\a_{31}B_1+a_{32}B_2+a_{33}B_3\end{pmatrix}.$$

【例 2】 求矩阵

$$D=\begin{pmatrix}a_{11}&\cdots&a_{1k}&0&\cdots&0\\\vdots&&\vdots&\vdots&&\vdots\\a_{k1}&\cdots&a_{kk}&0&\cdots&0\\c_{11}&\cdots&c_{1k}&b_{11}&\cdots&b_{1r}\\\vdots&&\vdots&\vdots&&\vdots\\c_{r1}&\cdots&c_{rk}&b_{r1}&\cdots&b_{rr}\end{pmatrix}=\begin{pmatrix}A&O\\C&B\end{pmatrix}$$

的逆矩阵，其中 A,B 分别是 k 阶和 r 阶可逆矩阵，C 是 $r\times k$ 矩阵，O 是 $k\times r$ 零矩阵.

解 首先，因为

$$|D|=|A||B|,$$

所以当 A,B 可逆时，D 也可逆. 设

$$D^{-1}=\begin{pmatrix}X_{11}&X_{12}\\X_{21}&X_{22}\end{pmatrix},$$

则

$$\begin{pmatrix}A&O\\C&B\end{pmatrix}\begin{pmatrix}X_{11}&X_{12}\\X_{21}&X_{22}\end{pmatrix}=\begin{pmatrix}E_k&O\\O&E_r\end{pmatrix},$$

这里 E_k,E_r 分别是 k 阶和 r 阶单位矩阵. 乘出并比较等式两边，得

$$\begin{cases}AX_{11}=E_k\\AX_{12}=O\\CX_{11}+BX_{21}=O\\CX_{12}+BX_{22}=E_r\end{cases}.$$

由第一、二式得

$$X_{11}=A^{-1},X_{12}=A^{-1}O=O,$$

代入第三式，得

$$BX_{21}=-CX_{11}=-CA^{-1},X_{21}=-B^{-1}CA^{-1},$$

代入第四式，得

$$X_{22}=B^{-1}.$$

因此

$$D^{-1}=\begin{pmatrix}A^{-1} & O\\ -B^{-1}CA^{-1} & B^{-1}\end{pmatrix}.$$

特别地，当 $C=O$ 时，有

$$\begin{pmatrix}A & O\\ O & B\end{pmatrix}^{-1}=\begin{pmatrix}A^{-1} & O\\ O & B^{-1}\end{pmatrix}.$$

形如

$$\begin{pmatrix}a_1 & 0 & \cdots & 0\\ 0 & a_2 & \cdots & 0\\ \vdots & \vdots & & \vdots\\ 0 & 0 & \cdots & a_l\end{pmatrix}$$

的矩阵，其中 $a_i(i=1,2,\cdots,l)$是数，称为对角矩阵；而形如

$$\begin{pmatrix}A_1 & & & O\\ & A_2 & & \\ & & \ddots & \\ O & & & A_l\end{pmatrix}$$

的矩阵，其中 $A_i(i=1,2,\cdots,l)$是 $n_i\times n_i$ 矩阵，称为准对角矩阵. 当然，准对角矩阵包括对角矩阵作为特殊情形.

对于两个有相同分块的准对角矩阵

$$A=\begin{pmatrix}A_1 & & & O\\ & A_2 & & \\ & & \ddots & \\ O & & & A_l\end{pmatrix},\quad B=\begin{pmatrix}B_1 & & & O\\ & B_2 & & \\ & & \ddots & \\ O & & & B_l\end{pmatrix},$$

如果它们相应的分块是同阶的，则显然有

$$AB=\begin{pmatrix}A_1B_1 & & & O\\ & A_2B_2 & & \\ & & \ddots & \\ O & & & A_lB_l\end{pmatrix},\quad A+B=\begin{pmatrix}A_1+B_1 & & & O\\ & A_2+B_2 & & \\ & & \ddots & \\ O & & & A_l+B_l\end{pmatrix},$$

它们仍是准对角矩阵.

其次，如果 $A_1,A_2,\cdots,A_l$ 都是可逆矩阵，则

$$\begin{pmatrix}A_1 & & & O\\ & A_2 & & \\ & & \ddots & \\ O & & & A_l\end{pmatrix}^{-1}=\begin{pmatrix}A_1^{-1} & & & O\\ & A_2^{-1} & & \\ & & \ddots & \\ O & & & A_l^{-1}\end{pmatrix}.$$

【例 3】 设 A,B 是两个 n 阶方阵，利用矩阵的分块乘法证明：$|AB|=|A||B|$.

证 因为

$$\begin{pmatrix} \boldsymbol{E}_n & \boldsymbol{A} \\ \boldsymbol{O} & \boldsymbol{E}_n \end{pmatrix}\begin{pmatrix} \boldsymbol{A} & \boldsymbol{O} \\ -\boldsymbol{E}_n & \boldsymbol{B} \end{pmatrix}=\begin{pmatrix} \boldsymbol{O} & \boldsymbol{AB} \\ -\boldsymbol{E}_n & \boldsymbol{B} \end{pmatrix},$$

对右端取行列式，由拉普拉斯定理得 $|\boldsymbol{AB}|$；对于左端，由于用 $\begin{pmatrix} \boldsymbol{E}_n & \boldsymbol{A} \\ \boldsymbol{O} & \boldsymbol{E}_n \end{pmatrix}$ 左乘任何方阵，方阵的行列式不变，所以左端取行列式得

$$\begin{vmatrix} \boldsymbol{A} & \boldsymbol{O} \\ -\boldsymbol{E}_n & \boldsymbol{B} \end{vmatrix}=|\boldsymbol{A}|\,|\boldsymbol{B}|.$$

于是

$$|\boldsymbol{AB}|=|\boldsymbol{A}|\,|\boldsymbol{B}|. \quad \blacksquare$$

习题 3-4

1. 利用分块法计算 $\boldsymbol{AB}$，其中：

$$\boldsymbol{A}=\begin{pmatrix} 1 & -2 & 7 & 0 & 0 \\ -1 & 3 & 6 & 0 & 0 \\ -3 & 2 & -5 & 0 & 0 \\ 0 & 0 & 0 & 1 & 2 \\ 0 & 0 & 0 & 0 & 5 \end{pmatrix},\boldsymbol{B}=\begin{pmatrix} 3 & 0 & 0 & 1 & 2 \\ 0 & 3 & 0 & 3 & 4 \\ 0 & 0 & 3 & 5 & 6 \\ 0 & 0 & 0 & 3 & 4 \\ 0 & 0 & 0 & 5 & -1 \end{pmatrix}.$$

2. 设 $\boldsymbol{A}=\begin{pmatrix} \boldsymbol{A}_{11} & \boldsymbol{A}_{12} & \cdots & \boldsymbol{A}_{1s} \\ \boldsymbol{A}_{21} & \boldsymbol{A}_{22} & \cdots & \boldsymbol{A}_{2s} \\ \vdots & \vdots & & \vdots \\ \boldsymbol{A}_{r1} & \boldsymbol{A}_{r2} & \cdots & \boldsymbol{A}_{rs} \end{pmatrix}$，试求其转置矩阵 $\boldsymbol{A}^{\mathrm{T}}$.

3. 设 $\boldsymbol{A}=\mathrm{diag}(a_1\boldsymbol{E}_1,a_2\boldsymbol{E}_2,\cdots,a_r\boldsymbol{E}_r)$，其中 $a_i\neq a_j$，当 $i\neq j(i,j=1,2,\cdots,r)$ 时，$\boldsymbol{E}_i$ 是 n_i 阶单位矩阵，$\sum_{i=1}^{r}n_i=n$. 证明：与 $\boldsymbol{A}$ 可交换的矩阵只能是准对角矩阵 $\boldsymbol{B}=\mathrm{diag}(\boldsymbol{B}_1,\boldsymbol{B}_2,\cdots,\boldsymbol{B}_r)$，其中 $\boldsymbol{B}_i$ 是 n_i 阶矩阵.

4. 设 $\boldsymbol{X}=\begin{pmatrix} \boldsymbol{O} & \boldsymbol{A} \\ \boldsymbol{C} & \boldsymbol{O} \end{pmatrix}$，已知 $\boldsymbol{A}^{-1},\boldsymbol{C}^{-1}$ 存在，求 $\boldsymbol{X}^{-1}$.

5. 设 $\boldsymbol{A},\boldsymbol{B},\boldsymbol{C},\boldsymbol{D}$ 都是 n 阶方阵，且 $|\boldsymbol{A}|\neq 0,\boldsymbol{AC}=\boldsymbol{CA}$. 证明：$\begin{vmatrix} \boldsymbol{A} & \boldsymbol{B} \\ \boldsymbol{C} & \boldsymbol{D} \end{vmatrix}=|\boldsymbol{AD}-\boldsymbol{CB}|$.

6. 设 $\boldsymbol{A},\boldsymbol{B}$ 分别是 $n\times m$ 和 $m\times n$ 矩阵. 证明：$\begin{vmatrix} \boldsymbol{E}_m & \boldsymbol{B} \\ \boldsymbol{A} & \boldsymbol{E}_n \end{vmatrix}=|\boldsymbol{E}_n-\boldsymbol{AB}|=|\boldsymbol{E}_m-\boldsymbol{BA}|$.

第五节　初等变换与初等矩阵

矩阵的初等变换是矩阵的一种十分重要的运算，它在解线性方程组、求逆矩阵及矩阵理论的探讨中都可起到重要的作用. 为引入矩阵的初等变换，先来分析用消元法解线性方程组的例子.

【例 1】 利用消元法求解线性方程组

$$\begin{cases}2x_1-x_2-x_3+x_4=2 & ①\\ x_1+x_2-2x_3+x_4=4 & ②\\ 4x_1-6x_2+2x_3-2x_4=4 & ③\\ 3x_1+6x_2-9x_3+7x_4=9 & ④\end{cases}. \tag{3-27}$$

解 式(3-27)

$$\xrightarrow[③\div 2]{①\leftrightarrow②}\begin{cases}x_1+x_2-2x_3+x_4=4 & ①\\ 2x_1-x_2-x_3+x_4=2 & ②\\ 2x_1-3x_2+x_3-x_4=2 & ③\\ 3x_1+6x_2-9x_3+7x_4=9 & ④\end{cases}, \tag{3-28A}$$

$$\xrightarrow[④-3①]{\substack{②-③\\ ③-2①}}\begin{cases}x_1+x_2-2x_3+x_4=4 & ①\\ 2x_2-2x_3+2x_4=0 & ②\\ -5x_2+5x_3-3x_4=-6 & ③\\ 3x_2-3x_3+4x_4=-3 & ④\end{cases}, \tag{3-28B}$$

$$\xrightarrow[\substack{③+5②\\ ④-3②}]{②\times\frac{1}{2}}\begin{cases}x_1+x_2-2x_3+x_4=4 & ①\\ x_2-x_3+x_4=0 & ②\\ 2x_4=-6 & ③\\ x_4=-3 & ④\end{cases}, \tag{3-28C}$$

$$\xrightarrow[④-2③]{③\leftrightarrow④}\begin{cases}x_1+x_2-2x_3+x_4=4 & ①\\ x_2-x_3+x_4=0 & ②\\ x_4=-3 & ③\\ 0=0 & ④\end{cases}. \tag{3-28D}$$

至此消元法求解完毕.

式(3-28D)是 4 个未知数、3 个有效方程的方程组，应有一个自由未知量，由于式(3-28D)呈阶梯形，可把每一个台阶的第一个未知数（即 x_1,x_2,x_4）选为非自由未知量，剩下的 x_3 选为自由未知量．这样，只需用回代的方法便能求出解：

$$\begin{cases}x_1=x_3+4\\ x_2=x_3+3,\\ x_4=-3\end{cases}$$

其中 x_3 可取任意值．或令 $x_3=c$，方程组的解可记作

$$\boldsymbol{x}=\begin{pmatrix}x_1\\x_2\\x_3\\x_4\end{pmatrix}=\begin{pmatrix}c+4\\c+3\\c\\-3\end{pmatrix},$$

即

$$\boldsymbol{x}=c\begin{pmatrix}1\\1\\1\\0\end{pmatrix}+\begin{pmatrix}4\\3\\0\\-3\end{pmatrix}, \tag{3-29}$$

其中 c 为任意常数.

在上述消元过程中，始终把方程组看作一个整体，即不着眼于某一个方程的变形，而是着眼于将整个方程组变成另一个方程组. 其中用到三种变换，即：

(1) 用一个不等于零的数乘方程组中的任一方程；

(2) 把方程组中任意某方程的若干倍加到另一个方程上；

(3) 互换方程组中任意两个方程的位置.

由于这三种变换都是可逆的，因此变换前的方程组与变换后的方程组是同解的，这三种变换都是方程组的同解变换，所以最后求得的解［式(3-29)］是方程组［式(3-27)］的全部解.

在上述变换过程中，实际上只对方程组的系数和常数项进行运算，未知数并未参与运算. 因此，如果记式(3-27) 的增广矩阵为

$$\overline{\boldsymbol{A}}=(\boldsymbol{A},\boldsymbol{b})=\begin{pmatrix}2 & -1 & -1 & 1 & 2\\1 & 1 & -2 & 1 & 4\\4 & -6 & 2 & -2 & 4\\3 & 6 & -9 & 7 & 9\end{pmatrix},$$

那么上述对方程组的变换可以转换为对矩阵 $\overline{\boldsymbol{A}}$ 的变换. 把方程组的上述三种同解变换移植到矩阵上，就得到矩阵的三种初等行变换.

定义 1 对矩阵的行施行的以下三种变换称为矩阵的初等行变换：

(1) 用任意非零数乘矩阵的任一行；

(2) 把矩阵中任意某行的若干倍数加到另一行上；

(3) 互换矩阵中任意两行的位置.

把定义中的“行”换成“列”，即得矩阵的初等列变换的定义. 矩阵的初等行变换与初等列变换统称为矩阵的初等变换.

如果矩阵 $\boldsymbol{A}$ 经有限次初等行变换变成矩阵 $\boldsymbol{B}$，则称矩阵 $\boldsymbol{A}$ 与 $\boldsymbol{B}$ 行等价，记作 $\boldsymbol{A}\overset{r}{\sim}\boldsymbol{B}$；如果矩阵 $\boldsymbol{A}$ 经有限次初等列变换变成矩阵 $\boldsymbol{B}$，则称矩阵 $\boldsymbol{A}$ 与 $\boldsymbol{B}$ 列等价，记作 $\boldsymbol{A}\overset{c}{\sim}\boldsymbol{B}$；如果矩阵 $\boldsymbol{A}$ 经有限次初等变换变成矩阵 $\boldsymbol{B}$，则称矩阵 $\boldsymbol{A}$ 与 $\boldsymbol{B}$ 等价，记作 $\boldsymbol{A}\sim\boldsymbol{B}$.

矩阵之间的等价关系具有下列性质：

(1) 反身性：$\boldsymbol{A}\sim\boldsymbol{A}$；

(2) 对称性：若 $\boldsymbol{A}\sim\boldsymbol{B}$，则 $\boldsymbol{B}\sim\boldsymbol{A}$；

(3) 传递性：若 $\boldsymbol{A}\sim\boldsymbol{B},\boldsymbol{B}\sim\boldsymbol{C}$，则 $\boldsymbol{A}\sim\boldsymbol{C}$.

下面用矩阵的初等行变换来解式(3-27)，其过程可与式(3-27) 的消元过程一一对照：

$$\overline{\boldsymbol{A}}=\begin{pmatrix}2 & -1 & -1 & 1 & 2\\1 & 1 & -2 & 1 & 4\\4 & -6 & 2 & -2 & 4\\3 & 6 & -9 & 7 & 9\end{pmatrix}$$

$$\rightarrow\begin{pmatrix}1 & 1 & -2 & 1 & 4\\2 & -1 & -1 & 1 & 2\\2 & -3 & 1 & -1 & 2\\3 & 6 & -9 & 7 & 9\end{pmatrix}=\boldsymbol{A}_1,$$

$$\rightarrow\begin{pmatrix}1&1&-2&1&4\\0&2&-2&2&0\\0&-5&5&-3&-6\\0&3&-3&4&-3\end{pmatrix}=\boldsymbol{A}_2,$$

$$\rightarrow\begin{pmatrix}1&1&-2&1&4\\0&1&-1&1&0\\0&0&0&2&-6\\0&0&0&1&-3\end{pmatrix}=\boldsymbol{A}_3,$$

$$\rightarrow\begin{pmatrix}1&1&-2&1&4\\0&1&-1&1&0\\0&0&0&1&-3\\0&0&0&0&0\end{pmatrix}=\boldsymbol{A}_4.$$

由式(3-28D) 得到解［式(3-29)］的回代过程，也可用矩阵的初等行变换来完成，即

$$\boldsymbol{A}_4\rightarrow\begin{pmatrix}1&0&-1&0&4\\0&1&-1&0&3\\0&0&0&1&-3\\0&0&0&0&0\end{pmatrix}=\boldsymbol{A}_5,$$

$\boldsymbol{A}_5$ 对应方程组

$$\begin{cases}x_1-x_3=4\\x_2-x_3=3\\x_4\qquad=-3\end{cases}.$$

取 x_3 为自由未知量，并令 $x_3=c$，即得

$$\boldsymbol{x}=\begin{pmatrix}x_1\\x_2\\x_3\\x_4\end{pmatrix}=\begin{pmatrix}c+4\\c+3\\c\\-3\end{pmatrix}=c\begin{pmatrix}1\\1\\1\\0\end{pmatrix}+\begin{pmatrix}4\\3\\0\\-3\end{pmatrix},$$

其中 c 为任意常数.

矩阵 $\boldsymbol{A}_4$ 和 $\boldsymbol{A}_5$ 的特点是：都可以画出一条从第一行某元左方的竖线开始到最后一列某元下方的横线结束的阶梯线，它的左下方的元全为 0；每段竖线的高度为一行，竖线的右方的第一个元为非零元，称为该非零行的首非零元. 具有这样特点的矩阵称为行阶梯形矩阵. 为明确起见给出如下定义：

定义 2 (1) 非零矩阵若满足①非零行在零行的上面；②非零行的首非零元所在列在上一行（如果存在的话）的首非零元所在列的右面，则称此矩阵为行阶梯形矩阵；

(2) 进一步，若 $\boldsymbol{A}$ 是行阶梯形矩阵，并且还满足：①非零行的首非零元为 1；②首非零元所在的列的其他元均为 0，则称 $\boldsymbol{A}$ 为行最简形矩阵.

于是 $\boldsymbol{A}_4$ 和 $\boldsymbol{A}_5$ 都是行阶梯形矩阵，且 $\boldsymbol{A}_5$ 还是行最简形矩阵.

定理 2 任意一个矩阵都可以经过一系列初等行变换化成行阶梯形矩阵.

证 零矩阵已是行阶梯形矩阵. 不妨设 $\boldsymbol{A}_{m\times n}$ 是非零矩阵，对其行数 m 用归纳法.

当 $m=1$ 时，结论成立.

假设对 $m-1$ 行的矩阵都可以经过初等行变换化成阶梯形矩阵. 下面看 m 行的矩阵 $\boldsymbol{A}_{m\times n}$. 若 $\boldsymbol{A}$ 的第一列元素不全为零，则可互换两行使 $\boldsymbol{A}$ 的元素 $a_{11}\neq 0$，将 $\boldsymbol{A}$ 的第一行的 $-a_{i1}a_{11}^{-1}$ 倍加到第 $i(i=2,3,\cdots,m)$行上，得

$$\boldsymbol{B}=\begin{pmatrix} a_{11} & a_{12} & \cdots & a_{1n} \\ 0 & a_{22}-\dfrac{a_{21}}{a_{11}}a_{12} & \cdots & a_{2n}-\dfrac{a_{21}}{a_{11}}a_{1n} \\ \vdots & \vdots & & \vdots \\ 0 & a_{m2}-\dfrac{a_{m1}}{a_{11}}a_{12} & \cdots & a_{mn}-\dfrac{a_{m1}}{a_{11}}a_{1n} \end{pmatrix}.$$

记右下角的$(m-1)\times(n-1)$矩阵为 $\boldsymbol{B}_1$.

若 $\boldsymbol{A}$ 的第一列元素全为零，则考虑第二列. 若第二列元素不全为零，不妨设 $a_{12}\neq 0$，同上可把 $\boldsymbol{A}$ 变成下述矩阵 $\boldsymbol{C}$：

$$\boldsymbol{C}=\begin{pmatrix} 0 & a_{12} & a_{13} & \cdots & a_{1n} \\ 0 & 0 & a_{23}-\dfrac{a_{22}}{a_{12}}a_{13} & \cdots & a_{2n}-\dfrac{a_{22}}{a_{12}}a_{1n} \\ \vdots & \vdots & \vdots & & \vdots \\ 0 & 0 & a_{m3}-\dfrac{a_{m2}}{a_{12}}a_{13} & \cdots & a_{mn}-\dfrac{a_{m2}}{a_{12}}a_{1n} \end{pmatrix}.$$

记右下角的$(m-1)\times(n-2)$矩阵为 $\boldsymbol{C}_1$.

如果 $\boldsymbol{A}$ 的第一、二列元素全都是零，则考虑第三列，依次类推.

由于 $\boldsymbol{B}_1,\boldsymbol{C}_1,\cdots$都是 $m-1$ 行矩阵，由归纳假设，它们可以经初等行变换分别化成行阶梯形矩阵 $\boldsymbol{J}_1,\boldsymbol{J}_2,\cdots$. 因此，$\boldsymbol{A}$ 可以经初等行变换化成下述形式的矩阵之一：

$$\begin{pmatrix} a_{11} & a_{12} & \cdots & a_{1n} \\ 0 & & & \\ \vdots & & \boldsymbol{J}_1 & \\ 0 & & & \end{pmatrix},\quad \begin{pmatrix} 0 & a_{12} & a_{13} & \cdots & a_{1n} \\ 0 & 0 & & & \\ \vdots & \vdots & & \boldsymbol{J}_2 & \\ 0 & 0 & & & \end{pmatrix},\cdots$$

这些都是行阶梯形矩阵.

根据数学归纳法原理，对任意非零矩阵 $\boldsymbol{A}_{m\times n}$ 都可以经过初等行变换化为行阶梯形矩阵. ▮

进一步，任意一个矩阵都可以经过一系列初等行变换化成行最简形矩阵. 对行最简形矩阵再施以初等列变换，可变成一种形状更简单的矩阵，称为标准形. 例如

$$\boldsymbol{A}_5=\begin{pmatrix} 1 & 0 & -1 & 0 & 4 \\ 0 & 1 & -1 & 0 & 3 \\ 0 & 0 & 0 & 1 & -3 \\ 0 & 0 & 0 & 0 & 0 \end{pmatrix}\rightarrow\begin{pmatrix} 1 & 0 & 0 & 0 & 0 \\ 0 & 1 & 0 & 0 & 0 \\ 0 & 0 & 1 & 0 & 0 \\ 0 & 0 & 0 & 0 & 0 \end{pmatrix}=\boldsymbol{F},$$

矩阵 $\boldsymbol{F}$ 称为矩阵 $\overline{\boldsymbol{A}}$ 的标准形，其特点是：$\boldsymbol{F}$ 的左上角是一个单位矩阵，其余元全为 0.

对于 $m\times n$ 矩阵 $\boldsymbol{A}$，总可经过初等变换（行变换和列变换）把它化为标准形

$$\boldsymbol{F}=\begin{pmatrix}\boldsymbol{E}_r & \boldsymbol{O}\\ \boldsymbol{O} & \boldsymbol{O}\end{pmatrix}_{m\times n},$$

其中 r 就是行阶梯形矩阵中非零行的行数. 所有与 $\boldsymbol{A}$ 等价的矩阵组成一个集合，标准形 $\boldsymbol{F}$ 是这个集合中形状最简单的矩阵.

矩阵的初等变换是矩阵的一种最基本的运算，为探讨它的应用，下面我们来建立矩阵的初等变换与矩阵乘法的联系.

定义 3 由单位矩阵 $\boldsymbol{E}$ 经过一次初等变换得到的矩阵称为初等矩阵.

显然，初等矩阵都是方阵，每个初等变换都有一个与之相应的初等矩阵.

(1) 用数域 P 中非零数 c 乘 $\boldsymbol{E}$ 的第 i 行，有

$$\boldsymbol{P}(i(c))=\begin{pmatrix}1 &&&&&& \\ & \ddots &&&&& \\ && 1 &&&& \\ &&& c &&& \\ &&&& 1 && \\ &&&&& \ddots & \\ &&&&&& 1\end{pmatrix}\begin{matrix}\\ \\ \\ \text{第 } i \text{ 行}; \\ \\ \\ \\ \end{matrix}$$

(2) 把矩阵 $\boldsymbol{E}$ 的第 j 行的 k 倍加到第 i 行，有

$$\begin{matrix} & \begin{matrix}\qquad\qquad \text{第 } i \text{ 列} & \text{第 } j \text{ 列}\end{matrix} \\ \boldsymbol{P}(i,j(k))= & \begin{pmatrix}1 &&&&& \\ & \ddots &&&& \\ && 1 & \cdots & k && \\ &&& \ddots & \vdots && \\ &&&& 1 && \\ &&&&& \ddots & \\ &&&&&& 1\end{pmatrix}\begin{matrix}\\ \\ \text{第 } i \text{ 行} \\ \\ \text{第 } j \text{ 行} \\ \\ \\ \end{matrix};\end{matrix}$$

(3) 互换矩阵 $\boldsymbol{E}$ 的第 i 行与第 j 行的位置，得

$$\boldsymbol{P}(i,j)=\begin{pmatrix}1 &&&&&&&&& \\ & \ddots &&&&&&&& \\ && 1 &&&&&&& \\ &&& 0 & & \cdots & & 1 &&& \\ &&&& 1 &&&&&& \\ &&& \vdots && \ddots && \vdots &&& \\ &&&&&& 1 &&&& \\ &&& 1 && \cdots && 0 &&& \\ &&&&&&&& 1 && \\ &&&&&&&&& \ddots & \\ &&&&&&&&&& 1\end{pmatrix}\begin{matrix}\\ \\ \\ \text{第 } i \text{ 行} \\ \\ \\ \\ \text{第 } j \text{ 行} \\ \\ \\ \\ \end{matrix}.$$

同样可以得到与列变换相应的初等矩阵．应该指出，对单位矩阵作一次初等列变换所得的矩阵也包括在上面所列举的这三类矩阵之中．譬如说，把 $\boldsymbol{E}$ 的第 j 列的 k 倍加到第 i 列，我们仍然得到 $\boldsymbol{P}(i,j(k))$．因此，这三类矩阵就是全部的初等矩阵．

利用矩阵乘法的定义，我们可以得到如下引理．

引理　对一个 $s\times n$ 矩阵 $\boldsymbol{A}$ 作一次初等行变换就相当于在 $\boldsymbol{A}$ 的左边乘相应的 $s\times s$ 初等矩阵；对 $\boldsymbol{A}$ 作一次初等列变换就相当于在 $\boldsymbol{A}$ 的右边乘相应的 $n\times n$ 初等矩阵．

证　我们只看行变换的情形，列变换的情形可同样证明．

令 $\boldsymbol{B}=(b_{ij})$ 为任意一个 $s\times s$ 矩阵，记 $\boldsymbol{A}=\begin{pmatrix}\boldsymbol{A}_1\\ \boldsymbol{A}_2\\ \vdots\\ \boldsymbol{A}_s\end{pmatrix}$．由矩阵的分块乘法，得

$$\boldsymbol{BA}=\begin{pmatrix}b_{11}\boldsymbol{A}_1+b_{12}\boldsymbol{A}_2+\cdots+b_{1s}\boldsymbol{A}_s\\ b_{21}\boldsymbol{A}_1+b_{22}\boldsymbol{A}_2+\cdots+b_{2s}\boldsymbol{A}_s\\ \cdots\\ b_{s1}\boldsymbol{A}_1+b_{s2}\boldsymbol{A}_2+\cdots+b_{ss}\boldsymbol{A}_s\end{pmatrix},$$

令 $\boldsymbol{B}=\boldsymbol{P}(i(c))$，得

$$\boldsymbol{P}(i(c))\boldsymbol{A}=\begin{pmatrix}\boldsymbol{A}_1\\ \vdots\\ c\boldsymbol{A}_i\\ \vdots\\ \boldsymbol{A}_s\end{pmatrix}\text{第 } i \text{ 行},$$

这相当于用数 c 乘 $\boldsymbol{A}$ 的 i 行．

令 $\boldsymbol{B}=\boldsymbol{P}(i,j(k))$，得

$$\boldsymbol{P}(i,j(k))\boldsymbol{A}=\begin{pmatrix}\boldsymbol{A}_1\\ \vdots\\ \boldsymbol{A}_i+k\boldsymbol{A}_j\\ \vdots\\ \boldsymbol{A}_j\\ \vdots\\ \boldsymbol{A}_s\end{pmatrix}\begin{matrix}\\ \\ \text{第 } i \text{ 行}\\ \\ \text{第 } j \text{ 行}\\ \\ \\ \end{matrix},$$

这相当于把 $\boldsymbol{A}$ 的第 j 行的 k 倍加到第 i 行．

令 $\boldsymbol{B}=\boldsymbol{P}(i,j)$，得

$$\boldsymbol{P}(i,j)\boldsymbol{A}=\begin{pmatrix}\boldsymbol{A}_1\\ \vdots\\ \boldsymbol{A}_j\\ \vdots\\ \boldsymbol{A}_i\\ \vdots\\ \boldsymbol{A}_s\end{pmatrix}\begin{matrix}\\ \\ \text{第 } i \text{ 行}\\ \\ \text{第 } j \text{ 行}\\ \\ \\ \end{matrix},$$

这相当于把 $\boldsymbol{A}$ 的第 i 行与第 j 行互换．■

不难看出，初等矩阵都是可逆的，它们的逆矩阵还是初等矩阵. 事实上

$$\boldsymbol{P}(i,j)^{-1}=\boldsymbol{P}(i,j),\boldsymbol{P}(i(c))^{-1}=\boldsymbol{P}(i(c^{-1})),\boldsymbol{P}(i,j(k))^{-1}=\boldsymbol{P}(i,j(-k)).$$

根据引理，对一矩阵作初等变换就相当于用相应的初等矩阵去乘这个矩阵. 因此，矩阵 $\boldsymbol{A},\boldsymbol{B}$ 等价的充要条件是有初等矩阵 $\boldsymbol{P}_1,\cdots,\boldsymbol{P}_l,\boldsymbol{Q}_1,\cdots,\boldsymbol{Q}_t$ 使

$$\boldsymbol{A}=\boldsymbol{P}_1\boldsymbol{P}_2\cdots\boldsymbol{P}_l\boldsymbol{B}\boldsymbol{Q}_1\boldsymbol{Q}_2\cdots\boldsymbol{Q}_t. \tag{3-30}$$

n 阶可逆矩阵的标准形为单位矩阵；反过来显然也是成立的. 由式(3-30) 即得如下定理.

定理 3 设 $\boldsymbol{A}$ 为 n 阶矩阵，$\boldsymbol{A}$ 可逆当且仅当 $\boldsymbol{A}$ 可以表示成若干个初等矩阵的乘积：

$$\boldsymbol{A}=\boldsymbol{Q}_1\boldsymbol{Q}_2\cdots\boldsymbol{Q}_m. \tag{3-31}$$

由定理可得如下推论.

推论 1 两个 $s\times n$ 矩阵 $\boldsymbol{A},\boldsymbol{B}$ 等价，当且仅当存在 s 阶可逆矩阵 $\boldsymbol{P}$ 与 n 阶可逆矩阵 $\boldsymbol{Q}$ 使

$$\boldsymbol{A}=\boldsymbol{PBQ}.$$

把式(3-31) 改写一下，有

$$\boldsymbol{Q}_m^{-1}\cdots\boldsymbol{Q}_2^{-1}\boldsymbol{Q}_1^{-1}\boldsymbol{A}=\boldsymbol{E}. \tag{3-32}$$

因为初等矩阵的逆矩阵还是初等矩阵，同时在矩阵 $\boldsymbol{A}$ 的左边乘初等矩阵就相当于对 $\boldsymbol{A}$ 作初等行变换，所以式(3-32) 说明了如下推论.

推论 2 可逆矩阵总可以经过一系列初等行变换化成单位矩阵.

以上的讨论提供了一个求逆矩阵的方法. 设 $\boldsymbol{A}$ 是 n 阶可逆矩阵，由推论 2，有一系列初等矩阵 $\boldsymbol{P}_1,\cdots,\boldsymbol{P}_m$ 使

$$\boldsymbol{P}_m\cdots\boldsymbol{P}_1\boldsymbol{A}=\boldsymbol{E}, \tag{3-33}$$

由式(3-33) 得

$$\boldsymbol{A}^{-1}=\boldsymbol{P}_m\cdots\boldsymbol{P}_1=\boldsymbol{P}_m\cdots\boldsymbol{P}_1\boldsymbol{E}. \tag{3-34}$$

式(3-33)、式(3-34) 两个式子说明，如果用一系列初等行变换把可逆矩阵 $\boldsymbol{A}$ 化成单位矩阵 $\boldsymbol{E}$，那么同样的用这一系列初等行变换去化单位矩阵 $\boldsymbol{E}$，就得到 $\boldsymbol{A}^{-1}$.

把 $\boldsymbol{A},\boldsymbol{E}$ 这两个 $n\times n$ 矩阵凑在一起，作成一个 $n\times 2n$ 矩阵

$$(\boldsymbol{A},\boldsymbol{E}),$$

按矩阵的分块乘法，式(3-33)、式(3-34) 可以合并写成

$$\boldsymbol{P}_m\cdots\boldsymbol{P}_1(\boldsymbol{A},\boldsymbol{E})=(\boldsymbol{P}_m\cdots\boldsymbol{P}_1\boldsymbol{A},\boldsymbol{P}_m\cdots\boldsymbol{P}_1\boldsymbol{E})=(\boldsymbol{E},\boldsymbol{A}^{-1}). \tag{3-35}$$

式(3-35) 提供了一个具体求逆矩阵的方法. 作 $n\times 2n$ 矩阵$(\boldsymbol{A},\boldsymbol{E})$，用初等行变换把它的左边一半化成 $\boldsymbol{E}$，这时，右边的一半就是 $\boldsymbol{A}^{-1}$.

【例 2】 设

$$\boldsymbol{A}=\begin{pmatrix}0&1&2\\1&1&4\\2&-1&0\end{pmatrix},$$

求 $\boldsymbol{A}^{-1}$.

解

$$\begin{pmatrix}0&1&2&1&0&0\\1&1&4&0&1&0\\2&-1&0&0&0&1\end{pmatrix}\to\begin{pmatrix}1&1&4&0&1&0\\0&1&2&1&0&0\\2&-1&0&0&0&1\end{pmatrix}$$

$$\to\begin{pmatrix}1&1&4&0&1&0\\0&1&2&1&0&0\\0&-3&-8&0&-2&1\end{pmatrix}\to\begin{pmatrix}1&1&4&0&1&0\\0&1&2&1&0&0\\0&0&-2&3&-2&1\end{pmatrix}$$

$$\rightarrow\begin{pmatrix}1&1&4&0&1&0\\0&1&0&4&-2&1\\0&0&-2&3&-2&1\end{pmatrix}\rightarrow\begin{pmatrix}1&1&0&6&-3&2\\0&1&0&4&-2&1\\0&0&-2&3&-2&1\end{pmatrix}$$

$$\rightarrow\begin{pmatrix}1&0&0&2&-1&1\\0&1&0&4&-2&1\\0&0&-2&3&-2&1\end{pmatrix}\rightarrow\begin{pmatrix}1&0&0&2&-1&1\\0&1&0&4&-2&1\\0&0&1&-\frac{3}{2}&1&-\frac{1}{2}\end{pmatrix}.$$

于是

$$\boldsymbol{A}^{-1}=\begin{pmatrix}2&-1&1\\4&-2&1\\-\frac{3}{2}&1&-\frac{1}{2}\end{pmatrix}.$$

当然，同样可以证明，可逆矩阵也能用初等列变换化成单位矩阵，这就给出了用初等列变换求逆矩阵的方法.

习题 3-5

1. 用初等变换方法将下列矩阵化为标准形：

(1) $\begin{pmatrix}1&-2&1\\2&0&1\\0&4&-1\end{pmatrix}$；　　(2) $\begin{pmatrix}1&-1&2&1&0\\2&-2&4&-2&0\\3&0&6&-1&1\\3&0&6&3&1\end{pmatrix}$.

2. 用初等变换方法求下列矩阵的逆矩阵：

(1) $\begin{pmatrix}2&2&3\\1&-1&0\\-1&2&1\end{pmatrix}$；　　(2) $\begin{pmatrix}1&2&3&4\\2&3&1&2\\1&1&1&-1\\1&0&-2&-6\end{pmatrix}$；

(3) $\begin{pmatrix}1&1&1&1\\1&-1&-1&-1\\1&-1&1&-1\\1&-1&-1&1\end{pmatrix}$；　　(4) $\begin{pmatrix}3&3&-4&-3\\0&6&1&1\\5&4&2&1\\2&3&3&2\end{pmatrix}$.

3. 交换可逆矩阵 $\boldsymbol{A}$ 的 i,j 两行得到 $\boldsymbol{B}$，试问对 $\boldsymbol{A}^{-1}$ 施行怎样的变换可得到 $\boldsymbol{B}^{-1}$？为什么？

4. 设 $\boldsymbol{A}=\begin{pmatrix}1&-1\\2&1\end{pmatrix}$，试把 $\boldsymbol{A}$ 表示成一些初等矩阵之积.

习题 3

1. 设 $\boldsymbol{A}=\begin{pmatrix}a&b\\c&d\end{pmatrix}$，试求满足下列条件的一切 2 阶方阵：

(1) $\boldsymbol{A}^2=\boldsymbol{A}$；(2) $\boldsymbol{A}^2=\boldsymbol{E}$；(3) $\boldsymbol{A}^2=\boldsymbol{O}$.

2. 设 $\boldsymbol{A}$ 是 2×2 矩阵，证明：如果 $\boldsymbol{A}^l=\boldsymbol{O}, l\geqslant2$，那么 $\boldsymbol{A}^2=\boldsymbol{O}$.

3. 设 $\boldsymbol{A}$ 是 $n\times n$ 矩阵，且 $\boldsymbol{A}^2=\boldsymbol{A}$，但 $\boldsymbol{A}\neq\boldsymbol{E}$，证明：$|\boldsymbol{A}|=0$.

4. 设 $\boldsymbol{A},\boldsymbol{B}$ 是 $n\times n$ 矩阵，且 $\boldsymbol{A}+\boldsymbol{B}=\boldsymbol{AB}$，证明：$\boldsymbol{A}-\boldsymbol{E}$ 可逆，并求其逆.

5. 设 $\boldsymbol{A},\boldsymbol{B}$ 是 $n\times n$ 矩阵，且 $\boldsymbol{B}=\boldsymbol{E}+\boldsymbol{AB}$，证明：$\boldsymbol{A}$ 与 $\boldsymbol{B}$ 可交换.

6. 设 $\boldsymbol{A},\boldsymbol{B}$ 分别是 $n\times m$ 和 $m\times n$ 矩阵，证明：若 $\boldsymbol{E}_n-\boldsymbol{AB}$ 与 $\boldsymbol{E}_m-\boldsymbol{BA}$ 中有一个可逆，则另一个必可逆.

7. 证明：$(\boldsymbol{A}^*)^*=|\boldsymbol{A}|^{n-2}\boldsymbol{A}$，其中 $\boldsymbol{A}$ 是 $n\times n(n\geqslant 2)$ 矩阵.

8. 证明：$|\boldsymbol{A}^*|=|\boldsymbol{A}|^{n-1}$，其中 $\boldsymbol{A}$ 是 $n\times n(n\geqslant 2)$ 矩阵.

9. 证明：$(\boldsymbol{AB})^*=\boldsymbol{B}^*\boldsymbol{A}^*$.

10. 设 $\boldsymbol{A}$ 是 3 阶矩阵，且 $|\boldsymbol{A}|=\dfrac{1}{8}$，求 $|4\boldsymbol{A}^{-1}-8\boldsymbol{A}^*|$.

11. 把矩阵 $\begin{pmatrix} a & 0 \\ 0 & a^{-1} \end{pmatrix}$ 表示成形为 $\begin{pmatrix} 1 & x \\ 0 & 1 \end{pmatrix}$ 与 $\begin{pmatrix} 1 & 0 \\ x & 1 \end{pmatrix}$ 的矩阵的乘积.

12. 设 $\boldsymbol{A}$ 为 n 阶可逆矩阵，其每一行元素之和为 a，称 $\boldsymbol{A}$ 为行等和矩阵. 证明：$\boldsymbol{A}^{-1}$ 为行等和矩阵.

第四章

线性方程组

第一节　线性方程组的解的问题

在中学数学中我们已经知道，在平面上取定一个直角坐标系后，一个二元一次方程表示平面上的一条直线. 因此二元一次方程组

$$\begin{cases} a_{11}x+a_{12}y=b_1 \\ a_{21}x+a_{22}y=b_2 \end{cases}$$

的解就是表示它的两条直线的交点的坐标. 由于平面上的两条直线的位置关系只有三种可能：相交、平行、重合. 因此上述方程组的解只有三种可能：唯一解、无解、无穷多解.

对于一般线性方程组

$$\begin{cases} a_{11}x_1+a_{12}x_2+\cdots+a_{1n}x_n=b_1 \\ a_{21}x_1+a_{22}x_2+\cdots+a_{2n}x_n=b_2 \\ \qquad\qquad\cdots\cdots \\ a_{s1}x_1+a_{s2}x_2+\cdots+a_{sn}x_n=b_s \end{cases}, \tag{4-1}$$

其中 $x_1,x_2,\cdots,x_n$ 代表 n 个未知量，s 是方程的个数，$a_{ij}(i=1,2,\cdots,s;j=1,2,\cdots,n)$称为未知量的系数，$b_j(j=1,2,\cdots,s)$称为常数项. 方程组中未知量的个数 n 与方程的个数 s 不一定相等. 系数 a_{ij} 的第一个指标 i 表示它在第 i 个方程，第二个指标 j 表示它是 x_j 的系数.

所谓方程组［式(4-1)］的一个解，就是指由 n 个数 $k_1,k_2,\cdots,k_n$ 组成的有序数组(k_1，

$k_2,\cdots,k_n$)，当 $x_1,x_2,\cdots,x_n$ 分别用 $k_1,k_2,\cdots,k_n$ 代入后，式(4-1) 中每个等式都变成恒等式. 式(4-1) 的解的全体称为它的解集合. 解方程组实际上就是找出它全部的解，或者说，就是要求出它的解集合.

对于式(4-1) 而言，它的解的情况如何？是否也只有唯一解、无解、无穷多解三种情况？这一节我们来讨论式(4-1) 的解的可能情形.

由消元法可知，线性方程组可以利用同解变换化为阶梯形方程组. 即

$$\begin{cases}x_1+c_{1,r+1}x_{r+1}+\cdots+c_{1n}x_n=d_1\\x_2+c_{2,r+1}x_{r+1}+\cdots+c_{2n}x_n=d_2\\\qquad\qquad\cdots\cdots\\x_r+c_{r,r+1}x_{r+1}+\cdots+c_{rn}x_n=d_r\\0=d_{r+1}\\0=0\\\qquad\qquad\cdots\cdots\\0=0\end{cases}\tag{4-2}$$

式(4-2) 中最后一些方程“0=0”是一些恒等式，去掉后不影响方程组的解.

情形 1　若式(4-2) 中出现 $0=d_{r+1}$，其中 $d_{r+1}\neq 0$，则这个方程无解，从而式(4-2) 无解，式(4-1) 无解.

情形 2　当 $d_{r+1}=0$ 或式(4-2) 中根本不存在 0=0 的方程时，分两种情况：

(1) 当 $r=n$ 时，由式(4-2) 直接可得$(d_1,d_2,\cdots,d_n)$为式(4-1) 的唯一解；

(2) 当 $r<n$ 时，由式(4-2) 可得式(4-1) 的一般解为：

$$\begin{cases}x_1=d_1-c_{1,r+1}x_{r+1}-\cdots-c_{1n}x_n\\x_2=d_2-c_{2,r+1}x_{r+1}-\cdots-c_{2n}x_n\\\qquad\cdots\cdots\\x_r=d_r-c_{r,r+1}x_{r+1}-\cdots-c_{rn}x_n\end{cases},$$

其中 $x_{r+1},\cdots,x_n$ 为自由未知量. 这时任给 $x_{r+1},\cdots,x_n$ 一组值，就能唯一地确定 x_1，$x_2,\cdots,x_r$ 的值. 因此式(4-1) 有无穷多解，其中自由未知量的个数为 $n-r$.

综上所述，一般式(4-1) 的解的情况只有三种可能：无解、唯一解、无穷多解. 而把式(4-1) 经同解变换化为阶梯形方程组的过程对应着将方程组的增广矩阵经初等行变换化为行阶梯形矩阵，根据行阶梯形矩阵的特征判断方程组的解的情形.

【例 1】　解线性方程组

$$\begin{cases}2x_1-\ x_2+3x_3=1\\4x_1-2x_2+5x_3=4\\2x_1-\ x_2+4x_3=0\end{cases}.$$

解　对方程组的增广矩阵施行初等行变换化成行阶梯形矩阵：

$$\overline{\mathbf{A}}=\begin{pmatrix}2&-1&3&1\\4&-2&5&4\\2&-1&4&0\end{pmatrix}\rightarrow\begin{pmatrix}2&-1&3&1\\0&0&-1&2\\0&0&1&-1\end{pmatrix}\rightarrow\begin{pmatrix}2&-1&3&1\\0&0&-1&2\\0&0&0&1\end{pmatrix}.$$

从最后一行对应矛盾方程可以看出原方程组无解.

【例 2】　解线性方程组

$$\begin{cases}x_1-2x_2+3x_3-4x_4=4\\ \quad\ x_2-\ x_3+\ x_4=-3\\ x_1+3x_2\qquad+\ x_4=1\\ \quad -7x_2+3x_3+\ x_4=-3\end{cases}.$$

解 对方程组的增广矩阵施行初等行变换化成行最简形矩阵：

$$\bar{\boldsymbol{A}}=\begin{pmatrix}1&-2&3&-4&4\\0&1&-1&1&-3\\1&3&0&1&1\\0&-7&3&1&-3\end{pmatrix}\to\begin{pmatrix}1&-2&3&-4&4\\0&1&-1&1&-3\\0&5&-3&5&-3\\0&-7&3&1&-3\end{pmatrix}$$

$$\to\begin{pmatrix}1&-2&3&-4&4\\0&1&-1&1&-3\\0&0&2&0&12\\0&0&-4&8&-24\end{pmatrix}\to\begin{pmatrix}1&-2&3&-4&4\\0&1&-1&1&-3\\0&0&2&0&12\\0&0&0&8&0\end{pmatrix}$$

$$\to\begin{pmatrix}1&-2&3&-4&4\\0&1&-1&1&-3\\0&0&1&0&6\\0&0&0&1&0\end{pmatrix}\to\begin{pmatrix}1&-2&3&0&4\\0&1&-1&0&-3\\0&0&1&0&6\\0&0&0&1&0\end{pmatrix}$$

$$\to\begin{pmatrix}1&-2&0&0&-14\\0&1&0&0&3\\0&0&1&0&6\\0&0&0&1&0\end{pmatrix}\to\begin{pmatrix}1&0&0&0&-8\\0&1&0&0&3\\0&0&1&0&6\\0&0&0&1&0\end{pmatrix}.$$

由行最简形矩阵，得原方程组的唯一解为$(-8,3,6,0)$.

【例 3】 解线性方程组

$$\begin{cases}5x_1+3x_2+6x_3-\ x_4=-1\\ x_1-5x_2+2x_3-3x_4=11\\ 2x_1+4x_2+2x_3+\ x_4=-6\\ 6x_1-2x_2+8x_3-4x_4=10\end{cases}.$$

解 对方程组的增广矩阵施行初等行变换化成行最简形矩阵：

$$\bar{\boldsymbol{A}}=\begin{pmatrix}5&3&6&-1&-1\\1&-5&2&-3&11\\2&4&2&1&-6\\6&-2&8&-4&10\end{pmatrix}\to\begin{pmatrix}1&-5&2&-3&11\\5&3&6&-1&-1\\2&4&2&1&-6\\6&-2&8&-4&10\end{pmatrix}$$

$$\to\begin{pmatrix}1&-5&2&-3&11\\0&28&-4&14&-56\\2&4&2&1&-6\\3&-1&4&-2&5\end{pmatrix}\to\begin{pmatrix}1&-5&2&-3&11\\0&28&-4&14&-56\\0&14&-2&7&-28\\0&14&-2&7&-28\end{pmatrix}$$

$$\to\begin{pmatrix}1&-5&2&-3&11\\0&28&-4&14&-56\\0&0&0&0&0\\0&0&0&0&0\end{pmatrix}\to\begin{pmatrix}1&-5&2&-3&11\\0&1&-\frac{1}{7}&\frac{1}{2}&-2\\0&0&0&0&0\\0&0&0&0&0\end{pmatrix}$$

$$\rightarrow\begin{pmatrix}1 & 0 & \frac{9}{7} & -\frac{1}{2} & 1\\ 0 & 1 & -\frac{1}{7} & \frac{1}{2} & -2\\ 0 & 0 & 0 & 0 & 0\\ 0 & 0 & 0 & 0 & 0\end{pmatrix}.$$

由行最简形矩阵，即可写出原方程组的同解方程组

$$\begin{cases}x_1=-\frac{9}{7}x_3+\frac{1}{2}x_4+1\\ x_2=\frac{1}{7}x_3-\frac{1}{2}x_4-2\end{cases}.$$

令自由未知量 $x_3=k_1, x_4=k_2$，即得原方程组的一般解为

$$\left(-\frac{9}{7}k_1+\frac{1}{2}k_2+1, \frac{1}{7}k_1-\frac{1}{2}k_2-2, k_1, k_2\right).$$

因而原方程组有无穷多个解.

以上求解线性方程组的全过程，归纳来说就是：对线性方程组的增广矩阵作初等行变换，把它化成行阶梯形矩阵.

如果行阶梯形矩阵中出现了矛盾行，则原方程组无解；如果行阶梯形矩阵中没有矛盾行，则原方程组有解，此时，当非零行的个数等于未知量的个数时原方程组有唯一解，当非零行的个数小于未知量的个数时原方程组有无穷多解.

把上述结论应用到齐次线性方程组上，我们给出一个重要的结论：

所谓齐次线性方程组指的是形如

$$\begin{cases}a_{11}x_1+a_{12}x_2+\cdots+a_{1n}x_n=0\\ a_{21}x_1+a_{22}x_2+\cdots+a_{2n}x_n=0\\ \quad\cdots\cdots\\ a_{s1}x_1+a_{s2}x_2+\cdots+a_{sn}x_n=0\end{cases} \tag{4-3}$$

的方程组（其常数项全是零）.

齐次线性方程组恒有解. 例如 n 元数组$(0,0,\cdots,0)$就是式(4-3)的一个解，此解称为零解. 式(4-3)的其他解（如果存在的话）称为它的非零解.

定理 1　在齐次线性方程组［式(4-3)］中，如果 $s<n$，那么它必有非零解.

证　对式(4-3)的系数矩阵施行初等行变换，将其化为行阶梯形矩阵. 其中非零行的个数 r 不会超过原系数矩阵的行数 s，即 $r\leqslant s<n$. 因而式(4-3)含有 $n-r$ 个自由未知量，因此式(4-3)一定有非零解. ▌

习题 4-1

求解下列方程组：

(1) $\begin{cases}5x_1-x_2+2x_3+x_4=7\\ 2x_1+x_2+4x_3-2x_4=1\\ x_1-3x_2-6x_3+5x_4=0\end{cases}$；

(2) $\begin{cases}x_1-2x_2+3x_3-4x_4=4\\ x_2-x_3+x_4=-3\\ x_1+3x_2+x_4=1\\ -7x_2+3x_3+x_4=-3\end{cases}$；

(3) $\begin{cases}3x_1+4x_2-5x_3+7x_4=0\\2x_1-3x_2+3x_3-2x_4=0\\4x_1+11x_2-13x_3+16x_4=0\\7x_1-2x_2+x_3+3x_4=0\end{cases}$;

(4) $\begin{cases}x_1+3x_2+5x_3-4x_4=1\\x_1+3x_2+2x_3-2x_4+x_5=-1\\x_1-2x_2+x_3-x_4-x_5=3\\x_1-4x_2+x_3+x_4-x_5=3\\x_1+2x_2+x_3-x_4+x_5=-1\end{cases}$;

(5) $\begin{cases}x_1+2x_2+3x_3-x_4=1\\3x_1+2x_2+x_3-x_4=1\\2x_1+3x_2+x_3+x_4=1\\2x_1+2x_2+2x_3-x_4=1\\5x_1+5x_2+2x_3=2\end{cases}$.

第二节　n 维向量空间

本节我们介绍 n 维向量和 n 维向量空间的概念. 引入这两个概念，一方面是进一步从理论上讨论线性方程组的需要；另一方面，这两个概念本身也非常重要. 它们在以后各章节中都扮演着相当关键的角色.

定义 1　由数域 P 中 n 个数组成的有序数组

$$(a_1,a_2,\cdots,a_n)$$

称为数域 P 上的一个 n 维向量，其中 a_i 称为该向量的第 i 个分量.

向量通常用小写希腊字母 $\boldsymbol{\alpha},\boldsymbol{\beta},\boldsymbol{\gamma},\cdots$ 来表示.

n 维向量 $\boldsymbol{\alpha}=(a_1,a_2,\cdots,a_n)$ 有时也写成

$$\boldsymbol{\alpha}=\begin{pmatrix}a_1\\a_2\\\vdots\\a_n\end{pmatrix}.$$

横写时称为行向量，竖写时称为列向量. 它们的区别仅仅是写法不同而已.

今后我们用符号 P^n 表示数域 P 上所有 n 维向量的集合，即

$$P^n=\{(a_1,a_2,\cdots,a_n)\mid a_i\in P,i=1,2,\cdots,n\},$$

或写成

$$P^n=\left\{\begin{pmatrix}a_1\\a_2\\\vdots\\a_n\end{pmatrix}\middle| a_i\in P,i=1,2,\cdots,n\right\}.$$

现在我们来看几个例子. 一个 $m\times n$ 矩阵的每行都可视为一个 n 维向量，称为矩阵的行

向量；每列都可视为一个 m 维向量，称为矩阵的列向量．一个 n 阶行列式的每行、每列都可视为一个 n 维向量，并且对于行列式也有行向量和列向量的说法．在一个含 s 个方程、n 个未知量的方程组中，把其中任一方程的系数和常数项分离出来作为一个有序数组来看都是一个 $n+1$ 维向量．类似的，方程组中每个未知量的系数都可以视为一个 s 维向量，方程组的一个解可以视为一个 n 维向量，称为该方程组的解向量．

类似的例子当然还可以举出很多．

所有这些例子都预示着，n 维向量的讨论必将直接联系着行列式、矩阵和线性方程组的理论．实际上，n 维向量的概念和理论正是在这些理论的基础上逐步形成的．

应该强调的是：这里的“向量”一词仅仅是从几何里借用的一个术语．它已经完全失去了有向线段的意义．所谓向量，不是别的，就是一个有序数组．只有在 $P=\mathbf{R}$ 和 $n=2$ 或 3 时，向量才有具体的几何意义．

定义 2　如果 n 维向量

$$\boldsymbol{\alpha}=(a_1,a_2,\cdots,a_n),\boldsymbol{\beta}=(b_1,b_2,\cdots,b_n)$$

的对应分量都相等，即

$$a_i=b_i(i=1,2,\cdots,n),$$

则称这两个向量是相等的，记作 $\boldsymbol{\alpha}=\boldsymbol{\beta}$.

现在我们对集合 P^n 中的向量引入加法和数量乘法，这两种运算表达了向量之间的基本关系．

定义 3　向量

$$\boldsymbol{\gamma}=(a_1+b_1,a_2+b_2,\cdots,a_n+b_n)$$

称为向量

$$\boldsymbol{\alpha}=(a_1,a_2,\cdots,a_n),\boldsymbol{\beta}=(b_1,b_2,\cdots,b_n)$$

的和，记为

$$\boldsymbol{\gamma}=\boldsymbol{\alpha}+\boldsymbol{\beta}.$$

由定义立即推出：

交换律：$\boldsymbol{\alpha}+\boldsymbol{\beta}=\boldsymbol{\beta}+\boldsymbol{\alpha}$.

结合律：$\boldsymbol{\alpha}+(\boldsymbol{\beta}+\boldsymbol{\gamma})=(\boldsymbol{\alpha}+\boldsymbol{\beta})+\boldsymbol{\gamma}$.

定义 4　设 k 为数域 P 中的数，向量

$$(ka_1,ka_2,\cdots,ka_n)$$

称为向量 $\boldsymbol{\alpha}=(a_1,a_2,\cdots,a_n)$ 与数 k 的数量乘积，记为 $k\boldsymbol{\alpha}$.

由定义立即推出：

$$k(\boldsymbol{\alpha}+\boldsymbol{\beta})=k\boldsymbol{\alpha}+k\boldsymbol{\beta},$$
$$(k+l)\boldsymbol{\alpha}=k\boldsymbol{\alpha}+l\boldsymbol{\alpha},$$
$$k(l\boldsymbol{\alpha})=(kl)\boldsymbol{\alpha},$$
$$1\boldsymbol{\alpha}=\boldsymbol{\alpha}.$$

定义 5　分量全为零的向量

$$(0,0,\cdots,0)$$

称为零向量，记为 $\mathbf{0}$；向量 $(-a_1,-a_2,\cdots,-a_n)$ 称为向量 $\boldsymbol{\alpha}=(a_1,a_2,\cdots,a_n)$ 的负向量，记为 $-\boldsymbol{\alpha}$.

显然对于所有的 $\boldsymbol{\alpha}$，都有

$$\boldsymbol{\alpha}+\mathbf{0}=\boldsymbol{\alpha},$$
$$\boldsymbol{\alpha}+(-\boldsymbol{\alpha})=\mathbf{0}.$$

由数乘矩阵运算规则不难推出

$$0\boldsymbol{\alpha}=\mathbf{0},$$
$$(-1)\boldsymbol{\alpha}=-\boldsymbol{\alpha},$$
$$k\mathbf{0}=\mathbf{0}.$$

如果 $k\neq0$，$\boldsymbol{\alpha}\neq\mathbf{0}$，那么

$$k\boldsymbol{\alpha}\neq\mathbf{0}.$$

利用负向量，我们可以定义向量的减法如下.

定义 6 $\boldsymbol{\alpha}-\boldsymbol{\beta}=\boldsymbol{\alpha}+(-\boldsymbol{\beta})$.

定义 7 对于集合 P^n，同时考虑定义在它们上面的加法和数量乘法，称为数域 P 上的 n 维向量空间.

在 $n=3$ 时，3 维实向量空间可以认为就是几何空间中全体向量所成的空间.

以上已把数域 P 上全体 n 维向量的集合组成一个有加法和数量乘法的代数结构，即数域 P 上 n 维向量空间. 在以后的几节中将进一步讨论它的性质，并用这些性质描述和解决线性方程组中的一些问题.

习题 4-2

1. 设 $\boldsymbol{\alpha}=(1,2,-3),\boldsymbol{\beta}=(0,2,4),\boldsymbol{\gamma}=(-1,0,2)$，计算 $\boldsymbol{\alpha}+\boldsymbol{\beta},\boldsymbol{\alpha}-\boldsymbol{\beta},\frac{1}{2}\boldsymbol{\alpha},2\boldsymbol{\alpha}+3\boldsymbol{\beta}-2\boldsymbol{\gamma}$.

2. 设 $\boldsymbol{\alpha}=\begin{pmatrix}0\\1\\-1\end{pmatrix},\boldsymbol{\beta}=\begin{pmatrix}2\\4\\5\end{pmatrix},\boldsymbol{\gamma}=\begin{pmatrix}6\\14\\15\end{pmatrix}$，计算 $\boldsymbol{\alpha}+\boldsymbol{\beta},\boldsymbol{\alpha}-\boldsymbol{\beta},2\boldsymbol{\alpha}+3\boldsymbol{\beta}-\boldsymbol{\gamma}$.

3. 设 $(2,-1,3)+(2x_1,-x_2,3x_3)=(0,1,2)$，求 x_1,x_2,x_3.

4. 设 $(x_1+x_2,x_2+x_3,x_1+x_3)+(1,-1,2)=(0,0,0)$，求 x_1,x_2,x_3.

5. 把方程组

$$\begin{cases}x_1+x_2+x_3=1\\-x_1+2x_2+x_3=2\\x_1+5x_2+3x_3=4\end{cases}$$

写成向量等式.

第三节　向量的线性相关性

在本节中，我们在一固定的数域 P 上的 n 维向量空间中进行讨论. 一般向量空间除只有一个零向量构成的零空间外，都含有无穷多个向量，这些向量之间有怎样的关系，对于弄清向量空间的结构至关重要.

两个向量之间最简单的关系是成比例. 所谓向量 $\boldsymbol{\alpha}$ 与 $\boldsymbol{\beta}$ 成比例就是说有一数 k 使

$$\boldsymbol{\alpha}=k\boldsymbol{\beta}.$$

在多个向量之间，成比例的关系表现为线性组合.

定义 1 设 $\boldsymbol{\alpha},\boldsymbol{\beta}_1,\boldsymbol{\beta}_2,\cdots,\boldsymbol{\beta}_s$ 是一组 n 维向量. 如果存在数域 P 中的数 $k_1,k_2,\cdots,k_s$，使

$$\boldsymbol{\alpha}=k_1\boldsymbol{\beta}_1+k_2\boldsymbol{\beta}_2+\cdots+k_s\boldsymbol{\beta}_s,$$

则称向量 $\boldsymbol{\alpha}$ 可以由向量组 $\boldsymbol{\beta}_1,\boldsymbol{\beta}_2,\cdots,\boldsymbol{\beta}_s$ 线性表示，或称 $\boldsymbol{\alpha}$ 是向量组 $\boldsymbol{\beta}_1,\boldsymbol{\beta}_2,\cdots,\boldsymbol{\beta}_s$ 的线性组合，其中 $k_1,k_2,\cdots,k_s$ 叫作这个线性组合的系数.

【例 1】 设有方程组

$$\begin{cases}2x_1-\ x_2+3x_3=1\\4x_1-2x_2+5x_3=4\\2x_1-\ x_2+4x_3=-1\end{cases},$$

记 $\boldsymbol{\alpha}_1=(2,-1,3,1),\boldsymbol{\alpha}_2=(4,-2,5,4),\boldsymbol{\alpha}_3=(2,-1,4,-1)$. $\boldsymbol{\alpha}_1,\boldsymbol{\alpha}_2,\boldsymbol{\alpha}_3$ 是这三个方程的代表向量. 由于第一个方程的 3 倍与第二个方程的(−1)倍相加恰是第三个方程，所以 $\boldsymbol{\alpha}_1,\boldsymbol{\alpha}_2,\boldsymbol{\alpha}_3$ 之间有关系 $\boldsymbol{\alpha}_3=3\boldsymbol{\alpha}_1-\boldsymbol{\alpha}_2$. 因而 $\boldsymbol{\alpha}_3$ 是 $\boldsymbol{\alpha}_1,\boldsymbol{\alpha}_2$ 的一个线性组合.

【例 2】 记 $\boldsymbol{\varepsilon}_1=(1,0,\cdots,0),\boldsymbol{\varepsilon}_2=(0,1,\cdots,0),\cdots,\boldsymbol{\varepsilon}_n=(0,0,\cdots,1)$，则任一个 n 维向量 $\boldsymbol{\alpha}=(a_1,a_2,\cdots,a_n)$都是 $\boldsymbol{\varepsilon}_1,\boldsymbol{\varepsilon}_2,\cdots,\boldsymbol{\varepsilon}_n$ 的一个线性组合. 因为显然有

$$\boldsymbol{\alpha}=a_1\boldsymbol{\varepsilon}_1+a_2\boldsymbol{\varepsilon}_2+\cdots a_n\boldsymbol{\varepsilon}_n,$$

其中 $\boldsymbol{\varepsilon}_1,\boldsymbol{\varepsilon}_2,\cdots,\boldsymbol{\varepsilon}_n$ 称为 n 维单位向量.

由定义立即看出：零向量是任一向量组的线性组合（只要取组合系数为零）；任一向量组 $\boldsymbol{\alpha}_1,\boldsymbol{\alpha}_2,\cdots,\boldsymbol{\alpha}_s$ 中的每个向量都是该向量组的线性组合. 比如

$$\boldsymbol{\alpha}_1=1\boldsymbol{\alpha}_1+0\boldsymbol{\alpha}_2+\cdots+0\boldsymbol{\alpha}_s$$

等等.

向量 $\boldsymbol{\alpha}$ 是向量组 $\boldsymbol{\beta}_1,\boldsymbol{\beta}_2,\cdots,\boldsymbol{\beta}_s$ 的一个线性组合，有时也说 $\boldsymbol{\alpha}$ 可由向量组 $\boldsymbol{\beta}_1,\boldsymbol{\beta}_2,\cdots,\boldsymbol{\beta}_s$ 线性表示.

定义 2 如果向量组 $\boldsymbol{\alpha}_1,\boldsymbol{\alpha}_2,\cdots,\boldsymbol{\alpha}_t$ 中每一个向量 $\boldsymbol{\alpha}_i(i=1,2,\cdots,t)$都可由向量组 $\boldsymbol{\beta}_1,\boldsymbol{\beta}_2,\cdots,\boldsymbol{\beta}_s$ 线性表示，那么称向量组 $\boldsymbol{\alpha}_1,\boldsymbol{\alpha}_2,\cdots,\boldsymbol{\alpha}_t$ 可由向量组 $\boldsymbol{\beta}_1,\boldsymbol{\beta}_2,\cdots,\boldsymbol{\beta}_s$ 线性表示. 如果两个向量组互相可以线性表示，则称它们等价.

向量组之间的等价关系具有以下性质：

(1) 反身性：每一个向量组都与自身等价.

(2) 对称性：如果向量组 $\boldsymbol{\alpha}_1,\boldsymbol{\alpha}_2,\cdots,\boldsymbol{\alpha}_s$ 与 $\boldsymbol{\beta}_1,\boldsymbol{\beta}_2,\cdots,\boldsymbol{\beta}_t$ 等价，那么向量组 $\boldsymbol{\beta}_1,\boldsymbol{\beta}_2,\cdots,\boldsymbol{\beta}_t$ 与 $\boldsymbol{\alpha}_1,\boldsymbol{\alpha}_2,\cdots,\boldsymbol{\alpha}_s$ 也等价.

(3) 传递性：如果向量组 $\boldsymbol{\alpha}_1,\boldsymbol{\alpha}_2,\cdots,\boldsymbol{\alpha}_s$ 与 $\boldsymbol{\beta}_1,\boldsymbol{\beta}_2,\cdots,\boldsymbol{\beta}_t$ 等价，$\boldsymbol{\beta}_1,\boldsymbol{\beta}_2,\cdots,\boldsymbol{\beta}_t$ 与 $\boldsymbol{\gamma}_1,\boldsymbol{\gamma}_2,\cdots,\boldsymbol{\gamma}_p$ 等价，那么向量组 $\boldsymbol{\alpha}_1,\boldsymbol{\alpha}_2,\cdots,\boldsymbol{\alpha}_s$ 与 $\boldsymbol{\gamma}_1,\boldsymbol{\gamma}_2,\cdots,\boldsymbol{\gamma}_p$ 等价.

证 由定义，(1)(2) 显然成立，今证 (3).

记向量组 $\boldsymbol{\alpha}_1,\boldsymbol{\alpha}_2,\cdots,\boldsymbol{\alpha}_s$；$\boldsymbol{\beta}_1,\boldsymbol{\beta}_2,\cdots,\boldsymbol{\beta}_t$；$\boldsymbol{\gamma}_1,\boldsymbol{\gamma}_2,\cdots,\boldsymbol{\gamma}_p$ 分别为式(Ⅰ)(Ⅱ)(Ⅲ). 实际上，式(Ⅰ)可由式(Ⅱ)线性表示，所以有

$$\boldsymbol{\alpha}_i=k_{i1}\boldsymbol{\beta}_1+k_{i2}\boldsymbol{\beta}_2+\cdots+k_{it}\boldsymbol{\beta}_t\quad(i=1,2,\cdots,s).\tag{4-4}$$

式(Ⅱ)可由式(Ⅲ)线性表示，所以又有

$$\boldsymbol{\beta}_j=l_{j1}\boldsymbol{\gamma}_1+l_{j2}\boldsymbol{\gamma}_2+\cdots+l_{jp}\boldsymbol{\gamma}_p\quad(j=1,2,\cdots,t).\tag{4-5}$$

将式(4-5)代入式(4-4)，依 $\boldsymbol{\gamma}_1,\boldsymbol{\gamma}_2,\cdots,\boldsymbol{\gamma}_p$ 整理即知式(Ⅰ)可由式(Ⅲ)线性表示.

利用这个事实可得：若式(Ⅰ)与式(Ⅱ)等价，式(Ⅱ)与式(Ⅲ)等价，式(Ⅰ)与式(Ⅲ)可以相互线性表示，因而式(Ⅰ)与式(Ⅲ)等价. ■

定义 3 如果向量组 $\boldsymbol{\alpha}_1,\boldsymbol{\alpha}_2,\cdots,\boldsymbol{\alpha}_s(s\geqslant 2)$ 中有一个向量可以由其余的向量线性表示，那么向量组 $\boldsymbol{\alpha}_1,\boldsymbol{\alpha}_2,\cdots,\boldsymbol{\alpha}_s$ 线性相关.

例 1 中，向量组 $\boldsymbol{\alpha}_1,\boldsymbol{\alpha}_2,\boldsymbol{\alpha}_3$ 是线性相关的，因为 $\boldsymbol{\alpha}_3=3\boldsymbol{\alpha}_1-\boldsymbol{\alpha}_2$.

从定义可以看出，任意一个包含零向量的向量组一定是线性相关的. 还可以看出，向量组 $\boldsymbol{\alpha}_1,\boldsymbol{\alpha}_2$ 线性相关就表示 $\boldsymbol{\alpha}_1=k\boldsymbol{\alpha}_2$ 或者 $\boldsymbol{\alpha}_2=k\boldsymbol{\alpha}_1$（这两个式子不一定能同时成立）. 在 P 为实数域，并且是三维的情形，就表示向量 $\boldsymbol{\alpha}_1$ 与 $\boldsymbol{\alpha}_2$ 共线. 三个向量 $\boldsymbol{\alpha}_1,\boldsymbol{\alpha}_2,\boldsymbol{\alpha}_3$ 线性相关的几何意义就是它们共面.

向量组线性相关的定义还可以叙述如下.

定义 3′ 如果有数域 P 中不全为零的数 $k_1,k_2,\cdots,k_s$，使

$$k_1\boldsymbol{\alpha}_1+k_2\boldsymbol{\alpha}_2+\cdots+k_s\boldsymbol{\alpha}_s=\mathbf{0},$$

则称向量组 $\boldsymbol{\alpha}_1,\boldsymbol{\alpha}_2,\cdots,\boldsymbol{\alpha}_s(s\geqslant 1)$ 线性相关.

现在我们来证明这两个定义在 $s\geqslant 2$ 的时候是一致的.

如果向量组 $\boldsymbol{\alpha}_1,\boldsymbol{\alpha}_2,\cdots,\boldsymbol{\alpha}_s$ 按定义 3 是线性相关的，那么其中有一个向量是其余向量的线性组合，譬如说

$$\boldsymbol{\alpha}_i=k_1\boldsymbol{\alpha}_1+\cdots+k_{i-1}\boldsymbol{\alpha}_{i-1}+k_{i+1}\boldsymbol{\alpha}_{i+1}+\cdots+k_s\boldsymbol{\alpha}_s,$$

移项整理得

$$k_1\boldsymbol{\alpha}_1+\cdots+k_{i-1}\boldsymbol{\alpha}_{i-1}+(-1)\boldsymbol{\alpha}_i+k_{i+1}\boldsymbol{\alpha}_{i+1}+\cdots+k_s\boldsymbol{\alpha}_s=\mathbf{0}.$$

因为数 $k_1,\cdots,k_{i-1},-1,k_{i+1},\cdots,k_s$ 不全为零，所以按定义 3′，这个向量组线性相关.

反过来，如果向量组 $\boldsymbol{\alpha}_1,\boldsymbol{\alpha}_2,\cdots,\boldsymbol{\alpha}_s$ 按定义 3′线性相关，即有不全为零的数 $k_1,\cdots,k_{i-1},k_i,k_{i+1},\cdots,k_s$，使

$$k_1\boldsymbol{\alpha}_1+\cdots+k_{i-1}\boldsymbol{\alpha}_{i-1}+k_i\boldsymbol{\alpha}_i+k_{i+1}\boldsymbol{\alpha}_{i+1}+\cdots+k_s\boldsymbol{\alpha}_s=\mathbf{0}.$$

因为 $k_1,\cdots,k_{i-1},k_i,k_{i+1},\cdots,k_s$ 不全为零，不妨设 $k_i\neq 0$，于是上式可以改写为

$$\boldsymbol{\alpha}_i=-\frac{k_1}{k_i}\boldsymbol{\alpha}_1-\cdots-\frac{k_{i-1}}{k_i}\boldsymbol{\alpha}_{i-1}-\frac{k_{i+1}}{k_i}\boldsymbol{\alpha}_{i+1}+\cdots-\frac{k_s}{k_i}\boldsymbol{\alpha}_s.$$

这就是说，向量 $\boldsymbol{\alpha}_i$ 可以由其余的向量线性表示，所以此向量组按定义 3 也是线性相关.

定义 4 如果不存在数域 P 中不全为零的数 $k_1,k_2,\cdots,k_s$，使

$$k_1\boldsymbol{\alpha}_1+k_2\boldsymbol{\alpha}_2+\cdots+k_s\boldsymbol{\alpha}_s=\mathbf{0},$$

则称向量组 $\boldsymbol{\alpha}_1,\boldsymbol{\alpha}_2,\cdots,\boldsymbol{\alpha}_s(s\geqslant 1)$ 线性无关. 或者说，如果一向量组 $\boldsymbol{\alpha}_1,\boldsymbol{\alpha}_2,\cdots,\boldsymbol{\alpha}_s$ 称为线性无关，则由

$$k_1\boldsymbol{\alpha}_1+k_2\boldsymbol{\alpha}_2+\cdots+k_s\boldsymbol{\alpha}_s=\mathbf{0}$$

可以推出

$$k_1=k_2=\cdots=k_s=0.$$

由定义可以得出，如果一向量组的一部分线性相关，那么这个向量组就线性相关. 换句话说，如果一向量组线性无关，那么它的任何一个非空的部分组也线性无关. 特别地，由于两个成比例的向量是线性相关的，所以，线性无关的向量组中一定不能包含两个成比例的向量.

定义 3′包含了由一个向量构成的向量组的情形. 显然，一个向量 $\boldsymbol{\alpha}$ 线性相关，当且仅当 $\boldsymbol{\alpha}=\mathbf{0}$. 换句话说，当 $\boldsymbol{\alpha}=\mathbf{0}$ 时，$\boldsymbol{\alpha}$ 线性相关；当 $\boldsymbol{\alpha}\neq\mathbf{0}$ 时，$\boldsymbol{\alpha}$ 线性无关.

【例 3】 n 维单位向量 $\boldsymbol{\varepsilon}_1,\boldsymbol{\varepsilon}_2,\cdots,\boldsymbol{\varepsilon}_n$ 线性无关. 因为如果

$$k_1\boldsymbol{\varepsilon}_1+k_2\boldsymbol{\varepsilon}_2+\cdots+k_n\boldsymbol{\varepsilon}_n=\mathbf{0},$$

也就是

$$k_1\begin{pmatrix}1\\0\\\vdots\\0\end{pmatrix}+k_2\begin{pmatrix}0\\1\\\vdots\\0\end{pmatrix}+\cdots+k_n\begin{pmatrix}0\\0\\\vdots\\1\end{pmatrix}=\begin{pmatrix}0\\0\\\vdots\\0\end{pmatrix},$$

则推出 $k_1=k_2=\cdots=k_n=0$，因而 $\boldsymbol{\varepsilon}_1,\boldsymbol{\varepsilon}_2,\cdots,\boldsymbol{\varepsilon}_n$ 线性无关.

【例 4】 设向量组 $\boldsymbol{\alpha}_1,\boldsymbol{\alpha}_2,\boldsymbol{\alpha}_3$ 线性无关，证明 $\boldsymbol{\beta}_1=\boldsymbol{\alpha}_1+\boldsymbol{\alpha}_2,\boldsymbol{\beta}_2=\boldsymbol{\alpha}_2+\boldsymbol{\alpha}_3,\boldsymbol{\beta}_3=\boldsymbol{\alpha}_3+\boldsymbol{\alpha}_1$ 也线性无关.

证　设有实数 x_1,x_2,x_3，使

$$x_1\boldsymbol{\beta}_1+x_2\boldsymbol{\beta}_2+x_3\boldsymbol{\beta}_3=\mathbf{0},$$

即

$$x_1(\boldsymbol{\alpha}_1+\boldsymbol{\alpha}_2)+x_2(\boldsymbol{\alpha}_2+\boldsymbol{\alpha}_3)+x_3(\boldsymbol{\alpha}_3+\boldsymbol{\alpha}_1)=\mathbf{0},$$

亦即

$$(x_1+x_3)\boldsymbol{\alpha}_1+(x_1+x_2)\boldsymbol{\alpha}_2+(x_2+x_3)\boldsymbol{\alpha}_3=\mathbf{0}.$$

因 $\boldsymbol{\alpha}_1,\boldsymbol{\alpha}_2,\boldsymbol{\alpha}_3$ 线性无关，所以，有

$$\begin{cases}x_1+x_3=0\\x_1+x_2=0\\x_2+x_3=0\end{cases}.$$

由克拉默法则，易知该方程组只有唯一的零解 $x_1=0,x_2=0,x_3=0$，所以向量组 $\boldsymbol{\beta}_1,\boldsymbol{\beta}_2,\boldsymbol{\beta}_3$ 线性无关. ▌

由线性相关的定义不难得出如下命题.

命题 1　如果一个向量组的部分组线性相关，那么整个向量组也线性相关. 或者换句话说，如果一个向量组线性无关，那么它的任何部分组也线性无关.

特别地，任一含有零向量的向量组线性相关.（请读者自证）

命题 2　如果向量组 $\boldsymbol{\alpha}_1,\boldsymbol{\alpha}_2,\cdots,\boldsymbol{\alpha}_s$ 线性无关，而 $\boldsymbol{\alpha}_1,\boldsymbol{\alpha}_2,\cdots,\boldsymbol{\alpha}_s,\boldsymbol{\beta}$ 线性相关，则 $\boldsymbol{\beta}$ 可由 $\boldsymbol{\alpha}_1,\boldsymbol{\alpha}_2,\cdots,\boldsymbol{\alpha}_s$ 线性表示，并且表示法唯一.

实际上，由于 $\boldsymbol{\alpha}_1,\boldsymbol{\alpha}_2,\cdots,\boldsymbol{\alpha}_s,\boldsymbol{\beta}$ 线性相关，所以存在不全为零的数 $k_1,k_2,\cdots,k_s,k_{s+1}$ 使

$$k_1\boldsymbol{\alpha}_1+k_2\boldsymbol{\alpha}_2+\cdots+k_s\boldsymbol{\alpha}_s+k_{s+1}\boldsymbol{\beta}=\mathbf{0}.$$

我们说 $k_{s+1}\neq0$. 因为若 $k_{s+1}=0$，则 $\boldsymbol{\alpha}_1,\boldsymbol{\alpha}_2,\cdots,\boldsymbol{\alpha}_s$ 线性相关，而这与假设矛盾. 由 $k_{s+1}\neq0$，可得

$$\boldsymbol{\beta}=-\frac{k_1}{k_{s+1}}\boldsymbol{\alpha}_1-\frac{k_2}{k_{s+1}}\boldsymbol{\alpha}_2-\cdots-\frac{k_s}{k_{s+1}}\boldsymbol{\alpha}_s,$$

因此 $\boldsymbol{\beta}$ 可由 $\boldsymbol{\alpha}_1,\boldsymbol{\alpha}_2,\cdots,\boldsymbol{\alpha}_s$ 线性表示.

下面证明表示法的唯一性.

设 $\boldsymbol{\beta}$ 有两种表示法如下：

$$\boldsymbol{\beta}=k_1\boldsymbol{\alpha}_1+k_2\boldsymbol{\alpha}_2+\cdots+k_s\boldsymbol{\alpha}_s,$$
$$\boldsymbol{\beta}=l_1\boldsymbol{\alpha}_1+l_2\boldsymbol{\alpha}_2+\cdots+l_s\boldsymbol{\alpha}_s.$$

两式相减得

$$(k_1-l_1)\boldsymbol{\alpha}_1+(k_2-l_2)\boldsymbol{\alpha}_2+\cdots+(k_s-l_s)\boldsymbol{\alpha}_s=\mathbf{0}.$$

但知 $\boldsymbol{\alpha}_1,\boldsymbol{\alpha}_2,\cdots,\boldsymbol{\alpha}_s$ 线性无关，所以 $k_1-l_1=k_2-l_2=\cdots=k_s-l_s=0$，因而 $k_1=l_1,k_2=l_2,\cdots,k_s=l_s$，唯一性得证.

一般地，要判别一个向量组

$$\boldsymbol{\alpha}_i=(a_{i1},a_{i2},\cdots,a_{in}),\quad i=1,2,\cdots,s \tag{4-6}$$

是否线性相关，根据定义 3′，就是看方程

$$x_1\boldsymbol{\alpha}_1+x_2\boldsymbol{\alpha}_2+\cdots+x_s\boldsymbol{\alpha}_s=\mathbf{0} \tag{4-7}$$

有无非零解．式(4-7) 按分量写出来就是

$$\begin{cases}a_{11}x_1+a_{21}x_2+\cdots+a_{s1}x_s=0\\a_{12}x_1+a_{22}x_2+\cdots+a_{s2}x_s=0\\\cdots\cdots\\a_{1n}x_1+a_{2n}x_2+\cdots+a_{sn}x_s=0\end{cases}, \tag{4-8}$$

因此，向量组 $\boldsymbol{\alpha}_1,\boldsymbol{\alpha}_2,\cdots,\boldsymbol{\alpha}_s$ 线性无关的充分必要条件是齐次线性方程组［式(4-8)］只有零解．

进一步可以发现，如果式(4-6) 向量组线性无关，那么在每一个向量上添加一个分量所得到的 $n+1$ 维的向量组

$$\boldsymbol{\beta}_i=(a_{i1},a_{i2},\cdots,a_{in},a_{i,n+1}),\quad i=1,2,\cdots,s \tag{4-9}$$

也线性无关．

事实上，与式(4-9) 向量组相对应的齐次线性方程组为

$$\begin{cases}a_{11}x_1+\quad a_{21}x_2+\cdots+\quad a_{s1}x_s=0\\a_{12}x_1+\quad a_{22}x_2+\cdots+\quad a_{s2}x_s=0\\\cdots\cdots\\a_{1n}x_1+\quad a_{2n}x_2+\cdots+\quad a_{sn}x_s=0\\a_{1,n+1}x_1+a_{2,n+1}x_2+\cdots+a_{s,n+1}x_s=0\end{cases}. \tag{4-10}$$

显然，式(4-7) 的解全是式(4-8) 的解，如果式(4-8) 只有零解，那么式(4-10) 也只有零解．

这个结果可以推广到添加几个分量的情形．

利用本章第一节的定理 1，即得向量组的一个基本性质．

定理 2　设 $\boldsymbol{\alpha}_1,\boldsymbol{\alpha}_2,\cdots,\boldsymbol{\alpha}_r$ 与 $\boldsymbol{\beta}_1,\boldsymbol{\beta}_2,\cdots,\boldsymbol{\beta}_s$ 是两个向量组．如果

(1) 向量组 $\boldsymbol{\alpha}_1,\boldsymbol{\alpha}_2,\cdots,\boldsymbol{\alpha}_r$ 可由 $\boldsymbol{\beta}_1,\boldsymbol{\beta}_2,\cdots,\boldsymbol{\beta}_s$ 线性表示；

(2) $r>s$，

那么向量组 $\boldsymbol{\alpha}_1,\boldsymbol{\alpha}_2,\cdots,\boldsymbol{\alpha}_r$ 必线性相关．

证　由 (1) 知

$$\boldsymbol{\alpha}_i=\sum_{j=1}^{s}t_{ji}\boldsymbol{\beta}_j,i=1,2,\cdots,r.$$

为了证明 $\boldsymbol{\alpha}_1,\boldsymbol{\alpha}_2,\cdots,\boldsymbol{\alpha}_r$ 线性相关，只需证明可以找到不全为零的数 $k_1,k_2,\cdots,k_r$ 使

$$k_1\boldsymbol{\alpha}_1+k_2\boldsymbol{\alpha}_2+\cdots+k_r\boldsymbol{\alpha}_r=\mathbf{0}.$$

为此，我们作线性组合

$$x_1\boldsymbol{\alpha}_1+x_2\boldsymbol{\alpha}_2+\cdots+x_r\boldsymbol{\alpha}_r=\sum_{i=1}^{r}x_i\sum_{j=1}^{s}t_{ji}\boldsymbol{\beta}_j=\sum_{i=1}^{r}\sum_{j=1}^{s}t_{ji}x_i\boldsymbol{\beta}_j=\sum_{j=1}^{s}\Big(\sum_{i=1}^{r}t_{ji}x_i\Big)\boldsymbol{\beta}_j.$$

如果我们能够找到不全为零的数 $x_1,x_2,\cdots,x_r$ 使 $\boldsymbol{\beta}_1,\boldsymbol{\beta}_2,\cdots,\boldsymbol{\beta}_s$ 的系数全为零，那么就证明了 $\boldsymbol{\alpha}_1,\boldsymbol{\alpha}_2,\cdots,\boldsymbol{\alpha}_r$ 线性相关．

由 (2)，即 $r>s$，得齐次方程组

$$\begin{cases}t_{11}x_1+t_{12}x_2+\cdots+t_{1r}x_r=0\\t_{21}x_1+t_{22}x_2+\cdots+t_{2r}x_r=0\\\qquad\cdots\cdots\\t_{s1}x_1+t_{s2}x_2+\cdots+t_{sr}x_r=0\end{cases}$$

中未知量的个数大于方程的个数，根据本章第一节定理 1，它有非零解. ▌

定理 2 的另一种说法见如下推论.

推论 1 如果向量组 $\boldsymbol{\alpha}_1,\boldsymbol{\alpha}_2,\cdots,\boldsymbol{\alpha}_r$ 可以由向量组 $\boldsymbol{\beta}_1,\boldsymbol{\beta}_2,\cdots,\boldsymbol{\beta}_s$ 线性表示，且 $\boldsymbol{\alpha}_1,\boldsymbol{\alpha}_2,\cdots,\boldsymbol{\alpha}_r$ 线性无关，那么 $r\leqslant s$.

直接应用定理 2 即得如下推论.

推论 2 任意 $n+1$ 个 n 维向量必线性相关.

实际上，若 $\boldsymbol{\alpha}_1,\boldsymbol{\alpha}_2,\cdots,\boldsymbol{\alpha}_{n+1}$ 是 $n+1$ 个 n 维向量，因为 $\boldsymbol{\alpha}_1,\boldsymbol{\alpha}_2,\cdots,\boldsymbol{\alpha}_{n+1}$ 可由 n 维单位向量 $\boldsymbol{\varepsilon}_1,\boldsymbol{\varepsilon}_2,\cdots,\boldsymbol{\varepsilon}_n$ 线性表示，所以如果 $\boldsymbol{\alpha}_1,\boldsymbol{\alpha}_2,\cdots,\boldsymbol{\alpha}_{n+1}$ 线性无关，则必有 $n+1\leqslant n$，矛盾. 因此 $\boldsymbol{\alpha}_1,\boldsymbol{\alpha}_2,\cdots,\boldsymbol{\alpha}_{n+1}$ 必定线性相关.

推论 3 两个线性无关的等价的向量组，必含有相同个数的向量.

定理 2 的几何意义是清楚的：在三维向量的情形，如果 $s=2$，那么可以由向量组 $\boldsymbol{\beta}_1,\boldsymbol{\beta}_2$ 线性表示的向量当然都在 $\boldsymbol{\beta}_1,\boldsymbol{\beta}_2$ 所在的平面上，因而这些向量是共面的，也就是说，当 $r>2$ 时，这些向量线性相关. 两个向量组 $\boldsymbol{\alpha}_1,\boldsymbol{\alpha}_2$ 与 $\boldsymbol{\beta}_1,\boldsymbol{\beta}_2$ 等价，就意味着它们在同一平面上.

定义 5 设 $\boldsymbol{\alpha}_{i_1},\boldsymbol{\alpha}_{i_2},\cdots,\boldsymbol{\alpha}_{i_r}$ 是向量组 $\boldsymbol{\alpha}_1,\boldsymbol{\alpha}_2,\cdots,\boldsymbol{\alpha}_s$ 的一个部分组，如果

（1）$\boldsymbol{\alpha}_{i_1},\boldsymbol{\alpha}_{i_2},\cdots,\boldsymbol{\alpha}_{i_r}$ 线性无关；

（2）$\boldsymbol{\alpha}_1,\boldsymbol{\alpha}_2,\cdots,\boldsymbol{\alpha}_s$ 中的每个向量都可由 $\boldsymbol{\alpha}_{i_1},\boldsymbol{\alpha}_{i_2},\cdots,\boldsymbol{\alpha}_{i_r}$ 线性表示，

则称 $\boldsymbol{\alpha}_{i_1},\boldsymbol{\alpha}_{i_2},\cdots,\boldsymbol{\alpha}_{i_r}$ 是 $\boldsymbol{\alpha}_1,\boldsymbol{\alpha}_2,\cdots,\boldsymbol{\alpha}_s$ 的一个极大线性无关组.

条件（1）（2）意味着：如果向量组 $\boldsymbol{\alpha}_1,\boldsymbol{\alpha}_2,\cdots,\boldsymbol{\alpha}_s$ 的一个部分组 $\boldsymbol{\alpha}_{i_1},\boldsymbol{\alpha}_{i_2},\cdots,\boldsymbol{\alpha}_{i_r}$ 线性无关，并且再添加原向量组中的任一向量（如果存在的话）所得的新部分组都线性相关，则 $\boldsymbol{\alpha}_{i_1},\boldsymbol{\alpha}_{i_2},\cdots,\boldsymbol{\alpha}_{i_r}$ 就是原向量组的一个极大线性无关组.

【例 5】 设有向量组

$$\boldsymbol{\alpha}_1=(2,-1,3,1),\boldsymbol{\alpha}_2=(4,-2,5,4),\boldsymbol{\alpha}_3=(2,-1,4,-1).$$

现在我们来求出这个向量组的一个极大线性无关组.

具体的求法就是逐次扩充线性无关部分组. 在向量组中任取一个线性无关向量，比如 $\boldsymbol{\alpha}_1$（$\boldsymbol{\alpha}_1\neq 0$，所以 $\boldsymbol{\alpha}_1$ 线性无关）. 然后再看 $\boldsymbol{\alpha}_1,\boldsymbol{\alpha}_2$ 与 $\boldsymbol{\alpha}_1,\boldsymbol{\alpha}_3$，在 $\boldsymbol{\alpha}_1,\boldsymbol{\alpha}_2$ 与 $\boldsymbol{\alpha}_1,\boldsymbol{\alpha}_3$ 中取定一个线性无关的. 如果它们都线性相关，则 $\boldsymbol{\alpha}_1$ 就是极大线性无关组. 而显然 $\boldsymbol{\alpha}_1,\boldsymbol{\alpha}_2$ 与 $\boldsymbol{\alpha}_1,\boldsymbol{\alpha}_3$ 都线性无关（对应分量不成比例）. 比如我们可以取 $\boldsymbol{\alpha}_1,\boldsymbol{\alpha}_2$，然后再考虑 $\boldsymbol{\alpha}_1,\boldsymbol{\alpha}_2,\boldsymbol{\alpha}_3$. 根据例 1 结果 $\boldsymbol{\alpha}_3=3\boldsymbol{\alpha}_1-\boldsymbol{\alpha}_2$ 知 $\boldsymbol{\alpha}_1,\boldsymbol{\alpha}_2,\boldsymbol{\alpha}_3$ 线性相关，因此 $\boldsymbol{\alpha}_1,\boldsymbol{\alpha}_2$ 即是给定向量组的一个极大线性无关组. 不难看出，$\boldsymbol{\alpha}_1,\boldsymbol{\alpha}_3$ 也是一个极大线性无关组.

这种求极大线性无关组的方法当然是很麻烦的. 在本章第四节中我们将借助于矩阵秩的概念给出一种比较简单的方法——初等变换方法.

应该看到，一个线性无关向量组的极大线性无关组就是这个向量组本身.

极大线性无关组的一个基本性质是，任意一个极大线性无关组都与向量组本身等价.

事实上，设向量组为 $\boldsymbol{\alpha}_1,\boldsymbol{\alpha}_2,\cdots,\boldsymbol{\alpha}_s,\cdots,\boldsymbol{\alpha}_r$，而 $\boldsymbol{\alpha}_1,\boldsymbol{\alpha}_2,\cdots,\boldsymbol{\alpha}_s$ 是它的一个极大线性无关

组. 因为 $\boldsymbol{\alpha}_1,\boldsymbol{\alpha}_2,\cdots,\boldsymbol{\alpha}_s$ 是 $\boldsymbol{\alpha}_1,\boldsymbol{\alpha}_2,\cdots,\boldsymbol{\alpha}_s,\cdots,\boldsymbol{\alpha}_r$ 的一部分，当然可以被这个向量组线性表示，即

$$\boldsymbol{\alpha}_i=0\boldsymbol{\alpha}_1+\cdots+1\boldsymbol{\alpha}_i+\cdots+0\boldsymbol{\alpha}_r,i=1,2,\cdots,s.$$

因此，问题在于 $\boldsymbol{\alpha}_1,\boldsymbol{\alpha}_2,\cdots,\boldsymbol{\alpha}_s,\cdots,\boldsymbol{\alpha}_r$ 是否可以被 $\boldsymbol{\alpha}_1,\boldsymbol{\alpha}_2,\cdots,\boldsymbol{\alpha}_s$ 线性表示. 显然前 s 个向量可以被 $\boldsymbol{\alpha}_1,\boldsymbol{\alpha}_2,\cdots,\boldsymbol{\alpha}_s$ 线性表示. 现在来看向量 $\boldsymbol{\alpha}_{s+1},\cdots,\boldsymbol{\alpha}_r$，设 $\boldsymbol{\alpha}_j$ 是其中的向量，由 $\boldsymbol{\alpha}_1,\boldsymbol{\alpha}_2,\cdots,\boldsymbol{\alpha}_s$ 是极大线性无关组知 $\boldsymbol{\alpha}_1,\boldsymbol{\alpha}_2,\cdots,\boldsymbol{\alpha}_s,\boldsymbol{\alpha}_j$ 线性相关，也就是说，有不全为零的数 $k_1,k_2,\cdots,k_s,l$，使

$$k_1\boldsymbol{\alpha}_1+k_2\boldsymbol{\alpha}_2+\cdots+k_s\boldsymbol{\alpha}_s+l\boldsymbol{\alpha}_j=\mathbf{0}.$$

因为 $\boldsymbol{\alpha}_1,\boldsymbol{\alpha}_2,\cdots,\boldsymbol{\alpha}_s$ 是线性无关的，所以 $l\neq 0$. 否则，若 $l=0$，那么 $k_1,k_2,\cdots,k_s$ 就不全为零，得到 $\boldsymbol{\alpha}_1,\boldsymbol{\alpha}_2,\cdots,\boldsymbol{\alpha}_s$ 线性相关，这与假设矛盾. 由 $l\neq 0$，上式可以改写为

$$\boldsymbol{\alpha}_j=-\frac{k_1}{l}\boldsymbol{\alpha}_1-\frac{k_2}{l}\boldsymbol{\alpha}_2-\cdots-\frac{k_s}{l}\boldsymbol{\alpha}_s,s<j\leqslant r.$$

这就是说，$\boldsymbol{\alpha}_j(s<j\leqslant r)$可以被 $\boldsymbol{\alpha}_1,\boldsymbol{\alpha}_2,\cdots,\boldsymbol{\alpha}_s$ 线性表示. 于是证明了向量组与它的极大线性无关组的等价性.

由例 5 可以看到，向量组的极大线性无关组不是唯一的，但是每一个极大线性无关组都与向量组本身等价，因而，一向量组的任意两个极大线性无关组都是等价的. 虽然极大线性无关组不唯一，但是由推论 3 可得到如下定理.

定理 3 一个向量组的极大线性无关组都含有相同个数的向量.

定理 3 表明，极大线性无关组所含向量的个数与极大线性无关组的选择无关，它直接反映了向量组本身的性质. 因此有如下定义.

定义 6 向量组的极大线性无关组所含向量的个数称为这个向量组的秩.

例如，向量组 $\boldsymbol{\alpha}_1=(2,-1,3,1),\boldsymbol{\alpha}_2=(4,-2,5,4),\boldsymbol{\alpha}_3=(2,-1,4,-1)$的秩是 2.

因为线性无关的向量组就是它自身的极大线性无关组，所以一向量组线性无关的充要条件是它的秩与它所含向量的个数相同.

我们知道，每一向量组都与它的极大线性无关组等价. 由等价的传递性可知，任意两个等价向量组的极大线性无关组也等价，所以，等价的向量组必有相同的秩.

还要指出，含有非零向量的向量组一定有极大线性无关组，且任一个线性无关的部分向量组都能扩充成一个极大线性无关组. 全部由零向量组成的向量组没有极大线性无关组，我们规定这样的向量组的秩为零.

习题 4-3

1. 把向量 $\boldsymbol{\beta}$ 表示成 $\boldsymbol{\alpha}_1,\boldsymbol{\alpha}_2,\boldsymbol{\alpha}_3,\boldsymbol{\alpha}_4$ 的线性组合：

(1) $\boldsymbol{\beta}=(1,2,1,1),\boldsymbol{\alpha}_1=(1,1,1,1),\boldsymbol{\alpha}_2=(1,1,-1,-1),\boldsymbol{\alpha}_3=(1,-1,1,-1),\boldsymbol{\alpha}_4=(1,-1,-1,1)$;

(2) $\boldsymbol{\beta}=(0,0,0,1),\boldsymbol{\alpha}_1=(1,1,0,1),\boldsymbol{\alpha}_2=(2,1,3,1),\boldsymbol{\alpha}_3=(1,1,0,0),\boldsymbol{\alpha}_4=(0,1,-1,-1)$.

2. 设 $\boldsymbol{\alpha}_1,\boldsymbol{\alpha}_2,\cdots,\boldsymbol{\alpha}_{r-1}$ 线性无关，$\boldsymbol{\alpha}_r$ 不能由它线性表示. 证明：$\boldsymbol{\alpha}_1,\boldsymbol{\alpha}_2,\cdots,\boldsymbol{\alpha}_{r-1},\boldsymbol{\alpha}_r$ 线性无关.

3. 设 $a_1,a_2,\cdots,a_n$ 是互不相等的数，并且 $\boldsymbol{\alpha}_i=(1,a_i,a_i^2,\cdots,a_i^{n-1}),i=1,2,\cdots,n$. 试证任一 n 维向量均可由 $\boldsymbol{\alpha}_1,\boldsymbol{\alpha}_2,\cdots,\boldsymbol{\alpha}_n$ 线性表示，且表示法唯一.

4. 设向量组 $\boldsymbol{\alpha}_1,\boldsymbol{\alpha}_2,\cdots,\boldsymbol{\alpha}_s$ 的秩为 r. 证明：

(1) $\boldsymbol{\alpha}_1,\boldsymbol{\alpha}_2,\cdots,\boldsymbol{\alpha}_s$ 中任意 r 个线性无关的向量组都构成它的一个极大线性无关组.

(2) 若 $\boldsymbol{\alpha}_1,\boldsymbol{\alpha}_2,\cdots,\boldsymbol{\alpha}_s$ 可由其部分组 $\boldsymbol{\alpha}_{i_1},\boldsymbol{\alpha}_{i_2},\cdots,\boldsymbol{\alpha}_{i_r}$ 线性表示，则这个部分组 $\boldsymbol{\alpha}_{i_1},\boldsymbol{\alpha}_{i_2},\cdots,\boldsymbol{\alpha}_{i_r}$ 是 $\boldsymbol{\alpha}_1,\boldsymbol{\alpha}_2,\cdots,\boldsymbol{\alpha}_s$ 的一个极大线性无关组.

5. 设向量组 $\boldsymbol{\alpha}_1,\boldsymbol{\alpha}_2,\cdots,\boldsymbol{\alpha}_s$ 线性无关，且可由向量组 $\boldsymbol{\beta}_1,\boldsymbol{\beta}_2,\cdots,\boldsymbol{\beta}_s$ 线性表示. 证明：$\boldsymbol{\beta}_1,\boldsymbol{\beta}_2,\cdots,\boldsymbol{\beta}_s$ 线性无关且与 $\boldsymbol{\alpha}_1,\boldsymbol{\alpha}_2,\cdots,\boldsymbol{\alpha}_s$ 等价.

6. 证明：一个向量组的任何一个线性无关组都可以扩充成一个极大线性无关组.

7. 设 $\boldsymbol{\alpha}_1=(1,-1,2,4),\boldsymbol{\alpha}_2=(0,3,1,2),\boldsymbol{\alpha}_3=(3,0,7,14),\boldsymbol{\alpha}_4=(1,-1,2,0),\boldsymbol{\alpha}_5=(2,1,5,6)$.

(1) 证明：$\boldsymbol{\alpha}_1,\boldsymbol{\alpha}_2$ 线性无关；

(2) 把 $\boldsymbol{\alpha}_1,\boldsymbol{\alpha}_2$ 扩充成一个极大线性无关组.

8. 证明：如果向量组（Ⅰ）可以由向量组（Ⅱ）线性表示，那么（Ⅰ）的秩不超过（Ⅱ）的秩.

9. 设 $\boldsymbol{\alpha}_1,\boldsymbol{\alpha}_2,\cdots,\boldsymbol{\alpha}_n$ 是一组 n 维向量，已知单位向量 $\boldsymbol{\varepsilon}_1,\boldsymbol{\varepsilon}_2,\cdots,\boldsymbol{\varepsilon}_n$ 可以由它们线性表示. 证明：$\boldsymbol{\alpha}_1,\boldsymbol{\alpha}_2,\cdots,\boldsymbol{\alpha}_n$ 线性无关.

10. 设 $\boldsymbol{\alpha}_1,\boldsymbol{\alpha}_2,\cdots,\boldsymbol{\alpha}_n$ 是一组 n 维向量. 证明：$\boldsymbol{\alpha}_1,\boldsymbol{\alpha}_2,\cdots,\boldsymbol{\alpha}_n$ 线性无关的充分必要条件是任一 n 维向量都可以由它们线性表示.

11. 证明：秩为 r 的向量组中任意 $r+1$ 个向量一定线性相关.

12. 设 $\boldsymbol{\alpha}_1,\boldsymbol{\alpha}_2,\cdots,\boldsymbol{\alpha}_s,\boldsymbol{\beta}$ 为 $s+1$ 个 n 维向量，并且 $\boldsymbol{\beta}=\boldsymbol{\alpha}_1+\boldsymbol{\alpha}_2+\cdots+\boldsymbol{\alpha}_s(s>1)$，则 $\boldsymbol{\beta}-\boldsymbol{\alpha}_1,\boldsymbol{\beta}-\boldsymbol{\alpha}_2,\cdots,\boldsymbol{\beta}-\boldsymbol{\alpha}_s$ 线性无关的充分必要条件是 $\boldsymbol{\alpha}_1,\boldsymbol{\alpha}_2,\cdots,\boldsymbol{\alpha}_s$ 线性无关.

13. 已知 $\boldsymbol{\alpha}_1,\boldsymbol{\alpha}_2,\cdots,\boldsymbol{\alpha}_r$ 与 $\boldsymbol{\alpha}_1,\boldsymbol{\alpha}_2,\cdots,\boldsymbol{\alpha}_r,\boldsymbol{\alpha}_{r+1},\cdots,\boldsymbol{\alpha}_s$ 有相同的秩. 证明：$\boldsymbol{\alpha}_1,\boldsymbol{\alpha}_2,\cdots,\boldsymbol{\alpha}_r$ 与 $\boldsymbol{\alpha}_1,\boldsymbol{\alpha}_2,\cdots,\boldsymbol{\alpha}_r,\boldsymbol{\alpha}_{r+1},\cdots,\boldsymbol{\alpha}_s$ 等价.

14. 设 $\boldsymbol{\beta}_1=\boldsymbol{\alpha}_2+\boldsymbol{\alpha}_3+\cdots+\boldsymbol{\alpha}_r,\boldsymbol{\beta}_2=\boldsymbol{\alpha}_1+\boldsymbol{\alpha}_3+\cdots+\boldsymbol{\alpha}_r,\cdots,\boldsymbol{\beta}_r=\boldsymbol{\alpha}_1+\boldsymbol{\alpha}_2+\cdots+\boldsymbol{\alpha}_{r-1}$. 证明：$\boldsymbol{\beta}_1,\boldsymbol{\beta}_2,\cdots,\boldsymbol{\beta}_r$ 与 $\boldsymbol{\alpha}_1,\boldsymbol{\alpha}_2,\cdots,\boldsymbol{\alpha}_r$ 有相同的秩.

第四节 矩阵的秩

在本章第三节中，我们定义了向量组的秩. 如果我们把矩阵的每一行看成一个向量，那么矩阵就可以认为是由这些行向量组成的；同样，如果把每一列看成一个向量，那么矩阵也可以认为是由这些列向量组成的.

定义 1 矩阵的行向量组的秩称为矩阵的行秩；矩阵的列向量组的秩称为矩阵的列秩.

【例 1】 矩阵

$$\boldsymbol{A}=\begin{pmatrix}1&1&3&1\\0&2&-1&4\\0&0&0&5\\0&0&0&0\end{pmatrix}$$

的行向量组是

$$\boldsymbol{\alpha}_1=(1,1,3,1),\boldsymbol{\alpha}_2=(0,2,-1,4),\boldsymbol{\alpha}_3=(0,0,0,5),\boldsymbol{\alpha}_4=(0,0,0,0).$$

不难验证，$\boldsymbol{\alpha}_1,\boldsymbol{\alpha}_2,\boldsymbol{\alpha}_3$ 是此向量组的一个极大线性无关组. 事实上，由

$$k_1\boldsymbol{\alpha}_1+k_2\boldsymbol{\alpha}_2+k_3\boldsymbol{\alpha}_3=\boldsymbol{0},$$

即

$$\begin{aligned}&k_1(1,1,3,1)+k_2(0,2,-1,4)+k_3(0,0,0,5)\\=&(k_1,k_1+2k_2,3k_1-k_2,k_1+4k_2+5k_3)=(0,0,0,0),\end{aligned}$$

可得 $k_1=k_2=k_3=0$，这就证明了 $\boldsymbol{\alpha}_1,\boldsymbol{\alpha}_2,\boldsymbol{\alpha}_3$ 线性无关. 而 $\boldsymbol{\alpha}_4$ 是零向量，所以 $\boldsymbol{\alpha}_1,\boldsymbol{\alpha}_2,\boldsymbol{\alpha}_3,\boldsymbol{\alpha}_4$ 线性相关，因此，行向量组 $\boldsymbol{\alpha}_1,\boldsymbol{\alpha}_2,\boldsymbol{\alpha}_3,\boldsymbol{\alpha}_4$ 的秩是 3，也就是说 $\boldsymbol{A}$ 的行秩是 3. $\boldsymbol{A}$ 的列向量组是

$$\boldsymbol{\beta}_1=\begin{pmatrix}1\\0\\0\\0\end{pmatrix},\boldsymbol{\beta}_2=\begin{pmatrix}1\\2\\0\\0\end{pmatrix},\boldsymbol{\beta}_3=\begin{pmatrix}3\\-1\\0\\0\end{pmatrix},\boldsymbol{\beta}_4=\begin{pmatrix}1\\4\\5\\0\end{pmatrix}.$$

用同样的方法可证，$\boldsymbol{\beta}_1,\boldsymbol{\beta}_2,\boldsymbol{\beta}_4$ 线性无关，而 $\boldsymbol{\beta}_3=\frac{7}{2}\boldsymbol{\beta}_1-\frac{1}{2}\boldsymbol{\beta}_2$，所以 $\boldsymbol{\beta}_1,\boldsymbol{\beta}_2,\boldsymbol{\beta}_3,\boldsymbol{\beta}_4$ 线性相关. 因此，列向量组 $\boldsymbol{\beta}_1,\boldsymbol{\beta}_2,\boldsymbol{\beta}_3,\boldsymbol{\beta}_4$ 的秩是 3，也就是说 $\boldsymbol{A}$ 的列秩也是 3.

矩阵的行秩等于列秩，这点不是偶然的. 为了证明矩阵的行秩与列秩相等，我们先利用行秩的概念把本章第一节中的定理 1 改进如下.

引理 如果齐次线性方程组

$$\begin{cases}a_{11}x_1+a_{12}x_2+\cdots+a_{1n}x_n=0\\a_{21}x_1+a_{22}x_2+\cdots+a_{2n}x_n=0\\\cdots\cdots\\a_{s1}x_1+a_{s2}x_2+\cdots+a_{sn}x_n=0\end{cases}\tag{4-11}$$

的系数矩阵

$$\boldsymbol{A}=\begin{pmatrix}a_{11}&a_{12}&\cdots&a_{1n}\\a_{21}&a_{22}&\cdots&a_{2n}\\\vdots&\vdots&&\vdots\\a_{s1}&a_{s2}&\cdots&a_{sn}\end{pmatrix}$$

的行秩 $r<n$，那么它有非零解. 换句话说，如果式(4-11) 只有零解，那么必有 $\boldsymbol{A}$ 的行秩 $r\geqslant n$.

证 以 $\boldsymbol{\alpha}_1,\boldsymbol{\alpha}_2,\cdots,\boldsymbol{\alpha}_s$ 代表 $\boldsymbol{A}$ 的行向量组，因为它的秩等于 r，所以其极大线性无关组由 r 个向量组成. 不妨设 $\boldsymbol{\alpha}_1,\boldsymbol{\alpha}_2,\cdots,\boldsymbol{\alpha}_r$ 是该向量组的一个极大线性无关组. 我们知道，向量组 $\boldsymbol{\alpha}_1,\boldsymbol{\alpha}_2,\cdots,\boldsymbol{\alpha}_s$ 与 $\boldsymbol{\alpha}_1,\boldsymbol{\alpha}_2,\cdots,\boldsymbol{\alpha}_r$ 等价，也就是说，式(4-11) 与方程组

$$\begin{cases}a_{11}x_1+a_{12}x_2+\cdots+a_{1n}x_n=0\\a_{21}x_1+a_{22}x_2+\cdots+a_{2n}x_n=0\\\cdots\cdots\\a_{r1}x_1+a_{r2}x_2+\cdots+a_{rn}x_n=0\end{cases}\tag{4-12}$$

同解. 对于式(4-12) 应用本章第一节定理 1 即得所要的结论. ■

由此可以证明如下定理.

定理 4 矩阵的行秩等于列秩.

证 设矩阵

$$\boldsymbol{A}=\begin{pmatrix}a_{11}&a_{12}&\cdots&a_{1n}\\a_{21}&a_{22}&\cdots&a_{2n}\\\vdots&\vdots&&\vdots\\a_{s1}&a_{s2}&\cdots&a_{sn}\end{pmatrix},$$

令 $\boldsymbol{A}$ 的行秩等于 r_1，列秩等于 r，要证 $r=r_1$. 为此，我们先证 $r_1\geqslant r$. 以 $\boldsymbol{\beta}_1,\boldsymbol{\beta}_2,\cdots,\boldsymbol{\beta}_n$ 代表 $\boldsymbol{A}$ 的列向量组，不妨设 $\boldsymbol{\beta}_1,\boldsymbol{\beta}_2,\cdots,\boldsymbol{\beta}_r$ 是它的一个极大线性无关组. 因为 $\boldsymbol{\beta}_1,\boldsymbol{\beta}_2,\cdots,\boldsymbol{\beta}_r$ 线性无关，所以齐次线性方程组

$$\boldsymbol{\beta}_1x_1+\boldsymbol{\beta}_2x_2+\cdots+\boldsymbol{\beta}_rx_r=\boldsymbol{0}$$

只有零解．这也就是说，齐次线性方程组

$$\begin{cases} a_{11}x_1+a_{12}x_2+\cdots+a_{1r}x_r=0 \\ a_{21}x_1+a_{22}x_2+\cdots+a_{2r}x_r=0 \\ \cdots\cdots \\ a_{s1}x_1+a_{s2}x_2+\cdots+a_{sn}x_r=0 \end{cases}$$

只有零解．由引理知这个方程组系数矩阵的行秩$\geqslant r$，因而在它的行向量组中可以找到 r 个线性无关的向量．比如向量组

$$(\boldsymbol{\alpha}_{11},\boldsymbol{\alpha}_{12},\cdots,\boldsymbol{\alpha}_{1r}),(\boldsymbol{\alpha}_{21},\boldsymbol{\alpha}_{22},\cdots,\boldsymbol{\alpha}_{2r}),\cdots,(\boldsymbol{\alpha}_{r1},\boldsymbol{\alpha}_{r2},\cdots,\boldsymbol{\alpha}_{rr})$$

线性无关，则它的延长组

$$(\boldsymbol{\alpha}_{11},\cdots,\boldsymbol{\alpha}_{1r},\boldsymbol{\alpha}_{1r+1}\cdots,\boldsymbol{\alpha}_{1n}),(\boldsymbol{\alpha}_{21},\cdots,\boldsymbol{\alpha}_{2r},\boldsymbol{\alpha}_{2r+1}\cdots,\boldsymbol{\alpha}_{2n}),\cdots,(\boldsymbol{\alpha}_{r1},\cdots,\boldsymbol{\alpha}_{rr},\boldsymbol{\alpha}_{rr+1}\cdots,\boldsymbol{\alpha}_{rn})$$

也线性无关．而它们正好是矩阵 $\boldsymbol{A}$ 的 r 个行向量，由它们的线性无关性即知 $\boldsymbol{A}$ 的行秩至少是 r，也就是说 $r_1\geqslant r$.

同理可证 $r\geqslant r_1$．这样，我们就证明了 $\boldsymbol{A}$ 的行秩与列秩相等．█

今后矩阵 $\boldsymbol{A}$ 的行秩和列秩统称为矩阵 $\boldsymbol{A}$ 的秩．记作秩($\boldsymbol{A}$)或 $R(\boldsymbol{A})$.

对于任意给定的矩阵 $\boldsymbol{A}$，如何求出它的秩？

这在原则上已不成问题，为求出 $\boldsymbol{A}$ 的秩，只需求出 $\boldsymbol{A}$ 的行（或列）向量组的一个线性无关组，再用逐次扩充无关部分组的办法来完成．然而，用这种方法求矩阵的秩，毕竟还是很麻烦的．下面我们来介绍利用矩阵的初等变换法来求矩阵的秩的方法．

关于矩阵的秩与初等变换，我们有如下命题．

命题 1 初等变换不改变矩阵的秩．

证 由于初等行（列）变换总是把矩阵的行（列）向量组变成与之等价的行（列）向量组，而等价的向量组又有相同的秩，因此命题成立．█

下面我们介绍用初等变换求矩阵的秩和它的列向量组的极大线性无关组的一个方法．

对矩阵 $\boldsymbol{A}$ 用初等变换化成阶梯形矩阵

$$\boldsymbol{B}=\begin{pmatrix} 0 & \cdots & 0 & b_{1i_1} & b_{1i_2} & \cdots & b_{1i_r} & \cdots & b_{1n} \\ 0 & \cdots & 0 & 0 & b_{2i_2} & \cdots & b_{2i_r} & \cdots & b_{2n} \\ \vdots & & \vdots & \vdots & \vdots & & \vdots & & \vdots \\ 0 & \cdots & 0 & 0 & 0 & \cdots & b_{ri_r} & \cdots & b_{rn} \\ 0 & \cdots & 0 & 0 & 0 & \cdots & 0 & \cdots & 0 \\ \vdots & & \vdots & 0 & 0 & \cdots & \vdots & & \vdots \\ 0 & \cdots & 0 & 0 & 0 & \cdots & 0 & \cdots & 0 \end{pmatrix}, \tag{4-13}$$

其中 $b_{1i_1},b_{2i_2},\cdots,b_{ri_r}\neq 0$，每个 $b_{li_l}(l=1,2,\cdots,r)$的左面及下面皆为零．

命题 2 矩阵 $\boldsymbol{A}$ 的秩等于 $\boldsymbol{A}$ 在初等行变换下的阶梯形矩阵中非零行的数目．

命题 3 设矩阵 $\boldsymbol{A}$ 在初等行变换下的阶梯形是式(4-13) 中的矩阵 $\boldsymbol{B}$，则 $\boldsymbol{A}$ 的第 i_1，$i_2,\cdots,i_r$ 列组成它的列向量组的一个极大线性无关组．

证 令 $\boldsymbol{A}_1,\boldsymbol{B}_1$ 分别是由 $\boldsymbol{A}$ 及 $\boldsymbol{B}$ 的第 $i_1,i_2,\cdots,i_r$ 列组成的矩阵．显然，$\boldsymbol{B}_1$ 是由 $\boldsymbol{A}_1$ 经初等行变换得来的，它们有相同的列秩．即 $\boldsymbol{A}_1$ 的列秩$=\boldsymbol{B}_1$ 的列秩$=r$．于是 $\boldsymbol{A}_1$ 的列向量组即 $\boldsymbol{A}$ 的第 $i_1,i_2,\cdots,i_r$ 列是 $\boldsymbol{A}$ 的 r 个线性无关的列向量．又秩($\boldsymbol{A}$)$=r$，则这个列组必为 $\boldsymbol{A}$

的一个极大线性无关组. ∎

【例 2】 求向量组

$\boldsymbol{\alpha}_1=(1,0,2,1),\boldsymbol{\alpha}_2=(1,2,0,1),\boldsymbol{\alpha}_3=(2,1,3,0),\boldsymbol{\alpha}_4=(2,5,-1,4),\boldsymbol{\alpha}_5=(1,-1,3,-1)$

的秩与一个极大线性无关组，并把其余向量用极大线性无关组线性表示.

解 将 $\boldsymbol{\alpha}_1,\boldsymbol{\alpha}_2,\boldsymbol{\alpha}_3,\boldsymbol{\alpha}_4,\boldsymbol{\alpha}_5$ 按列向量排成一个矩阵 $\boldsymbol{A}$，用初等行变换将 $\boldsymbol{A}$ 化成阶梯形，即

$$\boldsymbol{A}=\begin{pmatrix}1&1&2&2&1\\0&2&1&5&-1\\2&0&3&-1&3\\1&1&0&4&-1\end{pmatrix}\to\begin{pmatrix}1&1&2&2&1\\0&2&1&5&-1\\0&-2&-1&-5&1\\0&0&-2&2&-2\end{pmatrix}$$

$$\to\begin{pmatrix}1&-3&0&-8&3\\0&2&1&5&-1\\0&0&0&0&0\\0&4&0&12&-4\end{pmatrix}\to\begin{pmatrix}1&-3&0&-8&3\\0&2&1&5&-1\\0&1&0&3&-1\\0&0&0&0&0\end{pmatrix}$$

$$\to\begin{pmatrix}1&0&0&1&0\\0&0&1&-1&1\\0&1&0&3&-1\\0&0&0&0&0\end{pmatrix}\to\begin{pmatrix}1&0&0&1&0\\0&1&0&3&-1\\0&0&1&-1&1\\0&0&0&0&0\end{pmatrix}=\boldsymbol{B}.$$

由命题 1、2、3 知，$\boldsymbol{B}$ 与 $\boldsymbol{A}$ 不仅有相同的秩，而且有完全相同的线性关系.

显然，$R(\boldsymbol{B})=3$，且前三列是其列向量组的一个极大线性无关组. 又由 $\boldsymbol{B}$ 可直接看出，它的列向量有关系

$$\boldsymbol{\beta}_4=\boldsymbol{\beta}_1+3\boldsymbol{\beta}_2-\boldsymbol{\beta}_3,\boldsymbol{\beta}_5=-\boldsymbol{\beta}_2+\boldsymbol{\beta}_3.$$

因而向量组 $\boldsymbol{\alpha}_1,\boldsymbol{\alpha}_2,\boldsymbol{\alpha}_3,\boldsymbol{\alpha}_4,\boldsymbol{\alpha}_5$ 的秩为 3，$\boldsymbol{\alpha}_1,\boldsymbol{\alpha}_2,\boldsymbol{\alpha}_3$ 是它的一个极大线性无关组，且

$$\boldsymbol{\alpha}_4=\boldsymbol{\alpha}_1+3\boldsymbol{\alpha}_2-\boldsymbol{\alpha}_3,\boldsymbol{\alpha}_5=-\boldsymbol{\alpha}_2+\boldsymbol{\alpha}_3.$$

命题 4 两个 $s\times n$ 矩阵等价，当且仅当它们有相同的秩.

证 必要性由命题 1 显然成立. 现证充分性：设 $R(\boldsymbol{A})=R(\boldsymbol{B})=r$. 则 $\boldsymbol{A},\boldsymbol{B}$ 可经初等变换化成相同的形如式(4-13) 的矩阵，因而 $\boldsymbol{A},\boldsymbol{B}$ 可经初等变换互化，于是 $\boldsymbol{A}\sim\boldsymbol{B}$. ∎

矩阵秩的概念在矩阵的理论中具有很重要的意义. 利用矩阵的秩可以得出许多深刻而且漂亮的结论.

命题 5 设 $\boldsymbol{A},\boldsymbol{B}$ 是两个 n 阶方阵，并且 $\boldsymbol{A}\sim\boldsymbol{B}$. 则 $\boldsymbol{A}$ 可逆当且仅当 $\boldsymbol{B}$ 可逆. 换句话说，初等变换不改变矩阵的可逆性.

证 今对三种初等变换分别讨论如下：若 $\boldsymbol{A}$ 经初等变换 (1) 化成了 $\boldsymbol{B}$，则 $|\boldsymbol{B}|=k|\boldsymbol{A}|(k\neq0)$；若 $\boldsymbol{A}$ 经初等变换 (2) 化成了 $\boldsymbol{B}$，则 $|\boldsymbol{B}|=|\boldsymbol{A}|$；若 $\boldsymbol{A}$ 经初等变换 (3) 化成了 $\boldsymbol{B}$，则 $|\boldsymbol{B}|=-|\boldsymbol{A}|$. 无论在哪种情况下，由 $|\boldsymbol{A}|\neq0$，都可推出 $|\boldsymbol{B}|\neq0$. 亦即当 $\boldsymbol{A}$ 可逆时，$\boldsymbol{B}$ 也可逆. 这就证明了必要性. 由矩阵等价的对称性，充分性也成立. ∎

定理 5 n 阶矩阵 $\boldsymbol{A}$ 可逆当且仅当 $\boldsymbol{A}\sim\boldsymbol{E}$. 换句话说，$\boldsymbol{A}$ 可逆当且仅当 $R(\boldsymbol{A})=n$.

证 若 $\boldsymbol{A}$ 可逆，则 $|\boldsymbol{A}|\neq0$. 由命题 5，初等变换不改变可逆性，所以 $\boldsymbol{A}$ 的等价标准形必为 $\boldsymbol{E}$，从而 $\boldsymbol{A}\sim\boldsymbol{E}$.

反之，若 $\boldsymbol{A}\sim\boldsymbol{E}$，而 $\boldsymbol{E}$ 可逆，再由命题 5，$\boldsymbol{A}$ 亦可逆. ∎

当方程组的系数矩阵是方阵时，我们可以得到如下定理.

定理 6 齐次线性方程组

$$\begin{cases} a_{11}x_1+a_{12}x_2+\cdots+a_{1n}x_n=0 \\ a_{21}x_1+a_{22}x_2+\cdots+a_{2n}x_n=0 \\ \cdots\cdots \\ a_{n1}x_1+a_{n2}x_2+\cdots+a_{nn}x_n=0 \end{cases} \tag{4-14}$$

有非零解的充要条件是它的系数矩阵

$$\boldsymbol{A}=\begin{pmatrix} a_{11} & a_{12} & \cdots & a_{1n} \\ a_{21} & a_{22} & \cdots & a_{2n} \\ \vdots & \vdots & & \vdots \\ a_{n1} & a_{n2} & \cdots & a_{nn} \end{pmatrix}$$

的行列式 $|\boldsymbol{A}|=0$.

证 必要性可由克拉默法则直接推得，而充分性可由定理 5 和前面的引理得出. ▌

上面我们讨论了求矩阵秩的初等变换方法，并且借助于初等变换和矩阵秩的概念给出了一系列重要的结果. 本节的最后一个目标是介绍求矩阵秩的行列式方法. 我们引入如下定义.

定义 2 在一个 $s\times n$ 矩阵 $\boldsymbol{A}$ 中任意选定 k 行和 k 列，位于这些选定的行和列的交点上的 k^2 个元素按原来的次序所组成的 k 阶行列式，称为 $\boldsymbol{A}$ 的一个 k 阶子式.

在定义中，当然有 $k\leqslant \min(s,n)$，这里 $\min(s,n)$ 表示 s,n 中较小的一个.

对于例 1 矩阵

$$\boldsymbol{A}=\begin{pmatrix} 1 & 1 & 3 & 1 \\ 0 & 2 & -1 & 4 \\ 0 & 0 & 0 & 5 \\ 0 & 0 & 0 & 0 \end{pmatrix},$$

选定第 1、3 行和第 3、4 列，它们交点上的元素所成的 2 阶行列式

$$\begin{vmatrix} 3 & 1 \\ 0 & 5 \end{vmatrix}=15$$

就是一个 2 阶子式. 又如选定第 1、2、3 行和第 1、2、4 列，相应的 3 阶子式就是

$$\begin{vmatrix} 1 & 1 & 1 \\ 0 & 2 & 4 \\ 0 & 0 & 5 \end{vmatrix}=10.$$

由于行和列的选法任意，所以 k 阶子式是很多的.

定理 7 一个矩阵的秩是 r，当且仅当矩阵中有一个 r 阶子式不为零，同时所有 $r+1$ 阶子式全为零.

证 必要性：设矩阵 $\boldsymbol{A}$ 的秩为 r，这时矩阵 $\boldsymbol{A}$ 中任意 $r+1$ 行都线性相关，矩阵 $\boldsymbol{A}$ 的任意 $r+1$ 阶子式的行向量也线性相关，由定理 5，这些子式全为零. 现在来证明矩阵 $\boldsymbol{A}$ 中至少有一个 r 阶子式不为零. 因为

$$A=\begin{pmatrix} a_{11} & a_{12} & \cdots & a_{1n} \\ a_{21} & a_{22} & \cdots & a_{2n} \\ \vdots & \vdots & & \vdots \\ a_{s1} & a_{s2} & \cdots & a_{sn} \end{pmatrix}$$

的秩为 r，所以在 A 中有 r 行线性无关，不妨设前 r 行线性无关. 把这 r 行取出来，作一个新矩阵

$$A_1=\begin{pmatrix} a_{11} & \cdots & a_{1n} \\ \vdots & & \vdots \\ a_{r1} & \cdots & a_{rn} \end{pmatrix}.$$

显然，矩阵 A_1 的行秩为 r，因而它的列秩也为 r. 这就是说，在 A_1 中有 r 列线性无关. 不妨设前 r 列线性无关，因此，行列式

$$\begin{vmatrix} a_{11} & \cdots & a_{1r} \\ \vdots & & \vdots \\ a_{r1} & \cdots & a_{rr} \end{vmatrix} \neq 0,$$

它就是矩阵 A 中一个 r 阶不等于零的子式.

充分性：设在 A 中有一个 r 阶子式不为零，而所有 $r+1$ 阶子式全为零，我们要证明 A 的秩为 r.

首先我们指出，由行列式按行（列）展开法则知，若 A 的所有 $r+1$ 阶子式全为零，则 A 的所有 $r+2$ 阶子式也全为零，因而 A 的所有阶数大于 r 的子式全为零.

设 A 的秩为 t，由必要性，t 不能小于 r，否则 A 的 r 阶子式就全为零了. 同样，t 也不能大于 r，否则 A 就要有一个 $t(\geqslant r+1)$ 阶子式不为零，而按照假定这是不可能的. 因此 $t=r$，这就是我们要证明的结论. ▌

从定理 7 的证明可以看出，这个定理实际上包含两部分：一部分是矩阵 A 的秩 $\geqslant r$ 的充要条件为 A 有一个 r 阶子式不为零；另一部分是矩阵的秩 $\leqslant r$ 的充要条件为 A 的所有 $r+1$ 阶子式全为零. 从定理 7 的证明还可以看出，在秩为 r 的矩阵中，不为零的 r 阶子式所在的行正是它的行向量组的一个极大线性无关组，所在的列正是它的列向量组的一个极大线性无关组.

在例 1 的矩阵 A 中，有一个 3 阶子式

$$\begin{vmatrix} 1 & 1 & 1 \\ 0 & 2 & 4 \\ 0 & 0 & 5 \end{vmatrix}=10\neq 0,$$

而唯一的 4 阶子式等于零，所以秩$(A)=3$. 并且这个 3 阶子式所在的行（第 1、2、3 行）就是 A 的行向量组的极大线性无关组；所在的列（第 1、2、4 列）就是 A 的列向量组的极大线性无关组. 这与用初等变换方法所得的结果完全一样.

习题 4-4

1. 设 $A=\begin{pmatrix} 1 & -1 & 2 & 1 & 0 \\ 2 & -2 & 4 & -2 & 0 \\ 3 & 0 & 6 & -1 & 1 \\ 2 & 1 & 4 & 2 & 1 \end{pmatrix}$，求：

(1) $\boldsymbol{A}$ 的全部4阶子式有几个？并计算其值.

(2) 求 $R(\boldsymbol{A})$.

2. 计算下列矩阵的秩：

(1) $\begin{pmatrix} 0 & 1 & 1 & -1 & 2 \\ 0 & 2 & -2 & -2 & 0 \\ 0 & -1 & -1 & 1 & 1 \\ 1 & 1 & 0 & 1 & -1 \end{pmatrix}$；　　(2) $\begin{pmatrix} 1 & -1 & 2 & 1 & 0 \\ 2 & -2 & 4 & -2 & 0 \\ 3 & 0 & 6 & -1 & 1 \\ 0 & 3 & 0 & 0 & 1 \end{pmatrix}$；

(3) $\begin{pmatrix} 1 & 0 & 0 & 1 & 4 \\ 0 & 1 & 0 & 2 & 5 \\ 0 & 0 & 1 & 3 & 6 \\ 1 & 2 & 3 & 14 & 32 \\ 4 & 5 & 6 & 32 & 77 \end{pmatrix}$；　　(4) $\begin{pmatrix} 3 & 2 & -1 & 2 & 0 & 1 \\ 4 & 1 & 0 & -3 & 0 & 2 \\ 2 & -1 & -2 & 1 & 1 & -3 \\ 3 & 1 & 3 & -9 & -1 & 6 \\ 3 & -1 & 5 & 7 & 2 & -7 \end{pmatrix}$.

3. 求下列向量组的极大线性无关组与秩，并把其余向量组用极大线性无关组表示：

(1) $\boldsymbol{\alpha}_1=(6,4,1,-1,2),\boldsymbol{\alpha}_2=(1,0,2,3,-4),\boldsymbol{\alpha}_3=(1,4,-9,-16,22),\boldsymbol{\alpha}_4=(7,1,0,-1,3)$；

(2) $\boldsymbol{\alpha}_1=(1,-1,2,4),\boldsymbol{\alpha}_2=(0,3,1,2),\boldsymbol{\alpha}_3=(3,0,7,14),\boldsymbol{\alpha}_4=(1,-1,2,0),\boldsymbol{\alpha}_5=(2,1,5,6)$.

4. 设 $\boldsymbol{\alpha}_1=(1,1,1,1),\boldsymbol{\alpha}_2=(1,1,1,0)$，求 $\boldsymbol{\alpha}_3,\boldsymbol{\alpha}_4$ 使 $\boldsymbol{\alpha}_1,\boldsymbol{\alpha}_2,\boldsymbol{\alpha}_3,\boldsymbol{\alpha}_4$ 线性无关.

5. 证明：秩$(\boldsymbol{AB})\leqslant\min[$秩$(\boldsymbol{A})$,秩$(\boldsymbol{B})]$.

6. 证明：秩$(\boldsymbol{A}+\boldsymbol{B})\leqslant$秩$(\boldsymbol{A})+$秩$(\boldsymbol{B})$.

7. 设 $\boldsymbol{A}$ 是 $s\times n$ 矩阵. 证明：秩$(\boldsymbol{A})=$秩$(\boldsymbol{PA})=$秩$(\boldsymbol{AQ})=$秩$(\boldsymbol{PAQ})$. 其中 $\boldsymbol{P}$ 是 s 阶可逆矩阵，$\boldsymbol{Q}$ 是 n 阶可逆矩阵.

8. 设 $\boldsymbol{A}$ 是 $s\times n$ 矩阵且秩$(\boldsymbol{A})=r$，在 $\boldsymbol{A}$ 中任取 $k(1\leqslant k\leqslant s)$ 行作矩阵 $\boldsymbol{B}$. 证明：秩$(\boldsymbol{B})\geqslant r-s+k$.

9. 设 $\boldsymbol{B}$ 为 $r\times r$ 矩阵，$\boldsymbol{C}$ 为 $r\times n$ 矩阵，且秩$(\boldsymbol{C})=r$. 证明：

(1) 如果 $\boldsymbol{BC}=\boldsymbol{O}$，则 $\boldsymbol{B}=\boldsymbol{O}$；

(2) 如果 $\boldsymbol{BC}=\boldsymbol{C}$，则 $\boldsymbol{B}=\boldsymbol{E}$.

第五节　线性方程组有解判别定理

作为向量运算和矩阵运算的应用，本节我们来分析线性方程组的问题，给出线性方程组有解的判别条件.

设线性方程组为

$$\begin{cases} a_{11}x_1+a_{12}x_2+\cdots+a_{1n}x_n=b_1 \\ a_{21}x_1+a_{22}x_2+\cdots+a_{2n}x_n=b_2 \\ \cdots\cdots \\ a_{s1}x_1+a_{s2}x_2+\cdots+a_{sn}x_n=b_s \end{cases}, \tag{4-15}$$

利用矩阵的乘法，式(4-15) 可以写成

$$\boldsymbol{AX}=\boldsymbol{b}. \tag{4-16}$$

其中

$$\boldsymbol{A}=\begin{pmatrix} a_{11} & a_{12} & \cdots & a_{1n} \\ a_{21} & a_{22} & \cdots & a_{2n} \\ \vdots & \vdots & & \vdots \\ a_{s1} & a_{s2} & \cdots & a_{sn} \end{pmatrix},\boldsymbol{X}=\begin{pmatrix} x_1 \\ x_2 \\ \vdots \\ x_n \end{pmatrix},\boldsymbol{b}=\begin{pmatrix} b_1 \\ b_2 \\ \vdots \\ b_s \end{pmatrix}.$$

引入向量

$$\boldsymbol{\alpha}_1=\begin{pmatrix}a_{11}\\a_{21}\\\vdots\\a_{s1}\end{pmatrix},\boldsymbol{\alpha}_2=\begin{pmatrix}a_{12}\\a_{22}\\\vdots\\a_{s2}\end{pmatrix},\cdots,\boldsymbol{\alpha}_n=\begin{pmatrix}a_{1n}\\a_{2n}\\\vdots\\a_{sn}\end{pmatrix},\boldsymbol{\beta}=\begin{pmatrix}b_1\\b_2\\\vdots\\b_s\end{pmatrix}.$$

于是式(4-15) 可以改写成向量方程

$$x_1\boldsymbol{\alpha}_1+x_2\boldsymbol{\alpha}_2+\cdots+x_n\boldsymbol{\alpha}_n=\boldsymbol{\beta}. \tag{4-17}$$

显然，式(4-15) 有解的充要条件为向量 $\boldsymbol{\beta}$ 可以表示成向量组 $\boldsymbol{\alpha}_1,\boldsymbol{\alpha}_2,\cdots,\boldsymbol{\alpha}_n$ 的线性组合. 用秩的概念，式(4-15) 有解的条件可以叙述如下定理.

定理 8 **(线性方程组有解判别定理)** 式(4-15) 有解的充要条件为它的系数矩阵

$$\boldsymbol{A}=\begin{pmatrix}a_{11}&a_{12}&\cdots&a_{1n}\\a_{21}&a_{22}&\cdots&a_{2n}\\\vdots&\vdots&&\vdots\\a_{s1}&a_{s2}&\cdots&a_{sn}\end{pmatrix}$$

与增广矩阵

$$\overline{\boldsymbol{A}}=\begin{pmatrix}a_{11}&a_{12}&\cdots&a_{1n}&b_1\\a_{21}&a_{22}&\cdots&a_{2n}&b_2\\\vdots&\vdots&&\vdots&\vdots\\a_{s1}&a_{s2}&\cdots&a_{sn}&b_s\end{pmatrix}$$

有相同的秩.

证 先证必要性. 设式(4-15) 有解，就是说，$\boldsymbol{\beta}$ 可以由向量组 $\boldsymbol{\alpha}_1,\boldsymbol{\alpha}_2,\cdots,\boldsymbol{\alpha}_n$ 线性表示. 由此立即推出，向量组 $\boldsymbol{\alpha}_1,\boldsymbol{\alpha}_2,\cdots,\boldsymbol{\alpha}_n$ 与向量组 $\boldsymbol{\alpha}_1,\boldsymbol{\alpha}_2,\cdots,\boldsymbol{\alpha}_n,\boldsymbol{\beta}$ 等价，因而有相同的秩. 而这两个向量组分别是矩阵 $\boldsymbol{A}$ 与 $\overline{\boldsymbol{A}}$ 的列向量组，因此，矩阵 $\boldsymbol{A}$ 与 $\overline{\boldsymbol{A}}$ 有相同的秩.

再证充分性. 设矩阵 $\boldsymbol{A}$ 与 $\overline{\boldsymbol{A}}$ 有相同的秩，就是说，它们的列向量组 $\boldsymbol{\alpha}_1,\boldsymbol{\alpha}_2,\cdots,\boldsymbol{\alpha}_n$ 与 $\boldsymbol{\alpha}_1,\boldsymbol{\alpha}_2,\cdots,\boldsymbol{\alpha}_n,\boldsymbol{\beta}$ 有相同的秩，令它们的秩为 r. $\boldsymbol{\alpha}_1,\boldsymbol{\alpha}_2,\cdots,\boldsymbol{\alpha}_n$ 中的极大线性无关组是由 r 个向量组成，不妨设 $\boldsymbol{\alpha}_1,\boldsymbol{\alpha}_2,\cdots,\boldsymbol{\alpha}_r$ 是它的一个极大线性无关组. 显然 $\boldsymbol{\alpha}_1,\boldsymbol{\alpha}_2,\cdots,\boldsymbol{\alpha}_r$ 也是向量组 $\boldsymbol{\alpha}_1,\boldsymbol{\alpha}_2,\cdots,\boldsymbol{\alpha}_n,\boldsymbol{\beta}$ 的一个极大线性无关组，因此向量 $\boldsymbol{\beta}$ 可以由 $\boldsymbol{\alpha}_1,\boldsymbol{\alpha}_2,\cdots,\boldsymbol{\alpha}_r$ 线性表示，当然 $\boldsymbol{\beta}$ 也就可以由 $\boldsymbol{\alpha}_1,\boldsymbol{\alpha}_2,\cdots,\boldsymbol{\alpha}_n$ 线性表示. 因此，式(4-15) 有解. ▌

应该指出，这个判别条件与以前的消元法是一致的. 我们知道用消元法解式(4-15) 的第一步就是用初等行变换把增广矩阵 $\overline{\boldsymbol{A}}$ 化成阶梯形. 这个阶梯形矩阵在适当调动前 n 列的顺序之后可能有两种情形：

$$\begin{pmatrix}c_{11}&c_{12}&\cdots&c_{1r}&\cdots&c_{1n}&d_1\\0&c_{22}&\cdots&c_{2r}&\cdots&c_{2n}&d_2\\\vdots&\vdots&\vdots&&\vdots&&\vdots\\0&0&\cdots&c_{rr}&\cdots&c_{rn}&d_r\\0&0&\cdots&0&\cdots&0&d_{r+1}\\0&0&\cdots&0&\cdots&0&0\\\vdots&\vdots&\vdots&&\vdots&&\vdots\\0&0&\cdots&0&\cdots&0&0\end{pmatrix},$$

或者

$$\begin{pmatrix} c_{11} & c_{12} & \cdots & c_{1r} & \cdots & c_{1n} & d_1 \\ 0 & c_{22} & \cdots & c_{2r} & \cdots & c_{2n} & d_2 \\ \vdots & \vdots & & \vdots & & \vdots & \vdots \\ 0 & 0 & \cdots & c_{rr} & \cdots & c_{rn} & d_r \\ 0 & 0 & \cdots & 0 & \cdots & 0 & 0 \\ 0 & 0 & \cdots & 0 & \cdots & 0 & 0 \\ \vdots & \vdots & & \vdots & & \vdots & \vdots \\ 0 & 0 & \cdots & 0 & \cdots & 0 & 0 \end{pmatrix},$$

其中 $c_{ii}\neq 0, i=1,2,\cdots,r, d_{r+1}\neq 0$. 在前一种情形下，原方程组无解，而在后一种情形下方程组有解. 实际上，把这个阶梯形矩阵最后一列去掉，那就是线性方程组［式(4-15)］的系数矩阵 $\boldsymbol{A}$ 经过初等行变换所化成的阶梯形. 这就是说，当系数矩阵与增广矩阵的秩相等时，方程组有解；当增广矩阵的秩等于系数矩阵的秩加 1 时，方程组无解.

以上的说明可以认为是判别定理的另一个证明.

根据克拉默法则，也可以给出一般线性方程组的一个解法：

设线性方程组［式(4-15)］有解，矩阵 $\boldsymbol{A}$ 与 $\overline{\boldsymbol{A}}$ 的秩都等于 r，而 D 是矩阵 $\boldsymbol{A}$ 的一个不为零的 r 级子式(当然它也是 $\overline{\boldsymbol{A}}$ 的一个不为零的子式)，为了方便起见，不妨设 D 位于 $\boldsymbol{A}$ 的左上角.

显然，在这种情况下，$\overline{\boldsymbol{A}}$ 的前 r 行就是一个极大线性无关组，第 $r+1,\cdots,s$ 行都可以由它们线性表示. 因此，线性方程组［式(4-15)］与

$$\begin{cases} a_{11}x_1+\cdots+a_{1r}x_r+\cdots+a_{1n}x_n=b_1 \\ a_{21}x_1+\cdots+a_{2r}x_r+\cdots+a_{2n}x_n=b_2 \\ \cdots\cdots \\ a_{r1}x_1+\cdots+a_{rr}x_r+\cdots+a_{rn}x_n=b_r \end{cases} \tag{4-18}$$

同解.

当 $r=n$ 时，依据克拉默法则，线性方程组［式(4-18)］有唯一解，也就是说线性方程组［式(4-15)］有唯一解.

当 $r<n$ 时，将式(4-18) 改写为

$$\begin{cases} a_{11}x_1+\cdots+a_{1r}x_r=b_1-a_{1,r+1}x_{r+1}-\cdots-a_{1n}x_n \\ a_{21}x_1+\cdots+a_{2r}x_r=b_2-a_{2,r+1}x_{r+1}-\cdots-a_{2n}x_n \\ \cdots\cdots \\ a_{r1}x_1+\cdots+a_{rr}x_r=b_r-a_{r,r+1}x_{r+1}-\cdots-a_{rn}x_n \end{cases}. \tag{4-19}$$

式(4-19) 作为 $x_1,\cdots,x_r$ 的一个方程组，它的系数行列式 $D\neq 0$. 由克拉默法则，对于 $x_{r+1},\cdots,x_n$ 的任意一组值，线性方程组［式(4-19)］，也就是式(4-15)，都有唯一的解. $x_{r+1},\cdots,x_n$ 就是式(4-15) 的一组自由未知量. 对式(4-19) 用克拉默法则，可以解出 $x_1,\cdots,x_r$，即

$$\begin{cases} x_1=d'_1-c'_{1,r+1}x_{r+1}-\cdots-c'_{1n}x_n \\ x_2=d'_2-c'_{2,r+1}x_{r+1}-\cdots-c'_{2n}x_n \\ \cdots\cdots \\ x_r=d'_r-c'_{r,r+1}x_{r+1}-\cdots-c'_{rn}x_n \end{cases}. \tag{4-20}$$

式(4-20)就是式(4-15)的一般解.

【例】 λ 取何值时，线性方程组

$$\begin{cases}\lambda x_1+x_2+x_3=1\\ x_1+\lambda x_2+x_3=\lambda\\ x_1+x_2+\lambda x_3=\lambda^2\end{cases}$$

有唯一解、无解、无穷多解？并求一般解.

解 方程组的系数矩阵与增广矩阵分别为

$$\boldsymbol{A}=\begin{pmatrix}\lambda & 1 & 1\\ 1 & \lambda & 1\\ 1 & 1 & \lambda\end{pmatrix},\ \bar{\boldsymbol{A}}=\begin{pmatrix}\lambda & 1 & 1 & 1\\ 1 & \lambda & 1 & \lambda\\ 1 & 1 & \lambda & \lambda^2\end{pmatrix}.$$

(1) 当秩 $R(\boldsymbol{A})=R(\bar{\boldsymbol{A}})=3$，即当 $|\boldsymbol{A}|\neq 0$ 时，方程组有唯一解. 由

$$|\boldsymbol{A}|=\begin{vmatrix}\lambda & 1 & 1\\ 1 & \lambda & 1\\ 1 & 1 & \lambda\end{vmatrix}=(\lambda-1)^2(\lambda+2),$$

所以当 $\lambda\neq 1$ 且 $\lambda\neq -2$ 时，方程组有唯一解.

(2) 当 $\lambda=-2$ 时

$$\bar{\boldsymbol{A}}=\begin{pmatrix}-2 & 1 & 1 & 1\\ 1 & -2 & 1 & -2\\ 1 & 1 & -2 & 4\end{pmatrix}\rightarrow\begin{pmatrix}1 & -2 & 1 & -2\\ 0 & -3 & 3 & -3\\ 0 & 0 & 0 & 3\end{pmatrix},$$

可得 $R(\boldsymbol{A})=2$，$R(\boldsymbol{B})=3$，故此时方程组无解.

(3) 当 $\lambda=1$ 时

$$\bar{\boldsymbol{A}}=\begin{pmatrix}1 & 1 & 1 & 1\\ 1 & 1 & 1 & 1\\ 1 & 1 & 1 & 1\end{pmatrix}\rightarrow\begin{pmatrix}1 & 1 & 1 & 1\\ 0 & 0 & 0 & 0\\ 0 & 0 & 0 & 0\end{pmatrix},$$

可得 $R(\boldsymbol{A})=R(\bar{\boldsymbol{A}})=1<3$，故此时方程组有无穷多解. 此时一般解为 $x_1=-x_2-x_3+1$，其中 x_2,x_3 为自由未知量.

习题 4-5

1. 如下方程组是否有解？若有解，求其一般解.

$$\begin{cases}2x_1+x_2+x_3-x_4=2\\ x_1-x_2+x_4=1\\ 3x_1+3x_2+2x_3-3x_4=3\end{cases}.$$

2. 讨论 λ,a,b 取什么值时下列方程组有解，并求其一般解：

(1) $\begin{cases}(\lambda-2)x_1-3x_2-2x_3=0\\ -x_1+(\lambda-8)x_2-2x_3=0\\ 2x_1+14x_2+(\lambda+3)x_3=0\end{cases}$；

(2) $\begin{cases}(\lambda+3)x_1+x_2+2x_3=\lambda\\ \lambda x_1+(\lambda-1)x_2+x_3=2\lambda\\ 3(\lambda+1)x_1+\lambda x_2+(\lambda+3)x_3=3\end{cases}$；

(3) $\begin{cases}ax_1+x_2+x_3=4\\ x_1+bx_2+x_3=3\\ x_1+2bx_2+x_3=4\end{cases}$.

3. 证明：方程组

$$\begin{cases}a_{11}x_1+a_{12}x_2+\cdots+a_{1n}x_n=b_1\\a_{21}x_1+a_{22}x_2+\cdots+a_{2n}x_n=b_2\\\quad\cdots\cdots\\a_{n1}x_1+a_{n2}x_2+\cdots+a_{nn}x_n=b_n\end{cases}$$

对任何 $b_1,b_2,\cdots,b_n$ 都有解的充要条件是：其系数行列式不等于零.

4. 方程组

$$\begin{cases}a_{11}x_1+a_{12}x_2+\cdots+a_{1n}x_n=b_1\\a_{21}x_1+a_{22}x_2+\cdots+a_{2n}x_n=b_2\\\quad\cdots\cdots\\a_{n1}x_1+a_{n2}x_2+\cdots+a_{nn}x_n=b_n\\a_{n+1,1}x_1+a_{n+2,2}x_2+\cdots+a_{n+1,n}x_n=b_{n+1}\end{cases}$$

有解的充要条件是

$$\begin{vmatrix}a_{11}&a_{12}&\cdots&a_{1n}&b_1\\a_{21}&a_{22}&\cdots&a_{2n}&b_2\\\vdots&\vdots&&\vdots&\vdots\\a_{n1}&a_{n2}&\cdots&a_{nn}&b_n\\a_{n+1,1}&a_{n+2,2}&\cdots&a_{n+1,n}&b_{n+1}\end{vmatrix}=0,$$

对否？为什么？

第六节 线性方程组解的结构

在解决线性方程组有解的判别条件之后，我们进一步来讨论线性方程组解的结构. 在方程组的解是唯一的情况下，当然没有什么结构问题. 在有多个解的情况下，所谓解的结构问题就是解与解之间的关系问题. 本节我们主要讨论线性方程组有无穷多解时如何用有限多个解表示.

设齐次线性方程组

$$\begin{cases}a_{11}x_1+a_{12}x_2+\cdots+a_{1n}x_n=0\\a_{21}x_1+a_{22}x_2+\cdots+a_{2n}x_n=0\\\quad\cdots\cdots\\a_{s1}x_1+a_{s2}x_2+\cdots+a_{sn}x_n=0\end{cases},\tag{4-21}$$

则它的解所成的集合具有下面两个重要性质.

性质 1 两个解的和还是方程组的解.

证 设 $(k_1,k_2,\cdots,k_n)$ 与 $(l_1,l_2,\cdots,l_n)$ 是式(4-21) 的两个解. 即

$$\sum_{j=1}^{n}a_{ij}k_j=0,(i=1,2,\cdots,s),$$

$$\sum_{j=1}^{n}a_{ij}l_j=0,(i=1,2,\cdots,s),$$

则把两个解的和

$$(k_1+l_1,k_2+l_2,\cdots,k_n+l_n) \tag{4-22}$$

代入式(4-21)，得

$$\sum_{j=1}^{n}a_{ij}(k_j+l_j)=\sum_{j=1}^{n}a_{ij}k_j+\sum_{j=1}^{n}a_{ij}l_j=0,(i=1,2,\cdots,s).$$

这就说明式(4-22) 是方程组式(4-21) 的解. ▌

性质 2 一个解的倍数还是方程组的解.

证 设$(k_1,k_2,\cdots,k_n)$是式(4-21) 的一个解. 不难看出$(ck_1,ck_2,\cdots,ck_n)$还是方程组的解，因为

$$\sum_{j=1}^{n}a_{ij}(ck_j)=c\sum_{j=1}^{n}a_{ij}k_j=0,(i=1,2,\cdots,s).$$ ▌

从几何上看，这两个性质是清楚的. 如当$n=3$时，每个齐次方程表示一个过原点的平面. 于是方程组的解，也就是这些平面的交点，如果不只是原点的话，就是一条过原点的直线或一个过原点的平面. 以原点为起点，而端点在这样的直线或平面上的向量显然具有上述的性质.

对于齐次线性方程组，综合以上两点即得，解的线性组合还是方程组的解. 这个性质说明了，如果方程组有几个解，那么这些解的所有可能的线性组合就给出了很多的解. 基于这个事实，我们要问：齐次线性方程组的全部解是否能够通过它的有限的几个解的线性组合给出？回答是肯定的，为此，我们引入下面的定义.

定义 设$\boldsymbol{\eta}_1,\boldsymbol{\eta}_2,\cdots,\boldsymbol{\eta}_t$是齐次线性方程组［式(4-21)］的一组解，如果满足：

(1) $\boldsymbol{\eta}_1,\boldsymbol{\eta}_2,\cdots,\boldsymbol{\eta}_t$线性无关；

(2) 式(4-21) 的任一个解都可由$\boldsymbol{\eta}_1,\boldsymbol{\eta}_2,\cdots,\boldsymbol{\eta}_t$线性表示，

则称$\boldsymbol{\eta}_1,\boldsymbol{\eta}_2,\cdots,\boldsymbol{\eta}_t$为式(4-21) 的一个基础解系.

这样，所谓基础解系实际上就是解向量集合的一个极大线性无关组. 下面我们来证明，齐次线性方程组的基础解系的存在性.

定理 9 在齐次线性方程组有非零解的情况下，它有基础解系，并且基础解系所含解的个数等于$n-r$，这里r表示系数矩阵的秩（以下将看到，$n-r$也就是自由未知量的个数).

证 设式(4-21) 的系数矩阵的秩为r，不妨设左上角的r阶子式不等于零. 于是式(4-21) 可以改写成同解方程组

$$\begin{cases}a_{11}x_1+\cdots+a_{1r}x_r=-a_{1,r+1}x_{r+1}-\cdots-a_{1n}x_n\\a_{21}x_1+\cdots+a_{2r}x_r=-a_{2,r+1}x_{r+1}-\cdots-a_{2n}x_n\\\qquad\cdots\cdots\\a_{r1}x_1+\cdots+a_{rr}x_r=-a_{r,r+1}x_{r+1}-\cdots-a_{rn}x_n\end{cases}. \tag{4-23}$$

如果$r=n$，那么方程组没有自由未知量，式(4-23) 的右端全为零. 这时式(4-21) 只有零解，当然也就不存在基础解系. 以下设$r<n$.

我们知道，把自由未知量的任意一组值$(c_{r+1},\cdots,c_n)$代入式(4-23)，就唯一地确定了式(4-23)——也就是式(4-21) 的一个解. 换句话说，只要自由未知量的值一样，式(4-21) 的任意两个解就完全一样. 特别地，如果在一个解中，自由未知量的值全为零，那么这个解一定就是零解.

在式(4-23) 中，我们分别用$n-r$组数

$$(1,0,\cdots,0),(0,1,\cdots,0),(0,0,\cdots,1)$$

来代入自由未知量$(x_{r+1},x_{r+2},\cdots,x_n)$，就得出式(4-23)——也就是式(4-21)的 $n-r$ 个解，设为

$$\begin{cases}\boldsymbol{\eta}_1=(c_{11},\cdots,c_{1r},1,0,\cdots,0)\\ \boldsymbol{\eta}_2=(c_{21},\cdots,c_{2r},0,1,\cdots,0)\\ \qquad\cdots\cdots\\ \boldsymbol{\eta}_{n-r}=(c_{n-r,1},\cdots,c_{n-r,r},0,0,\cdots,1)\end{cases}. \tag{4-24}$$

我们现在来证明，式(4-24)就是一个基础解系．首先证明 $\boldsymbol{\eta}_1,\boldsymbol{\eta}_2,\cdots,\boldsymbol{\eta}_{n-r}$ 线性无关．事实上，如果

$$k_1\boldsymbol{\eta}_1+k_2\boldsymbol{\eta}_2+\cdots+k_{n-r}\boldsymbol{\eta}_{n-r}=\mathbf{0},$$

即

$$k_1\boldsymbol{\eta}_1+k_2\boldsymbol{\eta}_2+\cdots+k_{n-r}\boldsymbol{\eta}_{n-r}=(*,\cdots,*,k_1,k_2,\cdots,k_{n-r})=(0,\cdots,0,0,0,\cdots,0),$$

比较最后 $n-r$ 个分量，得

$$k_1=k_2=\cdots=k_{n-r}=0.$$

因此，$\boldsymbol{\eta}_1,\boldsymbol{\eta}_2,\cdots,\boldsymbol{\eta}_{n-r}$ 线性无关．

再证明式(4-21)的任一解都可以由 $\boldsymbol{\eta}_1,\boldsymbol{\eta}_2,\cdots,\boldsymbol{\eta}_{n-r}$ 线性表示．设

$$\boldsymbol{\eta}=(c_1,\cdots,c_r,c_{r+1},c_{r+2},\cdots,c_n) \tag{4-25}$$

是式(4-21)的一个解．由于 $\boldsymbol{\eta}_1,\boldsymbol{\eta}_2,\cdots,\boldsymbol{\eta}_{n-r}$ 是式(4-21)的解，所以线性组合

$$c_{r+1}\boldsymbol{\eta}_1+c_{r+2}\boldsymbol{\eta}_2+\cdots+c_n\boldsymbol{\eta}_{n-r} \tag{4-26}$$

也是式(4-21)的解．比较式(4-25)、式(4-26)的最后 $n-r$ 个分量得知，自由未知量有相同的值，从而这两个解完全一样，即

$$\boldsymbol{\eta}=c_{r+1}\boldsymbol{\eta}_1+c_{r+2}\boldsymbol{\eta}_2+\cdots+c_n\boldsymbol{\eta}_{n-r}.$$

这就是说，任意一个解 $\boldsymbol{\eta}$ 都能表示成 $\boldsymbol{\eta}_1,\boldsymbol{\eta}_2,\cdots,\boldsymbol{\eta}_{n-r}$ 的线性组合．综合以上两点，我们就证明了 $\boldsymbol{\eta}_1,\boldsymbol{\eta}_2,\cdots,\boldsymbol{\eta}_{n-r}$ 确为式(4-21)的一个基础解系，因而齐次线性方程组的确存在基础解系．证明中具体给出的这个基础解系是由 $n-r$ 个解组成，至于其他的基础解系，由定义知一定与这个基础解系等价，同时它们又都是线性无关的，因而含有相同个数的向量．这就是定理的第二部分．▌

定理的证明事实上就是一个具体找基础解系的方法．

由定义容易看出，任何一个线性无关的、与某一个基础解系等价的向量组都是基础解系．

【例 1】 设齐次线性方程组

$$\begin{cases}2x_1+x_2-x_3+x_4-x_5=0\\ -3x_1+2x_2+2x_3+3x_4-2x_5=0\\ x_1+4x_2+5x_4-4x_5=0\end{cases},$$

对其系数矩阵施行初等行变换化为

$$\boldsymbol{A}=\begin{pmatrix}2&1&-1&1&-1\\-3&2&2&3&-2\\1&4&0&5&-4\end{pmatrix}\to\begin{pmatrix}-2&-1&1&-1&1\\-3&2&2&3&-2\\1&4&0&5&-4\end{pmatrix}$$

$$\to\begin{pmatrix}-2&-1&1&-1&1\\1&4&0&5&-4\\1&4&0&5&-4\end{pmatrix}\to\begin{pmatrix}-2&-1&1&-1&1\\1&4&0&5&-4\\0&0&0&0&0\end{pmatrix}$$

$$\to\begin{pmatrix}0&7&1&9&-7\\1&4&0&5&-4\\0&0&0&0&0\end{pmatrix}\to\begin{pmatrix}1&4&0&5&-4\\0&7&1&9&-7\\0&0&0&0&0\end{pmatrix}.$$

可得秩$(\boldsymbol{A})=2$，而$n=5$，故方程组有非零解．于是得

$$\begin{cases}x_1=-4x_2-5x_4+4x_5\\x_3=-7x_2-9x_4+7x_5\end{cases}.$$

其中x_2,x_4,x_5是自由未知量．取

$$(x_2,x_4,x_5)=(1,0,0),(0,1,0),(0,0,1),$$

得基础解系为

$$\boldsymbol{\eta}_1=(-4,1,-7,0,0),\boldsymbol{\eta}_2=(-5,0,-9,1,0),\boldsymbol{\eta}_3=(4,0,7,0,1),$$

从而方程组通解为$x=k_1\boldsymbol{\eta}_1+k_2\boldsymbol{\eta}_2+k_3\boldsymbol{\eta}_3(k_1,k_2,k_3\in P)$.

【例 2】 设$\boldsymbol{A}$是$m\times n$矩阵，$\boldsymbol{B}$是$n\times l$矩阵，且满足$\boldsymbol{AB}=\boldsymbol{O}$．证明：秩$(\boldsymbol{A})+$秩$(\boldsymbol{B})\leqslant n$.

记$\boldsymbol{B}=(\boldsymbol{b}_1,\boldsymbol{b}_2,\cdots,\boldsymbol{b}_l)$，则

$$\boldsymbol{A}(\boldsymbol{b}_1,\boldsymbol{b}_2,\cdots,\boldsymbol{b}_l)=(\boldsymbol{0},\boldsymbol{0},\cdots,\boldsymbol{0}),$$

即

$$\boldsymbol{A}\boldsymbol{b}_i=\boldsymbol{0}(i=1,2,\cdots,l),$$

表明矩阵$\boldsymbol{B}$的l个列向量都是齐次方程组$\boldsymbol{Ax}=\boldsymbol{0}$的解．记方程组$\boldsymbol{Ax}=\boldsymbol{0}$的解集为$\boldsymbol{S}$，由$b_i\in\boldsymbol{S}$，知有秩$(\boldsymbol{b}_1,\boldsymbol{b}_2,\cdots,\boldsymbol{b}_l)\leqslant$秩$(\boldsymbol{S})$，即秩$(\boldsymbol{B})\leqslant$秩$(\boldsymbol{S})$．而由定理 9 有秩$(\boldsymbol{A})+$秩$(\boldsymbol{S})=n$，故秩$(\boldsymbol{A})+$秩$(\boldsymbol{B})\leqslant n$.

下面来看一般线性方程组的解的结构．如果把一般线性方程组

$$\begin{cases}a_{11}x_1+a_{12}x_2+\cdots+a_{1n}x_n=b_1\\a_{21}x_1+a_{22}x_2+\cdots+a_{2n}x_n=b_2\\\quad\cdots\cdots\\a_{s1}x_1+a_{s2}x_2+\cdots+a_{sn}x_n=b_s\end{cases}\tag{4-27}$$

的常数项换成 0，就得到齐次线性方程组［式(4-21)］．式(4-21)称为式(4-27)的导出组．式(4-27)的解与它的导出组的解之间有密切的关系：

(1) 式(4-27)的两个解的差是它的导出组的解.

设$(k_1,k_2,\cdots,k_n)$与$(l_1,l_2,\cdots,l_n)$是式(4-27)的两个解．即

$$\sum_{j=1}^{n}a_{ij}k_j=b_i,\sum_{j=1}^{n}a_{ij}l_j=b_i(i=1,2,\cdots,s).$$

它们的差是

$$(k_1-l_1,k_2-l_2,\cdots,k_n-l_n).$$

显然有

$$\sum_{j=1}^{n}a_{ij}(k_j-l_j)=\sum_{j=1}^{n}a_{ij}k_j-\sum_{j=1}^{n}a_{ij}l_j=0,(i=1,2,\cdots,s).$$

这就是说，$(k_1-l_1,k_2-l_2,\cdots,k_n-l_n)$是导出组［式(4-21)］的一个解.

(2) 式(4-27)的一个解与它的导出组的一个解之和还是这个线性方程组的解.

设$(k_1,k_2,\cdots,k_n)$是式(4-27)的一个解．即

$$\sum_{j=1}^{n}a_{ij}k_j=b_i(i=1,2,\cdots,s),$$

又设$(l_1,l_2,\cdots,l_n)$是导出组［式(4-21)］的一个解，即

$$\sum_{j=1}^{n}a_{ij}l_j=0(i=1,2,\cdots,s),$$

显然

$$\sum_{j=1}^{n} a_{ij}(k_j+l_j)=\sum_{j=1}^{n} a_{ij}k_j+\sum_{j=1}^{n} a_{ij}l_j=b_i+0=b_i,(i=1,2,\cdots,s).$$

由这两点我们很容易证明下面定理.

定理 10 如果 $\boldsymbol{\gamma}_0$ 是式(4-27) 的一个特解，那么式(4-27) 的任一个解 $\boldsymbol{\gamma}$ 都可以表示为

$$\boldsymbol{\gamma}=\boldsymbol{\gamma}_0+\boldsymbol{\eta}. \tag{4-28}$$

其中 $\boldsymbol{\eta}$ 是导出组［式(4-21)］的一个解. 因此，对于式(4-27) 的任一个特解 $\boldsymbol{\gamma}_0$，当 $\boldsymbol{\eta}$ 取遍它的导出组的全部解时，式(4-28) 就给出式(4-27) 的全部解.

证 显然

$$\boldsymbol{\gamma}=\boldsymbol{\gamma}_0+(\boldsymbol{\gamma}-\boldsymbol{\gamma}_0),$$

由上面的关系 (1)，$\boldsymbol{\gamma}-\boldsymbol{\gamma}_0$ 是导出组［式(4-21)］的一个解，令

$$\boldsymbol{\gamma}-\boldsymbol{\gamma}_0=\boldsymbol{\eta},$$

就得到定理的结论. 既然式(4-27) 的任一个解都能表示成式(4-28) 的形式，则由关系 (2) 知，在 $\boldsymbol{\eta}$ 取遍式(4-21) 的全部解的时候，

$$\boldsymbol{\gamma}=\boldsymbol{\gamma}_0+\boldsymbol{\eta}$$

就取遍式(4-27) 的全部解. ∎

定理 10 说明了，为了找出一线性方程组的全部解，只要找出它的一个特殊的解以及它的导出组的全部解就行了. 而导出组是一个齐次线性方程组，在前面已经看到，一个齐次线性方程组的解的全体可以用基础解系来表示. 因此，根据定理 10 我们可以用导出组的基础解系来表示出一般线性方程组的解：如果 $\boldsymbol{\gamma}_0$ 是式(4-27) 的一个特解，$\boldsymbol{\eta}_1,\boldsymbol{\eta}_2,\cdots,\boldsymbol{\eta}_{n-r}$ 是其导出组的一个基础解系，那么式(4-27) 的任一个解 $\boldsymbol{\gamma}$ 都可以表示为

$$\boldsymbol{\gamma}=\boldsymbol{\gamma}_0+k_1\boldsymbol{\eta}_1+k_2\boldsymbol{\eta}_2+\cdots+k_{n-r}\boldsymbol{\eta}_{n-r}.$$

推论 在式(4-27) 有解的条件下，解是唯一的充分必要条件是它的导出组只有零解.

证 充分性：如果式(4-27) 有两个不同的解，那么它的差就是导出组的一个非零解. 因此，如果导出组只有零解，那么方程组有唯一解.

必要性：如果导出组有非零解，那么这个解与式(4-27) 的一个解（因为它有解）的和就是式(4-27) 的另一个解，也就是说，式(4-27) 不止一个解. 因此，如果式(4-27) 有唯一的解，那么它的导出组只有零解. ∎

【例 3】 设一般线性方程组

$$\begin{cases}2x_1+x_2-x_3+x_4-x_5=1\\-3x_1+2x_2+2x_3+3x_4-2x_5=2\\x_1+4x_2+5x_4-4x_5=4\end{cases}.$$

对其增广矩阵施行初等行变换化为

$$\begin{pmatrix}2&1&-1&1&-1&1\\-3&2&2&3&-2&2\\1&4&0&5&-4&4\end{pmatrix}\to\begin{pmatrix}-2&-1&1&-1&1&-1\\-3&2&2&3&-2&2\\1&4&0&5&-4&4\end{pmatrix}$$

$$\to\begin{pmatrix}-2&-1&1&-1&1&-1\\1&4&0&5&-4&4\\1&4&0&5&-4&4\end{pmatrix}\to\begin{pmatrix}-2&-1&1&-1&1&-1\\1&4&0&5&-4&4\\0&0&0&0&0&0\end{pmatrix}$$

$$\to\begin{pmatrix}0&7&1&9&-7&7\\1&4&0&5&-4&4\\0&0&0&0&0&0\end{pmatrix}\to\begin{pmatrix}1&4&0&5&-4&4\\0&7&1&9&-7&7\\0&0&0&0&0&0\end{pmatrix}.$$

于是得

$$\begin{cases}x_1=4-4x_2-5x_4+4x_5\\x_3=7-7x_2-9x_4+7x_5\end{cases}.$$

其中 x_2,x_4,x_5 是自由未知量. 则一般方程组的一个特解为

$$\boldsymbol{\gamma}_0=(4,0,7,0,0),$$

从而利用例 1 结果得一般方程组的通解为 $\boldsymbol{x}=k_1\boldsymbol{\eta}_1+k_2\boldsymbol{\eta}_2+k_3\boldsymbol{\eta}_3+\boldsymbol{\gamma}_0$.

线性方程组的理论与解析几何中关于平面与直线的讨论有密切的关系. 来看线性方程组

$$\begin{cases}a_{11}x_1+a_{12}x_2+a_{13}x_3=b_1\\a_{21}x_1+a_{22}x_2+a_{23}x_3=b_2\end{cases}. \tag{4-29}$$

式(4-29) 中每一个方程表示一个平面，式(4-29) 有没有解的问题就相当于这两个平面有没有交点的问题. 我们知道，两个平面只有在平行而不重合的情形下没有交点. 式(4-29) 的系数矩阵与增广矩阵分别是

$$\boldsymbol{A}=\begin{pmatrix}a_{11}&a_{12}&a_{13}\\a_{21}&a_{22}&a_{23}\end{pmatrix}\text{与 }\overline{\boldsymbol{A}}=\begin{pmatrix}a_{11}&a_{12}&a_{13}&b_1\\a_{21}&a_{22}&a_{23}&b_2\end{pmatrix},$$

它们的秩可能是 1 或者 2. 有三个可能的情形：

(1) 秩($\boldsymbol{A}$)=秩($\overline{\boldsymbol{A}}$)=1. 这就是 $\boldsymbol{A}$ 的两行成比例，因而这两个平面平行，又因为 $\overline{\boldsymbol{A}}$ 的两行也成比例，所以这两个平面重合，方程组有解.

(2) 秩($\boldsymbol{A}$)=1，秩($\overline{\boldsymbol{A}}$)=2. 这就是说，这两个平面平行而不重合，方程组无解.

(3) 秩($\boldsymbol{A}$)=2，这时($\overline{\boldsymbol{A}}$)的秩一定也是 2. 在几何上就是这两个平面不平行，因而一定相交，方程组有解.

下面再来看看线性方程组的解的几何意义. 设矩阵 $\boldsymbol{A}$ 的秩为 2，这时一般解中有一个自由未知量，譬如说是 x_3，一般解的形式为

$$\begin{cases}x_1=d_1+c_1x_3\\x_2=d_2+c_2x_3\end{cases}. \tag{4-30}$$

从几何上看，两个不平行的平面相交于一条直线. 把式(4-30) 改写一下就是直线的点向式方程

$$\frac{x_1-d_1}{c_1}=\frac{x_2-d_2}{c_2}=\frac{x_3}{1}.$$

如果引入参数 t，令 $x_3=t$，式(4-30) 就成为

$$\begin{cases}x_1=d_1+c_1t\\x_2=d_2+c_2t\\x_3=t\end{cases}, \tag{4-31}$$

这就是直线的参数方程.

式(4-29) 的导出方程组是

$$\begin{cases}a_{11}x_1+a_{12}x_2+a_{13}x_3=0\\a_{21}x_1+a_{22}x_2+a_{23}x_3=0\end{cases}, \tag{4-32}$$

从几何上看，这是两个分别与式(4-29) 中平面平行的且过原点的平面，因而它们的交线过原点且与式(4-30) 直线平行. 既然与式(4-30) 直线平行，也就是有相同的方向，所以这条直线的参数方程就是

$$\begin{cases}x_1=c_1t\\x_2=c_2t\\x_3=t\end{cases}. \tag{4-33}$$

式(4-31)与式(4-33)正说明了线性方程组[式(4-29)]与它的导出组[式(4-32)]的解之间的关系.

习题 4-6

1. 求下列齐次线性方程组的一个基础解系，并用基础解系表示出方程组的全部解：

(1) $\begin{cases}x_1-2x_2+3x_3-4x_4=0\\x_2-x_3+x_4=0\\x_1+3x_2-3x_4=0\\x_1-4x_2+3x_3-2x_4=0\end{cases}$；

(2) $\begin{cases}x_1+2x_2+3x_3+3x_4+7x_5=0\\3x_1+2x_2+x_3+x_4-3x_5=0\\x_2+2x_3+2x_4+6x_5=0\\5x_1+4x_2+3x_3+3x_4-x_5=0\end{cases}$；

(3) $\begin{cases}2x_1+x_2+2x_3-x_4+x_5=0\\x_1-x_2+x_3+2x_4-x_5=0\\4x_1-x_2+4x_3+3x_4-x_5=0\end{cases}$；

(4) $x_1+x_2+x_3+x_4+x_5=0$.

2. 解下列方程组并求出其导出组的基础解系：

(1) $\begin{cases}x_1+x_2+x_3+x_4+x_5=5\\3x_1+2x_2+x_3+x_4-3x_5=-1\\5x_1+4x_2+3x_3+3x_4-x_5=9\end{cases}$；

(2) $\begin{cases}x_1-2x_2+x_3+x_4-x_5=0\\2x_1+x_2-x_3-x_4-x_5=-2\\x_1+7x_2-5x_3-5x_4+5x_5=3\\3x_1-x_2-2x_3+x_4-x_5=0\end{cases}$.

3. 设齐次线性方程组

$$\begin{cases}a_{11}x_1+a_{12}x_2+\cdots+a_{1n}x_n=0\\a_{21}x_1+a_{22}x_2+\cdots+a_{2n}x_n=0\\\cdots\cdots\\a_{s1}x_1+a_{s2}x_2+\cdots+a_{sn}x_n=0\end{cases}$$

的系数矩阵 $\boldsymbol{A}$ 的秩 $=r<n$，证明：方程组的任意 $n-r$ 个线性无关的解都是它的一个基础解系.

4. 设 $\boldsymbol{\eta}_1,\boldsymbol{\eta}_2,\cdots,\boldsymbol{\eta}_t$ 是上题中齐次线性方程组的一个基础解系，证明：

$$\begin{cases}\boldsymbol{\gamma}_1=\boldsymbol{\eta}_2+\boldsymbol{\eta}_3+\cdots+\boldsymbol{\eta}_t\\\boldsymbol{\gamma}_2=\boldsymbol{\eta}_1+\boldsymbol{\eta}_3+\cdots+\boldsymbol{\eta}_t\\\cdots\cdots\\\boldsymbol{\gamma}_t=\boldsymbol{\eta}_1+\boldsymbol{\eta}_2+\cdots+\boldsymbol{\eta}_{t-1}\end{cases}\quad(t>1)$$

也是该齐次线性方程组的一个基础解系.

5. 设 $x_1-x_2=a_1, x_2-x_3=a_2, x_3-x_4=a_3, x_4-x_5=a_4, x_5-x_1=a_5$. 证明：这个方程组有解的充要条件是 $\sum_{i=1}^{n} a_i = 0$. 在有解的情形，求出它的一般解.

6. 证明：如果 $\boldsymbol{\eta}_1, \boldsymbol{\eta}_2, \cdots, \boldsymbol{\eta}_t$ 是一线性方程组的解，那么 $k_1\boldsymbol{\eta}_1+k_2\boldsymbol{\eta}_2+\cdots+k_t\boldsymbol{\eta}_t$（其中 $k_1+k_2+\cdots+k_t=1$）也是此方程组的解.

7. 设 $\boldsymbol{A}$ 是 $n\times n$ 矩阵，且 $\boldsymbol{A}\neq\boldsymbol{O}$. 证明：存在 $n\times n$ 非零矩阵 $\boldsymbol{B}$ 使 $\boldsymbol{AB}=\boldsymbol{O}$ 的充要条件是秩$(\boldsymbol{A})<n$.

8. 证明：秩$(\boldsymbol{A}^{\mathrm{T}}\boldsymbol{A})=$秩$(\boldsymbol{A})$.

9. 设秩$(\boldsymbol{A})=r$，且 $\boldsymbol{\alpha}_0, \boldsymbol{\alpha}_1, \boldsymbol{\alpha}_2, \cdots, \boldsymbol{\alpha}_{n-r}$ 为方程组 $\boldsymbol{AX}=\boldsymbol{b}(\boldsymbol{b}\neq\boldsymbol{0})$ 的 $n-r+1$ 个线性无关的解. 试问 $\boldsymbol{\alpha}_1-\boldsymbol{\alpha}_0, \boldsymbol{\alpha}_2-\boldsymbol{\alpha}_0, \cdots, \boldsymbol{\alpha}_{n-r}-\boldsymbol{\alpha}_0$ 是否为 $\boldsymbol{AX}=\boldsymbol{0}$ 的基础解系？为什么？

10. 方程组

$$\begin{cases} a_{11}x_1+a_{12}x_2+\cdots+a_{1n}x_n=0 \\ a_{21}x_1+a_{22}x_2+\cdots+a_{2n}x_n=0 \\ \cdots\cdots \\ a_{n-1,1}x_1+a_{n-1,2}x_2+\cdots+a_{n-1,n}x_n=0 \end{cases}$$

的系数矩阵为

$$\boldsymbol{A}=\begin{pmatrix} a_{11} & a_{12} & \cdots & a_{1n} \\ a_{21} & a_{22} & \cdots & a_{2n} \\ \vdots & \vdots & & \vdots \\ a_{n-1,n} & a_{n-1,2} & \cdots & a_{n-1,n} \end{pmatrix}.$$

设 $M_j(j=1,2,\cdots,n)$是在矩阵 $\boldsymbol{A}$ 中划去第 j 列后得到的 $n-1$ 阶子式. 证明：

(1) $(M_1, -M_2, \cdots, (-1)^{n-1}M_n)$是方程组的一个解；

(2) 如果 $\boldsymbol{A}$ 的秩为 $n-1$，那么方程组的解全是$(M_1, -M_2, \cdots, (-1)^{n-1}M_n)$的倍数.

习题 4

1. 假设向量 $\boldsymbol{\beta}$ 可由向量组 $\boldsymbol{\alpha}_1, \boldsymbol{\alpha}_2, \cdots, \boldsymbol{\alpha}_r$ 线性表示. 证明：表示法是唯一的充分必要条件是 $\boldsymbol{\alpha}_1, \boldsymbol{\alpha}_2, \cdots, \boldsymbol{\alpha}_r$ 线性无关.

2. 设 $\boldsymbol{\alpha}_1, \boldsymbol{\alpha}_2, \cdots, \boldsymbol{\alpha}_r$ 是一组线性无关的向量，$\boldsymbol{\beta}_i=\sum_{j=1}^{r} a_{ij}\boldsymbol{\alpha}_j, i=1,2,\cdots,r$. 证明 $\boldsymbol{\beta}_1, \boldsymbol{\beta}_2, \cdots, \boldsymbol{\beta}_r$ 线性无关的充分必要条件是

$$\begin{vmatrix} a_{11} & a_{12} & \cdots & a_{1r} \\ a_{21} & a_{22} & \cdots & a_{2r} \\ \vdots & \vdots & & \vdots \\ a_{r1} & a_{r2} & \cdots & a_{rr} \end{vmatrix}\neq 0.$$

3. 证明：$\boldsymbol{\alpha}_1, \boldsymbol{\alpha}_2, \cdots, \boldsymbol{\alpha}_s$（其中 $\boldsymbol{\alpha}_1\neq 0$）线性相关的充分必要条件是至少有一 $\boldsymbol{\alpha}_i(1<i\leqslant s)$可以由 $\boldsymbol{\alpha}_1, \boldsymbol{\alpha}_2, \cdots, \boldsymbol{\alpha}_{i-1}$ 线性表示.

4. 已知两个向量组有相同的秩，且其中之一可由另一个线性表示. 证明：这两个向量组等价.

5. 设向量组 $\boldsymbol{\alpha}_1, \boldsymbol{\alpha}_2, \cdots, \boldsymbol{\alpha}_s$ 的秩为 r，在其中任取 m 个向量 $\boldsymbol{\alpha}_{i_1}, \boldsymbol{\alpha}_{i_2}, \cdots\boldsymbol{\alpha}_{i_m}$. 证明：此向量组的秩$\geqslant r+m-s$.

6. 设向量组 $\boldsymbol{\alpha}_1,\boldsymbol{\alpha}_2,\cdots,\boldsymbol{\alpha}_s$ 和 $\boldsymbol{\beta}_1,\boldsymbol{\beta}_2,\cdots,\boldsymbol{\beta}_t$. $\boldsymbol{\alpha}_1,\boldsymbol{\alpha}_2,\cdots,\boldsymbol{\alpha}_s,\boldsymbol{\beta}_1,\boldsymbol{\beta}_2,\cdots,\boldsymbol{\beta}_t$ 的秩分别为 r_1,r_2,r_3. 证明：$\max(r_1,r_2)\leqslant r_3\leqslant r_1+r_2$.

7. 设 $\boldsymbol{\alpha}_0$ 是非齐次线性方程组 $\boldsymbol{AX}=\boldsymbol{b}$ 的一个解，$\boldsymbol{\eta}_1,\boldsymbol{\eta}_2,\cdots,\boldsymbol{\eta}_{n-r}$ 是其导出组的基础解系. 证明：$\boldsymbol{\alpha}_0$，$\boldsymbol{\alpha}_0+\boldsymbol{\eta}_1,\boldsymbol{\alpha}_0+\boldsymbol{\eta}_2,\cdots,\boldsymbol{\alpha}_0+\boldsymbol{\eta}_{n-r}$ 是方程组 $\boldsymbol{AX}=\boldsymbol{b}$ 的一组线性无关的解.

8. 证明上题中的方程组 $\boldsymbol{AX}=\boldsymbol{b}$ 的任意解 $\boldsymbol{\gamma}$ 都可由 $\boldsymbol{\alpha}_0,\boldsymbol{\alpha}_0+\boldsymbol{\eta}_1,\boldsymbol{\alpha}_0+\boldsymbol{\eta}_2,\cdots,\boldsymbol{\alpha}_0+\boldsymbol{\eta}_{n-r}$ 线性表示.

9. 设 $\boldsymbol{\alpha}_i=(\boldsymbol{\alpha}_{i1},\boldsymbol{\alpha}_{i2},\cdots,\boldsymbol{\alpha}_{in}),i=1,2,\cdots,s$，$\boldsymbol{\beta}=(b_1,b_2,\cdots,b_n)$. 证明：如果方程组

$$\begin{cases}a_{11}x_1+a_{12}x_2+\cdots+a_{1n}x_n=0\\a_{21}x_1+a_{22}x_2+\cdots+a_{2n}x_n=0\\\qquad\cdots\cdots\\a_{s1}x_1+a_{s2}x_2+\cdots+a_{sn}x_n=0\end{cases}$$

的解全是方程 $b_1x_1+b_2x_2+\cdots+b_nx_n=0$ 的解，那么 $\boldsymbol{\beta}$ 可由 $\boldsymbol{\alpha}_1,\boldsymbol{\alpha}_2,\cdots,\boldsymbol{\alpha}_s$ 线性表示.

10. 若方程组

$$\begin{cases}a_{11}x_1+a_{12}x_2+\cdots+a_{1n}x_n=b_1\\a_{21}x_1+a_{22}x_2+\cdots+a_{2n}x_n=b_2\\\qquad\cdots\cdots\\a_{n1}x_1+a_{n2}x_2+\cdots+a_{nn}x_n=b_n\end{cases}$$

有唯一解. 证明：

$$\begin{cases}a_{11}x_1+a_{21}x_2+\cdots+a_{n-1,1}x_{n-1}=a_{n1}\\a_{12}x_1+a_{22}x_2+\cdots+a_{n-1,2}x_{n-1}=a_{n2}\\\qquad\cdots\cdots\\a_{1n}x_1+a_{2n}x_2+\cdots+a_{n-1,n}x_{n-1}=a_{nn}\\b_1x_1+b_2x_2+\cdots+b_{n-1}x_{n-1}=b_n\end{cases}$$

无解.

11. 若方程组

$$\begin{cases}a_{11}y_1+a_{12}y_2+\cdots+a_{1n}y_n=b_1\\a_{21}y_1+a_{22}y_2+\cdots+a_{2n}y_n=b_2\\\qquad\cdots\cdots\\a_{m1}y_1+a_{m2}y_2+\cdots+a_{mn}y_n=b_m\end{cases}$$

有解. 证明：方程组

$$\begin{cases}a_{11}x_1+a_{21}x_2+\cdots+a_{m1}x_m=0\\a_{12}x_1+a_{22}x_2+\cdots+a_{m2}x_m=0\\\qquad\cdots\cdots\\a_{1n}x_1+a_{2n}x_2+\cdots+a_{mn}x_m=0\end{cases}$$

的解必满足 $b_1x_1+b_2x_2+\cdots+b_mx_m=0$.

12. 已知 $\boldsymbol{\alpha}_1=\left(\frac{31}{6},\frac{2}{3},-\frac{7}{6},0\right),\boldsymbol{\alpha}_2=\left(5,\frac{2}{3},-1,-\frac{1}{3}\right)$ 是方程组

$$\begin{cases}x_1+2x_2+3x_3+4x_4=a\\\qquad 2x_2+2x_3+bx_4=c\\\qquad 5x_2+2x_3+x_4=c\\3x_1+bx_2+7x_3+2x_4=12\end{cases}$$

的解，试写出方程组的通解.

13. 三元非齐次线性方程组 $\boldsymbol{AX}=\boldsymbol{b}$ 的系数矩阵 $\boldsymbol{A}$ 的秩为 1，$\boldsymbol{\alpha}_1,\boldsymbol{\alpha}_2,\boldsymbol{\alpha}_3$ 为它的三个解向量，且 $\boldsymbol{\alpha}_1+\boldsymbol{\alpha}_2=(1,2,3),\boldsymbol{\alpha}_2+\boldsymbol{\alpha}_3=(2,-1,1),\boldsymbol{\alpha}_3+\boldsymbol{\alpha}_1=(0,2,0)$，求其通解.

14. 设四元齐次线性方程组

$$\text{Ⅰ}:\begin{cases}x_1+x_2=0\\x_2-x_4=0\end{cases};\qquad \text{Ⅱ}:\begin{cases}x_1-x_2+x_3=0\\x_2-x_3+x_4=0\end{cases}.$$

求：(1) 方程组Ⅰ与Ⅱ的基础解系；(2) 方程组Ⅰ与Ⅱ的公共解.

15. 设

$$\mathbf{A}=\begin{pmatrix}a_{11} & a_{12} & \cdots & a_{1n}\\ a_{21} & a_{22} & \cdots & a_{2n}\\ \vdots & \vdots & & \vdots\\ a_{n1} & a_{n2} & \cdots & a_{nn}\end{pmatrix}$$

为实数域上的矩阵. 证明：

(1) 如果 $|a_{ii}|>\sum\limits_{j\neq i}|a_{ij}|, i=1,2,\cdots,n$，那么 $|\mathbf{A}|\neq 0$；

(2) 如果 $a_{ii}>\sum\limits_{j\neq i}|a_{ij}|, i=1,2,\cdots,n$，那么 $|\mathbf{A}|>0$.

第五章

线性空间

第一节 映射·代数运算

作为本章的预备知识，在这一节我们先来介绍一些基本概念，主要是映射和代数运算的概念.

映射是数学学科中最基本的概念之一，正确而深刻地掌握映射概念对于学习任何一门数学学科都是非常重要的，特别是对于学习代数更具有基本的重要性.

定义 1 设 M,N 是两个非空集合，σ 是一个对应法则．如果对于 M 中的每个元素 a，通过 σ，在 N 中都有唯一确定的元素 b 与之对应．则称 σ 是 M 到 N 的映射.

今后我们用符号

$$\sigma: M \to N$$

表示 σ 是 M 到 N 的映射．对于 $a \in M$，如果在 σ 之下，N 中与之对应的元素是 b，

则记作

$$\sigma(a)=b \text{ 或 } \sigma: a \to b,$$

b 就为 a 在映射 σ 下的像，而 a 称为 b 在映射 σ 下的一个原像.

映射概念的要点是：法则 σ 要为 M 中的每个元素都规定对象，对象必须唯一且必在 N 中．只有这样，σ 才是 M 到 N 的映射，至于 N 中的元素是否被用光，则不加限制.

在一个映射里所出现的集合 M 和 N 可以是相同的，此时 M 到自身的映射，也可称为 M 的变换.

【例 1】 设 M 是全体整数的集合，N 是全体偶数的集合，定义

$$\sigma(n)=2n, n\in M,$$

这是 M 到 N 的一个映射.

【例 2】 设 M 是数域 P 上全体 n 阶矩阵的集合，定义

$$\sigma_1(\boldsymbol{A})=|\boldsymbol{A}|, \boldsymbol{A}\in M,$$

这是 M 到 P 的一个映射.

【例 3】 设 M 是数域 P 上全体 n 阶矩阵的集合，定义

$$\sigma_2(a)=a\boldsymbol{E}, a\in P,$$

这是 P 到 M 的一个映射.

【例 4】 对于 $f(x)\in P[x]$，定义

$$\sigma(f(x))=f'(x),$$

这是 $P[x]$到自身的一个映射.

【例 5】 设 M,N 是两个非空的集合，取定 $a_0\in \mathbf{N}$. 定义

$$\sigma(a)=a_0, a\in M,$$

即 σ 把 M 的每个元素都映射到 a_0，这是 M 到 $\mathbf{N}$ 的一个映射.

【例 6】 设 M 是一个非空集合，定义

$$\sigma(a)=a, a\in M,$$

即 σ 把 M 的每个元素都映射到它自身，称为集合 M 的恒等映射或单位映射，记为 1_M. 在不致引起混淆时也简记作 1.

【例 7】 任意一个定义在全体实数上的函数

$$y=f(x)$$

都是实数集合到自身的映射. 因此函数可以认为是映射的一个特殊情形.

对于集合 M 到集合 N 的两个映射 σ 及 τ，若对 M 的每个元素 a 都有 $\sigma(a)=\tau(a)$，则称它们相等，记作 $\sigma=\tau$.

对于映射我们可以定义乘法，设 $\sigma: M\to N, \tau: N\to S$，我们规定 σ 与 τ 的乘积是 M 到 S 的映射

$$\tau\sigma: M\to S,$$

对于任何 $a\in M$，$(\tau\sigma)(a)=\tau(\sigma(a))$.

例如，上面例 2 和例 3 中映射的乘积 $\sigma_2\sigma_1$ 就是把每个 n 阶矩阵 $\boldsymbol{A}$ 映射到数量矩阵 $|\boldsymbol{A}|\boldsymbol{E}$，它是全体 n 阶矩阵的集合到自身的一个映射.

映射的乘法适合结合律. 设

$$\sigma: M\to N, \tau: N\to S, \mu: S\to T.$$

显然$(\mu\tau)\sigma$ 与 $\mu(\tau\sigma)$都是 M 到 T，今证$(\mu\tau)\sigma=\mu(\tau\sigma)$.

证明：对于任意 $a\in M$，由于

$$((\mu\tau)\sigma)(a)=(\mu\tau)(\sigma(a))=\mu(\tau(\sigma(a))),$$

$$(\mu(\tau\sigma))(a)=\mu((\tau\sigma)(a))=\mu(\tau(\sigma(a))),$$

所以$(\mu\tau)\sigma=\mu(\tau\sigma)$.

设 $\sigma: M\to N$.

如果对于任意 $a_1,a_2\in M$，当 $a_1\neq a_2$ 时亦有 $\sigma(a_1)\neq\sigma(a_2)$，或者换句话说，当 $\sigma(a_1)=\sigma(a_2)$时必有 $a_1=a_2$，则称 σ 是 M 到 N 的单射.

如果对于每个 $b\in N$，至少有一个 $a\in M$ 使$\sigma(a)=b$，则称 σ 是 M 到 N 的满射，有时也可以说 σ 是 M 到 N 上的映射.

如果 σ 既是满射又是单射，则称 σ 是 M 到 N 上的 1—1 映射或双射.

前面的例1、3、6中所给出的映射都是单射，例1、2、4、6中所给出的映射都是满射，例1、6中所给出的映射都是双射.

对于M到N的双射σ我们可以自然地定义它的逆映射，记为σ^{-1}. 因为σ是满射，所以N中每个元素都有原像，又因为σ是单射，所以每个元素只有一个原像，我们定义

$$\sigma^{-1}(b)=a，当\sigma(a)=b，$$

其中$a\in M,b\in N$.

显然，σ^{-1}是N到M的一个双射，并且

$$\sigma^{-1}\sigma=1_M,\sigma\sigma^{-1}=1_N.$$

利用映射的定义，我们可以给出代数运算的有关概念.

定义 2 设A,B是两个非空集合. 规定

$$A\times B=\{(a,b)\mid a\in A,b\in B\},$$

集合$A\times B$称为A与B的积.

【例 8】 设$A=\{0,1\},B=\{a,b,c\}$. 则

$$A\times B=\{(0,a),(1,a),(0,b),(1,b),(0,c),(1,c)\},$$
$$B\times A=\{(a,0),(a,1),(b,0),(b,1),(c,0),(c,1)\}.$$

由例8可得，$A\times B\neq B\times A$. 特别地，当$A=B$时，$A\times A$是由A的所有有序元素对构成的集合，记$A\times A=A^2$. 当$a_1,a_2\in A$且$a_1\neq a_2$时，$(a_1,a_2)\neq(a_2,a_1)$. 一般地，集合A的n重积

$$A\times A\times\cdots\times A=\{(a_1,a_2,\cdots,a_n)\mid a_i\in A,i=1,2,\cdots,n\}$$

记为A^n.

定义 3 设A,B,C是三个非空集合. 一个由$A\times B$到C的映射就称为$A\times B$到C的代数运算.

按照映射的定义，所谓$A\times B$到C的映射就是一个法则，它使$A\times B$中的每个元素(a,b)，都有C中唯一确定的元素c与之对应. 换句话说，对于A中任意元素a与B中任意元素b，在这个法则之下都可以得到C中唯一确定的元素c.

特别地，当$A=B=C$时，称$A\times A$到A的代数运算为A上的代数运算.

如此定义的代数运算是一个相当广泛的概念，它基本上包含了以往我们所遇到过的全部运算.

【例 9】 设A是整数集合，B是非负整数集合，C是有理数集合. 令

$$\circ:A\times B\to C:(a,b)\to\frac{a}{b},$$

则“$\circ$”是$A\times B$到C的代数运算，即$a\circ b=\dfrac{a}{b}$.

这里的$\circ$就是普通的除法运算.

【例 10】 几何空间的所有向量全体记为$V^{(3)}$. 规定映射：

$$f_1:V^{(3)}\times V^{(3)}\to V^{(3)}:(\alpha,\beta)\to\alpha+\beta$$
$$f_2:\mathbf{R}\times V^{(3)}\to V^{(3)}:(k,\alpha)\to k\alpha$$

则f_1即为$V^{(3)}$的加法运算，f_2即为$V^{(3)}$的数乘运算.

将集合以及集合上的代数运算看作是一个整体，我们称为一个代数系，也称为代数结构.

习题 5-1

1. 判断下列映射哪些是单射，哪些是满射，哪些是双射.

(1) $f_1:\mathbf{Z}\to\mathbf{Z}, m\to m+1$;

(2) $f_2:\mathbf{R}\to\mathbf{R}, x\to x^2$;

(3) $f_3:\mathbf{C}\to\mathbf{R}, a+bi\to a^2+b^2, a,b\in\mathbf{R}$;

(4) $f_4:\mathbf{Z}\times\mathbf{N}\to\mathbf{Q}, (z,n)\to\dfrac{z}{n+1}$.

2. 设 $M=\{a,b,c\}$，$N=\{1,2\}$. 试定义出一个 M 到 N 的满射.

3. 设 $f:A\to B, g:B\to C$ 都是可逆映射，证明 gf 可逆，且 $(gf)^{-1}=f^{-1}g^{-1}$.

4. 设 A 是所有非零偶数的集合. 找一个集合 B，使普通除法是 $A\times A$ 到 B 的代数运算. 可否找到一个以上的这样的 B？

5. 设 $A=\{a,b,c\}$. 试在 A 中规定两个不同的代数运算. 在 A 中共可定义出多少种代数运算？

第二节　线性空间的定义

线性空间是线性代数的最基本概念之一. 本节我们来介绍它的定义，并由定义推出它的一些简单性质. 一般线性空间的概念是从若干具体对象中抽象概括出来的. 我们先从几个具体的实例谈起.

【例 1】 用 $V^{(3)}$ 表示空间中从原点出发的一切向量（有向线段）的集合. 由解析几何我们知道，在 $V^{(3)}$ 中定义了加法和数量乘法：按照规定的运算结果仍是 $V^{(3)}$ 中的向量. 我们看到，不少几何和力学对象的性质是可以通过向量的这两种运算来描述的.

【例 2】 为了解线性方程组，我们讨论过以 n 元有序数组$(a_1,a_2,\cdots,a_n)$作为元素的 n 维向量空间. 对于它们，也有加法和数量乘法，那就是

$$(a_1,a_2,\cdots,a_n)+(b_1,b_2,\cdots,b_n)=(a_1+b_1,a_2+b_2,\cdots,a_n+b_n),$$
$$k(a_1,a_2,\cdots,a_n)=(ka_1,ka_2,\cdots,ka_n).$$

【例 3】 对于函数，可以定义加法和函数与实数的数量乘法. 例如，考虑全体定义在区间 $[a,b]$ 上的连续函数. 我们知道，连续函数的和是连续函数，连续函数与实数的数量乘积还是连续函数.

类似的例子当然还会举出很多. 抛开这些具体例子的个性，把它们的共性抽象概括出来，就形成了一般线性空间的概念.

定义　设 P 是一个数域，V 是一个非空集合. 如果在 V 中定义了一种代数运算，叫作加法，即 $\forall\boldsymbol{\alpha},\boldsymbol{\beta}\in V$ 都有 $\boldsymbol{\alpha}+\boldsymbol{\beta}\in V$；除加法外，还定义了数域 P 与集合 V 之间的一种运算，叫作数量乘法，即 $\forall k\in P,\boldsymbol{\alpha}\in V$ 都有 $k\boldsymbol{\alpha}\in V$. 如果加法与数量乘法满足下述规则，那么 V 称为数域 P 上的线性空间.

V 中加法满足下面四个规则：

(1) $\boldsymbol{\alpha}+\boldsymbol{\beta}=\boldsymbol{\beta}+\boldsymbol{\alpha}$；

(2) $(\boldsymbol{\alpha}+\boldsymbol{\beta})+\boldsymbol{\gamma}=\boldsymbol{\alpha}+(\boldsymbol{\beta}+\boldsymbol{\gamma})$；

(3) 在 V 中有一个元素 $\mathbf{0}$，$\forall\boldsymbol{\alpha}\in V$，都有 $\boldsymbol{\alpha}+\mathbf{0}=\boldsymbol{\alpha}$（具有这个性质的元素 $\mathbf{0}$ 称为 V 的零元素）；

(4) 对于 $\forall \boldsymbol{\alpha} \in V$，都存在 $\boldsymbol{\beta} \in V$，使得 $\boldsymbol{\alpha}+\boldsymbol{\beta}=\mathbf{0}$（$\boldsymbol{\beta}$ 称为 $\boldsymbol{\alpha}$ 的负元素）.

V 中数量乘法满足下面两个规则：

(5) $1\boldsymbol{\alpha}=\boldsymbol{\alpha}$；

(6) $k(l\boldsymbol{\alpha})=(kl)\boldsymbol{\alpha}$.

加法与数量乘法满足下面两个规则：

(7) $(k+l)\boldsymbol{\alpha}=k\boldsymbol{\alpha}+l\boldsymbol{\alpha}$；

(8) $k(\boldsymbol{\alpha}+\boldsymbol{\beta})=k\boldsymbol{\alpha}+k\boldsymbol{\beta}$.

其中，$k,l \in P$；$\boldsymbol{\alpha},\boldsymbol{\beta} \in V$.

线性空间 V 中的元素称为向量，用小写希腊字母 $\boldsymbol{\alpha},\boldsymbol{\beta},\boldsymbol{\gamma}\cdots$ 表示，当然这里所谓的向量比几何中所谓的向量的含义要广泛得多. 数域 P 中的数称为数量，常用小写的拉丁字母 a，$b,c\cdots$ 表示.

在这种抽象线性空间的定义之下，例 1～3 就是三个具体线性空间的例子. 下面我们再看几个线性空间的例子.

【例 4】 数域 P 上一切 $m\times n$ 矩阵的集合，对于矩阵的加法和数量乘法作成 P 上一个线性空间，记作 $P^{m\times n}$.

【例 5】 数域 P 上一元多项式环 $P[x]$，按通常的多项式加法和数与多项式的乘法，构成一个数域 P 上的线性空间. 如果只考虑其中次数小于 n 的多项式，再添上零多项式也构成数域 P 上的一个线性空间，记作 $P[x]_n$.

【例 6】 复数域 $\mathbf{C}$ 可以看成实数域 $\mathbf{R}$ 上的一个线性空间，把复数的加法理解成 $\mathbf{C}$ 的加法，把实数与复数的乘法理解成数量乘法. 类似地，任何数域都可以看成自身上的线性空间.

应该强调的是，一般线性空间的概念，尽管形式上比较抽象，但它绝不是什么神秘的事物，它只不过是一种代数系统而已. 这里的“空间”一词也仅仅是从几何里借用来的一个术语.

下面我们直接从定义来证明线性空间的一些简单性质.

(1) 零元素是唯一的.

假设 $\mathbf{0}_1,\mathbf{0}_2$ 是线性空间 V 中两个零元素. 我们来证明 $\mathbf{0}_1=\mathbf{0}_2$. 考虑和 $\mathbf{0}_1+\mathbf{0}_2$. 由于 $\mathbf{0}_1$ 是零元素，所以 $\mathbf{0}_1+\mathbf{0}_2=\mathbf{0}_2$；又由于 $\mathbf{0}_2$ 也是零元素，所以 $\mathbf{0}_1+\mathbf{0}_2=\mathbf{0}_1$. 于是 $\mathbf{0}_1=\mathbf{0}_1+\mathbf{0}_2=\mathbf{0}_2$. 这就证明了零元素的唯一性.

(2) 负元素是唯一的.

这就是说，适合条件 $\boldsymbol{\alpha}+\boldsymbol{\beta}=\mathbf{0}$ 的元素 $\boldsymbol{\beta}$ 是被元素 $\boldsymbol{\alpha}$ 唯一决定的.

假设 $\boldsymbol{\alpha}$ 有两个负元素 $\boldsymbol{\beta}$ 与 $\boldsymbol{\gamma}$，即 $\boldsymbol{\alpha}+\boldsymbol{\beta}=\mathbf{0},\boldsymbol{\alpha}+\boldsymbol{\gamma}=\mathbf{0}$. 那么

$$\boldsymbol{\beta}=\boldsymbol{\beta}+\mathbf{0}=\boldsymbol{\beta}+(\boldsymbol{\alpha}+\boldsymbol{\gamma})=(\boldsymbol{\beta}+\boldsymbol{\alpha})+\boldsymbol{\gamma}=\mathbf{0}+\boldsymbol{\gamma}=\boldsymbol{\gamma}.$$

向量 $\boldsymbol{\alpha}$ 的负元素记为 $-\boldsymbol{\alpha}$.

利用负元素，我们定义减法：$\boldsymbol{\alpha}-\boldsymbol{\beta}=\boldsymbol{\alpha}+(-\boldsymbol{\beta})$.

(3) $0\boldsymbol{\alpha}=\mathbf{0}$；$k\mathbf{0}=\mathbf{0}$；$(-1)\boldsymbol{\alpha}=-\boldsymbol{\alpha}$.

我们先来证 $0\boldsymbol{\alpha}=\mathbf{0}$. 因为 $\boldsymbol{\alpha}+0\boldsymbol{\alpha}=1\boldsymbol{\alpha}+0\boldsymbol{\alpha}=(1+0)\boldsymbol{\alpha}=1\boldsymbol{\alpha}=\boldsymbol{\alpha}$. 两边加上 $-\boldsymbol{\alpha}$ 即得 $0\boldsymbol{\alpha}=\mathbf{0}$.

再证第三个等式. 我们有 $\boldsymbol{\alpha}+(-1)\boldsymbol{\alpha}=1\boldsymbol{\alpha}+(-1)\boldsymbol{\alpha}=(1-1)\boldsymbol{\alpha}=0\boldsymbol{\alpha}=\mathbf{0}$. 两边加上 $-\boldsymbol{\alpha}$ 即得 $(-1)\boldsymbol{\alpha}=-\boldsymbol{\alpha}$.

$k\mathbf{0}=\mathbf{0}$ 的证明留给读者去完成.

(4) 如果 $k\boldsymbol{\alpha}=\mathbf{0}$，那么 $k=0$ 或者 $\boldsymbol{\alpha}=\mathbf{0}$.

假设 $k\neq 0$，于是一方面 $k^{-1}(k\boldsymbol{\alpha})=k^{-1}\mathbf{0}=\mathbf{0}$，而另一方面 $k^{-1}(k\boldsymbol{\alpha})=(k^{-1}k)\boldsymbol{\alpha}=1\boldsymbol{\alpha}=\boldsymbol{\alpha}$. 由此即得 $\boldsymbol{\alpha}=\mathbf{0}$. ▌

习题 5-2

1. 以下集合对所给定的运算是否构成实数域上的线性空间?

(1) 单元集$\{0\}$，对于数的加法和乘法；

(2) 有理数集合 $\mathbf{Q}$，对于数的加法和乘法；

(3) 全体实对称（反对称、上三角）矩阵，对于矩阵的加法和数量乘法；

(4) 平面上全体向量所构成的集合 $V^{(2)}$，对通常向量的加法和数量乘法：$k\boldsymbol{\alpha}=0,\forall k\in\mathbf{R},\boldsymbol{\alpha}\in V$;

(5) 全体实函数，对于函数的加法和函数的数量乘法；

(6) 设 $\boldsymbol{A}$ 是一个 n 阶实数矩阵，$\boldsymbol{A}$ 的实系数多项式 $f(\boldsymbol{A})$的全体，对于矩阵的加法和数量乘法.

2. 设 V 是二元有序实数组所构成的集合，有 $V=\{(a,b)\mid a,b\in\mathbf{R}\}$.
试问 V 对于下列所规定的运算是否作成实数域上的线性空间：

(1) $(a,b)\oplus(c,d)=(a+c,b+d)$,
$k\circ(a,b)=(ka,kb)$;

(2) $(a,b)\oplus(c,d)=(a+d,b+c)$,
$k\circ(a,b)=(ka,b)$;

(3) $(a,b)\oplus(c,d)=(a+c,b+d+ac)$,
$k\circ(a,b)=(ka,kb+\dfrac{k(k-1)}{2}a^2)$.

3. 设 V 是数域 P 上的一个线性空间，证明：$V=\{0\}$ 或者 V 包含无穷多个向量.

4. 设 $f(x)$为数域 P 上的多项式，$f(x)$的所有倍式的集合记为$(f(x))$：$(f(x))=\{u(x)f(x)\mid u(x)\in P[x]\}$. 证明：$(f(x))$对于多项式的加法和数与多项式的乘法作成一个线性空间.

5. 设 V 是线性空间，证明：

(1) $a(\boldsymbol{\alpha}-\boldsymbol{\beta})=a\boldsymbol{\alpha}-a\boldsymbol{\beta},\boldsymbol{\alpha},\boldsymbol{\beta}\in V,a\in P$;

(2) $(a-b)\boldsymbol{\alpha}=a\boldsymbol{\alpha}-b\boldsymbol{\alpha},a,b\in P,\boldsymbol{\alpha}\in V$.

6. 证明：线性空间定义中的条件“$1\boldsymbol{\alpha}=\boldsymbol{\alpha}$”不能由其余条件推出.

第三节　维数 · 基与坐标

在第四章第三节中，我们曾经在线性空间 P^n 中引入了一系列的几何概念，如线性组合、线性表示、向量组等价、线性相关、线性无关、极大线性无关组、向量组的秩等，同时还证明了几个重要的命题和定理. 所有这些概念、命题和定理包括它们的证明都可以应用到一般的线性空间中来. 我们不再重复这些论证，只是把几个常用的结论叙述如下：

(1) 单个向量 $\boldsymbol{\alpha}$ 是线性相关的充分必要条件是 $\boldsymbol{\alpha}=\mathbf{0}$. 两个以上的向量 $\boldsymbol{\alpha}_1,\boldsymbol{\alpha}_2,\cdots,\boldsymbol{\alpha}_r$ 线性相关的充分必要条件是其中有一个向量是其余向量的线性组合.

(2) 如果向量组 $\boldsymbol{\alpha}_1,\boldsymbol{\alpha}_2,\cdots,\boldsymbol{\alpha}_r$ 线性无关，而且可以由 $\boldsymbol{\beta}_1,\boldsymbol{\beta}_2,\cdots,\boldsymbol{\beta}_s$ 线性表示，那么 $r\leqslant s$. 由此推出，两个等价的线性无关的向量组，必定含有相同个数的向量.

(3) 如果向量组 $\boldsymbol{\alpha}_1,\boldsymbol{\alpha}_2,\cdots,\boldsymbol{\alpha}_r$ 线性无关，但向量组 $\boldsymbol{\alpha}_1,\boldsymbol{\alpha}_2,\cdots,\boldsymbol{\alpha}_r,\boldsymbol{\beta}$ 线性相关，那么 $\boldsymbol{\beta}$ 可以由 $\boldsymbol{\alpha}_1,\boldsymbol{\alpha}_2,\cdots,\boldsymbol{\alpha}_r$ 线性表示，且表示法唯一.

我们知道，在几何空间 $V^{(3)}$ 中，最多可以找到 3 个线性无关的向量，而任意 4 个向量都线性相关. 在线性空间 P^n 中最多可以找到 n 个线性无关的向量，而任意 $n+1$ 个向量都线性相关．在一个线性空间中，最多能有多少个线性无关的向量，显然是线性空间的一个重要性质．

定义 1 如果在线性空间 V 中有 n 个线性无关的向量，但是没有更多数目的线性无关的向量，那么 V 就称为 n 维的．如果在 V 中可以找到任意多个线性无关的向量，那么 V 就称为无限维的．V 的维数记作 $\dim V$．

设 V 只含有一个零向量：$V=\{\mathbf{0}\}$．V 中的加法定义为 $\mathbf{0}+\mathbf{0}=\mathbf{0}$．对于任意数域 P，数量乘法定义为 $k\mathbf{0}=\mathbf{0}$，其中 k 是 P 中的任意数．不难验证，V 是 P 上的线性空间．这样的线性空间称为零空间，零空间的维数规定为零．

由定义易知：$\dim V^{(3)}=3, \dim P^n=n, \dim P[x]=\infty$．

在线性空间 $P[x]$中，对于任给的 n，向量组 $1,x,x^2,\cdots x^{n-1}$ 都是线性无关的．所以线性空间 $P[x]$是无限维的．无限维线性空间是一个专门的研究对象，它与有限维线性空间有很大的差别．在本书中，我们主要讨论有限维线性空间．

在解析几何中我们看到，为了研究向量的性质，引入坐标是一个重要的步骤．对于有限维空间，坐标同样是一个有力的工具．

定义 2 在 n 维线性空间 V 中，任意 n 个线性无关的向量 $\boldsymbol{\varepsilon}_1,\boldsymbol{\varepsilon}_2,\cdots,\boldsymbol{\varepsilon}_n$ 都称为 V 的一组基．

定义 3 设 V 是一个 n 维线性空间，$\boldsymbol{\varepsilon}_1,\boldsymbol{\varepsilon}_2,\cdots,\boldsymbol{\varepsilon}_n$ 是 V 的一组基．于是对于任意 $\boldsymbol{\alpha}\in V$，$\boldsymbol{\varepsilon}_1,\boldsymbol{\varepsilon}_2,\cdots,\boldsymbol{\varepsilon}_n,\boldsymbol{\alpha}$ 线性相关，因此 $\boldsymbol{\alpha}$ 可以被基 $\boldsymbol{\varepsilon}_1,\boldsymbol{\varepsilon}_2,\cdots,\boldsymbol{\varepsilon}_n$ 线性表示：

$$\boldsymbol{\alpha}=a_1\boldsymbol{\varepsilon}_1+a_2\boldsymbol{\varepsilon}_2+\cdots+a_n\boldsymbol{\varepsilon}_n.$$

其中系数 $a_1,a_2,\cdots,a_n$ 是被向量 $\boldsymbol{\alpha}$ 和基 $\boldsymbol{\varepsilon}_1,\boldsymbol{\varepsilon}_2,\cdots,\boldsymbol{\varepsilon}_n$ 唯一确定的，这组数就称为 $\boldsymbol{\alpha}$ 在基 $\boldsymbol{\varepsilon}_1,\boldsymbol{\varepsilon}_2,\cdots,\boldsymbol{\varepsilon}_n$ 下的坐标，记作$(a_1,a_2,\cdots,a_n)$．

由定义 3，在给出空间 V 的一组基之前，必须先确定 V 的维数．实际上，这两个问题常常是同时解决的．

定理 1 如果在线性空间 V 中有 n 个线性无关的向量 $\boldsymbol{\alpha}_1,\boldsymbol{\alpha}_2,\cdots,\boldsymbol{\alpha}_n$，且 V 中任一向量都可以由它们线性表示，那么 V 的维数是 n，而 $\boldsymbol{\alpha}_1,\boldsymbol{\alpha}_2,\cdots,\boldsymbol{\alpha}_n$ 就是 V 的一组基．

证 由于 $\boldsymbol{\alpha}_1,\boldsymbol{\alpha}_2,\cdots,\boldsymbol{\alpha}_n$ 线性无关，那么 V 的维数至少是 n．为了证明 V 的维数是 n，只需证明 V 中任意 $n+1$ 个向量必定线性相关．设

$$\beta_1,\cdots,\beta_n,\beta_{n+1}$$

是 V 中任意 $n+1$ 个向量，它们可以由 $\boldsymbol{\alpha}_1,\boldsymbol{\alpha}_2,\cdots,\boldsymbol{\alpha}_n$ 线性表示．假如它们线性无关，则有 $n+1\leqslant n$，矛盾．∎

下面我们来看几个例子．

【例 1】 在线性空间 $P[x]_n$ 中，

$$1,x,x^2,\cdots,x^{n-1}$$

是 n 个线性无关的量，而且数域 P 上每个次数小于 n 的多项式都可以由它们线性表示，所以 $\dim P[x]_n=n$，而 $1,x,x^2,\cdots,x^{n-1}$ 就是 $P[x]_n$ 的一组基．

在这组基下，多项式 $f(x)=a_0+a_1x+\cdots+a_{n-1}x^{n-1}$ 的坐标就是它的系数$(a_0,a_1,\cdots,a_{n-1})$．

如果在 $P[x]_n$ 中取另外一组基

$$\boldsymbol{\varepsilon}_1'=1,\boldsymbol{\varepsilon}_2'=x-a,\cdots,\boldsymbol{\varepsilon}_n'=(x-a)^{n-1},$$

那么按泰勒展开公式

$$f(x)=f(a)+f'(a)(x-a)+\cdots+\frac{f^{(n-1)}(a)}{(n-1)!}(x-a)^{n-1},$$

因此，$f(x)$在基$\boldsymbol{\varepsilon}_1',\boldsymbol{\varepsilon}_2',\cdots,\boldsymbol{\varepsilon}_n'$下的坐标是

$$\left(f(a),f'(a),\cdots,\frac{f^{(n-1)}(a)}{(n-1)!}\right).$$

【例 2】 在 n 维线性空间 P^n 中，显然

$$\begin{cases}\boldsymbol{\varepsilon}_1=(1,0,\cdots,0)\\ \boldsymbol{\varepsilon}_2=(0,1,\cdots,0)\\ \quad\cdots\cdots\\ \boldsymbol{\varepsilon}_n=(0,0,\cdots,1)\end{cases}$$

是一组基. 对于每一个向量 $\boldsymbol{\alpha}=(a_1,a_2,\cdots,a_n)\in P^n$，都有

$$\boldsymbol{\alpha}=a_1\boldsymbol{\varepsilon}_1+a_2\boldsymbol{\varepsilon}_2+\cdots+a_n\boldsymbol{\varepsilon}_n.$$

所以$(a_1,a_2,\cdots,a_n)$就是向量 $\boldsymbol{\alpha}$ 在这组基下的坐标.

不难证明

$$\begin{cases}\boldsymbol{\varepsilon}_1'=(1,1,\cdots,1)\\ \boldsymbol{\varepsilon}_2'=(0,1,\cdots,1)\\ \quad\cdots\cdots\\ \boldsymbol{\varepsilon}_n'=(0,0,\cdots,1)\end{cases}$$

是 P^n 中 n 个线性无关的向量. 在基$\boldsymbol{\varepsilon}_1',\boldsymbol{\varepsilon}_2',\cdots,\boldsymbol{\varepsilon}_n'$下，对于向量 $\boldsymbol{\alpha}=(a_1,a_2,\cdots,a_n)$，有

$$\boldsymbol{\alpha}=a_1\boldsymbol{\varepsilon}_1'+(a_2-a_1)\boldsymbol{\varepsilon}_2'+\cdots+(a_n-a_{n-1})\boldsymbol{\varepsilon}_n',$$

因此，$\boldsymbol{\alpha}$ 在基$\boldsymbol{\varepsilon}_1',\boldsymbol{\varepsilon}_2',\cdots,\boldsymbol{\varepsilon}_n'$下的坐标为$(a_1,a_2-a_1,\cdots,a_n-a_{n-1})$.

【例 3】 将复数域 $\mathbf{C}$ 看作实数域 $\mathbf{R}$ 上的线性空间，求它的一组基和维数，并求每一个复数 $\boldsymbol{\alpha}=a+b\mathbf{i}$ 在这个基下的坐标.

由于每一个复数 α 可以写成$\boldsymbol{\alpha}=a\times1+b\mathbf{i}(a,b\in\mathbf{R})$，故 $\boldsymbol{\alpha}$ 可以用 $1,\mathbf{i}$ 线性表示，又若 $k_1\times1+k_2\mathbf{i}=0(k_1,k_2\in\mathbf{R})$，由复数相等定义得，$k_1=k_2=0$. 故 $1,\mathbf{i}$ 是线性空间 $\mathbf{C}$ 的一组基，且 $\dim\mathbf{C}=2$. 复数 $\boldsymbol{\alpha}=a+b\mathbf{i}(a,b\in R)$在基 $1,\mathbf{i}$ 下的坐标是(a,b).

注意，如果把复数域 $\mathbf{C}$ 看作是自身上的线性空间，那么它的一组基是 1，且 $\dim\mathbf{C}=1$. 这个例子说明，线性空间的维数与所考虑的数域有关.

习题 5-3

1. 设 $\mathbf{R}$ 是实数域，判别下列向量组是否作成 $\mathbf{R}^3$ 的一组基.

(1) $(1,1,1),(1,-1,5)$;

(2) $(1,2,3),(1,0,-1),(3,-1,0),(2,1,-2)$;

(3) $(1,1,1),(1,2,3),(2,-1,1)$;

(4) $(1,1,2),(1,2,5),(5,3,4)$.

2. 试把向量组 $\boldsymbol{\alpha}_1=(2,1,-1,3),\boldsymbol{\alpha}_2=(-1,0,1,2)$扩充为 $\mathbf{R}^4$ 的一组基.

3. 证明：如果 $f_1(x),f_2(x),f_3(x)$是线性空间 $P[x]$中三个互素的多项式，但其中任意两个都不互素，那么它们线性无关.

4. 证明：若 $\boldsymbol{\alpha}_1,\boldsymbol{\alpha}_2,\cdots,\boldsymbol{\alpha}_n$ 是数域 P 上线性空间 V 的一组基，则 $\forall l\in P,\boldsymbol{\alpha}_1+l\boldsymbol{\alpha}_n,\boldsymbol{\alpha}_2,\cdots,\boldsymbol{\alpha}_n$ 也是 V 的一组基.

5. 设 P 是数域，在 P^4 中求向量 $\boldsymbol{\alpha}$ 在基 $\boldsymbol{\alpha}_1,\boldsymbol{\alpha}_2,\boldsymbol{\alpha}_3,\boldsymbol{\alpha}_4$ 下的坐标：

(1) $\boldsymbol{\alpha}=(1,2,1,1),\boldsymbol{\alpha}_1=(1,1,1,1),\boldsymbol{\alpha}_2=(1,1,-1,-1),\boldsymbol{\alpha}_3=(1,-1,1,-1),\boldsymbol{\alpha}_4=(1,-1,-1,1)$;

(2) $\boldsymbol{\alpha}=(0,0,0,1),\boldsymbol{\alpha}_1=(1,1,0,1),\boldsymbol{\alpha}_2=(2,1,3,1),\boldsymbol{\alpha}_3=(1,1,0,0),\boldsymbol{\alpha}_4=(0,1,-1,-1)$.

6. 证明：如果线性空间 V 中每个向量都可由 V 中 n 个向量 $\boldsymbol{\alpha}_1,\boldsymbol{\alpha}_2,\cdots,\boldsymbol{\alpha}_n$ 线性表示，且有一个向量表示法是唯一的，则 V 为 n 维空间，并且这组向量是它的一组基.

第四节　基变换与坐标变换

在 n 维线性空间 V 中，任意 n 个线性无关的向量都可以取作空间 V 的一组基. 对于不同的基，同一个向量的坐标一般是不同的. 本章第三节的例子已经说明了这一点. 现在我们来看，随着基的改变，向量的坐标是怎样变化的.

我们先来介绍向量行矩阵及其运算.

设 V 是数域 P 上的线性空间. 对 $\boldsymbol{\alpha}_1,\boldsymbol{\alpha}_2,\cdots,\boldsymbol{\alpha}_m\in V,\boldsymbol{\beta}_1,\boldsymbol{\beta}_2,\cdots,\boldsymbol{\beta}_m\in V$，称$(\boldsymbol{\alpha}_1,\boldsymbol{\alpha}_2,\cdots,\boldsymbol{\alpha}_m)$，$(\boldsymbol{\beta}_1,\boldsymbol{\beta}_2,\cdots,\boldsymbol{\beta}_m)$为 $1\times m$ 向量矩阵，简称向量行矩阵. 定义

$$(\boldsymbol{\alpha}_1,\boldsymbol{\alpha}_2,\cdots,\boldsymbol{\alpha}_m)+(\boldsymbol{\beta}_1,\boldsymbol{\beta}_2,\cdots,\boldsymbol{\beta}_m)=(\boldsymbol{\alpha}_1+\boldsymbol{\beta}_1,\boldsymbol{\alpha}_2+\boldsymbol{\beta}_2,\cdots,\boldsymbol{\alpha}_m+\boldsymbol{\beta}_m)$$

为向量行矩阵的加法. 设 $\boldsymbol{A}=(a_{ij})\in P^{m\times t}$，定义向量行矩阵右乘数字矩阵为

$$(\boldsymbol{\alpha}_1,\boldsymbol{\alpha}_2,\cdots,\boldsymbol{\alpha}_m)\boldsymbol{A}=(\boldsymbol{\beta}_1,\boldsymbol{\beta}_2,\cdots,\boldsymbol{\beta}_t),$$

其中 $\boldsymbol{\beta}_j=a_{1j}\boldsymbol{\alpha}_1+a_{2j}\boldsymbol{\alpha}_2+\cdots+a_{mj}\boldsymbol{\alpha}_m,j=1,2,\cdots,t$.

设 $\boldsymbol{A},\boldsymbol{B}\in P^{m\times t},\boldsymbol{C}\in P^{t\times n}$，则向量行矩阵右乘数字矩阵有下列结果：

$$[(\boldsymbol{\alpha}_1,\boldsymbol{\alpha}_2,\cdots,\boldsymbol{\alpha}_m)\boldsymbol{A}]\boldsymbol{C}=(\boldsymbol{\alpha}_1,\boldsymbol{\alpha}_2,\cdots,\boldsymbol{\alpha}_m)(\boldsymbol{AC}),$$

$$(\boldsymbol{\alpha}_1,\boldsymbol{\alpha}_2,\cdots,\boldsymbol{\alpha}_m)\boldsymbol{A}+(\boldsymbol{\alpha}_1,\boldsymbol{\alpha}_2,\cdots,\boldsymbol{\alpha}_m)\boldsymbol{B}=(\boldsymbol{\alpha}_1,\boldsymbol{\alpha}_2,\cdots,\boldsymbol{\alpha}_m)(\boldsymbol{A}+\boldsymbol{B}),$$

$$(\boldsymbol{\alpha}_1,\boldsymbol{\alpha}_2,\cdots,\boldsymbol{\alpha}_m)\boldsymbol{A}+(\boldsymbol{\beta}_1,\boldsymbol{\beta}_2,\cdots,\boldsymbol{\beta}_m)\boldsymbol{A}=(\boldsymbol{\alpha}_1+\boldsymbol{\beta}_1,\boldsymbol{\alpha}_2+\boldsymbol{\beta}_2,\cdots,\boldsymbol{\alpha}_m+\boldsymbol{\beta}_m)\boldsymbol{A}.$$

下面利用上述向量行矩阵及其运算，讨论线性空间中的基变换和坐标变换问题.

设 $\boldsymbol{\alpha}_1,\boldsymbol{\alpha}_2,\cdots,\boldsymbol{\alpha}_n$ 和 $\boldsymbol{\beta}_1,\boldsymbol{\beta}_2,\cdots,\boldsymbol{\beta}_n$ 是 n 维线性空间 V 中的两组基，它们的关系是

$$\begin{cases}\boldsymbol{\beta}_1=a_{11}\boldsymbol{\alpha}_1+a_{21}\boldsymbol{\alpha}_2+\cdots+a_{n1}\boldsymbol{\alpha}_n\\ \boldsymbol{\beta}_2=a_{12}\boldsymbol{\alpha}_1+a_{22}\boldsymbol{\alpha}_2+\cdots+a_{n2}\boldsymbol{\alpha}_n\\ \qquad\cdots\cdots\\ \boldsymbol{\beta}_n=a_{1n}\boldsymbol{\alpha}_1+a_{2n}\boldsymbol{\alpha}_2+\cdots+a_{nn}\boldsymbol{\alpha}_n\end{cases},\tag{5-1}$$

则式(5-1) 可以表示为

$$(\boldsymbol{\beta}_1,\boldsymbol{\beta}_2,\cdots,\boldsymbol{\beta}_n)=(\boldsymbol{\alpha}_1,\boldsymbol{\alpha}_2,\cdots,\boldsymbol{\alpha}_n)\begin{pmatrix}a_{11}&a_{12}&\cdots&a_{1n}\\a_{21}&a_{22}&\cdots&a_{2n}\\\vdots&\vdots&&\vdots\\a_{n1}&a_{n2}&\cdots&a_{nn}\end{pmatrix}.\tag{5-2}$$

称矩阵

$$\boldsymbol{A}=\begin{pmatrix}a_{11}&a_{12}&\cdots&a_{1n}\\a_{21}&a_{22}&\cdots&a_{2n}\\\vdots&\vdots&&\vdots\\a_{n1}&a_{n2}&\cdots&a_{nn}\end{pmatrix}$$

为由基 $\boldsymbol{\alpha}_1,\boldsymbol{\alpha}_2,\cdots,\boldsymbol{\alpha}_n$ 到基 $\boldsymbol{\beta}_1,\boldsymbol{\beta}_2,\cdots,\boldsymbol{\beta}_n$ 的过渡矩阵.

显然，过渡矩阵 $\boldsymbol{A}$ 的第 j 列$(a_{1j},a_{2j},\cdots,a_{nj})^{\mathrm{T}}$ 是 $\boldsymbol{\beta}_j$ 在基 $\boldsymbol{\alpha}_1,\boldsymbol{\alpha}_2,\cdots,\boldsymbol{\alpha}_n$ 下的坐标. 由

坐标唯一性可知，过渡矩阵 $\boldsymbol{A}$ 由 $\boldsymbol{\alpha}_1,\boldsymbol{\alpha}_2,\cdots,\boldsymbol{\alpha}_n$ 和 $\boldsymbol{\beta}_1,\boldsymbol{\beta}_2,\cdots,\boldsymbol{\beta}_n$ 唯一确定. 特别地，一组基到自身的过渡矩阵是单位矩阵.

过渡矩阵有下列性质.

定理 2 设 $\boldsymbol{\alpha}_1,\boldsymbol{\alpha}_2,\cdots,\boldsymbol{\alpha}_n$ 是 n 维线性空间 V 的一组基，$\boldsymbol{A}\in P^{n\times n}$，且

$$(\boldsymbol{\beta}_1,\boldsymbol{\beta}_2,\cdots,\boldsymbol{\beta}_n)=(\boldsymbol{\alpha}_1,\boldsymbol{\alpha}_2,\cdots,\boldsymbol{\alpha}_n)\boldsymbol{A}, \tag{5-3}$$

则 $\boldsymbol{\beta}_1,\boldsymbol{\beta}_2,\cdots,\boldsymbol{\beta}_n$ 是 V 的基的充要条件是 $\boldsymbol{A}$ 可逆.

证 必要性：若 $\boldsymbol{\beta}_1,\boldsymbol{\beta}_2,\cdots,\boldsymbol{\beta}_n$ 是 V 的基，设

$$(\boldsymbol{\alpha}_1,\boldsymbol{\alpha}_2,\cdots,\boldsymbol{\alpha}_n)=(\boldsymbol{\beta}_1,\boldsymbol{\beta}_2,\cdots,\boldsymbol{\beta}_n)\boldsymbol{B}, \tag{5-4}$$

其中 $\boldsymbol{B}\in P^{n\times n}$. 将式(5-4) 代入式(5-3) 得

$$(\boldsymbol{\beta}_1,\boldsymbol{\beta}_2,\cdots,\boldsymbol{\beta}_n)=[(\boldsymbol{\beta}_1,\boldsymbol{\beta}_2,\cdots,\boldsymbol{\beta}_n)\boldsymbol{B}]\boldsymbol{A}=(\boldsymbol{\beta}_1,\boldsymbol{\beta}_2,\cdots,\boldsymbol{\beta}_n)(\boldsymbol{BA}).$$

由基到自身的过渡矩阵是单位矩阵以及过渡矩阵的唯一性可得 $\boldsymbol{BA}=\boldsymbol{E}$，故 $\boldsymbol{A}$ 可逆.

充分性：若 $\boldsymbol{A}$ 可逆，用 $\boldsymbol{A}^{-1}$ 右乘式(5-3) 两端，得

$$(\boldsymbol{\alpha}_1,\boldsymbol{\alpha}_2,\cdots,\boldsymbol{\alpha}_n)=(\boldsymbol{\beta}_1,\boldsymbol{\beta}_2,\cdots,\boldsymbol{\beta}_n)\boldsymbol{A}^{-1}, \tag{5-5}$$

式(5-3) 和式(5-5) 说明，向量组 $\boldsymbol{\alpha}_1,\boldsymbol{\alpha}_2,\cdots,\boldsymbol{\alpha}_n$ 与 $\boldsymbol{\beta}_1,\boldsymbol{\beta}_2,\cdots,\boldsymbol{\beta}_n$ 等价. 由于 $\boldsymbol{\alpha}_1,\boldsymbol{\alpha}_2,\cdots,\boldsymbol{\alpha}_n$ 线性无关，故 $\boldsymbol{\beta}_1,\boldsymbol{\beta}_2,\cdots,\boldsymbol{\beta}_n$ 线性无关，即 $\boldsymbol{\beta}_1,\boldsymbol{\beta}_2,\cdots,\boldsymbol{\beta}_n$ 是 V 的基. ■

由定理 2 可知，过渡矩阵是可逆的. 另外，定理 2 还给出一种由线性空间的一组基求其另一组基的方法.

现在来讨论线性空间中向量的坐标变换问题.

定理 3 设 $\boldsymbol{\alpha}_1,\boldsymbol{\alpha}_2,\cdots,\boldsymbol{\alpha}_n$ 和 $\boldsymbol{\beta}_1,\boldsymbol{\beta}_2,\cdots,\boldsymbol{\beta}_n$ 是 n 维线性空间 V 中的两组基，且

$$(\boldsymbol{\beta}_1,\boldsymbol{\beta}_2,\cdots,\boldsymbol{\beta}_n)=(\boldsymbol{\alpha}_1,\boldsymbol{\alpha}_2,\cdots,\boldsymbol{\alpha}_n)\boldsymbol{A}$$

向量 $\boldsymbol{\xi}\in V$ 在上述两组基下的坐标分别为 $(x_1,x_2,\cdots,x_n)$，$(y_1,y_2,\cdots,y_n)$. 则

$$\begin{pmatrix}x_1\\x_2\\\vdots\\x_n\end{pmatrix}=\boldsymbol{A}\begin{pmatrix}y_1\\y_2\\\vdots\\y_n\end{pmatrix}. \tag{5-6}$$

证 记

$$\boldsymbol{X}=\begin{pmatrix}x_1\\x_2\\\vdots\\x_n\end{pmatrix},\boldsymbol{Y}=\begin{pmatrix}y_1\\y_2\\\vdots\\y_n\end{pmatrix},$$

则

$$\boldsymbol{\xi}=(\boldsymbol{\alpha}_1,\boldsymbol{\alpha}_2,\cdots,\boldsymbol{\alpha}_n)\boldsymbol{X}=(\boldsymbol{\beta}_1,\boldsymbol{\beta}_2,\cdots,\boldsymbol{\beta}_n)\boldsymbol{Y},$$

由式(5-3) 可得

$$\boldsymbol{\xi}=(\boldsymbol{\alpha}_1,\boldsymbol{\alpha}_2,\cdots,\boldsymbol{\alpha}_n)\boldsymbol{X}=(\boldsymbol{\alpha}_1,\boldsymbol{\alpha}_2,\cdots,\boldsymbol{\alpha}_n)\boldsymbol{AY}.$$

由于 $\boldsymbol{\xi}$ 在 $\boldsymbol{\alpha}_1,\boldsymbol{\alpha}_2,\cdots,\boldsymbol{\alpha}_n$ 下坐标是唯一的，故 $\boldsymbol{X}=\boldsymbol{AY}$，即式(5-6) 成立. ■

式(5-6) 称为在基变换［式(5-3)］下的坐标变换公式.

【例 1】 在本章第三节例 2 中，我们有

$$(\boldsymbol{\varepsilon}_1',\boldsymbol{\varepsilon}_2',\cdots,\boldsymbol{\varepsilon}_n')=(\boldsymbol{\varepsilon}_1,\boldsymbol{\varepsilon}_2,\cdots,\boldsymbol{\varepsilon}_n)\begin{pmatrix}1&0&\cdots&0\\1&1&\cdots&0\\\vdots&\vdots&&\vdots\\1&1&\cdots&1\end{pmatrix}.$$

这里

$$A=\begin{pmatrix}1&0&\cdots&0\\1&1&\cdots&0\\\vdots&\vdots&&\vdots\\1&1&\cdots&1\end{pmatrix}$$

就是过渡矩阵，不难得出

$$A^{-1}=\begin{pmatrix}1&0&0&\cdots&0\\-1&1&0&\cdots&0\\0&-1&1&\cdots&0\\\vdots&\vdots&\vdots&&\vdots\\0&0&0&\cdots&1\end{pmatrix},$$

因此

$$\begin{pmatrix}x_1\\x_2\\\vdots\\x_2\end{pmatrix}=\begin{pmatrix}1&0&0&\cdots&0\\-1&1&0&\cdots&0\\0&-1&1&\cdots&0\\\vdots&\vdots&\vdots&&\vdots\\0&0&0&\cdots&1\end{pmatrix}\begin{pmatrix}a_1\\a_2\\\vdots\\a_n\end{pmatrix},$$

也就是

$$x_1=a_1,x_2=a_2-a_1,\cdots,x_n=a_n-a_{n-1}.$$

这与本章第三节所得出的结果完全一样.

【例 2】 在 3 维线性空间 V 中，设两组基

$$\boldsymbol{\alpha}_1=(1,0,1),\boldsymbol{\alpha}_2=(1,1,-1),\boldsymbol{\alpha}_3=(-2,1,0),$$
$$\boldsymbol{\beta}_1=(1,1,1),\boldsymbol{\beta}_2=(1,1,-1),\boldsymbol{\beta}_3=(1,-1,-1).$$

求由基 $\boldsymbol{\alpha}_1,\boldsymbol{\alpha}_2,\boldsymbol{\alpha}_3$ 到基 $\boldsymbol{\beta}_1,\boldsymbol{\beta}_2,\boldsymbol{\beta}_3$ 的过渡矩阵，并求向量 $\boldsymbol{\xi}=(1,-1,0)$在基 $\boldsymbol{\alpha}_1,\boldsymbol{\alpha}_2,\boldsymbol{\alpha}_3$ 下的坐标.

解 取 V 的标准基 $\boldsymbol{\varepsilon}_1,\boldsymbol{\varepsilon}_2,\boldsymbol{\varepsilon}_3$，则

$$(\boldsymbol{\alpha}_1,\boldsymbol{\alpha}_2,\boldsymbol{\alpha}_3)=(\boldsymbol{\varepsilon}_1,\boldsymbol{\varepsilon}_2,\boldsymbol{\varepsilon}_3)\boldsymbol{A},$$
$$(\boldsymbol{\beta}_1,\boldsymbol{\beta}_2,\boldsymbol{\beta}_3)=(\boldsymbol{\varepsilon}_1,\boldsymbol{\varepsilon}_2,\boldsymbol{\varepsilon}_3)\boldsymbol{B}.$$

其中

$$\boldsymbol{A}=\begin{pmatrix}1&1&-2\\0&1&1\\1&-1&0\end{pmatrix},\boldsymbol{B}=\begin{pmatrix}1&1&1\\1&1&-1\\1&-1&-1\end{pmatrix}.$$

于是

$$(\boldsymbol{\beta}_1,\boldsymbol{\beta}_2,\boldsymbol{\beta}_3)=(\boldsymbol{\varepsilon}_1,\boldsymbol{\varepsilon}_2,\boldsymbol{\varepsilon}_3)\boldsymbol{B}=(\boldsymbol{\alpha}_1,\boldsymbol{\alpha}_2,\boldsymbol{\alpha}_3)(\boldsymbol{A}^{-1}\boldsymbol{B}).$$

由于 $\boldsymbol{\xi}$ 在基 $\boldsymbol{\varepsilon}_1,\boldsymbol{\varepsilon}_2,\boldsymbol{\varepsilon}_3$ 下的坐标是(1,−1,0)，故 $\boldsymbol{\xi}$ 在基 $\boldsymbol{\alpha}_1,\boldsymbol{\alpha}_2,\boldsymbol{\alpha}_3$ 下的坐标为

$$\boldsymbol{A}^{-1}\begin{pmatrix}1\\-1\\0\end{pmatrix}.$$

对以 $\boldsymbol{\alpha}_1,\boldsymbol{\alpha}_2,\boldsymbol{\alpha}_3,\boldsymbol{\beta}_1,\boldsymbol{\beta}_2,\boldsymbol{\beta}_3,\boldsymbol{\xi}$ 为列构成的矩阵进行初等行变换：

$$\begin{pmatrix}1&1&-2&1&1&1&1\\0&1&1&1&1&-1&-1\\1&-1&0&1&-1&-1&0\end{pmatrix}\to\begin{pmatrix}1&0&0&\frac{3}{2}&0&-1&-\frac{1}{4}\\0&1&0&\frac{1}{2}&1&0&-\frac{1}{4}\\0&0&1&\frac{1}{2}&0&-1&-\frac{3}{4}\end{pmatrix}.$$

故由基 $\boldsymbol{\alpha}_1,\boldsymbol{\alpha}_2,\boldsymbol{\alpha}_3$ 到基 $\boldsymbol{\beta}_1,\boldsymbol{\beta}_2,\boldsymbol{\beta}_3$ 的过渡矩阵为

$$\boldsymbol{A}^{-1}\boldsymbol{B}=\begin{pmatrix}\frac{3}{2}&0&-1\\\frac{1}{2}&1&0\\\frac{1}{2}&0&-1\end{pmatrix}.$$

ξ 在基 $\boldsymbol{\alpha}_1,\boldsymbol{\alpha}_2,\boldsymbol{\alpha}_3$ 下的坐标为 $\left(-\frac{1}{4},-\frac{1}{4},-\frac{3}{4}\right)$.

习题 5-4

1. 证明：$x^3,x^3+x,x^2+1,x+1$ 是 $P[x]_4$ 的一组基，并求出由基 $1,x,x^2,x^3$ 到这组基的过渡矩阵.

2. 在 P^4 中，求由基 $\boldsymbol{\varepsilon}_1,\boldsymbol{\varepsilon}_2,\boldsymbol{\varepsilon}_3,\boldsymbol{\varepsilon}_4$ 到基 $\boldsymbol{\eta}_1,\boldsymbol{\eta}_2,\boldsymbol{\eta}_3,\boldsymbol{\eta}_4$ 的过渡矩阵，并求向量 $\boldsymbol{\xi}$ 在所指基下的坐标.

(1) 设 $\begin{cases}\boldsymbol{\varepsilon}_1=(1,0,0,0)\\\boldsymbol{\varepsilon}_2=(0,1,0,0)\\\boldsymbol{\varepsilon}_3=(0,0,1,0)\\\boldsymbol{\varepsilon}_4=(0,0,0,1)\end{cases}$，$\begin{cases}\boldsymbol{\eta}_1=(2,1,-1,1)\\\boldsymbol{\eta}_2=(0,3,1,0)\\\boldsymbol{\eta}_3=(5,3,2,1)\\\boldsymbol{\eta}_4=(6,6,1,3)\end{cases}$，求 $\boldsymbol{\xi}=(x_1,x_2,x_3,x_4)$ 在 $\boldsymbol{\eta}_1,\boldsymbol{\eta}_2,\boldsymbol{\eta}_3,\boldsymbol{\eta}_4$ 下的坐标；

(2) 设 $\begin{cases}\boldsymbol{\varepsilon}_1=(1,2,-1,0)\\\boldsymbol{\varepsilon}_2=(1,-1,1,1)\\\boldsymbol{\varepsilon}_3=(-1,2,1,1)\\\boldsymbol{\varepsilon}_4=(-1,-1,0,1)\end{cases}$，$\begin{cases}\boldsymbol{\eta}_1=(2,1,0,1)\\\boldsymbol{\eta}_2=(0,1,2,2)\\\boldsymbol{\eta}_3=(-2,1,1,2)\\\boldsymbol{\eta}_4=(1,3,1,2)\end{cases}$，求 $\boldsymbol{\xi}=(1,0,0,0)$ 在 $\boldsymbol{\varepsilon}_1,\boldsymbol{\varepsilon}_2,\boldsymbol{\varepsilon}_3,\boldsymbol{\varepsilon}_4$ 下的坐标；

(3) 设 $\begin{cases}\boldsymbol{\varepsilon}_1=(1,1,1,1)\\\boldsymbol{\varepsilon}_2=(1,1,-1,-1)\\\boldsymbol{\varepsilon}_3=(1,-1,1,-1)\\\boldsymbol{\varepsilon}_4=(1,-1,-1,1)\end{cases}$，$\begin{cases}\boldsymbol{\eta}_1=(1,1,0,1)\\\boldsymbol{\eta}_2=(2,1,3,1)\\\boldsymbol{\eta}_3=(1,1,0,0)\\\boldsymbol{\eta}_4=(0,1,-1,-1)\end{cases}$，求 $\boldsymbol{\xi}=(1,0,0,-1)$ 在 $\boldsymbol{\eta}_1,\boldsymbol{\eta}_2,\boldsymbol{\eta}_3,\boldsymbol{\eta}_4$ 下的坐标.

3. 继第 2 题 (1)，求一非零向量 $\boldsymbol{\xi}$，它在基 $\boldsymbol{\varepsilon}_1,\boldsymbol{\varepsilon}_2,\boldsymbol{\varepsilon}_3,\boldsymbol{\varepsilon}_4$ 与基 $\boldsymbol{\eta}_1,\boldsymbol{\eta}_2,\boldsymbol{\eta}_3,\boldsymbol{\eta}_4$ 下有相同的坐标.

4. 在 n 维线性空间 V 中，设向量 $\boldsymbol{\alpha}$ 在基 $\boldsymbol{\varepsilon}_1,\boldsymbol{\varepsilon}_2,\cdots,\boldsymbol{\varepsilon}_n$ 下的坐标是 $(a_1,a_2,\cdots,a_n)(a_i\neq 0,i=1,2,\cdots,n)$，试选择 V 的一组基，使 $\boldsymbol{\alpha}$ 在这组基下的坐标是 $(1,0,\cdots,0)$.

5. 设 $\boldsymbol{\alpha}_1,\boldsymbol{\alpha}_2,\cdots,\boldsymbol{\alpha}_n$ 是 n 维线性空间 V 的基，试问：$\boldsymbol{\alpha}_1+\boldsymbol{\alpha}_2,\boldsymbol{\alpha}_2+\boldsymbol{\alpha}_3,\cdots,\boldsymbol{\alpha}_{n-1}+\boldsymbol{\alpha}_n,\boldsymbol{\alpha}_n+\boldsymbol{\alpha}_1$ 是否为 V 的一组基？为什么？

第五节　线性子空间

在通常的三维几何空间 $V^{(3)}$ 中，考虑一个通过原点的平面. 不难看出，这个平面上的所有向量对于加法和数量乘法作成一个二维线性空间. 这就是说，它一方面是三维几何空间的

一部分，同时它对于原来的运算也构成一个线性空间.

定义 1　设 W 是数域 P 上的线性空间 V 的非空子集. 若 W 对于 V 的两种运算也作成数域 P 上的线性空间，则称 W 为 V 的线性子空间，简称子空间.

由子空间的定义，在线性空间 V 中，由单个零向量所组成的集合 $\{\mathbf{0}\}$ 是一个子空间，这个子空间叫作零子空间；线性空间 V 本身也是 V 的一个子空间. 这两个子空间称为 V 的平凡子空间，而其他子空间称为 V 的非平凡子空间.

下面给出子空间的一个判别法.

定理 4　设 W 是数域 P 上的线性空间 V 的非空子集. 则 W 是 V 的子空间的充要条件是 W 对于 V 的两种运算是封闭的，即 $\forall \boldsymbol{\alpha},\boldsymbol{\beta}\in W, \forall k\in P$，总有 $\boldsymbol{\alpha}+\boldsymbol{\beta}, k\boldsymbol{\alpha}\in W$.

证　必要性是显然的. 下证充分性. 由于 W 对于 V 的加法封闭，所以加法交换律、结合律对于 W 中的向量自然也成立. 又由于 W 对数量乘法封闭，易推出 V 中的零向量 $\mathbf{0}\in W$，并且若 $\boldsymbol{\alpha}\in W$，则 $-\boldsymbol{\alpha}\in W$. 再由 W 对数量乘法封闭，所以本章第二节规则 (5)～(8) 对于 W 也自然成立. 这样，对于 V 的两种运算，W 也作成数域 P 上的线性空间，因而 W 是 V 的一个子空间. ∎

既然子空间本身也是一个线性空间，前面引入的概念，如维数、基、坐标等，当然也可以应用到子空间上. 因为在子空间中不可能比在整个空间中有更多数目的线性无关的向量，所以任一子空间的维数都不能超过整个空间的维数.

推论　设 W 是数域 P 上的线性空间 V 的非空子集. 则 W 是 V 的子空间的充要条件是 $\forall \boldsymbol{\alpha},\boldsymbol{\beta}\in W, \forall k,l\in P$，总有 $k\boldsymbol{\alpha}+l\boldsymbol{\beta}\in W$.

【例 1】　设矩阵 $\boldsymbol{A}\in P^{m\times n}$. 证明齐次线性方程组 $\boldsymbol{AX}=\mathbf{0}$ 的解集 W 是线性空间 P^n 的子空间.

由于齐次线性方程组总有零解，故 $W\neq\varnothing$. $\forall \boldsymbol{\alpha}\in W$，则 $\boldsymbol{\alpha}\in P^n$，即 W 是 P^n 的非空子集. $\forall \boldsymbol{X}_1,\boldsymbol{X}_2\in W, \forall k,l\in P$，由 $\boldsymbol{AX}_1=\mathbf{0}, \boldsymbol{AX}_2=\mathbf{0}$，得

$$\boldsymbol{A}(k\boldsymbol{X}_1+l\boldsymbol{X}_2)=k(\boldsymbol{AX}_1)+l(\boldsymbol{AX}_2)=\mathbf{0},$$

从而 $k\boldsymbol{X}_1+l\boldsymbol{X}_2\in W$，故 W 是线性空间 P^n 的子空间.

称数域 P 上的齐次线性方程组 $\boldsymbol{AX}=\mathbf{0}$ 的解集为该方程组的解空间. 显然，解空间的基就是齐次线性方程组的基础解系，而解空间的维数等于 $n-r$，其中 r 为系数矩阵 $\boldsymbol{A}$ 的秩.

定理 5　设 V_1,V_2 为数域 P 上的线性空间 V 的子空间，则 $V_1\cap V_2$ 也是 V 的子空间.

证　由 $\mathbf{0}\in V_i\subseteq V, i=1,2$，得 $\mathbf{0}\in V_1\cap V_2\subseteq V$，即 $V_1\cap V_2$ 是 V 的非空子集. $\forall \boldsymbol{\alpha},\boldsymbol{\beta}\in V_1\cap V_2, \forall k,l\in P$. 由于 $\boldsymbol{\alpha},\boldsymbol{\beta}\in V_i, i=1,2$，故 $k\boldsymbol{\alpha}+l\boldsymbol{\beta}\in V_i, i=1,2$，从而 $k\boldsymbol{\alpha}+l\boldsymbol{\beta}\in V_1\cap V_2$，即 $V_1\cap V_2$ 是 V 的子空间. ∎

子空间的交显然适合下列运算规律.

交换律：$V_1\cap V_2=V_2\cap V_1$；

结合律：$(V_1\cap V_2)\cap V_3=V_1\cap(V_2\cap V_3)$.

由结合律，我们可以定义多个子空间的交：

$$V_1\cap V_2\cap\cdots\cap V_s=\bigcap_{i=1}^{s}V_i.$$

它也是子空间.

设 $\boldsymbol{\alpha}_1,\boldsymbol{\alpha}_2,\cdots,\boldsymbol{\alpha}_r$ 是线性空间 V 的一组向量. 我们希望构造 V 的一个包含 $\boldsymbol{\alpha}_1,\boldsymbol{\alpha}_2,\cdots,\boldsymbol{\alpha}_r$ 的最小子空间. 首先这样的子空间是存在的，例如 V 本身就是一个. 一般地，可能还有别的子空间也包含 $\boldsymbol{\alpha}_1,\boldsymbol{\alpha}_2,\cdots,\boldsymbol{\alpha}_r$. 用 $L(\boldsymbol{\alpha}_1,\boldsymbol{\alpha}_2,\cdots,\boldsymbol{\alpha}_r)$ 表示一切包含 $\boldsymbol{\alpha}_1,\boldsymbol{\alpha}_2,\cdots,\boldsymbol{\alpha}_r$ 的子空间

的交. 由定理 5 可得，$L(\boldsymbol{\alpha}_1,\boldsymbol{\alpha}_2,\cdots,\boldsymbol{\alpha}_r)$是 V 的子空间. 显然，V 的包含 $\boldsymbol{\alpha}_1,\boldsymbol{\alpha}_2,\cdots,\boldsymbol{\alpha}_r$ 的子空间均包含 $L(\boldsymbol{\alpha}_1,\boldsymbol{\alpha}_2,\cdots,\boldsymbol{\alpha}_r)$，故 $L(\boldsymbol{\alpha}_1,\boldsymbol{\alpha}_2,\cdots,\boldsymbol{\alpha}_r)$就是 V 的包含 $\boldsymbol{\alpha}_1,\boldsymbol{\alpha}_2,\cdots,\boldsymbol{\alpha}_r$ 的最小子空间.

下面观察 $L(\boldsymbol{\alpha}_1,\boldsymbol{\alpha}_2,\cdots,\boldsymbol{\alpha}_r)$的结构. 由于子空间对向量的加法和数乘运算封闭，因而 $\boldsymbol{\alpha}_1,\boldsymbol{\alpha}_2,\cdots,\boldsymbol{\alpha}_r$ 的一切可能的线性组合仍在 $L(\boldsymbol{\alpha}_1,\boldsymbol{\alpha}_2,\cdots,\boldsymbol{\alpha}_r)$中. 记

$$W=\{k_1\boldsymbol{\alpha}_1+k_2\boldsymbol{\alpha}_2+\cdots+k_r\boldsymbol{\alpha}_r \mid k_i\in P, i=1,2,\cdots,r\},$$

则 $W\subseteq L(\boldsymbol{\alpha}_1,\boldsymbol{\alpha}_2,\cdots,\boldsymbol{\alpha}_r)$. 容易验证 W 是 V 的子空间，且 $\boldsymbol{\alpha}_1,\boldsymbol{\alpha}_2,\cdots,\boldsymbol{\alpha}_r\in W$. 由 $L(\boldsymbol{\alpha}_1,\boldsymbol{\alpha}_2,\cdots,\boldsymbol{\alpha}_r)$的最小性，故 $L(\boldsymbol{\alpha}_1,\boldsymbol{\alpha}_2,\cdots,\boldsymbol{\alpha}_r)\subseteq W$. 于是 $W=L(\boldsymbol{\alpha}_1,\boldsymbol{\alpha}_2,\cdots,\boldsymbol{\alpha}_r)$. 我们称 $L(\boldsymbol{\alpha}_1,\boldsymbol{\alpha}_2,\cdots,\boldsymbol{\alpha}_r)$为由 $\boldsymbol{\alpha}_1,\boldsymbol{\alpha}_2,\cdots,\boldsymbol{\alpha}_r$ 生成的子空间，$\boldsymbol{\alpha}_1,\boldsymbol{\alpha}_2,\cdots,\boldsymbol{\alpha}_r$ 为它的生成元.

在有限维线性空间中，任何一个子空间都可以这样得到. 事实上，设 W 是 V 的一个子空间，W 当然也是有限维的. 设 $\boldsymbol{\alpha}_1,\boldsymbol{\alpha}_2,\cdots,\boldsymbol{\alpha}_r$ 是 W 的一组基，就有

$$W=L(\boldsymbol{\alpha}_1,\boldsymbol{\alpha}_2,\cdots,\boldsymbol{\alpha}_r).$$

关于子空间我们有以下常用的结果.

定理 6 (1) 两个向量组生成相同子空间的充要条件是这两个向量组等价.

(2) $L(\boldsymbol{\alpha}_1,\boldsymbol{\alpha}_2,\cdots,\boldsymbol{\alpha}_r)$的维数等于向量组 $\boldsymbol{\alpha}_1,\boldsymbol{\alpha}_2,\cdots,\boldsymbol{\alpha}_r$ 的秩.

证 (1) 设 $\boldsymbol{\alpha}_1,\boldsymbol{\alpha}_2,\cdots,\boldsymbol{\alpha}_r$ 与 $\boldsymbol{\beta}_1,\boldsymbol{\beta}_2,\cdots,\boldsymbol{\beta}_s$ 是两个向量组. 如果

$$L(\boldsymbol{\alpha}_1,\boldsymbol{\alpha}_2,\cdots,\boldsymbol{\alpha}_r)=L(\boldsymbol{\beta}_1,\boldsymbol{\beta}_2,\cdots,\boldsymbol{\beta}_s),$$

那么每个向量 $\boldsymbol{\alpha}_i(i=1,2,\cdots,r)$作为 $L(\boldsymbol{\beta}_1,\boldsymbol{\beta}_2,\cdots,\boldsymbol{\beta}_s)$中的向量都可以由 $\boldsymbol{\beta}_1,\boldsymbol{\beta}_2,\cdots,\boldsymbol{\beta}_s$ 线性表示；同样，每个向量 $\boldsymbol{\beta}_j(j=1,2,\cdots,s)$作为 $L(\boldsymbol{\alpha}_1,\boldsymbol{\alpha}_2,\cdots,\boldsymbol{\alpha}_r)$中的向量也都可以由 $\boldsymbol{\alpha}_1,\boldsymbol{\alpha}_2,\cdots,\boldsymbol{\alpha}_r$ 线性表示，因而这两个向量组等价.

如果这两个向量组等价，那么凡是可以由 $\boldsymbol{\alpha}_1,\boldsymbol{\alpha}_2,\cdots,\boldsymbol{\alpha}_r$ 线性表示的向量都可以由 $\boldsymbol{\beta}_1,\boldsymbol{\beta}_2,\cdots,\boldsymbol{\beta}_s$ 线性表示，反过来也一样，因而 $L(\boldsymbol{\alpha}_1,\boldsymbol{\alpha}_2,\cdots,\boldsymbol{\alpha}_r)=L(\boldsymbol{\beta}_1,\boldsymbol{\beta}_2,\cdots,\boldsymbol{\beta}_s)$.

(2) 设向量组 $\boldsymbol{\alpha}_1,\boldsymbol{\alpha}_2,\cdots,\boldsymbol{\alpha}_r$ 的秩是 s，而 $\boldsymbol{\alpha}_1,\boldsymbol{\alpha}_2,\cdots,\boldsymbol{\alpha}_s(s\leqslant r)$是它的一个极大线性无关组. 因为 $\boldsymbol{\alpha}_1,\boldsymbol{\alpha}_2,\cdots,\boldsymbol{\alpha}_r$ 与 $\boldsymbol{\alpha}_1,\boldsymbol{\alpha}_2,\cdots,\boldsymbol{\alpha}_s$ 等价，所以 $L(\boldsymbol{\alpha}_1,\boldsymbol{\alpha}_2,\cdots,\boldsymbol{\alpha}_r)=L(\boldsymbol{\alpha}_1,\boldsymbol{\alpha}_2,\cdots,\boldsymbol{\alpha}_s)$. 由定理 1，得 $\boldsymbol{\alpha}_1,\boldsymbol{\alpha}_2,\cdots,\boldsymbol{\alpha}_s$ 就是 $L(\boldsymbol{\alpha}_1,\boldsymbol{\alpha}_2,\cdots,\boldsymbol{\alpha}_r)$的一组基，因而 $L(\boldsymbol{\alpha}_1,\boldsymbol{\alpha}_2,\cdots,\boldsymbol{\alpha}_r)$的维数就是 s. ▌

定理 7 设 V 是数域 P 上的 n 维线性空间. W 是 V 的一个 m 维子空间，并且 $\boldsymbol{\alpha}_1,\boldsymbol{\alpha}_2,\cdots,\boldsymbol{\alpha}_m$ 是 W 的一组基，则这组向量一定可以扩充成整个空间 V 的一组基. 也就是说，在 V 中一定可以找到 $n-m$ 个向量 $\boldsymbol{\alpha}_{m+1},\boldsymbol{\alpha}_{m+2},\cdots,\boldsymbol{\alpha}_n$ 使得 $\boldsymbol{\alpha}_1,\boldsymbol{\alpha}_2,\cdots,\boldsymbol{\alpha}_m,\boldsymbol{\alpha}_{m+1},\cdots,\boldsymbol{\alpha}_n$ 是 V 的一组基.

证 对维数差 $n-m$ 作归纳法，当 $n-m=0$，定理显然成立，因为 $\boldsymbol{\alpha}_1,\boldsymbol{\alpha}_2,\cdots,\boldsymbol{\alpha}_m$ 已是 V 的基. 现在假定 $n-m=k$ 时定理成立，我们考虑 $n-m=k+1$ 的情形.

既然 $\boldsymbol{\alpha}_1,\boldsymbol{\alpha}_2,\cdots,\boldsymbol{\alpha}_m$ 还不是 V 的一组基. 它又是线性无关的，那么在 V 中必定有向量 $\boldsymbol{\alpha}_{m+1}$ 不能被 $\boldsymbol{\alpha}_1,\boldsymbol{\alpha}_2,\cdots,\boldsymbol{\alpha}_m$ 线性表示，于是 $\boldsymbol{\alpha}_1,\boldsymbol{\alpha}_2,\cdots,\boldsymbol{\alpha}_m,\boldsymbol{\alpha}_{m+1}$ 线性无关. 由定理 6，子空间 $L(\boldsymbol{\alpha}_1,\boldsymbol{\alpha}_2,\cdots,\boldsymbol{\alpha}_m,\boldsymbol{\alpha}_{m+1})$是 $m+1$ 维的. 因为 $n-(m+1)=(n-m)-1=k+1-1=k$，由归纳法假设，$L(\boldsymbol{\alpha}_1,\boldsymbol{\alpha}_2,\cdots,\boldsymbol{\alpha}_m,\boldsymbol{\alpha}_{m+1})$的基 $\boldsymbol{\alpha}_1,\boldsymbol{\alpha}_2,\cdots,\boldsymbol{\alpha}_m,\boldsymbol{\alpha}_{m+1}$ 可以扩充为整个空间的基.

根据归纳法原理，定理得证. ▌

【例 2】 在线性空间 P^4 中，设

$$\boldsymbol{\alpha}_1=(1,-3,2,-1),\boldsymbol{\alpha}_2=(-2,1,5,3),\boldsymbol{\alpha}_3=(4,-3,7,1),\boldsymbol{\alpha}_4=(-1,-11,8,-3).$$

求向量组 $\boldsymbol{\alpha}_1,\boldsymbol{\alpha}_2,\boldsymbol{\alpha}_3,\boldsymbol{\alpha}_4$ 生成子空间的一组基和维数.

显然 $L(\boldsymbol{\alpha}_1,\boldsymbol{\alpha}_2,\boldsymbol{\alpha}_3,\boldsymbol{\alpha}_4)$的基即为 $\boldsymbol{\alpha}_1,\boldsymbol{\alpha}_2,\boldsymbol{\alpha}_3,\boldsymbol{\alpha}_4$ 的一个极大线性无关组. 对以 $\boldsymbol{\alpha}_1,\boldsymbol{\alpha}_2,$

$\boldsymbol{\alpha}_3,\boldsymbol{\alpha}_4$ 为列构成的矩阵作初等行变换，得

$$\boldsymbol{A}=\begin{pmatrix}1&-2&4&-1\\-3&1&-3&-11\\2&5&7&8\\-1&3&1&-3\end{pmatrix}\to\begin{pmatrix}1&-2&4&-1\\0&0&1&-1\\0&0&0&0\\0&1&5&4\end{pmatrix}.$$

故 $\boldsymbol{\alpha}_1,\boldsymbol{\alpha}_2,\boldsymbol{\alpha}_3$ 是 $\boldsymbol{\alpha}_1,\boldsymbol{\alpha}_2,\boldsymbol{\alpha}_3,\boldsymbol{\alpha}_4$ 的一个极大线性无关组，从而得 $\boldsymbol{\alpha}_1,\boldsymbol{\alpha}_2,\boldsymbol{\alpha}_3$ 是 $L(\boldsymbol{\alpha}_1,\boldsymbol{\alpha}_2,\boldsymbol{\alpha}_3,\boldsymbol{\alpha}_4)$的一组基，且 $\dim L(\boldsymbol{\alpha}_1,\boldsymbol{\alpha}_2,\boldsymbol{\alpha}_3,\boldsymbol{\alpha}_4)=3$.

习题 5-5

1. 判断下列子集哪些是 P^n 的子空间：

(1) $\{(a_1,0,\cdots,0,a_n)\mid a_1,a_n\in P\}$；

(2) $\{(a_1,a_1,\cdots,a_n)\mid a_1+a_2+\cdots+a_n=0,a_i\in P,i=1,2,\cdots,n\}$；

(3) $\{(a_1,a_1,\cdots,a_n)\mid a_1+a_2+\cdots+a_n=1,a_i\in P,i=1,2,\cdots,n\}$.

2. 在线性空间 P^4 中，求齐次线性方程组

$$\begin{cases}3x_1+2x_2-5x_3+4x_4=0\\3x_1-x_2+3x_3-3x_4=0\\3x_1+5x_2-13x_3+11x_4=0\end{cases}$$

确定的解空间的基与维数，并用生成子空间的形式表示出这个解空间.

3. 在 P^4 中，求由向量

$$\boldsymbol{\alpha}_1=(2,1,3,1),\boldsymbol{\alpha}_2=(1,2,0,1),\boldsymbol{\alpha}_3=(-1,1,-3,0),\boldsymbol{\alpha}_4=(1,1,1,1)$$

生成的子空间的基与维数.

4. 如果 $c_1\boldsymbol{\alpha}+c_2\boldsymbol{\beta}+c_3\boldsymbol{\gamma}=0$，且 $c_1c_3\neq0$. 证明：$L(\boldsymbol{\alpha},\boldsymbol{\beta})=L(\boldsymbol{\beta},\boldsymbol{\gamma})$.

5. 设 V_1,V_2 都是线性空间 V 的子空间，且 $V_1\subseteq V_2$. 证明：若 $\dim V_1=\dim V_2$，则 $V_1=V_2$.

6. 设 $A\in P^{n\times n}$.

(1) 证明：全体与 $\boldsymbol{A}$ 可交换的矩阵组成 $P^{n\times n}$ 的一个子空间，记作 $C(\boldsymbol{A})$；

(2) 当 $\boldsymbol{A}=\boldsymbol{E}$ 时，求 $C(\boldsymbol{A})$；

(3) 当

$$\boldsymbol{A}=\begin{pmatrix}1&0&\cdots&0\\0&2&\cdots&0\\\vdots&\vdots&&\vdots\\0&0&\cdots&n\end{pmatrix}$$

时，求 $C(\boldsymbol{A})$的维数和一组基.

7. 设 W 是线性空间 V 的非零子空间. 若 W 的每一个向量的分量或者全为零，或者全不为零. 证明：$\dim W=1$.

第六节　子空间的和与直和

在本章第五节我们证明了线性空间 V 的子空间的交仍为 V 的子空间. 进一步问线性空间 V 的子空间的并是否也是 V 的子空间，回答是否定的. 例如，设 $V^{(2)}$ 是二维几何空间，令 $V_1=L(\boldsymbol{\varepsilon}_1),V_2=L(\boldsymbol{\varepsilon}_2)$，其中 $\boldsymbol{\varepsilon}_1,\boldsymbol{\varepsilon}_2$ 不共线. 则由 $\boldsymbol{\varepsilon}_1+\boldsymbol{\varepsilon}_2$ 与 $\boldsymbol{\varepsilon}_1,\boldsymbol{\varepsilon}_2$ 不共线可知，$\boldsymbol{\varepsilon}_1+\boldsymbol{\varepsilon}_2\notin V_1\cup V_2$，从而 $V_1\cup V_2$ 不是 $V^{(2)}$ 的子空间. 一般地，我们希望构造一个包含 $V_1\cup V_2$ 的最小

子空间，那么，这个子空间应当包含 V_1 中的任一向量 $\boldsymbol{\alpha}_1$ 与 V_2 中的任一向量 $\boldsymbol{\alpha}_2$ 的和.

定义 1 设 V_1,V_2 是数域 P 上线性空间 V 的子空间，称集合

$$\{\boldsymbol{\alpha}_1+\boldsymbol{\alpha}_2 \mid \boldsymbol{\alpha}_1\in V_1,\boldsymbol{\alpha}_2\in V_2\}$$

为 V_1 与 V_2 的和，记作 V_1+V_2.

定理 8 设 V_1,V_2 是数域 P 上线性空间 V 的子空间，则 V_1+V_2 也是 V 的子空间.

证 由 $\mathbf{0}\in V_1,\mathbf{0}\in V_2$，故 $\mathbf{0}=\mathbf{0}+\mathbf{0}\in V_1+V_2$，即 V_1+V_2 非空. $\forall \boldsymbol{\alpha},\boldsymbol{\beta}\in V_1+V_2,\forall k,l\in P$，设

$$\boldsymbol{\alpha}=\boldsymbol{\alpha}_1+\boldsymbol{\alpha}_2,\boldsymbol{\beta}=\boldsymbol{\beta}_1+\boldsymbol{\beta}_2,$$

其中 $\boldsymbol{\alpha}_1,\boldsymbol{\beta}_1\in V_1,\boldsymbol{\alpha}_2,\boldsymbol{\beta}_2\in V_2$. 则 $k\boldsymbol{\alpha}_1+l\boldsymbol{\beta}_1\in V_1,k\boldsymbol{\alpha}_2+l\boldsymbol{\beta}_2\in V_2$. 由

$$k\boldsymbol{\alpha}+l\boldsymbol{\beta}=(k\boldsymbol{\alpha}_1+l\boldsymbol{\beta}_1)+(k\boldsymbol{\alpha}_2+l\boldsymbol{\beta}_2)\in V_1+V_2.$$

故 V_1+V_2 是 V 的子空间. ∎

设 V_1,V_2 是数域 P 上线性空间 V 的子空间. 对于 $\boldsymbol{\alpha}_1\in V_1$，由 $\boldsymbol{\alpha}_1=\boldsymbol{\alpha}_1+\mathbf{0}\in V_1+V_2$，故 $V_1\subseteq V_1+V_2$. 同理，$V_2\subseteq V_1+V_2$，从而 $V_1\cup V_2\subseteq V_1+V_2$，即 V_1+V_2 是包含 $V_1\cup V_2$ 的子空间. 若 W 是 V 的包含 $V_1\cup V_2$ 的子空间，$\forall \boldsymbol{\alpha}_1\in V_1,\boldsymbol{\alpha}_2\in V_2$，则 $\boldsymbol{\alpha}_i\in W,i=1,2$，从而 $\boldsymbol{\alpha}_1+\boldsymbol{\alpha}_2\in W$，故 $V_1+V_2\subseteq W$. 这就说明，V_1+V_2 是包含 $V_1\cup V_2$ 的最小子空间.

子空间的和符合下列运算规律.

交换律：$V_1+V_2=V_2+V_1$；

结合律：$(V_1+V_2)+V_3=V_1+(V_2+V_3)$.

由结合律，我们可以定义多个子空间的和：

$$V_1+V_2+\cdots+V_s=\{\boldsymbol{\alpha}_1+\boldsymbol{\alpha}_2+\cdots+\boldsymbol{\alpha}_s \mid \boldsymbol{\alpha}_i\in V_i,i=1,2,\cdots,s\}.$$

【例 1】 设 $\boldsymbol{\alpha}_1,\boldsymbol{\alpha}_2,\cdots,\boldsymbol{\alpha}_s$ 和 $\boldsymbol{\beta}_1,\boldsymbol{\beta}_2,\cdots,\boldsymbol{\beta}_t$ 是线性空间 V 的两个向量组，则

$$L(\boldsymbol{\alpha}_1,\boldsymbol{\alpha}_2,\cdots,\boldsymbol{\alpha}_s)+L(\boldsymbol{\beta}_1,\boldsymbol{\beta}_2,\cdots,\boldsymbol{\beta}_t)=L(\boldsymbol{\alpha}_1,\cdots,\boldsymbol{\alpha}_s,\boldsymbol{\beta}_1,\cdots,\boldsymbol{\beta}_t).$$

有

$$\begin{aligned}&L(\boldsymbol{\alpha}_1,\boldsymbol{\alpha}_2,\cdots,\boldsymbol{\alpha}_s)+L(\boldsymbol{\beta}_1,\boldsymbol{\beta}_2,\cdots,\boldsymbol{\beta}_t)\\&=\{k_1\boldsymbol{\alpha}_1+k_2\boldsymbol{\alpha}_2+\cdots+k_s\boldsymbol{\alpha}_s \mid k_i\in P,i=1,2,\cdots,s\}\\&\quad+\{l_1\boldsymbol{\beta}_1+l_2\boldsymbol{\beta}_2+\cdots+l_t\boldsymbol{\beta}_t \mid l_j\in P,j=1,2,\cdots,t\}\\&=\{k_1\boldsymbol{\alpha}_1+\cdots+k_s\boldsymbol{\alpha}_s+l_1\boldsymbol{\beta}_1+\cdots+l_t\boldsymbol{\beta}_t \mid k_i,l_j\in P,i=1,2,\cdots,s;l=1,2,\cdots,t\}\\&=L(\boldsymbol{\alpha}_1,\boldsymbol{\alpha}_2,\cdots,\boldsymbol{\alpha}_s,\boldsymbol{\beta}_1,\boldsymbol{\beta}_2,\cdots,\boldsymbol{\beta}_t).\end{aligned}$$

由于线性空间 V 的两个子空间的交与和仍为 V 的子空间，对于它们的维数，我们有以下定理.

定理 9 **（维数公式）** 设 V_1,V_2 是线性空间 V 的两个子空间，则

$$\dim(V_1+V_2)=\dim V_1+\dim V_2-\dim(V_1\cap V_2).$$

证 设 V_1,V_2 的维数分别是 n_1,n_2，$V_1\cap V_2$ 的维数是 m. 取 $V_1\cap V_2$ 的一组基

$$\boldsymbol{\alpha}_1,\boldsymbol{\alpha}_2,\cdots,\boldsymbol{\alpha}_m.$$

由定理 7，它可以扩充成 V_1 的一组基

$$\boldsymbol{\alpha}_1,\boldsymbol{\alpha}_2,\cdots,\boldsymbol{\alpha}_m,\boldsymbol{\beta}_{m+1},\cdots,\boldsymbol{\beta}_{n_1},$$

也可以扩充成 V_2 的一组基 $\boldsymbol{\alpha}_1,\boldsymbol{\alpha}_2,\cdots,\boldsymbol{\alpha}_m,\gamma_{m+1},\cdots,\gamma_{n_2}$.

我们来证明，向量组

$$\boldsymbol{\alpha}_1,\boldsymbol{\alpha}_2,\cdots,\boldsymbol{\alpha}_m,\boldsymbol{\beta}_{m+1},\cdots,\boldsymbol{\beta}_{n_1},\gamma_{m+1},\cdots,\gamma_{n_2} \tag{5-7}$$

是 V_1+V_2 的一组基. 如果是，即证明了

$$\dim(V_1+V_2)=n_1+n_2-m,$$

因而维数公式成立.

因为

$$V_1=L(\boldsymbol{\alpha}_1,\boldsymbol{\alpha}_2,\cdots,\boldsymbol{\alpha}_m,\boldsymbol{\beta}_{m+1},\cdots,\boldsymbol{\beta}_{n_1}),$$
$$V_2=L(\boldsymbol{\alpha}_1,\boldsymbol{\alpha}_2,\cdots,\boldsymbol{\alpha}_m,\gamma_{m+1},\cdots,\gamma_{n_2}),$$

所以

$$V_1+V_2=L(\boldsymbol{\alpha}_1,\boldsymbol{\alpha}_2,\cdots,\boldsymbol{\alpha}_m,\boldsymbol{\beta}_{m+1},\cdots,\boldsymbol{\beta}_{n_1},\gamma_{m+1},\cdots,\gamma_{n_2}).$$

现在来证明式(5-7) 向量组线性无关. 假设有等式

$$k_1\boldsymbol{\alpha}_1+k_2\boldsymbol{\alpha}_2+\cdots+k_m\boldsymbol{\alpha}_m+p_{m+1}\boldsymbol{\beta}_{m+1}+\cdots+p_{n_1}\boldsymbol{\beta}_{n_1}+q_{m+1}\gamma_{m+1}+\cdots+q_{n_2}\gamma_{n_2}=\mathbf{0},$$

令

$$\boldsymbol{\alpha}=k_1\boldsymbol{\alpha}_1+k_2\boldsymbol{\alpha}_2+\cdots+k_m\boldsymbol{\alpha}_m+p_{m+1}\boldsymbol{\beta}_{m+1}+\cdots+p_{n_1}\boldsymbol{\beta}_{n_1}=-q_{m+1}\gamma_{m+1}-\cdots-q_{n_2}\gamma_{n_2},$$

则不难看出，$\boldsymbol{\alpha}\in V_1,\boldsymbol{\alpha}\in V_2$，即 $\boldsymbol{\alpha}\in V_1\cap V_2$，于是 $\boldsymbol{\alpha}$ 可被 $\boldsymbol{\alpha}_1,\boldsymbol{\alpha}_2,\cdots,\boldsymbol{\alpha}_m$ 线性表示. 令

$$\boldsymbol{\alpha}=l_1\boldsymbol{\alpha}_1+l_2\boldsymbol{\alpha}_2+\cdots+l_m\boldsymbol{\alpha}_m,$$

则有

$$l_1\boldsymbol{\alpha}_1+l_2\boldsymbol{\alpha}_2+\cdots+l_m\boldsymbol{\alpha}_m+q_{m+1}\gamma_{m+1}+\cdots+q_{n_2}\gamma_{n_2}=\mathbf{0}.$$

由于 $\boldsymbol{\alpha}_1,\boldsymbol{\alpha}_2,\cdots,\boldsymbol{\alpha}_m,\gamma_{m+1},\cdots,\gamma_{n_2}$ 线性无关，得

$$l_1=l_2=\cdots=l_m=q_{m+1}=\cdots=q_{n_2}=0.$$

因而 $\boldsymbol{\alpha}=\mathbf{0}$. 从而有

$$k_1\boldsymbol{\alpha}_1+k_2\boldsymbol{\alpha}_2+\cdots+k_m\boldsymbol{\alpha}_m+p_{m+1}\boldsymbol{\beta}_{m+1}+\cdots+p_{n_1}\boldsymbol{\beta}_{n_1}=\mathbf{0}.$$

由于 $\boldsymbol{\alpha}_1,\boldsymbol{\alpha}_2,\cdots,\boldsymbol{\alpha}_m,\boldsymbol{\beta}_{m+1},\cdots,\boldsymbol{\beta}_{n_1}$ 线性无关，又得

$$k_1=k_2=\cdots=k_m=p_{m+1}=\cdots=p_{n_1}=0.$$

这证明了式(5-7) 向量组线性无关，所以式(5-7) 是 V_1+V_2 的一组基. 因此维数公式成立. ■

从维数公式可以看到，和的维数往往要比维数的和来得小. 例如，在三维几何空间 $V^{(3)}$ 中，两张通过原点的不同平面之和是整个空间，而其维数之和却等于 4，由此说明这两张平面的交是一维的直线.

一般地，我们有如下推论.

推论 设 V_1,V_2 是 n 维线性空间 V 的两个子空间. 如果 V_1,V_2 的维数之和大于 n，则 V_1,V_2 必含有非零的公共向量.

证 由维数公式和假设条件得

$$\dim(V_1+V_2)+\dim(V_1\cap V_2)=\dim V_1+\dim V_2>n.$$

但因 V_1+V_2 是 V 的子空间，所以

$$\dim(V_1+V_2)\leqslant n,$$

于是

$$\dim(V_1\cap V_2)>0.$$

这就是说，$V_1\cap V_2$ 中含有非零向量. ■

【例 2】 在线性空间 P^4 中，设 $V_1=L(\boldsymbol{\alpha}_1,\boldsymbol{\alpha}_2,\boldsymbol{\alpha}_3),V_2=L(\boldsymbol{\beta}_1,\boldsymbol{\beta}_2)$. 其中

$$\boldsymbol{\alpha}_1=(1,2,-1,-3),\boldsymbol{\alpha}_2=(-1,-1,2,1),\boldsymbol{\alpha}_3=(-1,-3,0,5),$$
$$\boldsymbol{\beta}_1=(-1,0,4,-2),\boldsymbol{\beta}_2=(0,5,9,-14).$$

求 $V_1+V_2,V_1\cap V_2$ 的基和维数.

解 由

$$V_1+V_2=L(\boldsymbol{\alpha}_1,\boldsymbol{\alpha}_2,\boldsymbol{\alpha}_3)+L(\boldsymbol{\beta}_1,\boldsymbol{\beta}_2)=L(\boldsymbol{\alpha}_1,\boldsymbol{\alpha}_2,\boldsymbol{\alpha}_3,\boldsymbol{\beta}_1,\boldsymbol{\beta}_2),$$

故向量组 $\boldsymbol{\alpha}_1,\boldsymbol{\alpha}_2,\boldsymbol{\alpha}_3,\boldsymbol{\beta}_1,\boldsymbol{\beta}_2$ 的一个极大线性无关组即为 V_1+V_2 的基. 对以 $\boldsymbol{\alpha}_1,\boldsymbol{\alpha}_2,\boldsymbol{\alpha}_3,\boldsymbol{\beta}_1,\boldsymbol{\beta}_2$ 为列构成的矩阵作初等行变换，得

$$A=\begin{pmatrix}1&-1&-1&-1&0\\2&-1&-3&0&5\\-1&2&0&4&9\\-3&1&5&-2&-14\end{pmatrix}\rightarrow\begin{pmatrix}1&0&-2&0&1\\0&1&-1&0&-3\\0&0&0&1&4\\0&0&0&0&0\end{pmatrix}. \tag{5-8}$$

从而 $\boldsymbol{\alpha}_1,\boldsymbol{\alpha}_2,\boldsymbol{\beta}_1$ 是 V_1+V_2 的基，故 $\dim(V_1+V_2)=3$. 另外 $\boldsymbol{\alpha}_1,\boldsymbol{\alpha}_2$ 是 V_1 的基，$\boldsymbol{\beta}_1,\boldsymbol{\beta}_2$ 是 V_2 的基. 由维数公式得

$$\dim(V_1\cap V_2)=\dim V_1+\dim V_2-\dim(V_1+V_2)=1.$$

由式(5-8) 还可以看出，$\boldsymbol{\beta}_2$ 可以由 $\boldsymbol{\alpha}_1,\boldsymbol{\alpha}_2,\boldsymbol{\beta}_1$ 线性表示，即

$$\boldsymbol{\beta}_2=\boldsymbol{\alpha}_1-3\boldsymbol{\alpha}_2+4\boldsymbol{\beta}_1.$$

故 $\boldsymbol{\alpha}_1-3\boldsymbol{\alpha}_2=-4\boldsymbol{\beta}_1+\boldsymbol{\beta}_2\in V_1\cap V_2$. 从而

$$\boldsymbol{\alpha}_1-3\boldsymbol{\alpha}_2=(4,5,-7,-6)$$

是 $V_1\cap V_2$ 的基.

在三维几何空间 $V^{(3)}$ 中，设 V_1 是过原点的固定直线 l 上的所有向量构成的子空间，V_2 是过原点的固定平面 π 上的所有向量构成的子空间. 则

$$V_1\cap V_2=\{\boldsymbol{0}\},V_1+V_2=V^{(3)},$$

这时，$V^{(3)}$ 中的每一个向量 $\boldsymbol{\alpha}$ 都能唯一地表示成 V_1 中的向量 $\boldsymbol{\alpha}_1$ 与 V_2 中的向量 $\boldsymbol{\alpha}_2$ 的和. 子空间的这种和特别重要.

定义 2 设 V_1,V_2 是数域 P 上线性空间 V 的子空间，如果 V_1+V_2 中每个向量 $\boldsymbol{\alpha}$ 的分解式

$$\boldsymbol{\alpha}=\boldsymbol{\alpha}_1+\boldsymbol{\alpha}_2,\boldsymbol{\alpha}_1\in V_1,\boldsymbol{\alpha}_2\in V_2$$

是唯一的，则称 V_1+V_2 为直和，记作 $V_1\oplus V_2$.

对线性空间 V 的子空间 V_1,V_2，若

$$V=V_1+V_2, \tag{5-9}$$

且 V_1+V_2 为直和，则称式(5-9) 为 V 的直和分解，记作 $V=V_1\oplus V_2$.

定理 10 和 V_1+V_2 是直和的充分必要条件是等式

$$\boldsymbol{\alpha}_1+\boldsymbol{\alpha}_2=0,\boldsymbol{\alpha}_i\in V_i(i=1,2)$$

只有在 $\boldsymbol{\alpha}_i$ 全为零向量时才成立.

证 定理的条件实际上就是：零向量的分解式是唯一的. 因而这个条件显然是必要的. 下面来证这个条件的充分性.

设 $\boldsymbol{\alpha}\in V_1+V_2$，并且 $\boldsymbol{\alpha}$ 有两种分解式：

$$\boldsymbol{\alpha}=\boldsymbol{\alpha}_1+\boldsymbol{\alpha}_2=\boldsymbol{\beta}_1+\boldsymbol{\beta}_2,\boldsymbol{\alpha}_i,\boldsymbol{\beta}_i\in V_i(i=1,2).$$

于是

$$(\boldsymbol{\alpha}_1-\boldsymbol{\beta}_1)+(\boldsymbol{\alpha}_2-\boldsymbol{\beta}_2)=0,$$

其中 $\boldsymbol{\alpha}_i-\boldsymbol{\beta}_i\in V_i(i=1,2)$. 由定理的条件，应有

$$\boldsymbol{\alpha}_i-\boldsymbol{\beta}_i=0,\boldsymbol{\alpha}_i=\boldsymbol{\beta}_i(i=1,2).$$

这就证明了向量 $\boldsymbol{\alpha}$ 的分解式是唯一的，因而 V_1+V_2 是直和. ■

推论 V_1+V_2 是直和的充分必要条件为 $V_1\cap V_2=\{\boldsymbol{0}\}$.

证 先证充分性. 若有等式

$$\boldsymbol{\alpha}_1+\boldsymbol{\alpha}_2=\mathbf{0},\boldsymbol{\alpha}_i\in V_i(i=1,2),$$

则

$$\boldsymbol{\alpha}_1=-\boldsymbol{\alpha}_2\in V_1\cap V_2.$$

由于 $\boldsymbol{\alpha}_1=\boldsymbol{\alpha}_2=\mathbf{0}$，因而 V_1+V_2 是直和.

再证必要性. 任取向量 $\boldsymbol{\alpha}\in V_1\cap V_2$. 于是零向量可以表示成

$$\mathbf{0}=\boldsymbol{\alpha}+(-\boldsymbol{\alpha}),\boldsymbol{\alpha}\in V_1,-\boldsymbol{\alpha}\in V_2.$$

因为 V_1+V_2 是直和，所以 $\boldsymbol{\alpha}=-\boldsymbol{\alpha}=\mathbf{0}$. 这就证明了 $V_1\cap V_2=\{\mathbf{0}\}$. ▍

定理 11 设 V_1,V_2 是线性空间 V 的子空间. 令 $W=V_1+V_2$，则 $W=V_1\oplus V_2$ 的充分必要条件是

$$\dim W=\dim V_1+\dim V_2.$$

证 因为

$$\dim W+\dim(V_1\cap V_2)=\dim V_1+\dim V_2,$$

由前面的推论知，V_1+V_2 是直和的充分必要条件为 $V_1\cap V_2=\{\mathbf{0}\}$，而这与 $\dim(V_1\cap V_2)=0$ 等价，也就与 $\dim W=\dim V_1+\dim V_2$ 等价. 这就证明了定理. ▍

定理 12 设 U 是线性空间 V 的任一子空间，则一定存在 V 的一个子空间 W，使

$$V=U\oplus W.$$

证 取 U 的一组基 $\boldsymbol{\alpha}_1,\boldsymbol{\alpha}_2,\cdots,\boldsymbol{\alpha}_m$，把它扩充成 V 的一组基

$$\boldsymbol{\alpha}_1,\boldsymbol{\alpha}_2,\cdots,\boldsymbol{\alpha}_m,\boldsymbol{\alpha}_{m+1},\cdots,\boldsymbol{\alpha}_n.$$

令

$$W=L(\boldsymbol{\alpha}_{m+1},\cdots,\boldsymbol{\alpha}_n),$$

则

$$U+W=L(\boldsymbol{\alpha}_1,\boldsymbol{\alpha}_2,\cdots,\boldsymbol{\alpha}_m,\boldsymbol{\alpha}_{m+1},\cdots,\boldsymbol{\alpha}_n)=V.$$

即 W 满足要求. ▍

定义 3 设 W 为数域 P 上线性空间 V 的子空间. 若存在 V 的子空间 $\overline{W}$，使

$$V=W\oplus\overline{W},$$

则称 $\overline{W}$ 为 W 的余子空间.

定理 12 说明了余子空间的存在性，但余子空间不是唯一的. 例如，在几何空间 $V^{(2)}$ 中，设 W 是过原点的固定平面 π 上的所有向量构成的子空间，则任意一条过原点但不在平面 π 上的直线上的所有向量构成的子空间都是 W 的余子空间.

子空间的直和概念可以推广到多个子空间的情形.

定义 4 设 $V_1,V_2,\cdots,V_s$ 是线性空间 V 的 s 个子空间. 如果和 $V_1+V_2+\cdots+V_s$ 中每个向量 $\boldsymbol{\alpha}$ 的分解式

$$\boldsymbol{\alpha}=\boldsymbol{\alpha}_1+\boldsymbol{\alpha}_2+\cdots+\boldsymbol{\alpha}_s,\boldsymbol{\alpha}_i\in V_i(i=1,2,\cdots,s)$$

是唯一的，这个和就称为直和，记作 $V_1\oplus V_2\oplus\cdots\oplus V_s$.

与两个子空间的情形类似，我们有如下定理.

定理 13 设 $V_1,V_2,\cdots,V_s$ 是线性空间 V 的子空间，则下面这些条件是等价的：

(1) $W=\sum\limits_{i=1}^{s}V_i$ 是直和；

(2) 零向量的分解唯一；

(3) $V_i \cap \sum_{j\neq i} V_j = \{\mathbf{0}\}$ ，$i=1,2,\cdots,s$ ；

(4) $\dim W = \sum_{i=1}^{s} \dim V_i$.

这个定理的证明和 $s=2$ 的情形基本一样，具体证明从略.

【例 3】 设 $P^{n\times n}$ 的子空间

$$S=\{\boldsymbol{A} \mid \boldsymbol{A}\in P^{n\times n},\boldsymbol{A}=\boldsymbol{A}^{\mathrm{T}}\},T=\{\boldsymbol{A} \mid \boldsymbol{A}\in P^{n\times n},\boldsymbol{A}=-\boldsymbol{A}^{\mathrm{T}}\}.$$

证明：$P^{n\times n}=S\oplus T$.

证 首先证明 $P^{n\times n}=S+T$. 显然 $S+T\subseteq P^{n\times n}$. $\forall \boldsymbol{A}\in P^{n\times n}$，有

$$\boldsymbol{A}=\frac{\boldsymbol{A}+\boldsymbol{A}^{\mathrm{T}}}{2}+\frac{\boldsymbol{A}-\boldsymbol{A}^{\mathrm{T}}}{2}.$$

由

$$\left(\frac{\boldsymbol{A}+\boldsymbol{A}^{\mathrm{T}}}{2}\right)^{\mathrm{T}}=\frac{\boldsymbol{A}+\boldsymbol{A}^{\mathrm{T}}}{2},\left(\frac{\boldsymbol{A}-\boldsymbol{A}^{\mathrm{T}}}{2}\right)^{\mathrm{T}}=-\frac{\boldsymbol{A}-\boldsymbol{A}^{\mathrm{T}}}{2},$$

故 $\frac{\boldsymbol{A}+\boldsymbol{A}^{\mathrm{T}}}{2}\in S,\frac{\boldsymbol{A}-\boldsymbol{A}^{\mathrm{T}}}{2}\in T$，从而 $A\in S+T$，故 $P^{n\times n}\subseteq S+T$. 即 $P^{n\times n}=S+T$.

再证 $S+T$ 是直和. $\forall \boldsymbol{A}\in S\cap T$，则 $\boldsymbol{A}\in S,\boldsymbol{A}\in T$，即 $\boldsymbol{A}^{\mathrm{T}}=\boldsymbol{A}=-\boldsymbol{A}$，故 $\boldsymbol{A}=\boldsymbol{O}$，从而 $S\cap T=\{\mathbf{0}\}$，故 $S+T$ 是直和.

综上所述，$P^{n\times n}=S\oplus T$. ▌

习题 5-6

1. 在线性空间 P^4 中，求由下列向量 $\boldsymbol{\alpha}_i$ 生成的子空间 V_1 与向量 $\boldsymbol{\beta}_i$ 生成的子空间 V_2 的交与和的基和维数：

(1) $\begin{cases}\boldsymbol{\alpha}_1=(1,2,1,0)\\ \boldsymbol{\alpha}_2=(-1,1,1,1)\end{cases},\begin{cases}\boldsymbol{\beta}_1=(2,-1,0,1)\\ \boldsymbol{\beta}_2=(1,-1,3,7)\end{cases}$；

(2) $\begin{cases}\boldsymbol{\alpha}_1=(1,1,0,0)\\ \boldsymbol{\alpha}_2=(1,0,1,1)\end{cases},\begin{cases}\boldsymbol{\beta}_1=(0,0,1,1)\\ \boldsymbol{\beta}_2=(0,1,1,0)\end{cases}$；

(3) $\begin{cases}\boldsymbol{\alpha}_1=(1,2,-1,-2)\\ \boldsymbol{\alpha}_2=(3,1,1,1)\\ \boldsymbol{\alpha}_3=(-1,0,1,-1)\end{cases},\begin{cases}\boldsymbol{\beta}_1=(2,5,-6,-5)\\ \boldsymbol{\beta}_2=(-1,2,-7,3)\end{cases}$.

2. 证明：每一个 n 维线性空间 V 都能分解成 n 个一维子空间的直和.

3. 设 V_1 与 V_2 分别是齐次线性方程组 $x_1+x_2+\cdots+x_n=0$ 与 $x_1=x_2=\cdots=x_n$ 的解空间，证明：$P^n=V_1\oplus V_2$.

4. 证明：若 $V=V_1\oplus V_2,V_1=V_{11}\oplus V_{12}$，则 $V=V_{11}\oplus V_{12}\oplus V_2$.

5. 证明：和 $\sum_{i=1}^{s} V_i$ 是直和的充分必要条件是 $V_i \cap \sum_{j=1}^{i-1} V_j = \{\mathbf{0}\}$ ，$i=2,3,\cdots,s$.

6. 设线性空间 P^n，$\boldsymbol{A}\in P^{n\times n}$，且 $\boldsymbol{A}^2=\boldsymbol{A}$. 令子空间

$$V_1=\{\boldsymbol{X} \mid \boldsymbol{X}\in P^n,\boldsymbol{A}\boldsymbol{X}=\boldsymbol{O}\},V_2=\{\boldsymbol{X} \mid \boldsymbol{X}\in P^n,\boldsymbol{A}\boldsymbol{X}=\boldsymbol{X}\}.$$

证明：$P^n=V_1\oplus V_2$.

7. 在线性空间 P^4 中，$V=L(\boldsymbol{\alpha}_1,\boldsymbol{\alpha}_2)$，其中 $\boldsymbol{\alpha}_1=(1,2,1,2),\boldsymbol{\alpha}_2=(2,1,2,1)$，求 V 在 P^4 中的一个余子空间.

8. 设 W 为数域 P 上的 n 维线性空间 V 的一个非平凡子空间. 证明：W 在 V 中存在不止一个余子空间.

第七节 线性空间的同构

实际上，数域 P 上的线性空间是多种多样的，如何对这些线性空间进行分类是一个值得研究的问题．如果这个问题得以解决，则对每一类线性空间都可以找出一个具体的线性空间为代表，只要把这个代表讨论清楚了，那么这一类线性空间也就清楚了．

例如，设线性空间 V 的一组基为 $\boldsymbol{\varepsilon}_1,\boldsymbol{\varepsilon}_2,\cdots,\boldsymbol{\varepsilon}_n$，在这组基下，$V$ 中每个向量都有确定的坐标，而向量的坐标可以看成 P^n 的元素．因此，向量与它的坐标之间的对应实质上就是 V 到 P^n 的一个映射．显然，这个映射是单射与满射，换句话说，坐标给出了线性空间 V 与 P^n 的一个双射．这个对应的重要性表现在它与运算的关系上．设

$$\boldsymbol{\alpha}=x_1\boldsymbol{\varepsilon}_1+x_2\boldsymbol{\varepsilon}_2+\cdots+x_n\boldsymbol{\varepsilon}_n,$$
$$\boldsymbol{\beta}=y_1\boldsymbol{\varepsilon}_1+y_2\boldsymbol{\varepsilon}_2+\cdots+y_n\boldsymbol{\varepsilon}_n.$$

即向量 $\boldsymbol{\alpha},\boldsymbol{\beta}$ 的坐标分别是$(x_1,x_2,\cdots,x_n)$，$(y_1,y_2,\cdots,y_n)$，那么

$$\boldsymbol{\alpha}+\boldsymbol{\beta}=(x_1+y_1)\boldsymbol{\varepsilon}_1+(x_2+y_2)\boldsymbol{\varepsilon}_2+\cdots+(x_n+y_n)\boldsymbol{\varepsilon}_n,$$
$$k\boldsymbol{\alpha}=kx_1\boldsymbol{\varepsilon}_1+kx_2\boldsymbol{\varepsilon}_2+\cdots+kx_n\boldsymbol{\varepsilon}_n.$$

于是向量 $\boldsymbol{\alpha}+\boldsymbol{\beta},k\boldsymbol{\alpha}$ 的坐标分别是

$$(x_1+y_1,x_2+y_2,\cdots,x_n+y_n)=(x_1,x_2,\cdots,x_n)+(y_1,y_2,\cdots,y_n),$$
$$(kx_1,kx_2,\cdots,kx_n)=k(x_1,x_2,\cdots,x_n).$$

以上的式子说明在向量用坐标表示之后，它们的运算就可以归结为它们坐标的运算，因而线性空间 V 的讨论也就可以归结为 P^n 的讨论．为了确切地说明这一点，我们引入如下定义．

定义 设 V,V'是数域 P 上的两个线性空间，如果存在 V 到 V'上的 $1-1$ 映射 σ，具有以下性质：$\forall\,\boldsymbol{\alpha},\boldsymbol{\beta}\in V,k\in P$，都有

（1）$\sigma(\boldsymbol{\alpha}+\boldsymbol{\beta})=\sigma(\boldsymbol{\alpha})+\sigma(\boldsymbol{\beta})$；

（2）$\sigma(k\boldsymbol{\alpha})=k\sigma(\boldsymbol{\alpha})$．

则称 V 与 V'同构，记作 $V\cong V'$．此时映射 σ 称为 V 到 V'上同构映射．

上述例子中，若令

$$\sigma:\boldsymbol{\alpha}\to(x_1,x_2,\cdots,x_n),\boldsymbol{\beta}\to(y_1,y_2,\cdots,y_n),$$

亦即

$$\sigma(\boldsymbol{\alpha})=(x_1,x_2,\cdots,x_n),\sigma(\boldsymbol{\beta})=(y_1,y_2,\cdots,y_n).$$

则易知 σ 是 V 到 P^n 上的 $1-1$ 映射．由此可以推出

$$\begin{aligned}\sigma(\boldsymbol{\alpha}+\boldsymbol{\beta})&=(x_1+y_1,x_2+y_2,\cdots,x_n+y_n)\\&=(x_1,x_2,\cdots,x_n)+(y_1,y_2,\cdots,y_n)\\&=\sigma(\boldsymbol{\alpha})+\sigma(\boldsymbol{\beta}),\\ \sigma(k\boldsymbol{\alpha})&=(kx_1,kx_2,\cdots,kx_n)\\&=k(x_1,x_2,\cdots,x_n)=k\sigma(\boldsymbol{\alpha}).\end{aligned}$$

因此，V 与 P^n 同构．

数域 P 上任一 n 维线性空间 V 与 P^n 的同构，可以使 V 中向量之间的关系转化为它们的坐标之间的关系，可以使 V 中的几何问题转化为代数问题．在线性代数中，一般我们总

是通过坐标来了解向量，我们把坐标看作是向量的表示.

由定义可以看出，同构映射 σ 具有下列基本性质：

① $\sigma(\mathbf{0})=\mathbf{0},\sigma(-\boldsymbol{\alpha})=-\sigma(\boldsymbol{\alpha})$.

在定义的条件（2）中分别取 $k=0,-1$ 即得.

② $\sigma(k_1\boldsymbol{\alpha}_1+k_2\boldsymbol{\alpha}_2+\cdots+k_r\boldsymbol{\alpha}_r)=k_1\sigma(\boldsymbol{\alpha}_1)+k_2\sigma(\boldsymbol{\alpha}_2)+\cdots+k_r\sigma(\boldsymbol{\alpha}_r)$.

这是定义的条件（1）与（2）结合的结果.

③ V 中向量组 $\boldsymbol{\alpha}_1,\boldsymbol{\alpha}_2,\cdots,\boldsymbol{\alpha}_r$ 线性相关的充分必要条件是，它们的像 $\sigma(\boldsymbol{\alpha}_1),\sigma(\boldsymbol{\alpha}_2),\cdots,\sigma(\boldsymbol{\alpha}_r)$线性相关.

因为由

$$k_1\boldsymbol{\alpha}_1+k_2\boldsymbol{\alpha}_2+\cdots+k_r\boldsymbol{\alpha}_r=0,$$

可得

$$k_1\sigma(\boldsymbol{\alpha}_1)+k_2\sigma(\boldsymbol{\alpha}_2)+\cdots+k_r\sigma(\boldsymbol{\alpha}_r)=\mathbf{0}.$$

反过来，由

$$k_1\sigma(\boldsymbol{\alpha}_1)+k_2\sigma(\boldsymbol{\alpha}_2)+\cdots+k_r\sigma(\boldsymbol{\alpha}_r)=\mathbf{0},$$

可得

$$\sigma(k_1\boldsymbol{\alpha}_1+k_2\boldsymbol{\alpha}_2+\cdots+k_r\boldsymbol{\alpha}_r)=\mathbf{0}.$$

因为 σ 是 1－1 映射，且 $\sigma(\mathbf{0})=\mathbf{0}$，所以

$$k_1\boldsymbol{\alpha}_1+k_2\boldsymbol{\alpha}_2+\cdots+k_r\boldsymbol{\alpha}_r=\mathbf{0}.$$

因为维数就是空间中线性无关向量的最大个数，所以可以由同构映射的性质推知，同构的线性空间有相同的维数.

④ 如果 V_1 是 V 的一个线性子空间，那么 V_1 在 σ 下的像集合

$$\sigma(V_1)=\{\sigma(\boldsymbol{\alpha})\mid\boldsymbol{\alpha}\in V_1\}$$

是 $\sigma(V)$的子空间，并且 V_1 与 $\sigma(V_1)$维数相同.

⑤ 同构映射的逆映射以及两个同构映射的乘积还是同构映射.

设 σ 是线性空间 V 到 V'上的同构映射，显然逆映射 σ^{-1} 是 V'到 V 上的 1－1 映射，我们来证明 σ^{-1} 适合条件（1）与条件（2）.

令 $\boldsymbol{\alpha}',\boldsymbol{\beta}'$是 V'中的任意两个向量，于是

$$\begin{aligned}\sigma\sigma^{-1}(\boldsymbol{\alpha}'+\boldsymbol{\beta}')=\boldsymbol{\alpha}'+\boldsymbol{\beta}'&=\sigma\sigma^{-1}(\boldsymbol{\alpha}')+\sigma\sigma^{-1}(\boldsymbol{\beta}')\\&=\sigma(\sigma^{-1}(\boldsymbol{\alpha}')+\sigma^{-1}(\boldsymbol{\beta}')).\end{aligned}$$

两边用 σ^{-1} 作用，即得

$$\sigma^{-1}(\boldsymbol{\alpha}'+\boldsymbol{\beta}')=\sigma^{-1}(\boldsymbol{\alpha}')+\sigma^{-1}(\boldsymbol{\beta}').$$

条件（2）可以同样证明.

再设 σ,τ 分别是线性空间 V 到 V'和 V'到 V''上的同构映射，我们来证明 $\tau\sigma$ 是 V 到 V''上的同构映射.

显然 $\tau\sigma$ 是 V 到 V''上的 1－1 映射，由

$$\tau\sigma(\boldsymbol{\alpha}+\boldsymbol{\beta})=\tau(\sigma(\boldsymbol{\alpha})+\sigma(\boldsymbol{\beta}))=\tau\sigma(\boldsymbol{\alpha})+\tau\sigma(\boldsymbol{\beta}),$$

$$\tau\sigma(k\boldsymbol{\alpha})=\tau(\sigma(k\boldsymbol{\alpha}))=\tau(k\sigma(\boldsymbol{\alpha}))=k\tau\sigma(\boldsymbol{\alpha}).$$

可以看出，$\tau\sigma$ 适合定义条件（1）和条件（2），因而 $\tau\sigma$ 是 V 到 V''上的同构映射.

因为任一线性空间 V 到自身的恒等映射显然是一个同构映射，所以性质 5 表明，同构作为线性空间之间的一种关系，具有反身性、对称性与传递性，即：

（1）反身性：$V\cong V$；

（2）对称性：若 $V\cong V'$，则 $V'\cong V$；

(3) 传递性：若 $V\cong V',V'\cong V''$，则 $V\cong V''$.

综上所述，我们有如下定理.

定理 14 数域 P 上的两个有限维线性空间同构的充分必要条件是它们有相同的维数.

证 设 $\dim V=n,\dim V'=m$. 若 $V\cong V'$，σ 是 V 到 V' 的同构映射. 对 V 设基为 $\boldsymbol{\alpha}_1,\boldsymbol{\alpha}_2,\cdots,\boldsymbol{\alpha}_n$，则 $\sigma(\boldsymbol{\alpha}_1),\sigma(\boldsymbol{\alpha}_2),\cdots,\sigma(\boldsymbol{\alpha}_n)$ 是 V' 的基. 从而 $\dim V'=m=n$，即 V 与 V' 的维数相等.

若 $m=n$，且 $V\cong P^n,V'\cong P^n$，根据同构映射的对称性和传递性可得 $V\cong V'$. ∎

由于线性空间的同构关系是一种等价关系，从而可以对数域 P 上的所有线性空间构成的集合 S 利用线性空间的同构关系进行分类. 而定理 14 说明了，维数是有限维线性空间的唯一的本质特征. 因此 S 中维数为 n 的线性空间在同一个等价类中，这个等价类的代表就是 P^n.

特别地，每一个数域 P 上 n 维线性空间都与 n 元数组所构成的空间 P^n 同构，而同构的空间有相同的性质. 由此可知，我们以前所得到的关于 n 元数组的一些结论，在一般的线性空间中也是成立的，而不必要再一一证明了.

习题 5-7

1. 设 σ 是数域 P 上的线性空间 V 到 V' 的 1—1 映射. 证明：σ 是同构映射的充要条件是 $\forall\boldsymbol{\alpha},\boldsymbol{\beta}\in V$，$\forall k,l\in P$，都有 $\sigma(k\boldsymbol{\alpha}+l\boldsymbol{\beta})=k\sigma(\boldsymbol{\alpha})+l\sigma(\boldsymbol{\beta})$.

2. 证明：数域 P 上的线性空间 $P[x]_n$ 与 P^n 同构，并给出一个同构映射.

3. 设 V 与 V' 是数域 P 上的 n 维线性空间，且 $V=V_1\oplus V_2$ (V_1,V_2 是 V 的子空间). 证明：V' 中存在子空间 V_1',V_2'，使 $V'=V_1'\oplus V_2'$，而且 $V_1\cong V_1',V_2\cong V_2'$.

4. 证明：线性空间 $P[x]$ 同它的无穷多个真子空间同构.

5. 设 a,b 是两个复数. 构造 $P[x]$ 的子空间 $V_a=\{f(x)\mid f(x)\in P[x],f(a)=0\}$，$V_b=\{g(x)\mid g(x)\in P[x],g(b)=0\}$. 证明：$V_a\cong V_b$.

习题 5

1. (1) 证明：在 $P[x]_n$ 中，多项式

$$f_i=(x-a_1)\cdots(x-a_{i-1})(x-a_{i+1})\cdots(x-a_n),i=1,2,\cdots,n$$

是一组基，其中 $a_1,a_2,\cdots,a_n$ 是互不相同的数；

(2) 在 (1) 中，取 $a_1,a_2,\cdots,a_n$ 是全体 n 次单位根，求由基 $1,x,\cdots,x^{n-1}$ 到基 $f_1,f_2,\cdots,f_n$ 的过渡矩阵.

2. 设 $\boldsymbol{\alpha}_1,\boldsymbol{\alpha}_2,\cdots,\boldsymbol{\alpha}_n$ 是 n 维线性空间 V 的一组基，$\boldsymbol{A}\in P^{n\times s}$，$(\boldsymbol{\beta}_1,\boldsymbol{\beta}_2,\cdots,\boldsymbol{\beta}_s)=(\boldsymbol{\alpha}_1,\boldsymbol{\alpha}_2,\cdots,\boldsymbol{\alpha}_n)\boldsymbol{A}$. 证明：$L(\boldsymbol{\beta}_1,\boldsymbol{\beta}_2,\cdots,\boldsymbol{\beta}_s)$ 的维数等于 $\boldsymbol{A}$ 的秩.

3. 设数域 P 上的线性空间 V 的向量组 $\boldsymbol{\alpha}_1,\boldsymbol{\alpha}_2,\boldsymbol{\alpha}_3,\boldsymbol{\alpha}_4$ 线性无关. 令

$$\boldsymbol{\beta}_1=\boldsymbol{\alpha}_1,\boldsymbol{\beta}_2=\boldsymbol{\alpha}_1+\boldsymbol{\alpha}_2,\boldsymbol{\beta}_3=\boldsymbol{\alpha}_1+\boldsymbol{\alpha}_2+\boldsymbol{\alpha}_3,\boldsymbol{\beta}_4=\boldsymbol{\alpha}_1+\boldsymbol{\alpha}_2+\boldsymbol{\alpha}_3+\boldsymbol{\alpha}_4,$$

求 $L(\boldsymbol{\beta}_1,\boldsymbol{\beta}_2,\boldsymbol{\beta}_3,\boldsymbol{\beta}_4)$ 的一组基和维数.

4. 设 V_1,V_2,V_3 均为数域 P 上的线性空间 V 的有限维子空间. 令

$$d_k=\dim((V_i+V_j)\cap V_k)+\dim(V_i\cap V_j),$$

其中 i,j,k 是 1,2,3 的一个排列. 证明：$d_1=d_2=d_3$.

5. 设 V_1,V_2 是 V 的两个有限维子空间，且 $\dim(V_1+V_2)=\dim(V_1\cap V_2)+1$. 证明：$V_1\subseteq V_2$ 或 $V_2\subseteq V_1$.

6. 设 V_1,V_2 是线性空间 V 的两个非平凡的子空间. 证明：在 V 中存在 $\boldsymbol{\alpha}$ 使 $\boldsymbol{\alpha}\notin V_1,\boldsymbol{\alpha}\notin V_2$ 同时成立.

7. 设 $V_1,V_2,\cdots,V_s$ 是线性空间 V 的 s 个非平凡的子空间. 证明：V 中至少有一向量不属于 $V_1,V_2,\cdots,V_s$ 中任何一个.

8. 在线性空间 V 中，设向量 $\boldsymbol{\alpha}$ 在基 $\boldsymbol{\alpha}_1,\boldsymbol{\alpha}_2,\cdots,\boldsymbol{\alpha}_n$ 下的坐标为 $(a_1,a_2,\cdots,a_n)$，a_i 不全为零. 试求一组基，使 $\boldsymbol{\alpha}$ 在基下的坐标为 $(1,0,\cdots,0)$.

9. 设 V 是数域 P 上的 n 维线性空间，W 是 V 的子空间，$\dim W\geqslant\frac{n}{2}$. 证明：存在 V 的子空间 V_1,V_2，使 $V=W\oplus V_1=W\oplus V_2$，且 $V_1\cap V_2=\{\boldsymbol{0}\}$. 问 $\dim W<\frac{n}{2}$ 时，上述结论是否成立?

10. 设 $M\in P^{n\times n}$，$f(x),g(x)\in P[x]$ 且 $(f(x),g(x))=1$. 令 $\boldsymbol{A}=f(M),\boldsymbol{B}=g(M)$，$W,W_1,W_2$ 分别表示齐次线性方程组 $\boldsymbol{ABX}=\boldsymbol{0},\boldsymbol{AX}=\boldsymbol{0},\boldsymbol{BX}=\boldsymbol{0}$ 的解空间. 证明：$W=W_1\oplus W_2$.

11. 设数域 P 上的空间 V 与 V' 同构，σ 是同构映射. 证明：$\boldsymbol{\alpha}_1,\boldsymbol{\alpha}_2,\cdots,\boldsymbol{\alpha}_n$ 为 V 的一组基的充要条件是 $\sigma(\boldsymbol{\alpha}_1),\sigma(\boldsymbol{\alpha}_2),\cdots,\sigma(\boldsymbol{\alpha}_n)$ 为 V' 的一组基.

12. 设 $\boldsymbol{A}\in P^{n\times n}$ 且 $\boldsymbol{A}$ 可逆. 将 $\boldsymbol{A}$ 和 $\boldsymbol{A}^{-1}$ 进行分块：

$$\boldsymbol{A}=\begin{pmatrix}\boldsymbol{A}_{11} & \boldsymbol{A}_{12}\\ \boldsymbol{A}_{21} & \boldsymbol{A}_{22}\end{pmatrix},\boldsymbol{A}^{-1}=\begin{pmatrix}\boldsymbol{B}_{11} & \boldsymbol{B}_{12}\\ \boldsymbol{B}_{21} & \boldsymbol{B}_{22}\end{pmatrix}.$$

其中 $\boldsymbol{A}_{11},\boldsymbol{B}_{11}$ 分别为 $l\times k$ 和 $k\times l$ 矩阵. 证明：齐次线性方程组 $\boldsymbol{A}_{12}\boldsymbol{X}=\boldsymbol{0}$ 的解空间同构于 $\boldsymbol{B}_{12}\boldsymbol{Y}=\boldsymbol{0}$ 的解空间.

第六章

线性变换

第一节　线性变换的定义及其简单性质

在上一章中，我们曾经证明数域 P 上的任一 n 维线性空间都与 P^n 同构. 因此，关于有限维线性空间的结构可以认为是完全清楚了. 搞清了有限维线性空间的结构固然是重要的，但从客观事物的认识上，更为重要的是研究事物之间的各种各样的联系. 在线性空间中，事物之间的一种重要联系就是线性空间到自身的映射，也就是线性空间的变换. 本节所要研究的线性变换，可以认为是线性空间的一种最简单、最基本的变换. 这如同线性函数是最简单、最基本的函数一样.

线性变换是线性代数的一个主要研究对象.

定义　设 σ 是线性空间 V 的一个变换. 若满足：

（1）$\forall \boldsymbol{\alpha},\boldsymbol{\beta}\in V,\sigma(\boldsymbol{\alpha}+\boldsymbol{\beta})=\sigma(\boldsymbol{\alpha})+\sigma(\boldsymbol{\beta})$；

（2）$\forall \boldsymbol{\alpha}\in V,k\in P,\sigma(k\boldsymbol{\alpha})=k\sigma(\boldsymbol{\alpha})$，

则称 σ 是 V 的线性变换.

V 的任意一个变换，未必和 V 中的运算有什么关系. 而线性变换则要求它要和 V 中的运算发生某种联系. 条件（1）表示，它保持加法，向量和的变换等于变换的和；条件（2）表示，它保持数量乘法，数乘的变换等于变换的数乘. 因此，我们也可以这样说，保持 V 中的加法和数量乘法的变换 σ 称为 V 的线性变换.

下面举出一些线性变换的例子，由此我们会看到，客观上实际存在的线性变换是很丰富的.

【例 1】 平面上的向量构成实数域上的二维线性空间．把平面围绕坐标原点按逆时针方向旋转 θ 角，就是一个线性变换，用 T_θ 表示．如果平面上一个向量 $\boldsymbol{\alpha}$ 在直角坐标系下的坐标是 (x,y)，那么像 $T_\theta(\boldsymbol{\alpha})$ 的坐标，即 $\boldsymbol{\alpha}$ 旋转 θ 角之后的坐标 (x',y') 是按照公式

$$\begin{pmatrix} x' \\ y' \end{pmatrix}=\begin{pmatrix} \cos\theta & -\sin\theta \\ \sin\theta & \cos\theta \end{pmatrix}\begin{pmatrix} x \\ y \end{pmatrix}$$

来计算的．同样地，空间中绕轴的旋转也是一个线性变换．

【例 2】 设 $\boldsymbol{\alpha}$ 是几何空间中一固定非零向量，把每个向量 $\boldsymbol{\xi}$ 变到它在 $\boldsymbol{\alpha}$ 上的内射影的变换也是一个线性变换，记作 Π_α．用公式表示为

$$\Pi_\alpha(\boldsymbol{\xi})=\frac{(\boldsymbol{\alpha},\boldsymbol{\xi})}{(\boldsymbol{\alpha},\boldsymbol{\alpha})}\boldsymbol{\alpha},$$

其中 $(\boldsymbol{\alpha},\boldsymbol{\xi})$，$(\boldsymbol{\alpha},\boldsymbol{\alpha})$ 表示向量的内积．

【例 3】 线性空间 V 中的恒等变换 I 是 V 的一个线性变换．对于任意 $\boldsymbol{\alpha}\in V$，规定

$$\sigma(\boldsymbol{\alpha})=\mathbf{0}\quad(\mathbf{0}\text{ 是 }V\text{ 中的零向量}).$$

σ 显然是 V 的一个变换，这个变换称为 V 的零变换，记作 0．零变换是 V 的一个线性变换．

【例 4】 设 V 是数域 P 上的线性空间，对任意 $k\in P$，$\boldsymbol{\alpha}\in V$，规定：

$$\sigma(\boldsymbol{\alpha})=k\boldsymbol{\alpha}.$$

σ 是 V 的一个线性变换，记作 K．显然，当 $k=1$ 时，便得到恒等变换；当 $k=0$ 时，便得到零变换．

【例 5】 在线性空间 $P[x]$ 或者 $P[x]_n$ 中，求微商是一个线性变换．这个变换通常用 D 表示，即

$$D(f(x))=f'(x).$$

【例 6】 定义在闭区间 $[a,b]$ 上的全体连续函数组成实数域上一个线性空间，用 $C[a,b]$ 表示．在这个空间中，变换 J 为

$$J(f(x))=\int_a^x f(t)\mathrm{d}t,$$

是一个线性变换．

线性变换定义中的两个条件也可以用一个条件来代替．

定理 1 V 的一个变换 σ 是线性变换，当且仅当对于任意 $k,l\in P$ 和 $\boldsymbol{\alpha},\boldsymbol{\beta}\in V$，都有

$$\sigma(k\boldsymbol{\alpha}+l\boldsymbol{\beta})=k\sigma(\boldsymbol{\alpha})+l\sigma(\boldsymbol{\beta}).\tag{6-1}$$

证 由线性变换的定义，必要性显然成立．现证充分性：假如对于 $k,l\in P$，$\boldsymbol{\alpha},\boldsymbol{\beta}\in V$，式(6-1)都成立，在式(6-1)中取 $k=l=1$，即得

$$\sigma(\boldsymbol{\alpha}+\boldsymbol{\beta})=\sigma(\boldsymbol{\alpha})+\sigma(\boldsymbol{\beta}),$$

取 $l=0$，即得

$$\sigma(k\boldsymbol{\alpha})=k\sigma(\boldsymbol{\alpha}).$$

这就证明了 σ 是 V 的一个线性变换．∎

由线性变换的定义，容易推出线性变换的一些简单性质．

性质 1 设 σ 是 V 的任一线性变换，则 $\sigma(\mathbf{0})=\mathbf{0}$，$\sigma(-\boldsymbol{\alpha})=-\sigma(\boldsymbol{\alpha})$．

这是因为

$$\sigma(\mathbf{0})=\sigma(0\boldsymbol{\alpha})=0\sigma(\boldsymbol{\alpha})=\mathbf{0},$$

$$\sigma(-\boldsymbol{\alpha})=\sigma((-1)\boldsymbol{\alpha})=(-1)\sigma(\boldsymbol{\alpha})=-\sigma(\boldsymbol{\alpha}).$$

性质 2 线性变换保持线性组合与线性关系式不变．换句话说，如果 $\boldsymbol{\beta}$ 是 $\boldsymbol{\alpha}_1$，

$\boldsymbol{\alpha}_2,\cdots,\boldsymbol{\alpha}_r$ 的线性组合，即

$$\boldsymbol{\beta}=k_1\boldsymbol{\alpha}_1+k_2\boldsymbol{\alpha}_2+\cdots+k_r\boldsymbol{\alpha}_r,$$

那么经过线性变换 σ 之后，$\sigma(\boldsymbol{\beta})$是$\sigma(\boldsymbol{\alpha}_1),\sigma(\boldsymbol{\alpha}_2),\cdots,\sigma(\boldsymbol{\alpha}_r)$同样的线性组合，即

$$\sigma(\boldsymbol{\beta})=k_1\sigma(\boldsymbol{\alpha}_1)+k_2\sigma(\boldsymbol{\alpha}_2)+\cdots+k_r\sigma(\boldsymbol{\alpha}_r).$$

又如果 $\boldsymbol{\alpha}_1,\boldsymbol{\alpha}_2,\cdots,\boldsymbol{\alpha}_r$ 之间有线性关系式

$$k_1\boldsymbol{\alpha}_1+k_2\boldsymbol{\alpha}_2+\cdots+k_r\boldsymbol{\alpha}_r=\mathbf{0},$$

那么它们的像之间也有同样的关系式

$$k_1\sigma(\boldsymbol{\alpha}_1)+k_2\sigma(\boldsymbol{\alpha}_2)+\cdots+k_r\sigma(\boldsymbol{\alpha}_r)=\mathbf{0}.$$

由性质 1、2 又可得性质 3 如下.

性质 3 线性变换把线性相关的向量组变成线性相关的向量组.

注意，性质 3 的逆命题不成立. 线性变换可能把线性无关的向量组变成线性相关的向量组，例如零变换.

习题 6-1

1. 判别下面所定义的变换哪些是线性的，哪些不是.

(1) 在线性空间 V 中，$\sigma(\boldsymbol{x})=\boldsymbol{\alpha}+\boldsymbol{x}$，对任意 $\boldsymbol{x}\in V$，而 $\boldsymbol{\alpha}\in V$ 是一个固定的向量；

(2) 在线性空间 V 中，$\sigma(\boldsymbol{x})=\boldsymbol{\alpha}$，对任意 $\boldsymbol{x}\in V$，而 $\boldsymbol{\alpha}\in V$ 是一个固定的向量；

(3) 在 P^3 中，$\sigma(x_1,x_2,x_3)=(x_1^2,x_2+x_3,x_3^2)$；

(4) 在 P^3 中，$\sigma(x_1,x_2,x_3)=(2x_1-x_2,x_2+x_3,x_1)$；

(5) 在 $P[x]$中，$\sigma(f(x))=f(x+1)$；

(6) 在 $P[x]$中，$\sigma(f(x))=f(x_0)$，其中 $x_0\in P$ 是一个固定的数；

(7) 把复数域 $\mathbf{C}$ 看作复数域上的线性空间，$\sigma(\boldsymbol{x})=\overline{\boldsymbol{x}}$；

(8) 在 $P^{n\times n}$ 中，$\sigma(\boldsymbol{X})=\boldsymbol{BXC}$，其中 $\boldsymbol{B},\boldsymbol{C}\in P^{n\times n}$ 是两个固定的矩阵.

2. 下列各变换 σ 是否是线性空间 $P[x]$的线性变换？对于空间 $P[x]_n$ 如何？

(1) $\sigma(f(x))=xf(x)$；

(2) $\sigma(f(x))=f(x)+f'(x)$.

3. 在数域 P 上全体 n 阶对称矩阵所做成的线性空间 V 中，定义变换

$$\sigma(\boldsymbol{X})=\boldsymbol{A}^{\mathrm{T}}\boldsymbol{XA}.$$

其中 $\boldsymbol{A}$ 为一个固定的 n 阶方阵. 证明：σ 是 V 的一个线性变换.

4. 设 $P^{n\times n}$ 为数域P 上全体 n 阶方阵作成的线性变换空间，$\boldsymbol{C}\in P^{n\times n}$. 令 σ 是 $P^{n\times n}$ 的如下变换：$\sigma(\boldsymbol{A})=\boldsymbol{CA}-\boldsymbol{AC}$.

证明：

(1) σ 是 $P^{n\times n}$ 的一个线性变换；

(2) 对 $P^{n\times n}$ 中任意的 $\boldsymbol{A},\boldsymbol{B}$ 都有 $\sigma(\boldsymbol{AB})=\sigma(\boldsymbol{A})\boldsymbol{B}+\boldsymbol{A}\sigma(\boldsymbol{B})$.

第二节 线性变换的运算

为了叙述方便，用符号 $L(V)$表示线性空间 V 的所有线性变换的集合.

定义 1 设 $\sigma,\tau\in L(V)$，令

$$(\sigma+\tau)(\boldsymbol{\alpha})=\sigma(\boldsymbol{\alpha})+\tau(\boldsymbol{\alpha}),\ \forall\,\boldsymbol{\alpha}\in V,$$

称 V 的变换 $\sigma+\tau$ 为线性变换 σ 与 τ 的和.

线性空间 V 的线性变换 σ 与 τ 的和 $\sigma+\tau$ 仍是 V 的线性变换. 事实上，$\forall \boldsymbol{\alpha},\boldsymbol{\beta}\in V, k,l\in P$ 有

$$\begin{aligned}(\sigma+\tau)(k\boldsymbol{\alpha}+l\boldsymbol{\beta})&=\sigma(k\boldsymbol{\alpha}+l\boldsymbol{\beta})+\tau(k\boldsymbol{\alpha}+l\boldsymbol{\beta})\\&=k\sigma(\boldsymbol{\alpha})+l\sigma(\boldsymbol{\beta})+k\tau(\boldsymbol{\alpha})+l\tau(\boldsymbol{\beta})\\&=k[\sigma(\boldsymbol{\alpha})+\tau(\boldsymbol{\alpha})]+l[\sigma(\boldsymbol{\beta})+\tau(\boldsymbol{\beta})]\\&=k(\sigma+\tau)(\boldsymbol{\alpha})+l(\sigma+\tau)(\boldsymbol{\beta}).\end{aligned}$$

故 $\sigma+\tau$ 是 V 的线性变换.

由定义 1，容易验证线性变换的加法满足如下性质.

(1) 交换律：$\sigma+\tau=\tau+\sigma$；

(2) 结合律：$(\sigma+\tau)+\rho=\sigma+(\tau+\rho)$；

(3) 零变换：$\forall \sigma\in L(V), \exists 0\in L(V)$，使 $0+\sigma=\sigma$；

(4) 负变换：$\forall \sigma\in L(V), \exists \tau\in L(V)$，使 $\sigma+\tau=0$.

这里 τ 为 σ 的负变换，记作 $\tau=-\sigma$. 显然，$\forall \boldsymbol{\alpha}\in V$，有 $(-\sigma)(\boldsymbol{\alpha})=-\sigma(\boldsymbol{\alpha})$.

利用负变换可以定义线性变换的差，即

$$\sigma-\tau=\sigma+(-\tau).$$

定义 2 设 $\sigma\in L(V), k\in P$，令

$$(k\sigma)(\boldsymbol{\alpha})=k[\sigma(\boldsymbol{\alpha})], \forall \boldsymbol{\alpha}\in V,$$

称 V 的变换 $k\sigma$ 为数 k 与线性变换 σ 的数量乘积.

容易验证，数 k 与线性空间 V 的线性变换 σ 的数量乘积 $k\sigma\in L(V)$. 数 k 与线性变换 σ 的数量乘积满足如下性质.

(5) $1\sigma=\sigma$；

(6) $(kl)\sigma=k(l\sigma)$；

(7) $(k+l)\sigma=k\sigma+l\sigma$；

(8) $k(\sigma+\tau)=k\sigma+k\tau$.

其中 $\sigma,\tau\in L(V)$，$k,l\in P$.

由此可见，$L(V)$ 中定义的加法和数量乘法满足上述 8 条运算性质，因此 $L(V)$ 构成数域 P 上的线性空间.

定义 3 设 $\sigma,\tau\in L(V)$，令

$$(\sigma\tau)(\boldsymbol{\alpha})=\sigma(\tau(\boldsymbol{\alpha})), \forall \boldsymbol{\alpha}\in V,$$

称 V 的变换 $\sigma\tau$ 为线性变换 σ 与 τ 的乘积.

线性空间 V 的线性变换 σ 与 τ 的乘积也是 V 的线性变换. 事实上，对于任意 $\boldsymbol{\alpha},\boldsymbol{\beta}\in V$，$k,l\in P$，有

$$\begin{aligned}(\sigma\tau)(k\boldsymbol{\alpha}+l\boldsymbol{\beta})&=\sigma(\tau(k\boldsymbol{\alpha}+l\boldsymbol{\beta}))\\&=\sigma(k\tau(\boldsymbol{\alpha})+l\tau(\boldsymbol{\beta}))\\&=k\sigma(\tau(\boldsymbol{\alpha}))+l\sigma(\tau(\boldsymbol{\beta}))\\&=k(\sigma\tau)(\boldsymbol{\alpha})+l(\sigma\tau)(\boldsymbol{\beta}).\end{aligned}$$

故 $\sigma\tau\in L(V)$.

可以验证，线性变换的乘积满足如下性质.

(9) $(\sigma\tau)\rho=\sigma(\tau\rho)$；

(10) $k(\sigma\tau)=(k\sigma)\tau=\sigma(k\tau)$；

(11) $\sigma(\tau+\rho)=\sigma\tau+\sigma\rho$;

(12) $(\sigma+\tau)\rho=\sigma\rho+\tau\rho$.

其中 $\sigma,\tau,\rho\in L(V)$，$k\in P$.

我们只验证性质 (12)，其余各式留给读者完成. 证明：

$$\begin{aligned}\forall \boldsymbol{\alpha}\in V,\ ((\sigma+\tau)\rho)(\boldsymbol{\alpha}) &= (\sigma+\tau)(\rho(\boldsymbol{\alpha}))=\sigma(\rho(\boldsymbol{\alpha}))+\tau(\rho(\boldsymbol{\alpha}))\\ &=(\sigma\rho)(\boldsymbol{\alpha})+(\tau\rho)(\boldsymbol{\alpha})\\ &=(\sigma\rho+\tau\rho)(\boldsymbol{\alpha}).\end{aligned}$$

即 $(\sigma+\tau)\rho=\sigma\rho+\tau\rho$.

注意 线性变换的乘法不满足交换律，即 $\sigma\tau\neq\tau\sigma$.

由于线性变换的乘积满足结合律，因此可以定义线性变换的幂. 设 $\sigma\in L(V)$，n 为正整数. 令

$$\sigma^n=\sigma\sigma\cdots\sigma\ (n\text{ 个 }\sigma\text{ 的乘积}),$$

称 σ^n 为 σ 的 n 次幂，并规定 $\sigma^0=\boldsymbol{I}$.

对于任意非负整数 m,n，满足如下性质.

(13) $\sigma^m\sigma^n=\sigma^{m+n}$;

(14) $(\sigma^m)^n=\sigma^{mn}$.

同逆矩阵一样，可以定义线性变换的逆变换如下.

定义 4 设 $\sigma\in L(V)$，若存在 $\tau\in L(V)$，使

$$\tau\sigma=\sigma\tau=\boldsymbol{I}$$

则称线性变换 σ 是可逆的，且称 τ 为 σ 的逆变换，记作 $\tau=\sigma^{-1}$.

易知，若 σ 可逆，则逆变换 τ 是唯一的. 这是因为，若还有 V 的变换 ρ 也满足

$$\rho\sigma=\sigma\rho=\boldsymbol{I},$$

则
$$\rho=\boldsymbol{I}\rho=(\tau\sigma)\rho=\tau(\sigma\rho)=\tau\boldsymbol{I}=\tau.$$

另外，对于逆变换 σ，满足如下性质.

(15) $(\sigma^{-1})^{-1}=\sigma$;

(16) $(\sigma^{-n})=(\sigma^{-1})^n$，$n$ 为非负整数.

现在我们来证明：若线性变换 σ 可逆，则它的逆变换 σ^{-1} 也是线性变换. 实际上，对于任意 $k\in P$，$\boldsymbol{\alpha},\boldsymbol{\beta}\in V$，有

$$\begin{aligned}\sigma^{-1}(\boldsymbol{\alpha}+\boldsymbol{\beta}) &= \sigma^{-1}((\sigma\sigma^{-1})(\boldsymbol{\alpha})+(\sigma\sigma^{-1})(\boldsymbol{\beta}))\\ &=\sigma^{-1}(\sigma(\sigma^{-1}(\boldsymbol{\alpha}))+\sigma(\sigma^{-1}(\boldsymbol{\beta})))\\ &=\sigma^{-1}(\sigma(\sigma^{-1}(\boldsymbol{\alpha})+\sigma^{-1}(\boldsymbol{\beta})))\\ &=(\sigma^{-1}\sigma)(\sigma^{-1}(\boldsymbol{\alpha})+\sigma^{-1}(\boldsymbol{\beta}))\\ &=\sigma^{-1}(\boldsymbol{\alpha})+\sigma^{-1}(\boldsymbol{\beta}),\end{aligned}\qquad \begin{aligned}\sigma^{-1}(k\boldsymbol{\alpha}) &= \sigma^{-1}(k(\sigma\sigma^{-1})(\boldsymbol{\alpha}))\\ &=\sigma^{-1}(k\sigma(\sigma^{-1}(\boldsymbol{\alpha})))\\ &=\sigma^{-1}(\sigma(k(\sigma^{-1}(\boldsymbol{\alpha}))))\\ &=(\sigma^{-1}\sigma)(k\sigma^{-1}(\boldsymbol{\alpha}))=k\sigma^{-1}(\boldsymbol{\alpha}).\end{aligned}$$

这就证明了 σ^{-1} 是线性变换.

最后，我们引入线性变换的多项式的概念.

定义 5 设 $\sigma\in L(V)$，有

$$f(x)=a_nx^n+a_{n-1}x^{n-1}+\cdots+a_1x+a_0,$$

是数域 $P[x]$ 中的多项式. 称

$$f(\sigma)=a_n\sigma^n+a_{n-1}\sigma^{n-1}+\cdots+a_1\sigma+a_0\boldsymbol{I}$$

为线性变换 σ 的多项式.

容易验证，在 $P[x]$ 中，若

$$u(x)=f(x)+g(x), v(x)=f(x)g(x),$$

则

$$u(\sigma)=f(\sigma)+g(\sigma), v(\sigma)=f(\sigma)g(\sigma).$$

特别地，总有

$$f(\sigma)g(\sigma)=g(\sigma)f(\sigma).$$

即同一个线性变换的多项式关于线性变换的乘积是可以交换的.

【例 1】 设 V 是由次数不超过 4 的一切实系数一元多项式组成的向量空间，对于 V 中任意 $f(x)$，以 x^2-1 除所得商及余式分别为 $q(x)$ 和 $r(x)$，即

$$f(x)=q(x)(x^2-1)+r(x).$$

设 φ 是 V 到 V 的映射，使 $\varphi(f(x))=r(x)$，试证 φ 是一个线性变换.

证 对于任意 $f_1(x), f_2(x)\in V$，$k\in\mathbf{R}$，设用 x^2-1 除所得商及余式分别为

$$f_1(x)=q_1(x)(x^2-1)+r_1(x),$$
$$f_2(x)=q_2(x)(x^2-1)+r_2(x),$$
$$f_1(x)+f_2(x)=[q_1(x)+q_2(x)](x^2-1)+r_1(x)+r_2(x).$$

由映射 φ 得

$$\varphi(f_1(x)+f_2(x))=r_1(x)+r_2(x)=\varphi(f_1(x))+\varphi(f_2(x)),$$
$$\varphi(kf_1(x))=kr_1(x)=k\varphi(f_1(x)).$$

所以 φ 是 V 的线性变换. ▌

【例 2】 在线性空间 $P[x]_n$ 中，线性变换 D 表示微商. 显然有

$$D^n=0.$$

其次，平移

$$f(x)\to f(x+a), a\in P$$

也是一个线性变换，用 S_a 表示. 根据泰勒展开式

$$S_a(f(x))=f(x+a)=f(x)+af'(x)+\frac{a^2}{2!}f''(x)+\cdots+\frac{a^{n-1}}{(n-1)!}f^{(n-1)}(x),$$

因此，S_a 可以表示成 D 的一个多项式：

$$S_a=1+aD+\frac{a^2}{2!}D^2+\cdots+\frac{a^{n-1}}{(n-1)!}D^{n-1}.$$

习题 6-2

1. 对于任意 $\sigma,\tau\in L(V)$，$k,l\in P$，证明：

(1) $(kl)\sigma=k(l\sigma)$； (2) $(k+l)\sigma=k\sigma+l\sigma$； (3) $k(\sigma+\tau)=k\sigma+k\tau$.

2. 在 $P[x]$ 中，$\sigma(f(x))=f'(x), \tau(f(x))=xf(x)$. 证明：

(1) σ,τ 都是 $P[x]$ 的线性变换； (2) $\sigma\tau\neq\tau\sigma$； (3) $\sigma\tau-\tau\sigma=\boldsymbol{I}$.

3. 设 $P^{2\times2}$ 是数域 P 上一切二阶矩阵作成的线性空间，σ,τ 是 $P^{2\times2}$ 的线性变换：对于任意 $\boldsymbol{A}=\begin{pmatrix}a & b\\ c & d\end{pmatrix}\in P^{2\times2}$，有 $\sigma(\boldsymbol{A})=\begin{pmatrix}a & b\\ c & d\end{pmatrix}\begin{pmatrix}1 & 1\\ 1 & -1\end{pmatrix}$，$\tau(\boldsymbol{A})=\begin{pmatrix}sa & 0\\ 0 & td\end{pmatrix}$，$(s,t\in P)$. 求 $\sigma+\tau$，$\sigma\tau$.

4. 设 $\sigma,\tau\in L(V)$. 如果 $\sigma\tau-\tau\sigma=\boldsymbol{I}$，证明：对于任意自然数 k 都有 $\sigma^k\tau-\tau\sigma^k=k\sigma^{k-1}$.

5. 设 $\boldsymbol{\varepsilon}_1,\boldsymbol{\varepsilon}_2,\cdots,\boldsymbol{\varepsilon}_n$ 是线性空间 V 的一组基，σ 是 V 的线性变换. 证明：σ 可逆的充要条件是 $\sigma\boldsymbol{\varepsilon}_1,\sigma\boldsymbol{\varepsilon}_2,\cdots,\sigma\boldsymbol{\varepsilon}_n$ 也是 V 的基.

6. 设 σ,τ 是线性空间 V 的两个变换，且 $\sigma^2=\sigma$，$\tau^2=\tau$. 证明：

(1) 如果 $\sigma\tau=\tau\sigma=0$，则 $(\sigma+\tau)^2=\sigma+\tau$；

(2) 若 $\sigma\tau=\tau\sigma$，则 $(\sigma+\tau-\sigma\tau)^2=\sigma+\tau-\sigma\tau$.

7. 设 σ 是线性空间 V 的线性变换. 若对 $\boldsymbol{\alpha}\in V$ 有 $\sigma^{k-1}(\boldsymbol{\alpha})\neq\mathbf{0}$，但 $\sigma^k(\boldsymbol{\alpha})=\mathbf{0}$. 证明：向量组 $\boldsymbol{\alpha}$，$\sigma(\boldsymbol{\alpha}),\cdots,\sigma^{k-1}(\boldsymbol{\alpha})$ 线性无关.

8. 设 σ 是线性空间 V 的线性变换，$\boldsymbol{\alpha}_1,\boldsymbol{\alpha}_2,\cdots,\boldsymbol{\alpha}_s\in V$. 证明：$\sigma(L(\boldsymbol{\alpha}_1,\boldsymbol{\alpha}_2,\cdots,\boldsymbol{\alpha}_s))=L(\sigma\boldsymbol{\alpha}_1,\sigma\boldsymbol{\alpha}_2,\cdots,\sigma\boldsymbol{\alpha}_s)$.

第三节 线性变换的矩阵

设 V 是数域 P 上的 n 维线性空间，通过本节的讨论我们会看到，当在 V 中取定一组基之后，$L(V)$ 中的线性变换可与 $P^{n\times n}$ 中的矩阵建立起 1－1 对应关系，并且这个 1－1 对应还保持运算. 正是这个 1－1 对应使矩阵成了研究线性变换的有力工具.

设 σ 是 V 的一个线性变换，$\boldsymbol{\varepsilon}_1,\boldsymbol{\varepsilon}_2,\cdots,\boldsymbol{\varepsilon}_n$ 是 V 的一组基. V 中的任一向量 $\boldsymbol{\xi}$ 都可由 $\boldsymbol{\varepsilon}_1$，$\boldsymbol{\varepsilon}_2,\cdots,\boldsymbol{\varepsilon}_n$ 线性表示，并且表示法唯一：

$$\boldsymbol{\xi}=x_1\boldsymbol{\varepsilon}_1+x_2\boldsymbol{\varepsilon}_2+\cdots+x_n\boldsymbol{\varepsilon}_n. \tag{6-2}$$

其中 $(x_1,x_2,\cdots,x_n)$ 就是 $\boldsymbol{\xi}$ 在这组基 $\boldsymbol{\varepsilon}_1,\boldsymbol{\varepsilon}_2,\cdots,\boldsymbol{\varepsilon}_n$ 下的坐标. 由于 σ 是线性变换，将 σ 作用于式(6-2) 得

$$\sigma(\boldsymbol{\xi})=x_1\sigma(\boldsymbol{\varepsilon}_1)+x_2\sigma(\boldsymbol{\varepsilon}_2)+\cdots+x_n\sigma(\boldsymbol{\varepsilon}_n). \tag{6-3}$$

由式(6-3) 看出，如果我们知道了基的像 $\sigma(\boldsymbol{\varepsilon}_1),\sigma(\boldsymbol{\varepsilon}_2),\cdots,\sigma(\boldsymbol{\varepsilon}_n)$，那么线性空间 V 中任一向量 $\boldsymbol{\xi}$ 的像 $\sigma(\boldsymbol{\xi})$ 也就知道了. 或者换句话说，我们有如下命题.

命题 1 设 $\boldsymbol{\varepsilon}_1,\boldsymbol{\varepsilon}_2,\cdots,\boldsymbol{\varepsilon}_n$ 是线性空间 V 的一组基. 如果 V 中的两个线性变换 σ,τ 在这组基上的作用相同，即

$$\sigma(\boldsymbol{\varepsilon}_i)=\tau(\boldsymbol{\varepsilon}_i),i=1,2,\cdots,n,$$

那么 $\sigma=\tau$.

证 要证 $\sigma=\tau$，根据变换相等的定义只需证明：对于任意 $\boldsymbol{\xi}$ 都有 $\sigma(\boldsymbol{\xi})=\tau(\boldsymbol{\xi})$.

设
$$\boldsymbol{\xi}=x_1\boldsymbol{\varepsilon}_1+x_2\boldsymbol{\varepsilon}_2+\cdots+x_n\boldsymbol{\varepsilon}_n,$$
则
$$\begin{aligned}\sigma(\boldsymbol{\xi})&=x_1\sigma(\boldsymbol{\varepsilon}_1)+x_2\sigma(\boldsymbol{\varepsilon}_2)+\cdots+x_n\sigma(\boldsymbol{\varepsilon}_n)\\&=x_1\tau(\boldsymbol{\varepsilon}_1)+x_2\tau(\boldsymbol{\varepsilon}_2)+\cdots+x_n\tau(\boldsymbol{\varepsilon}_n)\\&=\tau(x_1\boldsymbol{\varepsilon}_1+x_2\boldsymbol{\varepsilon}_2+\cdots+x_n\boldsymbol{\varepsilon}_n)\\&=\tau(\boldsymbol{\xi}).\end{aligned}$$

这证明了 $\sigma=\tau$. ▌

命题 1 的意义就是说，一个线性变换完全被它在基上的作用所决定. 下面我们进一步指出，基向量的像完全可以是任意的. 或者换句话说，我们有如下命题.

命题 2 设 $\boldsymbol{\varepsilon}_1,\boldsymbol{\varepsilon}_2,\cdots,\boldsymbol{\varepsilon}_n$ 是线性空间 V 的一组基. 对于 V 中的任意 n 个向量 $\boldsymbol{\alpha}_1$，$\boldsymbol{\alpha}_2,\cdots,\boldsymbol{\alpha}_n$，一定存在 V 的一个线性变换 σ，使

$$\sigma(\boldsymbol{\varepsilon}_i)=\boldsymbol{\alpha}_i,i=1,2,\cdots,n. \tag{6-4}$$

证 我们来作出所需要的线性变换. 任取

$$\boldsymbol{\xi}=x_1\boldsymbol{\varepsilon}_1+x_2\boldsymbol{\varepsilon}_2+\cdots+x_n\boldsymbol{\varepsilon}_n\in V,$$

定义 V 的一个变换 σ 为

$$\sigma(\boldsymbol{\xi})=x_1\boldsymbol{\alpha}_1+x_2\boldsymbol{\alpha}_2+\cdots+x_n\boldsymbol{\alpha}_n.$$

不难验证 σ 是 V 的一个线性变换. 实际上，对于 V 中的任意两个向量

$$\boldsymbol{\beta}=b_1\boldsymbol{\varepsilon}_1+b_2\boldsymbol{\varepsilon}_2+\cdots+b_n\boldsymbol{\varepsilon}_n,\boldsymbol{\gamma}=c_1\boldsymbol{\varepsilon}_1+c_2\boldsymbol{\varepsilon}_2+\cdots+c_n\boldsymbol{\varepsilon}_n,$$

显然

$$\boldsymbol{\beta}+\boldsymbol{\gamma}=(b_1+c_1)\boldsymbol{\varepsilon}_1+(b_2+c_2)\boldsymbol{\varepsilon}_2+\cdots+(b_n+c_n)\boldsymbol{\varepsilon}_n,$$
$$k\boldsymbol{\beta}=kb_1\boldsymbol{\varepsilon}_1+kb_2\boldsymbol{\varepsilon}_2+\cdots+kb_n\boldsymbol{\varepsilon}_n.$$

由变换 σ 的定义得

$$\begin{aligned}\sigma(\boldsymbol{\beta}+\boldsymbol{\gamma})&=(b_1+c_1)\boldsymbol{\alpha}_1+(b_2+c_2)\boldsymbol{\alpha}_2+\cdots+(b_n+c_n)\boldsymbol{\alpha}_n\\&=(b_1\boldsymbol{\alpha}_1+b_2\boldsymbol{\alpha}_2+\cdots+b_n\boldsymbol{\alpha}_n)+(c_1\boldsymbol{\alpha}_1+c_2\boldsymbol{\alpha}_2+\cdots+c_n\boldsymbol{\alpha}_n)\\&=\sigma(\boldsymbol{\beta})+\sigma(\boldsymbol{\gamma}),\end{aligned}$$

$$\begin{aligned}\sigma(k\boldsymbol{\beta})&=kb_1\boldsymbol{\alpha}_1+kb_2\boldsymbol{\alpha}_2+\cdots+kb_n\boldsymbol{\alpha}_n\\&=k(b_1\boldsymbol{\alpha}_1+b_2\boldsymbol{\alpha}_2+\cdots+b_n\boldsymbol{\alpha}_n)\\&=k\sigma(\boldsymbol{\beta}).\end{aligned}$$

这证明了 σ 是线性变换. 再证 σ 满足式(6-4). 因为

$$\boldsymbol{\varepsilon}_i=0\boldsymbol{\varepsilon}_1+\cdots+0\boldsymbol{\varepsilon}_{i-1}+1\boldsymbol{\varepsilon}_i+0\boldsymbol{\varepsilon}_{i+1}+\cdots+0\boldsymbol{\varepsilon}_n,i=1,2,\cdots,n$$

所以

$$\sigma(\boldsymbol{\varepsilon}_i)=0\boldsymbol{\alpha}_1+\cdots+0\boldsymbol{\alpha}_{i-1}+1\boldsymbol{\alpha}_i+0\boldsymbol{\alpha}_{i+1}+\cdots+0\boldsymbol{\alpha}_n=\boldsymbol{\alpha}_i,i=1,2,\cdots,n.\ \blacksquare$$

概括命题 1、2 得如下定理.

定理 2 设 $\boldsymbol{\varepsilon}_1,\boldsymbol{\varepsilon}_2,\cdots,\boldsymbol{\varepsilon}_n$ 是线性空间 V 的一组基，对于 V 中任意给定的 n 个向量 $\boldsymbol{\alpha}_1,\boldsymbol{\alpha}_2,\cdots,\boldsymbol{\alpha}_n$，唯一存在一个线性变换 σ 使

$$\sigma(\boldsymbol{\varepsilon}_i)=\boldsymbol{\alpha}_i,i=1,2,\cdots,n.$$

现在我们来建立线性变换与矩阵的联系.

定义 1 设 V 是数域 P 上的 n 维线性空间，σ 是 V 中的一个线性变换. 取定 V 的一组基 $\boldsymbol{\varepsilon}_1,\boldsymbol{\varepsilon}_2,\cdots,\boldsymbol{\varepsilon}_n$，则基向量的像可以被这组基线性表示：

$$\begin{cases}\sigma(\boldsymbol{\varepsilon}_1)=a_{11}\boldsymbol{\varepsilon}_1+a_{21}\boldsymbol{\varepsilon}_2+\cdots+a_{n1}\boldsymbol{\varepsilon}_n\\\sigma(\boldsymbol{\varepsilon}_2)=a_{12}\boldsymbol{\varepsilon}_1+a_{22}\boldsymbol{\varepsilon}_2+\cdots+a_{n2}\boldsymbol{\varepsilon}_n\\\qquad\cdots\cdots\\\sigma(\boldsymbol{\varepsilon}_n)=a_{1n}\boldsymbol{\varepsilon}_1+a_{2n}\boldsymbol{\varepsilon}_2+\cdots+a_{nn}\boldsymbol{\varepsilon}_n\end{cases}.\tag{6-5}$$

若记

$$\sigma(\boldsymbol{\varepsilon}_1,\boldsymbol{\varepsilon}_2,\cdots,\boldsymbol{\varepsilon}_n)=(\sigma\boldsymbol{\varepsilon}_1,\sigma\boldsymbol{\varepsilon}_2,\cdots,\sigma\boldsymbol{\varepsilon}_n),$$

则式(6-5) 也可以利用矩阵的乘法写成

$$\sigma(\boldsymbol{\varepsilon}_1,\boldsymbol{\varepsilon}_2,\cdots,\boldsymbol{\varepsilon}_n)=(\sigma\boldsymbol{\varepsilon}_1,\sigma\boldsymbol{\varepsilon}_2,\cdots,\sigma\boldsymbol{\varepsilon}_n)=(\boldsymbol{\varepsilon}_1,\boldsymbol{\varepsilon}_2,\cdots,\boldsymbol{\varepsilon}_n)\boldsymbol{A}.$$

其中

$$\boldsymbol{A}=\begin{pmatrix}a_{11}&a_{12}&\cdots&a_{1n}\\a_{21}&a_{22}&\cdots&a_{2n}\\\vdots&\vdots&&\vdots\\a_{n1}&a_{n2}&\cdots&a_{nn}\end{pmatrix}.$$

矩阵 $\boldsymbol{A}$ 称为线性变换 σ 在基 $\boldsymbol{\varepsilon}_1,\boldsymbol{\varepsilon}_2,\cdots,\boldsymbol{\varepsilon}_n$ 下的矩阵.

【例 1】 设 $\boldsymbol{\varepsilon}_1,\boldsymbol{\varepsilon}_2,\cdots,\boldsymbol{\varepsilon}_m$ 是 $n(n>m)$维线性空间 V 的子空间 W 的一组基，把它扩充为 V 的一组基 $\boldsymbol{\varepsilon}_1,\boldsymbol{\varepsilon}_2,\cdots,\boldsymbol{\varepsilon}_n$. 定义线性变换 σ 如下：

$$\begin{cases}\sigma(\boldsymbol{\varepsilon}_i)=\boldsymbol{\varepsilon}_i,i=1,2,\cdots,m\\\sigma(\boldsymbol{\varepsilon}_i)=\boldsymbol{0},i=m+1,\cdots,n\end{cases},$$

如此确定的线性变换 σ 称为 V 在 W 上的投影．不难证明

$$\sigma^2=\sigma.$$

易知投影 σ 在基 $\boldsymbol{\varepsilon}_1,\boldsymbol{\varepsilon}_2,\cdots,\boldsymbol{\varepsilon}_n$ 下的矩阵是

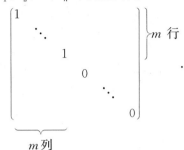

$$\left.\begin{pmatrix} 1 & & & & & \\ & \ddots & & & & \\ & & 1 & & & \\ & & & 0 & & \\ & & & & \ddots & \\ & & & & & 0 \end{pmatrix}\right\} m\text{ 行}\;(\text{前 } m \text{ 行}),\quad \underbrace{\qquad}_{m\text{列}}.$$

【例 2】 试求出线性空间 $P[x]_4$ 的线性变换

$$D(f(x))=f'(x)$$

在 $1,x,x^2,x^3$ 基下的矩阵．

解　因为

$$D(1)=0,\ D(x)=1,\ D(x^2)=2x,\ D(x^3)=3x^2,$$

用矩阵表示就是

$$\begin{aligned} D(1,x,x^2,x^3)&=(D(1),D(x),D(x^2),D(x^3))=(0,1,2x,3x^2)\\ &=(1,x,x^2,x^3)\begin{pmatrix} 0 & 1 & 0 & 0\\ 0 & 0 & 2 & 0\\ 0 & 0 & 0 & 3\\ 0 & 0 & 0 & 0\end{pmatrix}, \end{aligned}$$

于是等式右端的矩阵就是 D 在所给基下的矩阵．

以上讨论表明，当在 V 中取定一组基 $\boldsymbol{\varepsilon}_1,\boldsymbol{\varepsilon}_2,\cdots,\boldsymbol{\varepsilon}_n$ 之后，如果让 V 的线性变换对应于该线性变换在这组基下的矩阵，我们便得到 $L(V)$ 到 $P^{n\times n}$ 的一个映射 ϕ：

$$\begin{aligned} &L(V)\rightarrow P^{n\times n},\\ &\sigma\rightarrow \boldsymbol{A}. \end{aligned}\tag{6-6}$$

其中 $\boldsymbol{A}$ 是 σ 在基 $\boldsymbol{\varepsilon}_1,\boldsymbol{\varepsilon}_2,\cdots,\boldsymbol{\varepsilon}_n$ 下的矩阵．由命题 1，2，这个映射 ϕ 是 $L(V)$ 与 $P^{n\times n}$ 之间的一个双射．这个映射的重要性表现在它保持运算，即有如下定理．

定理 3　设 $\boldsymbol{\varepsilon}_1,\boldsymbol{\varepsilon}_2,\cdots,\boldsymbol{\varepsilon}_n$ 是数域 P 上 n 维线性空间 V 的一组基，ϕ 是由式(6-6) 决定的双射，则 ϕ 具有以下性质：

（1）线性变换的和对应于矩阵的和；

（2）线性变换的乘积对应于矩阵的乘积；

（3）线性变换的数量乘积对应于矩阵的数量乘积；

（4）可逆的线性变换与可逆矩阵对应，且逆变换对应于逆矩阵．

证　设 $\sigma,\tau\in L(V)$，$\phi(\sigma)=\boldsymbol{A}$，$\phi(\tau)=\boldsymbol{B}$，即

$$\begin{aligned} \sigma(\boldsymbol{\varepsilon}_1,\boldsymbol{\varepsilon}_2,\cdots,\boldsymbol{\varepsilon}_n)&=(\boldsymbol{\varepsilon}_1,\boldsymbol{\varepsilon}_2,\cdots,\boldsymbol{\varepsilon}_n)\boldsymbol{A},\\ \tau(\boldsymbol{\varepsilon}_1,\boldsymbol{\varepsilon}_2,\cdots,\boldsymbol{\varepsilon}_n)&=(\boldsymbol{\varepsilon}_1,\boldsymbol{\varepsilon}_2,\cdots,\boldsymbol{\varepsilon}_n)\boldsymbol{B}. \end{aligned}$$

（1）由

$$\begin{aligned} (\sigma+\tau)(\boldsymbol{\varepsilon}_1,\boldsymbol{\varepsilon}_2,\cdots,\boldsymbol{\varepsilon}_n)&=\sigma(\boldsymbol{\varepsilon}_1,\boldsymbol{\varepsilon}_2,\cdots,\boldsymbol{\varepsilon}_n)+\tau(\boldsymbol{\varepsilon}_1,\boldsymbol{\varepsilon}_2,\cdots,\boldsymbol{\varepsilon}_n)\\ &=(\boldsymbol{\varepsilon}_1,\boldsymbol{\varepsilon}_2,\cdots,\boldsymbol{\varepsilon}_n)\boldsymbol{A}+(\boldsymbol{\varepsilon}_1,\boldsymbol{\varepsilon}_2,\cdots,\boldsymbol{\varepsilon}_n)\boldsymbol{B}=(\boldsymbol{\varepsilon}_1,\boldsymbol{\varepsilon}_2,\cdots,\boldsymbol{\varepsilon}_n)(\boldsymbol{A}+\boldsymbol{B}), \end{aligned}$$

故 $\phi(\sigma+\tau)=\boldsymbol{A}+\boldsymbol{B}=\phi(\sigma)+\phi(\tau)$．

（2）由

$$
\begin{aligned}
(\sigma\tau)(\boldsymbol{\varepsilon}_1,\boldsymbol{\varepsilon}_2,\cdots,\boldsymbol{\varepsilon}_n)&=\sigma(\tau(\boldsymbol{\varepsilon}_1,\boldsymbol{\varepsilon}_2,\cdots,\boldsymbol{\varepsilon}_n))\\
&=\sigma((\boldsymbol{\varepsilon}_1,\boldsymbol{\varepsilon}_2,\cdots,\boldsymbol{\varepsilon}_n)\boldsymbol{B})\\
&=(\sigma(\boldsymbol{\varepsilon}_1,\boldsymbol{\varepsilon}_2,\cdots,\boldsymbol{\varepsilon}_n))\boldsymbol{B}\\
&=(\boldsymbol{\varepsilon}_1,\boldsymbol{\varepsilon}_2,\cdots,\boldsymbol{\varepsilon}_n)(\boldsymbol{AB}),
\end{aligned}
$$

故 $\phi(\sigma\tau)=\boldsymbol{AB}=\phi(\sigma)\phi(\tau)$.

（3）由 $k\sigma=(k\boldsymbol{I})\sigma$，$k\boldsymbol{I}$ 在任何基下的矩阵都是数量矩阵 $k\boldsymbol{E}$，则

$$\phi(k\sigma)=\phi((k\boldsymbol{I})\sigma)=\phi(k\boldsymbol{I})\phi(\sigma)=k\boldsymbol{EA}=k\boldsymbol{A}=k\phi(\sigma).$$

（4）若 σ 可逆，则 $\sigma^{-1}\in L(V)$. 设 $\phi(\sigma^{-1})=\boldsymbol{B}$，由

$$\sigma\sigma^{-1}=\sigma^{-1}\sigma=\boldsymbol{I},$$

得 $\boldsymbol{AB}=\boldsymbol{BA}=\boldsymbol{E}$. 故 $\boldsymbol{A}$ 可逆，且 $\boldsymbol{A}^{-1}=\boldsymbol{B}$，从而 $\phi(\sigma^{-1})=\boldsymbol{A}^{-1}$.
反之，若 $\boldsymbol{A}$ 可逆，设 $\phi(\tau)=\boldsymbol{A}^{-1}$，则

$$\phi(\sigma\tau)=\phi(\sigma)\phi(\tau)=\boldsymbol{AA}^{-1}=\boldsymbol{E},$$

故 $\sigma\tau=\boldsymbol{I}$，类似可得 $\tau\sigma=\boldsymbol{I}$，故 σ 可逆. ∎

定理 3 说明数域 P 上 n 维线性空间 V 的全体线性变换组成的集合 $L(V)$ 对于线性变换的加法与数量乘法构成 P 上一个线性空间，与数域 P 上 n 阶方阵构成的线性空间 $P^{n\times n}$ 同构.

由于在 n 维线性空间中取定一组基之后，向量可以转化成它的坐标，线性变换可以转化成它的矩阵，或者反过来. 因而线性代数在研究方法上常常是几何方法、代数方法交互使用.

利用线性变换的矩阵可以直接计算一个向量的像.

定理 4 设线性变换 σ 在基 $\boldsymbol{\varepsilon}_1,\boldsymbol{\varepsilon}_2,\cdots,\boldsymbol{\varepsilon}_n$ 下的矩阵是 $\boldsymbol{A}$，向量 $\boldsymbol{\xi}$ 在基 $\boldsymbol{\varepsilon}_1,\boldsymbol{\varepsilon}_2,\cdots,\boldsymbol{\varepsilon}_n$ 下的坐标是 $(x_1,x_2,\cdots,x_n)$，则 $\sigma(\boldsymbol{\xi})$ 在基 $\boldsymbol{\varepsilon}_1,\boldsymbol{\varepsilon}_2,\cdots,\boldsymbol{\varepsilon}_n$ 下的坐标 $(y_1,y_2,\cdots,y_n)$ 可以按公式

$$\begin{pmatrix}y_1\\y_2\\\vdots\\y_n\end{pmatrix}=\boldsymbol{A}\begin{pmatrix}x_1\\x_2\\\vdots\\x_n\end{pmatrix}\tag{6-7}$$

计算.

证 由假设

$$\boldsymbol{\xi}=(\boldsymbol{\varepsilon}_1,\boldsymbol{\varepsilon}_2,\cdots,\boldsymbol{\varepsilon}_n)\begin{pmatrix}x_1\\x_2\\\vdots\\x_n\end{pmatrix},$$

于是

$$
\begin{aligned}
\sigma(\boldsymbol{\xi})&=(\sigma\boldsymbol{\varepsilon}_1,\sigma\boldsymbol{\varepsilon}_2,\cdots,\sigma\boldsymbol{\varepsilon}_n)\begin{pmatrix}x_1\\x_2\\\vdots\\x_n\end{pmatrix}\\
&=(\boldsymbol{\varepsilon}_1,\boldsymbol{\varepsilon}_2,\cdots,\boldsymbol{\varepsilon}_n)\boldsymbol{A}\begin{pmatrix}x_1\\x_2\\\vdots\\x_n\end{pmatrix}.
\end{aligned}
$$

另一方面，再由假设

$$\sigma(\boldsymbol{\xi})=(\boldsymbol{\varepsilon}_1,\boldsymbol{\varepsilon}_2,\cdots,\boldsymbol{\varepsilon}_n)\begin{pmatrix}y_1\\y_2\\\vdots\\y_n\end{pmatrix},$$

由于 $\boldsymbol{\varepsilon}_1,\boldsymbol{\varepsilon}_2,\cdots,\boldsymbol{\varepsilon}_n$ 线性无关，所以

$$\begin{pmatrix}y_1\\y_2\\\vdots\\y_n\end{pmatrix}=\boldsymbol{A}\begin{pmatrix}x_1\\x_2\\\vdots\\x_n\end{pmatrix}. \blacksquare$$

线性变换的矩阵是对空间中一组取定的基而言的. 一般来说，随着基的改变，同一个线性变换在不同基下的矩阵也不相同. 为了利用矩阵来研究线性变换，我们必须弄清楚线性变换的矩阵是如何随着基的改变而改变的.

定理 5 设线性空间 V 的线性变换 σ 在两组基

$$\boldsymbol{\varepsilon}_1,\boldsymbol{\varepsilon}_2,\cdots,\boldsymbol{\varepsilon}_n, \tag{6-8}$$

$$\boldsymbol{\eta}_1,\boldsymbol{\eta}_2,\cdots,\boldsymbol{\eta}_n \tag{6-9}$$

下的矩阵分别为 $\boldsymbol{A}$ 和 $\boldsymbol{B}$，且从式(6-8) 基到式(6-9) 基的过渡矩阵是 $\boldsymbol{X}$，则 $\boldsymbol{B}=\boldsymbol{X}^{-1}\boldsymbol{AX}$.

证 已知

$$(\sigma\boldsymbol{\varepsilon}_1,\sigma\boldsymbol{\varepsilon}_2,\cdots,\sigma\boldsymbol{\varepsilon}_n)=(\boldsymbol{\varepsilon}_1,\boldsymbol{\varepsilon}_2,\cdots,\boldsymbol{\varepsilon}_n)\boldsymbol{A},$$
$$(\sigma\boldsymbol{\eta}_1,\sigma\boldsymbol{\eta}_2,\cdots,\sigma\boldsymbol{\eta}_n)=(\boldsymbol{\eta}_1,\boldsymbol{\eta}_2,\cdots,\boldsymbol{\eta}_n)\boldsymbol{B},$$
$$(\boldsymbol{\eta}_1,\boldsymbol{\eta}_2,\cdots,\boldsymbol{\eta}_n)=(\boldsymbol{\varepsilon}_1,\boldsymbol{\varepsilon}_2,\cdots,\boldsymbol{\varepsilon}_n)\boldsymbol{X},$$

于是

$$\begin{aligned}(\sigma\boldsymbol{\eta}_1,\sigma\boldsymbol{\eta}_2,\cdots,\sigma\boldsymbol{\eta}_n)&=\sigma(\boldsymbol{\eta}_1,\boldsymbol{\eta}_2,\cdots,\boldsymbol{\eta}_n)\\&=\sigma((\boldsymbol{\varepsilon}_1,\boldsymbol{\varepsilon}_2,\cdots,\boldsymbol{\varepsilon}_n)\boldsymbol{X})\\&=(\sigma(\boldsymbol{\varepsilon}_1,\boldsymbol{\varepsilon}_2,\cdots,\boldsymbol{\varepsilon}_n))\boldsymbol{X}\\&=(\sigma\boldsymbol{\varepsilon}_1,\sigma\boldsymbol{\varepsilon}_2,\cdots,\sigma\boldsymbol{\varepsilon}_n)\boldsymbol{X}\\&=(\boldsymbol{\varepsilon}_1,\boldsymbol{\varepsilon}_2,\cdots,\boldsymbol{\varepsilon}_n)\boldsymbol{AX}\\&=(\boldsymbol{\eta}_1,\boldsymbol{\eta}_2,\cdots,\boldsymbol{\eta}_n)\boldsymbol{X}^{-1}\boldsymbol{AX}.\end{aligned}$$

由此即得 $\boldsymbol{B}=\boldsymbol{X}^{-1}\boldsymbol{AX}$. ∎

定理 5 揭示了同一个线性变换 σ 在不同基下的矩阵之间的关系. 矩阵之间的这种关系在以后的讨论中是重要的. 现在我们对于矩阵引入相应的定义.

定义 2 设 $\boldsymbol{A},\boldsymbol{B}$ 是数域 P 上的两个 n 阶方阵，如果存在 P 上的 n 阶可逆矩阵 $\boldsymbol{X}$，使得

$$\boldsymbol{B}=\boldsymbol{X}^{-1}\boldsymbol{AX},$$

则称 $\boldsymbol{A}$ 与 $\boldsymbol{B}$ 相似，记作 $\boldsymbol{A}\sim\boldsymbol{B}$.

矩阵的相似关系是一个等价关系，即具有下列性质：

(1) 反身性：$\boldsymbol{A}\sim\boldsymbol{A}$；

(2) 对称性：若 $\boldsymbol{A}\sim\boldsymbol{B}$，则 $\boldsymbol{B}\sim\boldsymbol{A}$；

(3) 传递性：若 $\boldsymbol{A}\sim\boldsymbol{B},\boldsymbol{B}\sim\boldsymbol{C}$，则 $\boldsymbol{A}\sim\boldsymbol{C}$.

证明工作留给读者完成.

利用矩阵相似的概念，定理 5 可补充如下.

定理 6 线性变换在不同基下的矩阵是相似的；反过来，相似矩阵可以看作同一个线性变换在不同基下的矩阵.

证 前一部分实为定理 5，现在证明后一部分. 设数域 P 上 n 阶矩阵 $\boldsymbol{A}$ 和 $\boldsymbol{B}$ 相似，存在 n 阶可逆矩阵 $\boldsymbol{X}$，使 $\boldsymbol{B}=\boldsymbol{X}^{-1}\boldsymbol{A}\boldsymbol{X}$. 设线性变换 σ 在 V 的基 $\boldsymbol{\varepsilon}_1,\boldsymbol{\varepsilon}_2,\cdots,\boldsymbol{\varepsilon}_n$ 下的矩阵为 $\boldsymbol{A}$，令

$$(\boldsymbol{\eta}_1,\boldsymbol{\eta}_2,\cdots,\boldsymbol{\eta}_n)=(\boldsymbol{\varepsilon}_1,\boldsymbol{\varepsilon}_2,\cdots,\boldsymbol{\varepsilon}_n)\boldsymbol{X},$$

那么

$$\begin{aligned}\sigma(\boldsymbol{\eta}_1,\boldsymbol{\eta}_2,\cdots,\boldsymbol{\eta}_n)&=\sigma(\boldsymbol{\varepsilon}_1,\boldsymbol{\varepsilon}_2,\cdots,\boldsymbol{\varepsilon}_n)\boldsymbol{X}\\&=(\boldsymbol{\varepsilon}_1,\boldsymbol{\varepsilon}_2,\cdots,\boldsymbol{\varepsilon}_n)\boldsymbol{A}\boldsymbol{X}=(\boldsymbol{\eta}_1,\boldsymbol{\eta}_2,\cdots,\boldsymbol{\eta}_n)\boldsymbol{X}^{-1}\boldsymbol{A}\boldsymbol{X}\\&=(\boldsymbol{\eta}_1,\boldsymbol{\eta}_2,\cdots,\boldsymbol{\eta}_n)\boldsymbol{B}.\end{aligned}$$

故 σ 在基 $\boldsymbol{\eta}_1,\boldsymbol{\eta}_2,\cdots,\boldsymbol{\eta}_n$ 下的矩阵是 $\boldsymbol{B}$. ■

矩阵相似对于运算有下面的性质：

如果 $\boldsymbol{B}_1=\boldsymbol{X}^{-1}\boldsymbol{A}_1\boldsymbol{X}$，$\boldsymbol{B}_2=\boldsymbol{X}^{-1}\boldsymbol{A}_2\boldsymbol{X}$，$f(x)\in P[x]$，则满足：

（1）$\boldsymbol{B}_1+\boldsymbol{B}_2=\boldsymbol{X}^{-1}(\boldsymbol{A}_1+\boldsymbol{A}_2)\boldsymbol{X}$；

（2）$\boldsymbol{B}_1\boldsymbol{B}_2=\boldsymbol{X}^{-1}(\boldsymbol{A}_1\boldsymbol{A}_2)\boldsymbol{X}$；

（3）$k\boldsymbol{B}_1=\boldsymbol{X}^{-1}(k\boldsymbol{A}_1)\boldsymbol{X}$；

（4）$f(\boldsymbol{B}_1)=\boldsymbol{X}^{-1}f(\boldsymbol{A}_1)\boldsymbol{X}$.

以上各式的证明留给读者完成.

利用矩阵相似的性质可以简化矩阵的计算.

【例 3】 设 V 是数域 P 上的二维线性空间，$\boldsymbol{\varepsilon}_1,\boldsymbol{\varepsilon}_2$ 是一组基，线性变换 σ 在 $\boldsymbol{\varepsilon}_1,\boldsymbol{\varepsilon}_2$ 基下的矩阵是

$$\begin{pmatrix}2&1\\-1&0\end{pmatrix}.$$

试计算 σ 在基 $\boldsymbol{\eta}_1,\boldsymbol{\eta}_2$ 下的矩阵. 这里

$$(\boldsymbol{\eta}_1,\boldsymbol{\eta}_2)=(\boldsymbol{\varepsilon}_1,\boldsymbol{\varepsilon}_2)\begin{pmatrix}1&-1\\-1&2\end{pmatrix}.$$

由定理 5，σ 在基 $\boldsymbol{\eta}_1,\boldsymbol{\eta}_2$ 下的矩阵是

$$\begin{aligned}\begin{pmatrix}1&-1\\-1&2\end{pmatrix}^{-1}\begin{pmatrix}2&1\\-1&0\end{pmatrix}\begin{pmatrix}1&-1\\-1&2\end{pmatrix}&=\begin{pmatrix}2&1\\1&1\end{pmatrix}\begin{pmatrix}2&1\\-1&0\end{pmatrix}\begin{pmatrix}1&-1\\-1&2\end{pmatrix}\\&=\begin{pmatrix}3&2\\1&1\end{pmatrix}\begin{pmatrix}1&-1\\-1&2\end{pmatrix}=\begin{pmatrix}1&1\\0&1\end{pmatrix}.\end{aligned}$$

显然

$$\begin{pmatrix}1&1\\0&1\end{pmatrix}^k=\begin{pmatrix}1&k\\0&1\end{pmatrix},$$

再利用上面得到的关系

$$\begin{pmatrix}1&-1\\-1&2\end{pmatrix}^{-1}\begin{pmatrix}2&1\\-1&0\end{pmatrix}\begin{pmatrix}1&-1\\-1&2\end{pmatrix}=\begin{pmatrix}1&1\\0&1\end{pmatrix},$$

即

$$\begin{pmatrix}2&1\\-1&0\end{pmatrix}=\begin{pmatrix}1&-1\\-1&2\end{pmatrix}\begin{pmatrix}1&1\\0&1\end{pmatrix}\begin{pmatrix}1&-1\\-1&2\end{pmatrix}^{-1},$$

我们可以得到

$$\begin{pmatrix}2&1\\-1&0\end{pmatrix}^k=\begin{pmatrix}1&-1\\-1&2\end{pmatrix}\begin{pmatrix}1&1\\0&1\end{pmatrix}^k\begin{pmatrix}1&-1\\-1&2\end{pmatrix}^{-1}$$

$$=\begin{pmatrix}1&-1\\-1&2\end{pmatrix}\begin{pmatrix}1&k\\0&1\end{pmatrix}\begin{pmatrix}2&1\\1&1\end{pmatrix}=\begin{pmatrix}k+1&k\\-k&-k+1\end{pmatrix}.$$

习题 6-3

1. 在线性空间 P^3 中，设

$$\boldsymbol{\varepsilon}_1=(1,0,1),\boldsymbol{\varepsilon}_2=(2,1,0),\boldsymbol{\varepsilon}_3=(1,1,1),$$
$$\boldsymbol{\eta}_1=(1,2,-1),\boldsymbol{\eta}_2=(2,2,-1),\boldsymbol{\eta}_3=(2,-1,-1).$$

是 P^3 的两组基，$\sigma\in L(P^3)$，使

$$\sigma(\boldsymbol{\varepsilon}_i)=\boldsymbol{\eta}_i,i=1,2,3.$$

(1) 求由基 $\boldsymbol{\varepsilon}_1,\boldsymbol{\varepsilon}_2,\boldsymbol{\varepsilon}_3$ 到基 $\boldsymbol{\eta}_1,\boldsymbol{\eta}_2,\boldsymbol{\eta}_3$ 的过渡矩阵；

(2) 求 σ 在基 $\boldsymbol{\varepsilon}_1,\boldsymbol{\varepsilon}_2,\boldsymbol{\varepsilon}_3$ 下的矩阵；

(3) 求 σ 在基 $\boldsymbol{\eta}_1,\boldsymbol{\eta}_2,\boldsymbol{\eta}_3$ 下的矩阵.

2. 设 P 为数域，在 P^3 中线性变换 σ 在基

$$\boldsymbol{\alpha}_1=(-1,1,1),\boldsymbol{\alpha}_2=(1,0,-1),\boldsymbol{\alpha}_3=(0,1,1)$$

下的矩阵是

$$\boldsymbol{A}=\begin{pmatrix}1&0&1\\1&1&0\\-1&2&1\end{pmatrix},$$

求 σ 在基 $\boldsymbol{\beta}_1=(1,0,0),\boldsymbol{\beta}_2=(0,1,0),\boldsymbol{\beta}_3=(0,0,1)$ 下的矩阵.

3. 在 P^3 中，线性变换 σ 的定义如下：

$$\begin{cases}\sigma(\boldsymbol{\alpha}_1)=(-5,0,3)\\\sigma(\boldsymbol{\alpha}_2)=(0,-1,6)\\\sigma(\boldsymbol{\alpha}_3)=(-5,-1,9)\end{cases}，其中\begin{cases}\boldsymbol{\alpha}_1=(-1,0,2)\\\boldsymbol{\alpha}_2=(0,1,1)\\\boldsymbol{\alpha}_3=(3,-1,0)\end{cases}.$$

(1) 求 σ 在基 $\boldsymbol{\varepsilon}_1=(1,0,0),\boldsymbol{\varepsilon}_2=(0,1,0),\boldsymbol{\varepsilon}_3=(0,0,1)$ 下的矩阵；

(2) 求 σ 在基 $\boldsymbol{\alpha}_1,\boldsymbol{\alpha}_2,\boldsymbol{\alpha}_3$ 下的矩阵.

4. 设数域 P 上三维线性空间的一个线性变换 σ 关于基 $\boldsymbol{\alpha}_1,\boldsymbol{\alpha}_2,\boldsymbol{\alpha}_3$ 的矩阵是

$$\boldsymbol{A}=\begin{pmatrix}4&-2&-2\\-1&5&1\\-1&-1&3\end{pmatrix}.$$

(1) 求 σ 关于基 $\boldsymbol{\beta}_1=\boldsymbol{\alpha}_1+\boldsymbol{\alpha}_3,\boldsymbol{\beta}_2=\boldsymbol{\alpha}_1-\boldsymbol{\alpha}_2,\boldsymbol{\beta}_3=\boldsymbol{\alpha}_2-\boldsymbol{\alpha}_3$ 的矩阵；

(2) 设 $\boldsymbol{\xi}=\boldsymbol{\alpha}_1+3\boldsymbol{\alpha}_2-\boldsymbol{\alpha}_3$，求 $\sigma(\boldsymbol{\xi})$ 关于基 $\boldsymbol{\beta}_1,\boldsymbol{\beta}_2,\boldsymbol{\beta}_3$ 的坐标.

5. 设三维线性空间 V 的线性变换 σ 在基 $\boldsymbol{\varepsilon}_1,\boldsymbol{\varepsilon}_2,\boldsymbol{\varepsilon}_3$ 下的矩阵为

$$\boldsymbol{A}=\begin{pmatrix}a_{11}&a_{12}&a_{13}\\a_{21}&a_{22}&a_{23}\\a_{31}&a_{32}&a_{33}\end{pmatrix}.$$

(1) 求 σ 在基 $\boldsymbol{\varepsilon}_3,\boldsymbol{\varepsilon}_2,\boldsymbol{\varepsilon}_1$ 下的矩阵；

(2) 求 σ 在基 $\boldsymbol{\varepsilon}_3,k\boldsymbol{\varepsilon}_2,\boldsymbol{\varepsilon}_1$ 下的矩阵，其中 $0\neq k\in P$；

(3) 求 σ 在基 $\boldsymbol{\varepsilon}_1+\boldsymbol{\varepsilon}_2,\boldsymbol{\varepsilon}_2,\boldsymbol{\varepsilon}_3$ 下的矩阵.

6. 在 $P^{2\times2}$ 中定义线性变换

$$\sigma_1(\boldsymbol{X})=\begin{pmatrix}a&b\\c&d\end{pmatrix}\boldsymbol{X}，\sigma_2(\boldsymbol{X})=\boldsymbol{X}\begin{pmatrix}a&b\\c&d\end{pmatrix}，\sigma_3(\boldsymbol{X})=\begin{pmatrix}a&b\\c&d\end{pmatrix}\boldsymbol{X}\begin{pmatrix}a&b\\c&d\end{pmatrix}.$$

求 $\sigma_1,\sigma_2,\sigma_3$ 在基 $\boldsymbol{E}_{11},\boldsymbol{E}_{12},\boldsymbol{E}_{21},\boldsymbol{E}_{22}$ 下的矩阵.

7. 在 $P^{2\times 2}$ 中，求在基 $\boldsymbol{E}_{11},\boldsymbol{E}_{12},\boldsymbol{E}_{21},\boldsymbol{E}_{22}$ 下的矩阵为

$$\boldsymbol{A}=\begin{pmatrix}1&0&2&0\\0&1&0&2\\3&0&4&0\\0&3&0&4\end{pmatrix}$$

的线性变换 σ.

8. 在 n 维线性空间中，设有线性变换 σ 与向量 $\boldsymbol{\xi}$，使得 $\sigma^{n-1}(\boldsymbol{\xi})\neq\boldsymbol{0}$，但 $\sigma^{n}(\boldsymbol{\xi})\neq\boldsymbol{0}$. 证明：$\sigma$ 在某组基下的矩阵是

$$\begin{pmatrix}0&0&\cdots&0&0\\1&0&\cdots&0&0\\0&1&\cdots&0&0\\\vdots&\vdots&&\vdots&\vdots\\0&0&\cdots&1&0\end{pmatrix}.$$

9. 设 σ 为数域 P 上 n 维线性空间 V 的一个线性变换. 证明：如果 σ 在任意一组基下的矩阵都相同，则 σ 是数乘变换.

10. 设 $\boldsymbol{A}$ 可逆，证明：$\boldsymbol{AB}$ 与 $\boldsymbol{BA}$ 相似.

11. 证明：

$$\begin{pmatrix}\lambda_1&&&\\&\lambda_2&&\\&&\ddots&\\&&&\lambda_n\end{pmatrix} 与 \begin{pmatrix}\lambda_{i_1}&&&\\&\lambda_{i_2}&&\\&&\ddots&\\&&&\lambda_{i_n}\end{pmatrix}$$

相似，其中 $i_1,i_2,\cdots,i_n$ 是 $1,2,\cdots,n$ 的一个排列.

12. 在线性空间 $P^{3\times 3}$ 中，设

$$\boldsymbol{A}=\begin{pmatrix}a&b&c\\b&c&a\\c&a&b\end{pmatrix},\ \boldsymbol{B}=\begin{pmatrix}c&a&b\\a&b&c\\b&c&a\end{pmatrix},\ \boldsymbol{C}=\begin{pmatrix}b&c&a\\c&a&b\\a&b&c\end{pmatrix}.$$

证明：$\boldsymbol{A},\boldsymbol{B},\boldsymbol{C}$ 彼此相似.

第四节　特征值与特征向量

对于 n 维线性空间 V 的线性变换 σ，随着基的不同，σ 的矩阵一般也不相同，我们自然希望找到一组基 $\boldsymbol{\varepsilon}_1,\boldsymbol{\varepsilon}_2,\cdots,\boldsymbol{\varepsilon}_n$，使 σ 在这组基下的矩阵有较简单的形式. 矩阵中对角矩阵较为简单，由此问题转化为：是否存在基 $\boldsymbol{\varepsilon}_1,\boldsymbol{\varepsilon}_2,\cdots,\boldsymbol{\varepsilon}_n$，使

$$(\sigma\boldsymbol{\varepsilon}_1,\sigma\boldsymbol{\varepsilon}_2,\cdots,\sigma\boldsymbol{\varepsilon}_n)=(\boldsymbol{\varepsilon}_1,\boldsymbol{\varepsilon}_2,\cdots,\boldsymbol{\varepsilon}_n)\begin{pmatrix}\lambda_1&&&\\&\lambda_2&&\\&&\ddots&\\&&&\lambda_n\end{pmatrix}$$

成立. 上面的关系就是

$$\sigma\boldsymbol{\varepsilon}_i=\lambda_i\boldsymbol{\varepsilon}_i,i=1,2,\cdots,n.$$

经过深入讨论以后可以知道，这并不是总能办到的. 但上面的分析启发了我们，线性变换的矩阵的“化简”问题，很重要的是寻找满足条件

$$\sigma\boldsymbol{\xi}=\lambda\boldsymbol{\xi}$$

的数 λ 和向量 $\boldsymbol{\xi}$，我们引入如下概念.

定义 1 设 σ 是数域 P 上线性空间 V 的线性变换，如果对于数域 P 中一个数 λ_0，存在非零向量 $\boldsymbol{\xi}$，使得

$$\sigma\boldsymbol{\xi}=\lambda_0\boldsymbol{\xi} \tag{6-10}$$

那么 λ_0 称为 σ 的一个特征值，而 $\boldsymbol{\xi}$ 称为 σ 的属于特征值 λ_0 的一个特征向量.

从几何上来看，特征向量 $\boldsymbol{\xi}$ 的方向经过线性变换 σ 后，保持在同一条直线上. 当 $\lambda_0>0$ 时，方向不变；当 $\lambda_0<0$ 时，方向相反；特别地，当 $\lambda_0=0$ 时，特征向量被变成零向量.

注意

(1) 若 $\boldsymbol{\xi}$ 满足式(6-10)，则对任意 $k\in P$，$k\boldsymbol{\xi}$ 也满足式(6-10). 这是因为由式(6-10) 可以推出

$$\sigma(k\boldsymbol{\xi})=k\sigma(\boldsymbol{\xi})=k(\lambda_0\boldsymbol{\xi})=\lambda_0(k\boldsymbol{\xi}).$$

(2) 若 $\boldsymbol{\xi},\boldsymbol{\eta}$ 都满足式(6-10)，则 $\boldsymbol{\xi}+\boldsymbol{\eta}$ 也满足式(6-10). 这是因为由

$$\sigma(\boldsymbol{\xi})=\lambda_0\boldsymbol{\xi},\sigma(\boldsymbol{\eta})=\lambda_0\boldsymbol{\eta},$$

可以推出

$$\sigma(\boldsymbol{\xi}+\boldsymbol{\eta})=\sigma(\boldsymbol{\xi})+\sigma(\boldsymbol{\eta})=\lambda_0\boldsymbol{\xi}+\lambda_0\boldsymbol{\eta}=\lambda_0(\boldsymbol{\xi}+\boldsymbol{\eta}).$$

所以满足式(6-10) 的所有向量的集合作成线性空间 V 的一个子空间. 这个子空间称作线性变换 σ 的属于特征值 λ_0 的特征子空间，记作 V_{λ_0}. 用符号表示就是

$$V_{\lambda_0}=\{\boldsymbol{\xi}\in V\,|\,\sigma(\boldsymbol{\xi})=\lambda_0\boldsymbol{\xi}\}.$$

按照定义 1，V_{λ_0} 中的全体非零向量就是 σ 的属于特征值 λ_0 的全部特征向量. 这里我们看到，特征向量不是被特征值所唯一决定的，相反，特征值却是被特征向量所唯一决定的，因为一个特征向量只能属于一个特征值.

如何求线性变换的特征值和特征向量？下面我们就有限维线性空间的情形给出这一问题的解答.

设 V 是数域 P 上的 n 维线性空间，$\boldsymbol{\varepsilon}_1,\boldsymbol{\varepsilon}_2,\cdots,\boldsymbol{\varepsilon}_n$ 是 V 的一组基，线性变换 σ 在这组基下的矩阵是

$$\boldsymbol{A}=\begin{pmatrix} a_{11} & a_{12} & \cdots & a_{1n} \\ a_{21} & a_{22} & \cdots & a_{2n} \\ \vdots & \vdots & & \vdots \\ a_{n1} & a_{n2} & \cdots & a_{nn} \end{pmatrix}.$$

再设 λ_0 是 σ 的一个特征值，它的一个特征向量 $\boldsymbol{\xi}$ 在 $\boldsymbol{\varepsilon}_1,\boldsymbol{\varepsilon}_2,\cdots,\boldsymbol{\varepsilon}_n$ 下的坐标是$(x_{01},x_{02},\cdots,x_{0n})$，则 $\sigma\boldsymbol{\xi}$ 的坐标是

$$\boldsymbol{A}\begin{pmatrix} x_{01} \\ x_{02} \\ \vdots \\ x_{0n} \end{pmatrix},$$

$\lambda_0\boldsymbol{\xi}$ 的坐标是

$$\lambda_0\begin{pmatrix}x_{01}\\x_{02}\\\vdots\\x_{0n}\end{pmatrix}.$$

因此式(6-10)相当于坐标之间的等式

$$\boldsymbol{A}\begin{pmatrix}x_{01}\\x_{02}\\\vdots\\x_{0n}\end{pmatrix}=\lambda_0\begin{pmatrix}x_{01}\\x_{02}\\\vdots\\x_{0n}\end{pmatrix}\tag{6-11}$$

或

$$(\lambda_0\boldsymbol{E}-\boldsymbol{A})\begin{pmatrix}x_{01}\\x_{02}\\\vdots\\x_{0n}\end{pmatrix}=\boldsymbol{0}.$$

这说明特征向量 $\boldsymbol{\xi}$ 的坐标 $(x_{01},x_{02},\cdots,x_{0n})$ 满足齐次方程组

$$\begin{cases}a_{11}x_1+a_{12}x_2+\cdots+a_{1n}x_n=\lambda_0x_1\\a_{21}x_1+a_{22}x_2+\cdots+a_{2n}x_n=\lambda_0x_2\\\qquad\cdots\cdots\\a_{n1}x_1+a_{n2}x_2+\cdots+a_{nn}x_n=\lambda_0x_n\end{cases},$$

即

$$\begin{cases}(\lambda_0-a_{11})x_1-a_{12}x_2-\cdots-a_{1n}x_n=0\\-a_{21}x_1+(\lambda_0-a_{22})x_2-\cdots-a_{2n}x_n=0\\\qquad\cdots\cdots\\-a_{n1}x_1-a_{n2}x_2-\cdots+(\lambda_0-a_{nn})x_n=0\end{cases}.\tag{6-12}$$

由于 $\boldsymbol{\xi}\neq\boldsymbol{0}$，所以它的坐标 $(x_{01},x_{02},\cdots,x_{0n})\neq\boldsymbol{0}$，即齐次方程组［式(6-12)］有非零解. 而齐次方程组有非零解的充分必要条件是它的系数行列式为零，即

$$|\lambda_0\boldsymbol{E}-\boldsymbol{A}|=\begin{vmatrix}\lambda_0-a_{11}&-a_{12}&\cdots&-a_{1n}\\-a_{21}&\lambda_0-a_{22}&\cdots&-a_{2n}\\\vdots&\vdots&&\vdots\\-a_{n1}&-a_{n2}&\cdots&\lambda_0-a_{nn}\end{vmatrix}=0.$$

我们引入如下定义.

定义 2 设 $\boldsymbol{A}$ 是数域 P 上的一个 n 阶矩阵，λ 是一个文字. 矩阵 $\lambda\boldsymbol{E}-\boldsymbol{A}$ 的行列式

$$|\lambda\boldsymbol{E}-\boldsymbol{A}|=\begin{vmatrix}\lambda-a_{11}&-a_{12}&\cdots&-a_{1n}\\-a_{21}&\lambda-a_{22}&\cdots&-a_{2n}\\\vdots&\vdots&&\vdots\\-a_{n1}&-a_{n2}&\cdots&\lambda-a_{nn}\end{vmatrix}\tag{6-13}$$

称为 $\boldsymbol{A}$ 的特征多项式，记作 $f_A(\lambda)$. 它显然是数域 P 上的一个 n 次多项式.

上面的分析说明，如果 λ_0 是线性变换 σ 的一个特征值，那么 λ_0 一定是矩阵 $\boldsymbol{A}$ 的特征多项式的一个根；反过来，如果 λ_0 是矩阵 $\boldsymbol{A}$ 的特征多项式在数域 P 中的一个根，即

$|\lambda_0\boldsymbol{E}-\boldsymbol{A}|=0$，那么齐次式(6-12) 就有非零解. 这时，如果$(x_{01},x_{02},\cdots,x_{0n})$是式(6-12)的一个非零解，那么非零向量

$$\boldsymbol{\xi}=x_{01}\boldsymbol{\varepsilon}_1+x_{02}\boldsymbol{\varepsilon}_2+\cdots+x_{0n}\boldsymbol{\varepsilon}_n$$

满足式(6-10)，即 λ_0 是线性变换 σ 的一个特征值，$\boldsymbol{\xi}$ 就是 σ 的属于特征值 λ_0 的一个特征向量.

因此，确定一个线性变换 σ 的特征值与特征向量的方法可以分成以下几步：

(1) 在线性空间 V 中取定一组基 $\boldsymbol{\varepsilon}_1,\boldsymbol{\varepsilon}_2,\cdots,\boldsymbol{\varepsilon}_n$，写出 σ 在这组基下的矩阵 $\boldsymbol{A}$；

(2) 求出 $\boldsymbol{A}$ 的特征多项式 $|\lambda\boldsymbol{E}-\boldsymbol{A}|$ 在数域 P 中的全部根，它们也就是线性变换 σ 的全部特征值；

(3) 把所求得的特征值逐个地代入式(6-12)，对于每一个特征值，解式(6-12)，求出一组基础解系，它们就是属于这个特征值的几个线性无关的特征向量在基 $\boldsymbol{\varepsilon}_1,\boldsymbol{\varepsilon}_2,\cdots,\boldsymbol{\varepsilon}_n$ 下的坐标，这样，也就求出了属于每个特征值的全部线性无关的特征向量.

定义 3 矩阵 $\boldsymbol{A}$ 的特征多项式 $|\lambda\boldsymbol{E}-\boldsymbol{A}|$ 的根，有时也称为 $\boldsymbol{A}$ 的特征值，而相应的线性式(6-12) 的解也就称为 $\boldsymbol{A}$ 的属于这个特征值的特征向量.

按照这个定义，若矩阵 $\boldsymbol{A}$ 是线性变换 σ 在基 $\boldsymbol{\varepsilon}_1,\boldsymbol{\varepsilon}_2,\cdots,\boldsymbol{\varepsilon}_n$ 下的矩阵（注意，当在线性空间 V 中取定一组基之后，线性变换与矩阵 1－1 对应)，则 σ 与 $\boldsymbol{A}$ 有完全相同的特征值 λ，并且在求 σ 的属于特征值 λ 的特征向量的过程中，就已经求出了 $\boldsymbol{A}$ 的属于特征值 λ 的特征向量.

这样，上述求线性变换的特征值与特征向量的方法也包括了求矩阵的特征值与特征向量的方法.

【例 1】 在 n 维线性空间 V 中，数乘变换 K 在任意一组基下的矩阵都是 $k\boldsymbol{E}$，它的特征多项式是

$$|\lambda\boldsymbol{E}-k\boldsymbol{E}|=(\lambda-k)^n.$$

因此，数乘变换 K 的特征值只有 k. 由定义可知，每个非零向量都是属于数乘变换 K 的特征向量.

【例 2】 设线性变换 σ 在基 $\boldsymbol{\varepsilon}_1,\boldsymbol{\varepsilon}_2,\boldsymbol{\varepsilon}_3$ 下的矩阵是

$$\boldsymbol{A}=\begin{pmatrix}1&2&2\\2&1&2\\2&2&1\end{pmatrix},$$

求 σ 的特征值与特征向量.

因为 $\boldsymbol{A}$ 的特征多项式为

$$|\lambda\boldsymbol{E}-\boldsymbol{A}|=\begin{vmatrix}\lambda-1&-2&-2\\-2&\lambda-1&-1\\-2&-2&\lambda-1\end{vmatrix}=(\lambda+1)^2(\lambda-5),$$

所以 σ 的特征值为 $\lambda_1=\lambda_2=-1,\lambda_3=5$.

对于 $\lambda=-1$，解齐次线性方程组 $(-1\boldsymbol{E}-\boldsymbol{A})\boldsymbol{X}=\boldsymbol{0}$，即

$$\begin{cases}-2x_1-2x_2-2x_3=0\\-2x_1-2x_2-2x_3=0\\-2x_1-2x_2-2x_3=0\end{cases}$$

它的基础解系为

$$\begin{pmatrix}1\\0\\-1\end{pmatrix},\begin{pmatrix}0\\1\\-1\end{pmatrix}.$$

因此

$$\boldsymbol{\xi}_1=\boldsymbol{\varepsilon}_1-\boldsymbol{\varepsilon}_3,\boldsymbol{\xi}_2=\boldsymbol{\varepsilon}_2-\boldsymbol{\varepsilon}_3$$

是 σ 的属于特征值 -1 的特征子空间 V_{-1} 的一组基. 而

$$k_1\boldsymbol{\xi}_1+k_2\boldsymbol{\xi}_2\ (k_1,k_2\in P\text{ 且 }k_1,k_2\text{ 不全为零})$$

即是 σ 属于特征值 -1 的全部特征向量.

对于 $\lambda=5$，同样可解齐次线性方程组 $(5\boldsymbol{E}-\boldsymbol{A})\boldsymbol{X}=\boldsymbol{0}$，得基础解系

$$\begin{pmatrix}1\\1\\1\end{pmatrix}.$$

因此 σ 的属于特征值 5 的特征子空间 V_5 的一组基是

$$\boldsymbol{\xi}_3=\boldsymbol{\varepsilon}_1+\boldsymbol{\varepsilon}_2+\boldsymbol{\varepsilon}_3.$$

而 $k_3\boldsymbol{\xi}_3(k_3\in P,k_3\neq 0)$ 即是 σ 属于特征值 5 的全部特征向量.

【例 3】 在空间 $P[x]_n$ 中，线性变换

$$D(f(x))=f'(x)$$

在基 $1,x,\frac{x^2}{2!},\cdots,\frac{x^{n-1}}{(n-1)!}$ 下的矩阵是

$$\boldsymbol{D}=\begin{pmatrix}0&1&0&\cdots&0\\0&0&1&\cdots&0\\\vdots&\vdots&\vdots&&\vdots\\0&0&0&\cdots&1\\0&0&0&\cdots&0\end{pmatrix}.$$

D 的特征多项式是

$$|\lambda\boldsymbol{E}-\boldsymbol{D}|=\begin{vmatrix}\lambda&-1&0&\cdots&0\\0&\lambda&-1&\cdots&0\\\vdots&\vdots&\vdots&&\vdots\\0&0&0&\cdots&-1\\0&0&0&\cdots&\lambda\end{vmatrix}=\lambda^n.$$

因此，D 的特征值只有 0. 通过解相应的齐次线性方程组知道，D 的属于特征值 0 的线性无关的特征向量组只能是任一非零常数. 这表明微商为零的多项式只能是零或非零的常数.

【例 4】 设 σ 是数域 P 上线性空间 V 的线性变换，若 $\sigma^2=I$，I 是恒等变换，则称 σ 为对合变换. 证明：对合变换的特征值只能为 ± 1.

证 设 $\sigma(\boldsymbol{\xi})=\lambda_0\boldsymbol{\xi},\lambda_0\in P,\boldsymbol{\xi}\in V,\boldsymbol{\xi}\neq\boldsymbol{0}$，则

$$\boldsymbol{\xi}=I(\boldsymbol{\xi})=\sigma^2(\boldsymbol{\xi})=\sigma(\sigma(\boldsymbol{\xi}))=\sigma(\lambda_0\boldsymbol{\xi})=\lambda_0\sigma(\boldsymbol{\xi})=\lambda_0^2\boldsymbol{\xi}$$

故 $(\lambda_0^2-1)\boldsymbol{\xi}=\boldsymbol{0}$，由 $\boldsymbol{\xi}\neq\boldsymbol{0}$，得 $\lambda_0^2=1$，于是 $\lambda_0=\pm 1$. 因而对合变换的特征值只能为 ± 1. ∎

【例 5】 平面上全体向量构成实数域上一个二维线性空间，本章第一节例 1 中旋转 T_θ 在直角坐标系下的矩阵为

$$\begin{pmatrix}\cos\theta&-\sin\theta\\\sin\theta&\cos\theta\end{pmatrix},$$

它的特征多项式为

$$\begin{vmatrix} \lambda-\cos\theta & \sin\theta \\ -\sin\theta & \lambda-\cos\theta \end{vmatrix}=\lambda^2-2\lambda\cos\theta+1.$$

当 $\theta\neq k\pi$ 时，这个多项式没有实根．因此，当 $\theta\neq k\pi$ 时，T_θ 没有特征值．因为逆时针旋转的角度 θ 不是 π 的整数倍的话，旋转后的向量和原向量不在同一直线上，不存在特征向量．

在线性变换的研究中，矩阵的特征多项式起着重要的作用．我们先来看一下它的系数．在

$$|\lambda\boldsymbol{E}-\boldsymbol{A}|=\begin{vmatrix} \lambda-a_{11} & -a_{12} & \cdots & -a_{1n} \\ -a_{21} & \lambda-a_{22} & \cdots & -a_{2n} \\ \vdots & \vdots & & \vdots \\ -a_{n1} & -a_{n2} & \cdots & \lambda-a_{nn} \end{vmatrix}$$

的展开式中，有一项是主对角线上元素的连乘积

$$(\lambda-a_{11})(\lambda-a_{22})\cdots(\lambda-a_{nn}).$$

展开式中的其余各项，至多包含 $n-2$ 个主对角线上的元素，它对 λ 的次数最多是 $n-2$．因此特征多项式中含 λ 的 n 次与 $n-1$ 次的项只能在主对角线上元素的连乘积中出现，它们是

$$\lambda^n-(a_{11}+a_{22}+\cdots+a_{nn})\lambda^{n-1}.$$

在特征多项式中令 $\lambda=0$，即得常数项 $|-\boldsymbol{A}|=(-1)^n|\boldsymbol{A}|$．

因此，如果只写特征多项式的前两项与常数项，就有

$$|\lambda\boldsymbol{E}-\boldsymbol{A}|=\lambda^n-(a_{11}+a_{22}+\cdots+a_{nn})\lambda^{n-1}+\cdots+(-1)^n|\boldsymbol{A}|. \tag{6-14}$$

由此，若记 $\lambda_1,\lambda_2,\cdots,\lambda_n$ 为 $\boldsymbol{A}$ 的全部特征值，则由根与系数的关系即知

$$\lambda_1+\lambda_2+\cdots+\lambda_n=a_{11}+a_{22}+\cdots+a_{nn},$$

$$\lambda_1\lambda_2\cdots\lambda_n=|\boldsymbol{A}|.$$

其中 $a_{11}+a_{22}+\cdots+a_{nn}$ 称为矩阵 $\boldsymbol{A}$ 的迹，记作 $\mathrm{tr}\boldsymbol{A}$．

设 σ 是线性空间 V 的一个线性变换，并且 σ 在基 $\boldsymbol{\varepsilon}_1,\boldsymbol{\varepsilon}_2,\cdots,\boldsymbol{\varepsilon}_n$ 下的矩阵是 $\boldsymbol{A}$．由前面的讨论知道，所谓 σ 的特征值就是 $\boldsymbol{A}$ 的特征多项式 $|\lambda\boldsymbol{E}-\boldsymbol{A}|$ 的根．由于随着基的改变，线性变换的矩阵一般也随之改变．试问，当基改变，并且 σ 的矩阵也改变时，σ 的特征值是否也会发生变化？

我们说，这种情况不会发生，σ 的特征值是被线性变换 σ 所决定的，而与基的选择无关．这是因为，同一个线性变换在不同基下的矩阵是彼此相似的，而对于相似矩阵我们有如下定理．

定理 7　相似矩阵有相同的特征多项式．

证　设 $\boldsymbol{A}\sim\boldsymbol{B}$，则存在可逆矩阵 $\boldsymbol{X}$，使得 $\boldsymbol{B}=\boldsymbol{X}^{-1}\boldsymbol{A}\boldsymbol{X}$．

于是

$$\begin{aligned}|\lambda\boldsymbol{E}-\boldsymbol{B}|&=|\lambda\boldsymbol{E}-\boldsymbol{X}^{-1}\boldsymbol{A}\boldsymbol{X}|=|\boldsymbol{X}^{-1}(\lambda\boldsymbol{E}-\boldsymbol{A})\boldsymbol{X}|\\&=|\boldsymbol{X}^{-1}||\lambda\boldsymbol{E}-\boldsymbol{A}||\boldsymbol{X}|=|\lambda\boldsymbol{E}-\boldsymbol{A}|.\end{aligned}$$ ■

定理 7 说明，线性变换的矩阵的特征多项式与基的选取无关，它是直接由线性变换所决定的．因此，如果线性变换 σ 在基 $\boldsymbol{\varepsilon}_1,\boldsymbol{\varepsilon}_2,\cdots,\boldsymbol{\varepsilon}_n$ 下的矩阵是 $\boldsymbol{A}$，我们把矩阵 $\boldsymbol{A}$ 的特征多项式 $|\lambda\boldsymbol{E}-\boldsymbol{A}|$ 称作线性变换 σ 的特征多项式．

既然相似的矩阵有相同的特征多项式，因而特征多项式的各项系数对于相似矩阵来说都是相同的．比如说，考虑特征多项式的常数项，即知相似矩阵有相同的行列式；考虑特征多项式的 $n-1$ 次项，即知相似矩阵有相同的迹等等．亦即，若 $\boldsymbol{A}\sim\boldsymbol{B}$，则

$$|\boldsymbol{A}|=|\boldsymbol{B}|,\operatorname{tr}\boldsymbol{A}=\operatorname{tr}\boldsymbol{B}.$$

因此，我们把 $\boldsymbol{A}$ 的行列式和迹也分别称作线性变换 σ 的行列式和迹.

应该指出，定理 7 的逆命题不成立. 特征多项式相同的矩阵未必相似. 例如

$$\boldsymbol{A}=\begin{pmatrix}1&0\\0&1\end{pmatrix},\boldsymbol{B}=\begin{pmatrix}1&1\\0&1\end{pmatrix},$$

它们的特征多项式都是$(\lambda-1)^2$，但 $\boldsymbol{A}$ 和 $\boldsymbol{B}$ 不相似，因为和 $\boldsymbol{A}$ 相似的矩阵只有 $\boldsymbol{A}$ 本身.

定理 8 ［哈密顿-凯莱（Hamilton-Caylay）定理］ 设 $\boldsymbol{A}$ 是数域 P 上一个 $n\times n$ 矩阵，$f(\lambda)=|\lambda\boldsymbol{E}-\boldsymbol{A}|$是 $\boldsymbol{A}$ 的特征多项式，则

$$f(\boldsymbol{A})=\boldsymbol{A}^n-(a_{11}+a_{22}+\cdots+a_{nn})\boldsymbol{A}^{n-1}+\cdots+(-1)^n|\boldsymbol{A}|\boldsymbol{E}=\boldsymbol{O}.$$

证 设 $\boldsymbol{B}(\lambda)$是 $\lambda\boldsymbol{E}-\boldsymbol{A}$ 的伴随矩阵，由行列式的性质，有

$$\boldsymbol{B}(\lambda)(\lambda\boldsymbol{E}-\boldsymbol{A})=|\lambda\boldsymbol{E}-\boldsymbol{A}|\boldsymbol{E}=f(\lambda)\boldsymbol{E}.$$

因为矩阵 $\boldsymbol{B}(\lambda)$的元素是$|\lambda\boldsymbol{E}-\boldsymbol{A}|$的各元素的代数余子式，都是 λ 的多项式，其次数不超过 $n-1$. 因此由矩阵的运算性质，$\boldsymbol{B}(\lambda)$可以写成

$$\boldsymbol{B}(\lambda)=\lambda^{n-1}\boldsymbol{B}_0+\lambda^{n-2}\boldsymbol{B}_1+\cdots+\boldsymbol{B}_{n-1}.$$

其中 $\boldsymbol{B}_0,\boldsymbol{B}_1,\cdots,\boldsymbol{B}_{n-1}$ 都是 $n\times n$ 数字矩阵.

再设 $f(\lambda)=\lambda^n+a_1\lambda^{n-1}+\cdots+a_{n-1}\lambda+a_n$，则

$$f(\lambda)\boldsymbol{E}=\lambda^n\boldsymbol{E}+a_1\lambda^{n-1}\boldsymbol{E}+\cdots+a_n\boldsymbol{E}.\tag{6-15}$$

而

$$\begin{aligned}\boldsymbol{B}(\lambda)(\lambda\boldsymbol{E}-\boldsymbol{A})&=(\lambda^{n-1}\boldsymbol{B}_0+\lambda^{n-2}\boldsymbol{B}_1+\cdots+\boldsymbol{B}_{n-1})(\lambda\boldsymbol{E}-\boldsymbol{A})\\&=\lambda^n\boldsymbol{B}_0+\lambda^{n-1}(\boldsymbol{B}_1-\boldsymbol{B}_0A)+\lambda^{n-2}(\boldsymbol{B}_2-\boldsymbol{B}_1\boldsymbol{A})\\&\quad+\cdots+\lambda(\boldsymbol{B}_{n-1}-\boldsymbol{B}_{n-2}\boldsymbol{A})-\boldsymbol{B}_{n-1}\boldsymbol{A}.\end{aligned}\tag{6-16}$$

比较式(6-15)、式(6-16)，得

$$\begin{cases}\boldsymbol{B}_0=\boldsymbol{E}\\\boldsymbol{B}_1-\boldsymbol{B}_0\boldsymbol{A}=a_1\boldsymbol{E}\\\boldsymbol{B}_2-\boldsymbol{B}_1\boldsymbol{A}=a_2\boldsymbol{E}\\\qquad\cdots\cdots\\\boldsymbol{B}_{n-1}-\boldsymbol{B}_{n-2}\boldsymbol{A}=a_{n-1}\boldsymbol{E}\\-\boldsymbol{B}_{n-1}\boldsymbol{A}=a_n\boldsymbol{E}\end{cases}.\tag{6-17}$$

以 $\boldsymbol{A}^n,\boldsymbol{A}^{n-1},\cdots,\boldsymbol{A},\boldsymbol{E}$ 依次从右边乘式(6-17) 的第 $1,2,\cdots,n,n+1$ 式两端，得

$$\begin{cases}\boldsymbol{B}_0\boldsymbol{A}^n=\boldsymbol{E}\boldsymbol{A}^n=\boldsymbol{A}^n\\\boldsymbol{B}_1\boldsymbol{A}^{n-1}-\boldsymbol{B}_0\boldsymbol{A}^n=a_1\boldsymbol{E}\boldsymbol{A}^{n-1}=a_1\boldsymbol{A}^{n-1}\\\boldsymbol{B}_2\boldsymbol{A}^{n-2}-\boldsymbol{B}_1\boldsymbol{A}^{n-1}=a_2\boldsymbol{E}\boldsymbol{A}^{n-2}=a_2\boldsymbol{A}^{n-2}\\\qquad\qquad\cdots\cdots\\\boldsymbol{B}_{n-1}\boldsymbol{A}-\boldsymbol{B}_{n-2}\boldsymbol{A}^2=a_{n-1}\boldsymbol{E}\boldsymbol{A}=a_{n-1}\boldsymbol{A}\\-\boldsymbol{B}_{n-1}\boldsymbol{A}=a_n\boldsymbol{E}\end{cases}.\tag{6-18}$$

把式(6-18) 的 $n+1$ 个式子加起来，左边变成零，右边即为 $f(\boldsymbol{A})$. 故 $f(\boldsymbol{A})=\boldsymbol{O}$. ▌

因为线性变换和矩阵的对应是保持运算的，所以由定理 8 得出如下推论.

推论 设 σ 是有限维空间 V 的线性变换，$f(\lambda)$是 σ 的特征多项式，那么 $f(\sigma)=0$.

习题 6-4

1. 求下列矩阵在实数域上的全部特征值和特征向量：

(1) $\boldsymbol{A}=\begin{pmatrix}3&3&2\\1&1&-2\\-3&-1&0\end{pmatrix}$；　(2) $\boldsymbol{A}=\begin{pmatrix}2&-2&2\\-2&-1&4\\2&4&-1\end{pmatrix}$；

(3) $\boldsymbol{A}=\begin{pmatrix}5&5&0\\0&3&-2\\0&-2&3\end{pmatrix}$；　(4) $\boldsymbol{A}=\begin{pmatrix}-1&1&0\\-4&3&0\\1&0&2\end{pmatrix}$.

2. 求复数域上线性空间 V 的线性变换 σ 的全部特征值和特征向量，已知 σ 在 V 的一组基下的矩阵为：

(1) $\boldsymbol{A}=\begin{pmatrix}2&5\\3&4\end{pmatrix}$；　(2) $\boldsymbol{A}=\begin{pmatrix}3&5&5\\5&3&5\\-5&-5&-7\end{pmatrix}$；

(3) $\boldsymbol{A}=\begin{pmatrix}5&6&-1\\-1&0&1\\1&2&-1\end{pmatrix}$；　(4) $\boldsymbol{A}=\begin{pmatrix}1&1&1&1\\1&1&-1&-1\\1&-1&1&-1\\1&-1&-1&1\end{pmatrix}$.

3. 设 V 是数域 P 上的线性空间，线性变换 $\sigma(\boldsymbol{\xi})=k\boldsymbol{\xi}$，$k$ 是 P 中的固定数，求 σ 的所有特征值和特征向量，并求相应特征子空间的基和维数.

4. 设 σ 是线性空间 V 的线性变换，λ_1,λ_2 是 σ 的两个不同特征值，$\boldsymbol{\varepsilon}_1,\boldsymbol{\varepsilon}_2$ 是分别属于 λ_1,λ_2 的特征向量. 证明：$\boldsymbol{\varepsilon}_1+\boldsymbol{\varepsilon}_2$ 不是 σ 的特征向量.

5. 证明：如果线性空间 V 的线性变换 σ 以 V 中每个非零向量作为它的特征向量，则 σ 是数乘变换.

6. 设 σ 是线性空间 V 的可逆线性变换.

(1) 证明：σ 的特征值一定不为零；

(2) 证明：如果 λ 是 σ 的特征值，那么 λ^{-1} 是 σ^{-1} 的特征值，$f(\lambda)$ 是 $f(\sigma)$ 的特征值，其中 $f(x)\in P[x]$.

7. 证明：n 阶方阵 $\boldsymbol{A}$ 非奇异的充要条件是 $\boldsymbol{A}$ 的特征值全不为零.

8. 证明：若非奇异矩阵 $\boldsymbol{A}$ 的全部特征值是 $\lambda_1,\lambda_2,\cdots,\lambda_n$，则 $\boldsymbol{A}^{-1}$ 的全部特征值为 $\lambda_1^{-1},\lambda_2^{-1},\cdots,\lambda_n^{-1}$.

第五节　线性变换的对角化

为了叙述方便，我们先引入如下定义.

定义　设 σ 是 n 维线性空间 V 的一个线性变换，如果在 V 中可以找到一组基使 σ 在这组基下的矩阵是对角矩阵，则称 σ 可以对角化；如果数域 P 上的 n 阶矩阵 $\boldsymbol{A}$ 能与对角矩阵相似，则称 $\boldsymbol{A}$ 可以对角化.

对角矩阵可以认为是最简单的一种矩阵. 现在我们问：

(1) 什么样的线性变换可以对角化？

(2) 什么样的矩阵可以对角化？

这两个问题实际上是一个问题. 设 V 是数域 P 上的 n 维线性空间. 根据线性变换和矩阵之间的对应关系，若 V 的线性变换 σ 在基 $\boldsymbol{\varepsilon}_1,\boldsymbol{\varepsilon}_2,\cdots,\boldsymbol{\varepsilon}_n$ 下的矩阵是 $\boldsymbol{A}$，则有

$$\sigma\text{ 可以对角化}\Leftrightarrow\boldsymbol{A}\text{ 可以对角化}.$$

实际上，若σ可以对角化，即有基$\boldsymbol{\alpha}_1,\boldsymbol{\alpha}_2,\cdots,\boldsymbol{\alpha}_n$使$\sigma$在此基下的矩阵是对角矩阵

$$\begin{pmatrix}\lambda_1 & & & \\ & \lambda_2 & & \\ & & \ddots & \\ & & & \lambda_n\end{pmatrix}.$$

则由定理5知

$$\boldsymbol{X}^{-1}\boldsymbol{A}\boldsymbol{X}=\begin{pmatrix}\lambda_1 & & & \\ & \lambda_2 & & \\ & & \ddots & \\ & & & \lambda_n\end{pmatrix}.$$

其中$\boldsymbol{X}$是由基$\boldsymbol{\varepsilon}_1,\boldsymbol{\varepsilon}_2,\cdots,\boldsymbol{\varepsilon}_n$到$\boldsymbol{\alpha}_1,\boldsymbol{\alpha}_2,\cdots,\boldsymbol{\alpha}_n$的过渡矩阵，因而$\boldsymbol{A}$可以对角化.

反之，若$\boldsymbol{A}$可以对角化，即存在可逆矩阵$\boldsymbol{X}$，使

$$\boldsymbol{X}^{-1}\boldsymbol{A}\boldsymbol{X}=\begin{pmatrix}\lambda_1 & & & \\ & \lambda_2 & & \\ & & \ddots & \\ & & & \lambda_n\end{pmatrix}.$$

利用$\boldsymbol{X}$作出

$$(\boldsymbol{\alpha}_1,\boldsymbol{\alpha}_2,\cdots,\boldsymbol{\alpha}_n)=(\boldsymbol{\varepsilon}_1,\boldsymbol{\varepsilon}_2,\cdots,\boldsymbol{\varepsilon}_n)\boldsymbol{X}.$$

因为$\boldsymbol{X}$可逆，所以$\boldsymbol{\alpha}_1,\boldsymbol{\alpha}_2,\cdots,\boldsymbol{\alpha}_n$是一组基．由定理6，$\sigma$在此基下的矩阵是

$$\boldsymbol{X}^{-1}\boldsymbol{A}\boldsymbol{X}=\begin{pmatrix}\lambda_1 & & & \\ & \lambda_2 & & \\ & & \ddots & \\ & & & \lambda_n\end{pmatrix}.$$

从而σ可以对角化.

下面主要对线性变换进行讨论，我们要给出一个线性变换可以对角化的一些判别条件.

设σ是n维线性空间V的一个线性变换．若σ可以对角化，即存在一组基$\boldsymbol{\varepsilon}_1,\boldsymbol{\varepsilon}_2,\cdots,\boldsymbol{\varepsilon}_n$使$\sigma$在这组基下的矩阵是对角矩阵

$$\begin{pmatrix}\lambda_1 & & & \\ & \lambda_2 & & \\ & & \ddots & \\ & & & \lambda_n\end{pmatrix}.$$

亦即

$$\begin{aligned}\sigma(\boldsymbol{\varepsilon}_1,\boldsymbol{\varepsilon}_2,\cdots,\boldsymbol{\varepsilon}_n)&=(\sigma\boldsymbol{\varepsilon}_1,\sigma\boldsymbol{\varepsilon}_2,\cdots,\sigma\boldsymbol{\varepsilon}_n)\\&=(\boldsymbol{\varepsilon}_1,\boldsymbol{\varepsilon}_2,\cdots,\boldsymbol{\varepsilon}_n)\begin{pmatrix}\lambda_1 & & & \\ & \lambda_2 & & \\ & & \ddots & \\ & & & \lambda_n\end{pmatrix}\\&=(\lambda_1\boldsymbol{\varepsilon}_1,\lambda_2\boldsymbol{\varepsilon}_2,\cdots,\lambda_n\boldsymbol{\varepsilon}_n).\end{aligned}$$

则得

$$\sigma\boldsymbol{\varepsilon}_i=\lambda_i\boldsymbol{\varepsilon}_i,i=1,2,\cdots,n.$$

由此看出，$\boldsymbol{\varepsilon}_1,\boldsymbol{\varepsilon}_2,\cdots,\boldsymbol{\varepsilon}_n$ 是 σ 的 n 个线性无关的特征向量（它们分别属于特征值 $\lambda_1,\lambda_2,\cdots,\lambda_n$）.

反之，若 σ 有 n 个线性无关的特征向量 $\boldsymbol{\varepsilon}_1,\boldsymbol{\varepsilon}_2,\cdots,\boldsymbol{\varepsilon}_n$，令它们分别属于 σ 的特征值 $\lambda_1,\lambda_2,\cdots,\lambda_n$，亦即

$$\sigma\boldsymbol{\varepsilon}_i=\lambda_i\boldsymbol{\varepsilon}_i,i=1,2,\cdots,n.$$

取 $\boldsymbol{\varepsilon}_1,\boldsymbol{\varepsilon}_2,\cdots,\boldsymbol{\varepsilon}_n$ 为 V 的一组基，则由于

$$\sigma(\boldsymbol{\varepsilon}_1,\boldsymbol{\varepsilon}_2,\cdots,\boldsymbol{\varepsilon}_n)=(\boldsymbol{\varepsilon}_1,\boldsymbol{\varepsilon}_2,\cdots,\boldsymbol{\varepsilon}_n)\begin{pmatrix}\lambda_1 & & & \\ & \lambda_2 & & \\ & & \ddots & \\ & & & \lambda_n\end{pmatrix},$$

所以 σ 在这组基下的矩阵是对角矩阵

$$\begin{pmatrix}\lambda_1 & & & \\ & \lambda_2 & & \\ & & \ddots & \\ & & & \lambda_n\end{pmatrix},$$

因而 σ 可以对角化.

这样我们就得到了如下定理.

定理 9 设 σ 是 n 维线性空间 V 的一个线性变换. σ 可以对角化的充分必要条件是 σ 有 n 个线性无关的特征向量.

为了进一步给出一些判别法，我们来证明如下定理.

定理 10 线性变换 σ 的属于不同特征值的特征向量线性无关.

证 对特征值的个数作数学归纳法. 由于特征向量是不为零的，所以单个的特征向量必然线性无关. 现在设属于 k 个不同特征值的特征向量线性无关，我们证明属于 $k+1$ 个不同特征值 $\lambda_1,\lambda_2,\cdots,\lambda_{k+1}$ 的特征向量 $\boldsymbol{\xi}_1,\boldsymbol{\xi}_2,\cdots,\boldsymbol{\xi}_{k+1}$ 也线性无关.

假设有关系式

$$a_1\boldsymbol{\xi}_1+a_2\boldsymbol{\xi}_2+\cdots+a_k\boldsymbol{\xi}_k+a_{k+1}\boldsymbol{\xi}_{k+1}=\mathbf{0} \tag{6-19}$$

成立. 等式两端乘 λ_{k+1}，得

$$a_1\lambda_{k+1}\boldsymbol{\xi}_1+a_2\lambda_{k+1}\boldsymbol{\xi}_2+\cdots+a_k\lambda_{k+1}\boldsymbol{\xi}_k+a_{k+1}\lambda_{k+1}\boldsymbol{\xi}_{k+1}=\mathbf{0}. \tag{6-20}$$

式(6-19) 两端同时施行变换 σ，即有

$$a_1\lambda_1\boldsymbol{\xi}_1+a_2\lambda_2\boldsymbol{\xi}_2+\cdots+a_k\lambda_k\boldsymbol{\xi}_k+a_{k+1}\lambda_{k+1}\boldsymbol{\xi}_{k+1}=\mathbf{0}. \tag{6-21}$$

式(6-21) 减去式(6-20) 得到

$$a_1(\lambda_1-\lambda_{k+1})\boldsymbol{\xi}_1+\cdots+a_k(\lambda_k-\lambda_{k+1})\boldsymbol{\xi}_k=\mathbf{0}.$$

根据归纳假设，$\boldsymbol{\xi}_1,\boldsymbol{\xi}_2,\cdots,\boldsymbol{\xi}_k$ 线性无关，于是

$$a_i(\lambda_i-\lambda_{k+1})=0,i=1,2,\cdots,k.$$

但 $\lambda_i-\lambda_{k+1}\neq 0(i\leqslant k)$，所以 $a_i=0(i=1,2,\cdots,k)$. 这时式(6-19) 变成 $a_{k+1}\boldsymbol{\xi}_{k+1}=\mathbf{0}$. 又因为 $\boldsymbol{\xi}_{k+1}\neq\mathbf{0}$，所以只有 $a_{k+1}=0$. 这就证明了 $\boldsymbol{\xi}_1,\boldsymbol{\xi}_2,\cdots,\boldsymbol{\xi}_{k+1}$ 线性无关.

根据归纳法原理，定理得证. ■

由定理 9、定理 10 易知以下的推论成立.

推论 1 如果在 n 维线性空间 V 中，线性变换 σ 的特征多项式在数域 P 中有 n 个不同的根，即 σ 有 n 个不同的特征值，那么 σ 可以对角化.

因为在复数域中任一个 n 次多项式都有 n 个根，所以由推论 1 又可得到如下推论.

推论 2 在复数上的 n 维线性空间 V 中，如果线性变换 σ 的特征多项式没有重根，那么 σ 可以对角化.

在一个线性变换没有 n 个互异特征值的情形，要判别它能否对角化，问题就要复杂些.

定理 11 设 $\lambda_1,\lambda_2,\cdots,\lambda_k$ 是线性变换 σ 的互异特征值，而 $\boldsymbol{\alpha}_{i1},\boldsymbol{\alpha}_{i2},\cdots,\boldsymbol{\alpha}_{ir_i}$ $(i=1,2,\cdots,k)$ 是属于 λ_i 的线性无关的特征向量，则向量组 $\boldsymbol{\alpha}_{11},a_{12},\cdots,\boldsymbol{\alpha}_{1r_1},\cdots,\boldsymbol{\alpha}_{k1},a_{k2},\cdots,\boldsymbol{\alpha}_{kr_k}$ 也线性无关.

这个定理可以认为是定理 10 的推广，证法也与定理 10 的证明类似，具体证明留给读者.

由定理 10 和定理 11 可以得出线性变换 σ 能否对角化的判别方法如下：

(1) 求出 σ 的全部互异特征值 $\lambda_1,\lambda_2,\cdots,\lambda_k$；

(2) 对于每个 λ_i，求出特征子空间 V_{λ_i} 的维数 r_i 和一组基 $\boldsymbol{\alpha}_{i1},\boldsymbol{\alpha}_{i2},\cdots,\boldsymbol{\alpha}_{ir_i}$.

如果 $r_1+r_2+\cdots+r_k=n$，即

$$\dim V_{\lambda_1}+\dim V_{\lambda_2}+\cdots+\dim V_{\lambda_k}=n.$$

则 σ 可以对角化. 这是因为，由定理 11，这时 σ 有 n 个线性无关的特征向量

$$\boldsymbol{\alpha}_{11},a_{12},\cdots,\boldsymbol{\alpha}_{1r_1},\cdots,\boldsymbol{\alpha}_{k1},a_{k2},\cdots,\boldsymbol{\alpha}_{kr_k}.$$

并且若取它们为 V 的一组基，则 σ 在这组基下矩阵显然是

$$\begin{pmatrix}\lambda_1 & & & & & & \\ & \ddots & & & & & \\ & & \lambda_1 & & & & \\ & & & \ddots & & & \\ & & & & \lambda_k & & \\ & & & & & \ddots & \\ & & & & & & \lambda_k\end{pmatrix}\begin{matrix}\left.\vphantom{\begin{matrix}1\\1\\1\end{matrix}}\right\}r_1\text{ 个}\\ \\ \left.\vphantom{\begin{matrix}1\\1\\1\end{matrix}}\right\}r_k\text{ 个}\end{matrix}.$$

如果 $r_1+r_2+\cdots+r_k<n$，即

$$\dim V_{\lambda_1}+\dim V_{\lambda_2}+\cdots+\dim V_{\lambda_k}<n,$$

则 σ 没有 n 个线性无关的特征向量，因而由定理 9，在任何基下，σ 的矩阵都不可能是对角矩阵.

应该看到，当线性变换 σ 在一组基下的矩阵 $\boldsymbol{A}$ 是对角矩阵时：

$$\boldsymbol{A}=\begin{pmatrix}\lambda_1 & & & \\ & \lambda_2 & & \\ & & \ddots & \\ & & & \lambda_n\end{pmatrix}.$$

σ 的特征多项式是

$$|\lambda\boldsymbol{E}-\boldsymbol{A}|=(\lambda-\lambda_1)(\lambda-\lambda_2)\cdots(\lambda-\lambda_n).$$

因此，如果线性变换 σ 在一组基下的矩阵是对角矩阵，那么主对角线上的元素除了排列次序外是确定的，它们恰是 σ 的全部特征值（重根按重数计算）.

【例 1】 设 V 是数域 P 上的 3 维线性空间，σ 是 V 的一个线性变换，且 σ 在基 $\boldsymbol{\varepsilon}_1,\boldsymbol{\varepsilon}_2,\boldsymbol{\varepsilon}_3$ 下的矩阵是

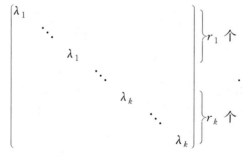

$$A=\begin{pmatrix}1&2&2\\2&1&2\\2&2&1\end{pmatrix}.$$

试问 σ 能否对角化？如能够对角化，求可逆矩阵 $\boldsymbol{X}$ 使 $\boldsymbol{X}^{-1}\boldsymbol{A}\boldsymbol{X}$ 是对角矩阵.

解　在本章第四节的例 2 中已求得特征子空间 V_{-1} 的一组基为

$$\boldsymbol{\alpha}_1=\boldsymbol{\varepsilon}_1-\boldsymbol{\varepsilon}_3=(\boldsymbol{\varepsilon}_1,\boldsymbol{\varepsilon}_2,\boldsymbol{\varepsilon}_2)\begin{pmatrix}1\\0\\-1\end{pmatrix},$$

$$\boldsymbol{\alpha}_2=\boldsymbol{\varepsilon}_2-\boldsymbol{\varepsilon}_3=(\boldsymbol{\varepsilon}_1,\boldsymbol{\varepsilon}_2,\boldsymbol{\varepsilon}_2)\begin{pmatrix}0\\1\\-1\end{pmatrix},$$

于是 $\dim V_{-1}=2$；

已求得特征子空间 V_5 的一组基为

$$\boldsymbol{\alpha}_3=\boldsymbol{\varepsilon}_1+\boldsymbol{\varepsilon}_2+\boldsymbol{\varepsilon}_3=(\boldsymbol{\varepsilon}_1,\boldsymbol{\varepsilon}_2,\boldsymbol{\varepsilon}_2)\begin{pmatrix}1\\1\\1\end{pmatrix},$$

于是 $\dim V_5=1$.

由于 $\dim V_{-1}+\dim V_5=3$，所以 σ 可以对角化. 只要取基 $\boldsymbol{\alpha}_1,\boldsymbol{\alpha}_2,\boldsymbol{\alpha}_3$，因为

$$\sigma(\boldsymbol{\alpha}_1,\boldsymbol{\alpha}_2,\boldsymbol{\alpha}_3)=(\boldsymbol{\alpha}_1,\boldsymbol{\alpha}_2,\boldsymbol{\alpha}_3)\begin{pmatrix}-1&&\\&-1&\\&&5\end{pmatrix},$$

所以在此基下 σ 的矩阵就是对角矩阵：

$$\boldsymbol{B}=\begin{pmatrix}-1&&\\&-1&\\&&5\end{pmatrix}.$$

而由 $\boldsymbol{\varepsilon}_1,\boldsymbol{\varepsilon}_2,\boldsymbol{\varepsilon}_3$ 到 $\boldsymbol{\alpha}_1,\boldsymbol{\alpha}_2,\boldsymbol{\alpha}_3$ 的过渡矩阵为

$$\boldsymbol{X}=\begin{pmatrix}1&0&1\\0&1&1\\-1&-1&1\end{pmatrix},$$

于是 $\boldsymbol{X}^{-1}\boldsymbol{A}\boldsymbol{X}=\boldsymbol{B}$.

应该重复强调的是，以上虽然是就线性变换讨论的（给出了线性变换能否对角化的判别方法），但同时也给出了数域 P 上 n 阶矩阵 $\boldsymbol{A}$ 能否对角化的判别条件：

（1）$\boldsymbol{A}$ 的特征多项式的根都在 P 内；

（2）对于 $\boldsymbol{A}$ 的每个特征值 λ，齐次线性方程组

$$(\lambda\boldsymbol{E}-\boldsymbol{A})\boldsymbol{x}=\boldsymbol{0}$$

的解空间的维数等于 λ 的重数，或者换句话说，对于 $\boldsymbol{A}$ 的每个特征值 λ，有

$$\lambda \text{ 的重数}=n-R(\lambda\boldsymbol{E}-\boldsymbol{A}).$$

【例 2】　设实数域上的矩阵

$$\boldsymbol{A}=\begin{pmatrix}3&2&1\\-2&-2&2\\3&6&-1\end{pmatrix}.$$

试问 $\boldsymbol{A}$ 能否对角化？如能够对角化，求可逆矩阵 $\boldsymbol{X}$ 使 $\boldsymbol{X}^{-1}\boldsymbol{A}\boldsymbol{X}$ 是对角矩阵.

解　因为 $\boldsymbol{A}$ 的特征多项式

$$|\lambda\boldsymbol{E}-\boldsymbol{A}|=\begin{vmatrix}\lambda-3 & -2 & -1\\ 2 & \lambda+2 & -2\\ -3 & -6 & \lambda+1\end{vmatrix}=(\lambda-2)^2(\lambda+4),$$

所以 $\boldsymbol{A}$ 的特征值为 $\lambda_1=-4,\lambda_2=\lambda_3=2$.

对于 $\lambda=-4$，求齐次线性方程组 $(-4\boldsymbol{E}-\boldsymbol{A})\boldsymbol{x}=\boldsymbol{0}$，即

$$\begin{cases}-7x_1-2x_2+x_3=0\\ 2x_1-2x_2-2x_3=0\\ -3x_1-6x_2-3x_3=0\end{cases}$$

的一个基础解系为 $\left(\frac{1}{3},-\frac{2}{3},1\right)$.

对于 $\lambda=2$，求齐次线性方程组 $(2\boldsymbol{E}-\boldsymbol{A})\boldsymbol{x}=\boldsymbol{0}$，即

$$\begin{cases}-x_1-2x_2+x_3=0\\ 2x_1+4x_2-2x_3=0\\ -3x_1-6x_2+3x_3=0\end{cases}$$

的一个基础解系为 $(-2,1,0),(1,0,1)$. 由于特征值皆在实数域内，且其重数等于相应基础解系解向量的个数，故 $\boldsymbol{A}$ 可以对角化. 令

$$\boldsymbol{X}=\begin{pmatrix}\frac{1}{3} & -2 & 1\\ -\frac{2}{3} & 1 & 0\\ 1 & 0 & 1\end{pmatrix},$$

则

$$\boldsymbol{X}^{-1}\boldsymbol{A}\boldsymbol{X}=\begin{pmatrix}-4 & & \\ & 2 & \\ & & 2\end{pmatrix}.$$

习题 6-5

1. 习题 6-4 的题 1 中，哪些矩阵可以对角化？如能对角化，求出可逆矩阵 $\boldsymbol{X}$，使 $\boldsymbol{X}^{-1}\boldsymbol{A}\boldsymbol{X}$ 为对角矩阵.

2. 习题 6-4 的题 2 中，哪些线性变换可以对角化？如能对角化，求出 V 的一组基，使 σ 在此基下的矩阵为对角矩阵.

3. 在线性空间 $P[x]$ 中，求微分变换 $\sigma(f(x))=f'(x)$ 的特征多项式. 证明 σ 不能对角化.

4. 设

$$\boldsymbol{A}=\begin{pmatrix}1 & 4 & 2\\ 0 & -3 & 4\\ 0 & 4 & 3\end{pmatrix},$$

求 $\boldsymbol{A}^k$.

5. 设 $\boldsymbol{\varepsilon}_1,\boldsymbol{\varepsilon}_2,\boldsymbol{\varepsilon}_3,\boldsymbol{\varepsilon}_4$ 是 4 维线性空间 V 的一组基，线性变换 σ 在这组基下的矩阵为

$$\boldsymbol{A}=\begin{pmatrix}5 & -2 & -4 & 3\\ 3 & -1 & -3 & 2\\ -3 & \frac{1}{2} & \frac{9}{2} & -\frac{5}{2}\\ -10 & 3 & 11 & -7\end{pmatrix}.$$

(1) 求 σ 在基

$$\boldsymbol{\eta}_1=\boldsymbol{\varepsilon}_1+2\boldsymbol{\varepsilon}_2+\boldsymbol{\varepsilon}_3+\boldsymbol{\varepsilon}_4,$$
$$\boldsymbol{\eta}_2=2\boldsymbol{\varepsilon}_1+3\boldsymbol{\varepsilon}_2+\boldsymbol{\varepsilon}_3,$$
$$\boldsymbol{\eta}_3=\boldsymbol{\varepsilon}_3,$$
$$\boldsymbol{\eta}_4=\boldsymbol{\varepsilon}_4$$

下的矩阵;

(2) 求 $\boldsymbol{A}$ 的特征值与特征向量;

(3) 求可逆矩阵 $\boldsymbol{X}$, 使 $\boldsymbol{X}^{-1}\boldsymbol{AX}$ 为对角矩阵.

6. 设 σ 是数域 P 上 n 维线性空间 V 的一个对合变换. 证明: σ 可以对角化.

7. 数域 P 上 n 阶矩阵 $\boldsymbol{A}$ 称为幂零的, 如果存在一个自然数 m, 使 $\boldsymbol{A}^m=\boldsymbol{O}$, 证明:

(1) $\boldsymbol{A}$ 是幂零的充要条件是它的特征多项式的根都为零;

(2) 如果幂零矩阵 $\boldsymbol{A}$ 可以对角化, 则 $\boldsymbol{A}=\boldsymbol{O}$.

第六节 线性变换的值域与核

本节讨论由线性空间 V 的线性变换确定的 V 的两个重要的子空间, 即线性变换的值域与核. 利用线性变换的值域与核, 不仅可以讨论线性变换自身的一些性质, 而且还可以讨论线性空间的结构.

定义 1 设 σ 是数域 P 上线性空间 V 的线性变换. σ 的全体像的集合

$$\{\sigma(\boldsymbol{\alpha})\mid\boldsymbol{\alpha}\in V\}$$

称为 σ 的值域, 记作 $\sigma(V)$ 或 $\mathrm{Im}\sigma$. 零向量在 σ 下的全体原像构成的集合

$$\{\boldsymbol{\alpha}\mid\boldsymbol{\alpha}\in V,\sigma(\boldsymbol{\alpha})=\boldsymbol{0}\}$$

称为 σ 的核, 记作 $\sigma^{-1}(\boldsymbol{0})$ 或 $\mathrm{Ker}\sigma$.

不难证明, 线性变换的值域与核都是 V 的子空间. 事实上, 由

$$\sigma(\boldsymbol{\alpha})+\sigma(\boldsymbol{\beta})=\sigma(\boldsymbol{\alpha}+\boldsymbol{\beta}),k\sigma(\boldsymbol{\alpha})=\sigma(k\boldsymbol{\alpha})$$

可知, $\sigma(V)$ 对于加法和数量乘法是封闭的, 同时, $\sigma(V)$ 是非空的, 因此 $\sigma(V)$ 是 V 的子空间. 由 $\sigma(\boldsymbol{\alpha})=\boldsymbol{0}$ 与 $\sigma(\boldsymbol{\beta})=\boldsymbol{0}$ 可知,

$$\sigma(\boldsymbol{\alpha}+\boldsymbol{\beta})=\boldsymbol{0},\sigma(k\boldsymbol{\alpha})=\boldsymbol{0}.$$

这就是说, $\sigma^{-1}(\boldsymbol{0})$ 对于加法和数量乘法是封闭的. 又因为 $\sigma(\boldsymbol{0})=\boldsymbol{0}$, 所以, $\boldsymbol{0}\in\sigma^{-1}(\boldsymbol{0})$, 即 $\sigma^{-1}(\boldsymbol{0})$ 是非空的. 因此 $\sigma^{-1}(\boldsymbol{0})$ 是 V 的子空间.

定义 2 $\sigma(V)$ 的维数称为 σ 的秩, $\sigma^{-1}(\boldsymbol{0})$ 的维数称为 σ 的零度.

【例 1】 在线性空间 $P[x]_n$ 中, 令

$$D(f(x))=f'(x).$$

则 D 的值域就是 $P[x]_{n-1}$, D 的核就是数域 P.

定理 12 设 σ 是数域 P 上线性空间 V 的线性变换, 则

(1) σ 是满射的充分必要条件是 $\sigma(V)=V$;

(2) σ 是单射的充分必要条件是 $\sigma^{-1}(\boldsymbol{0})=\{\boldsymbol{0}\}$.

证 (1) 显然成立.

(2) 设 σ 是单射. $\forall\boldsymbol{\alpha}\in\sigma^{-1}(\boldsymbol{0})$, 则 $\sigma(\boldsymbol{\alpha})=\boldsymbol{0}$. 又 $\sigma(\boldsymbol{0})=\boldsymbol{0}$, 故 $\sigma(\boldsymbol{\alpha})=\sigma(\boldsymbol{0})$, 从而 $\boldsymbol{\alpha}=$

$\mathbf{0}$. 故 $\sigma^{-1}(\mathbf{0})=\{\mathbf{0}\}$.

设 $\sigma^{-1}(\mathbf{0})=\{\mathbf{0}\}$. 若 $\boldsymbol{\alpha},\boldsymbol{\beta}\in\sigma^{-1}(\mathbf{0})$，且 $\sigma(\boldsymbol{\alpha})=\sigma(\boldsymbol{\beta})$. 则 $\sigma(\boldsymbol{\alpha}-\boldsymbol{\beta})=\mathbf{0}$，故 $\boldsymbol{\alpha}-\boldsymbol{\beta}\in\sigma^{-1}(\mathbf{0})$. 由 $\sigma^{-1}(\mathbf{0})=\{\mathbf{0}\}$，故 $\boldsymbol{\alpha}-\boldsymbol{\beta}=\mathbf{0}$，即 $\boldsymbol{\alpha}=\boldsymbol{\beta}$. 从而 σ 是单射. ▌

定理 13 设 σ 是数域 P 上 n 维线性空间 V 的线性变换，$\boldsymbol{\varepsilon}_1,\boldsymbol{\varepsilon}_2,\cdots,\boldsymbol{\varepsilon}_n$ 是 V 的一组基，在这组基下 σ 的矩阵是 $\boldsymbol{A}$. 则有：

(1) σ 的值域 $\sigma(V)$ 是由基像组生成的子空间，即

$$\sigma(V)=L(\sigma\boldsymbol{\varepsilon}_1,\sigma\boldsymbol{\varepsilon}_2,\cdots,\sigma\boldsymbol{\varepsilon}_n).$$

(2) σ 的秩 $=\boldsymbol{A}$ 的秩.

证 (1) 任取 $\boldsymbol{\xi}\in V$，$\boldsymbol{\xi}$ 可用基的线性组合表示为

$$\boldsymbol{\xi}=x_1\boldsymbol{\varepsilon}_1+x_2\boldsymbol{\varepsilon}_2+\cdots+x_n\boldsymbol{\varepsilon}_n,$$

于是

$$\sigma\boldsymbol{\xi}=x_1\sigma\boldsymbol{\varepsilon}_1+x_2\sigma\boldsymbol{\varepsilon}_2+\cdots+x_n\sigma\boldsymbol{\varepsilon}_n.$$

这个式子说明，$\sigma\boldsymbol{\xi}\in L(\sigma\boldsymbol{\varepsilon}_1,\sigma\boldsymbol{\varepsilon}_2,\cdots,\sigma\boldsymbol{\varepsilon}_n)$，因此

$$\sigma(V)\subseteq L(\sigma\boldsymbol{\varepsilon}_1,\sigma\boldsymbol{\varepsilon}_2,\cdots,\sigma\boldsymbol{\varepsilon}_n).$$

这个式子还说明，基像组的线性组合还是一个像，因此

$$L(\sigma\boldsymbol{\varepsilon}_1,\sigma\boldsymbol{\varepsilon}_2,\cdots,\sigma\boldsymbol{\varepsilon}_n)\subseteq\sigma(V).$$

这证明了

$$\sigma(V)=L(\sigma\boldsymbol{\varepsilon}_1,\sigma\boldsymbol{\varepsilon}_2,\cdots,\sigma\boldsymbol{\varepsilon}_n).$$

(2) 根据 (1)，σ 的秩等于基像组的秩. 另一方面，矩阵 $\boldsymbol{A}$ 是由基像组的坐标按列排成的. 在第五章第七节中曾讲过，若在 n 维线性空间 V 中取定一组基之后，把 V 的每一个向量与它的坐标对应起来，我们就得到 V 到 P^n 的同构对应. 同构对应保持向量组的一切线性关系，因此基像组与它的坐标组（即矩阵 $\boldsymbol{A}$ 的列向量组）有相同的秩. ▌

定理 13 说明，线性变换与矩阵之间的对应关系保持秩不变.

定理 14 设 σ 是数域 P 上 n 维线性空间 V 的线性变换，则

$$\sigma \text{ 的秩}+\sigma \text{ 的零度}=n.$$

证 设 $\sigma^{-1}(\mathbf{0})\neq\{\mathbf{0}\}$. 取 $\sigma^{-1}(\mathbf{0})$ 的一组基 $\boldsymbol{\varepsilon}_1,\boldsymbol{\varepsilon}_2,\cdots,\boldsymbol{\varepsilon}_r$ 将其扩充为 V 的一组基

$$\boldsymbol{\varepsilon}_1,\boldsymbol{\varepsilon}_2,\cdots,\boldsymbol{\varepsilon}_r,\boldsymbol{\varepsilon}_{r+1},\cdots,\boldsymbol{\varepsilon}_n.$$

根据定理 13 得

$$\sigma(V)=L(\sigma\boldsymbol{\varepsilon}_1,\sigma\boldsymbol{\varepsilon}_2,\cdots,\sigma\boldsymbol{\varepsilon}_r,\sigma\boldsymbol{\varepsilon}_{r+1},\cdots,\sigma\boldsymbol{\varepsilon}_n)=L(\sigma\boldsymbol{\varepsilon}_{r+1},\cdots,\sigma\boldsymbol{\varepsilon}_n).$$

下证 $\sigma\boldsymbol{\varepsilon}_{r+1},\cdots,\sigma\boldsymbol{\varepsilon}_n$ 线性无关. 令

$$k_{r+1}\sigma\boldsymbol{\varepsilon}_{r+1}+k_{r+2}\sigma\boldsymbol{\varepsilon}_{r+2}+\cdots+k_n\sigma\boldsymbol{\varepsilon}_n=\mathbf{0},$$

由 σ 是线性变换，故

$$\sigma(k_{r+1}\boldsymbol{\varepsilon}_{r+1}+k_{r+2}\boldsymbol{\varepsilon}_{r+2}+\cdots+k_n\boldsymbol{\varepsilon}_n)=\mathbf{0},$$

从而 $k_{r+1}\boldsymbol{\varepsilon}_{r+1}+k_{r+2}\boldsymbol{\varepsilon}_{r+2}+\cdots+k_n\boldsymbol{\varepsilon}_n\in\sigma^{-1}(\mathbf{0})$. 故可设

$$k_{r+1}\boldsymbol{\varepsilon}_{r+1}+k_{r+2}\boldsymbol{\varepsilon}_{r+2}+\cdots+k_n\boldsymbol{\varepsilon}_n=-k_1\boldsymbol{\varepsilon}_1-k_2\boldsymbol{\varepsilon}_2-\cdots-k_r\boldsymbol{\varepsilon}_r,$$

即

$$k_1\boldsymbol{\varepsilon}_1+k_2\boldsymbol{\varepsilon}_2+\cdots+k_r\boldsymbol{\varepsilon}_r+k_{r+1}\boldsymbol{\varepsilon}_{r+1}+k_{r+2}\boldsymbol{\varepsilon}_{r+2}+\cdots+k_n\boldsymbol{\varepsilon}_n=\mathbf{0},$$

由 $\boldsymbol{\varepsilon}_1,\boldsymbol{\varepsilon}_2,\cdots,\boldsymbol{\varepsilon}_r,\boldsymbol{\varepsilon}_{r+1},\cdots,\boldsymbol{\varepsilon}_n$ 线性无关，故 $k_{r+1}=k_{r+2}=\cdots=k_n=0$. 从而 $\sigma\boldsymbol{\varepsilon}_{r+1},\cdots,\sigma\boldsymbol{\varepsilon}_n$ 线性无关，且是 $\sigma(V)$ 的基，故 σ 的秩 $=n-r$. 而 σ 的零度 $=r$，故 σ 的秩 $+\sigma$ 的零度 $=n$.

若 $\sigma^{-1}(\mathbf{0})=\{\mathbf{0}\}$. 由定理 12 知 σ 为单射，取 V 的一组基 $\boldsymbol{\varepsilon}_1,\boldsymbol{\varepsilon}_2,\cdots,\boldsymbol{\varepsilon}_n$，容易证明 $\sigma\boldsymbol{\varepsilon}_1$，

$\sigma\boldsymbol{\varepsilon}_2,\cdots,\sigma\boldsymbol{\varepsilon}_n$ 线性无关. 因此

$$\sigma(V)=L(\sigma\boldsymbol{\varepsilon}_1,\sigma\boldsymbol{\varepsilon}_2,\cdots,\sigma\boldsymbol{\varepsilon}_n)=V,$$

此时 σ 的秩 $+\sigma$ 的零度 $=n$ 也成立. ▌

应该指出，虽然空间 $\sigma(V)$ 与 $\sigma^{-1}(\mathbf{0})$ 的维数之和为 n，但是 $\sigma(V)+\sigma^{-1}(\mathbf{0})$ 并不一定是整个空间（参看例 1).

推论 设 σ 是数域 P 上 n 维线性空间 V 的线性变换，则 σ 是单射的充分必要条件是 σ 是满射.

证 由 σ 的秩 $+\sigma$ 的零度 $=n$ 及定理 12 可得，σ 是单射 $\Leftrightarrow\sigma^{-1}(\mathbf{0})=\{\mathbf{0}\}\Leftrightarrow\sigma$ 的零度 $=0\Leftrightarrow\sigma$ 的秩 $=n\Leftrightarrow\sigma(V)=V\Leftrightarrow\sigma$ 是满射. ▌

【例 2】 设 $\sigma\in L(P[x]_n)$，对任意 $f(x)\in P[x]_n$，有

$$\sigma(f(x))=xf'(x)-f(x).$$

求 $\sigma^{-1}(\mathbf{0})$ 和 $\sigma(L(P[x]_n))$，并证明：$P[x]_n=\sigma^{-1}(\mathbf{0})\oplus\sigma(L(P[x]_n))$.

解 $\forall f(x)\in\sigma^{-1}(\mathbf{0})$，则 $\sigma(f(x))=xf'(x)-f(x)=0$，令

$$f(x)=a_{n-1}x^{n-1}+\cdots+a_1x+a_0.$$

则

$$x[(n-1)a_{n-1}x^{n-2}+\cdots+2a_2x+a_1]-(a_{n-1}x^{n-1}+\cdots+a_1x+a_0)=0,$$

即

$$(n-2)a_{n-1}x^{n-1}+\cdots+a_2x^2-a_0=0.$$

故 $a_{n-1}=\cdots=a_2=a_0=0$，即 $f(x)=a_1x$. 故 $\sigma^{-1}(\mathbf{0})=L(x)$.

将 $\sigma^{-1}(\mathbf{0})$ 的基扩充为 $P[x]_n$ 的基 $1,x,x^2,\cdots,x^{n-1}$，则

$$\sigma(L(P[x]_n))=L(\sigma(1),\sigma(x^2),\cdots,\sigma(x^{n-1}))=L(1,x^2,\cdots,x^{n-1}).$$

下面证明 $P[x]_n=\sigma^{-1}(0)\oplus\sigma(L(P[x]_n))$. 由

$$\begin{aligned}\sigma^{-1}(\mathbf{0})+\sigma(L(P[x]_n))&=L(x)+L(1,x^2,\cdots,x^{n-1})\\&=L(1,x,x^2,\cdots,x^{n-1})\\&=P[x]_n.\end{aligned}$$

又由定理 14 可知

$$\dim\sigma(L(P[x]_n))+\dim\sigma^{-1}(\mathbf{0})=\dim F[x]_n=\dim(\sigma^{-1}(\mathbf{0})+\sigma(L(P[x]_n))),$$

故 $\sigma^{-1}(\mathbf{0})+\sigma(L(P[x]_n))$ 为直和，从而 $P[x]_n=\sigma^{-1}(\mathbf{0})\oplus\sigma(L(P[x]_n))$.

【例 3】 设 $\mathbf{A}$ 是一个 $n\times n$ 矩阵，$\mathbf{A}^2=\mathbf{A}$. 证明：$\mathbf{A}$ 相似于对角矩阵

$$\begin{pmatrix}1&&&&&\\&\ddots&&&&\\&&1&&&\\&&&0&&\\&&&&\ddots&\\&&&&&0\end{pmatrix}.\tag{6-22}$$

解 取 n 维线性空间 V 及 V 的一组基 $\boldsymbol{\varepsilon}_1,\boldsymbol{\varepsilon}_2,\cdots,\boldsymbol{\varepsilon}_n$. 定义线性变换 σ 如下：

$$\sigma(\boldsymbol{\varepsilon}_1,\boldsymbol{\varepsilon}_2,\cdots,\boldsymbol{\varepsilon}_n)=(\boldsymbol{\varepsilon}_1,\boldsymbol{\varepsilon}_2,\cdots,\boldsymbol{\varepsilon}_n)\mathbf{A}.$$

我们来证明，σ 在一组适当基下的矩阵是式(6-22). 这样由定理 5 也就证明了所要的结论.

由 $\mathbf{A}^2=\mathbf{A}$，可知 $\sigma^2=\sigma$. 显然 $\sigma(V)+\sigma^{-1}(\mathbf{0})\subseteq V$. $\forall\boldsymbol{\alpha}\in V$，由

$$\boldsymbol{\alpha}=\sigma(\boldsymbol{\alpha})+[\boldsymbol{\alpha}-\sigma(\boldsymbol{\alpha})],$$

则 $\sigma(\boldsymbol{\alpha})\in\sigma(V)$. 而

$$\sigma(\boldsymbol{\alpha}-\sigma(\boldsymbol{\alpha}))=\sigma(\boldsymbol{\alpha})-\sigma^2(\boldsymbol{\alpha})=\mathbf{0},$$

故 $\boldsymbol{\alpha}-\sigma(\boldsymbol{\alpha})\in\sigma^{-1}(\mathbf{0})$. 从而 $\boldsymbol{\alpha}\in\sigma(V)+\sigma^{-1}(\mathbf{0})$，即 $V\subseteq\sigma(V)+\sigma^{-1}(\mathbf{0})$，故

$$V=\sigma(V)+\sigma^{-1}(\mathbf{0}).$$

$\forall\boldsymbol{\alpha}\in\sigma(V)\cap\sigma^{-1}(\mathbf{0})$，故存在 $\boldsymbol{\beta}\in V$，使 $\sigma(\boldsymbol{\beta})=\boldsymbol{\alpha}$. 又 $\sigma(\boldsymbol{\alpha})=\mathbf{0}$，得

$$\boldsymbol{\alpha}=\sigma(\boldsymbol{\beta})=\sigma(\sigma(\boldsymbol{\beta}))=\sigma(\boldsymbol{\alpha})=\mathbf{0}.$$

故 $\sigma(V)\cap\sigma^{-1}(\mathbf{0})=\{\mathbf{0}\}$，即 $V=\sigma(V)\oplus\sigma^{-1}(\mathbf{0})$.

在 $\sigma(V)$ 中取一组基 $\boldsymbol{\eta}_1,\boldsymbol{\eta}_2,\cdots,\boldsymbol{\eta}_r$，在 $\sigma^{-1}(\mathbf{0})$ 中取一组基 $\boldsymbol{\eta}_{r+1},\cdots,\boldsymbol{\eta}_n$，则 $\boldsymbol{\eta}_1,\boldsymbol{\eta}_2,\cdots,\boldsymbol{\eta}_r,\boldsymbol{\eta}_{r+1},\cdots,\boldsymbol{\eta}_n$ 就是 V 的一组基. 显然

$$\sigma(\boldsymbol{\eta}_1)=\boldsymbol{\eta}_1,\sigma(\boldsymbol{\eta}_2)=\boldsymbol{\eta}_2,\cdots,\sigma(\boldsymbol{\eta}_r)=\boldsymbol{\eta}_r,$$
$$\sigma(\boldsymbol{\eta}_{r+1})=\mathbf{0},\cdots,\sigma(\boldsymbol{\eta}_n)=\mathbf{0}.$$

这就是说

$$\sigma(\boldsymbol{\eta}_1,\boldsymbol{\eta}_2,\cdots,\boldsymbol{\eta}_n)=(\boldsymbol{\eta}_1,\boldsymbol{\eta}_2,\cdots,\boldsymbol{\eta}_n)\begin{pmatrix}1&&&&&\\&\ddots&&&&\\&&1&&&\\&&&0&&\\&&&&\ddots&\\&&&&&0\end{pmatrix},$$

即 σ 在基 $\boldsymbol{\eta}_1,\boldsymbol{\eta}_2,\cdots,\boldsymbol{\eta}_n$ 下的矩阵是式(6-22).

习题 6-6

1. 在线性空间 P^n 中，令

$$\sigma(x_1,x_2,\cdots,x_n)=(0,x_1,\cdots,x_{n-1}).$$

(1) 证明：σ 是 P^n 的线性变换，且 $\sigma^n=\mathbf{0}$；

(2) 求 σ 的值域，核，秩与零度.

2. 设 $\boldsymbol{\varepsilon}_1,\boldsymbol{\varepsilon}_2,\boldsymbol{\varepsilon}_3,\boldsymbol{\varepsilon}_4$ 是 4 维线性空间 V 的一组基. 已知线性变换 σ 在这组基下的矩阵为

$$\begin{pmatrix}1&0&2&1\\-1&2&1&3\\1&2&5&5\\2&-2&1&-2\end{pmatrix}.$$

(1) 求 σ 的值域与核；

(2) 在 σ 的核中选取一组基，把它扩充成 V 的一组基，并求出 σ 在这组基下的矩阵.

3. 设 σ 是数域 P 上 n 维线性空间 V 的线性变换，W 是 V 的子空间. 证明：$\dim\sigma(W)+\dim(\sigma^{-1}(\mathbf{0})\cap W)=\dim W$.

4. 设 σ,τ 是数域 P 上的线性空间 V 的线性变换，且 $\sigma^2=\sigma,\tau^2=\tau$. 证明：

(1) $\sigma(V)=\tau(V)\Leftrightarrow\sigma\tau=\tau,\tau\sigma=\sigma$；

(2) $\sigma^{-1}(\mathbf{0})=\tau^{-1}(\mathbf{0})\Leftrightarrow\sigma\tau=\sigma,\tau\sigma=\tau$.

5. 设 σ 是线性空间 V 的线性变换. 证明：$\sigma(V)\subseteq\sigma^{-1}(\mathbf{0})$ 当且仅当 σ^2 是零变换.

第七节　不变子空间与线性变换的准对角化

从本章第五节的讨论我们已经看到，并非每一个线性变换都能够对角化. 当一个线性变

换不能对角化时，我们就退而求其次，考虑它能否准对角化，即寻找一组基，使它在此基下的矩阵为准对角矩阵，这要用到不变子空间的概念.

定义 1 设 σ 是数域 P 上线性空间 V 的线性变换，W 是 V 的子空间. 如果 W 中的向量 $\boldsymbol{\xi}$ 在 σ 下的像 $\sigma(\boldsymbol{\xi})$ 仍在 W 中，则称 W 是 σ 的不变子空间，简称 σ-子空间.

【例 1】 线性空间 V 和零子空间 $\{\mathbf{0}\}$，对 V 的任何线性变换都是不变子空间，称它们为平凡不变子空间，其余的不变子空间称为非平凡不变子空间.

【例 2】 线性变换 σ 的值域与核都是 σ 的不变子空间.

按定义，σ 的值域 $\sigma(V)$ 是 V 中的向量在 σ 下的像的集合，它当然也包含 $\sigma(V)$ 中向量的像，所以 $\sigma(V)$ 是 σ 的不变子空间.

σ 的核是被 σ 变成零的向量的集合，核中向量的像是零，自然在核中，因此核是 σ 的不变子空间.

【例 3】 线性变换 σ 的属于特征值 λ 的特征子空间 V_λ 是 σ 的不变子空间.

定义 2 设 W 是线性变换 σ 的不变子空间，如果只考虑 σ 在 W 上的作用，就得到子空间 W 本身的一个线性变换，称为 σ 在 W 上的限制，记作 $\sigma|W$.

这样，对于任意 $\boldsymbol{\xi}\in W$，有

$$\sigma|W(\boldsymbol{\xi})=\sigma(\boldsymbol{\xi}).$$

然而如果 $\boldsymbol{\xi}\notin W$，则 $\sigma|W(\boldsymbol{\xi})$ 没有意义.

关于不变子空间有以下基本性质：

(1) 如果线性变换 σ 和 τ 可交换，即 $\sigma\tau=\tau\sigma$，那么 σ 的核、像、特征子空间都是 τ-子空间.

证 $\forall\boldsymbol{\alpha}\in\sigma^{-1}(\mathbf{0})$，则 $\sigma(\boldsymbol{\alpha})=\mathbf{0}$，那么

$$\sigma(\tau(\boldsymbol{\alpha}))=\tau(\sigma(\boldsymbol{\alpha}))=\tau(\mathbf{0})=\mathbf{0},$$

故 $\tau(\boldsymbol{\alpha})\in\sigma^{-1}(\mathbf{0})$，因而 $\sigma^{-1}(\mathbf{0})$ 是 τ-子空间.

$\forall\boldsymbol{\alpha}\in\sigma(V)$，$\exists\boldsymbol{\beta}\in V$，使 $\sigma(\boldsymbol{\beta})=\boldsymbol{\alpha}$，则

$$\tau(\boldsymbol{\alpha})=\tau(\sigma(\boldsymbol{\beta}))=\sigma(\tau(\boldsymbol{\beta}))\in\sigma(V),$$

因此 $\sigma(V)$ 是 τ-子空间.

设 V_λ 是 σ 的属于 λ 的特征子空间，$\forall\boldsymbol{\alpha}\in V_\lambda$，$\sigma(\boldsymbol{\alpha})=\lambda\boldsymbol{\alpha}$，于是

$$\sigma(\tau(\boldsymbol{\alpha}))=\tau(\sigma(\boldsymbol{\alpha}))=\tau(\lambda\boldsymbol{\alpha})=\lambda\tau(\boldsymbol{\alpha}),$$

因此 $\tau(\boldsymbol{\alpha})\in V_\lambda$，故 V_λ 是 τ-子空间. ∎

对于 $f(x)\in P[x]$，σ 和 $f(\sigma)$ 可交换，因而 $f(\sigma)$ 的核、像、特征子空间都是 σ-子空间.

(2) 任何一个子空间 W 都是数乘变换 σ_k 的不变子空间.

(3) 设线性空间 V 的子空间 $W=L(\boldsymbol{\alpha}_1,\boldsymbol{\alpha}_2,\cdots,\boldsymbol{\alpha}_s)$，$\sigma$ 是 V 的线性变换，则 W 是 σ-子空间的充分必要条件是 $\sigma(\boldsymbol{\alpha}_i)\in W, i=1,2,\cdots,s$.

证 必要性是显然的，下证充分性.

$$\forall\boldsymbol{\alpha}\in W，设\ \boldsymbol{\alpha}=k_1\boldsymbol{\alpha}_1+k_2\boldsymbol{\alpha}_2+\cdots+k_s\boldsymbol{\alpha}_s，则$$

$$\sigma(\boldsymbol{\alpha})=k_1\sigma(\boldsymbol{\alpha}_1)+k_2\sigma(\boldsymbol{\alpha}_2)+\cdots+k_s\sigma(\boldsymbol{\alpha}_s)\in L(\boldsymbol{\alpha}_1,\boldsymbol{\alpha}_2,\cdots,\boldsymbol{\alpha}_s),$$

即 $\sigma(\boldsymbol{\alpha})\in W$，故 W 是 σ-子空间. ∎

(4) 设 $W=L(\boldsymbol{\alpha})$ 是线性空间 V 的一维子空间，σ 是 V 的线性变换，则 W 是 σ-子空间的充分必要条件是 W 中的非零向量都是同一特征值 λ 的特征向量.

证 必要性：设 $W=L(\boldsymbol{\alpha})$ 是一维 σ-子空间，则 $\boldsymbol{\alpha}\neq 0$，$\boldsymbol{\alpha}$ 是 W 的基，$\sigma(\boldsymbol{\alpha})\in W$. 设

$\sigma(\boldsymbol{\alpha})=\lambda\boldsymbol{\alpha}$，$\forall\boldsymbol{\beta}\in W$，设 $\boldsymbol{\beta}=k\boldsymbol{\alpha}$，于是

$$\sigma(\boldsymbol{\beta})=\sigma(k\boldsymbol{\alpha})=k\sigma(\boldsymbol{\alpha})=k(\lambda\boldsymbol{\alpha})=\lambda k\boldsymbol{\alpha}=\lambda\boldsymbol{\beta},$$

即 W 中非零向量都是同一特征值 λ 的特征向量.

充分性：$\forall\boldsymbol{\beta}\in W$，均有 $\sigma(\boldsymbol{\beta})=\lambda\boldsymbol{\beta}$，显然 $\sigma(\boldsymbol{\beta})\in W$. 故 W 是 σ-子空间. ▮

性质（4）说明了一维不变子空间与特征向量的关系，即 $L(\boldsymbol{\alpha})$ 是一维 σ-子空间的充分必要条件为 $\boldsymbol{\alpha}$ 是 σ 的一个特征向量. 这样求一维不变子空间与求特征向量就是一回事了.

下面讨论线性变换 σ 的不变子空间与化简 σ 的矩阵的关系.

定理 15 设 σ 是数域 P 上 n 维线性空间 V 的线性变换，σ 可以准对角化的充分必要条件是 σ 能表示成一些 σ 的非平凡不变子空间的直和.

证 充分性：设 V 是 σ-子空间 $W_1,W_2,\cdots,W_s$ 的直和，即

$$V=W_1\oplus W_2\oplus\cdots\oplus W_s,\ s\geqslant 2.$$

在 W_j 中取一组基 $\boldsymbol{\alpha}_{j1},\cdots,\boldsymbol{\alpha}_{jr_j}$，则

$$\boldsymbol{\alpha}_{11},\cdots,\boldsymbol{\alpha}_{1r_1},\cdots,\boldsymbol{\alpha}_{s1},\cdots,\boldsymbol{\alpha}_{sr_s} \tag{6-23}$$

是 V 的基，W_j 是 σ-子空间，可设 $\sigma|W_j$ 在 W_j 的基 $\boldsymbol{\alpha}_{j1},\cdots,\boldsymbol{\alpha}_{jr_j}$ 下的矩阵为 $\boldsymbol{A}_j$，则 σ 在式（6-23）基下的矩阵是

$$\begin{pmatrix}\boldsymbol{A}_1 & & & \\ & \boldsymbol{A}_2 & & \\ & & \ddots & \\ & & & \boldsymbol{A}_s\end{pmatrix}. \tag{6-24}$$

必要性：设 σ 在式(6-23）基下的矩阵是式(6-24)，其中 $\boldsymbol{A}_j$ 是 r_j 阶矩阵，$j=1,2,\cdots,s$ $(s\geqslant 2)$. 令 $W_j=L(\boldsymbol{\alpha}_{j1},\boldsymbol{\alpha}_{j2},\cdots,\boldsymbol{\alpha}_{jr_j}),j=1,2,\cdots,s$. 由于

$$\sigma(\boldsymbol{\alpha}_{j1},\boldsymbol{\alpha}_{j2},\cdots,\boldsymbol{\alpha}_{jr_j})=(\boldsymbol{\alpha}_{j1},\boldsymbol{\alpha}_{j2},\cdots,\boldsymbol{\alpha}_{jr_j})\boldsymbol{A}_j,$$

因此 $\sigma(\boldsymbol{\alpha}_{ji})\in W_j(i=1,2,\cdots,r_j)$. 由性质（3）知 W_j 是 σ-子空间，而 $\boldsymbol{\alpha}_{j1},\cdots,\boldsymbol{\alpha}_{jr_j}$ 是 W_j 的基，由 $W_1,W_2,\cdots,W_s$ 的基组合成 V 的基［式(6-23)］，故

$$V=W_1\oplus W_2\oplus\cdots\oplus W_s. \ ▮$$

由上述讨论，线性变换未必能准对角化. 我们再退一步，考虑能否“三角矩阵化”，即是否存在一组基，使线性变换的矩阵为上（下）分块三角矩阵.

定理 16 设 σ 是数域 P 上 n 维线性空间 V 的线性变换，则 σ 在某基下的矩阵形如

$$\begin{pmatrix} a_{11} & \cdots & a_{1r} & a_{1,r+1} & \cdots & a_{1n} \\ \vdots & & \vdots & \vdots & & \vdots \\ a_{r1} & \cdots & a_{rr} & a_{r,r+1} & \cdots & a_{rn} \\ 0 & \cdots & 0 & a_{r+1,r+1} & \cdots & a_{r+1,n} \\ \vdots & & \vdots & \vdots & & \vdots \\ 0 & \cdots & 0 & a_{n,r+1} & \cdots & a_{nn} \end{pmatrix}=\begin{pmatrix}\boldsymbol{A}_1 & \boldsymbol{A}_3 \\ \boldsymbol{O} & \boldsymbol{A}_2\end{pmatrix}$$

的分块上三角矩阵的充分必要条件是 σ 有非平凡不变子空间.

证 必要性：设 σ 在基

$$\boldsymbol{\alpha}_1,\cdots,\boldsymbol{\alpha}_r,\boldsymbol{\alpha}_{r+1},\cdots,\boldsymbol{\alpha}_n \tag{6-25}$$

下的矩阵为 $\boldsymbol{A}=\begin{pmatrix}\boldsymbol{A}_1 & \boldsymbol{A}_3 \\ \boldsymbol{O} & \boldsymbol{A}_2\end{pmatrix}=(a_{ij})_{n\times n}$，则

$$\begin{cases}\sigma(\boldsymbol{\alpha}_1)=a_{11}\boldsymbol{\alpha}_1+a_{21}\boldsymbol{\alpha}_2+\cdots+a_{r1}\boldsymbol{\alpha}_r\\ \sigma(\boldsymbol{\alpha}_2)=a_{12}\boldsymbol{\alpha}_1+a_{22}\boldsymbol{\alpha}_2+\cdots+a_{r2}\boldsymbol{\alpha}_r\\ \qquad\cdots\cdots\\ \sigma(\boldsymbol{\alpha}_r)=a_{1r}\boldsymbol{\alpha}_1+a_{2r}\boldsymbol{\alpha}_2+\cdots+a_{rr}\boldsymbol{\alpha}_r\end{cases}. \tag{6-26}$$

令 $W=L(\boldsymbol{\alpha}_1,\boldsymbol{\alpha}_2,\cdots,\boldsymbol{\alpha}_r)$，由式(6-26)，则 $\sigma(\boldsymbol{\alpha}_j)\in W,j=1,2,\cdots,r,0<r<n$. 由性质（3）知 W 是 σ 的非平凡不变子空间.

充分性：设 W 是 σ 的非平凡不变子空间，$\dim W=r,0<r<n$，且 $\boldsymbol{\alpha}_1,\boldsymbol{\alpha}_2,\cdots,\boldsymbol{\alpha}_r$ 是 W 的基，由 W 是 σ-子空间，可设式(6-26) 成立. 将 $\boldsymbol{\alpha}_1,\boldsymbol{\alpha}_2,\cdots,\boldsymbol{\alpha}_r$ 扩充成 V 的基［式(6-25)］，从而 σ 在基下的矩阵形如

$$\boldsymbol{A}=\begin{pmatrix}\boldsymbol{A}_1 & \boldsymbol{A}_3\\ \boldsymbol{O} & \boldsymbol{A}_2\end{pmatrix}.$$

从上述证明过程可见，$\boldsymbol{A}$ 的左上角的 r 阶矩阵 $\boldsymbol{A}_1$ 即是线性变换 $\sigma|W$ 在 W 的基 $\boldsymbol{\alpha}_1,\boldsymbol{\alpha}_2,\cdots,\boldsymbol{\alpha}_r$ 下的矩阵. ∎

【例 4】 设 V 是复数域 $\mathbf{C}$ 上的 n 维线性空间，σ 和 τ 是 V 的线性变换，并且 $\sigma\tau=\tau\sigma$. 证明：σ 和 τ 至少有一个公共的特征向量.

证　由于 σ 的特征多项式 $f_\sigma(\lambda)$ 是复数域上的 n 次多项式，且依据代数基本定理，至少有一个根 $\lambda\in\mathbf{C}$，σ 的特征子空间 V_λ 是 σ-子空间. 由于 $\sigma\tau=\tau\sigma$ 及性质（1），V_λ 也是 τ 子空间. 考虑线性变换 $\tau|V_\lambda$，由 $\dim V_\lambda>0$，$\tau|V_\lambda$ 在复数域上至少有一个特征根 μ，相应的特征向量 $\boldsymbol{\xi}\in V_\lambda$，于是

$$\tau(\boldsymbol{\xi})=\tau|V_\lambda(\boldsymbol{\xi})=\mu\boldsymbol{\xi},\sigma(\boldsymbol{\xi})=\lambda\boldsymbol{\xi}.$$

故 σ,τ 至少有一个公共的特征向量. ∎

习题 6-7

1. 设 P 是一个数域，σ 是 P^3 中的一个变换，$\forall(x_1,x_2,x_3)\in P^3$，有

$$\sigma(x_1,x_2,x_3)=(x_1+x_2+x_3,x_2+x_3,x_3),$$
$$W=\{(a_1,a_2,0)\mid a_1,a_2\in P\}.$$

证明：(1) σ 是 P^3 的一个线性变换；(2) W 是 σ 的不变子空间.

2. 在 P^4 中，线性变换在基 $\boldsymbol{\alpha}_1,\boldsymbol{\alpha}_2,\boldsymbol{\alpha}_3,\boldsymbol{\alpha}_4$ 下的矩阵

$$\boldsymbol{A}=\begin{pmatrix}1&0&2&-1\\0&1&4&-2\\2&-1&0&1\\2&-1&-1&2\end{pmatrix},$$

$W=L(\boldsymbol{\alpha}_1+2\boldsymbol{\alpha}_2,\boldsymbol{\alpha}_2+\boldsymbol{\alpha}_3+2\boldsymbol{\alpha}_4)$. 证明：$W$ 是 σ 的不变子空间.

3. 设 W 是线性空间 V 的两个线性变换 σ 与 τ 的不变子空间. 证明：W 也是 $\sigma+\tau$，$\sigma\tau$ 的不变子空间.

4. 设 σ 是线性空间 V 的线性变换，已知 W 是 σ 的一维不变子空间，$\boldsymbol{\alpha}$ 是 W 中任一非零向量. 证明：$\sigma(\boldsymbol{\alpha})=\lambda\boldsymbol{\alpha}$.

5. 设 σ 是 n 维线性空间 V 的线性变换，W 是 σ 的不变子空间. 证明：如果 σ 可逆，则 W 也是 σ^{-1} 的不变子空间.

6. 设 σ 是数域 P 上 n 维线性空间 V 的一个线性变换，并且满足：$\sigma^2=\sigma$. 证明：

(1) $\sigma^{-1}(\mathbf{0})=\{\boldsymbol{\alpha}-\sigma(\boldsymbol{\alpha})\mid\boldsymbol{\alpha}\in V\}$；

(2) $V=\sigma^{-1}(\mathbf{0})\oplus\sigma(V)$.

7. 设 $\sigma \in L(\mathbf{R}^2)$，且 σ 在基 $\boldsymbol{\alpha}_1, \boldsymbol{\alpha}_2$ 下的矩阵

$$\boldsymbol{A}=\begin{pmatrix}-1 & 2\\ 3 & -6\end{pmatrix},$$

求 σ 的所有不变子空间.

第八节 若尔当（Jordan）标准形介绍

同一个线性变换在不同基下的矩阵是相似的，我们期望通过基的变换使它的矩阵化为简单的形状. 我们知道，对角矩阵具有简单的形状，但并不是每个线性变换都有一组基使它在这组基下的矩阵为对角形. 现在提出问题：一般线性变换通过选择基能将它的矩阵变为什么样的简单形状的矩阵？我们将这种矩阵称为线性变换下矩阵的标准形. 这个问题也等价于：任一方阵经过相似变换能变成什么样的标准形？

对于 n 维线性空间 V 的基域 P 是复数域的情形，德国数学家若尔当（Jordan）给出了这个问题的一种解答.

定义 1 形如

$$\boldsymbol{J}(\lambda_0,t)=\begin{pmatrix}\lambda_0 & 0 & \cdots & 0 & 0 & 0\\ 1 & \lambda_0 & \cdots & 0 & 0 & 0\\ \vdots & \vdots & & \vdots & \vdots & \vdots\\ 0 & 0 & \cdots & 1 & \lambda_0 & 0\\ 0 & 0 & \cdots & 0 & 1 & \lambda_0\end{pmatrix}_{t\times t}$$

的矩阵称为若尔当块，其中 λ_0 是复数. 由若干个若尔当块组成的准对角矩阵

$$\boldsymbol{A}=\begin{pmatrix}\boldsymbol{J}(\lambda_1,t_1) & & & \\ & \boldsymbol{J}(\lambda_2,t_2) & & \\ & & \ddots & \\ & & & \boldsymbol{J}(\lambda_s,t_s)\end{pmatrix}$$

称为若尔当形矩阵，其中 $\lambda_1,\lambda_2,\cdots,\lambda_s$ 为复数.

例如

$$\boldsymbol{J}(1,3)=\begin{pmatrix}1 & 0 & 0\\ 1 & 1 & 0\\ 0 & 1 & 1\end{pmatrix},\quad \begin{pmatrix}\boldsymbol{J}(1,3) & \\ & \boldsymbol{J}(4,2)\end{pmatrix}=\begin{pmatrix}1 & 0 & 0 & 0 & 0\\ 1 & 1 & 0 & 0 & 0\\ 0 & 1 & 1 & 0 & 0\\ 0 & 0 & 0 & 4 & 0\\ 0 & 0 & 0 & 1 & 4\end{pmatrix},$$

都是若尔当形矩阵.

关于若尔当形矩阵的主要结果是：

（1）设 σ 是复数域上 n 维线性空间 V 的一个线性变换. 在 V 中一定可以找到一组基，使 σ 在这组基下的矩阵是若尔当形矩阵，并且这个若尔当形矩阵除了对角块的排列次序外是被 σ 唯一决定的，它称为 σ 的若尔当标准形.

用矩阵的语言来说就是：

（2）每个 n 阶的复数矩阵 $\boldsymbol{A}$ 都与一个若尔当形矩阵相似．并且这个若尔当形矩阵除了对角块的排列次序外，是被 $\boldsymbol{A}$ 唯一决定的，它称为 $\boldsymbol{A}$ 的若尔当标准形．

因为若尔当形矩阵是下三角矩阵，所以不难算出，在一个线性变换的若尔当标准形中，其主对角线上的元素正是这个线性变换的全部特征值（重根按重数计算）．

下面介绍这一理论的大意．我们的中心目标是先找出两个 n 阶复数矩阵相似的充分必要条件．

定义 2 设 $\boldsymbol{A}=(a_{ij})\in\mathbf{C}^{n\times n}$，$\lambda$ 是一个文字，矩阵

$$\lambda\boldsymbol{E}-\boldsymbol{A}=\begin{pmatrix}\lambda-a_{11} & -a_{12} & \cdots & -a_{1n}\\ -a_{21} & \lambda-a_{22} & \cdots & -a_{2n}\\ \vdots & \vdots & & \vdots\\ -a_{n1} & -a_{n2} & \cdots & \lambda-a_{nn}\end{pmatrix}$$

称为 $\boldsymbol{A}$ 的特征矩阵．

特征矩阵已不是数域上的矩阵，而是多项式环 $C[\lambda]$ 上的矩阵，它的元素都取自多项式环 $C[\lambda]$．

多项式环 $C[\lambda]$ 上矩阵有时也称为 λ-矩阵，并且用符号 $\boldsymbol{A}(\lambda),\boldsymbol{B}(\lambda)\cdots$ 来表示．$\boldsymbol{A}$ 的特征矩阵 $\lambda\boldsymbol{E}-\boldsymbol{A}$ 显然是一种 λ-矩阵．对于 λ-矩阵我们也可以引入初等变换的概念．

定义 3 对 λ-矩阵所施行的以下三种变换称为 λ-矩阵的初等变换：

（1）用任意非零数乘矩阵的任一行或任一列；

（2）把任一行的 $\varphi(\lambda)$ 倍加到另一行上去，或者把任一列的 $\varphi(\lambda)$ 倍加到另一列上去，其中 $\varphi(\lambda)$ 是 $C[\lambda]$ 中的任一多项式；

（3）交换任意两行或两列的位置．

若 $\boldsymbol{A}(\lambda)$ 经初等变换化成了 $\boldsymbol{B}(\lambda)$，则记

$$\boldsymbol{A}(\lambda)\rightarrow\boldsymbol{B}(\lambda).$$

同数字矩阵的情形一样，若 λ-矩阵 $\boldsymbol{A}(\lambda)$ 可经初等变换化成 $\boldsymbol{B}(\lambda)$，则 $\boldsymbol{B}(\lambda)$ 也可经初等变换化成 $\boldsymbol{A}(\lambda)$．

定义 4 设 $\boldsymbol{A}(\lambda)$ 和 $\boldsymbol{B}(\lambda)$ 是两个 $m\times n$ 的 λ-矩阵，若 $\boldsymbol{A}(\lambda)$ 可经初等变换化成 $\boldsymbol{B}(\lambda)$，则称 $\boldsymbol{A}(\lambda)$ 与 $\boldsymbol{B}(\lambda)$ 等价．

等价是 λ-矩阵之间的一种关系，这个关系显然具有下列三个性质：

（1）自反性：每一个 λ-矩阵与自己等价；

（2）对称性：若 $\boldsymbol{A}(\lambda)$ 与 $\boldsymbol{B}(\lambda)$ 等价，则 $\boldsymbol{B}(\lambda)$ 与 $\boldsymbol{A}(\lambda)$ 等价；

（3）传递性：若 $\boldsymbol{A}(\lambda)$ 与 $\boldsymbol{B}(\lambda)$ 等价，$\boldsymbol{B}(\lambda)$ 与 $\boldsymbol{C}(\lambda)$ 等价，则 $\boldsymbol{A}(\lambda)$ 与 $\boldsymbol{C}(\lambda)$ 等价．

关于特征矩阵我们有如下定理．

定理 17 设 $\boldsymbol{A}\in\mathbf{C}^{n\times n}$．$\boldsymbol{A}$ 的特征矩阵 $\lambda\boldsymbol{E}-\boldsymbol{A}$ 一定可以经过有限次的初等变换化成对角矩阵

$$\begin{pmatrix}d_1(\lambda) & & & \\ & d_2(\lambda) & & \\ & & \ddots & \\ & & & d_n(\lambda)\end{pmatrix}. \tag{6-27}$$

其中：（1）每个 $d_i(\lambda)(i=1,2,\cdots,n)$ 都是首项系数为 1 的多项式；

(2) $d_i(\lambda) \mid d_{i+1}(\lambda), i=1,2,\cdots,n-1$.

对角矩阵［式(6-27)］称为特征矩阵 $\lambda\boldsymbol{E}-\boldsymbol{A}$ 的等价标准形.

【例 1】 有

$$\boldsymbol{A}=\begin{pmatrix}-1 & -2 & 6\\ -1 & 0 & 3\\ -1 & -1 & 4\end{pmatrix},\ \lambda\boldsymbol{E}-\boldsymbol{A}=\begin{pmatrix}\lambda+1 & 2 & -6\\ 1 & \lambda & -3\\ 1 & 1 & \lambda-4\end{pmatrix}.$$

为了求出 $\lambda\boldsymbol{E}-\boldsymbol{A}$ 的等价标准形，我们可以这样做：先通过初等变换降低(1,1)元的次数，直到此元能够整除其余所有元为止．为此互换一、二行得

$$\boldsymbol{A}_1(\lambda)=\begin{pmatrix}1 & \lambda & -3\\ \lambda+1 & 2 & -6\\ 1 & 1 & \lambda-4\end{pmatrix}.$$

$\boldsymbol{A}_1(\lambda)$的(1,1)元是 1，1 显然已整除其余所有元．把第一列 $-\lambda$ 倍加到第二列、3 倍加到第三列得

$$\boldsymbol{A}_2(\lambda)=\begin{pmatrix}1 & 0 & 0\\ \lambda+1 & -\lambda^2-\lambda+2 & 3\lambda-3\\ 1 & -\lambda+1 & \lambda-1\end{pmatrix}.$$

再把第一行的适当倍数加到其余各行得

$$\boldsymbol{A}_3(\lambda)=\begin{pmatrix}1 & 0 & 0\\ 0 & -\lambda^2-\lambda+2 & 3\lambda-3\\ 0 & -\lambda+1 & \lambda-1\end{pmatrix}.$$

对 $\boldsymbol{A}_3(\lambda)$再续行上法：通过初等变换降低(2,2)元的次数，直到此元能够整除右下角二阶块中的所有其余元为止．为此，互换二、三行得

$$\boldsymbol{A}_4(\lambda)=\begin{pmatrix}1 & 0 & 0\\ 0 & -\lambda+1 & \lambda-1\\ 0 & -\lambda^2-\lambda+2 & 3\lambda-3\end{pmatrix}.$$

此时(2,2)元是 $-\lambda+1$，它已能整除右下角二阶块中的所有元．为符合定理 17 要求 (1)，用 -1 乘第二列得

$$\boldsymbol{A}_5(\lambda)=\begin{pmatrix}1 & 0 & 0\\ 0 & \lambda-1 & \lambda-1\\ 0 & \lambda^2+\lambda-2 & 3\lambda-3\end{pmatrix}.$$

将第二行的 $-\lambda-2$ 倍加到第三行得

$$\boldsymbol{A}_6(\lambda)=\begin{pmatrix}1 & 0 & 0\\ 0 & \lambda-1 & \lambda-1\\ 0 & 0 & (\lambda-1)^2\end{pmatrix}.$$

再把第二列的 -1 倍加到第三列，最后得到

$$\boldsymbol{A}_7(\lambda)=\begin{pmatrix}1 & 0 & 0\\ 0 & \lambda-1 & 0\\ 0 & 0 & (\lambda-1)^2\end{pmatrix}.$$

这就是特征矩阵 $\lambda\boldsymbol{E}-\boldsymbol{A}$ 的等价标准形.

把上述过程连接起来即有

$$\lambda E-A=\begin{pmatrix}\lambda+1&2&-6\\1&\lambda&-3\\1&1&\lambda-4\end{pmatrix}\to\begin{pmatrix}1&\lambda&-3\\\lambda+1&2&-6\\1&1&\lambda-4\end{pmatrix}$$

$$\to\begin{pmatrix}1&0&0\\\lambda+1&-\lambda^2-\lambda+2&3\lambda-3\\1&-\lambda+1&\lambda-1\end{pmatrix}\to\begin{pmatrix}1&0&0\\0&-\lambda^2-\lambda+2&3\lambda-3\\0&-\lambda+1&\lambda-1\end{pmatrix}$$

$$\to\begin{pmatrix}1&0&0\\0&-\lambda+1&\lambda-1\\0&-\lambda^2-\lambda+2&3\lambda-3\end{pmatrix}\to\begin{pmatrix}1&0&0\\0&\lambda-1&\lambda-1\\0&\lambda^2+\lambda-2&3\lambda-3\end{pmatrix}$$

$$\to\begin{pmatrix}1&0&0\\0&\lambda-1&\lambda-1\\0&0&(\lambda-1)^2\end{pmatrix}\to\begin{pmatrix}1&0&0\\0&\lambda-1&0\\0&0&(\lambda-1)^2\end{pmatrix}.$$

定义 5 对于 n 阶矩阵 A，如果其特征矩阵 $\lambda E-A$ 的等价标准形如式(6-27)，则式(6-27) 中的主对角元

$$d_1(\lambda),d_2(\lambda),\cdots,d_n(\lambda)$$

称为 $\lambda E-A$ 或 A 的不变因式.

现在我们再来介绍不变因式的另一种求法.

定义 6 设 $A(\lambda)$是一个 $m\times n$ 的λ-矩阵，在 $A(\lambda)$中任取 k 行、k 列，位于这些行、列交点处的元素，按原来的排法所作成的行列式称为 $A(\lambda)$的一个 k 阶子式. 这样的 k 阶子式显然是一个 λ 的多项式. $A(\lambda)$中所有 k 阶子式的首项系数为 1 的最大公因式称为 $A(\lambda)$的 k 阶行列式因子，记作 $D_k(\lambda)$.

定理 18 设 A 是一个 n 阶复数矩阵. 特征矩阵 $\lambda E-A$ 的各阶行列式因子 $D_1(\lambda)$，$D_2(\lambda)$，$\cdots$，$D_n(\lambda)$在初等变换下不变.

证明从略.

根据这一定理，若 $\lambda E-A$ 经初等变换化成了标准形

$$\begin{pmatrix}d_1(\lambda)&&&\\&d_2(\lambda)&&\\&&\ddots&\\&&&d_n(\lambda)\end{pmatrix},$$

则 $\lambda E-A$ 的各阶行列式因子为

$$D_1(\lambda)=d_1(\lambda),D_2(\lambda)=d_1(\lambda)d_2(\lambda),\cdots,D_n(\lambda)=d_1(\lambda)d_2(\lambda)\cdots d_n(\lambda).$$

由此可得

$$d_1(\lambda)=D_1(\lambda),d_2(\lambda)=\frac{D_2(\lambda)}{D_1(\lambda)},\cdots,d_n(\lambda)=\frac{D_n(\lambda)}{D_{n-1}(\lambda)}.\tag{6-28}$$

公式(6-28) 给出了求不变因式的又一种方法. 利用这种方法求不变因式，在有些情况下比化标准形要容易一些.

【例 2】 设

$$A=\begin{pmatrix}2&0&0\\1&2&0\\0&1&2\end{pmatrix},$$

$$\lambda \boldsymbol{E}-\boldsymbol{A}=\begin{pmatrix}\lambda-2 & 0 & 0\\ -1 & \lambda-2 & 0\\ 0 & -1 & \lambda-2\end{pmatrix}.$$

由定义 $D_3(\lambda)=(\lambda-2)^3$，因为在 $\lambda \boldsymbol{E}-\boldsymbol{A}$ 中有二阶子式

$$\begin{vmatrix}-1 & \lambda-2\\ 0 & -1\end{vmatrix}=1,$$

所以 $D_2(\lambda)=1$；另外显然 $D_1(\lambda)=1$. 由此利用公式(6-28) 求得 $\boldsymbol{A}$ 的不变因式为

$$d_1(\lambda)=1, d_2(\lambda)=\frac{D_2(\lambda)}{D_1(\lambda)}=1, d_3(\lambda)=\frac{D_3(\lambda)}{D_2(\lambda)}=(\lambda-2)^3.$$

由定理 18，我们还看出：

(1) $|\lambda \boldsymbol{E}-\boldsymbol{A}|=D_n(\lambda)=d_1(\lambda)d_2(\lambda)\cdots d_n(\lambda)$，亦即 $\boldsymbol{A}$ 的不变因式之积恰是 $\boldsymbol{A}$ 的特征多项式；

(2) $\lambda \boldsymbol{E}-\boldsymbol{A}$ 的等价标准形是唯一的；

(3) $\lambda \boldsymbol{E}-\boldsymbol{A}$ 与 $\lambda \boldsymbol{E}-\boldsymbol{B}$ 等价的充分必要条件是它们有相同的不变因式，或者它们有相同的行列式因子.

在 $\lambda \boldsymbol{E}-\boldsymbol{A}$ 的标准形［式(6-27)］中，若有某些 $d_i(\lambda)$ 是零次多项式，则由定理 17 的 (1)，这些零次多项式必为 1，再由 (2)，这些 1 必都位于左上角. 因此，如果式(6-27) 的主对角元有些是零次多项式，则式(6-27) 的一般形式是

$$\begin{pmatrix}1 & & & & & \\ & \ddots & & & & \\ & & 1 & & & \\ & & & d_{r+1}(\lambda) & & \\ & & & & \ddots & \\ & & & & & d_n(\lambda)\end{pmatrix}.$$

定义 7 把矩阵 $\boldsymbol{A}$ 的每个次数$\geqslant 1$ 的不变因式分解成互不相同的一次因式方幂的乘积，所有这些一次因式的方幂（相同的按出现的次数重复计算）称为 $\boldsymbol{A}$ 的初等因子.

例如，设 12 阶矩阵的不变因式是

$$d_1(\lambda)=\cdots=d_9(\lambda)=1, d_{10}(\lambda)=(\lambda-1)^2,$$
$$d_{11}(\lambda)=(\lambda-1)^2(\lambda+1), d_{12}(\lambda)=(\lambda-1)^2(\lambda+1)(\lambda^2+1)^2.$$

则按定义，它的初等因子是

$$(\lambda-1)^2,(\lambda-1)^2,(\lambda+1),(\lambda-1)^2,(\lambda+1),(\lambda-i)^2,(\lambda+i)^2. \tag{6-29}$$

由于 $\boldsymbol{A}$ 的不变因式之积等于 $\boldsymbol{A}$ 的特征多项式，所以 $\boldsymbol{A}$ 的初等因子之积也等于 $\boldsymbol{A}$ 的特征多项式.

不变因式和初等因子可以相互唯一决定. 以上述的 12 阶矩阵为例，由不变因式显然可以求出初等因子；反之，若 12 阶矩阵的初等因子为式(6-29)，则我们可以用下法求出这个矩阵的不变因式：

对于相同的一次式，按照方幂的不增性写出属于这个一次式的所有初等因子：

$$\begin{cases}(\lambda-1)^2\\ (\lambda+1)\\ (\lambda+i)^2\\ (\lambda-i)^2\end{cases},\quad \begin{cases}(\lambda-1)^2\\ (\lambda+1)\end{cases},\quad \{(\lambda-1)^2.$$

由于不变因式适合定理 17 的 (2)，所以很明显，所给矩阵的不变因式为

$$d_{12}(\lambda)=(\lambda-1)^2(\lambda+1)(\lambda+i)^2(\lambda-i)^2,$$

$$d_{11}(\lambda)=(\lambda-1)^2(\lambda+1),$$

$$d_{10}(\lambda)=(\lambda-1)^2,$$

$$d_9(\lambda)=\cdots=d_1(\lambda)=1.$$

关于初等因子我们还有以下的重要定理.

定理 19 设 $\boldsymbol{A}\in\mathbf{C}^{n\times n}$，并且 $\boldsymbol{A}$ 是准对角矩阵

$$\boldsymbol{A}=\begin{pmatrix}\boldsymbol{A}_1 & & & \\ & \boldsymbol{A}_2 & & \\ & & \ddots & \\ & & & \boldsymbol{A}_s\end{pmatrix},$$

则 $\boldsymbol{A}$ 的各对角块的初等因子的全体就是 $\boldsymbol{A}$ 的全部初等因子.

证明略.

【例 3】 设

$$\boldsymbol{A}=\begin{pmatrix}2 & 0 & 0 & 0\\ 0 & -1 & -2 & 6\\ 0 & -1 & 0 & 3\\ 0 & -1 & -1 & 4\end{pmatrix}=\begin{pmatrix}\boldsymbol{A}_1 & \\ & \boldsymbol{A}_2\end{pmatrix},$$

$\boldsymbol{A}_1$ 是一阶矩阵，其初等因子显然为 $\lambda-2$.

$$\boldsymbol{A}_2=\begin{pmatrix}-1 & -2 & 6\\ -1 & 0 & 3\\ -1 & -1 & 4\end{pmatrix},$$

由前面的例 1 知，$\boldsymbol{A}_2$ 的不变因式为

$$1,\lambda-1,(\lambda-1)^2,$$

所以 $\boldsymbol{A}_2$ 的初等因子为 $(\lambda-1),(\lambda-1)^2$. 因此 $\boldsymbol{A}$ 的初等因子为 $(\lambda-2),(\lambda-1),(\lambda-1)^2$.

【例 4】 设

$$\boldsymbol{B}=\begin{pmatrix}1 & & & \\ & 2 & & \\ & & -1 & \\ & & & 3\end{pmatrix},$$

则

$$\lambda\boldsymbol{E}-\boldsymbol{B}=\begin{pmatrix}\lambda-1 & & & \\ & \lambda-2 & & \\ & & \lambda+1 & \\ & & & \lambda-3\end{pmatrix}.$$

于是 $\boldsymbol{B}$ 的初等因子为 $\lambda-1,\lambda-2,\lambda+1,\lambda-3$.

若尔当标准形理论的关键定理如下.

定理 20 设 $\boldsymbol{A},\boldsymbol{B}\in\mathbf{C}^{n\times n}$，$\boldsymbol{A}$ 与 $\boldsymbol{B}$ 相似的充分必要条件是 $\boldsymbol{A}$ 的特征矩阵与 $\boldsymbol{B}$ 的特征矩阵等价.

证明略.

由此定理可得如下推论.

推论 1 $\boldsymbol{A}$ 与 $\boldsymbol{B}$ 相似当且仅当 $\boldsymbol{A}$ 与 $\boldsymbol{B}$ 有相同的不变因式.

推论 2 $\boldsymbol{A}$ 与 $\boldsymbol{B}$ 相似当且仅当 $\boldsymbol{A}$ 与 $\boldsymbol{B}$ 有相同的初等因子.

利用以上理论，很容易给出若尔当标准形的理论证明. 假设 $\boldsymbol{A}$ 是一个 5 阶矩阵，它的初等因子是$(\lambda-2)^3,(\lambda+1)^2$. 试问什么样的简单矩阵其初等因子也是$(\lambda-2)^3,(\lambda+1)^2$？这样的简单矩阵首先为若尔当所给出.

由前面的例 2 知，若尔当块

$$\boldsymbol{J}_1=\begin{pmatrix}2&0&0\\1&2&0\\0&1&2\end{pmatrix}$$

的初等因子是$(\lambda-2)^3$；同理可知，若尔当块

$$\boldsymbol{J}_2=\begin{pmatrix}-1&0\\1&-1\end{pmatrix}$$

的初等因子是$(\lambda+1)^2$. 于是由定理 19，若尔当矩阵

$$\boldsymbol{J}=\begin{pmatrix}\boldsymbol{J}_1&\\&\boldsymbol{J}_2\end{pmatrix}=\begin{pmatrix}2&0&0&&\\1&2&0&&\\0&1&2&&\\&&&-1&0\\&&&1&-1\end{pmatrix}$$

的初等因子是$(\lambda-2)^3,(\lambda+1)^2$. 既然 $\boldsymbol{A}$ 与 $\boldsymbol{J}$ 有相同的初等因子，由定理 20 的推论 2，$\boldsymbol{A}$ 与 $\boldsymbol{J}$ 相似.

由此不难体会本节开始所提出的主要结果（2）成立，从而结果（1）也成立.

【例 5】 设

$$\boldsymbol{A}=\begin{pmatrix}-1&-2&6\\-1&0&3\\-1&-1&4\end{pmatrix},$$

试求出 $\boldsymbol{A}$ 的若尔当标准形.

解 已知（见例 1）$\boldsymbol{A}$ 的不变因式是

$$1,\lambda-1,(\lambda-1)^2,$$

所以 $\boldsymbol{A}$ 的初等因子是$\lambda-1,(\lambda-1)^2$. 具有初等因子$(\lambda-1)$的若尔当块是一阶矩阵(1)，具有初等因子$(\lambda-1)^2$ 的若尔当块是$\begin{pmatrix}1&0\\1&1\end{pmatrix}$，所以 $\boldsymbol{A}$ 的若尔当标准形是

$$\begin{pmatrix}1&0&0\\0&1&0\\0&1&1\end{pmatrix}.$$

习题 6-8

1. 化下列 λ-矩阵成标准形：

(1) $\begin{pmatrix}\lambda^3-\lambda&2\lambda^2\\\lambda^2+5\lambda&3\lambda\end{pmatrix}$；　　(2) $\begin{pmatrix}1-\lambda&\lambda^2&\lambda\\\lambda&\lambda&-\lambda\\1+\lambda^2&\lambda^2&-\lambda^2\end{pmatrix}$；

(3) $\begin{bmatrix} 0 & 0 & 0 & \lambda^2 \\ 0 & 0 & \lambda^2-\lambda & 0 \\ 0 & (\lambda-1)^2 & 0 & 0 \\ \lambda^2-\lambda & 0 & 0 & 0 \end{bmatrix}$；　(4) $\begin{bmatrix} 2\lambda & 3 & 0 & 1 & \lambda \\ 4\lambda & 3\lambda+6 & 0 & \lambda+2 & 2\lambda \\ 0 & 6\lambda & \lambda & 2\lambda & 0 \\ \lambda-1 & 0 & \lambda-1 & 0 & 0 \\ 3\lambda-3 & 1-\lambda & 2\lambda-2 & 0 & 0 \end{bmatrix}$.

2. 求下列 λ-矩阵的不变因式：

(1) $\begin{pmatrix} \lambda-2 & -1 & 0 \\ 0 & \lambda-2 & -1 \\ 0 & 0 & \lambda-2 \end{pmatrix}$；　(2) $\begin{pmatrix} \lambda & -1 & 0 & 0 \\ 0 & \lambda & -1 & 0 \\ 0 & 0 & \lambda & -1 \\ 5 & 4 & 3 & \lambda+2 \end{pmatrix}$；

(3) $\begin{pmatrix} 0 & 0 & 1 & \lambda+2 \\ 0 & 1 & \lambda+2 & 0 \\ 1 & \lambda+2 & 0 & 0 \\ \lambda+2 & 0 & 0 & 0 \end{pmatrix}$；　(4) $\begin{pmatrix} \lambda+\alpha & \beta & 1 & 0 \\ -\beta & \lambda+\alpha & 0 & 1 \\ 0 & 0 & \lambda+\alpha & \beta \\ 0 & 0 & -\beta & \lambda+\alpha \end{pmatrix}$.

3. 设 $\boldsymbol{A}$ 是数域 P 上一个 $n\times n$ 矩阵，证明：$\boldsymbol{A}$ 与 $\boldsymbol{A}^{\mathrm{T}}$ 相似.

4. 求下列复矩阵的若尔当标准形：

(1) $\begin{pmatrix} 1 & 2 & 0 \\ 0 & 2 & 0 \\ -2 & -2 & -1 \end{pmatrix}$；　(2) $\begin{pmatrix} 3 & 7 & -3 \\ -2 & -5 & 2 \\ -4 & -10 & 3 \end{pmatrix}$；

(3) $\begin{pmatrix} 8 & 30 & -14 \\ -6 & -19 & 9 \\ -6 & -23 & 11 \end{pmatrix}$；　(4) $\begin{pmatrix} 3 & 1 & 0 & 0 \\ -4 & -1 & 0 & 0 \\ 7 & 1 & 2 & 1 \\ -7 & -6 & -1 & 0 \end{pmatrix}$；

(5) $\begin{pmatrix} 1 & -3 & 0 & 3 \\ -2 & 6 & 0 & 13 \\ 0 & -3 & 1 & 3 \\ -1 & 2 & 0 & 8 \end{pmatrix}$；　(6) $\begin{bmatrix} 0 & 1 & 0 & \cdots & 0 & 0 \\ 0 & 0 & 1 & \cdots & 0 & 0 \\ \vdots & \vdots & \vdots & & \vdots & \vdots \\ 0 & 0 & 0 & \cdots & 0 & 1 \\ 1 & 0 & 0 & \cdots & 0 & 0 \end{bmatrix}$.

习题 6

1. 设 V 是数域 P 上的 n 维线性空间. 证明：由 V 的全体线性变换组成的线性空间是 n^2 维的.

2. 设 σ_1,σ_2 是线性空间 V 的两个线性变换，如果存在可逆线性变换 τ，使 $\sigma_2=\tau^{-1}\sigma_1\tau$，则称 σ_1 与 σ_2 相似，记作 $\sigma_1\sim\sigma_2$.

(1) 证明：线性变换的相似关系具有反身、对称、传递性；

(2) 若 V 是有限维线性空间，且 σ_1,σ_2 在某基下的矩阵分别为 $\boldsymbol{A}_1,\boldsymbol{A}_2$，证明：$\sigma_1$ 与 σ_2 相似当且仅当 $\boldsymbol{A}_1$ 与 $\boldsymbol{A}_2$ 相似.

3. 设 σ 是数域 P 上 n 维线性空间 V 的一个线性变换. 证明：

(1) 在 $P[x]$ 中有一次数 $\leqslant n^2$ 的多项式 $f(x)$，使 $f(\sigma)=0$；

(2) 如果 $f(\sigma)=0$，$g(\sigma)=0$，则 $d(\sigma)=0$，这里 $d(x)$ 是 $f(x)$ 与 $g(x)$ 的最大公因式；

(3) σ 可逆的充要条件是有一常数项不为零的多项式 $f(x)$ 使 $f(\sigma)=0$.

4. 设 $\sigma_1,\sigma_2,\cdots,\sigma_s$ 是线性空间 V 的 s 个两两不同的线性变换，证明：V 中必存在向量 $\boldsymbol{\alpha}$，使 $\sigma_1(\boldsymbol{\alpha})$，$\sigma_2(\boldsymbol{\alpha}),\cdots,\sigma_s(\boldsymbol{\alpha})$ 也两两不同.

5. 设 σ,τ 是 n 维线性空间 V 的线性变换. 证明：

(1) $\dim\sigma\tau(V)\geqslant\dim\sigma(V)+\dim\tau(V)-n$；

(2) $\dim(\sigma\tau)^{-1}(\mathbf{0})\leqslant\dim\sigma^{-1}(\mathbf{0})+\dim\tau^{-1}(\mathbf{0})$.

6. 设 σ 是有限维线性空间 V 的线性变换，W 是 V 的子空间. $\sigma(W)$ 表示由 W 中向量的像组成的子空间. 证明：$\dim\sigma(W)+\dim(\sigma^{-1}(\mathbf{0})\cap W)=\dim W$.

7. 设 σ,τ 为数域 P 上 n 维线性空间 V 的线性变换，并且 $\sigma+\tau=I,\sigma\tau=0$. 证明：

(1) $V=\tau(V)\oplus\sigma(V)$；

(2) $\tau(V)=\sigma^{-1}(\mathbf{0})$.

8. 设 $\boldsymbol{A}$ 是一个 n 阶下三角矩阵. 证明：

(1) 如果 $a_{ii}\neq a_{jj},i\neq j,i,j=1,2,\cdots,n$，那么 $\boldsymbol{A}$ 相似于一个对角矩阵；

(2) 如果 $a_{11}=a_{22}=\cdots=a_{nn}$，而至少有 $a_{i_0j_0}\neq0(i_0>j_0)$，那么 $\boldsymbol{A}$ 不与对角矩阵相似.

9. 证明：对任一 $n\times n$ 复矩阵 $\boldsymbol{A}$，存在可逆矩阵 $\boldsymbol{T}$，使 $\boldsymbol{T}^{-1}\boldsymbol{AT}$ 是三角矩阵.

10. V 是复数域 $\mathbf{C}$ 上的 n 维线性空间，$\sigma\in L(V)$. 证明：σ 可以对角化的充要条件是对 σ 的任一不变子空间 W，存在 σ-子空间 W' 使 $V=W\oplus W'$.

11. 设 σ 是数域 P 上 n 维线性空间 V 的线性变换. 证明：

(1) 若 W 是 V 的非平凡不变子空间，则 $\sigma|W$ 的特征多项式 $f_{\sigma|W}(\lambda)\mid f_\sigma(\lambda)$；

(2) 若 σ 有 n 个互异的特征值，则 V 有 2^n 个 σ-子空间.

12. 设

$$\boldsymbol{A}=\begin{pmatrix}1&0&0\\1&0&1\\0&1&0\end{pmatrix}.$$

证明：当 $n\geqslant3$ 时，$\boldsymbol{A}^n=\boldsymbol{A}^{n-2}+\boldsymbol{A}^2-\boldsymbol{E}$，由此求 $\boldsymbol{A}^{100}$.

第七章

欧几里得空间

第一节　定义与基本性质

我们知道，线性空间的概念是通常几何空间从向量的加法与数量乘法运算上的推广和抽象．但作为线性空间具体模型的几何空间中，用内积描述的向量的长度、夹角等度量性质在线性空间中没有得到体现．本章我们将在实数域上的线性空间中引入内积的概念，并讨论这样的线性空间向量的度量性质，以及在内积条件下线性空间的基和线性变换等问题．

在解析几何中，定义两个非零向量 $\boldsymbol{\alpha},\boldsymbol{\beta}$ 的内积是实数

$$\boldsymbol{\alpha}\cdot\boldsymbol{\beta}=|\boldsymbol{\alpha}||\boldsymbol{\beta}|\cos\theta.$$

其中 $|\boldsymbol{\alpha}|,|\boldsymbol{\beta}|$ 分别表示向量 $\boldsymbol{\alpha},\boldsymbol{\beta}$ 的长度，θ 表示 $\boldsymbol{\alpha}$ 与 $\boldsymbol{\beta}$ 的夹角．当 $\boldsymbol{\alpha},\boldsymbol{\beta}$ 中有一个是零向量时就定义 $\boldsymbol{\alpha}\cdot\boldsymbol{\beta}=0$．有了内积的概念之后，任意一个向量 $\boldsymbol{\alpha}$ 的长度和两个非零向量 $\boldsymbol{\alpha}$ 与 $\boldsymbol{\beta}$ 的夹角 θ 都可以反过来由内积表示，即

$$|\boldsymbol{\alpha}|=\sqrt{\boldsymbol{\alpha}\cdot\boldsymbol{\alpha}},\quad \cos\theta=\frac{\boldsymbol{\alpha}\cdot\boldsymbol{\beta}}{|\boldsymbol{\alpha}||\boldsymbol{\beta}|}.$$

由于几何空间中的内积是用向量的长度及夹角来表示的，因此，我们不能将几何空间的内积进行形式上的推广．在解析几何中，内积具有下列性质：

$$\boldsymbol{\alpha}\cdot\boldsymbol{\beta}=\boldsymbol{\beta}\cdot\boldsymbol{\alpha},$$
$$(k\boldsymbol{\alpha})\cdot\boldsymbol{\beta}=k(\boldsymbol{\alpha}\cdot\boldsymbol{\beta}),$$
$$(\boldsymbol{\alpha}+\boldsymbol{\beta})\cdot\boldsymbol{\gamma}=\boldsymbol{\alpha}\cdot\boldsymbol{\gamma}+\boldsymbol{\beta}\cdot\boldsymbol{\gamma},$$
$\boldsymbol{\alpha}\cdot\boldsymbol{\alpha}\geqslant 0$，当且仅当 $\boldsymbol{\alpha}=0$ 时 $\boldsymbol{\alpha}\cdot\boldsymbol{\alpha}=0$．

由此，我们可以用公理化定义给出实数域上的线性空间内积的概念.

定义 1 设 V 是实数域 $\mathbf{R}$ 上的一个线性空间. 定义 $V\times V$ 到 $\mathbf{R}$ 的一个映射称为内积，记作$(\boldsymbol{\alpha},\boldsymbol{\beta})$，它具有以下性质：

(1) $(\boldsymbol{\alpha},\boldsymbol{\beta})=(\boldsymbol{\beta},\boldsymbol{\alpha})$；

(2) $(k\boldsymbol{\alpha},\boldsymbol{\beta})=k(\boldsymbol{\alpha},\boldsymbol{\beta})$；

(3) $(\boldsymbol{\alpha}+\boldsymbol{\beta},\boldsymbol{\gamma})=(\boldsymbol{\alpha},\boldsymbol{\gamma})+(\boldsymbol{\beta},\boldsymbol{\gamma})$；

(4) $(\boldsymbol{\alpha},\boldsymbol{\alpha})\geqslant 0$，当且仅当 $\boldsymbol{\alpha}=\mathbf{0}$ 时，$(\boldsymbol{\alpha},\boldsymbol{\alpha})=0$.

其中 $\boldsymbol{\alpha},\boldsymbol{\beta},\boldsymbol{\gamma}$ 是 V 中的任意向量，k 是任意实数. 定义了内积的实数域 $\mathbf{R}$ 上的线性空间称为欧几里得空间，简称为欧氏空间.

【例 1】 在线性空间 $\mathbf{R}^n$ 中，对于向量

$$\boldsymbol{\alpha}=(a_1,a_2,\cdots,a_n),\boldsymbol{\beta}=(b_1,b_2,\cdots,b_n),$$

定义

$$(\boldsymbol{\alpha},\boldsymbol{\beta})=\boldsymbol{\alpha}\boldsymbol{\beta}^{\mathrm{T}}=a_1b_1+a_2b_2+\cdots+a_nb_n,$$

则可以验证$(\boldsymbol{\alpha},\boldsymbol{\beta})$满足定义 1，从而$(\boldsymbol{\alpha},\boldsymbol{\beta})$是内积，即 $\mathbf{R}^n$ 关于该内积构成一个 n 维欧氏空间. 一般地，称这种形式的内积为 $\mathbf{R}^n$ 的标准内积. 进一步，在线性空间 $\mathbf{R}^n$ 中定义

$$(\boldsymbol{\alpha},\boldsymbol{\beta})=\boldsymbol{\alpha}\operatorname{diag}(d_1,d_2,\cdots,d_n)\boldsymbol{\beta}^{\mathrm{T}}=d_1a_1b_1+d_2a_2b_2+\cdots+d_na_nb_n.$$

其中 $d_i\in\mathbf{R},i=1,2,\cdots,n$，则可以验证$(\boldsymbol{\alpha},\boldsymbol{\beta})$是内积当且仅当 $d_i>0,i=1,2,\cdots,n$. 这说明，一个实数域 $\mathbf{R}$ 上的线性空间 V 可以定义多个内积，从而 V 可以构成不同的欧氏空间.

【例 2】 在闭区间 $[a,b]$ 上所有连续函数构成的线性空间 $C[a,b]$ 中，任取 $f(x)$，$g(x)$，定义

$$(f(x),g(x))=\int_a^b f(x)g(x)\mathrm{d}x.$$

由定积分的基本性质可以验证是内积. 从而 $C[a,b]$ 关于该内积构成一个无限维欧氏空间.

【例 3】 设 V 是 n 维欧氏空间，$\boldsymbol{\alpha}_1,\boldsymbol{\alpha}_2,\cdots,\boldsymbol{\alpha}_n$ 是 V 的一组基. 若 $\boldsymbol{\beta}\in V$，且$(\boldsymbol{\beta},\boldsymbol{\alpha}_i)=0$，$i=1,2,\cdots,n$，则 $\boldsymbol{\beta}=\mathbf{0}$.

由条件可设 $\boldsymbol{\beta}=\sum\limits_{i=1}^{n}k_i\boldsymbol{\alpha}_i$，则

$$(\boldsymbol{\beta},\boldsymbol{\beta})=\left(\boldsymbol{\beta},\sum_{i=1}^{n}k_i\boldsymbol{\alpha}_i\right)=\sum_{i=1}^{n}k_i(\boldsymbol{\beta},\boldsymbol{\alpha}_i)=0,$$

故 $\boldsymbol{\beta}=\mathbf{0}$.

设 V 是一个欧氏空间，则由内积定义不难得到下列基本性质：

(1) $(\boldsymbol{\alpha},\mathbf{0})=(\mathbf{0},\boldsymbol{\alpha})=0$；

(2) $(\boldsymbol{\alpha},\boldsymbol{\beta}+\boldsymbol{\gamma})=(\boldsymbol{\alpha},\boldsymbol{\beta})+(\boldsymbol{\alpha},\boldsymbol{\gamma})$；

(3) $(\boldsymbol{\alpha},k\boldsymbol{\beta})=k(\boldsymbol{\alpha},\boldsymbol{\beta})$；

(4) $\left(\sum\limits_{i=1}^{m}a_i\boldsymbol{\alpha}_i,\sum\limits_{j=1}^{n}b_j\boldsymbol{\beta}_j\right)=\sum\limits_{i=1}^{m}\sum\limits_{j=1}^{n}a_ib_j(\boldsymbol{\alpha}_i,\boldsymbol{\beta}_j)$.

其中 $\boldsymbol{\alpha},\boldsymbol{\beta},\boldsymbol{\gamma},\boldsymbol{\alpha}_i,\boldsymbol{\beta}_j\in V$，$a_i,b_j\in\mathbf{R}$.

证明工作留给读者完成.

对于欧氏空间的任意向量 $\boldsymbol{\alpha}$ 来说，$(\boldsymbol{\alpha},\boldsymbol{\alpha})$总是一个非负实数，于是我们可以合理地引入向量长度的概念.

定义 2　设 $\boldsymbol{\alpha}$ 是欧氏空间的一个向量. 非负实数 $\sqrt{(\boldsymbol{\alpha},\boldsymbol{\alpha})}$ 称为向量 $\boldsymbol{\alpha}$ 的长度，记作 $|\boldsymbol{\alpha}|$.

这样，欧氏空间的每一个向量都有一个确定的长度. 零向量的长度为零，任意非零向量的长度是一个正数. 进一步，设 $\boldsymbol{\alpha}$ 是欧氏空间中的任意向量，$k\in\mathbf{R}$，则

$$|k\boldsymbol{\alpha}|=|k||\boldsymbol{\alpha}|.$$

从而，当 $\boldsymbol{\alpha}\neq\mathbf{0}$ 时，$\left|\dfrac{1}{|\boldsymbol{\alpha}|}\boldsymbol{\alpha}\right|=1$. 我们称长度为 1 的向量为单位向量. 通常把非零向量 $\boldsymbol{\alpha}$ 化成单位向量 $\dfrac{1}{|\boldsymbol{\alpha}|}\boldsymbol{\alpha}$ 的这种做法叫作把 $\boldsymbol{\alpha}$ 单位化.

为了合理地引入两个向量夹角的概念，我们先来证明欧氏空间中的柯西-布涅柯夫斯基不等式.

定理 1　对于欧氏空间 V 中任意向量 $\boldsymbol{\alpha},\boldsymbol{\beta}$，有

$$|(\boldsymbol{\alpha},\boldsymbol{\beta})|\leqslant|\boldsymbol{\alpha}||\boldsymbol{\beta}|,$$

当且仅当 $\boldsymbol{\alpha},\boldsymbol{\beta}$ 线性相关时，等式才成立.

证　当 $\boldsymbol{\beta}=\mathbf{0}$ 时，显然有 $|(\boldsymbol{\alpha},\boldsymbol{\beta})|=|\boldsymbol{\alpha}||\boldsymbol{\beta}|$. 以下设 $\boldsymbol{\beta}\neq\mathbf{0}$，对于任意实数 t，由定义 1 中的条件（4）可知

$$(\boldsymbol{\alpha}+t\boldsymbol{\beta},\boldsymbol{\alpha}+t\boldsymbol{\beta})\geqslant 0.$$

即

$$t^2(\boldsymbol{\beta},\boldsymbol{\beta})+2t(\boldsymbol{\alpha},\boldsymbol{\beta})+(\boldsymbol{\alpha},\boldsymbol{\alpha})\geqslant 0,$$

配平方得

$$(\boldsymbol{\beta},\boldsymbol{\beta})\left[t+\frac{(\boldsymbol{\alpha},\boldsymbol{\beta})}{(\boldsymbol{\beta},\boldsymbol{\beta})}\right]^2+(\boldsymbol{\alpha},\boldsymbol{\alpha})-\frac{(\boldsymbol{\alpha},\boldsymbol{\beta})^2}{(\boldsymbol{\beta},\boldsymbol{\beta})}\geqslant 0.$$

取 $t=-\dfrac{(\boldsymbol{\alpha},\boldsymbol{\beta})}{(\boldsymbol{\beta},\boldsymbol{\beta})}$，有 $(\boldsymbol{\alpha},\boldsymbol{\alpha})-\dfrac{(\boldsymbol{\alpha},\boldsymbol{\beta})^2}{(\boldsymbol{\beta},\boldsymbol{\beta})}\geqslant 0$，即

$$(\boldsymbol{\alpha},\boldsymbol{\beta})^2\leqslant(\boldsymbol{\alpha},\boldsymbol{\alpha})(\boldsymbol{\beta},\boldsymbol{\beta}).$$

两边开方得

$$|(\boldsymbol{\alpha},\boldsymbol{\beta})|\leqslant|\boldsymbol{\alpha}||\boldsymbol{\beta}|.$$

当 $\boldsymbol{\alpha},\boldsymbol{\beta}$ 线性相关时，等号显然成立. 反过来，如果等号成立，由以上证明过程可以看出，或者 $\boldsymbol{\beta}=\mathbf{0}$，或者 $\boldsymbol{\alpha}-\dfrac{(\boldsymbol{\alpha},\boldsymbol{\beta})}{(\boldsymbol{\beta},\boldsymbol{\beta})}\boldsymbol{\beta}=\mathbf{0}$，这两种情形都说明 $\boldsymbol{\alpha},\boldsymbol{\beta}$ 线性相关. ∎

柯西-布涅柯夫斯基不等式也可以表示为 $(\boldsymbol{\alpha},\boldsymbol{\beta})^2\leqslant(\boldsymbol{\alpha},\boldsymbol{\alpha})(\boldsymbol{\beta},\boldsymbol{\beta})$. 结合具体的欧氏空间可得下列不等式.

推论 1　对于任意两组实数 $a_1,a_2,\cdots,a_n$ 和 $b_1,b_2,\cdots,b_n$，有

$$\left|\sum_{i=1}^{n}a_ib_i\right|\leqslant\sqrt{\sum_{i=1}^{n}a_i^2}\sqrt{\sum_{i=1}^{n}b_i^2}.$$

此式称为柯西不等式.

推论 2　对于任意的 $f(x),g(x)\in C[x]$，有

$$\left|\int_a^b f(x)g(x)\mathrm{d}x\right|\leqslant\left[\int_a^b f^2(x)\mathrm{d}x\right]^{\frac{1}{2}}\left[\int_a^b g^2(x)\mathrm{d}x\right]^{\frac{1}{2}}.$$

此式称为施瓦茨不等式.

推论 3 设 V 是欧氏空间，对任意非零向量 $\boldsymbol{\alpha},\boldsymbol{\beta}\in V$，则有下列三角不等式

$$|\boldsymbol{\alpha}|-|\boldsymbol{\beta}|\leqslant|\boldsymbol{\alpha}+\boldsymbol{\beta}|\leqslant|\boldsymbol{\alpha}|+|\boldsymbol{\beta}|.$$

证 由

$$\begin{aligned}|\boldsymbol{\alpha}+\boldsymbol{\beta}|^2&=(\boldsymbol{\alpha}+\boldsymbol{\beta},\boldsymbol{\alpha}+\boldsymbol{\beta})=(\boldsymbol{\alpha},\boldsymbol{\alpha})+2(\boldsymbol{\alpha},\boldsymbol{\beta})+(\boldsymbol{\beta},\boldsymbol{\beta})\\&\leqslant|\boldsymbol{\alpha}|^2+2|\boldsymbol{\alpha}||\boldsymbol{\beta}|+|\boldsymbol{\beta}|^2=(|\boldsymbol{\alpha}|+|\boldsymbol{\beta}|)^2,\end{aligned}$$

故

$$|\boldsymbol{\alpha}+\boldsymbol{\beta}|\leqslant|\boldsymbol{\alpha}|+|\boldsymbol{\beta}|. \tag{7-1}$$

又

$$|\boldsymbol{\alpha}|=|(\boldsymbol{\alpha}+\boldsymbol{\beta})-\boldsymbol{\beta}|\leqslant|\boldsymbol{\alpha}+\boldsymbol{\beta}|+|-\boldsymbol{\beta}|=|\boldsymbol{\alpha}+\boldsymbol{\beta}|+|\boldsymbol{\beta}|$$

从而

$$|\boldsymbol{\alpha}|-|\boldsymbol{\beta}|\leqslant|\boldsymbol{\alpha}+\boldsymbol{\beta}|. \tag{7-2}$$

由式(7-1)、式(7-2) 两式即可得证. ▌

由柯西-布涅柯夫斯基不等式，当 $\boldsymbol{\alpha}$ 与 $\boldsymbol{\beta}$ 均为欧氏空间 V 的非零向量时，$\left|\dfrac{(\boldsymbol{\alpha},\boldsymbol{\beta})}{|\boldsymbol{\alpha}||\boldsymbol{\beta}|}\right|\leqslant 1$. 从而有如下定义.

定义 3 设 V 是欧氏空间，对任意非零向量 $\boldsymbol{\alpha},\boldsymbol{\beta}\in V$，称

$$\langle\boldsymbol{\alpha},\boldsymbol{\beta}\rangle=\arccos\frac{(\boldsymbol{\alpha},\boldsymbol{\beta})}{|\boldsymbol{\alpha}||\boldsymbol{\beta}|},0\leqslant\langle\boldsymbol{\alpha},\boldsymbol{\beta}\rangle\leqslant\pi$$

为 $\boldsymbol{\alpha}$ 与 $\boldsymbol{\beta}$ 的夹角.

定义 4 若欧氏空间 V 中两个非零向量 $\boldsymbol{\alpha},\boldsymbol{\beta}$ 满足 $(\boldsymbol{\alpha},\boldsymbol{\beta})=0$，则称 $\boldsymbol{\alpha},\boldsymbol{\beta}$ 正交或相互垂直，记作 $\boldsymbol{\alpha}\perp\boldsymbol{\beta}$.

按照这个定义，零向量与任何向量都正交，当然它也与自身正交，而且只有零向量才与自身正交. 当 $\boldsymbol{\alpha},\boldsymbol{\beta}$ 都不是零向量时，这里正交的定义与解析几何中关于正交的说法是一致的. 两个非零向量正交的充分必要条件是它们的夹角为 $\dfrac{\pi}{2}$. 另外，若 $\boldsymbol{\alpha}$ 与 $\boldsymbol{\alpha}_1,\boldsymbol{\alpha}_2,\cdots,\boldsymbol{\alpha}_n$ 中的每一个向量正交，则 $\boldsymbol{\alpha}$ 与 $\boldsymbol{\alpha}_1,\boldsymbol{\alpha}_2,\cdots,\boldsymbol{\alpha}_n$ 的任意线性组合正交.

在欧氏空间中同样有勾股定理，即当 $\boldsymbol{\alpha},\boldsymbol{\beta}$ 正交时，有

$$|\boldsymbol{\alpha}+\boldsymbol{\beta}|^2=|\boldsymbol{\alpha}|^2+|\boldsymbol{\beta}|^2.$$

事实上

$$|\boldsymbol{\alpha}+\boldsymbol{\beta}|^2=(\boldsymbol{\alpha}+\boldsymbol{\beta},\boldsymbol{\alpha}+\boldsymbol{\beta})=(\boldsymbol{\alpha},\boldsymbol{\alpha})+(\boldsymbol{\beta},\boldsymbol{\beta})=|\boldsymbol{\alpha}|^2+|\boldsymbol{\beta}|^2.$$

不难把勾股定理推广到多个向量的情形，即如果向量 $\boldsymbol{\alpha}_1,\boldsymbol{\alpha}_2,\cdots,\boldsymbol{\alpha}_n$ 两两正交，那么

$$|\boldsymbol{\alpha}_1+\boldsymbol{\alpha}_2+\cdots+\boldsymbol{\alpha}_n|^2=|\boldsymbol{\alpha}_1|^2+|\boldsymbol{\alpha}_2|^2+\cdots+|\boldsymbol{\alpha}_n|^2.$$

在以上的讨论中，对空间的维数没有作任何限制. 从现在开始，我们假定空间是有限维的.

设 V 是一个 n 维欧氏空间，在 V 中取一组基 $\boldsymbol{\varepsilon}_1,\boldsymbol{\varepsilon}_2,\cdots,\boldsymbol{\varepsilon}_n$，对于 V 中任意两个向量

$$\boldsymbol{\alpha}=x_1\boldsymbol{\varepsilon}_1+x_2\boldsymbol{\varepsilon}_2+\cdots+x_n\boldsymbol{\varepsilon}_n,$$
$$\boldsymbol{\beta}=y_1\boldsymbol{\varepsilon}_1+y_2\boldsymbol{\varepsilon}_2+\cdots+y_n\boldsymbol{\varepsilon}_n.$$

由内积的性质得

$$(\boldsymbol{\alpha},\boldsymbol{\beta})=(x_1\boldsymbol{\varepsilon}_1+x_2\boldsymbol{\varepsilon}_2+\cdots+x_n\boldsymbol{\varepsilon}_n,y_1\boldsymbol{\varepsilon}_1+y_2\boldsymbol{\varepsilon}_2+\cdots+y_n\boldsymbol{\varepsilon}_n)$$
$$=\sum_{i=1}^{n}\sum_{j=1}^{n}x_iy_j(\boldsymbol{\varepsilon}_i,\boldsymbol{\varepsilon}_j).$$

令

$$a_{ij}=(\boldsymbol{\varepsilon}_i,\boldsymbol{\varepsilon}_j)(i,j=1,2,\cdots,n),$$

作一个 n 阶矩阵

$$\boldsymbol{A}=\begin{pmatrix}a_{11}&a_{12}&\cdots&a_{1n}\\a_{21}&a_{22}&\cdots&a_{2n}\\\vdots&\vdots&&\vdots\\a_{n1}&a_{n2}&\cdots&a_{nn}\end{pmatrix},$$

于是$(\boldsymbol{\alpha},\boldsymbol{\beta})$可以表示成

$$(\boldsymbol{\alpha},\boldsymbol{\beta})=\boldsymbol{X}^{\mathrm{T}}\boldsymbol{A}\boldsymbol{Y}\tag{7-3}$$

其中

$$\boldsymbol{X}=\begin{pmatrix}x_1\\x_2\\\vdots\\x_n\end{pmatrix},\boldsymbol{Y}=\begin{pmatrix}y_1\\y_2\\\vdots\\y_n\end{pmatrix}$$

分别是 $\boldsymbol{\alpha},\boldsymbol{\beta}$ 在基 $\boldsymbol{\varepsilon}_1,\boldsymbol{\varepsilon}_2,\cdots,\boldsymbol{\varepsilon}_n$ 下的坐标，实对称矩阵 $\boldsymbol{A}$ 称为基 $\boldsymbol{\varepsilon}_1,\boldsymbol{\varepsilon}_2,\cdots,\boldsymbol{\varepsilon}_n$ 的度量矩阵，记作 $G(\boldsymbol{\varepsilon}_1,\boldsymbol{\varepsilon}_2,\cdots,\boldsymbol{\varepsilon}_n)$.

上面的讨论表明：知道了一组基的度量矩阵之后，任意两个向量的内积就可以通过坐标按式(7-3) 来计算，因而度量矩阵完全确定了内积.

习题 7-1

1. 设 $\boldsymbol{\alpha}_1,\boldsymbol{\alpha}_2,\cdots,\boldsymbol{\alpha}_n$ 是实数域上 n 维线性空间 V 的一组基，$\boldsymbol{\alpha}=x_1\boldsymbol{\alpha}_1+x_2\boldsymbol{\alpha}_2+\cdots+x_n\boldsymbol{\alpha}_n$，$\boldsymbol{\beta}=y_1\boldsymbol{\alpha}_1+y_2\boldsymbol{\alpha}_2+\cdots+y_n\boldsymbol{\alpha}_n$，规定 $(\boldsymbol{\alpha},\boldsymbol{\beta})=\sum\limits_{i=1}^{n}ix_iy_i$. 证明：$V$ 作成一个欧氏空间.

2. 设 V 是欧氏空间，$\forall\,\boldsymbol{\alpha},\boldsymbol{\beta}\in V$. 证明：

(1) $(\boldsymbol{\alpha},\boldsymbol{\beta})=\dfrac{1}{4}|\boldsymbol{\alpha}+\boldsymbol{\beta}|^2-\dfrac{1}{4}|\boldsymbol{\alpha}-\boldsymbol{\beta}|^2$；

(2) $|\boldsymbol{\alpha}+\boldsymbol{\beta}|^2+|\boldsymbol{\alpha}-\boldsymbol{\beta}|^2=2|\boldsymbol{\alpha}|^2+2|\boldsymbol{\beta}|^2$.

3. 在 $\mathbf{R}^4$ 中，求 $\boldsymbol{\alpha},\boldsymbol{\beta}$ 之间的夹角$\langle\boldsymbol{\alpha},\boldsymbol{\beta}\rangle$. 设

(1) $\boldsymbol{\alpha}=(2,1,3,2)$，$\boldsymbol{\beta}=(1,2,-2,1)$；

(2) $\boldsymbol{\alpha}=(1,-2,3,0)$，$\boldsymbol{\beta}=(2,-1,3,4)$.

4. 设 V 是欧氏空间. 对任意 $\boldsymbol{\alpha},\boldsymbol{\beta}\in V$，称 $d(\boldsymbol{\alpha},\boldsymbol{\beta})=|\boldsymbol{\alpha}-\boldsymbol{\beta}|$ 为 $\boldsymbol{\alpha}$ 与 $\boldsymbol{\beta}$ 的距离. 证明：

(1) 当 $\boldsymbol{\alpha}\neq\boldsymbol{\beta}$ 时，$d(\boldsymbol{\alpha},\boldsymbol{\beta})>0$；

(2) $d(\boldsymbol{\alpha},\boldsymbol{\beta})=d(\boldsymbol{\beta},\boldsymbol{\alpha})$；

(3) $\forall\,\boldsymbol{\alpha},\boldsymbol{\beta},\boldsymbol{\gamma}\in V$，$d(\boldsymbol{\alpha},\boldsymbol{\gamma})\leqslant d(\boldsymbol{\alpha},\boldsymbol{\beta})+d(\boldsymbol{\beta},\boldsymbol{\gamma})$.

5. 在 $\mathbf{R}^4$ 中求一单位向量与 $\boldsymbol{\alpha}_1=(1,1,-1,1)$，$\boldsymbol{\alpha}_2=(1,-1,-1,1)$，$\boldsymbol{\alpha}_3=(2,1,1,3)$正交.

6. 设 $\boldsymbol{\alpha}_1,\boldsymbol{\alpha}_2,\cdots,\boldsymbol{\alpha}_n$ 是欧氏空间 V 的一组基. 证明：

(1) 如果 $\boldsymbol{\gamma}\in V$，有$(\boldsymbol{\gamma},\boldsymbol{\alpha}_i)=0(i=1,2,\cdots,n)$，那么 $\boldsymbol{\gamma}=\mathbf{0}$；

(2) 如果 $\boldsymbol{\gamma}_1,\boldsymbol{\gamma}_2\in V$，对任意 $\boldsymbol{\alpha}\in V$，都有$(\boldsymbol{\gamma}_1,\boldsymbol{\alpha})=(\boldsymbol{\gamma}_2,\boldsymbol{\alpha})$，那么 $\boldsymbol{\gamma}_1=\boldsymbol{\gamma}_2$.

7. 设 $\boldsymbol{\alpha}_1,\boldsymbol{\alpha}_2,\cdots,\boldsymbol{\alpha}_n$ 是 n 维欧氏空间 V 的一个向量组. 证明：$\boldsymbol{\alpha}_1,\boldsymbol{\alpha}_2,\cdots,\boldsymbol{\alpha}_n$ 的度量矩阵 $G(\boldsymbol{\alpha}_1,\boldsymbol{\alpha}_2,\cdots,\boldsymbol{\alpha}_n)$可逆的充要条件是 $\boldsymbol{\alpha}_1,\boldsymbol{\alpha}_2,\cdots,\boldsymbol{\alpha}_n$ 线性无关.

第二节　标准正交基

在空间解析几何中，我们通常选取三个两两正交的单位向量作为几何空间的一组基. 这组基对应于一个直角坐标系. 我们知道，在直角坐标系下讨论与度量有关的问题时一般比较简单. 我们自然会联想到：能否在一般 n 维欧氏空间 V 中找到一组两两正交的单位向量，使它们构成 V 的一组基，从而在处理某些问题时给我们带来方便？下面的讨论说明，这种想法是可以实现的.

定义 1　欧氏空间 V 的一组两两正交的非零向量称为 V 的一个正交向量组. 如果正交向量组中的每个向量都是单位向量，则这个正交向量组称为 V 的一个标准正交向量组.

为了讨论的方便，我们把单个非零向量所成的向量组也看成是正交向量组.

【例 1】　向量 $\boldsymbol{\alpha}_1=(0,1,0),\boldsymbol{\alpha}_2=\left(\frac{1}{\sqrt{2}},0,\frac{1}{\sqrt{2}}\right),\boldsymbol{\alpha}_3=\left(\frac{1}{\sqrt{2}},0,-\frac{1}{\sqrt{2}}\right)$构成 $\mathbf{R}^3$ 的一个标准正交向量组. 这是因为

$$|\boldsymbol{\alpha}_1|=|\boldsymbol{\alpha}_2|=|\boldsymbol{\alpha}_3|=1,$$
$$(\boldsymbol{\alpha}_1,\boldsymbol{\alpha}_2)=(\boldsymbol{\alpha}_2,\boldsymbol{\alpha}_3)=(\boldsymbol{\alpha}_3,\boldsymbol{\alpha}_1)=0.$$

定理 2　设 $\boldsymbol{\alpha}_1,\boldsymbol{\alpha}_2,\cdots,\boldsymbol{\alpha}_r$ 是欧氏空间 V 的一个正交向量组，则 $\boldsymbol{\alpha}_1,\boldsymbol{\alpha}_2,\cdots,\boldsymbol{\alpha}_r$ 线性无关.

证　设 $k_1,k_2,\cdots,k_r\in\mathbf{R}$，使

$$k_1\boldsymbol{\alpha}_1+k_2\boldsymbol{\alpha}_2+\cdots+k_r\boldsymbol{\alpha}_r=\mathbf{0}.$$

由于$(\boldsymbol{\alpha}_i,\boldsymbol{\alpha}_j)=0,i\neq j,i,j=1,2,\cdots,r$，故

$$0=(\boldsymbol{\alpha}_i,\mathbf{0})=(\boldsymbol{\alpha}_i,\sum_{j=1}^{r}k_j\boldsymbol{\alpha}_j)=\sum_{j=1}^{r}k_j(\boldsymbol{\alpha}_i,\boldsymbol{\alpha}_j)=k_i(\boldsymbol{\alpha}_i,\boldsymbol{\alpha}_i).$$

由于$(\boldsymbol{\alpha}_i,\boldsymbol{\alpha}_i)>0$，故 $k_i=0,i=1,2,\cdots,r$，即 $\boldsymbol{\alpha}_1,\boldsymbol{\alpha}_2,\cdots,\boldsymbol{\alpha}_r$ 线性无关. ▌

这个结果说明，n 维欧氏空间的两两正交的非零向量的个数不能超过 n 个.

定义 2　在 n 维欧氏空间中，由 n 个正交向量组成的正交向量组称为 V 的一个正交基. 由单位向量组成的正交基称为 V 的一个标准正交基.

若 $\boldsymbol{\alpha}_1,\boldsymbol{\alpha}_2,\cdots,\boldsymbol{\alpha}_n$ 是 V 的正交基，则$\frac{1}{|\boldsymbol{\alpha}_1|}\boldsymbol{\alpha}_1,\frac{1}{|\boldsymbol{\alpha}_2|}\boldsymbol{\alpha}_2,\cdots,\frac{1}{|\boldsymbol{\alpha}_n|}\boldsymbol{\alpha}_n$ 是 V 的标准正交基.

设 $\boldsymbol{\varepsilon}_1,\boldsymbol{\varepsilon}_2,\cdots,\boldsymbol{\varepsilon}_n$ 是 n 维欧氏空间 V 的一个标准正交基. 由定义，则

$$(\boldsymbol{\varepsilon}_i,\boldsymbol{\varepsilon}_j)=\begin{cases}1,i=j\\0,i\neq j\end{cases},\quad i,j=1,2,\cdots,n.$$

即 $\boldsymbol{\varepsilon}_1,\boldsymbol{\varepsilon}_2,\cdots,\boldsymbol{\varepsilon}_n$ 是 V 的标准正交基的充分必要条件是：它的度量矩阵是 n 阶单位矩阵.

在标准正交基下，向量的坐标可以通过内积简单地表示出来，即

$$\boldsymbol{\alpha}=(\boldsymbol{\varepsilon}_1,\boldsymbol{\alpha})\boldsymbol{\varepsilon}_1+(\boldsymbol{\varepsilon}_2,\boldsymbol{\alpha})\boldsymbol{\varepsilon}_2+\cdots+(\boldsymbol{\varepsilon}_n,\boldsymbol{\alpha})\boldsymbol{\varepsilon}_n.$$

事实上，设

$$\boldsymbol{\alpha}=x_1\boldsymbol{\varepsilon}_1+x_2\boldsymbol{\varepsilon}_2+\cdots+x_n\boldsymbol{\varepsilon}_n,$$

用 $\boldsymbol{\varepsilon}_i$ 与等式两边作内积，即得

$$x_i=(\boldsymbol{\varepsilon}_i,\boldsymbol{\alpha}),i=1,2,\cdots,n.$$

这就是说，向量 $\boldsymbol{\alpha}$ 关于一个标准正交基的第 i 个坐标等于 $\boldsymbol{\alpha}$ 与第 i 个基向量的内积.

在标准正交基下，内积有特别简单的表达式. 设

$$\boldsymbol{\alpha}=x_1\boldsymbol{\varepsilon}_1+x_2\boldsymbol{\varepsilon}_2+\cdots+x_n\boldsymbol{\varepsilon}_n,$$
$$\boldsymbol{\beta}=y_1\boldsymbol{\varepsilon}_1+y_2\boldsymbol{\varepsilon}_2+\cdots+y_n\boldsymbol{\varepsilon}_n,$$

那么

$$(\boldsymbol{\alpha},\boldsymbol{\beta})=x_1y_1+x_2y_2+\cdots+x_ny_n=\boldsymbol{X}^{\mathrm{T}}\boldsymbol{Y},$$

由此得

$$|\boldsymbol{\alpha}|=\sqrt{x_1^2+x_2^2+\cdots+x_n^2}.$$

以上两个公式都是解析几何中熟知公式的推广. 由此可以看到，在欧氏空间中引入标准正交基的好处.

下面我们将结合内积的特点来讨论标准正交基的求法.

定理 3　n 维欧氏空间 V 中任一个正交向量组都能扩充成一组正交基.

证　设 $\boldsymbol{\alpha}_1,\boldsymbol{\alpha}_2,\cdots,\boldsymbol{\alpha}_m$ 是一个正交向量组，我们对 $n-m$ 作数学归纳法.

当 $n-m=0$ 时，$\boldsymbol{\alpha}_1,\boldsymbol{\alpha}_2,\cdots,\boldsymbol{\alpha}_m$ 就是一组正交基了.

假设 $n-m=k$ 时定理成立，也就是说，可以找到向量 $\boldsymbol{\beta}_1,\boldsymbol{\beta}_2,\cdots,\boldsymbol{\beta}_k$，使得

$$\boldsymbol{\alpha}_1,\boldsymbol{\alpha}_2,\cdots,\boldsymbol{\alpha}_m,\boldsymbol{\beta}_1,\boldsymbol{\beta}_2,\cdots,\boldsymbol{\beta}_k$$

成为一组正交基.

现在来看 $n-m=k+1$ 的情形. 因为 $m<n$，所以一定有向量 $\boldsymbol{\beta}$ 不能被 $\boldsymbol{\alpha}_1,\boldsymbol{\alpha}_2,\cdots,\boldsymbol{\alpha}_m$ 线性表示，作向量

$$\boldsymbol{\alpha}_{m+1}=\boldsymbol{\beta}-k_1\boldsymbol{\alpha}_1-k_2\boldsymbol{\alpha}_2-\cdots-k_m\boldsymbol{\alpha}_m,$$

其中 $k_1,k_2,\cdots,k_m$ 是待定的系数. 用 $\boldsymbol{\alpha}_i$ 与 $\boldsymbol{\alpha}_{m+1}$ 作内积，得

$$(\boldsymbol{\alpha}_i,\boldsymbol{\alpha}_{m+1})=(\boldsymbol{\beta},\boldsymbol{\alpha}_i)-k_i(\boldsymbol{\alpha}_i,\boldsymbol{\alpha}_i),i=1,2,\cdots,m,$$

取

$$k_i=\frac{(\boldsymbol{\beta},\boldsymbol{\alpha}_i)}{(\boldsymbol{\alpha}_i,\boldsymbol{\alpha}_i)},i=1,2,\cdots,m,$$

有

$$(\boldsymbol{\alpha}_i,\boldsymbol{\alpha}_{m+1})=0,i=1,2,\cdots,m.$$

由 $\boldsymbol{\beta}$ 的选择可知，$\boldsymbol{\alpha}_{m+1}\neq\mathbf{0}$. 因此 $\boldsymbol{\alpha}_1,\boldsymbol{\alpha}_2,\cdots,\boldsymbol{\alpha}_m,\boldsymbol{\alpha}_{m+1}$ 是一个正交向量组，根据归纳法假定，$\boldsymbol{\alpha}_1,\boldsymbol{\alpha}_2,\cdots,\boldsymbol{\alpha}_m,\boldsymbol{\alpha}_{m+1}$ 可以扩充成一个正交基. 于是定理得证. ▌

应该注意，定理的证明实际上也就给出了一个具体的扩充正交向量组的方法. 如果我们从任意一个非零向量出发，按证明中的步骤逐个地扩充，就得到一组正交基. 然后再单位化，最后就得到一组标准正交基.

事实上，在求欧氏空间的正交基时，常常是已经有了空间的一组基. 对于这种情形，有下面的定理.

定理 4　对于 n 维欧氏空间 V 中任意一组基 $\boldsymbol{\varepsilon}_1,\boldsymbol{\varepsilon}_2,\cdots,\boldsymbol{\varepsilon}_n$，都可以找到一组标准正交基 $\boldsymbol{\eta}_1,\boldsymbol{\eta}_2,\cdots,\boldsymbol{\eta}_n$，使

$$L(\boldsymbol{\varepsilon}_1,\boldsymbol{\varepsilon}_2,\cdots,\boldsymbol{\varepsilon}_i)=L(\boldsymbol{\eta}_1,\boldsymbol{\eta}_2,\cdots,\boldsymbol{\eta}_i),i=1,2,\cdots,n.$$

证　设 $\boldsymbol{\varepsilon}_1,\boldsymbol{\varepsilon}_2,\cdots,\boldsymbol{\varepsilon}_n$ 是一组基，我们来逐个构造出满足要求的向量 $\boldsymbol{\eta}_1,\boldsymbol{\eta}_2,\cdots,\boldsymbol{\eta}_n$.

首先，可取 $\boldsymbol{\eta}_1=\dfrac{1}{|\boldsymbol{\varepsilon}_1|}\boldsymbol{\varepsilon}_1$. 一般地，假定已经求出 $\boldsymbol{\eta}_1,\boldsymbol{\eta}_2,\cdots,\boldsymbol{\eta}_m$，它们是单位正交的，

具有性质

$$L(\boldsymbol{\varepsilon}_1,\boldsymbol{\varepsilon}_2,\cdots,\boldsymbol{\varepsilon}_i)=L(\boldsymbol{\eta}_1,\boldsymbol{\eta}_2,\cdots,\boldsymbol{\eta}_i),i=1,2,\cdots,m.$$

下一步求 $\boldsymbol{\eta}_{m+1}$.

因为 $L(\boldsymbol{\varepsilon}_1,\boldsymbol{\varepsilon}_2,\cdots,\boldsymbol{\varepsilon}_m)=L(\boldsymbol{\eta}_1,\boldsymbol{\eta}_2,\cdots,\boldsymbol{\eta}_m)$，所以 $\boldsymbol{\varepsilon}_{m+1}$ 不能被 $\boldsymbol{\eta}_1,\boldsymbol{\eta}_2,\cdots,\boldsymbol{\eta}_m$ 线性表示. 按定理 3 证明中的方法，作向量

$$\boldsymbol{\xi}_{m+1}=\boldsymbol{\varepsilon}_{m+1}-\sum_{i=1}^{m}(\boldsymbol{\varepsilon}_{m+1},\boldsymbol{\eta}_i)\boldsymbol{\eta}_i.$$

显然 $\boldsymbol{\xi}_{m+1}\neq\mathbf{0}$，且

$$(\boldsymbol{\xi}_{m+1},\boldsymbol{\eta}_i)=0,i=1,2,\cdots,m.$$

令

$$\boldsymbol{\eta}_{m+1}=\frac{\boldsymbol{\xi}_{m+1}}{|\boldsymbol{\xi}_{m+1}|},$$

$\boldsymbol{\eta}_1,\boldsymbol{\eta}_2,\cdots,\boldsymbol{\eta}_m,\boldsymbol{\eta}_{m+1}$ 就是一个单位正交向量组. 同时

$$L(\boldsymbol{\varepsilon}_1,\boldsymbol{\varepsilon}_2,\cdots,\boldsymbol{\varepsilon}_{m+1})=L(\boldsymbol{\eta}_1,\boldsymbol{\eta}_2,\cdots,\boldsymbol{\eta}_{m+1}).$$

由归纳法原理，定理得证. ▌

应该指出，定理中的要求

$$L(\boldsymbol{\varepsilon}_1,\boldsymbol{\varepsilon}_2,\cdots,\boldsymbol{\varepsilon}_i)=L(\boldsymbol{\eta}_1,\boldsymbol{\eta}_2,\cdots,\boldsymbol{\eta}_i),i=1,2,\cdots,n$$

就相当于由基 $\boldsymbol{\varepsilon}_1,\boldsymbol{\varepsilon}_2,\cdots,\boldsymbol{\varepsilon}_n$ 到基 $\boldsymbol{\eta}_1,\boldsymbol{\eta}_2,\cdots,\boldsymbol{\eta}_n$ 的过渡矩阵是上三角形的.

定理 4 中把一组基变成一组标准正交基的方法称为施密特（Schmidt）正交化法. 施密特正交化法的具体步骤如下：

首先取

$$\boldsymbol{\xi}_1=\boldsymbol{\varepsilon}_1,$$

$$\boldsymbol{\xi}_2=\boldsymbol{\varepsilon}_2-\frac{(\boldsymbol{\varepsilon}_2,\boldsymbol{\xi}_1)}{(\boldsymbol{\xi}_1,\boldsymbol{\xi}_1)}\boldsymbol{\xi}_1,$$

$$\boldsymbol{\xi}_3=\boldsymbol{\varepsilon}_3-\frac{(\boldsymbol{\varepsilon}_3,\boldsymbol{\xi}_1)}{(\boldsymbol{\xi}_1,\boldsymbol{\xi}_1)}\boldsymbol{\xi}_1-\frac{(\boldsymbol{\varepsilon}_3,\boldsymbol{\xi}_2)}{(\boldsymbol{\xi}_2,\boldsymbol{\xi}_2)}\boldsymbol{\xi}_2,$$

……

$$\boldsymbol{\xi}_n=\boldsymbol{\varepsilon}_n-\frac{(\boldsymbol{\varepsilon}_n,\boldsymbol{\xi}_1)}{(\boldsymbol{\xi}_1,\boldsymbol{\xi}_1)}\boldsymbol{\xi}_1-\frac{(\boldsymbol{\varepsilon}_n,\boldsymbol{\xi}_2)}{(\boldsymbol{\xi}_2,\boldsymbol{\xi}_2)}\boldsymbol{\xi}_2-\cdots-\frac{(\boldsymbol{\varepsilon}_n,\boldsymbol{\xi}_{n-1})}{(\boldsymbol{\xi}_{n-1},\boldsymbol{\xi}_{n-1})}\boldsymbol{\xi}_{n-1},$$

再把 $\boldsymbol{\xi}_1,\boldsymbol{\xi}_2,\cdots,\boldsymbol{\xi}_n$ 单位化，即令

$$\boldsymbol{\eta}_i=\frac{\boldsymbol{\xi}_i}{|\boldsymbol{\xi}_i|},i=1,2,\cdots,n,$$

就得到一个标准正交基 $\boldsymbol{\eta}_1,\boldsymbol{\eta}_2,\cdots,\boldsymbol{\eta}_n$.

【例 2】 在欧氏空间 $\mathbf{R}^3$ 中，对于基

$$\boldsymbol{\alpha}_1=(1,1,1),\boldsymbol{\alpha}_2=(0,1,1),\boldsymbol{\alpha}_3=(1,0,-1)$$

施行正交化法，求出 $\mathbf{R}^3$ 的一组标准正交基.

解 第一步，正交化得

$$\boldsymbol{\beta}_1=\boldsymbol{\alpha}_1=(1,1,1),$$

$$\boldsymbol{\beta}_2=\boldsymbol{\alpha}_2-\frac{(\boldsymbol{\alpha}_2,\boldsymbol{\beta}_1)}{(\boldsymbol{\beta}_1,\boldsymbol{\beta}_1)}\boldsymbol{\beta}_1=(0,1,1)-\frac{2}{3}(1,1,1)=\left(-\frac{2}{3},\frac{1}{3},\frac{1}{3}\right),$$

$$\boldsymbol{\beta}_3=\boldsymbol{\alpha}_3-\frac{(\boldsymbol{\alpha}_3,\boldsymbol{\beta}_1)}{(\boldsymbol{\beta}_1,\boldsymbol{\beta}_1)}\boldsymbol{\beta}_1-\frac{(\boldsymbol{\alpha}_3,\boldsymbol{\beta}_2)}{(\boldsymbol{\beta}_2,\boldsymbol{\beta}_2)}\boldsymbol{\beta}_2=(1,0,-1)+\frac{3}{2}\left(-\frac{2}{3},\frac{1}{3},\frac{1}{3}\right)=\left(0,\frac{1}{2},-\frac{1}{2}\right).$$

第二步，单位化得

$$\boldsymbol{\gamma}_1=\frac{1}{|\boldsymbol{\beta}_1|}\boldsymbol{\beta}_1=\left(\frac{1}{\sqrt{3}},\frac{1}{\sqrt{3}},\frac{1}{\sqrt{3}}\right),$$

$$\boldsymbol{\gamma}_2=\frac{1}{|\boldsymbol{\beta}_2|}\boldsymbol{\beta}_2=\left(-\frac{2}{\sqrt{6}},\frac{1}{\sqrt{6}},\frac{1}{\sqrt{6}}\right),$$

$$\boldsymbol{\gamma}_3=\frac{1}{|\boldsymbol{\beta}_3|}\boldsymbol{\beta}_3=\left(0,\frac{1}{\sqrt{2}},-\frac{1}{\sqrt{2}}\right).$$

于是 $\boldsymbol{\gamma}_1,\boldsymbol{\gamma}_2,\boldsymbol{\gamma}_3$ 就是 $\mathbf{R}^3$ 的一组标准正交基.

上面讨论了标准正交基的求法. 由于标准正交基在欧氏空间中占有特殊的地位，所以有必要来讨论从一组标准正交基到另一组标准正交基的基变换公式.

设 $\boldsymbol{\varepsilon}_1,\boldsymbol{\varepsilon}_2,\cdots,\boldsymbol{\varepsilon}_n$ 与 $\boldsymbol{\eta}_1,\boldsymbol{\eta}_2,\cdots,\boldsymbol{\eta}_n$ 是 n 维欧氏空间 V 的两组标准正交基. 它们之间的过渡矩阵是 $\mathbf{A}=(a_{ij})_{n\times n}$，即

$$(\boldsymbol{\eta}_1,\boldsymbol{\eta}_2,\cdots,\boldsymbol{\eta}_n)=(\boldsymbol{\varepsilon}_1,\boldsymbol{\varepsilon}_2,\cdots,\boldsymbol{\varepsilon}_n)\begin{pmatrix}a_{11} & a_{12} & \cdots & a_{1n}\\ a_{21} & a_{22} & \cdots & a_{2n}\\ \vdots & \vdots & & \vdots\\ a_{n1} & a_{n2} & \cdots & a_{nn}\end{pmatrix}.$$

因为 $\boldsymbol{\eta}_1,\boldsymbol{\eta}_2,\cdots,\boldsymbol{\eta}_n$ 是标准正交基，所以

$$(\boldsymbol{\eta}_i,\boldsymbol{\eta}_j)=\begin{cases}1, i=j\\ 0, i\neq j\end{cases}.$$

而矩阵 $\mathbf{A}$ 的各列就是 $\boldsymbol{\eta}_1,\boldsymbol{\eta}_2,\cdots,\boldsymbol{\eta}_n$ 在标准正交基 $\boldsymbol{\varepsilon}_1,\boldsymbol{\varepsilon}_2,\cdots,\boldsymbol{\varepsilon}_n$ 下的坐标. 于是

$$a_{1i}a_{1j}+a_{2i}a_{2j}+\cdots+a_{ni}a_{nj}=\begin{cases}1, i=j\\ 0, i\neq j\end{cases},$$

这个式子相当于一个矩阵等式

$$\mathbf{A}^{\mathrm{T}}\mathbf{A}=\mathbf{E},$$

或者

$$\mathbf{A}^{-1}=\mathbf{A}^{\mathrm{T}}.$$

从而

$$\mathbf{A}^{\mathrm{T}}\mathbf{A}=\mathbf{A}\mathbf{A}^{\mathrm{T}}=\mathbf{E}.$$

定义 3　若 n 阶实矩阵 $\mathbf{A}$ 满足 $\mathbf{A}^{\mathrm{T}}\mathbf{A}=\mathbf{A}\mathbf{A}^{\mathrm{T}}=\mathbf{E}$，则称 $\mathbf{A}$ 为正交矩阵.

由以上讨论，我们得到如下定理.

定理 5　n 维欧氏空间 V 中由一组标准正交基到另一组标准正交基的过渡矩阵是一个正交矩阵.

习题 7-2

1. 将 $\mathbf{R}^4$ 的基 $\boldsymbol{\alpha}_1=(0,2,1,0),\boldsymbol{\alpha}_2=(1,-1,0,0),\boldsymbol{\alpha}_3=(1,2,0,-1),\boldsymbol{\alpha}_4=(1,0,0,1)$ 化成标准正交基.

2. 设 $\boldsymbol{\varepsilon}_1,\boldsymbol{\varepsilon}_2,\boldsymbol{\varepsilon}_3$ 是 3 维欧氏空间 V 的一组标准正交基. 证明：

$$\boldsymbol{\alpha}_1=\frac{1}{3}(2\boldsymbol{\varepsilon}_1+2\boldsymbol{\varepsilon}_2-\boldsymbol{\varepsilon}_3),\boldsymbol{\alpha}_2=\frac{1}{3}(2\boldsymbol{\varepsilon}_1-\boldsymbol{\varepsilon}_2+2\boldsymbol{\varepsilon}_3),\boldsymbol{\alpha}_3=\frac{1}{3}(-\boldsymbol{\varepsilon}_1+2\boldsymbol{\varepsilon}_2+2\boldsymbol{\varepsilon}_3)$$

是 V 的一组标准正交基.

3. 设 $\boldsymbol{\varepsilon}_1,\boldsymbol{\varepsilon}_2,\boldsymbol{\varepsilon}_3,\boldsymbol{\varepsilon}_4,\boldsymbol{\varepsilon}_5$ 是 5 维欧氏空间 V 的一组标准正交基，$V_0=L(\boldsymbol{\alpha}_1,\boldsymbol{\alpha}_2,\boldsymbol{\alpha}_3)$，其中 $\boldsymbol{\alpha}_1=\boldsymbol{\varepsilon}_1+\boldsymbol{\varepsilon}_5$，$\boldsymbol{\alpha}_2=\boldsymbol{\varepsilon}_1-\boldsymbol{\varepsilon}_2+\boldsymbol{\varepsilon}_4,\boldsymbol{\alpha}_3=2\boldsymbol{\varepsilon}_1+\boldsymbol{\varepsilon}_2+\boldsymbol{\varepsilon}_3$，求 V_0 的一组标准正交基.

4. 在 $R[x]_4$ 中定义内积为 $(f,g)=\int_{-1}^{1}f(x)g(x)\mathrm{d}x$，求 $R[x]_4$ 的一组标准正交基（由 $1,x,x^2,x^3$ 基出发作正交化）.

5. 设 3 维欧氏空间 V 的基 $\boldsymbol{\alpha}_1,\boldsymbol{\alpha}_2,\boldsymbol{\alpha}_3$ 的度量矩阵为

$$\boldsymbol{A}=\begin{pmatrix}1 & 0 & 1\\ 0 & 10 & -2\\ 1 & -2 & 4\end{pmatrix},$$

求 V 的一组标准正交基.

6. 求齐次线性方程组

$$\begin{cases}2x_1+x_2-x_3+x_4-3x_5=0\\ x_1+x_2-x_3+\qquad x_5=0\end{cases}$$

的解空间（作为 $\mathbf{R}^5$ 的子空间）的一组标准正交基.

7. 证明：如果一个上三角形矩阵

$$\boldsymbol{A}=\begin{pmatrix}a_{11} & a_{12} & \cdots & a_{1n}\\ 0 & a_{22} & \cdots & a_{2n}\\ \vdots & \vdots & & \vdots\\ 0 & 0 & \cdots & a_{nn}\end{pmatrix}$$

是正交矩阵，那么 $\boldsymbol{A}$ 一定是对角形矩阵，且主对角线元素 $a_{ii}=1$ 或 $a_{ii}=-1$.

8. 设 $\boldsymbol{\alpha}_1,\boldsymbol{\alpha}_2,\cdots,\boldsymbol{\alpha}_m$ 是 n 维欧氏空间 V 的一个标准正交向量组. 证明：对于任意 $\boldsymbol{\beta}\in V$，有

$$\sum_{i=1}^{m}(\boldsymbol{\beta},\boldsymbol{\alpha}_i)^2\leqslant|\boldsymbol{\beta}|^2,$$

并且等号成立的充要条件是 $\boldsymbol{\beta}=\sum\limits_{i=1}^{m}(\boldsymbol{\beta},\boldsymbol{\alpha}_i)\boldsymbol{\alpha}_i$.

第三节　子空间

与一般线性空间情况类似，我们来讨论欧氏空间的子空间问题.

设 V 是一个欧氏空间，W 是 V 的一个子空间. 显然 V 的内积可以限制到 W 上，从而 W 关于这个内积也构成欧氏空间，称 W 为欧氏空间 V 的一个子空间.

定义 1　设 W_1,W_2 是欧氏空间 V 的两个子空间. 如果对于任意的 $\boldsymbol{\alpha}_1\in W_1,\boldsymbol{\alpha}_2\in W_2$，恒有

$$(\boldsymbol{\alpha}_1,\boldsymbol{\alpha}_2)=0,$$

则称 W_1 与 W_2 是正交的，记作 $W_1\perp W_2$. 如果 V 中的一个向量 $\boldsymbol{\alpha}$，对于 W_1 中任意向量 $\boldsymbol{\alpha}_1$，恒有

$$(\boldsymbol{\alpha},\boldsymbol{\alpha}_1)=0,$$

则称 $\boldsymbol{\alpha}$ 与子空间 W_1 正交，记作 $\boldsymbol{\alpha}\perp W_1$.

因为只有零向量与它自身正交，所以由 $W_1\perp W_2$ 可知 $W_1\cap W_2=\{\mathbf{0}\}$；由 $\boldsymbol{\alpha}\perp W_1$，$\boldsymbol{\alpha}\in W_1$ 可知 $\boldsymbol{\alpha}=\mathbf{0}$.

关于正交的子空间，我们有如下定理.

定理 6　设 $W_1,W_2,\cdots,W_s$ 是欧氏空间 V 的 s 个两两正交的子空间，则它们的和

$W_1+W_2+\cdots+W_s$ 是直和.

证　设 $\boldsymbol{\alpha}_i\in W_i, i=1,2,\cdots,s$，且

$$\boldsymbol{\alpha}_1+\boldsymbol{\alpha}_2+\cdots+\boldsymbol{\alpha}_s=\mathbf{0},$$

由 $W_i\perp W_j$，故 $(\boldsymbol{\alpha}_i,\boldsymbol{\alpha}_j)=0, i\neq j, i,j=1,2,\cdots,s$. 从而

$$(\boldsymbol{\alpha}_i,\mathbf{0})=\sum_{j=1}^{s}(\boldsymbol{\alpha}_i,\boldsymbol{\alpha}_j)=(\boldsymbol{\alpha}_i,\boldsymbol{\alpha}_i)=0.$$

故 $\boldsymbol{\alpha}_i=\mathbf{0}, i=1,2,\cdots,s$，即 $W_1+W_2+\cdots+W_s$ 是直和. ▌

定义 2　设 W_1,W_2 是欧氏空间 V 的两个子空间，若 $W_1\perp W_2$ 且 $W_1+W_2=V$，则称 W_2 是 W_1 的正交补，记作 $W_1^{\perp}$.

显然，如果 W_2 是 W_1 的正交补，那么 W_1 也是 W_2 的正交补.

【例 1】　设 $\boldsymbol{\varepsilon}_1,\boldsymbol{\varepsilon}_2,\cdots,\boldsymbol{\varepsilon}_n$ 是欧氏空间 V 的一组标准正交基，那么 $L(\boldsymbol{\varepsilon}_1,\boldsymbol{\varepsilon}_2,\cdots,\boldsymbol{\varepsilon}_m)$ 与 $L(\boldsymbol{\varepsilon}_{m+1},\boldsymbol{\varepsilon}_{m+2},\cdots,\boldsymbol{\varepsilon}_n)$ 互为正交补.

这个例子说明了子空间的正交补的存在与求法. 一般地，有下面的定理.

定理 7　n 维欧氏空间 V 的每一个子空间 W_1 都有唯一的正交补.

证　若 $W_1=\{\mathbf{0}\}$，则它的正交补即为 V 且唯一. 设 $W_1\neq\{\mathbf{0}\}$，在 W_1 中取一组正交基 $\boldsymbol{\varepsilon}_1,\boldsymbol{\varepsilon}_2,\cdots,\boldsymbol{\varepsilon}_m$，将其扩充成 V 的正交基 $\boldsymbol{\varepsilon}_1,\boldsymbol{\varepsilon}_2,\cdots,\boldsymbol{\varepsilon}_m,\boldsymbol{\varepsilon}_{m+1},\cdots,\boldsymbol{\varepsilon}_n$. 令

$$W_2=L(\boldsymbol{\varepsilon}_{m+1},\boldsymbol{\varepsilon}_{m+2},\cdots,\boldsymbol{\varepsilon}_n).$$

则由 $\boldsymbol{\varepsilon}_i\perp L(\boldsymbol{\varepsilon}_{m+1},\boldsymbol{\varepsilon}_{m+2},\cdots,\boldsymbol{\varepsilon}_n), i=1,2,\cdots,m$ 得 $W_1\perp W_2$. 而

$$W_1+W_2=L(\boldsymbol{\varepsilon}_1,\boldsymbol{\varepsilon}_2,\cdots,\boldsymbol{\varepsilon}_m)+L(\boldsymbol{\varepsilon}_{m+1},\boldsymbol{\varepsilon}_{m+2},\cdots,\boldsymbol{\varepsilon}_n)=L(\boldsymbol{\varepsilon}_1,\boldsymbol{\varepsilon}_2,\cdots,\boldsymbol{\varepsilon}_n)=V,$$

故 $W_2=W_1^{\perp}$.

再证唯一性. 设 W_2,W_3 均为 W_1 的正交补，则

$$V=W_1\oplus W_2, V=W_1\oplus W_3.$$

对于 $\forall\boldsymbol{\alpha}_2\in W_2$，有 $\boldsymbol{\alpha}_2\in W_1\oplus W_3$，故存在 $\boldsymbol{\alpha}_1\in W_1,\boldsymbol{\alpha}_3\in W_3$，使

$$\boldsymbol{\alpha}_2=\boldsymbol{\alpha}_1+\boldsymbol{\alpha}_3.$$

因为 $W_2\perp W_1, W_3\perp W_1$，所以 $\boldsymbol{\alpha}_2\perp\boldsymbol{\alpha}_1,\boldsymbol{\alpha}_3\perp\boldsymbol{\alpha}_1$，因此

$$(\boldsymbol{\alpha}_2,\boldsymbol{\alpha}_1)=(\boldsymbol{\alpha}_1+\boldsymbol{\alpha}_3,\boldsymbol{\alpha}_1)=(\boldsymbol{\alpha}_1,\boldsymbol{\alpha}_1)+(\boldsymbol{\alpha}_3,\boldsymbol{\alpha}_1)=(\boldsymbol{\alpha}_1,\boldsymbol{\alpha}_1)=0,$$

从而 $\boldsymbol{\alpha}_1=\mathbf{0}$，故 $\boldsymbol{\alpha}_2=\boldsymbol{\alpha}_3\in W_3$，即有 $W_2\subseteq W_3$.

同理可证 $W_3\subseteq W_2$，故 $W_2=W_3$. 因此唯一性成立. ▌

由正交补的定义和维数公式可知

$$\dim W+\dim W^{\perp}=\dim V=n.$$

另外由定理的证明还可以得到如下推论.

推论　$W^{\perp}$ 恰由 V 中所有与 W 正交的向量组成.

证　设 W_0 是 V 中所有与 W 正交的向量组成的集合. 显然 $W^{\perp}\subseteq W_0$. 对于任意 $\boldsymbol{\alpha}\in W_0$，由定理 7，$\boldsymbol{\alpha}$ 可表示为

$$\boldsymbol{\alpha}=\boldsymbol{\alpha}_1+\boldsymbol{\alpha}_2.$$

其中 $\boldsymbol{\alpha}_1\in W,\boldsymbol{\alpha}_2\in W^{\perp}$. 因为

$$(\boldsymbol{\alpha},\boldsymbol{\alpha}_1)=(\boldsymbol{\alpha}_1+\boldsymbol{\alpha}_2,\boldsymbol{\alpha}_1)=(\boldsymbol{\alpha}_1,\boldsymbol{\alpha}_1)+(\boldsymbol{\alpha}_2,\boldsymbol{\alpha}_1)=(\boldsymbol{\alpha}_1,\boldsymbol{\alpha}_1)=0,$$

所以 $\boldsymbol{\alpha}_1=\mathbf{0}$，从而 $\boldsymbol{\alpha}=\boldsymbol{\alpha}_2\in W^{\perp}$. 即 $W_0\subseteq W^{\perp}$，因此 $W_0=W^{\perp}$. ▌

由分解式

$$V=W\oplus W^{\perp}$$

可知，V 中任一向量 $\boldsymbol{\alpha}$ 都可以唯一地分解成

$$\boldsymbol{\alpha}=\boldsymbol{\alpha}_1+\boldsymbol{\alpha}_2,$$

其中 $\boldsymbol{\alpha}_1\in W, \boldsymbol{\alpha}_2\in W^{\perp}$. 我们称 $\boldsymbol{\alpha}_1$ 为向量 $\boldsymbol{\alpha}$ 在子空间 W 上的内射影. 这样，欧氏空间 V 的每一个向量 $\boldsymbol{\alpha}$ 都可以分解成 $\boldsymbol{\alpha}$ 在任意一个有限维子空间 W 上的内射影和一个与 W 正交的向量的和，并且分解是唯一的.

【例 2】 设 W 是欧氏空间 $\mathbf{R}^5$ 的一个子空间.

$$W=L(\boldsymbol{\alpha}_1,\boldsymbol{\alpha}_2,\boldsymbol{\alpha}_3)$$

其中

$$\boldsymbol{\alpha}_1=(1,1,1,2,1), \boldsymbol{\alpha}_2=(1,0,0,1,-2), \boldsymbol{\alpha}_3=(2,1,-1,0,2).$$

(1) 求 $W^{\perp}$;

(2) 求向量 $\boldsymbol{\alpha}=(3,-7,2,1,8)$ 在 W 上的内射影.

解 (1) 由定理 7 的推论知，$W^{\perp}$ 由与 $\boldsymbol{\alpha}_1,\boldsymbol{\alpha}_2,\boldsymbol{\alpha}_3$ 正交的全部向量组成. 向量 (x_1,x_2,x_3,x_4,x_5) 与 $\boldsymbol{\alpha}_1,\boldsymbol{\alpha}_2,\boldsymbol{\alpha}_3$ 正交的充分必要条件为

$$\begin{cases} x_1+x_2+x_3+2x_4+x_5=0 \\ x_1+x_4-2x_5=0 \\ 2x_1+x_2-x_3+2x_5=0 \end{cases},$$

取该齐次线性方程组的一个基础解系

$$\boldsymbol{\alpha}_4=(2,-1,3,-2,0), \boldsymbol{\alpha}_5=(4,-9,3,0,2),$$

那么 $\boldsymbol{\alpha}_4,\boldsymbol{\alpha}_5$ 构成 $W^{\perp}$ 的一组基，于是

$$W^{\perp}=L(\boldsymbol{\alpha}_4,\boldsymbol{\alpha}_5).$$

(2) 为了求 $\boldsymbol{\alpha}$ 在子空间 W 上的内射影，将 $\boldsymbol{\alpha}$ 表示成 $\boldsymbol{\alpha}_1,\boldsymbol{\alpha}_2,\boldsymbol{\alpha}_3,\boldsymbol{\alpha}_4,\boldsymbol{\alpha}_5$ 的线性组合：

$$\boldsymbol{\alpha}=\boldsymbol{\alpha}_1-2\boldsymbol{\alpha}_2+\frac{1}{2}\boldsymbol{\alpha}_3-\frac{1}{2}\boldsymbol{\alpha}_4+\boldsymbol{\alpha}_5,$$

于是

$$\boldsymbol{\alpha}=\left(\boldsymbol{\alpha}_1-2\boldsymbol{\alpha}_2+\frac{1}{2}\boldsymbol{\alpha}_3\right)+\left(-\frac{1}{2}\boldsymbol{\alpha}_4+\boldsymbol{\alpha}_5\right),$$

其中 $\boldsymbol{\alpha}_1-2\boldsymbol{\alpha}_2+\frac{1}{2}\boldsymbol{\alpha}_3\in W, -\frac{1}{2}\boldsymbol{\alpha}_4+\boldsymbol{\alpha}_5\in W^{\perp}$.

所以 $\boldsymbol{\alpha}$ 在 W 上的内射影为

$$\boldsymbol{\alpha}_1-2\boldsymbol{\alpha}_2+\frac{1}{2}\boldsymbol{\alpha}_3=\left(0,\frac{3}{2},\frac{1}{2},0,6\right).$$

习题 7-3

1. 设 $\boldsymbol{\varepsilon}_1,\boldsymbol{\varepsilon}_2,\boldsymbol{\varepsilon}_3,\boldsymbol{\varepsilon}_4,\boldsymbol{\varepsilon}_5$ 是 5 维欧氏空间 V 的一组标准正交基. $W=L(\boldsymbol{\alpha}_1,\boldsymbol{\alpha}_2,\boldsymbol{\alpha}_3)$，其中

$$\begin{cases} \boldsymbol{\alpha}_1=\boldsymbol{\varepsilon}_1+\boldsymbol{\varepsilon}_5 \\ \boldsymbol{\alpha}_2=\boldsymbol{\varepsilon}_1-\boldsymbol{\varepsilon}_2+\boldsymbol{\varepsilon}_3 \\ \boldsymbol{\alpha}_3=2\boldsymbol{\varepsilon}_1+\boldsymbol{\varepsilon}_2+\boldsymbol{\varepsilon}_3 \end{cases}.$$

(1) 求 W 的一组标准正交基;

(2) 求 $W^{\perp}$ 的一组标准正交基.

2. 设 $\boldsymbol{\alpha}$ 是 $n(n\geqslant 1)$ 维欧氏空间 V 的非零向量. 证明:

(1) $W=\{\boldsymbol{x}\mid \boldsymbol{x}\in V,(\boldsymbol{x},\boldsymbol{\alpha})=0\}$ 是 V 的子空间;

(2) $\dim W=n-1$.

3. 设 V 是 n 维欧氏空间，W,W_1,W_2 均为 V 的子空间. 证明：

(1) $(W^{\perp})^{\perp}=W$；

(2) 若 $W_1\subseteq W_2$，则 $W_2^{\perp}\subseteq W_1^{\perp}$；

(3) $(W_1+W_2)^{\perp}=W_1^{\perp}\cap W_2^{\perp}$；

(4) $(W_1\cap W_2)^{\perp}=W_1^{\perp}+W_2^{\perp}$.

4. 设关于标准内积构成的欧氏空间 $\mathbf{R}^4$ 的子空间 $W=\{(a,b,c,d)\mid a,b,c,d\in\mathbf{R},2a-b-c=0\}$，求 $W^{\perp}$.

5. 设 W_1,W_2 是 n 维欧氏空间 V 的子空间，且 $\dim W_1<\dim W_2$. 证明：存在非零向量 $\boldsymbol{\alpha}\in W_2$，使 $\boldsymbol{\alpha}\perp W_1$.

6. 证明：向量 $\boldsymbol{\beta}\in V_0$ 是向量 $\boldsymbol{\alpha}$ 在子空间 V_0 上的内射影的充要条件是：对任意的 $\boldsymbol{\xi}\in V_0$，$|\boldsymbol{\alpha}-\boldsymbol{\beta}|\leqslant|\boldsymbol{\alpha}-\boldsymbol{\xi}|$.

第四节　同　构

在线性空间的讨论中，利用基与坐标的概念证明了数域 P 上所有维数相同的空间都是同构的. 在欧氏空间中也有相应的结论. 不过由于欧氏空间的定义中除了线性空间原有的线性运算外，还有内积运算，所以欧氏空间同构定义必须把这一点反映出来.

定义　设 V 与 V' 为欧氏空间. 若存在 V 到 V' 的一个双射 σ，使 $\forall\,\boldsymbol{\alpha},\boldsymbol{\beta}\in V,k\in\mathbf{R}$，均有：

(1) $\sigma(\boldsymbol{\alpha}+\boldsymbol{\beta})=\sigma(\boldsymbol{\alpha})+\sigma(\boldsymbol{\beta})$；

(2) $\sigma(k\boldsymbol{\alpha})=k\sigma(\boldsymbol{\alpha})$；

(3) $(\sigma(\boldsymbol{\alpha}),\sigma(\boldsymbol{\beta}))=(\boldsymbol{\alpha},\boldsymbol{\beta})$，

则称 σ 为 V 到 V' 的一个同构映射. 若欧氏空间 V 与 V' 之间存在同构映射，则称 V 与 V' 同构，记作 $V\cong V'$.

由同构的定义可以看出，欧氏空间 V 到 V' 的同构映射 σ 是线性空间 V 到 V' 的同构映射并且保持内积不变. 因此，欧氏空间 V 到 V' 的同构映射具有线性空间同构映射的一切性质.

定理 8　两个有限维欧氏空间同构的充分必要条件是它们的维数相等.

证　必要性已在上面指出，现在证明充分性.

设 V,V' 是两个 n 维欧氏空间. 如果 $n=0$，那么 V 与 V' 显然同构.

设 $n>0$. 在 V 中取一组标准正交基

$$\boldsymbol{\varepsilon}_1,\boldsymbol{\varepsilon}_2,\cdots,\boldsymbol{\varepsilon}_n,$$

在 V' 中取一组标准正交基

$$\boldsymbol{\varepsilon}_1',\boldsymbol{\varepsilon}_2',\cdots,\boldsymbol{\varepsilon}_n',$$

对于 V 的每一个向量

$$\boldsymbol{\alpha}=k_1\boldsymbol{\varepsilon}_1+k_2\boldsymbol{\varepsilon}_2+\cdots+k_n\boldsymbol{\varepsilon}_n,$$

规定

$$\sigma(\boldsymbol{\alpha})=k_1\boldsymbol{\varepsilon}_1'+k_2\boldsymbol{\varepsilon}_2'+\cdots+k_n\boldsymbol{\varepsilon}_n'.$$

容易验证 σ 是实数域上的线性空间 V 到 V' 的同构映射.

设 $\boldsymbol{\alpha}=\sum_{i=1}^{n}x_i\boldsymbol{\varepsilon}_i,\boldsymbol{\beta}=\sum_{i=1}^{n}y_i\boldsymbol{\varepsilon}_i$

是 V 中任意两个向量，那么

$$\sigma(\boldsymbol{\alpha})=\sum_{i=1}^{n}x_i\boldsymbol{\varepsilon}'_i,\sigma(\boldsymbol{\beta})=\sum_{i=1}^{n}y_i\boldsymbol{\varepsilon}'_i.$$

由于 $\boldsymbol{\varepsilon}_1,\boldsymbol{\varepsilon}_2,\cdots,\boldsymbol{\varepsilon}_n$ 与 $\boldsymbol{\varepsilon}'_1,\boldsymbol{\varepsilon}'_2,\cdots,\boldsymbol{\varepsilon}'_n$ 都是标准正交基，所以有

$$(\sigma(\boldsymbol{\alpha}),\sigma(\boldsymbol{\beta}))=x_1y_1+x_2y_2+\cdots+x_ny_n=(\boldsymbol{\alpha},\boldsymbol{\beta}).$$

从而欧氏空间 V 与 V' 同构. ▌

这个定理说明，从抽象的观点看，欧氏空间的结构完全由它的维数所决定. 维数相同的欧氏空间具有完全相同的性质.

推论 任一 n 维欧氏空间 V 均与关于标准内积构成的欧氏空间 $\mathbf{R}^n$ 同构.

习题 7-4

1. 设 $\mathbf{R}^2$ 关于内积 $(\boldsymbol{\alpha},\boldsymbol{\beta})=a_1b_1+2a_2b_2$，其中 $\forall\boldsymbol{\alpha}=(a_1,a_2),\boldsymbol{\beta}=(b_1,b_2)\in\mathbf{R}^2$. 记这个欧氏空间为 W. 找出 W 到关于标准内积构成的欧氏空间 $\mathbf{R}^2$ 的一个同构映射.

2. 设 W 是所有 n 阶实反对称矩阵关于内积

$$(\boldsymbol{A},\boldsymbol{B})=\frac{1}{2}\mathrm{tr}(\boldsymbol{A}\boldsymbol{B}^{\mathrm{T}}),\forall\boldsymbol{A},\boldsymbol{B}\in W$$

构成的欧氏空间，σ 是关于标准内积构成的欧氏空间 $\mathbf{R}^3$ 到 W 的一个映射，其中

$$\sigma(a_1,a_2,a_3)=\begin{pmatrix}0 & a_1 & a_2\\ -a_1 & 0 & a_3\\ -a_2 & -a_3 & 0\end{pmatrix}.$$

证明：σ 是欧氏空间 $\mathbf{R}^3$ 到 W 的一个同构映射，并求 W 的一组标准正交基.

3. 设 σ 是欧氏空间 V 到 W 的线性映射. 证明：σ 是 V 到 W 的同构映射的充要条件是，σ 将 V 的标准正交基 $\boldsymbol{\varepsilon}_1,\boldsymbol{\varepsilon}_2,\cdots,\boldsymbol{\varepsilon}_n$ 变成 W 的标准正交基 $\sigma(\boldsymbol{\varepsilon}_1),\sigma(\boldsymbol{\varepsilon}_2),\cdots,\sigma(\boldsymbol{\varepsilon}_n)$.

第五节 正交变换

我们知道，线性变换是线性空间中保持线性运算的变换. 在欧氏空间中我们来研究一种与内积有关的线性变换.

在解析几何中，保持两点之间距离不变的变换称为正交变换. 在一般的欧氏空间中，我们有如下定义.

定义 设 σ 是欧氏空间 V 的变换. 若 $\forall\boldsymbol{\alpha},\boldsymbol{\beta}\in V$，都有

$$(\sigma(\boldsymbol{\alpha}),\sigma(\boldsymbol{\beta}))=(\boldsymbol{\alpha},\boldsymbol{\beta}),$$

则称 σ 为欧氏空间 V 的正交变换.

由定义可知，欧氏空间 V 的保持向量内积不变的变换是正交变换. 进一步，欧氏空间 V 的正交变换保持非零向量的夹角不变，保持向量的正交性不变. 正交变换的线性性质可以通过下列定理说明.

定理 9　欧氏空间 V 的正交变换 σ 必是 V 的线性变换.

证　$\forall \boldsymbol{\alpha},\boldsymbol{\beta}\in V$. 由 σ 是正交变换，则

$$\begin{aligned}&(\sigma(\boldsymbol{\alpha}+\boldsymbol{\beta})-\sigma(\boldsymbol{\alpha})-\sigma(\boldsymbol{\beta}),\sigma(\boldsymbol{\alpha}+\boldsymbol{\beta})-\sigma(\boldsymbol{\alpha})-\sigma(\boldsymbol{\beta}))\\
=&(1,-1,-1)\begin{pmatrix}(\sigma(\boldsymbol{\alpha}+\boldsymbol{\beta}),\sigma(\boldsymbol{\alpha}+\boldsymbol{\beta})) & (\sigma(\boldsymbol{\alpha}+\boldsymbol{\beta}),\sigma(\boldsymbol{\alpha})) & (\sigma(\boldsymbol{\alpha}+\boldsymbol{\beta}),\sigma(\boldsymbol{\beta}))\\ (\sigma(\boldsymbol{\alpha}),\sigma(\boldsymbol{\alpha}+\boldsymbol{\beta})) & (\sigma(\boldsymbol{\alpha}),\sigma(\boldsymbol{\alpha})) & (\sigma(\boldsymbol{\alpha}),\sigma(\boldsymbol{\beta}))\\ (\sigma(\boldsymbol{\beta}),\sigma(\boldsymbol{\alpha}+\boldsymbol{\beta})) & (\sigma(\boldsymbol{\beta}),\sigma(\boldsymbol{\alpha})) & (\sigma(\boldsymbol{\beta}),\sigma(\boldsymbol{\beta}))\end{pmatrix}\begin{pmatrix}1\\-1\\-1\end{pmatrix}\\
=&(1,-1,-1)\begin{pmatrix}(\boldsymbol{\alpha}+\boldsymbol{\beta},\boldsymbol{\alpha}+\boldsymbol{\beta}) & (\boldsymbol{\alpha}+\boldsymbol{\beta},\boldsymbol{\alpha}) & (\boldsymbol{\alpha}+\boldsymbol{\beta},\boldsymbol{\beta})\\ (\boldsymbol{\alpha},\boldsymbol{\alpha}+\boldsymbol{\beta}) & (\boldsymbol{\alpha},\boldsymbol{\alpha}) & (\boldsymbol{\alpha},\boldsymbol{\beta})\\ (\boldsymbol{\beta},\boldsymbol{\alpha}+\boldsymbol{\beta}) & (\boldsymbol{\beta},\boldsymbol{\alpha}) & (\boldsymbol{\beta},\boldsymbol{\beta})\end{pmatrix}\begin{pmatrix}1\\-1\\-1\end{pmatrix}=0,\end{aligned}$$

故

$$\sigma(\boldsymbol{\alpha}+\boldsymbol{\beta})=\sigma(\boldsymbol{\alpha})+\sigma(\boldsymbol{\beta}).$$

同理可得 $\sigma(k\boldsymbol{\alpha})=k\sigma(\boldsymbol{\alpha}),\forall k\in\mathbf{R}$. 即 σ 是 V 的线性变换. ▌

正交变换可以从几个不同的方面加以刻画.

定理 10　设 σ 是 n 维欧氏空间 V 的一个线性变换. 则下列四个命题是相互等价的：

(1) σ 是正交变换；

(2) σ 保持向量的长度不变，即对于 $\boldsymbol{\alpha}\in V$，$|\sigma(\boldsymbol{\alpha})|=|\boldsymbol{\alpha}|$；

(3) 如果 $\boldsymbol{\varepsilon}_1,\boldsymbol{\varepsilon}_2,\cdots,\boldsymbol{\varepsilon}_n$ 是标准正交基，那么 $\sigma(\boldsymbol{\varepsilon}_1),\sigma(\boldsymbol{\varepsilon}_2),\cdots,\sigma(\boldsymbol{\varepsilon}_n)$ 也是标准正交基；

(4) σ 在任意一组标准正交基下的矩阵都是正交矩阵.

证　首先证明 (1) 与 (2) 等价. 如果 σ 是正交变换，那么

$$(\sigma(\boldsymbol{\alpha}),\sigma(\boldsymbol{\alpha}))=(\boldsymbol{\alpha},\boldsymbol{\alpha}),$$

两边开方即得

$$|\sigma(\boldsymbol{\alpha})|=|\boldsymbol{\alpha}|.$$

反之，如果 σ 保持向量的长度不变，那么

$$(\sigma(\boldsymbol{\alpha}),\sigma(\boldsymbol{\alpha}))=(\boldsymbol{\alpha},\boldsymbol{\alpha}),\ (\sigma(\boldsymbol{\beta}),\sigma(\boldsymbol{\beta}))=(\boldsymbol{\beta},\boldsymbol{\beta}),$$
$$(\sigma(\boldsymbol{\alpha}+\boldsymbol{\beta}),\sigma(\boldsymbol{\alpha}+\boldsymbol{\beta}))=(\boldsymbol{\alpha}+\boldsymbol{\beta},\boldsymbol{\alpha}+\boldsymbol{\beta}).$$

可得

$$\begin{aligned}(\sigma(\boldsymbol{\alpha}+\boldsymbol{\beta}),\sigma(\boldsymbol{\alpha}+\boldsymbol{\beta}))&=(\sigma(\boldsymbol{\alpha})+\sigma(\boldsymbol{\beta}),\sigma(\boldsymbol{\alpha})+\sigma(\boldsymbol{\beta}))\\&=(\sigma(\boldsymbol{\alpha}),\sigma(\boldsymbol{\alpha}))+2(\sigma(\boldsymbol{\alpha}),\sigma(\boldsymbol{\beta}))+(\sigma(\boldsymbol{\beta}),\sigma(\boldsymbol{\beta}))\\&=(\boldsymbol{\alpha},\boldsymbol{\alpha})+2(\sigma(\boldsymbol{\alpha}),\sigma(\boldsymbol{\beta}))+(\boldsymbol{\beta},\boldsymbol{\beta})\\&=(\boldsymbol{\alpha},\boldsymbol{\alpha})+2(\boldsymbol{\alpha},\boldsymbol{\beta})+(\boldsymbol{\beta},\boldsymbol{\beta}).\end{aligned}$$

故

$$(\sigma(\boldsymbol{\alpha}),\sigma(\boldsymbol{\beta}))=(\boldsymbol{\alpha},\boldsymbol{\beta}).$$

这就是说 σ 是正交变换.

再来证 (1) 与 (3) 等价. 设 $\boldsymbol{\varepsilon}_1,\boldsymbol{\varepsilon}_2,\cdots,\boldsymbol{\varepsilon}_n$ 是一组标准正交基，即

$$(\boldsymbol{\varepsilon}_i,\boldsymbol{\varepsilon}_j)=\begin{cases}1,i=j\\0,i\neq j\end{cases}\ i,j=1,2,\cdots,n.$$

如果 σ 是正交变换，那么

$$(\sigma(\boldsymbol{\varepsilon}_i),\sigma(\boldsymbol{\varepsilon}_j))=\begin{cases}1,i=j\\0,i\neq j\end{cases}\ i,j=1,2,\cdots,n.$$

这就是说，$\sigma(\boldsymbol{\varepsilon}_1),\sigma(\boldsymbol{\varepsilon}_2),\cdots,\sigma(\boldsymbol{\varepsilon}_n)$ 是标准正交基. 反之，如果 $\sigma(\boldsymbol{\varepsilon}_1),\sigma(\boldsymbol{\varepsilon}_2),\cdots,\sigma(\boldsymbol{\varepsilon}_n)$ 是标准正交基，那么由

$$\boldsymbol{\alpha}=x_1\boldsymbol{\varepsilon}_1+x_2\boldsymbol{\varepsilon}_2+\cdots+x_n\boldsymbol{\varepsilon}_n,\ \boldsymbol{\beta}=y_1\boldsymbol{\varepsilon}_1+y_2\boldsymbol{\varepsilon}_2+\cdots+y_n\boldsymbol{\varepsilon}_n$$

与

$$\sigma(\boldsymbol{\alpha})=x_1\sigma(\boldsymbol{\varepsilon}_1)+x_2\sigma(\boldsymbol{\varepsilon}_2)+\cdots+x_n\sigma(\boldsymbol{\varepsilon}_n),\ \sigma(\boldsymbol{\beta})=y_1\sigma(\boldsymbol{\varepsilon}_1)+y_2\sigma(\boldsymbol{\varepsilon}_2)+\cdots+y_n\sigma(\boldsymbol{\varepsilon}_n),$$

即得

$$(\boldsymbol{\alpha},\boldsymbol{\beta})=x_1y_1+x_2y_2+\cdots+x_ny_n=(\sigma(\boldsymbol{\alpha}),\sigma(\boldsymbol{\beta})).$$

因而 σ 是正交变换.

最后来证（3）与（4）等价. 设 σ 在标准正交基 $\boldsymbol{\varepsilon}_1,\boldsymbol{\varepsilon}_2,\cdots,\boldsymbol{\varepsilon}_n$ 下的矩阵为 $\boldsymbol{A}$，即

$$(\sigma(\boldsymbol{\varepsilon}_1),\sigma(\boldsymbol{\varepsilon}_2),\cdots,\sigma(\boldsymbol{\varepsilon}_n))=(\boldsymbol{\varepsilon}_1,\boldsymbol{\varepsilon}_2,\cdots,\boldsymbol{\varepsilon}_n)\boldsymbol{A}.$$

如果 $\sigma(\boldsymbol{\varepsilon}_1),\sigma(\boldsymbol{\varepsilon}_2),\cdots,\sigma(\boldsymbol{\varepsilon}_n)$ 是标准正交基，那么 $\boldsymbol{A}$ 可以看作由标准正交基 $\boldsymbol{\varepsilon}_1,\boldsymbol{\varepsilon}_2,\cdots,\boldsymbol{\varepsilon}_n$ 到 $\sigma(\boldsymbol{\varepsilon}_1),\sigma(\boldsymbol{\varepsilon}_2),\cdots,\sigma(\boldsymbol{\varepsilon}_n)$ 的过渡矩阵，因而 $\boldsymbol{A}$ 是正交矩阵. 反之，如果 $\boldsymbol{A}$ 是正交矩阵，那么 $\sigma(\boldsymbol{\varepsilon}_1),\sigma(\boldsymbol{\varepsilon}_2),\cdots,\sigma(\boldsymbol{\varepsilon}_n)$ 就是标准正交基.

综上，我们就证明了四个命题的等价性. ■

要注意的是正交变换关于非标准正交基的矩阵未必是正交矩阵. 例如在欧氏空间 $\mathbf{R}^3$ 中，$\boldsymbol{\varepsilon}_1=(1,0,0),\boldsymbol{\varepsilon}_2=(0,1,0),\boldsymbol{\varepsilon}_3=(0,0,1)$ 是一组标准正交基.

令 $\sigma(\boldsymbol{\varepsilon}_1)=-\boldsymbol{\varepsilon}_1,\sigma(\boldsymbol{\varepsilon}_2)=\boldsymbol{\varepsilon}_2,\sigma(\boldsymbol{\varepsilon}_3)=\boldsymbol{\varepsilon}_3$，容易验证 σ 是 $\mathbf{R}^3$ 的一个正交变换. 如果取

$$\boldsymbol{\beta}_1=\boldsymbol{\varepsilon}_1,\boldsymbol{\beta}_2=\boldsymbol{\varepsilon}_2,\boldsymbol{\beta}_3=\boldsymbol{\varepsilon}_1+\boldsymbol{\varepsilon}_2+\boldsymbol{\varepsilon}_3$$

为 $\mathbf{R}^3$ 的一组基，则显然它不是标准正交基，而 σ 关于这组基的矩阵为

$$\begin{pmatrix}-1&0&-2\\0&1&0\\0&0&1\end{pmatrix},$$

它不是正交矩阵. 如果再取

$$\boldsymbol{\gamma}_1=\frac{1}{2}\boldsymbol{\varepsilon}_1+\boldsymbol{\varepsilon}_2,\boldsymbol{\gamma}_2=-\frac{1}{2}\boldsymbol{\varepsilon}_1+\boldsymbol{\varepsilon}_2,\boldsymbol{\gamma}_3=\boldsymbol{\varepsilon}_3,$$

容易验证 $\boldsymbol{\gamma}_1,\boldsymbol{\gamma}_2,\boldsymbol{\gamma}_3$ 是 $\mathbf{R}^3$ 的一组基，但不是标准正交基，而 σ 关于这组基的矩阵却是正交矩阵

$$\begin{pmatrix}0&1&0\\1&0&0\\0&0&1\end{pmatrix}.$$

正交变换在取定标准正交基下与正交矩阵一一对应. 因为正交矩阵是可逆矩阵，所以正交变换是可逆的，而且由于正交矩阵的乘积及正交矩阵的逆矩阵都是正交矩阵，所以欧氏空间 V 的两个正交变换的乘积及一个正交变换的逆变换都是 V 的正交变换.

设 $\boldsymbol{Q}$ 是正交矩阵，那么由

$$\boldsymbol{Q}^{\mathrm{T}}\boldsymbol{Q}=\boldsymbol{E},$$

可知

$$|\boldsymbol{Q}|^2=1，即 |\boldsymbol{Q}|=\pm 1.$$

这就是说，正交变换的行列式等于 1 或 -1. 如果正交变换 σ 的行列式等于 1，则 σ 称为旋转，或者称为第一类正交变换；如果正交变换 σ 的行列式等于-1，则 σ 称为第二类正交变换.

例如，在欧氏空间中任取一组标准正交基 $\boldsymbol{\varepsilon}_1,\boldsymbol{\varepsilon}_2,\cdots,\boldsymbol{\varepsilon}_n$，定义线性变换 σ 为

$$\sigma(\boldsymbol{\varepsilon}_1)=-\boldsymbol{\varepsilon}_1,\sigma(\boldsymbol{\varepsilon}_i)=\boldsymbol{\varepsilon}_i,i=2,\cdots,n.$$

那么，σ 就是一个第二类的正交变换. 从几何上看，这是一个镜面反射.

习题 7-5

1. 在关于标准内积构成的欧氏空间 $\mathbf{R}^3$ 中，定义线性变换

$$\sigma(a_1,a_2,a_3)=(a_1,a_2,a_3)\begin{pmatrix}\frac{1}{\sqrt{2}} & \frac{1}{\sqrt{3}} & -\frac{1}{\sqrt{6}}\\ 0 & \frac{1}{\sqrt{3}} & \frac{2}{\sqrt{6}}\\ -\frac{1}{\sqrt{2}} & \frac{1}{\sqrt{3}} & -\frac{1}{\sqrt{6}}\end{pmatrix}.$$

证明：σ 是 $\mathbf{R}^3$ 的正交变换.

2. 设 $\boldsymbol{\alpha}_1,\boldsymbol{\alpha}_2,\boldsymbol{\alpha}_3$ 是 3 维欧氏空间 V 的一组标准正交基，试求一个正交变换 σ，使

$$\sigma(\boldsymbol{\alpha}_1)=\frac{2}{3}\boldsymbol{\alpha}_1+\frac{2}{3}\boldsymbol{\alpha}_2-\frac{1}{3}\boldsymbol{\alpha}_3,$$

$$\sigma(\boldsymbol{\alpha}_2)=\frac{2}{3}\boldsymbol{\alpha}_1-\frac{1}{3}\boldsymbol{\alpha}_2+\frac{2}{3}\boldsymbol{\alpha}_3.$$

3. 证明：(1) n 维欧氏空间 V 的两个正交变换的乘积是一个正交变换；(2) 一个正交变换的逆变换还是一个正交变换.

4. 证明：如果 σ 是 n 维欧氏空间 V 的一个正交变换，那么 σ 的不变子空间的正交补也是 σ 的不变子空间.

5. 设 $\boldsymbol{\alpha}_1,\boldsymbol{\alpha}_2,\cdots,\boldsymbol{\alpha}_n$ 和 $\boldsymbol{\beta}_1,\boldsymbol{\beta}_2,\cdots,\boldsymbol{\beta}_n$ 是 n 维欧氏空间 V 的两组标准正交基.

(1) 证明：存在 V 的一个正交变换 σ，使 $\sigma(\boldsymbol{\alpha}_i)=\boldsymbol{\beta}_i,i=1,2,\cdots,n$；

(2) 如果 V 的一个正交变换 τ 使得 $\tau(\boldsymbol{\alpha}_1)=\boldsymbol{\beta}_1$，那么 $\tau(\boldsymbol{\alpha}_2),\cdots,\tau(\boldsymbol{\alpha}_n)$ 所生成的子空间与 $\boldsymbol{\beta}_2,\cdots,\boldsymbol{\beta}_n$ 所生成的子空间重合.

6. 设 n 维欧氏空间 V 的向量 $\boldsymbol{\alpha}$ 与 $\boldsymbol{\beta}$ 的长相等. 证明：V 有一个正交变换 σ，使 $\sigma(\boldsymbol{\alpha})=\boldsymbol{\beta}$.

7. 设 σ 是 n 维欧氏空间 V 的变换，若 $\forall\boldsymbol{\alpha},\boldsymbol{\beta}\in V$，有 $|\sigma(\boldsymbol{\alpha})-\sigma(\boldsymbol{\beta})|=|\boldsymbol{\alpha}-\boldsymbol{\beta}|$ 且 $\sigma(\mathbf{0})=\mathbf{0}$. 证明：$\sigma$ 是 V 的正交变换.

8. 设 $\boldsymbol{\varepsilon}$ 是 n 维欧氏空间 V 的单位向量，定义 V 的线性变换 $\sigma(\boldsymbol{\alpha})=\boldsymbol{\alpha}-2(\boldsymbol{\varepsilon},\boldsymbol{\alpha})\boldsymbol{\varepsilon}$.
证明：(1) σ 是正交变换，这样的正交变换称为镜面反射；(2) σ 是第二类正交变换.

第六节　对称变换

欧氏空间中另一类重要的线性变换就是对称变换. 对称变换的理论是泛函分析中的一个重要内容. 本节只限于介绍有限维欧氏空间的对称变换的一些性质，这些性质在今后的学习中是非常有用的.

定义　设 σ 是欧氏空间 V 的线性变换，对于 V 中任意向量 $\boldsymbol{\alpha},\boldsymbol{\beta}$ 都有

$$(\sigma(\boldsymbol{\alpha}),\boldsymbol{\beta})=(\boldsymbol{\alpha},\sigma(\boldsymbol{\beta})),$$

则称 σ 为 V 的对称变换.

定理 11　设 V 是 n 维欧氏空间，σ 是 V 的线性变换. 则 σ 是 V 的对称变换的充分必要条件是 σ 在 V 的标准正交基下的矩阵是实对称矩阵.

证　必要性：设 $\boldsymbol{\varepsilon}_1,\boldsymbol{\varepsilon}_2,\cdots,\boldsymbol{\varepsilon}_n$ 是 V 的一组标准正交基，σ 在这组基下的矩阵是 $\boldsymbol{A}=(a_{ij})_{n\times n}$. 则由 $\sigma(\boldsymbol{\varepsilon}_i)=\sum\limits_{k=1}^{n}a_{ki}\boldsymbol{\varepsilon}_k\ (i=1,2,\cdots,n)$ 可得

$$a_{ji}=(\sum_{k=1}^{n}a_{ki}\boldsymbol{\varepsilon}_k,\boldsymbol{\varepsilon}_j)=(\sigma(\boldsymbol{\varepsilon}_i),\boldsymbol{\varepsilon}_j)=(\boldsymbol{\varepsilon}_i,\sigma(\boldsymbol{\varepsilon}_j))$$

$$=(\boldsymbol{\varepsilon}_i,\sum_{k=1}^{n}a_{kj}\boldsymbol{\varepsilon}_k)=a_{ij},i,j=1,2,\cdots,n.$$

故 $\boldsymbol{A}$ 是一个实对称矩阵.

充分性：设 σ 在 V 的标准正交基 $\boldsymbol{\varepsilon}_1,\boldsymbol{\varepsilon}_2,\cdots,\boldsymbol{\varepsilon}_n$ 下的矩阵 $\boldsymbol{A}=(a_{ij})_{n\times n}$ 是实对称矩阵. 由 $\sigma(\boldsymbol{\varepsilon}_i)=\sum_{k=1}^{n}a_{ki}\boldsymbol{\varepsilon}_k(i=1,2,\cdots,n)$ 及

$$(\sigma(\boldsymbol{\varepsilon}_i),\boldsymbol{\varepsilon}_j)=a_{ji}=a_{ij}=(\boldsymbol{\varepsilon}_i,\sigma(\boldsymbol{\varepsilon}_j)),i,j=1,2,\cdots,n,$$

则 $\forall\boldsymbol{\alpha}=\sum_{i=1}^{n}x_i\boldsymbol{\varepsilon}_i,\boldsymbol{\beta}=\sum_{j=1}^{n}y_j\boldsymbol{\varepsilon}_j\in V$. 由

$$\begin{aligned}(\sigma(\boldsymbol{\alpha}),\boldsymbol{\beta})&=(\sum_{i=1}^{n}x_i\sigma(\boldsymbol{\varepsilon}_i),\sum_{j=1}^{n}y_j\boldsymbol{\varepsilon}_j)=\sum_{i=1}^{n}\sum_{j=1}^{n}x_iy_j(\sigma(\boldsymbol{\varepsilon}_i),\boldsymbol{\varepsilon}_j)\\&=\sum_{i=1}^{n}\sum_{j=1}^{n}x_iy_j(\sum_{k=1}^{n}a_{ki}\boldsymbol{\varepsilon}_k,\boldsymbol{\varepsilon}_j)=\sum_{i=1}^{n}\sum_{j=1}^{n}a_{ji}x_iy_j\\&=\sum_{i=1}^{n}\sum_{j=1}^{n}a_{ij}x_iy_j=(\boldsymbol{\alpha},\sigma(\boldsymbol{\beta})),\end{aligned}$$

故 σ 是 V 的对称变换. ▌

【例 1】 设 σ 是标准内积下的欧氏空间 $\mathbf{R}^3$ 的线性变换，$\forall\boldsymbol{\alpha}=(a_1,a_2,a_3)\in\mathbf{R}^3$，令 $\sigma(\boldsymbol{\alpha})=(a_1-2a_2,-2a_1+3a_2+a_3,a_2-2a_3)$. 证明：$\sigma$ 是 $\mathbf{R}^3$ 的对称变换.

解 取 $\mathbf{R}^3$ 的标准正交基 $\boldsymbol{\varepsilon}_1=(1,0,0),\boldsymbol{\varepsilon}_2=(0,1,0),\boldsymbol{\varepsilon}_3=(0,0,1)$. 则 σ 在 $\boldsymbol{\varepsilon}_1,\boldsymbol{\varepsilon}_2,\boldsymbol{\varepsilon}_3$ 下的矩阵

$$\boldsymbol{A}=\begin{pmatrix}1&-2&0\\-2&3&1\\0&1&-2\end{pmatrix},$$

为对称矩阵，故 σ 是 $\mathbf{R}^3$ 的对称变换.

对称变换与实对称矩阵的对应关系，使得我们能够应用实对称矩阵来讨论对称变换，自然，也可以应用对称变换来讨论实对称矩阵. 下面我们证明对称变换与实对称矩阵的几个基本性质.

定理 12 实对称矩阵的特征值都是实数.

证 设 $\boldsymbol{A}=(a_{ij})_{n\times n}$ 是一个实对称矩阵. 令 λ_0 为 $\boldsymbol{A}$ 在复数域内的一个特征值. 于是有非零向量

$$\boldsymbol{\xi}=\begin{pmatrix}x_1\\x_2\\\vdots\\x_n\end{pmatrix},$$

使得

$$\boldsymbol{A\xi}=\lambda_0\boldsymbol{\xi}.$$

令

$$\overline{\boldsymbol{\xi}}=\begin{pmatrix}\overline{x}_1\\ \overline{x}_2\\ \vdots\\ \overline{x}_n\end{pmatrix},$$

其中 $\overline{x}_i$ 是 x_i 的共轭复数，$i=1,2,\cdots,n$，则$\overline{\boldsymbol{A\xi}}=\overline{\lambda}_0\overline{\boldsymbol{\xi}}$.

观察等式

$$\overline{\boldsymbol{\xi}}^{\mathrm{T}}(\boldsymbol{A\xi})=\overline{\boldsymbol{\xi}}^{\mathrm{T}}\boldsymbol{A}^{\mathrm{T}}\boldsymbol{\xi}=(\boldsymbol{A}\overline{\boldsymbol{\xi}})^{\mathrm{T}}\boldsymbol{\xi}=(\overline{\boldsymbol{A\xi}})^{\mathrm{T}}\boldsymbol{\xi},$$

等式左边为 $\lambda_0\overline{\boldsymbol{\xi}}^{\mathrm{T}}\boldsymbol{\xi}$，右边为 $\overline{\lambda}_0\overline{\boldsymbol{\xi}}^{\mathrm{T}}\boldsymbol{\xi}$. 故

$$\lambda_0\overline{\boldsymbol{\xi}}^{\mathrm{T}}\boldsymbol{\xi}=\overline{\lambda}_0\overline{\boldsymbol{\xi}}^{\mathrm{T}}\boldsymbol{\xi}.$$

又因为 $\boldsymbol{\xi}$ 是非零向量，有

$$\overline{\boldsymbol{\xi}}^{\mathrm{T}}\boldsymbol{\xi}=\overline{x}_1x_1+\overline{x}_2x_2+\cdots+\overline{x}_nx_n\neq 0,$$

故 $\lambda_0=\overline{\lambda}_0$，即 λ_0 是一个实数. ∎

定理 13　设 $\boldsymbol{A}$ 是实对称矩阵，则 $\mathbf{R}^n$ 中属于 $\boldsymbol{A}$ 的不同特征值的特征向量正交.

证　设 λ,μ 是 $\boldsymbol{A}$ 的两个不同的特征值，$\boldsymbol{\alpha},\boldsymbol{\beta}$ 分别是属于 λ,μ 的特征向量：$\boldsymbol{A\alpha}=\lambda\boldsymbol{\alpha}$，$\boldsymbol{A\beta}=\mu\boldsymbol{\beta}$. 定义对称变换 σ 使

$$\sigma(\boldsymbol{\alpha})=\lambda\boldsymbol{\alpha},\sigma(\boldsymbol{\beta})=\mu\boldsymbol{\beta}.$$

由

$$(\sigma(\boldsymbol{\alpha}),\boldsymbol{\beta})=(\boldsymbol{\alpha},\sigma(\boldsymbol{\beta})),$$

得

$$\lambda(\boldsymbol{\alpha},\boldsymbol{\beta})=\mu(\boldsymbol{\alpha},\boldsymbol{\beta}).$$

因为 $\lambda\neq\mu$，所以$(\boldsymbol{\alpha},\boldsymbol{\beta})=0$，即 $\boldsymbol{\alpha},\boldsymbol{\beta}$ 正交. ∎

定理 14　设 σ 是对称变换，W 是 σ 的不变子空间. 则 $W^{\perp}$ 也是 σ 的不变子空间.

证　设 $\boldsymbol{\alpha}\in W^{\perp}$，要证 $\sigma(\boldsymbol{\alpha})\in W^{\perp}$. 为此只要证明对于任意 $\boldsymbol{\beta}\in W$，都有$(\sigma(\boldsymbol{\alpha}),\boldsymbol{\beta})=0$. 因为 W 是 σ 的不变子空间，所以 $\sigma(\boldsymbol{\beta})\in W$. 因此

$$(\sigma(\boldsymbol{\alpha}),\boldsymbol{\beta})=(\boldsymbol{\alpha},\sigma(\boldsymbol{\beta}))=0,$$

从而 $\sigma(\boldsymbol{\alpha})\in W^{\perp}$，即 $W^{\perp}$是 σ 的不变子空间. ∎

现在我们来证明本节的主要定理.

定理 15　设 σ 是 n 维欧氏空间 V 的对称变换. 则存在 V 的一组标准正交基，使 σ 在这组基下的矩阵为对角矩阵 $\mathrm{diag}(\lambda_1,\lambda_2,\cdots,\lambda_n)$，其中 $\lambda_1,\lambda_2,\cdots,\lambda_n$ 为 σ 的全部特征值.

证　对欧氏空间 V 的维数 n 作数学归纳法.

当 $n=1$ 时，σ 在 V 的任一标准正交基下的矩阵均为 1 阶矩阵，因而定理成立.

假设 $n>1$，且定理对 $n-1$ 维欧氏空间成立. 由 σ 是 n 维欧氏空间 V 的对称变换，故 σ 的特征值均为实数. 设 λ_1 是 σ 的一个特征值，对应的特征向量为 $\boldsymbol{\alpha}_1$，则 $\sigma(\boldsymbol{\alpha}_1)=\lambda_1\boldsymbol{\alpha}_1$. 从而 $\boldsymbol{\varepsilon}_1=\dfrac{1}{|\boldsymbol{\alpha}_1|}\boldsymbol{\alpha}_1$ 是 σ 的属于 λ_1 的单位特征向量. 令 $W=L(\boldsymbol{\varepsilon}_1)$，则 W 是 σ 的 1 维不变子空间，由定理 14 知，$W^{\perp}$是 σ 的 $n-1$ 维不变子空间. 显然 $\sigma|W^{\perp}$ 是 $W^{\perp}$ 的对称变换. 由归纳假设，$\sigma|W^{\perp}$ 有 $n-1$ 个特征向量 $\boldsymbol{\varepsilon}_2,\boldsymbol{\varepsilon}_3,\cdots,\boldsymbol{\varepsilon}_n$ 作成 $W^{\perp}$ 的标准正交基，使 σ 在这组基下的矩阵为对角矩阵 $\mathrm{diag}(\lambda_2,\lambda_3,\cdots,\lambda_n)$，其中 $\lambda_2,\lambda_3,\cdots,\lambda_n$ 为对称变换 $\sigma|W^{\perp}$ 的全部特征值.

由于 $V=W\oplus W^{\perp}$，因而 $\boldsymbol{\varepsilon}_1,\boldsymbol{\varepsilon}_2,\cdots,\boldsymbol{\varepsilon}_n$ 是 V 的一组标准正交基，且 σ 在 $\boldsymbol{\varepsilon}_1,\boldsymbol{\varepsilon}_2,\cdots,\boldsymbol{\varepsilon}_n$ 下的矩阵为 $\mathrm{diag}(\lambda_1,\lambda_2,\cdots,\lambda_n)$，其中 $\lambda_1,\lambda_2,\cdots,\lambda_n$ 为 σ 的全部特征值. ▌

对于定理 15，用矩阵的语言，我们有如下定理.

定理 16 对于任意 n 阶实对称矩阵 $\boldsymbol{A}$，总存在一个 n 阶正交矩阵 $\boldsymbol{Q}$，使得

$$\boldsymbol{Q}^{\mathrm{T}}\boldsymbol{A}\boldsymbol{Q}=\mathrm{diag}(\lambda_1,\lambda_2,\cdots,\lambda_n),$$

其中 $\lambda_1,\lambda_2,\cdots,\lambda_n$ 为 $\boldsymbol{A}$ 的全部特征值.

为了求出矩阵 $\boldsymbol{Q}$，我们可以用以下方法：

由于 $\boldsymbol{Q}$ 是正交矩阵，所以 $\boldsymbol{Q}^{\mathrm{T}}=\boldsymbol{Q}^{-1}$. 因此 $\boldsymbol{Q}^{\mathrm{T}}\boldsymbol{A}\boldsymbol{Q}$ 与 $\boldsymbol{A}$ 相似，于是利用第六章中所给出的步骤求出一个可逆矩阵 $\boldsymbol{X}$，使 $\boldsymbol{X}^{-1}\boldsymbol{A}\boldsymbol{X}$ 成为对角矩阵. 这样求出的矩阵 $\boldsymbol{X}$ 往往还不是正交矩阵. 然而注意到 $\boldsymbol{X}$ 的列向量都是 $\boldsymbol{A}$ 的特征向量，而 $\boldsymbol{A}$ 的属于不同特征值的特征向量彼此正交，因此只要再对 $\boldsymbol{X}$ 中属于 $\boldsymbol{A}$ 的同一特征值的列向量施行正交化、单位化，就可得到 $\mathbf{R}^n$ 的一个标准正交向量组. 以这样得到的标准正交向量组为列，作一个矩阵 $\boldsymbol{Q}$，它就是我们所需要的正交矩阵.

【例 2】 设实对称矩阵

$$\boldsymbol{A}=\begin{pmatrix}1&2&2\\2&1&2\\2&2&1\end{pmatrix},$$

求正交矩阵 $\boldsymbol{Q}$，使 $\boldsymbol{Q}^{\mathrm{T}}\boldsymbol{A}\boldsymbol{Q}$ 为对角矩阵.

解 由 A 的特征多项式

$$f_A(\lambda)=|\lambda\boldsymbol{E}-\boldsymbol{A}|=\begin{vmatrix}\lambda-1&-2&-2\\-2&\lambda-1&-2\\-2&-2&\lambda-1\end{vmatrix}=(\lambda+1)^2(\lambda-5),$$

故 $\boldsymbol{A}$ 的特征值为 $\lambda_1=\lambda_2=-1,\lambda_3=5$.

对 $\lambda_1=\lambda_2=-1$，解得线性方程组 $(-\boldsymbol{E}-\boldsymbol{A})\boldsymbol{x}=\boldsymbol{0}$ 的基础解系是

$$\boldsymbol{\eta}_1=(1,0,-1),\boldsymbol{\eta}_2=(0,1,-1),$$

将 $\boldsymbol{\eta}_1,\boldsymbol{\eta}_2$ 正交化、单位化得

$$\boldsymbol{q}_1=\left(\frac{1}{\sqrt{2}},0,-\frac{1}{\sqrt{2}}\right),\boldsymbol{q}_2=\left(-\frac{1}{\sqrt{6}},\frac{2}{\sqrt{6}},-\frac{1}{\sqrt{6}}\right).$$

对 $\lambda_3=5$，解得线性方程组 $(5\boldsymbol{E}-\boldsymbol{A})\boldsymbol{x}=\boldsymbol{0}$ 的基础解系是

$$\boldsymbol{\eta}_3=(1,1,1),$$

将 $\boldsymbol{\eta}_3$ 单位化得

$$\boldsymbol{q}_3=\left(\frac{1}{\sqrt{3}},\frac{1}{\sqrt{3}},\frac{1}{\sqrt{3}}\right).$$

以 $\boldsymbol{q}_1,\boldsymbol{q}_2,\boldsymbol{q}_3$ 依次为列构成正交矩阵

$$\boldsymbol{Q}=\begin{pmatrix}\frac{1}{\sqrt{2}}&-\frac{1}{\sqrt{6}}&\frac{1}{\sqrt{3}}\\0&\frac{2}{\sqrt{6}}&\frac{1}{\sqrt{3}}\\-\frac{1}{\sqrt{2}}&-\frac{1}{\sqrt{6}}&\frac{1}{\sqrt{3}}\end{pmatrix},$$

则 $\boldsymbol{Q}$ 是一个正交矩阵，并且

$$\boldsymbol{Q}^{\mathrm{T}}\boldsymbol{A}\boldsymbol{Q}=\begin{pmatrix}-1 & & \\ & -1 & \\ & & 5\end{pmatrix}.$$

习题 7-6

1. 对下列实对称矩阵 $\boldsymbol{A}$，求正交矩阵 $\boldsymbol{Q}$，使 $\boldsymbol{Q}^{\mathrm{T}}\boldsymbol{A}\boldsymbol{Q}$ 为对角矩阵.

(1) $\boldsymbol{A}=\begin{pmatrix}4 & -2 & 4\\ -2 & 1 & -2\\ 4 & -2 & 4\end{pmatrix}$；　　(2) $\boldsymbol{A}=\begin{pmatrix}2 & -1 & -1\\ -1 & 2 & -1\\ -1 & -1 & 2\end{pmatrix}$；

(3) $\boldsymbol{A}=\begin{pmatrix}5 & -2 & 0 & 0\\ -2 & 2 & 0 & 0\\ 0 & 0 & 5 & -2\\ 0 & 0 & -2 & 2\end{pmatrix}$.

2. 设 σ 是 n 维欧氏空间 V 的一个对称变换，且 $\sigma^2=\sigma$. 证明：存在 V 的一组标准正交基 $\boldsymbol{\varepsilon}_1,\boldsymbol{\varepsilon}_2,\cdots,\boldsymbol{\varepsilon}_n$，使 σ 在 $\boldsymbol{\varepsilon}_1,\boldsymbol{\varepsilon}_2,\cdots,\boldsymbol{\varepsilon}_n$ 下的矩阵为 n 阶对角矩阵

$$\begin{pmatrix}\boldsymbol{E}_r & \boldsymbol{O}\\ \boldsymbol{O} & \boldsymbol{O}\end{pmatrix},$$

其中 r 为 σ 的秩.

3. 设 σ 是 n 维欧氏空间 V 的一个对称变换. 证明：V 可以表示成 n 个一维不变子空间的直和.

4. 设 σ_1,σ_2 是欧氏空间 V 的对称变换. 证明：$\sigma_1\sigma_2+\sigma_2\sigma_1$ 也是 V 的对称变换.

5. 设 $\boldsymbol{A}$ 是 n 阶实对称矩阵，$\lambda_1,\lambda_2,\cdots,\lambda_n$ 是 $\boldsymbol{A}$ 的全部特征值. 证明：存在秩为 1 的 n 阶实对称矩阵 $\boldsymbol{P}_1,\boldsymbol{P}_2,\cdots,\boldsymbol{P}_n$，使 $\boldsymbol{A}=\lambda_1\boldsymbol{P}_1+\lambda_2\boldsymbol{P}_2+\cdots+\lambda_n\boldsymbol{P}_n$.

6. 设 $\boldsymbol{A},\boldsymbol{B}$ 是实对称矩阵. 证明：存在正交矩阵 $\boldsymbol{Q}$，使 $\boldsymbol{Q}^{-1}\boldsymbol{A}\boldsymbol{Q}=\boldsymbol{B}$ 的充要条件是 $\boldsymbol{A},\boldsymbol{B}$ 的特征多项式的根全部相同.

习题 7

1. 证明：欧氏空间 V 的向量 $\boldsymbol{\alpha},\boldsymbol{\beta}$ 正交的充要条件是对任意 $t\in\mathbf{R}$，有 $|\boldsymbol{\alpha}+t\boldsymbol{\beta}|\geqslant|\boldsymbol{\alpha}|$.

2. 设 $\boldsymbol{\alpha}$ 是欧氏空间 V 的一个非零向量，$\boldsymbol{\alpha}_1,\boldsymbol{\alpha}_2,\cdots,\boldsymbol{\alpha}_m\in V$ 且满足

(1) $(\boldsymbol{\alpha}_i,\boldsymbol{\alpha})>0, i=1,2,\cdots,m$；

(2) $(\boldsymbol{\alpha}_i,\boldsymbol{\alpha}_j)\leqslant 0, i,j=1,2,\cdots,m, i\neq j$.

证明：$\boldsymbol{\alpha}_1,\boldsymbol{\alpha}_2,\cdots,\boldsymbol{\alpha}_m$ 线性无关.

3. 设 $\boldsymbol{\alpha},\boldsymbol{\beta},\boldsymbol{\gamma}$ 是 $n(n\geqslant 3)$ 维欧氏空间 V 的线性无关向量. 证明：

(1) $W=\{\boldsymbol{x}\mid \boldsymbol{x}\in V,(\boldsymbol{x},\boldsymbol{\alpha})=(\boldsymbol{x},\boldsymbol{\beta})=(\boldsymbol{x},\boldsymbol{\gamma})=0\}$ 是 V 的子空间；

(2) $\dim W=n-3$.

4. 设 $\boldsymbol{\alpha}_1,\boldsymbol{\alpha}_2,\cdots,\boldsymbol{\alpha}_{n-1}$ 是 n 维欧氏空间 V 的线性无关向量组，V 的向量 $\boldsymbol{\beta}_1,\boldsymbol{\beta}_2$ 均与 $\boldsymbol{\alpha}_i(i=1,2,\cdots,n-1)$ 正交. 证明：$\boldsymbol{\beta}_1,\boldsymbol{\beta}_2$ 线性相关.

5. 设 $\boldsymbol{\alpha}_1,\boldsymbol{\alpha}_2,\cdots,\boldsymbol{\alpha}_m$ 和 $\boldsymbol{\beta}_1,\boldsymbol{\beta}_2,\cdots,\boldsymbol{\beta}_m$ 是欧氏空间 V 的两个向量组，且满足 $(\boldsymbol{\alpha}_i,\boldsymbol{\alpha}_j)=(\boldsymbol{\beta}_i,\boldsymbol{\beta}_j), i,j=1,2,\cdots,m$. 证明：由 $\boldsymbol{\alpha}_1,\boldsymbol{\alpha}_2,\cdots,\boldsymbol{\alpha}_m$ 和 $\boldsymbol{\beta}_1,\boldsymbol{\beta}_2,\cdots,\boldsymbol{\beta}_m$ 生成的 V 的两个子空间同构.

6. 设 $\boldsymbol{\alpha}_1,\boldsymbol{\alpha}_2,\cdots,\boldsymbol{\alpha}_m$ 和 $\boldsymbol{\beta}_1,\boldsymbol{\beta}_2,\cdots,\boldsymbol{\beta}_m$ 是欧氏空间 V 的两个向量组. 证明：存在 V 的一个正交变换 σ，使 $\sigma(\boldsymbol{\alpha}_i)=\boldsymbol{\beta}_i, i=1,2,\cdots,m$ 的充要条件是 $(\boldsymbol{\alpha}_i,\boldsymbol{\alpha}_j)=(\boldsymbol{\beta}_i,\boldsymbol{\beta}_j), i,j=1,2,\cdots,m$.

7. 设 $\boldsymbol{\alpha}_1,\boldsymbol{\alpha}_2,\cdots,\boldsymbol{\alpha}_m$ 是 n 维欧氏空间 V 的一个向量组. 证明：$G(\boldsymbol{\alpha}_1,\boldsymbol{\alpha}_2,\cdots,\boldsymbol{\alpha}_m)\leqslant\prod_{i=1}^{m}(\boldsymbol{\alpha}_i,\boldsymbol{\alpha}_i)$，且等

号成立的充要条件是$\boldsymbol{\alpha}_1,\boldsymbol{\alpha}_2,\cdots,\boldsymbol{\alpha}_m$是$V$的正交向量组.

8. 设$\boldsymbol{A},\boldsymbol{B}$均为$n$阶正交矩阵，且$|\boldsymbol{A}|=-|\boldsymbol{B}|$. 证明：$\boldsymbol{A}+\boldsymbol{B}$不可逆.

9. 证明：正交矩阵的实特征值为±1.

10. 证明：(1) 如果正交矩阵$\boldsymbol{A}$的行列式$|\boldsymbol{A}|=-1$，则$\boldsymbol{A}$以-1为一个特征值；

(2) 如果$\boldsymbol{A},\boldsymbol{B}$都是正交矩阵，并且$|\boldsymbol{A}|=-|\boldsymbol{B}|$，则$|\boldsymbol{A}+\boldsymbol{B}|=0$.

11. (1) 设$\boldsymbol{\alpha},\boldsymbol{\beta}$是$n$维欧氏空间$V$的两个不同的单位向量. 证明：存在一个镜面反射$\sigma$，使$\sigma(\boldsymbol{\alpha})=\boldsymbol{\beta}$；

(2) 证明：n维欧氏空间V的任一正交变换都可以表示成一系列镜面反射的乘积.

12. 设$\boldsymbol{A}=(a_{ij})_{n\times n}$是实对称矩阵，$m,M$分别是$A$的最小特征值和最大特征值. 证明：

$$m\leqslant\frac{1}{n}(a_{11}+a_{22}+\cdots+a_{nn})\leqslant M.$$

13. 设$\boldsymbol{A}$是n阶实对称矩阵，且$\boldsymbol{A}^2=\boldsymbol{E}$. 证明：存在正交矩阵$\boldsymbol{Q}$，使

$$\boldsymbol{Q}^{\mathrm{T}}\boldsymbol{A}\boldsymbol{Q}=\begin{pmatrix}\boldsymbol{E}_p & \boldsymbol{O}\\ \boldsymbol{O} & -\boldsymbol{E}_{n-p}\end{pmatrix},$$

其中$0\leqslant p\leqslant n$.

14. 设σ是n维欧氏空间V的一个线性变换. 如果对于任意的$\boldsymbol{\alpha},\boldsymbol{\beta}\in V$都有$(\sigma(\boldsymbol{\alpha}),\boldsymbol{\beta})=-(\boldsymbol{\alpha},\sigma(\boldsymbol{\beta}))$，则称$\sigma$为反对称变换. 证明：

(1) V的线性变换σ是反对称变换的充要条件是，σ在一组标准正交基下的矩阵是反对称矩阵；

(2) 反对称实矩阵的特征值或者是零，或者是纯虚数；

(3) 如果W是反对称变换的不变子空间，那么$W^{\perp}$也是反对称变换的不变子空间.

15. 设$\boldsymbol{A}$是一个反对称实矩阵. 证明：$\boldsymbol{E}+\boldsymbol{A}$可逆，并且$\boldsymbol{Q}=(\boldsymbol{E}-\boldsymbol{A})(\boldsymbol{E}+\boldsymbol{A})^{-1}$是一个正交矩阵.

第八章

二次型

第一节　二次型及其矩阵表示

在解析几何中，我们看到，当坐标原点和中心重合时，一个有心二次曲线的一般方程是

$$ax^2+2bxy+cy^2=d. \tag{8-1}$$

为了便于研究这个二次曲线的几何性质，我们可以选择适当的角度 θ 作转轴（反时针）

$$\begin{cases}x=x'\cos\theta-y'\sin\theta \\ y=x'\sin\theta+y'\cos\theta\end{cases}, \tag{8-2}$$

把式(8-1) 化成标准方程. 在二次曲面的研究中也有类似的情况.

式(8-1) 的左端是一个二次齐次多项式. 从代数的观点看，所谓化标准形方程就是用变量的线性替换式(8-2) 化简一个二次齐次多项式，使它只含有平方项. 二次齐次多项式不但在几何中出现，而且在数学的其他分支如极值问题、优化问题以及物理、力学中也常常会遇到. 这一章我们就来介绍二次齐次多项式的一些基本性质及标准形问题.

定义 1　设 P 是一个数域，一个系数在数域 P 中的 $x_1,x_2,\cdots,x_n$ 的二次齐次多项式

$$\begin{aligned}f(x_1,x_2,\cdots,x_n)=&a_{11}x_1^2+2a_{12}x_1x_2+\cdots+2a_{1n}x_1x_n\\&+a_{22}x_2^2+\cdots+2a_{2n}x_2x_n+\cdots+a_{nn}x_n^2\end{aligned} \tag{8-3}$$

称为数域 P 上的一个 n 元二次型，在不致引起混淆时简称二次型. 例如

$$f(x_1,x_2,x_3)=x_1^2+x_1x_2+3x_1x_3+2x_2^2+4x_2x_3-3x_3^2$$

就是一个有理数域上的一个三元二次型.

为了以后讨论上的方便，在式(8-3) 中，我们总把 $x_i x_j$ $(i<j)$的系数写成 $2a_{ij}$，而不简单地写成 a_{ij}.

对于式(8-3) 二次型，若令

$$a_{ij}=a_{ji}, i<j,$$

由于 $x_i x_j=x_j x_i$，所以式(8-3) 可以写成

$$\begin{aligned} f(x_1,x_2,\cdots,x_n)=&a_{11}x_1^2+a_{12}x_1x_2+\cdots+a_{1n}x_1x_n\\ &+a_{21}x_2x_1+a_{22}x_2^2+\cdots+a_{2n}x_2x_n\\ &\cdots\cdots\\ &+a_{n1}x_nx_1+a_{n2}x_nx_2+\cdots+a_{nn}x_n^2\\ =&\sum_{i=1}^{n}\sum_{j=1}^{n}a_{ij}x_ix_j. \end{aligned} \tag{8-4}$$

把式(8-4) 的系数排成一个 $n\times n$ 矩阵为

$$\boldsymbol{A}=\begin{pmatrix} a_{11} & a_{12} & \cdots & a_{1n}\\ a_{21} & a_{22} & \cdots & a_{2n}\\ \vdots & \vdots & & \vdots\\ a_{n1} & a_{n2} & \cdots & a_{nn} \end{pmatrix}, \tag{8-5}$$

它称为二次型［式(8-3)］的矩阵，而矩阵 $\boldsymbol{A}$ 的秩称为二次型的秩. 因为在 $\boldsymbol{A}$ 中，$a_{ij}=a_{ji}$ $(i,j=1,2,\cdots,n)$，即 $\boldsymbol{A}=\boldsymbol{A}^{\mathrm{T}}$. 我们把这样的矩阵称为对称矩阵，因此，二次型的矩阵都是对称的.

若再令

$$\boldsymbol{X}=\begin{pmatrix} x_1\\ x_2\\ \vdots\\ x_n \end{pmatrix},$$

由实际计算易知，式(8-3) 二次型可以借助于矩阵乘法表示成

$$\begin{aligned} \boldsymbol{X}^{\mathrm{T}}\boldsymbol{A}\boldsymbol{X}&=(x_1,x_2,\cdots,x_n)\begin{pmatrix} a_{11} & a_{12} & \cdots & a_{1n}\\ a_{21} & a_{22} & \cdots & a_{2n}\\ \vdots & \vdots & & \vdots\\ a_{n1} & a_{n2} & \cdots & a_{nn} \end{pmatrix}\begin{pmatrix} x_1\\ x_2\\ \vdots\\ x_n \end{pmatrix}\\ &=(x_1,x_2,\cdots,x_n)\begin{pmatrix} a_{11}x_1+a_{12}x_2+\cdots+a_{1n}x_n\\ a_{21}x_1+a_{22}x_2+\cdots+a_{2n}x_n\\ \cdots\cdots\\ a_{n1}x_1+a_{n2}x_2+\cdots+a_{nn}x_n \end{pmatrix}\\ &=\sum_{i=1}^{n}\sum_{j=1}^{n}a_{ij}x_ix_j, \end{aligned}$$

故

$$f(x_1,x_2,\cdots,x_n)=\boldsymbol{X}^{\mathrm{T}}\boldsymbol{A}\boldsymbol{X}.$$

例如，前例中的三元二次型可以写成

$$f(x_1,x_2,x_3)=(x_1,x_2,x_3)\begin{pmatrix}1 & \frac{1}{2} & \frac{3}{2}\\ \frac{1}{2} & 2 & 2\\ \frac{3}{2} & 2 & -3\end{pmatrix}\begin{pmatrix}x_1\\x_2\\x_3\end{pmatrix}=\boldsymbol{X}^{\mathrm{T}}\boldsymbol{A}\boldsymbol{X},$$

其中

$$\boldsymbol{X}=\begin{pmatrix}x_1\\x_2\\x_3\end{pmatrix},\boldsymbol{A}=\begin{pmatrix}1 & \frac{1}{2} & \frac{3}{2}\\ \frac{1}{2} & 2 & 2\\ \frac{3}{2} & 2 & -3\end{pmatrix}.$$

$\boldsymbol{A}$ 为所给二次型的矩阵.

应该看到式(8-3) 二次型的矩阵 $\boldsymbol{A}$ 的元素，当 $i\neq j$ 时 $a_{ij}=a_{ji}$，它正是 x_ix_j 项的系数的一半，而 a_{ii} 是 x_i^2 项的系数，因此二次型和它的矩阵是相互唯一决定的. 由此可得，若二次型

$$f(x_1,x_2,\cdots,x_n)=\boldsymbol{X}^{\mathrm{T}}\boldsymbol{A}\boldsymbol{X}=\boldsymbol{X}^{\mathrm{T}}\boldsymbol{B}\boldsymbol{X},$$

且 $\boldsymbol{A}^{\mathrm{T}}=\boldsymbol{A},\boldsymbol{B}^{\mathrm{T}}=\boldsymbol{B}$，则 $\boldsymbol{A}=\boldsymbol{B}$.

定义 2　设 $x_1,\cdots,x_n;y_1,\cdots,y_n$ 是两组文字，数域 P 中的一组关系式

$$\begin{cases}x_1=c_{11}y_1+c_{12}y_2+\cdots+c_{1n}y_n\\ x_2=c_{21}y_1+c_{22}y_2+\cdots+c_{2n}y_n\\ \quad\cdots\cdots\\ x_n=c_{n1}y_1+c_{n2}y_2+\cdots+c_{nn}y_n\end{cases}\tag{8-6}$$

称为由 $x_1,\cdots,x_n$ 到 $y_1,\cdots,y_n$ 的一个线性替换，或简称线性替换. 如果系数行列式 $|c_{ij}|\neq 0$，那么线性替换［式(8-6)］就称为非退化的或可逆的.

显然，如果把式(8-2) 看作线性替换，那么它就是非退化的，因为

$$\begin{vmatrix}\cos\theta & -\sin\theta\\ \sin\theta & \cos\theta\end{vmatrix}=1\neq 0.$$

而在线性替换式(8-6) 中，若令

$$\boldsymbol{C}=\begin{pmatrix}c_{11} & c_{12} & \cdots & c_{1n}\\ c_{21} & c_{22} & \cdots & c_{2n}\\ \cdots & \cdots & \cdots & \cdots\\ c_{n1} & c_{n2} & \cdots & c_{nn}\end{pmatrix},\boldsymbol{Y}=\begin{pmatrix}y_1\\y_2\\ \vdots\\y_n\end{pmatrix},$$

则线性替换式(8-6) 可以写成

$$\begin{pmatrix}x_1\\x_2\\ \vdots\\x_n\end{pmatrix}=\begin{pmatrix}c_{11} & c_{12} & \cdots & c_{1n}\\ c_{21} & c_{22} & \cdots & c_{2n}\\ \cdots & \cdots & \cdots & \cdots\\ c_{n1} & c_{n2} & \cdots & c_{nn}\end{pmatrix}\begin{pmatrix}y_1\\y_2\\ \vdots\\y_n\end{pmatrix},$$

或者

$$\boldsymbol{X}=\boldsymbol{C}\boldsymbol{Y}.$$

不难看出，经过一个非退化的线性替换，二次型还是变成二次型．现在我们来研究一下，替换后的二次型与原来的二次型之间有什么关系，也就是说找出替换后的二次型的矩阵与原二次型的矩阵之间的关系．

设

$$f(x_1,x_2,\cdots,x_n)=\boldsymbol{X}^{\mathrm{T}}\boldsymbol{A}\boldsymbol{X},\boldsymbol{A}=\boldsymbol{A}^{\mathrm{T}} \tag{8-7}$$

是一个二次型，作非退化线性替换

$$\boldsymbol{X}=\boldsymbol{C}\boldsymbol{Y}, \tag{8-8}$$

我们得到一个 $y_1,y_2,\cdots,y_n$ 的二次型

$$\boldsymbol{Y}^{\mathrm{T}}\boldsymbol{B}\boldsymbol{Y}.$$

现在来看矩阵 $\boldsymbol{B}$ 与 $\boldsymbol{A}$ 的关系．把式(8-8) 代入式(8-7) 得

$$f(x_1,x_2,\cdots,x_n)=(\boldsymbol{C}\boldsymbol{Y})^{\mathrm{T}}\boldsymbol{A}(\boldsymbol{C}\boldsymbol{Y})=\boldsymbol{Y}^{\mathrm{T}}\boldsymbol{C}^{\mathrm{T}}\boldsymbol{A}\boldsymbol{C}\boldsymbol{Y}=\boldsymbol{Y}^{\mathrm{T}}(\boldsymbol{C}^{\mathrm{T}}\boldsymbol{A}\boldsymbol{C})\boldsymbol{Y}=\boldsymbol{Y}^{\mathrm{T}}\boldsymbol{B}\boldsymbol{Y}$$

容易看出，矩阵 $\boldsymbol{C}^{\mathrm{T}}\boldsymbol{A}\boldsymbol{C}$ 也是对称的．事实上，有

$$(\boldsymbol{C}^{\mathrm{T}}\boldsymbol{A}\boldsymbol{C})^{\mathrm{T}}=\boldsymbol{C}^{\mathrm{T}}\boldsymbol{A}^{\mathrm{T}}\boldsymbol{C}=\boldsymbol{C}^{\mathrm{T}}\boldsymbol{A}\boldsymbol{C}.$$

由此即得

$$\boldsymbol{B}=\boldsymbol{C}^{\mathrm{T}}\boldsymbol{A}\boldsymbol{C}.$$

这就是替换前后两个二次型的矩阵之间的关系．

定义 3 设 $\boldsymbol{A},\boldsymbol{B}$ 是数域 P 上的两个 n 阶矩阵，如果有数域 P 上的 n 阶可逆矩阵 $\boldsymbol{C}$，使

$$\boldsymbol{B}=\boldsymbol{C}^{\mathrm{T}}\boldsymbol{A}\boldsymbol{C},$$

则称 $\boldsymbol{A}$ 与 $\boldsymbol{B}$ 是合同的．

合同是矩阵之间的一个关系．我们可以验证矩阵的合同关系具有以下性质：

(1) 自反性：任意矩阵 $\boldsymbol{A}$ 都与自身合同．这是因为 $\boldsymbol{A}=\boldsymbol{E}^{\mathrm{T}}\boldsymbol{A}\boldsymbol{E}$.

(2) 对称性：若 $\boldsymbol{A}$ 与 $\boldsymbol{B}$ 合同，则 $\boldsymbol{B}$ 与 $\boldsymbol{A}$ 也合同．这是因为由 $\boldsymbol{B}=\boldsymbol{C}^{\mathrm{T}}\boldsymbol{A}\boldsymbol{C}$ 即得 $\boldsymbol{A}=(\boldsymbol{C}^{-1})^{\mathrm{T}}\boldsymbol{B}\boldsymbol{C}^{-1}$.

(3) 传递性：若 $\boldsymbol{A}$ 与 $\boldsymbol{B}$ 合同，$\boldsymbol{B}$ 与 $\boldsymbol{C}$ 合同，则 $\boldsymbol{A}$ 与 $\boldsymbol{C}$ 合同．这是因为由 $\boldsymbol{B}=\boldsymbol{C}_1^{\mathrm{T}}\boldsymbol{A}\boldsymbol{C}_1$ 和 $\boldsymbol{C}=\boldsymbol{C}_2^{\mathrm{T}}\boldsymbol{B}\boldsymbol{C}_2$ 即得 $\boldsymbol{C}=\boldsymbol{C}_2^{\mathrm{T}}\boldsymbol{C}_1^{\mathrm{T}}\boldsymbol{A}\boldsymbol{C}_1\boldsymbol{C}_2=(\boldsymbol{C}_1\boldsymbol{C}_2)^{\mathrm{T}}\boldsymbol{B}(\boldsymbol{C}_1\boldsymbol{C}_2)$.

因此，经过非退化的线性替换，新二次型的矩阵与原二次型的矩阵是合同的．换句话说，经非退化的线性替换，原二次型变成了新二次型，与此同时，原二次型的矩阵变成了与它合同的矩阵．

最后指出，在变换二次型时，我们总是要求所作的线性替换是非退化的．从几何上看，这一点是自然的．因为坐标变换一定是非退化的．一般地，当线性替换

$$\boldsymbol{X}=\boldsymbol{C}\boldsymbol{Y} \tag{8-9}$$

是非退化时，由上面的关系即得

$$\boldsymbol{Y}=\boldsymbol{C}^{-1}\boldsymbol{X}. \tag{8-10}$$

这也是一个非退化的线性替换．并且若经式(8-9) 原二次型变成了新二次型，则经式(8-10) 新二次型又还原成原来的二次型．这样可使我们由新二次型的性质推知原来二次型的性质．

习题 8-1

1. 写出下列二次型的矩阵：

(1) $f(x_1,x_2,x_3)=x_1^2+2x_1x_2-x_1x_3+2x_3^2$；

(2) $f(x_1,x_2,x_3)=x_1^2+x_2^2+x_3^2+x_1x_2+x_1x_3+x_2x_3$；

(3) $f(x_1,x_2,x_3)=-4x_1x_2+2x_1x_3+2x_2x_3$；

(4) $f(x_1,x_2,\cdots,x_n)=\sum_{i=1}^{n}\sum_{j=1}^{n}|i-j|x_ix_j$.

2. 写出下列二次型的矩阵：

$$f(x_1,x_2,x_3)=(x_1,x_2,x_3)\begin{pmatrix}2&1&-3\\3&5&1\\1&-1&-1\end{pmatrix}\begin{pmatrix}x_1\\x_2\\x_3\end{pmatrix}.$$

3. 设 $\boldsymbol{A}$ 是一个 n 阶矩阵，证明：

(1) $\boldsymbol{A}$ 是反对称矩阵当且仅当对任一个 n 维向量 $\boldsymbol{X}$，有 $\boldsymbol{X}^{\mathrm{T}}\boldsymbol{A}\boldsymbol{X}=\boldsymbol{O}$；

(2) 如果 $\boldsymbol{A}$ 是对称矩阵，且对任一个 n 维向量 $\boldsymbol{X}$ 有 $\boldsymbol{X}^{\mathrm{T}}\boldsymbol{A}\boldsymbol{X}=\boldsymbol{O}$，那么 $\boldsymbol{A}=\boldsymbol{O}$.

4. 设 $\boldsymbol{A}$ 是一个可逆对称矩阵，证明：$\boldsymbol{A}^{\mathrm{T}}$ 与 $\boldsymbol{A}$ 合同.

5. 设 $\boldsymbol{A}=\begin{pmatrix}1&0\\0&p\end{pmatrix}$，$p$ 为素数. 证明：在实数域上 $\boldsymbol{A}$ 与 $\boldsymbol{E}_2$ 合同；在有理数域上 $\boldsymbol{A}$ 与 $\boldsymbol{E}_2$ 不合同.

第二节　标准形

现在我们来讨论用非退化线性替换化二次型为标准形的问题.

可以认为，在二次型中最简单的一种是只含有变量平方项的标准形：

$$d_1x_1^2+d_2x_2^2+\cdots+d_nx_n^2. \tag{8-11}$$

二次型理论的一个最基本的定理如下.

定理 1　数域 P 上任意一个二次型都可以经过非退化线性替换化为标准形.

证　对二次型的变量个数 n 作数学归纳法.

对于 $n=1$，二次型

$$f(x_1)=a_{11}x_1^2$$

即为标准形. 归纳假设结论对 $n-1$ 成立，我们来证明结论对 n 也成立.

分三种情形进行讨论：

(1) $a_{ii}(i=1,2,\cdots,n)$中至少有一个不为 0，例如 $a_{11}\neq 0$. 这时

$$\begin{aligned}f(x_1,x_2,\cdots,x_n)&=a_{11}x_1^2+2\sum_{j=2}^{n}a_{1j}x_1x_j+\sum_{i=2}^{n}\sum_{j=2}^{n}a_{ij}x_ix_j\\&=a_{11}(x_1^2+2x_1\sum_{j=2}^{n}a_{11}^{-1}a_{1j}x_j)+\sum_{i=2}^{n}\sum_{j=2}^{n}a_{ij}x_ix_j\\&=a_{11}(x_1+\sum_{j=2}^{n}a_{11}^{-1}a_{1j}x_j)^2-a_{11}^{-1}(\sum_{j=2}^{n}a_{1j}x_j)^2+\sum_{i=2}^{n}\sum_{j=2}^{n}a_{ij}x_ix_j,\end{aligned}$$

令 $\begin{cases}y_1=x_1+\sum_{j=2}^{n}a_{11}^{-1}a_{1j}x_j\\y_2=x_2\\\cdots\cdots\\y_n=x_n\end{cases}$，即 $\begin{cases}x_1=y_1-\sum_{j=2}^{n}a_{11}^{-1}a_{1j}y_j\\x_2=y_2\\\cdots\cdots\\x_n=y_n\end{cases}$，或

$$\begin{pmatrix}x_1\\x_2\\\vdots\\x_n\end{pmatrix}=\boldsymbol{C}_1\begin{pmatrix}y_1\\y_2\\\vdots\\y_n\end{pmatrix}，其中\ \boldsymbol{C}_1=\begin{pmatrix}1 & -a_{11}^{-1}a_{12} & \cdots & -a_{11}^{-1}a_{1n}\\0 & 1 & \cdots & 0\\\vdots & \vdots & & \vdots\\0 & 0 & \cdots & 1\end{pmatrix}. \tag{8-12}$$

这是一个非退化线性替换，它使

$$f(x_1,x_2,\cdots,x_n)=a_{11}y_1^2+f_1(y_2,\cdots,y_n),$$

其中 $f_1(y_2,\cdots,y_n)=-a_{11}^{-1}\left(\sum_{j=2}^{n}a_{1j}y_j\right)^2+\sum_{i=2}^{n}\sum_{j=2}^{n}a_{ij}y_iy_j$ 是关于 $y_2,\cdots,y_n$ 的一个 $n-1$ 元二次型．由归纳假设，存在非退化线性替换

$$\begin{pmatrix}y_2\\\vdots\\y_n\end{pmatrix}=\boldsymbol{C}_2\begin{pmatrix}z_2\\\vdots\\z_n\end{pmatrix},$$

使 $f_1(y_2,\cdots,y_n)$化为标准形

$$d_2z_2^2+d_3z_3^2+\cdots+d_nz_n^2.$$

于是非退化线性替换

$$\begin{pmatrix}y_1\\y_2\\\vdots\\y_n\end{pmatrix}=\begin{pmatrix}1 & 0\\0 & \boldsymbol{C}_2\end{pmatrix}\begin{pmatrix}z_1\\z_2\\\vdots\\z_n\end{pmatrix}, \tag{8-13}$$

可将 $f(x_1,x_2,\cdots,x_n)$化为标准形

$$a_{11}z_1^2+d_2z_2^2+\cdots+d_nz_n^2.$$

由于式(8-12)、式(8-13) 均为非退化替换，故从 $x_1,x_2,\cdots,x_n$ 到 $z_1,z_2,\cdots,z_n$ 的线性替换

$$\begin{pmatrix}x_1\\x_2\\\vdots\\x_n\end{pmatrix}=\boldsymbol{C}_1\begin{pmatrix}1 & 0\\0 & \boldsymbol{C}_2\end{pmatrix}\begin{pmatrix}z_1\\z_2\\\vdots\\z_n\end{pmatrix}$$

也是非退化替换，定理成立．

（2）$a_{ii}=0$，但至少有一个 $a_{1j}\neq0(j>1)$，不妨设 $a_{12}\neq0$．令

$$\begin{cases}x_1=y_1+y_2\\x_2=y_1-y_2\\x_3=y_3\\\quad\cdots\cdots\\x_n=y_n\end{cases},$$

即 $\boldsymbol{X}=\boldsymbol{C}_3\boldsymbol{Y}$，其中

$$\boldsymbol{C}_3=\begin{pmatrix}1 & 1 & 0 & \cdots & 0\\1 & -1 & 0 & \cdots & 0\\0 & 0 & 1 & \cdots & 0\\\vdots & \vdots & \vdots & & \vdots\\0 & 0 & 0 & \cdots & 1\end{pmatrix}.$$

它是非退化线性替换，且使得 $f(x_1,x_2,\cdots,x_n)$ 化为关于 $y_1,y_2,\cdots,y_n$ 的二次型 $f_2(y_1,y_2,\cdots,y_n)$，此时 y_1^2 的系数 $2a_{12}\neq 0$，由情形（1）可得，经过非退化线性替换

$$\begin{pmatrix} y_1 \\ y_2 \\ \vdots \\ y_n \end{pmatrix}=\boldsymbol{C}_4\begin{pmatrix} z_1 \\ z_2 \\ \vdots \\ z_n \end{pmatrix},$$

化 $f_2(y_1,y_2,\cdots,y_n)$ 为标准形 $d_1z_1^2+d_2z_2^2+\cdots+d_nz_n^2$. 从而非退化线性替换

$$\begin{pmatrix} x_1 \\ x_2 \\ \vdots \\ x_n \end{pmatrix}=\boldsymbol{C}_3\boldsymbol{C}_4\begin{pmatrix} z_1 \\ z_2 \\ \vdots \\ z_n \end{pmatrix}$$

可将 $f(x_1,x_2,\cdots,x_n)$ 化为标准形，定理成立.

（3）$a_{i1}=0,a_{1j}=0(i=1,2,\cdots,n;j=1,2,\cdots,n)$. 此时

$$f(x_1,x_2,\cdots,x_n)=\sum_{i=2}^{n}\sum_{j=2}^{n}a_{ij}x_ix_j$$

是一个关于 $x_2,x_3,\cdots,x_n$ 的 $n-1$ 元二次型，根据归纳假设，它可以经过非退化线性替换化为标准形. ▌

定理 1 的证明实际上就是一个具体的将二次型化为标准形的方法，称为配方法.

【例 1】 设三元二次型

$$f(x_1,x_2,x_3)=x_1^2+2x_1x_2+2x_1x_3+2x_2^2+6x_2x_3+5x_3^2,$$

利用非退化线性替换将其化为标准形.

解 此二次型含有变量的平方项. 任取一个平方项，比如取 x_1^2. 把含有 x_1 的项集中，得

$$f(x_1,x_2,x_3)=x_1^2+2x_1(x_2+x_3)+2x_2^2+6x_2x_3+5x_3^2.$$

把前两项配成和的平方，得

$$\begin{aligned} f(x_1,x_2,x_3)&=x_1^2+2x_1(x_2+x_3)+(x_2+x_3)^2-(x_2+x_3)^2+2x_2^2+6x_2x_3+5x_3^2 \\ &=(x_1+x_2+x_3)^2+x_2^2+4x_2x_3+4x_3^2. \end{aligned}$$

对余下的含平方的项，再续行上面的方法. 任取一个平方项，比如取 x_2^2，把含有 x_2 的项集中，得

$$f(x_1,x_2,x_3)=(x_1+x_2+x_3)^2+(x_2^2+4x_2x_3)+4x_3^2.$$

再把第二个括号配成和的平方，得

$$\begin{aligned} f(x_1,x_2,x_3)&=(x_1+x_2+x_3)^2+[x_2^2+4x_2x_3+(2x_3)^2]-4x_3^2+4x_3^2 \\ &=(x_1+x_2+x_3)^2+(x_2+2x_3)^2. \end{aligned}$$

至此，配平方的过程已经结束.

$$\text{令}\begin{cases} y_1=x_1+x_2+x_3 \\ y_2=x_2+2x_3 \\ y_3=x_3 \end{cases}，\text{即}\begin{cases} x_1=y_1-y_2+y_3 \\ x_2=y_2-2y_3, \\ x_3=y_3 \end{cases} \tag{8-14}$$

显然式(8-14) 是非退化线性替换，此时二次型可化为标准形

$$f=y_1^2+y_2^2.$$

【例 2】 设三元二次型

$$f(x_1,x_2,x_3)=2x_1x_2+2x_1x_3-6x_2x_3,$$

利用非退化线性替换将其化为标准形.

解 此二次型不含有变量的平方项. 这时我们可以任意选定一个系数不为零的项，比如选定 $2x_1x_2$. 由于 $a_{12}\neq 0$，我们可以先作线性替换

$$\begin{cases}x_1=y_1+y_2\\x_2=y_1-y_2\\x_3=\qquad\quad y_3\end{cases},\tag{8-15}$$

易知式(8-15) 是非退化的，经式(8-15) 将二次型化成了含有平方项的二次型

$$\begin{aligned}f(x_1,x_2,x_3)&=2(y_1+y_2)(y_1-y_2)+2(y_1+y_2)y_3-6(y_1-y_2)y_3\\&=2y_1^2-2y_2^2-4y_1y_3+8y_2y_3.\end{aligned}$$

仿照例 1，把含有 y_1 的项集中，配方得

$$f(x_1,x_2,x_3)=2(y_1-y_3)^2-2y_3^2-2y_2^2+8y_2y_3.$$

再把含 y_2 的项集中，配方又得

$$f(x_1,x_2,x_3)=2(y_1-y_3)^2-2(y_2-2y_3)^2+6y_3^2.$$

$$令\begin{cases}z_1=y_1\quad-\ y_3\\z_2=\quad y_2-2y_3\\z_3=\qquad\quad y_3\end{cases}，即\begin{cases}y_1=z_1\quad+\ z_3\\y_2=\quad z_2+2z_3\\y_3=\qquad\quad z_3\end{cases},\tag{8-16}$$

显然式(8-16) 是非退化线性替换，此时二次型可化为标准形

$$f=2z_1^2-2z_2^2+6z_3^2.$$

所用的非退化线性替换是

$$\begin{pmatrix}x_1\\x_2\\x_3\end{pmatrix}=\begin{pmatrix}1&1&0\\1&-1&0\\0&0&1\end{pmatrix}\begin{pmatrix}y_1\\y_2\\y_3\end{pmatrix}=\begin{pmatrix}1&1&0\\1&-1&0\\0&0&1\end{pmatrix}\begin{pmatrix}1&0&1\\0&1&2\\0&0&1\end{pmatrix}\begin{pmatrix}z_1\\z_2\\z_3\end{pmatrix}$$

$$=\begin{pmatrix}1&1&3\\1&-1&-1\\0&0&1\end{pmatrix}\begin{pmatrix}z_1\\z_2\\z_3\end{pmatrix}.$$

即

$$\begin{cases}x_1=z_1+z_2+3z_3\\x_2=z_1-z_2-\ z_3\\x_3=\qquad\qquad\ z_3\end{cases}.$$

不难看出，式(8-11) 标准形的矩阵是对角矩阵，即

$$d_1x_1^2+d_2x_2^2+\cdots+d_nx_n^2=(x_1,x_2,\cdots,x_n)\begin{pmatrix}d_1&0&\cdots&0\\0&d_2&\cdots&0\\\vdots&\vdots&&\vdots\\0&0&\cdots&d_n\end{pmatrix}\begin{pmatrix}x_1\\x_2\\\vdots\\x_n\end{pmatrix}.$$

反过来，矩阵为对角形的二次型就只包含有平方项. 按本章第一节的讨论，经过非退化的线性替换，二次型的矩阵变到一个合同的矩阵，因此用矩阵的语言，定理 1 可以叙述为：

定理 2 在数域 P 上，任意一个对称矩阵都合同于一个对角矩阵. 换句话说，对于数域 P 上的任意一个对称矩阵 $\boldsymbol{A}$，一定可以找到数域 P 上的一个可逆矩阵 $\boldsymbol{C}$，使 $\boldsymbol{C}^{\mathrm{T}}\boldsymbol{A}\boldsymbol{C}$ 是一个对角矩阵.

由定理 2 可知，用非退化线性替换把二次型化为标准形问题，就是把这个二次型的矩阵（对称矩阵）在合同关系下化为对角矩阵的问题.

假定 $\boldsymbol{A}$ 是对称矩阵，$\boldsymbol{C}$ 是可逆矩阵，并且 $\boldsymbol{C}^{\mathrm{T}}\boldsymbol{A}\boldsymbol{C}$ 已是对角矩阵. 我们知道，任意 n 阶可逆矩阵都可以写成若干个初等矩阵的乘积，因此不妨设

$$\boldsymbol{C}=\boldsymbol{E}_1\boldsymbol{E}_2\cdots\boldsymbol{E}_s\text{，那么 }\boldsymbol{C}^{\mathrm{T}}=\boldsymbol{E}_s^{\mathrm{T}}\cdots\boldsymbol{E}_2^{\mathrm{T}}\boldsymbol{E}_1^{\mathrm{T}}.$$

于是

$$\boldsymbol{E}_s^{\mathrm{T}}\cdots\boldsymbol{E}_2^{\mathrm{T}}\boldsymbol{E}_1^{\mathrm{T}}\boldsymbol{A}\boldsymbol{E}_1\boldsymbol{E}_2\cdots\boldsymbol{E}_s=\begin{pmatrix}d_1 & & & \\ & d_2 & & \\ & & \ddots & \\ & & & d_n\end{pmatrix}.$$

其中 $\boldsymbol{E}_k(k=1,2,\cdots,s)$是初等矩阵.

（1）若 $\boldsymbol{E}_1=\boldsymbol{P}(i,j)$，则 $\boldsymbol{E}_1^{\mathrm{T}}=\boldsymbol{P}(i,j)$. 用 $\boldsymbol{E}_1$ 右乘 $\boldsymbol{A}$ 相当于把 $\boldsymbol{A}$ 的第 i,j 列互换；而用 $\boldsymbol{E}_1^{\mathrm{T}}$ 左乘 $\boldsymbol{A}$ 相当于把 $\boldsymbol{A}$ 的第 i,j 行互换.

（2）若 $\boldsymbol{E}_1=\boldsymbol{P}(i(c))$，则 $\boldsymbol{E}_1^{\mathrm{T}}=\boldsymbol{P}(i(c))$. 用 $\boldsymbol{E}_1$ 右乘 $\boldsymbol{A}$ 相当于把 $\boldsymbol{A}$ 的第 i 列乘以非零常数 c；而用 $\boldsymbol{E}_1^{\mathrm{T}}$ 左乘 $\boldsymbol{A}$ 相当于把 $\boldsymbol{A}$ 的第 i 行乘以非零常数 c.

（3）若 $\boldsymbol{E}_1=\boldsymbol{P}(i,j(k))$，则 $\boldsymbol{E}_1^{\mathrm{T}}=\boldsymbol{P}(j,i(k))$. 用 $\boldsymbol{E}_1$ 右乘 $\boldsymbol{A}$ 相当于把 $\boldsymbol{A}$ 的第 j 列的 k 倍加到第 i 列上；而用 $\boldsymbol{E}_1^{\mathrm{T}}$ 左乘 $\boldsymbol{A}$ 相当于把 $\boldsymbol{A}$ 的第 j 行的 k 倍加到第 i 行上.

根据上面的讨论，我们可以看出，对矩阵 $\boldsymbol{A}$ 作某些列的初等变换，并且在作一次列的初等变换的同时，对 $\boldsymbol{A}$ 的行也作同样的初等变换，就可以把对称矩阵 $\boldsymbol{A}$ 化为与之合同的对角矩阵. 又

$$\boldsymbol{C}=\boldsymbol{E}_1\boldsymbol{E}_2\cdots\boldsymbol{E}_s=\boldsymbol{E}\boldsymbol{E}_1\boldsymbol{E}_2\cdots\boldsymbol{E}_s,$$

这说明，我们用相同的列与行的初等变换把 $\boldsymbol{A}$ 化成对角矩阵时，只要用其中的列初等变换就可以把单位矩阵 $\boldsymbol{E}$ 化成 $\boldsymbol{C}$.

具体计算时，可采用类似于用初等变换求逆矩阵时的写法. 我们把 $\boldsymbol{E}$ 写在 $\boldsymbol{A}$ 的下面，作矩阵$\begin{pmatrix}\boldsymbol{A}\\ \boldsymbol{E}\end{pmatrix}$. 然后对$\begin{pmatrix}\boldsymbol{A}\\ \boldsymbol{E}\end{pmatrix}$作列的初等变换，并且对$\begin{pmatrix}\boldsymbol{A}\\ \boldsymbol{E}\end{pmatrix}$每作一次什么样的列初等变换，就对它的行也作一次相同的初等变换. 这样，在 $\boldsymbol{A}$ 化成对角形的同时，$\boldsymbol{E}$ 便化成了 $\boldsymbol{C}$. 由此可见，利用这种方法不仅可求出与 $\boldsymbol{A}$ 合同的对角矩阵

$$\begin{pmatrix}d_1 & & & \\ & d_2 & & \\ & & \ddots & \\ & & & d_n\end{pmatrix},$$

还可以同时求出可逆矩阵 $\boldsymbol{C}$，使

$$\boldsymbol{C}^{\mathrm{T}}\boldsymbol{A}\boldsymbol{C}=\begin{pmatrix}d_1 & & & \\ & d_2 & & \\ & & \ddots & \\ & & & d_n\end{pmatrix}.$$

【例 3】 用矩阵的初等变换将对称矩阵

$$A=\begin{pmatrix}0 & 1 & 1\\ 1 & 0 & -3\\ 1 & -3 & 0\end{pmatrix}$$

化为与 A 合同的对角矩阵，并求出所需要的可逆矩阵 C.

解 构造矩阵

$$\begin{pmatrix}A\\ E\end{pmatrix}=\begin{pmatrix}0 & 1 & 1\\ 1 & 0 & -3\\ 1 & -3 & 0\\ 1 & 0 & 0\\ 0 & 1 & 0\\ 0 & 0 & 1\end{pmatrix},$$

因为 A 的主对角线上的元素都是零，而第一行第二列上元素不是零. 我们把第二列加到第一列上，同时把第二行加到第一行，得

$$\begin{pmatrix}2 & 1 & -2\\ 1 & 0 & -3\\ -2 & -3 & 0\\ 1 & 0 & 0\\ 1 & 1 & 0\\ 0 & 0 & 1\end{pmatrix}.$$

再用 $-\frac{1}{2}$ 乘第一列加到第二列，把第一列加到第三列，然后用 $-\frac{1}{2}$ 乘第一行加到第二行，再把第一行加到第三行（实际上等于把第二、三行上的第一列元素改为零），得

$$\begin{pmatrix}2 & 0 & 0\\ 0 & -\frac{1}{2} & -2\\ 0 & -2 & -2\\ 1 & -\frac{1}{2} & 1\\ 1 & \frac{1}{2} & 1\\ 0 & 0 & 1\end{pmatrix}.$$

用 -4 乘第二列加到第三列，再用 -4 乘第二行加到第三行，得

$$\begin{pmatrix}2 & 0 & 0\\ 0 & -\frac{1}{2} & 0\\ 0 & 0 & 6\\ 1 & -\frac{1}{2} & 3\\ 1 & \frac{1}{2} & -1\\ 0 & 0 & 1\end{pmatrix}.$$

所以可逆矩阵 C 及与 A 合同的对角矩阵分别为

$$C=\begin{pmatrix}1 & -\frac{1}{2} & 3\\ 1 & \frac{1}{2} & -1\\ 0 & 0 & 1\end{pmatrix},C^{\mathrm{T}}AC=\begin{pmatrix}2 & 0 & 0\\ 0 & -\frac{1}{2} & 0\\ 0 & 0 & 6\end{pmatrix}.$$

这等于说，A 所确定的二次型

$$f(x_1,x_2,x_3)=2x_1x_2+2x_1x_3-6x_2x_3$$

经过非退化线性替换

$$\begin{pmatrix}x_1\\ x_2\\ x_3\end{pmatrix}=\begin{pmatrix}1 & -\frac{1}{2} & 3\\ 1 & \frac{1}{2} & -1\\ 0 & 0 & 1\end{pmatrix}\begin{pmatrix}y_1\\ y_2\\ y_3\end{pmatrix}$$

化为标准形：$f=2y_1^2-\frac{1}{2}y_2^2+6y_3^2$.

习题 8-2

1. 化下列二次型为标准形，并写出所用的非退化线性替换：

(1) $f(x_1,x_2,x_3)=x_1^2+2x_2^2+3x_3^2+4x_1x_2+4x_1x_3+6x_2x_3$；

(2) $f(x_1,x_2,x_3)=x_1^2-x_3^2+2x_1x_2-2x_1x_3+2x_2x_3$；

(3) $f(x_1,x_2,x_3)=2x_1x_2-2x_1x_3+2x_2x_3$；

(4) $f(x_1,x_2,x_3,x_4)=4x_1x_4+2x_2x_3+4x_2x_4+2x_3x_4$.

2. 对下列矩阵 A，求可逆矩阵 P，使 $P^{\mathrm{T}}AP$ 是对角形式：

(1) $A=\begin{pmatrix}1 & 2 & 1\\ 2 & 1 & 1\\ 1 & 1 & 3\end{pmatrix}$；(2) $A=\begin{pmatrix}0 & 1 & 1 & 1\\ 1 & 0 & 1 & 1\\ 1 & 1 & 0 & 1\\ 1 & 1 & 1 & 0\end{pmatrix}$.

3. 证明：秩为 r 的 n 阶对称矩阵可以表示成 r 个秩为 1 的 n 阶对称矩阵之和.

4. 设 A 为 n 阶非零对称矩阵，证明：存在 n 维非零向量 X_0，使 $X_0^{\mathrm{T}}AX_0\neq O$.

5. 设 $f(x_1,x_2,\cdots,x_n)=\sum\limits_{i=1}^{n}\sum\limits_{j=1}^{n}a_{ij}x_ix_j,a_{ij}=a_{ji}$，$g(x_1,x_2,\cdots,x_n)=\sum\limits_{i=1}^{n}\sum\limits_{j=1}^{n}b_{ij}x_ix_j,b_{ij}=b_{ji}$. 如果对任意$(x_1,x_2,\cdots,x_n)$，总有 $f(x_1,x_2,\cdots,x_n)=g(x_1,x_2,\cdots,x_n)$. 证明：$a_{ij}=b_{ij}(i,j=1,2,\cdots,n)$.

第三节 唯一性

我们看到，一个二次型的标准形是不唯一的，它与所作的非退化线性替换有关. 由于合同矩阵具有相同的秩，即等价的二次型有相同的秩，而二次型标准形的矩阵是对角矩阵，它的秩等于主对角线上的非零元素的个数. 因此，在一个二次型的标准形中，系数不为零的平方项的个数是唯一确定的，与所作的非退化线性替换无关.

至于二次型的标准形中正、负项系数的平方项的项数，随着数域的变化而变化. 下面我们就对复数域和实数域上的二次型来作进一步讨论. 首先来讨论复数域的情形.

设 $f(x_1,x_2,\cdots,x_n)$是一个复数域上的二次型（以后简称为复二次型）. 由本章定理 1，$f(x_1,x_2,\cdots,x_n)$可经一个适当的非退化线性替换化成标准形. 不妨假定它的标准形为

$$d_1y_1^2+d_2y_2^2+\cdots+d_ry_r^2,d_i\neq 0,i=1,2,\cdots,r. \tag{8-17}$$

其中 r 是 $f(x_1,x_2,\cdots,x_n)$的矩阵的秩. 因为在复数域中，复数总可以开平方，所以如果再作一次非退化线性替换

$$\begin{cases} y_1=\frac{1}{\sqrt{d_1}}z_1 \\ y_2=\qquad\frac{1}{\sqrt{d_2}}z_2 \\ \qquad\qquad\cdots\cdots \\ y_r=\qquad\qquad\frac{1}{\sqrt{d_r}}z_r \\ y_{r+1}=\qquad\qquad\qquad z_{r+1} \\ \qquad\qquad\cdots\cdots \\ y_n=\qquad\qquad\qquad\quad z_n \end{cases}, \tag{8-18}$$

所给二次型又可化成

$$z_1^2+z_2^2+\cdots+z_r^2. \tag{8-19}$$

式(8-19）称为复二次型的规范形，它的系数为 1 或 0，并且系数为 1 的平方项的项数等于这个二次型的秩. 因此，一个复二次型的规范形由原二次型矩阵的秩完全确定，这就证明了下面的定理：

定理 3 任意一个复二次型，都可经过一个适当的非退化线性替换化成规范形，并且规范形是唯一的.

用矩阵语言，定理 3 可叙述成如下定理.

定理 4 任意一个复对称矩阵都合同于一个形如

$$\begin{pmatrix} 1 & & & & & \\ & \ddots & & & & \\ & & 1 & & & \\ & & & 0 & & \\ & & & & \ddots & \\ & & & & & 0 \end{pmatrix}$$

的对角矩阵，其中 1 的个数等于所给复矩阵的秩.

由此易知，两个 n 阶复对称矩阵合同的充分必要条件是它们的秩相等.

再来看实数域的情形.

设 $f(x_1,x_2,\cdots,x_n)$是一个实数域上的二次型. 由本章定理 1，经过一个适当的非退化线性替换，再适当排列文字的次序，可使 $f(x_1,x_2,\cdots,x_n)$化成标准形

$$d_1y_1^2+\cdots+d_py_p^2-d_{p+1}y_{p+1}^2-\cdots-d_ry_r^2. \tag{8-20}$$

其中 $d_i>0(i=1,2,\cdots,r)$，r 是 $f(x_1,x_2,\cdots,x_n)$的矩阵的秩. 因为在实数域中，正实数总可以开平方，所以再作一次非退化线性替换

$$\begin{cases} y_1=\dfrac{1}{\sqrt{d_1}}z_1 \\ \quad\cdots\cdots \\ y_r=\dfrac{1}{\sqrt{d_r}}z_r \\ y_{r+1}=z_{r+1} \\ \quad\cdots\cdots \\ y_n=z_n \end{cases}. \tag{8-21}$$

式(8-20) 就变成了

$$z_1^2+z_2^2+\cdots+z_p^2-z_{p+1}^2-\cdots-z_r^2. \tag{8-22}$$

式(8-22) 称为实二次型 $f(x_1,x_2,\cdots,x_n)$的规范形，它的系数为 1,−1 或 0. 显然，实二次型的规范形完全由 r,p 这两个数所决定. 进一步，有下面关于实二次型的惯性定理.

定理 5　任意一个实二次型，都可经过一个适当的非退化线性替换化成规范形，且规范形是唯一的.

证　上面的讨论已经证明了：任意一个实二次型都可以化成规范形. 下面来证唯一性.

设实二次型 $f(x_1,x_2,\cdots,x_n)$经过非退化线性替换 $\boldsymbol{X}=\boldsymbol{BY}$ 化成规范形

$$f(x_1,x_2,\cdots,x_n)=y_1^2+\cdots+y_p^2-y_{p+1}^2-\cdots-y_r^2,$$

而经过非退化线性替换 $\boldsymbol{X}=\boldsymbol{CZ}$ 也化成规范形

$$f(x_1,x_2,\cdots,x_n)=z_1^2+\cdots+z_q^2-z_{q+1}^2-\cdots-z_r^2,$$

要证明规范形唯一，只要证明 $p=q$.

用反证法. 设 $p>q$. 由上面的假设，我们有

$$y_1^2+\cdots+y_p^2-y_{p+1}^2-\cdots-y_r^2=z_1^2+\cdots+z_q^2-z_{q+1}^2-\cdots-z_r^2, \tag{8-23}$$

其中

$$\boldsymbol{Z}=\boldsymbol{C}^{-1}\boldsymbol{BY}. \tag{8-24}$$

令

$$\boldsymbol{C}^{-1}\boldsymbol{B}=\boldsymbol{G}=\begin{pmatrix} g_{11} & g_{12} & \cdots & g_{1n} \\ g_{21} & g_{22} & \cdots & g_{2n} \\ \vdots & \vdots & & \vdots \\ g_{n1} & g_{n2} & \cdots & g_{nn} \end{pmatrix},$$

于是式(8-24) 具体写出来就是

$$\begin{cases} z_1=g_{11}y_1+g_{12}y_2+\cdots+g_{1n}y_n \\ z_2=g_{21}y_1+g_{22}y_2+\cdots+g_{2n}y_n \\ \quad\cdots\cdots \\ z_n=g_{n1}y_1+g_{n2}y_2+\cdots+g_{nn}y_n \end{cases}. \tag{8-25}$$

考虑齐次线性方程组

$$\begin{cases} g_{11}y_1+g_{12}y_2+\cdots+g_{1n}y_n=0 \\ \quad\cdots\cdots \\ g_{q1}y_1+g_{q2}y_2+\cdots+g_{qn}y_n=0 \\ y_{p+1}=0 \\ \quad\cdots\cdots \\ y_n=0 \end{cases}, \tag{8-26}$$

式(8-26) 含有 n 个未知量，而含有方程数为

$$q+(n-p)=n-(p-q)<n$$

所以式(8-26) 有非零解. 令

$$(y_1,\cdots,y_p,y_{p+1},\cdots y_n)=(k_1,\cdots,k_p,k_{p+1},\cdots k_n)$$

是式(8-26) 的一个非零解. 显然

$$k_{p+1}=\cdots=k_n=0,$$

把它代入式(8-23) 的左端得 $k_1^2+\cdots+k_p^2>0$. 再通过式(8-25) 把它代入式(8-23) 的右端，因为它是式(8-26) 的解，故有

$$z_1=\cdots=z_q=0.$$

所以得到的值为

$$-z_{q+1}^2-\cdots-z_r^2\leqslant 0,$$

这里矛盾，它说明假设 $p>q$ 是不对的，因此我们证明了 $p\leqslant q$.

同理可证 $q\leqslant p$，从而 $p=q$. 这就证明了规范形的唯一性. ▌

定义 在实二次型 $f(x_1,x_2,\cdots,x_n)$的规范形中，正平方项的个数 p 称为 $f(x_1,x_2,\cdots,x_n)$的正惯性指数；负平方项的个数 $r-p$ 称为 $f(x_1,x_2,\cdots,x_n)$的负惯性指数；它们的差 $p-(r-p)=2p-r$ 称为 $f(x_1,x_2,\cdots,x_n)$的符号差.

设 $\boldsymbol{A}$ 是一个实对称矩阵. 由 $\boldsymbol{A}$ 所决定的二次型 $\boldsymbol{X}^{\mathrm{T}}\boldsymbol{A}\boldsymbol{X}$ 的正惯性指数、负惯性指数与符号差也分别称作 $\boldsymbol{A}$ 的正惯性指数、负惯性指数与符号差.

用矩阵语言，定理 5 可以叙述成如下定理.

定理 6 任意一个实对称矩阵都合同于一个形如

$$\begin{pmatrix} 1 & & & & & & & & \\ & \ddots & & & & & & & \\ & & 1 & & & & & & \\ & & & -1 & & & & & \\ & & & & \ddots & & & & \\ & & & & & -1 & & & \\ & & & & & & 0 & & \\ & & & & & & & \ddots & \\ & & & & & & & & 0 \end{pmatrix}$$

的对角矩阵，其中对角线上 1 的个数 p 及 -1 的个数 $r-p$（r 是 $\boldsymbol{A}$ 的秩）都是唯一确定的，分别称为 $\boldsymbol{A}$ 的正、负惯性指数，它们的差 $2p-r$ 称为 $\boldsymbol{A}$ 的符号差.

由此易知，两个 n 阶实对称矩阵合同的充分必要条件是它们有相同的秩和相同的正惯性指数.

最后我们指出，虽然实二次型的标准形不是唯一的，但是由上面化成规范形的过程可以看出，标准形中系数为正的平方项的个数与规范形中正平方项的个数是一致的. 因此，惯性定理也可以叙述为：实二次型的标准形中系数为正的平方项的个数是唯一确定的，它等于正惯性指数，而系数为负的平方项的个数就等于负惯性指数.

习题 8-3

1. 化下列二次型为规范形，并写出所用的非退化线性替换：

(1) $f(x_1,x_2,x_3)=x_1^2+2x_2^2+4x_3^2+2x_1x_2+4x_2x_3$；

(2) $f(x_1,x_2,x_3)=-4x_1x_2+2x_1x_3+2x_2x_3$.

2. 令

$$\boldsymbol{A}=\begin{pmatrix}5&4&3\\4&5&3\\3&3&2\end{pmatrix},\boldsymbol{B}=\begin{pmatrix}4&0&-6\\0&1&0\\-6&0&9\end{pmatrix}.$$

证明：$\boldsymbol{A}$ 与 $\boldsymbol{B}$ 在实数域上合同，并求可逆矩阵 $\boldsymbol{P}$，使得 $\boldsymbol{P}^{\mathrm{T}}\boldsymbol{AP}=\boldsymbol{B}$.

3. 设 $\boldsymbol{A},\boldsymbol{B}$ 均为 n 阶实对称矩阵，k,l 为非零实数，分别给出 $k\boldsymbol{A}$ 与 $l\boldsymbol{B}$ 在复数域和实数域上合同的充要条件.

4. 设 $\boldsymbol{A}$ 为 n 阶非零实对称矩阵，$R(\boldsymbol{A})=r<n$. 证明：存在秩为 $n-r$ 的 n 阶非零实对称矩阵 $\boldsymbol{B}$，使 $\boldsymbol{AB}=\boldsymbol{O}$.

5. 设 $\boldsymbol{A}$ 为复数域上秩为 r 的 n 阶对称矩阵. 证明：存在复数域上秩为 r 的 $r\times n$ 阶矩阵 $\boldsymbol{B}$，使 $\boldsymbol{A}=\boldsymbol{B}^{\mathrm{T}}\boldsymbol{B}$.

6. 设实二次型 $f(x_1,x_2,\cdots,x_n)=l_1^2+l_2^2+\cdots+l_m^2$，其中 $l_i(i=1,2,\cdots,m)$ 是关于 $x_1,x_2,\cdots,x_n$ 的一次齐次式. 证明：$f(x_1,x_2,\cdots,x_n)$ 的秩与符号差的和不大于 $2m$.

7. 试证一个实二次型可以分解成两个实系数一次齐次多项式的乘积的充要条件是：它的秩等于 2 和符号差等于 0，或者秩等于 1.

8. 证明：实二次型

$$\sum_{i=1}^{n}\sum_{j=1}^{n}(\lambda ij+i+j)x_ix_j\,(n>1)$$

的秩和符号差与 λ 无关.

第四节　正定二次型

在实二次型的分类中，正定二次型占有重要的地位. 本节我们来讨论正定二次型的基本性质和判定问题.

定义 1　设实二次型 $f(x_1,x_2,\cdots,x_n)=\boldsymbol{X}^{\mathrm{T}}\boldsymbol{AX}$，若对于任意一组不全为零的实数 $c_1,c_2,\cdots,c_n$，都有 $f(c_1,c_2,\cdots,c_n)>0$，则称实二次型是正定二次型.

特殊地，如果实二次型

$$f(x_1,x_2,\cdots,x_n)=d_1x_1^2+d_2x_2^2+\cdots+d_nx_n^2,$$

那么我们容易看出：$f(x_1,x_2,\cdots,x_n)$是正定的充分必要条件是

$$d_i>0,i=1,2,\cdots,n.$$

我们知道，任意一个实二次型 $f(x_1,x_2,\cdots,x_n)$都可以经过非退化线性替换化为标准形

$$d_1y_1^2+d_2y_2^2+\cdots+d_ny_n^2.$$

能不能利用 $d_i(i=1,2,\cdots,n)$的正负来判定 $f(x_1,x_2,\cdots,x_n)$是正定的？答案是肯定的，我们有如下定理.

定理 7　n 元实二次型 $f(x_1,x_2,\cdots,x_n)$是正定的充分必要条件是它的正惯性指数等于 n.

证　设实二次型 $f(x_1,x_2,\cdots,x_n)=\boldsymbol{X}^{\mathrm{T}}\boldsymbol{AX}$ 经非退化线性替换

$$X=CY \tag{8-27}$$

化为标准形

$$f(x_1,x_2,\cdots,x_n)=d_1y_1^2+d_2y_2^2+\cdots+d_ny_n^2$$
$$=Y^{\mathrm{T}}\begin{pmatrix} d_1 & & & \\ & d_2 & & \\ & & \ddots & \\ & & & d_n \end{pmatrix}Y. \tag{8-28}$$

如果 $f(x_1,x_2,\cdots,x_n)$的正惯性指数等于 n，那么

$$d_i>0, i=1,2,\cdots,n.$$

任取 $x_1=b_1,x_2=b_2,\cdots,x_n=b_n$ 是一组不全为零的实数，由于式(8-27) 是非退化的线性替换，所以

$$Y=C^{-1}\begin{pmatrix} b_1 \\ b_2 \\ \vdots \\ b_n \end{pmatrix}=\begin{pmatrix} k_1 \\ k_2 \\ \vdots \\ k_n \end{pmatrix}\neq\begin{pmatrix} 0 \\ 0 \\ \vdots \\ 0 \end{pmatrix},$$

即 $y_1=k_1,y_2=k_2,\cdots,y_n=k_n$ 也是一组不全为零的实数. 于是

$$f(b_1,b_2,\cdots,b_n)=(b_1,b_2,\cdots,b_n)A\begin{pmatrix} b_1 \\ b_2 \\ \vdots \\ b_n \end{pmatrix}$$
$$=(k_1,k_2,\cdots,k_n)\begin{pmatrix} d_1 & & & \\ & d_2 & & \\ & & \ddots & \\ & & & d_n \end{pmatrix}\begin{pmatrix} k_1 \\ k_2 \\ \vdots \\ k_n \end{pmatrix}$$
$$=d_1k_1^2+d_2k_2^2+\cdots+d_nk_n^2>0,$$

所以 $f(x_1,x_2,\cdots,x_n)$是正定的.

如果 $f(x_1,x_2,\cdots,x_n)$的正惯性指数小于 n，那么 $d_1,d_2,\cdots,d_n$ 不能全大于 0. 不妨设 $d_n\leqslant 0$. 这时将 $y_1=y_2=\cdots=y_{n-1}=0,y_n=1$ 代入式(8-27) 中，设得 $x_1=b_1,x_2=b_2,\cdots,x_n=b_n$. 因为式(8-27) 线性替换是可逆的，所以 $b_1,b_2,\cdots,b_n$ 不全为零. 将 x_i 与 y_i 相应值分别代入式(8-28) 的两边，得

$$f(b_1,b_2,\cdots,b_n)=d_n\leqslant 0$$

所以 $f(x_1,x_2,\cdots,x_n)$不是正定的. 这就完成了定理的证明. ▌

定理 7 说明正定二次型 $f(x_1,x_2,\cdots,x_n)$的规范形为

$$y_1^2+y_2^2+\cdots+y_n^2,$$

非退化的实线性替换保持正定性不变.

定义 2 若实二次型 $f(x_1,x_2,\cdots,x_n)=X^{\mathrm{T}}AX$ 正定，则称实对称矩阵 A 正定.

因为正定二次型的规范形的矩阵是单位矩阵，所以我们有如下定理.

定理 8 实对称矩阵 $\boldsymbol{A}$ 是正定的充分必要条件是它与单位矩阵 $\boldsymbol{E}$ 合同.

由此有下面的推论.

推论 正定矩阵的行列式大于零.

证 设 $\boldsymbol{A}$ 是一个正定矩阵. 由定理 8，存在一个可逆矩阵 $\boldsymbol{C}$，使得

$$\boldsymbol{A}=\boldsymbol{C}^{\mathrm{T}}\boldsymbol{E}\boldsymbol{C}=\boldsymbol{C}^{\mathrm{T}}\boldsymbol{C}.$$

两边取行列式，得

$$|\boldsymbol{A}|=|\boldsymbol{C}^{\mathrm{T}}||\boldsymbol{C}|=|\boldsymbol{C}|^2>0.$$

一个实二次型是否是正定的，我们自然可以利用定义或者把它化成标准形后再进行判别. 但下面介绍的方法在应用时往往比较方便.

定义 3 子式

$$P_i=\begin{vmatrix} a_{11} & a_{12} & \cdots & a_{1i} \\ a_{21} & a_{22} & \cdots & a_{2i} \\ \vdots & \vdots & & \vdots \\ a_{i1} & a_{i2} & \cdots & a_{ii} \end{vmatrix}(i=1,2,\cdots,n)$$

称为矩阵 $\boldsymbol{A}=(a_{ij})_{n\times n}$ 的顺序主子式.

定理 9 实二次型

$$f(x_1,x_2,\cdots,x_n)=\sum_{i=1}^{n}\sum_{j=1}^{n}a_{ij}x_ix_j=\boldsymbol{X}^{\mathrm{T}}\boldsymbol{A}\boldsymbol{X}$$

是正定的充分必要条件为矩阵 $\boldsymbol{A}$ 的各阶顺序主子式全大于零.

证 先证必要性. 设二次型

$$f(x_1,x_2,\cdots,x_n)=\sum_{i=1}^{n}\sum_{j=1}^{n}a_{ij}x_ix_j$$

是正定的. 令

$$f_k(x_1,x_2,\cdots,x_k)=\sum_{i=1}^{k}\sum_{j=1}^{k}a_{ij}x_ix_j(k=1,2,\cdots,n).$$

下面证 f_k 是一个 k 元的正定二次型. 因为对于任意一组不全为零的实数 $c_1,c_2,\cdots,c_k$，有

$$f_k(c_1,c_2,\cdots,c_k)=\sum_{i=1}^{k}\sum_{j=1}^{k}a_{ij}c_ic_j=f(c_1,c_2,\cdots,c_k,0,\cdots,0)>0.$$

所以 $f_k(x_1,x_2,\cdots,x_k)$是正定的，由定理 8 的推论，f_k 的矩阵的行列式

$$\begin{vmatrix} a_{11} & a_{12} & \cdots & a_{1k} \\ a_{21} & a_{22} & \cdots & a_{2k} \\ \vdots & \vdots & & \vdots \\ a_{k1} & a_{k2} & \cdots & a_{kk} \end{vmatrix}>0,k=1,2,\cdots,n.$$

这就证明了矩阵 $\boldsymbol{A}$ 的顺序主子式全大于零.

再证充分性. 对 n 作数学归纳法：

当 $n=1$ 时

$$f(x_1)=a_{11}x_1^2,$$

由条件 $a_{11}>0$，显然有 $f(x_1)$是正定的.

假设充分性的论断对 $n-1$ 元的二次型是成立的，下面来证 n 元的情形. 我们把二次型

$$f(x_1,x_2,\cdots,x_n)=\sum_{i=1}^{n}\sum_{j=1}^{n}a_{ij}x_ix_j$$

改写成

$$f(x_1,x_2,\cdots,x_n)=\frac{1}{a_{11}}(a_{11}x_1+a_{12}x_2+\cdots+a_{1n}x_n)^2+\sum_{i=2}^{n}\sum_{j=2}^{n}b_{ij}x_ix_j.$$

其中 $b_{ij}=a_{ij}-\dfrac{a_{1i}a_{1j}}{a_{11}}$.

因为 $a_{ij}=a_{ji}$，所以 $b_{ij}=b_{ji}$. 如果能证明二次型

$$\sum_{i=2}^{n}\sum_{j=2}^{n}b_{ij}x_ix_j$$

是正定的，那么 $f(x_1,x_2,\cdots,x_n)$ 显然是正定的. 因此定理对于 n 元二次型也成立.

由 $f(x_1,x_2,\cdots,x_n)$ 的顺序主子式都大于 0，同时由行列式的性质，我们容易得到

$$\begin{vmatrix} a_{11} & a_{12} & \cdots & a_{1i} \\ a_{21} & a_{22} & \cdots & a_{2i} \\ \vdots & \vdots & & \vdots \\ a_{i1} & a_{i2} & \cdots & a_{ii} \end{vmatrix}=\begin{vmatrix} a_{11} & a_{12} & \cdots & a_{1i} \\ 0 & b_{22} & \cdots & b_{2i} \\ \vdots & \vdots & & \vdots \\ 0 & b_{i2} & \cdots & b_{ii} \end{vmatrix}=a_{11}\begin{vmatrix} b_{22} & \cdots & b_{2i} \\ \vdots & & \vdots \\ b_{i2} & \cdots & b_{ii} \end{vmatrix}>0(i=2,3,\cdots,n),$$

从而有

$$\begin{vmatrix} b_{22} & \cdots & b_{2i} \\ \vdots & & \vdots \\ b_{i2} & \cdots & b_{ii} \end{vmatrix}>0(i=2,3,\cdots,n).$$

由归纳法假设 $n-1$ 元二次型 $\sum_{i=2}^{n}\sum_{j=2}^{n}b_{ij}x_ix_j$ 是正定的，因此定理的充分性得证. ▌

【例】 判断二次型

$$f(x_1,x_2,x_3)=5x_1^2+x_2^2+5x_3^2+4x_1x_2-8x_1x_3-4x_2x_3$$

是否正定.

解 $f(x_1,x_2,x_3)$ 的矩阵为

$$\begin{pmatrix} 5 & 2 & -4 \\ 2 & 1 & -2 \\ -4 & -2 & 5 \end{pmatrix},$$

它的各阶顺序主子式

$$5>0,\begin{vmatrix} 5 & 2 \\ 2 & 1 \end{vmatrix}>0,\begin{vmatrix} 5 & 2 & -4 \\ 2 & 1 & -2 \\ -4 & -2 & 5 \end{vmatrix}>0,$$

因此 $f(x_1,x_2,x_3)$ 是正定的.

与正定性相仿，还有下面的一些概念.

定义 4 设 $f(x_1,x_2,\cdots,x_n)$ 是一实二次型. 对于任意一组不全为零的实数 $c_1,c_2,\cdots,c_n$，如果都有 $f(c_1,c_2,\cdots,c_n)<0$，那么 $f(x_1,x_2,\cdots,x_n)$ 称为负定的；如果都有 $f(c_1,c_2,\cdots,c_n)\geqslant0$，那么 $f(x_1,x_2,\cdots,x_n)$ 称为半正定的；如果都有 $f(c_1,c_2,\cdots,c_n)\leqslant0$，那么

$f(x_1,x_2,\cdots,x_n)$称为半负定的；如果它既不是半正定又不是半负定，那么$f(x_1,x_2,\cdots,x_n)$就称为不定的.

显然，如果$f(x_1,x_2,\cdots,x_n)$是负定时，$-f(x_1,x_2,\cdots,x_n)$就是正定的. 由此可推得负定二次型的判别条件如下：

实二次型$f(x_1,x_2,\cdots,x_n)$是负定的充分必要条件是它的负惯性指数等于n.

因此负定二次型的规范形为

$$-y_1^2-y_2^2-\cdots-y_n^2.$$

由定理9可以得到用行列式判别一个二次型是不是负定的条件. 设$P_i(i=1,2,\cdots,n)$表示实二次型

$$f(x_1,x_2,\cdots,x_n)=\boldsymbol{X}^{\mathrm{T}}\boldsymbol{A}\boldsymbol{X}$$

的矩阵$\boldsymbol{A}$的顺序主子式，那么$f(x_1,x_2,\cdots,x_n)$是负定的充分必要条件是：$\boldsymbol{A}$的顺序主子式满足

$$(-1)^iP_i>0(i=1,2,\cdots,n).$$

至于半正定性，我们有如下定理.

定理 10　对于实二次型$f(x_1,x_2,\cdots,x_n)=\boldsymbol{X}^{\mathrm{T}}\boldsymbol{A}\boldsymbol{X}$，下列条件等价：

(1) $f(x_1,x_2,\cdots,x_n)$是半正定的；

(2) 它的正惯性指数与秩相等；

(3) 有可逆实矩阵$\boldsymbol{C}$，使

$$\boldsymbol{C}^{\mathrm{T}}\boldsymbol{A}\boldsymbol{C}=\begin{pmatrix}d_1 & & & \\ & d_2 & & \\ & & \ddots & \\ & & & d_n\end{pmatrix},$$

其中$d_i\geqslant0(i=1,2,\cdots,n)$；

(4) 有实矩阵$\boldsymbol{C}$使

$$\boldsymbol{A}=\boldsymbol{C}^{\mathrm{T}}\boldsymbol{C};$$

(5) $\boldsymbol{A}$的所有主子式(行指标与列指标相同的子式) 皆大于或等于零.

注意，在定理10的 (5) 中，仅有顺序主子式大于或等于零是不能保证半正定性的. 比如

$$f(x_1,x_2)=-x_2^2=(x_1,x_2)\begin{pmatrix}0 & 0\\ 0 & -1\end{pmatrix}\begin{pmatrix}x_1\\ x_2\end{pmatrix}$$

就是一个反例.

习题 8-4

1. 判断下列二次型是否正定：

(1) $10x_1^2-2x_2^2+3x_3^2+4x_1x_2+4x_1x_3$；

(2) $5x_1^2+x_2^2+5x_3^2+4x_1x_2-8x_1x_3-4x_2x_3$；

(3) $\sum\limits_{i=1}^{n}x_i^2+\sum\limits_{1\leqslant i<j\leqslant n}x_ix_j$；

(4) $\sum\limits_{i=1}^{n}x_i^2+\sum\limits_{i=1}^{n-1}x_ix_{i+1}$.

2. 确定λ的取值，使下列二次型正定：

(1) $x_1^2+x_2^2+5x_3^2+2\lambda x_1x_2-2x_1x_3+4x_2x_3$;

(2) $x_1^2+4x_2^2+5x_3^2+2\lambda x_1x_2+10x_1x_3+6x_2x_3$.

3. 设 $\boldsymbol{A}$ 是一个实对称矩阵. 证明：总存在足够大的实数 t，使得 $t\boldsymbol{E}+\boldsymbol{A}$ 是正定矩阵.

4. 如果 $\boldsymbol{A},\boldsymbol{B}$ 都是 n 阶正定矩阵，证明：$\boldsymbol{A}+\boldsymbol{B}$ 也是正定矩阵.

5. 设 $\boldsymbol{A}$ 是正定矩阵，证明：$\boldsymbol{A}^{\mathrm{T}},\boldsymbol{A}^{-1},\boldsymbol{A}^*$ 都是正定矩阵.

6. 设 $\boldsymbol{A}$ 为 n 阶正定矩阵，$\boldsymbol{B}$ 为 n 阶实可逆矩阵，$\boldsymbol{M}=\begin{pmatrix}\boldsymbol{A} & \boldsymbol{B}\\ \boldsymbol{B}^{\mathrm{T}} & \boldsymbol{O}\end{pmatrix}$. 证明：实二次型 $f(x_1,x_2,\cdots,x_n)=\boldsymbol{X}^{\mathrm{T}}\boldsymbol{M}\boldsymbol{X}$ 的正、负惯性指数均为 n.

7. 设

$$\boldsymbol{M}=\begin{pmatrix}\boldsymbol{A} & \boldsymbol{B}\\ \boldsymbol{B}^{\mathrm{T}} & \boldsymbol{D}\end{pmatrix}$$

是 n 阶正定矩阵，其中 $\boldsymbol{A}$ 是 $r(r<n)$ 阶方阵. 证明：$\boldsymbol{A},\boldsymbol{D},\boldsymbol{D}-\boldsymbol{B}^{\mathrm{T}}\boldsymbol{A}^{-1}\boldsymbol{B}$ 均正定.

8. 证明：二次型 $f(x_1,x_2,\cdots,x_n)$ 是半正定的充要条件是它的正惯性指数与秩相等.

第五节 正交变换法化实二次型为标准形

在解析几何中，允许使用的坐标变换必须是将一个标准正交基仍然变为标准正交基的变换，因而坐标变换的矩阵必须是正交矩阵. 一般地，如果 $\boldsymbol{X}=\boldsymbol{Q}\boldsymbol{Y}$ 是由 $x_1,x_2,\cdots,x_n$ 到 $y_1,y_2,\cdots,y_n$ 的一个线性替换，并且系数矩阵 $\boldsymbol{Q}$ 是正交矩阵，我们就称它为正交变换. 在这一节中，我们将讨论用正交变换化 n 元实二次型为标准形问题，通常也称为二次型的主轴问题.

在第七章第六节讨论实对称矩阵时，曾经证明了任给一个实对称矩阵 $\boldsymbol{A}$，总可以找到一个正交矩阵 $\boldsymbol{Q}$，使得 $\boldsymbol{Q}^{-1}\boldsymbol{A}\boldsymbol{Q}$ 成为对角矩阵

$$\boldsymbol{Q}^{-1}\boldsymbol{A}\boldsymbol{Q}=\begin{pmatrix}\lambda_1 & & & \\ & \lambda_2 & & \\ & & \ddots & \\ & & & \lambda_n\end{pmatrix}.$$

因为 $\boldsymbol{Q}$ 是正交矩阵，所以 $\boldsymbol{Q}^{-1}=\boldsymbol{Q}^{\mathrm{T}}$，于是

$$\boldsymbol{Q}^{\mathrm{T}}\boldsymbol{A}\boldsymbol{Q}=\begin{pmatrix}\lambda_1 & & & \\ & \lambda_2 & & \\ & & \ddots & \\ & & & \lambda_n\end{pmatrix},$$

而一个二次型的矩阵如果是对角矩阵，那么这个二次型就是平方和的形式. 这样，我们有如下定理.

定理 11 任意一个实二次型 $f(x_1,x_2,\cdots,x_n)=\boldsymbol{X}^{\mathrm{T}}\boldsymbol{A}\boldsymbol{X}$ 总可以通过正交变换 $\boldsymbol{X}=\boldsymbol{Q}\boldsymbol{Y}$ 化为标准形

$$\lambda_1y_1^2+\lambda_2y_2^2+\cdots+\lambda_ny_n^2,$$

其中 $\boldsymbol{Q}$ 是一个正交矩阵，而 $\lambda_1,\lambda_2,\cdots,\lambda_n$ 是 $\boldsymbol{A}$ 的全部特征值.

我们容易看出，矩阵 $\boldsymbol{A}$ 的秩恰好等于它的不等于零的特征值的个数，而正特征值的个

数就是以 A 为矩阵的二次型的正惯性指数．于是我们有

推论 1　实二次型 $X^{\mathrm{T}}AX$ 是正定的充分必要条件是 A 的特征值全大于零.

推论 2　实二次型 $X^{\mathrm{T}}AX$ 的秩等于 A 的不等于零的特征值的个数，而正惯性指数等于 A 的正特征值的个数.

【例】 利用正交变换法化二次型 $f(x_1,x_2,x_3)=2x_1x_3+x_2^2$ 为标准形，并写出正交变换.

解　二次型的矩阵为 $A=\begin{pmatrix}0&0&1\\0&1&0\\1&0&0\end{pmatrix}$，由 $|\lambda E-A|=(\lambda+1)(\lambda-1)^2=0$ 得

$$\lambda_1=-1,\lambda_2=\lambda_3=1.$$

$\lambda_1=-1$ 对应的特征向量为 $\boldsymbol{\alpha}_1=(-1,0,1)^{\mathrm{T}}$；

$\lambda_2=\lambda_3=1$ 对应的特征向量为 $\boldsymbol{\alpha}_2=(0,1,0)^{\mathrm{T}},\boldsymbol{\alpha}_3=(1,0,1)^{\mathrm{T}}$.

由于 $\boldsymbol{\alpha}_1,\boldsymbol{\alpha}_2,\boldsymbol{\alpha}_3$ 已正交，所以将 $\boldsymbol{\alpha}_1,\boldsymbol{\alpha}_2,\boldsymbol{\alpha}_3$ 单位化得

$$\boldsymbol{\beta}_1=\left(-\frac{1}{\sqrt{2}},0,\frac{1}{\sqrt{2}}\right)^{\mathrm{T}},\boldsymbol{\beta}_2=(0,1,0)^{\mathrm{T}},\boldsymbol{\beta}_3=\left(\frac{1}{\sqrt{2}},0,\frac{1}{\sqrt{2}}\right)^{\mathrm{T}},$$

记 $Q=\begin{pmatrix}-\frac{1}{\sqrt{2}}&0&\frac{1}{\sqrt{2}}\\0&1&0\\\frac{1}{\sqrt{2}}&0&\frac{1}{\sqrt{2}}\end{pmatrix}$，则 Q 为正交矩阵，正交变换为 $X=QY$，且

$$Q^{\mathrm{T}}AQ=\begin{pmatrix}-1&0&0\\0&1&0\\0&0&1\end{pmatrix}.$$

所得标准形为 $-y_1^2+y_2^2+y_3^2$.

习题 8-5

1. 利用正交变换把下列二次型化为标准形，并写出所作的变换：

(1) $f(x_1,x_2,x_3)=2x_1^2+5x_2^2+5x_3^2+4x_1x_2-4x_1x_3-8x_2x_3$；

(2) $f(x_1,x_2,x_3)=x_1^2+2x_2^2+3x_3^2-4x_1x_2-4x_2x_3$；

(3) $f(x_1,x_2,x_3,x_4)=2x_1x_2-2x_3x_4$；

(4) $f(x_1,x_2,x_3,x_4)=x_1^2+x_2^2+x_3^2+x_4^2-2x_1x_2+6x_1x_3-4x_1x_4-4x_2x_3+6x_2x_4-2x_3x_4$.

2. 设 A 是一个正定对称矩阵．证明：存在一个正定对称矩阵 S 使 $A=S^2$.

习题 8

1. 用非退化线性变换化下列二次型为标准形，并用矩阵验算所得结果：

(1) $x_1x_{2n}+x_2x_{2n-1}+\cdots+x_nx_{n+1}$；

(2) $x_1x_2+x_2x_3+\cdots+x_{n-1}x_n$.

2. 设 $\boldsymbol{\alpha}=(a_1,a_2,\cdots,a_n)\in\mathbf{R}^n$ 且 $a_1\neq0,A=\boldsymbol{\alpha}^{\mathrm{T}}\boldsymbol{\alpha}$．求非退化线性替换 $X=CY$，使实二次型 $f(x_1,$

$x_2,\cdots,x_n)=\boldsymbol{X}^{\mathrm{T}}\boldsymbol{A}\boldsymbol{X}$ 化为规范形.

3. 设 $\boldsymbol{A}$ 是实对称矩阵，且 $|\boldsymbol{A}|<0$. 证明：必有实 n 维向量 $\boldsymbol{X}$，使 $\boldsymbol{X}^{\mathrm{T}}\boldsymbol{A}\boldsymbol{X}<0$.

4. 设 $f(x_1,x_2,\cdots,x_n)=\boldsymbol{X}^{\mathrm{T}}\boldsymbol{A}\boldsymbol{X}$ 是一个实二次型，且有实 n 维向量 $\boldsymbol{X}_1,\boldsymbol{X}_2$，使 $\boldsymbol{X}_1^{\mathrm{T}}\boldsymbol{A}\boldsymbol{X}_1>0,\boldsymbol{X}_2^{\mathrm{T}}\boldsymbol{A}\boldsymbol{X}_2<0$. 证明：必存在实 n 维向量 $\boldsymbol{X}_0\neq\boldsymbol{0}$，使 $\boldsymbol{X}_0^{\mathrm{T}}\boldsymbol{A}\boldsymbol{X}_0=0$.

5. 设实二次型

$$f(x_1,x_2,\cdots,x_n)=\sum_{i=1}^{s}(a_{i1}x_1+a_{i2}x_2+\cdots+a_{in}x_n)^2.$$

证明：$f(x_1,x_2,\cdots,x_n)$ 的秩等于矩阵

$$\boldsymbol{A}=\begin{pmatrix}a_{11}&a_{12}&\cdots&a_{1n}\\a_{21}&a_{22}&\cdots&a_{2n}\\\vdots&\vdots&&\vdots\\a_{s1}&a_{s2}&\cdots&a_{sn}\end{pmatrix}$$

的秩.

6. 设 $f(x_1,x_2,\cdots,x_n)=l_1^2+l_2^2+\cdots+l_p^2-l_{p+1}^2-\cdots-l_{p+q}^2$，其中 $l_i(i=1,2,\cdots,p+q)$ 是 $x_1,x_2,\cdots,x_n$ 的一次齐次式. 证明：$f(x_1,x_2,\cdots,x_n)$ 的正惯性指数 $\leqslant p$，负惯性指数 $\leqslant q$.

7. 设

$$\boldsymbol{A}=\begin{pmatrix}\boldsymbol{A}_{11}&\boldsymbol{A}_{12}\\\boldsymbol{A}_{21}&\boldsymbol{A}_{22}\end{pmatrix}$$

是一对称矩阵，且 $|\boldsymbol{A}_{11}|\neq0$. 证明：存在 $\boldsymbol{T}=\begin{pmatrix}\boldsymbol{E}&\boldsymbol{X}\\\boldsymbol{O}&\boldsymbol{E}\end{pmatrix}$，使

$$\boldsymbol{T}^{\mathrm{T}}\boldsymbol{A}\boldsymbol{T}=\begin{pmatrix}\boldsymbol{A}_{11}&\boldsymbol{O}\\\boldsymbol{O}&*\end{pmatrix},$$

其中 * 表示一个阶数与 $\boldsymbol{A}_{22}$ 相同的矩阵.

8. 设 $\boldsymbol{A}$ 是反对称矩阵，证明：$\boldsymbol{A}$ 合同于矩阵

$$\begin{pmatrix}0&1&&&&&&&&\\-1&0&&&&&&&&\\&&0&1&&&&&&\\&&-1&0&&&&&&\\&&&&\ddots&&&&&\\&&&&&0&1&&&\\&&&&&-1&0&&&\\&&&&&&&0&&\\&&&&&&&&\ddots&\\&&&&&&&&&0\end{pmatrix}.$$

9. 设 $\boldsymbol{A}$ 是 n 阶实对称矩阵，证明：存在一正实数 c，使对任一 n 维实向量 $\boldsymbol{X}$，都有 $|\boldsymbol{X}^{\mathrm{T}}\boldsymbol{A}\boldsymbol{X}|\leqslant c\boldsymbol{X}^{\mathrm{T}}\boldsymbol{X}$.

10. 设 $\boldsymbol{A}$ 为 n 阶正定矩阵，k 为正实数，$\boldsymbol{\alpha}$ 为 n 维实列向量. 若 $1+k\boldsymbol{\alpha}^{\mathrm{T}}\boldsymbol{A}^{-1}\boldsymbol{\alpha}>0$，证明：$\boldsymbol{A}+k\boldsymbol{\alpha}\boldsymbol{\alpha}^{\mathrm{T}}$ 是正定矩阵.

11. 证明：$n\sum_{i=1}^{n}x_i^2-\left(\sum_{i=1}^{n}x_i\right)^2$ 是半正定的.

12. 设 $\boldsymbol{A}=(a_{ij})$ 是一个 n 阶正定实对称矩阵. 证明：$|\boldsymbol{A}|\leqslant a_{11}a_{22}\cdots a_{nn}$ 当且仅当 $\boldsymbol{A}$ 是对角矩阵时，等号成立.

13. 设 $\boldsymbol{A},\boldsymbol{B}$ 都是半正定矩阵，证明：$|\boldsymbol{A}+\boldsymbol{B}|\geqslant\boldsymbol{A}$

当 $\boldsymbol{A},\boldsymbol{B}$ 都是正定矩阵时不等号成立.

14. 设实二次型 $f(x_1,x_2,\cdots,x_n)=\boldsymbol{X}^{\mathrm{T}}\boldsymbol{A}\boldsymbol{X}$ 满足 $\boldsymbol{X}^{\mathrm{T}}\boldsymbol{A}\boldsymbol{X}=0$ 当且仅当 $\boldsymbol{X}=\boldsymbol{0}$. 证明：$f(x_1,x_2,\cdots,x_n)$是正定二次型或是负定二次型.

15. 确定实数 a,b 满足的条件，使实二次型

$$f(x_1,x_2,\cdots,x_n)=a\sum_{i=1}^{n}x_i^2+b\sum_{i=1}^{n}x_ix_{n-i+1}$$

正定.

16. 设 $\boldsymbol{A}$ 是 $m\times n$ 阶实矩阵. 证明：$\boldsymbol{A}^{\mathrm{T}}\boldsymbol{A}$ 正定的充要条件是 $R(\boldsymbol{A})=n$.

17. 设 $\boldsymbol{A}$ 是 n 阶实对称矩阵. 证明：

(1) $\boldsymbol{A}$ 正定的充要条件是 $\boldsymbol{A}$ 的所有主子式均大于零.

(2) $\boldsymbol{A}$ 半正定的充要条件是 $\boldsymbol{A}$ 的所有主子式均大于或等于零.

18. 设 $\boldsymbol{A}$ 是 n 阶实可逆矩阵. 证明：存在正定矩阵 $\boldsymbol{S}$ 和正交矩阵 $\boldsymbol{Q}$，使 $\boldsymbol{A}=\boldsymbol{Q}\boldsymbol{S}$.

第九章 MATLAB实验

实验一 MATLAB 基础

一、实验目的

（1）了解 MATLAB 软件；

（2）掌握 MATLAB 的基本运算命令.

二、实验内容与方法

MATLAB 是 matrix 和 laboratory 两个单词的组合，意为矩阵实验室，是由美国 MathWorks 公司发布的主要面向科学计算、可视化以及交互式程序设计的计算环境. MATLAB 的基本数据单位是矩阵，它的指令表达式与数学、工程中常用的形式十分相似，故用 MATLAB 来解决计算问题要比用 C、FORTRAN 等语言简捷得多，并且 MATLAB 也吸收了像 Maple 等软件的优点，使 MATLAB 成为一个强大的数学软件.

高等代数实验应用是“高等代数”理论课的重要补充，该实验主要应用 MATLAB 软件求解矩阵相关问题，它是信息与计算科学专业和应用数学专业的学生理论联系实际的重要途径.

1. 初识 MATLAB

双击 MATLAB 图标，即可启动 MATLAB 程序，界面如图 9-1 所示.

工具栏：提供一些常用的命令按钮，例如新建脚本、打开、保存、布局、预设等.

当前文件夹：可以在当前文件夹位置处来输入或者选择，选定当前文件夹后，新建的脚本文件都会保存在此文件夹内，方便以后使用.

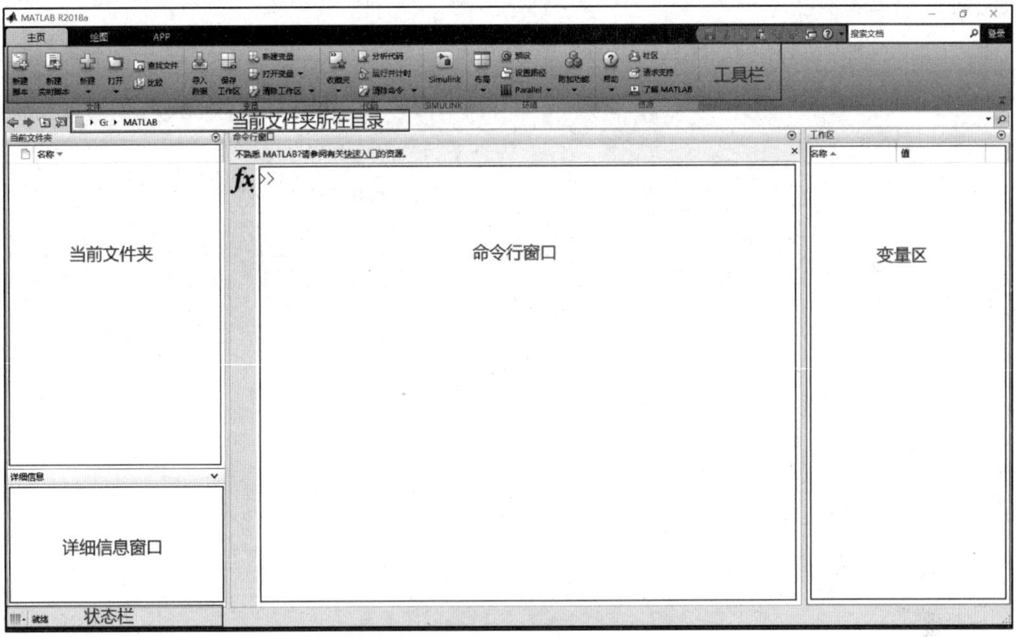

图 9-1　MATLAB 2018A 默认启动界面

命令行窗口：命令行窗口是 MATLAB 的主要交互窗口，用于输入命令并显示执行结果．命令行窗口中的“≫”是提示符，在其后输入 MATLAB 语句，输入完毕后按回车键即可执行刚才输入的语句．

变量区：变量区主要存放程序执行过程中涉及的变量及结果，显示变量的名称、大小、类型，可以在变量区对变量进行观察、编辑、保存和删除．

在命令行窗口，可以进行简单的计算，也可以编程，按回车键后便得到运行的结果．关闭窗口，命令行中的所有的语句便立即消失．因此，对需要保存的语句，必须建立 M-文件．

2. M-文件的建立

在 MATLAB 工具栏上点击“新建脚本”按钮（如图 9-2 所示），即可进入 M-文件编辑

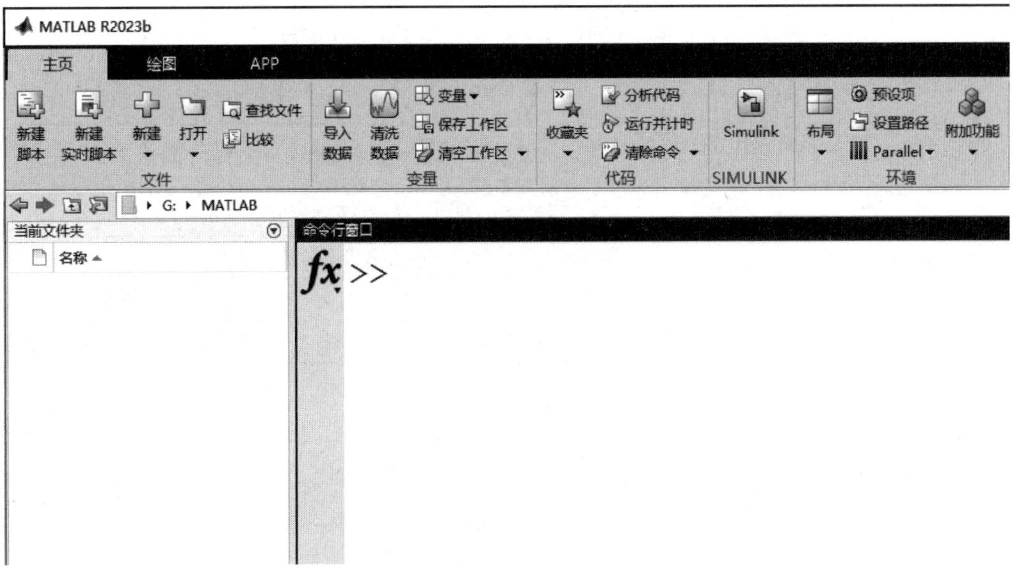

图 9-2　MATLAB 工具栏示意图

器窗口（如图 9-3 所示）.

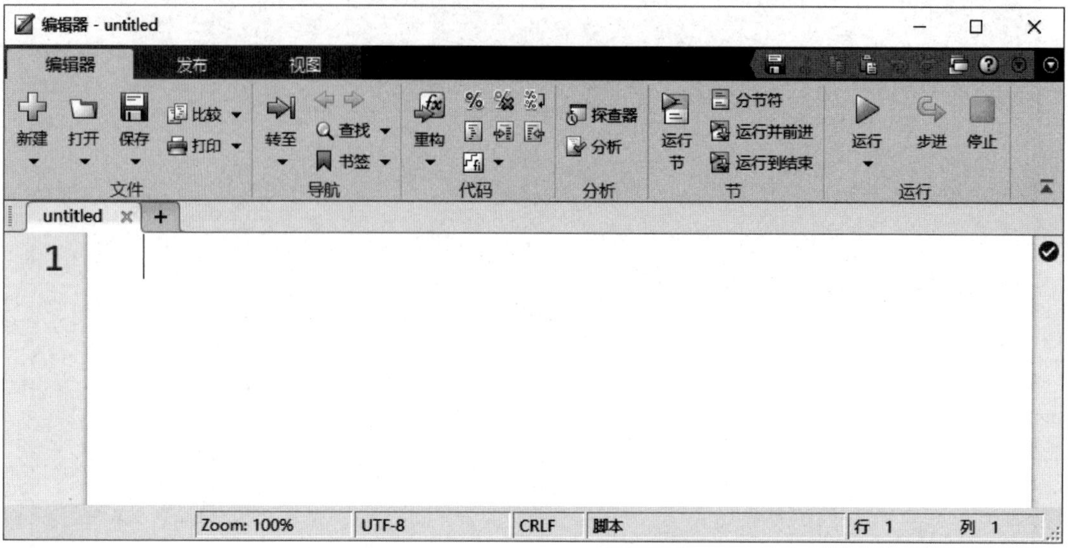

图 9-3　M-文件编辑窗口示意图

M-文件编辑器窗口像一张白纸，可以对它进行新建、打开、保存、编辑、修改、运行程序等操作. 当关闭 M-文件时，在此所编辑的语句、程序就会自动保存，生成后缀为 .m 的文件. 但存盘时文件名必须是英文字母，否则不能正常运行.

3. MATLAB 基本运算和常用函数

MATLAB 的基本运算和常用函数见表 9-1 和表 9-2.

表 9-1　MATLAB 基本运算

运算符	含义
+	加法运算，数与数、数与矩阵、同型矩阵之间的相加
−	减法运算，数与数、数与矩阵、同型矩阵之间的相减
*	乘法运算，数与数、数与矩阵、矩阵与矩阵之间的普通乘法
/	除法运算（右除运算），当 a,b 为数时 $a/b=\dfrac{a}{b}$，当 A,B 为矩阵时 $A/B=AB^{-1}$
\	左除运算，当 a,b 为数时 $a\backslash b=\dfrac{b}{a}$，当 A,B 为矩阵时 $A\backslash B=A^{-1}B$
^	乘幂运算，数或者方阵的普通乘幂运算
.*	点乘运算，两个同型矩阵对应位置元素的相乘
./	点除运算，两个同型矩阵对应位置元素的相除
.^	点幂运算，当 A 为矩阵时，$A.\hat{}k$ 表示 A 中每个元素取 k 次幂

表 9-2　MATLAB 常用函数

函数	含义	函数	含义
sin(x)	正弦函数	asin(x)	反正弦函数
cos(x)	余弦函数	acos(x)	反余弦函数
tan(x)	正切函数	atan(x)	反正切函数

续表

函数	含义	函数	含义
cot(x)	余切函数	acot(x)	反余切函数
exp(x)	指数函数 e^x	log(x)	自然对数函数
log2(x)	以 2 为底的对数函数	log10(x)	以 10 为底的对数函数
sqrt(x)	开方	abs(x)	绝对值函数
sign(x)	符号函数	sum(x)	向量或矩阵元素求和
min(x)	向量或矩阵元素取最小值	max(x)	向量或矩阵元素取最大值
fix(x)	舍掉小数取整函数	round(x)	四舍五入取整函数
ceil(x)	上取整函数	floor(x)	下取整函数

4. MATLAB 中的常量和变量

MATLAB 中常用的常量有：圆周率 pi，虚数单位 i 或者 j，无穷大 inf，浮点相对精度 eps.

MATLAB 中的变量要求以字母开头，由字母、数字或下划线组成，字母区分大小写，定义变量时，变量的名称不能与 MATLAB 内部函数或者常量的名称相同. MATLAB 提供的变量类型很多，主要的两种类型是数值型变量和符号型变量，其他类型的变量还有字符串型变量、多维数组、元胞变量、类变量等，其中使用最多的是数值型变量，数值型变量一般不需要事先声明，可以直接赋值使用；符号型变量使用前需要用 syms 命令事先声明符号变量，例如：syms x y z，表示声明了三个符号变量 x，y，z.

5. 矩阵的创建与提取

MATLAB 中一般矩阵的输入，以“[”开头，以“]”结尾，矩阵中的元素按行输入，同一行元素用逗号或者空格隔开，换行时采用分号换行.

【例 1】 创建矩阵 $\boldsymbol{A}=\begin{pmatrix}4 & 3 & 1\\1 & -2 & 3\\5 & 7 & 0\end{pmatrix}$ 和 $\boldsymbol{B}=\begin{pmatrix}1 & 2\\1 & -1\\0 & 1\end{pmatrix}$.

解 输入语句：

```
A=[4  3  1;1  -2  3;5  7  0]
B=[1  2;1  -1;0  1]
```

输出结果：

```
A =
      4    3    1
      1   -2    3
      5    7    0
B =
      1    2
      1   -1
      0    1
```

对于一些特殊的矩阵，MATLAB 内置了相应的函数，具体的函数见表 9-3.

表 9-3　常用特殊矩阵函数

函数	含义
zeros(n)	生成 n 阶元素均为 0 的方阵
zeros(m,n)	生成元素均为 0 的 m 行 n 列的矩阵
ones(n)	生成 n 阶元素均为 1 的方阵
ones(m,n)	生成元素均为 1 的 m 行 n 列的矩阵
eye(n)	生成一个 n 阶单位阵
eye(m,n)	生成 m 行 n 列的矩阵，元素的行标与列标相同为 1，不同为 0
diag(v)	生成主对角线元素为向量 $\boldsymbol{v}$ 中元素的对角阵
vander(v)	生成一次项为向量 $\boldsymbol{v}$ 中元素的范德蒙德行列式. 注：此函数生成的范德蒙德行列式与教材中给出的范德蒙德行列式略有差异，可以利用 transpose(fliplr(vander(v)))来生成教材上的范德蒙德行列式，其中，函数 transpose(A)表示 $\boldsymbol{A}$ 转置，fliplr(A)表示矩阵 $\boldsymbol{A}$ 左右翻转

【例 2】 生成一个 3 阶单位阵 $\boldsymbol{E}$ 和一个一次项为 1，2，3，4 的范德蒙德矩阵 $\boldsymbol{A}$.

解　输入语句：

```
E = eye(3)
A = transpose(fliplr(vander([1,2,3,4])))
```

输出结果：

```
E =
      1     0     0
      0     1     0
      0     0     1
A =
      1     1     1     1
      1     2     3     4
      1     4     9    16
      1     8    27    64
```

矩阵 $\boldsymbol{A}$ 中元素的提取、赋值和删除：

`A(i,j)`表示提取矩阵 $\boldsymbol{A}$ 中第 i 行第 j 列的元素；

`A(i,:)`表示提取矩阵 $\boldsymbol{A}$ 中第 i 行所有的元素；

`A(:,j)`表示提取矩阵 $\boldsymbol{A}$ 中第 j 列所有的元素；

`A(v1,v2)`表示提取向量 $\boldsymbol{v}_1$ 中的行、向量 $\boldsymbol{v}_2$ 中的列相交位置的元素；

`A(i,j) = a`表示将矩阵 $\boldsymbol{A}$ 中第 i 行第 j 列的元素赋值为数 a；

`A(i,:) = v`表示将矩阵 $\boldsymbol{A}$ 中第 i 行元素用同维行向量 $\boldsymbol{v}$ 替换；

`A(:,j) = v`表示将矩阵 $\boldsymbol{A}$ 中第 j 列元素用同维列向量 $\boldsymbol{v}$ 替换；

`A(v1,v2) = B`表示将矩阵 $\boldsymbol{A}$ 中向量 $\boldsymbol{v}_1$ 中的行、向量 $\boldsymbol{v}_2$ 中的列相交位置的元素用矩阵 $\boldsymbol{B}$ 中的元素替换；

`A(v1,:) = []`表示删除向量 $\boldsymbol{v}_1$ 中元素所对应的行；

`A(:,v2) = []`表示删除向量 $\boldsymbol{v}_2$ 中元素所对应的列.

注意　删除操作只能整行或者整列的删除，不能删除某个元素，另外，赋值和删除操作会改变矩阵 $\boldsymbol{A}$，后续如果再对 $\boldsymbol{A}$ 进行操作，是对修改后的 $\boldsymbol{A}$ 进行操作.

【例 3】 对矩阵 $\boldsymbol{A}=\begin{pmatrix} 3 & -5 & 2 & 1 \\ 1 & 1 & 0 & -5 \\ -1 & 3 & 1 & 3 \\ 2 & -4 & -1 & -3 \end{pmatrix}$ 依次作如下操作：

（1）生成一个由矩阵 $\boldsymbol{A}$ 中四个角上的元素所构成的矩阵 $\boldsymbol{B}$；

（2）删除矩阵 $\boldsymbol{A}$ 的第二、四行和第四列元素；

（3）生成一个由矩阵 $\boldsymbol{A}$ 中四个角上的元素所构成的矩阵 $\boldsymbol{C}$.

解　输入语句：

```
A=[3 -5 2 1;1 1 0 -5; -1 3 1 3;2 -4 -1 -3]
B=A([1,end],[1,end])        %end表示矩阵的最后一行(列)的行(列)数
A([2,4],:)=[]               %删除第二行和第四行
A(:,4)=[]                   %删除第四列
C=A([1,end],[1,end])
```

输出结果：

```
B = 2×2
    3  1
    2  -3
A = 2×4
    3  -5  2  1
   -1   3  1  3
A = 2×3
    3  -5  2
   -1   3  1
C = 2×2
    3  2
   -1  1
```

实验二　多项式

一、实验目的

掌握多项式的和、差、积、商式、余式、最大公因式、因式分解等 MATLAB 命令，加深对多项式的整除性、最大公因式、因式分解、多项式的重因式、多项式的根等概念的理解.

二、实验内容与方法

1. 多项式的加、减、乘法的运算

【例 1】 设 $f(x)=x^5+2x^4-3x^3+x^2-2x+4$，$g(x)=2x^4-x^3+3x^2+5x-4$，求 $f(x)\pm g(x)$，$f(x)g(x)$.

解　输入语句：

```
f =[1  2  -3  1  -2  4]      % 输入 f(x)的系数
g =[0  2  -1  3  5  -4]      % 输入 g(x)的系数(g 必须与 f 的维数相等)
h = f + g                    % 求 f(x) + g(x)
c = f-g                      % 求 f(x)-g(x)
j = conv(f,g)                % 求 f(x)g(x)
```

输出结果：

```
h =
      1  4  -4  4  3  0
c =
      1  0  -2  -2  -7  8
j =
      0  2  3  -5  16  -8  -10  7  -2  28  -16
```

即 $f(x)+g(x)=x^5+4x^4-4x^3+4x^2+3x$；

$f(x)-g(x)=x^5-2x^3-2x^2-7x+8$；

$f(x)g(x)=2x^9+3x^8-5x^7+16x^6-8x^5-10x^4+7x^3-2x^2+28x-16$.

2. 求两个多项式相除后的商式与余式

【例 2】 设被除式 $f(x)=3x^3+4x^2-5x+6$，除式 $g(x)=x^2-3x+1$，求商式及余式.

解 输入语句：

```
f = [3  4  -5  6]           % 输入被除式 f(x)的系数(按降幂排列)
g = [1  -3  1]              % 输入除式 g(x) 的系数
[q,r] = deconv(f,g)         % 求出商式 q(x) 及余式 r(x)
```

输出结果：

```
f =
      3  4  -5  6
g =
      1  -3  1
q =
      3  13
r =
      0  0  31  -7
```

即 $q(x)=3x+13$，$r(x)=31x-7$.

3. 求多项式的最大公因式

【例 3】 设 $f(x)=x^8-x^6+3x^4-x^2-2$，$g(x)=x^4+2x^3-2x-1$，求 $(f(x),g(x))$.

解 输入语句：

```
syms x
h = gcd(x^8-x^6 + 3*x^4-x^2-2,x^4 + 2*x^3-2*x-1)
```

输出结果：

```
h =
      x^2-1
```

即 $(f(x),g(x))=x^2-1$.

4. 多项式的因式分解

【例 4】 将 $f(x)=x^4+2x^3-x^2-4x-2$ 因式分解.

解 输入语句：

```
s = str2sym('x^4 + 2*x^3-x^2-4*x-2')      % 定义多项式
factor(s)                  % 对 f(x)因式分解
```

输出结果：

```
s =
        x^4 + 2*x^3-x^2-4*x-2
ans =
        (x^2-2)*(x + 1)^2
```

即 $f(x)=(x^2-2)(x+1)^2$.

5. 多项式的微分与估值

【例 5】 设 $f(x)=x^5-10x^3-20x^2-15x-4$，求 $f'(x)$；求 $f(1),f(3),f(5)$的值.

解 输入语句：

```
f = [1 0 -10 -20 -15 -4]          % 输入 f(x)的系数
g = polyder(f)                    % 求 f(x)的导数
x = 1:2:5              % 赋值 1,2,5(1 是初始值,5 是最终值,2 是步长)
v = polyval(f,x)    % 计算 f(1),f(3),f(5)的值
```

输出结果：

```
f =
        1   0   -10   -20   -15   -4
g =
        5   0   -30   -40   -15
x =
        1   3   5
v =
        -48   -256   1296
```

即 $f'(x)=5x^4-30x^2-40x-15$，$f(1)=-48,f(3)=-256,f(5)=1296$.

6. 求多项式的根

【例 6】 求 $2x^4-x^3+2x-3=0$ 的根.

解 输入语句：

```
f = [2 -1 0 2 -3]          % 输入 f(x)的系数
g = roots(f)               % 求多项式的根
```

输出结果：

```
f =
        2   -1   0   2   -3
g =
        -1.1694
        0.3347 + 1.0820i
        0.3347-1.0820i
        1.0000
```

即 $x_1=-1.1694, x_2=0.3347+1.082i, x_3=0.3347-1.082i, x_4=1$ 是多项式的根.

若求多项式的有理根，则有 $x_1=1$，若将 -1.1694 化成分数，其语句为`sym(-1.1694)`，输出结果为`-5847/5000`（注意：-1.1694 是近似解，而不能说它是多项式的有理根）.

实验三　行列式

一、实验目的

（1）学习矩阵/行列式的输入和用 syms 命令定义符号变量；

（2）掌握利用 MATLAB 软件计算 n 阶行列式的方法（包括含参数的行列式）.

二、实验内容与方法

计算行列式的常用操作语句：

（1）输入矩阵 **A**（包括含符号变量的行列式）；

（2）计算行列式 $D=\det(\mathbf{A})$；

（3）计算范德蒙德行列式.

【例 1】 计算行列式 $D=\begin{vmatrix} 3 & 1 & -1 & 2 \\ -5 & 1 & 3 & 4 \\ 2 & 0 & 1 & -1 \\ 1 & -5 & 3 & -3 \end{vmatrix}$.

解　（1）输入矩阵 **A**：

```
A=[3 1 -1 2;-5 1 3 4;2 0 1 -1;1 -5 3 -3]
```

输出结果：

```
A =
      3    1   -1    2
     -5    1    3    4
      2    0    1   -1
      1   -5    3   -3
```

（2）计算行列式 $D=\det(\mathbf{A})$：

```
D=det(A)
```

输出结果：

```
D=
      200
```

【例 2】 计算行列式 $D=\begin{vmatrix} 3a & a & -a & 2a \\ -5a & a & 3a & 4a \\ 2a & 0 & a & -a \\ a & -5a & 3a & -3a \end{vmatrix}$ 的值.

解　(1) 用 syms 命令定义符号变量 a.

```
syms a
```

(2) 再输入矩阵 $\boldsymbol{A}$.

```
A = [3*a a -a 2*a; -5*a a 3*a 4*a; 2*a 0 a -a; a -5*a 3*a -3*a]
```

输出结果：

```
A =
      [3*a, a, -a, 2*a]
      [-5*a, a, 3*a, 4*a]
      [2*a, 0, a, -a]
      [a, -5*a, 3*a, -3*a]
```

(3) 计算行列式 $D=\det(\boldsymbol{A})$.

输入语句：

```
D = det(A)
```

输出结果：

```
D =
      200*a^4
```

【例 3】 求行列式 $\begin{vmatrix} 3 & -5 & 2 & 1 \\ 1 & 1 & 0 & -5 \\ -1 & 3 & 1 & 3 \\ 2 & -4 & -1 & -3 \end{vmatrix}$ 所有元素的余子式和代数余子式，并验证行列式按行按列展开法则.

解　首先自定义一个名为 MyMA 的函数，其功能为求行列式 D 所有元素的余子式和代数余子式. 代码如下：

```
function[M,A] = MyMA(D)
% 输入： 行列式所对应的矩阵 D
% 输出： 余子式矩阵 M,代数余子式矩阵 A
n = size(D,1);   % 获取行列式的维数
  for i = 1:n
      for j = 1:n
       M(i,j) = det(D(setdiff(1:n,i),setdiff(1:n,j)));
                          % 计算余子式,setdiff(A,B)表示 A 与 B 的差集,此处表示划掉第 i 行和第 j 列元素
       A(i,j) = (-1)^(i + j)*M(i,j);   % 代数余子式
      end
  end
end
```

输入一个矩阵进行验证，代码如下：

```
D = [3 -5 2 1;1 1 0-5;-1 3 1 3;2 -4 -1 -3];
[M,A] = MyMA(D);
d = det(D)   % 计算行列式
D*transpose(A)
```

运行上述代码结果：

```
d   =  40.0000
ans =  40.0000       0          0          0
          0      40.0000        0          0
          0          0      40.0000        0
          0          0          0      40.0000
```

验证行列式按行展开法则，即验证主对角线元素是否为行列式的值，根据上述结果，展开法则得到了验证.

【例 4】 计算 5 阶范德蒙德行列式，其中 $x_1=2, x_2=4, x_3=6, x_4=8, x_5=10$.

解 输入语句：

```
c = 2:2:12                % 输入初始数为2、步长为2、结束数为10的一组数
a = vander(c)             % 由向量 c 生成范德蒙德矩阵
a1 = fliplr(a)              % 将 a 作左右翻转得到 a1
b = det(a1)                 % 计算范德蒙德行列式
```

输出结果：

```
c =
      2   4   6   8   10
a =
        16      8     4    2    1
        256     64    16   4    1
        1296    216   36   6    1
        4096    512   64   8    1
        10000   1000  100  10   1
a1 =
          1  2    4     8      16
          1  4    16    64     256
          1  6    36    216    1296
          1  8    64    512    4096
          1  10   100   1000   10000
b =
      294912
```

实验四　矩　阵

一、实验目的

（1）熟悉 MATLAB 软件中关于矩阵运算的相关命令；

（2）掌握已知矩阵的修改、删除、提取、拼接等相关命令；

（3）掌握矩阵初等变换的相关命令.

二、实验内容与方法

1. 矩阵的操作

矩阵运算的常用操作语句见表 9-4.

表 9-4 矩阵运算常用操作语句及说明

语句	说明	语句	说明
diag(A)	以矩阵 **A** 对角线上的元素构成列向量	flipud(A)	将矩阵 **A** 上下翻转
diag(X)	由向量 **X** 的元素为对角线的对角矩阵	fliplr(A)	将矩阵 **A** 左右翻转
triu(A)	由 **A** 的上三角元素构成的上三角矩阵	rot90(A)	将矩阵 **A** 逆时针旋转 90°
tril(A)	由 **A** 的下三角元素构成的下三角矩阵	size(A)	矩阵 **A** 的行数与列数
trice(A)	矩阵 **A** 的迹	inv(A)	矩阵 **A** 的逆矩阵
rank(A)	矩阵 **A** 的秩	eye(size(A))	生成与 **A** 同阶的单位矩阵
eye(n)	生成 n 阶单位矩阵	zeros(m,n)	生成 m 行 n 列、元素为 0 的矩阵

2. 矩阵的元素操作

(1) 分块矩阵.

先输入矩阵 $\boldsymbol{A}=(a_{ij})_{n\times n}$，$\boldsymbol{B}=(b_{ij})_{n\times m}$，$\boldsymbol{C}=(c_{ij})_{m\times n}$，$\boldsymbol{D}=(d_{ij})_{m\times m}$.

生成分块矩阵 $\boldsymbol{F}$ 的语句为：

```
F = [AB;CD]
```

生成分块对角矩阵 $\boldsymbol{G}$ 的语句为：

```
G = [Azeros(n,m);zeros(m,n)D]
```

(2) 删除矩阵 **A** 的某行元素.

例如：删除 **A** 的第 5 行. 其语句为：

```
A(5,:)=[]
```

(3) 删除矩阵 **A** 的某列元素.

例如：删除 **A** 的第 3 列. 其语句为：

```
A(:,3) = []
```

注意 使用上述语句后，得到的矩阵 **A** 已经不是原矩阵 **A** 了，如果要保留原矩阵 **A**，应先将 **A** 转换为 **B**，然后删除 **A** 的第 3 列后得到新的矩阵 **A**. 语句为：

```
B = A,A(:,3) = []
```

(4) 改变矩阵 **A** 的某个元素.

例如：改变矩阵 **A** 的第 3 行第 4 列的元素，并重新赋值为 2. 其语句为：

```
A(3,4) = 2
```

(5) 扩充矩阵.

例如：将 5×6 矩阵扩充成 6×6 矩阵，扩充在最后一行，其语句为：

```
A(6,1) = - 2
```

此时产生一个 6×6 矩阵 **B**，**B** 的前 5 行是矩阵 **A**，第 6 行的第 1 个元素为−2，其余元素自动赋值为 0.

(6) 用一个行（列）向量替换矩阵 **A** 的某行（列）.

例如：用行（列）向量 **X**(**Y**)替换 **A** 的第 4 行（第 5 列）的元素. 其语句为：

```
A(4,:) = X(A(:,5) = Y)
```

（7）选择矩阵 **A** 的部分行（列），构成新的矩阵 **B**.

例如：选择 **A** 第 2,3,4 行（列）的元素，生成矩阵 **B**. 其语句为：

```
B = A([2,3,4],:)(B = A(:,[2,3,4]))
```

（8）选择矩阵 **A** 的子矩阵.

例如：选择 **A** 第 2,3,4 行与第 1,3,5 列交叉处的元素生成子矩阵 $\boldsymbol{A}_1$. 其语句为：

```
A1 = A([2,3,4],[1,3,5])
```

（9）将矩阵 **A** 的第 i 行与第 j 列的元素互换. 其语句为：

```
A([i,j],:) = A([j,i],:)
```

（10）用非零常数 c 乘矩阵 **A** 的第 i 行. 其语句为：

```
A(i,:) = c*A(i,:)
```

（11）把矩阵 **A** 的第 j 行的 k 倍加到第 i 行上. 其语句为：

```
A(i,:) = A(i,:) + k*A(j,:)
```

3. 矩阵的数据操作（见表 9-5）

表 9-5　矩阵的数据操作语句及说明

语句	说明	语句	说明
max(A)	求矩阵 **A** 每列的最大元素	prod(A)	求矩阵 **A** 列元素的积
min(A)	求矩阵 **A** 每列的最小元素	cumsum	求列元素的累计和
mean(A)	求矩阵 **A** 每列元素的平均值	cumprod	求列元素的累计积
std(A)	求矩阵 **A** 元素的标准差	sort	按升序排列矩阵的各列
sum(A)	求矩阵 **A** 列元素的和		

4. 矩阵的运算

矩阵的运算包括 $\boldsymbol{A}+\boldsymbol{B}$，$\boldsymbol{A}-\boldsymbol{B}$，$\boldsymbol{AB}$，$k\boldsymbol{A}$，$\boldsymbol{A}^{\mathrm{T}}$，$\boldsymbol{A}^{-1}$，$\boldsymbol{A}^{n}$，$\boldsymbol{AB}^{-1}$，$\boldsymbol{B}^{-1}\boldsymbol{A}$ 等.

【例 1】 设 $\boldsymbol{A}=\begin{pmatrix} 1 & 10 & 2 & 25 & 19 & 2 \\ 1 & 0 & 2 & 5 & 9 & 6 \\ -2 & -3 & 5 & 9 & 10 & 3 \\ 2 & 1 & 6 & 9 & 7 & 1 \\ -3 & 2 & -6 & -2 & 1 & 10 \end{pmatrix}$，求：

（1）矩阵 **A** 每列的最大元素；

（2）矩阵 **A** 每列的最小元素；

（3）求矩阵 **A** 列元素的积；

（4）求矩阵 **A** 列元素的和；

（5）求列元素的累计和；

（6）求列元素的累计积；

（7）按升序对元素进行排序.

解　输入语句：

```
A = [1 10 2 25 19 2;1 0 2 5 9 6;-2 -3 5 9 10 3;2 1 6 9 7 1;-3 2 -6 -2 1 10]
b1 = max(A)
```

```
b2 = min(A)
b3 = prod(A)
b4 = sum(A)
b5 = cumsum(A)
b6 = cumprod(A)
b7 = sort(A)
```

输出结果：

```
A =
    1   10    2   25   19    2
    1    0    2    5    9    6
   -2   -3    5    9   10    3
    2    1    6    9    7    1
   -3    2   -6   -2    1   10
b1 =
    2   10    6   25   19   10
b2 =
   -3   -3   -6   -2    1    1
b3 =
   12    0   -720   -20250   11970   360
b4 =
   -1   10    9   46   46   22
b5 =
    1   10    2   25   19    2
    2   10    4   30   28    8
    0    7    9   39   38   11
    2    8   15   48   45   12
   -1   10    9   46   46   22
b6 =
    1   10     2       25      19      2
    1    0     4      125     171     12
   -2    0    20     1125    1710     36
   -4    0   120    10125   11970     36
   12    0  -720   -20250   11970    360
b7 =
   -3   -3   -6   -2    1    1
   -2    0    2    5    7    2
    1    1    2    9    9    3
    1    2    5    9   10    6
    2   10    6   25   19   10
```

【例 2】 设

$$\boldsymbol{A}=\begin{pmatrix}4&5&0&0&0\\1&1&0&0&0\\0&0&2&1&-1\\0&0&7&3&-2\\0&0&1&1&1\end{pmatrix},\ \boldsymbol{B}=\begin{pmatrix}0&0&0&3&4\\0&0&0&4&3\\2&0&-1&0&0\\2&2&5&0&0\\1&4&8&0&0\end{pmatrix},$$

求：$|\boldsymbol{B}|$；$\boldsymbol{AB}$；$\boldsymbol{B}^{-1}$；$2\boldsymbol{A}+3\boldsymbol{B}$；$R(\boldsymbol{A})$；$\boldsymbol{A}^{\mathrm{T}}\boldsymbol{B}$；$\boldsymbol{A}^{100}$；$\boldsymbol{AB}^{-1}$；$\boldsymbol{B}^{-1}\boldsymbol{A}$.

解 利用分块矩阵计算.

输入语句:

```
A1 = [4 5;1 1]                              % 输入子矩阵 A1
A2 = [2 1 -1;7 3 -2;1 1 1]                  % 输入子矩阵 A2
B1 = [3 4;4 3]                              % 输入子矩阵 B1
B2 = [2 0 -1;2 2 5;1 4 8]                   % 输入子矩阵 B2
A = [A1,zeros(2,3);zeros(3,2),A2]           % 构造矩阵 A
B = [zeros(2,3)B1;B2 zeros(3,2)]            % 构造矩阵 B
c1 = det(B)
c2 = A * B
c3 = inv(B)
c4 = 2 * A + 3 * B
c5 = rank(A)
c6 = A' * B
c7 = A^100
c8 = A * inv(B)
c9 = inv(B) * A
```

输出结果:

```
A1 =
   4   5
   1   1
A2 =
   2   1  -1
   7   3  -2
   1   1   1
B1 =
   3   4
   4   3
B2 =
   2   0  -1
   2   2   5
   1   4   8
A =
   4   5   0   0   0
   1   1   0   0   0
   0   0   2   1  -1
   0   0   7   3  -2
   0   0   1   1   1
B =
   0   0   0   3   4
   0   0   0   4   3
   2   0  -1   0   0
   2   2   5   0   0
   1   4   8   0   0
```

```
c1 =
  98
c2 =
   0    0    0   32   31
   0    0    0    7    7
   5   -2   -5    0    0
  18   -2   -8    0    0
   5    6   12    0    0
c3 =
  0          0          0.2857    0.2857    -0.1429
  0          0          0.7857   -1.2143     0.8571
  0          0         -0.4286    0.5714    -0.2857
  -0.4286    0.5714    0          0          0
  0.5714    -0.4286    0          0          0
c4 =
  8   10    0    9   12
  2    2    0   12    9
  6    0    1    2   -2
  6    6   29    6   -4
  3   12   26    2    2
c5 =
  5
c6 =
   0    0    0   16   19
   0    0    0   19   23
  19   18   41    0    0
   9   10   22    0    0
  -5    0   -1    0    0
c7 =
  1.0e+071 *   %表示1.0×(10的71次方)
  2.6892   3.2071        0         0         0
  0.6414   0.7649        0         0         0
     0        0      0.0000    0.0000   -0.0000
     0        0      0.0000    0.0000   -0.0000
     0        0      0.0000    0.0000   -0.0000
c8 =
       0          0     5.0714   -4.9286    3.7143
       0          0     1.0714   -0.9286    0.7143
  -1.0000    1.0000    -0.8571    1.1429   -0.5714
  -2.4286    2.5714    -3.0000    4.0000   -2.0000
   0.1429    0.1429    -0.4286    0.5714   -0.2857
c9 =
       0          0     2.4286    1.0000   -1.0000
       0          0    -6.0714   -2.0000    2.5000
       0          0     2.8571    1.0000   -1.0000
  -1.1429   -1.5714        0         0         0
   1.8571    2.4286        0         0         0
```

【例 3】 求解下面三个矩阵方程：

(1) $\begin{pmatrix}2&5\\1&3\end{pmatrix}\boldsymbol{X}=\begin{pmatrix}4&-6\\2&1\end{pmatrix}$；

(2) $\boldsymbol{X}\begin{pmatrix}2&1&-1\\2&1&0\\1&-1&1\end{pmatrix}=\begin{pmatrix}1&-1&3\\4&3&2\end{pmatrix}$；

(3) $\begin{pmatrix}1&4\\-1&2\end{pmatrix}\boldsymbol{X}\begin{pmatrix}2&0\\-1&1\end{pmatrix}=\begin{pmatrix}3&1\\0&-1\end{pmatrix}$.

解 (1) 输入语句：

```
A = [2 5;1 3];
B = [4-6;2 1];
X = A\B,X = inv(A)*B                % A 左除 B 相当于 inv(A)*B
```

输出结果：

```
X =
   2  -23
   0    8
X =
   2  -23
   0    8
```

(2) 输入语句：

```
A = [2 1 -1;2 1 0;1 -1 1];
B = [1 -1 3;4 3 2];
X = B/A,X = B*inv(A)                % B 右除 A 相当于 B*inv(A)
```

输出结果：

```
X =
   -2.0000   2.0000   1.0000
   -2.6667   5.0000  -0.6667
X =
   -2.0000   2.0000   1.0000
   -2.6667   5.0000  -0.6667
```

(3) 输入语句：

```
A = [1 4;-1 2];
B = [2 0;-1 1];
C = [3 1;0 -1];
X = inv(A)*C*inv(B),X = A\C/B              % A 先左除 C 再右除 B 相当于 inv(A)*C*inv(B)
```

输出结果：

```
X =
   1.0000   1.0000
   0.2500        0
X =
   1.0000   1.0000
   0.2500        0
```

【例 4】 将矩阵 A 和 B 化为行最简形矩阵并求它们的秩. 其中:

$$A=\begin{pmatrix}2&-1&-1&1&2\\1&1&-2&1&4\\4&-6&2&-2&4\\3&6&-9&7&9\end{pmatrix},\ B=\begin{pmatrix}2&1&8&3&7\\2&-3&0&7&-5\\3&-2&5&8&0\\1&0&3&2&0\end{pmatrix}.$$

解 输入语句:

```
A=[2 -1 -1 1 2;1 1 -2 1 4;4 -6 2 -2 4;3 6 -9 7 9];
B=[2 1 8 3 7;2 -3 0 7 -5;3 -2 5 8 0;1 0 3 2 0];
rfA=rref(A)          %rref(A)用于求解A的行最简形矩阵
rA=rank(A)           %rank(A)用于求矩阵A的秩
rfB=rref(B)          %求解B的行最简形矩阵
rB=rank(B)           %求矩阵B的秩
```

输出结果:

```
rfA =
   1   0  -1   0   4
   0   1  -1   0   3
   0   0   0   1  -3
   0   0   0   0   0
rA =
   3
rfB =
   1   0   3   2   0
   0   1   2  -1   0
   0   0   0   0   1
   0   0   0   0   0
rB =
   3
```

实验五 线性方程组

一、实验目的

(1) 通过对矩阵施行各种初等变换来研究向量的线性关系;

(2) 掌握利用初等行变换求线性方程组通解的方法;

(3) 掌握齐次线性方程组的基础解系的求解方法.

二、实验内容与方法

(一) 判断向量组的线性相关性常用的语句

1. 线性相关性的判定

设向量空间 V 的向量组 $\boldsymbol{\alpha}_1,\boldsymbol{\alpha}_2,\cdots,\boldsymbol{\alpha}_s$, 判定 $\boldsymbol{\alpha}_1,\boldsymbol{\alpha}_2,\cdots,\boldsymbol{\alpha}_s$ 的线性关系(是否线性相

关). 选取 V 的一组基 $\xi_1,\xi_2,\cdots,\xi_n$，写出 $(\boldsymbol{\alpha}_1,\boldsymbol{\alpha}_2,\cdots,\boldsymbol{\alpha}_s)=(\xi_1,\xi_2,\cdots,\xi_n)\boldsymbol{A}$，其中 $\boldsymbol{A}$ 是 $\boldsymbol{\alpha}_1,\boldsymbol{\alpha}_2,\cdots,\boldsymbol{\alpha}_s$ 由 $\xi_1,\xi_2,\cdots,\xi_n$ 线性表示的系数矩阵，若 $\boldsymbol{A}$ 的秩小于 s，则向量组线性相关；若 $\boldsymbol{A}$ 的秩等于 s，则向量组线性无关.

2. 求极大线性无关组

设向量空间 V 的向量组 $\boldsymbol{\alpha}_1,\boldsymbol{\alpha}_2,\cdots,\boldsymbol{\alpha}_s$，求 $\boldsymbol{\alpha}_1,\boldsymbol{\alpha}_2,\cdots,\boldsymbol{\alpha}_s$ 的一个极大线性无关组. 选取 V 的一组基 $\xi_1,\xi_2,\cdots,\xi_n$，写出 $(\boldsymbol{\alpha}_1,\boldsymbol{\alpha}_2,\cdots,\boldsymbol{\alpha}_s)=(\xi_1,\xi_2,\cdots,\xi_n)\boldsymbol{A}$，其中 $\boldsymbol{A}$ 是 $\boldsymbol{\alpha}_1,\boldsymbol{\alpha}_2,\cdots,\boldsymbol{\alpha}_s$ 由 $\xi_1,\xi_2,\cdots,\xi_n$ 线性表示的系数矩阵，将 $\boldsymbol{A}$ 化成行最简形矩阵（初等行变换），其语句为：`rref(A)`.

（二）矩阵的初等变换以及解线性方程组的常用的语句

（1）求矩阵的秩，语句为：`rank(A)`；

（2）解方程组 $\boldsymbol{AX}=\boldsymbol{b}$，$\boldsymbol{X}=\boldsymbol{A}^{-1}\boldsymbol{b}$（当 $\boldsymbol{A}$ 可逆）；

（3）求解一般线性方程组：

① 输入系数矩阵 $\boldsymbol{A}$ 与增广矩阵 $\boldsymbol{A}_1$；

② 判断 $R(A)$ 与 $R(A_1)$ 的大小，若 $R(A)\neq R(A_1)$，则方程组无解；若 $R(A)=R(A_1)$，则输入语句：`A2 = rref(A1)`；

③ 写出其通解.

（4）求齐次线性方程组的基础解系，语句为：`X = null(A,'r')`.

【例 1】 设向量组 $\boldsymbol{\alpha}_1=(1,2,0,1)^{\mathrm{T}}$，$\boldsymbol{\alpha}_2=(1,-1,3,-3)^{\mathrm{T}}$，$\boldsymbol{\alpha}_3=(2,7,-3,6)^{\mathrm{T}}$，$\boldsymbol{\alpha}_4=(1,0,2,1)^{\mathrm{T}}$，$\boldsymbol{\alpha}_5=(3,1,5,-1)^{\mathrm{T}}$，求：

（1）$R(\boldsymbol{\alpha}_1,\boldsymbol{\alpha}_2,\boldsymbol{\alpha}_3,\boldsymbol{\alpha}_4,\boldsymbol{\alpha}_5)$；

（2）判定 $\boldsymbol{\alpha}_1,\boldsymbol{\alpha}_2,\boldsymbol{\alpha}_3,\boldsymbol{\alpha}_4,\boldsymbol{\alpha}_5$ 的线性关系；

（3）求 $\boldsymbol{\alpha}_1,\boldsymbol{\alpha}_2,\boldsymbol{\alpha}_3,\boldsymbol{\alpha}_4,\boldsymbol{\alpha}_5$ 的一个极大线性无关组，且将其余向量用极大线性无关组线性表示.

解 输入语句：

```
a1 = [1 2 0 1];a2 = [1 -1 3 -3];a3 = [2 7 -3 6];a4 = [1 0 2 1];a5 = [3 1 5 -1]
A = [a1' a2' a3' a4' a5']
B = rref(A)
```

输出结果：

```
A =
     1   1   2   1   3
     2  -1   7   0   1
     0   3  -3   2   5
     1  -3   6   1  -1
B =
     1   0   3   0   1
     0   1  -1   0   1
     0   0   0   1   1
     0   0   0   0   0
```

所以（1）$R(\boldsymbol{\alpha}_1,\boldsymbol{\alpha}_2,\boldsymbol{\alpha}_3,\boldsymbol{\alpha}_4,\boldsymbol{\alpha}_5)=3<5$；（2）$\boldsymbol{\alpha}_1,\boldsymbol{\alpha}_2,\boldsymbol{\alpha}_3,\boldsymbol{\alpha}_4,\boldsymbol{\alpha}_5$ 线性相关；（3）$\boldsymbol{\alpha}_1,\boldsymbol{\alpha}_2,\boldsymbol{\alpha}_4$ 是 $\boldsymbol{\alpha}_1,\boldsymbol{\alpha}_2,\boldsymbol{\alpha}_3,\boldsymbol{\alpha}_4,\boldsymbol{\alpha}_5$ 的一个极大线性无关组，且 $\boldsymbol{\alpha}_3=3\boldsymbol{\alpha}_1-\boldsymbol{\alpha}_2$，$\boldsymbol{\alpha}_5=\boldsymbol{\alpha}_1+\boldsymbol{\alpha}_2+\boldsymbol{\alpha}_4$.

【例 2】 求解线性方程组$\begin{cases}x_1-x_2-x_3+x_4=0\\x_1-x_2+x_3-3x_4=1\\x_1-x_2-2x_3+3x_4=-\dfrac{1}{2}\end{cases}$.

解 输入语句：

```
A = [1 -1 -1 1 0;1 -1 1 -3 1;1 -1 -2 3 -1/2]
a1 = rref(A)
a2 = sym(A1)
```

输出结果：

```
A =
     1.0000  -1.0000  -1.0000   1.0000        0
     1.0000  -1.0000   1.0000  -3.0000   1.0000
     1.0000  -1.0000  -2.0000   3.0000  -0.5000
a1 =
     1.0000  -1.0000        0  -1.0000   0.5000
          0        0   1.0000  -2.0000   0.5000
          0        0        0        0        0
ans =
     [1,-1,0,-1,1/2]
     [0,0,1,-2,1/2]
     [0,0,0,0,0]
```

对应的方程组为：$\begin{cases}x_1=\dfrac{1}{2}+x_2+x_4\\x_3=\dfrac{1}{2}+2x_4\end{cases}$.

所以原方程组的通解为：$\begin{cases}x_1=\dfrac{1}{2}+c_1+c_2\\x_2=c_1\\x_3=\dfrac{1}{2}+2c_2\\x_4=c_2\end{cases}$ （c_1,c_2 为任意常数）.

【例 3】 解线性方程组$\begin{cases}2x_1+x_2-x_3=1\\3x_1-2x_2+x_3=4\\x_1+4x_2-3x_3=7\\x_1+2x_2+x_3=4\end{cases}$.

解 输入系数矩阵与增广矩阵：

```
A = [2 1 -1;3 -2 1;1 4 -3;1 2 1]
A1 = [2 1 -1 1;3 -2 1 4;1 4 -3 7;1 2 1 4]
rank(A) = = rank(A1)      %'= ='表示逻辑判断.若'真',则结果为1;若'假',结果为0
```

输出结果：

```
A =
     2   1   -1
     3  -2    1
     1   4   -3
     1   2    1
A1 =
     2   1   -1   1
     3  -2    1   4
     1   4   -3   7
     1   2    1   4
ans =
      0
```

故原方程组无解.

【例 4】 用基础解系表示齐次线性方程组$\begin{cases}3x_1+4x_2-5x_3+7x_4+4x_5=0\\2x_1-3x_2+3x_3-2x_4+x_5=0\\4x_1+11x_2-13x_3+16x_4+5x_5=0\\7x_1-2x_2+x_3+3x_4+9x_5=0\end{cases}$的通解.

解 输入语句:

```
A = [3 4 -5 7 4;2 -3 3 -2 1;4 11 -13 16 5;7 -2 1 3 9]
y = null(A,'r')                  % y的列向量就是齐次线性方程组的基础解系
X = sym(y)                       %将y的列向量化成有理数
syms k1 k2                       %定义常数k1,k2(因为基础解系所含解为2个)
x = k1*X(:,1) + k2*X(:,2)        %写出方程组的通解
```

输出结果:

```
A =
     3    4    -5    7    4
     2   -3     3    2    1
     4   11   -13   16    5
     7   -2     1    3    9
y =
     0.1765   -0.7647
     1.1176   -1.1765
     1.0000         0
          0    1.0000
          0         0
X =
     [3/17,-13/17]
     [19/17,-20/17]
     [    1,    0]
     [    0,    1]
     [    0,    0]
x =
     [ 3/17*k1-13/17*k2]
     [19/17*k1-20/17*k2]
     [               k1]
     [               k2]
     [                0]
```

其基础解系为：$\xi_1=\begin{pmatrix}3/17\\19/17\\1\\0\\0\end{pmatrix}$，$\xi_2=\begin{pmatrix}13/17\\-20/17\\0\\1\\0\end{pmatrix}$.

故方程组的通解为：$k_1\xi_1+k_2\xi_2=\begin{pmatrix}3/17k_1-13/17k_2\\19/17k_1-20/17k_2\\k_1\\k_2\\0\end{pmatrix}$（$k_1,k_2$ 为任意常数）.

【例 5】 利用克拉默法则求解线性方程组$\begin{cases}x_1-x_2-x_3=2\\2x_1-x_2-3x_3=1\\3x_1+2x_2-5x_3=0\end{cases}$.

解 输入语句：

```
A=[1 -1 -1;2 -1 -3;3 2 -5];      %系数矩阵
b=[2;1;0];   %常数项向量
A1=A;        %将A赋值给A1
A1(:,1)=b;   %A1的第1列元素替换为向量b
A2=A;        %将A赋值给A2
A2(:,2)=b;   %A2的第2列元素替换为向量b
A3=A;        %将A赋值给A3
A3(:,3)=b;   %A3的第3列元素替换为向量b
D=det(sym(A));      %将矩阵A转换为符号矩阵,再计算系数行列式
x1=det(sym(A1))/D,x2=det(sym(A2))/D,x3=det(sym(A3))/D   %利用克拉默法则求解
```

输出结果：

```
x1 = 5
x2 = 0
x3 = 3
```

【例 6】 设齐次线性方程组$\begin{cases}ax_1+x_4=0\\x_1+2x_2-x_4=0\\(a+2)x_1-x_2+4x_4=0\\2x_1+x_2+3x_3+ax_4=0\end{cases}$有非零解，求 a 的值.

解 输入语句：

```
syms a;  %声明符号变量
A=[a 0 0 1;1 2 0 -1;a+2 -1 0 4;2 1 3 a];
eqn=det(A)  %计算系数行列式,结果为包含a的表达式
a=solve(eqn==0,a)   %行列式表达式的值为0,用solve命令求解方程
```

输出结果：

```
eq = 15-15*a
a=1
```

根据程序运行结果知，当 $a=1$ 时，系数行列式为 0，齐次线性方程组有非零解.

实验六　矩阵的特征值与特征向量及二次型

一、实验目的

（1）掌握求矩阵的特征值与特征向量的方法；

（2）掌握化二次型为标准形的方法.

二、实验内容与方法

（一）求矩阵的特征值与特征向量的语句

```
d = eig(A)          % 将 A 的特征值以列向量形式表示出来
[V,D] = eig(A)      % 相当于 V^-1 AV = D,D 为对角矩阵,D 的主对角线上的元素是 A 的特征值,
                      V 的列向量就是对应的特征向量
p = ploy(A)         % 求出 A 的特征多项式的系数
```

（二）将实二次型化成标准形的语句

（1）由于实二次型对应的矩阵是实对称矩阵，则用语句 `[V,D] = eig(A)` 得到的矩阵 **V** 必是正交矩阵；

（2）用正交变换化实二次型为标准形，可通过矩阵的对角化来实现.

【例 1】 求 4 阶矩阵 $\begin{pmatrix} 1 & -1 & 2 & -1 \\ -1 & 1 & 3 & -2 \\ 2 & 3 & 1 & 0 \\ -1 & -2 & 0 & 1 \end{pmatrix}$ 的特征值与特征向量.

解　输入语句：

```
A = [1 -1 2 -1;-1 1 3 -2;2 3 1 0;-1 -2 0 1]
d = eig(A)          % 求 A 的特征值
[V,D] = eig(A)      % V 的列向量就是 A 的对应与各特征值的特征向量
```

输出结果：

```
A =
     1  -1   2  -1
    -1   1   3  -2
     2   3   1   0
    -1  -2   0   1
d =
    1.9420
    0.9416
    4.8430
   -3.7266
```

```
V =
     0.8328  -0.2042   0.2647  -0.4412
    -0.4853   0.1266   0.6221  -0.6012
     0.2227   0.4886   0.6234   0.5683
     0.1462        0        0        0
          0   0.8388  -0.3927  -0.3477
D =
    1.9420        0        0        0
         0   0.9416        0        0
         0        0   4.8430        0
         0        0        0  -3.7266
```

根据上述运行结果知，**A** 的特征值是 1.9420，0.9416，4.8430，−3.7266；分别对应的特征向量是 **V** 的第 1，2，3，4 列.

【例 2】 化二次型 $f(x_1,x_2,x_3,x_4)=x_1^2+2x_1x_2+2x_1x_3+2x_1x_4+x_2^2-2x_2x_3-2x_2x_4+x_3^2-2x_3x_4+x_4^2$ 为标准形.

解 $\boldsymbol{A}=\begin{pmatrix}1 & 1 & 1 & 1\\1 & 1 & -1 & -1\\1 & -1 & 1 & -1\\1 & -1 & -1 & 1\end{pmatrix}$.

输入语句：

```
A = [1 1 1 1;1 1 -1 -1;1 -1 1 -1;1 -1 -1 1]
d = eig(A)
[V,D] = eig(A)
V1 = V*V'              % 验证 V 是否是正交矩阵
```

输出结果：

```
A =
     1   1   1   1
     1   1  -1  -1
     1  -1   1  -1
     1  -1  -1   1
d =
    2.0000
    2.0000
    2.0000
   -2.0000
V =
    -0.5000   0.2113   0.2887   0.7887
     0.5000   0.7887  -0.2887   0.2113
     0.5000  -0.5774  -0.2887   0.5774
     0.5000        0   0.8660        0
D =
    -2.0000        0        0        0
          0   2.0000        0        0
          0        0   2.0000        0
          0        0        0   2.0000
```

```
V1 =
     1.0000    0.0000    0.0000   -0.0000
     0.0000    1.0000   -0.0000    0.0000
     0.0000   -0.0000    1.0000    0.0000
    -0.0000    0.0000    0.0000    1.0000
```

其标准形为 $f=-2y_1^2+2y_2^2+2y_3^2+2y_4^2$.

正交变换为$\begin{cases} x=-0.5y_1+0.2113y_2+0.2887y_3+0.7887y_4 \\ x=\ \ 0.5y_1+0.7887y_2-0.2887y_3+0.2113y_4 \\ x=\ \ 0.5y_1-0.5774y_2-0.2887y_3+0.5774y_4 \\ x=\ \ 0.5y_1 \qquad\qquad\quad +0.866y_3 \end{cases}$.

【例 3】 求矩阵 $\boldsymbol{A}=\begin{pmatrix}-1 & 1 & 0\\ -4 & 3 & 0\\ 1 & 0 & 2\end{pmatrix}$的特征值和特征向量.

解 输入语句：

```
A = [-1 1 0;-4 3 0;1 0 2];      % 输入矩阵 A
SA = sym(A);          % 将数值矩阵 A 转化为符号矩阵 SA
[V,D] = eig(SA)       % 求 SA 的特征值和特征向量,其中 D
                      为特征值构成的对角阵,V 为特征值所对应的特征向量
```

输出结果：

```
V =
     0  -1
     0  -2
     1   1
D =
     2   0   0
     0   1   0
     0   0   1
```

实验七　线性空间与线性变换

一、实验目的

（1）掌握求过渡矩阵以及线性变换在两组基下的过渡矩阵的方法；

（2）通过本次实验加强对线性空间、基、坐标、两组基之间的过渡矩阵、线性变换在基下矩阵等概念的理解.

二、实验内容与方法

线性空间与线性变换常用的语句如下.

（一）求 n 维向量在基下的坐标常用的语句

（1）输入基 $\boldsymbol{\varepsilon}_1,\boldsymbol{\varepsilon}_1,\cdots,\boldsymbol{\varepsilon}_n$ 与向量 $\boldsymbol{\alpha}$；

（2）设矩阵 $\boldsymbol{A}=(\boldsymbol{\varepsilon}_1\quad\boldsymbol{\varepsilon}_2\quad\cdots\quad\boldsymbol{\varepsilon}_n)$，则向量 $\boldsymbol{\alpha}$ 在基 $\boldsymbol{\varepsilon}_1,\boldsymbol{\varepsilon}_1,\cdots,\boldsymbol{\varepsilon}_n$ 下的坐标为 $\boldsymbol{A}^{-1}\boldsymbol{\alpha}$，语句为：`inv(A)*a`.

（二）求过渡矩阵的语句

（1）输入线性空间 $\mathbf{R}^n$ 的两组基：$\boldsymbol{\varepsilon}_1,\boldsymbol{\varepsilon}_1,\cdots,\boldsymbol{\varepsilon}_n$ 与 $\boldsymbol{\alpha}_1,\boldsymbol{\alpha}_1,\cdots,\boldsymbol{\alpha}_n$；

（2）设 $\boldsymbol{A}=(\boldsymbol{\varepsilon}_1\quad\boldsymbol{\varepsilon}_2\quad\cdots\quad\boldsymbol{\varepsilon}_n)$，$\boldsymbol{B}=(\boldsymbol{\alpha}_1\quad\boldsymbol{\alpha}_2\quad\cdots\quad\boldsymbol{\alpha}_n)$，则由基 $\boldsymbol{\varepsilon}_1,\boldsymbol{\varepsilon}_1,\cdots,\boldsymbol{\varepsilon}_n$ 到基 $\boldsymbol{\alpha}_1,\boldsymbol{\alpha}_1,\cdots,\boldsymbol{\alpha}_n$ 的过渡矩阵为 $\boldsymbol{A}^{-1}\boldsymbol{B}$，语句为：`inv(A)*B`.

（三）求线性变换 $\boldsymbol{\sigma}$ 在两组基下矩阵的语句

（1）求线性变换 σ 在基 $\boldsymbol{\varepsilon}_1,\boldsymbol{\varepsilon}_1,\cdots,\boldsymbol{\varepsilon}_n$ 下矩阵的语句：

① 输入线性空间 $\mathbf{R}^n$ 的一组基 $\boldsymbol{\varepsilon}_1,\boldsymbol{\varepsilon}_1,\cdots,\boldsymbol{\varepsilon}_n$；

② 输入线性变换 $\boldsymbol{B}=(\sigma\boldsymbol{\varepsilon}_1\quad\sigma\boldsymbol{\varepsilon}_2\quad\cdots\quad\sigma\boldsymbol{\varepsilon}_n)$；

③ 设 $\boldsymbol{A}=(\boldsymbol{\varepsilon}_1\quad\boldsymbol{\varepsilon}_2\quad\cdots\quad\boldsymbol{\varepsilon}_n)$，则线性变换 σ 在基 $\boldsymbol{\varepsilon}_1,\boldsymbol{\varepsilon}_1,\cdots,\boldsymbol{\varepsilon}_n$ 下的矩阵为 $\boldsymbol{A}^{-1}\boldsymbol{B}$，语句为：`inv(A)*B`.

（2）设线性空间 V 的两组基 $\boldsymbol{\varepsilon}_1,\boldsymbol{\varepsilon}_1,\cdots,\boldsymbol{\varepsilon}_n$ 为 $\boldsymbol{\alpha}_1,\boldsymbol{\alpha}_1,\cdots,\boldsymbol{\alpha}_n$，由基 $\boldsymbol{\varepsilon}_1,\boldsymbol{\varepsilon}_1,\cdots,\boldsymbol{\varepsilon}_n$ 到基 $\boldsymbol{\alpha}_1,\boldsymbol{\alpha}_1,\cdots,\boldsymbol{\alpha}_n$ 的过渡矩阵为 $\boldsymbol{X}$，线性变换 σ 在基 $\boldsymbol{\varepsilon}_1,\boldsymbol{\varepsilon}_1,\cdots,\boldsymbol{\varepsilon}_n$ 下的矩阵为 $\boldsymbol{A}$，则 σ 在基 $\boldsymbol{\alpha}_1,\boldsymbol{\alpha}_1,\cdots,\boldsymbol{\alpha}_n$ 下的矩阵为 $\boldsymbol{X}^{-1}\boldsymbol{A}\boldsymbol{X}$，其求解步骤为：

① 输入过渡矩阵 $\boldsymbol{X}$；

② 输入线性变换 σ 在基 $\boldsymbol{\varepsilon}_1,\boldsymbol{\varepsilon}_1,\cdots,\boldsymbol{\varepsilon}_n$ 下的矩阵 $\boldsymbol{A}$；

③ 计算 $\boldsymbol{X}^{-1}\boldsymbol{A}\boldsymbol{X}$，语句为：`inv(X)*A*X`.

【例 1】 设线性空间 $\mathbf{R}^4$ 的一组向量 $\boldsymbol{\alpha}_1=\begin{pmatrix}2\\1\\-1\\2\end{pmatrix},\boldsymbol{\alpha}_2=\begin{pmatrix}0\\3\\1\\0\end{pmatrix},\boldsymbol{\alpha}_3=\begin{pmatrix}5\\3\\2\\1\end{pmatrix},\boldsymbol{\alpha}_4=\begin{pmatrix}6\\6\\1\\3\end{pmatrix},\boldsymbol{\alpha}=\begin{pmatrix}1\\0\\-1\\0\end{pmatrix}$，

（1）证明 $\boldsymbol{\alpha}_1,\boldsymbol{\alpha}_2,\boldsymbol{\alpha}_3,\boldsymbol{\alpha}_4$ 是 $\mathbf{R}^4$ 的一组基；

（2）求向量 $\boldsymbol{\alpha}$ 在基 $\boldsymbol{\alpha}_1,\boldsymbol{\alpha}_2,\boldsymbol{\alpha}_3,\boldsymbol{\alpha}_4$ 下的坐标.

解 输入语句：

```
a1 = [2 1 -1 1],a2 = [0 3 1 0],a3 = [5 3 2 1],a4 = [6 6 1 3],a = [1 0 -1 0]
A1 = [a1' a2' a3' a4']
A2 = [A1 a']
B1 = det(A1)
B = rref(A2)
sym(B)
```

输出结果：

```
a1 =
      2  1  -1  1
a2 =
      0  3  1  0
```

```
a3 =
      5   3   2   1
a4 =
      6   6   1   3
a =
      1   0  -1   0
A1 =
       2    0    5    6
       1    3    3    6
      -1    1    2    1
       1    0    1    3
A2 =
       2    0    5    6    1
       1    3    3    6    0
      -1    1    2    1   -1
       1    0    1    3    0
B1 =
      27
B =
      1.0000       0          0          0       1.4444
         0      1.0000        0          0       0.3704
         0         0       1.0000        0       0.3333
         0         0          0       1.0000    -0.5926
ans =
      [ 1, 0, 0, 0, 13/9]
      [ 0, 1, 0, 0, 10/27]
      [ 0, 0, 1, 0, 1/3]
      [ 0, 0, 0, 1, -16/27]
```

$\boldsymbol{A}_1$ 的行列式不为零，故 $\boldsymbol{\alpha}_1,\boldsymbol{\alpha}_2,\boldsymbol{\alpha}_3,\boldsymbol{\alpha}_4$ 是 $\mathbf{R}^4$ 的一组基．向量 $\boldsymbol{\alpha}$ 在基 $\boldsymbol{\alpha}_1,\boldsymbol{\alpha}_2,\boldsymbol{\alpha}_3,\boldsymbol{\alpha}_4$ 下的坐标为(13/9,10/27,1/3,−16/27)．

【例 2】 设线性空间 $\mathbf{R}^4$ 的两组基 $\boldsymbol{\alpha}_1=\begin{pmatrix}1\\2\\-1\\0\end{pmatrix},\boldsymbol{\alpha}_2=\begin{pmatrix}1\\-1\\1\\1\end{pmatrix},\boldsymbol{\alpha}_3=\begin{pmatrix}-1\\2\\1\\1\end{pmatrix},\boldsymbol{\alpha}_4=\begin{pmatrix}-1\\-1\\0\\1\end{pmatrix}$；$\boldsymbol{\varepsilon}_1=\begin{pmatrix}2\\1\\0\\1\end{pmatrix},\boldsymbol{\varepsilon}_2=\begin{pmatrix}0\\1\\2\\2\end{pmatrix},\boldsymbol{\varepsilon}_3=\begin{pmatrix}-2\\1\\1\\2\end{pmatrix},\boldsymbol{\varepsilon}_4=\begin{pmatrix}1\\3\\1\\2\end{pmatrix}$，求由基 $\boldsymbol{\alpha}_1,\boldsymbol{\alpha}_2,\boldsymbol{\alpha}_3,\boldsymbol{\alpha}_4$ 到基 $\boldsymbol{\varepsilon}_1,\boldsymbol{\varepsilon}_2,\boldsymbol{\varepsilon}_3,\boldsymbol{\varepsilon}_4$ 的过渡矩阵．

解　输入语句：

```
b1 = [1 2 -1 0],b2 = [1 -1 1 1],b3 = [-1 2 1 1],b4 = [-1 -1 0 1]
c1 = [2 1 0 1],c2 = [0 1 2 2],c3 = [-2 1 1 2],c4 = [1 3 1 2]
B = [b1' b2' b3' b4']              % 以 b1,b2,b3,b4为列向量作矩阵 B
C = [c1' c2' c3' c4']              % 以 c1,c2,c3,c4为列向量作矩阵 C
B1 = inv(B)*C
```

输出结果：

```
b1 =
    1  2  -1  0
b2 =
    1  -1  1  1
b3 =
    -1  2  1  1
b4 =
    -1  -1  0  1
c1 =
    2  1  0  1
c2 =
    0  1  2  2
c3 =
    -2  1  1  2
c4 =
    1  3  1  2
B =
     1   1  -1  -1
     2  -1   2  -1
    -1   1   1   0
     0   1   1   1
C =
    2  0  -2  1
    1  1   1  3
    0  2   1  1
    1  2   2  2
B1 =
    1.0000    0.0000    1.0000    1.0000
    1.0000    1.0000    0.0000    1.0000
         0    1.0000    1.0000    1.0000
         0    0.0000    1.0000    0.0000
```

则由基 $\boldsymbol{\alpha}_1,\boldsymbol{\alpha}_2,\boldsymbol{\alpha}_3,\boldsymbol{\alpha}_4$ 到基 $\boldsymbol{\varepsilon}_1,\boldsymbol{\varepsilon}_2,\boldsymbol{\varepsilon}_3,\boldsymbol{\varepsilon}_4$ 的过渡矩阵为 $\begin{pmatrix}1&0&0&1\\1&1&0&1\\0&1&1&1\\0&0&1&0\end{pmatrix}$.

【例 3】 设 $\boldsymbol{\varepsilon}_1,\boldsymbol{\varepsilon}_2,\boldsymbol{\varepsilon}_3,\boldsymbol{\varepsilon}_4$ 是四维线性空间 V 的一组基，线性变换 σ 在这组基下的矩阵为 $\begin{pmatrix}1&1&1&1\\1&1&-1&-1\\1&-1&1&-1\\1&-1&-1&1\end{pmatrix}$，求 σ 在基 $\begin{cases}\boldsymbol{\alpha}_1=3\boldsymbol{\varepsilon}_1-\boldsymbol{\varepsilon}_2+2\boldsymbol{\varepsilon}_3+\boldsymbol{\varepsilon}_4\\\boldsymbol{\alpha}_2=\boldsymbol{\varepsilon}_1+2\boldsymbol{\varepsilon}_2+\boldsymbol{\varepsilon}_3-3\boldsymbol{\varepsilon}_4\\\boldsymbol{\alpha}_3=\boldsymbol{\varepsilon}_3\\\boldsymbol{\alpha}_4=\boldsymbol{\varepsilon}_4\end{cases}$ 下的矩阵.

解　输入语句：

```
A=[1 1 1 1;1 1 -1 -1;1 -1 1 -1;1 -1 -1 1]
X=[3 -1 2 1;1 2 1 -3;0 0 1 0;0 0 0 1]
B=inv(X)*A*X
sym(B)
```

输出结果：

```
A =
    1  1  1  1
    1  1  -1  -1
    1  -1  1  -1
    1  -1  -1  1
X =
    3  -1  2  1
    1  2  1  -3
    0  0  1  0
    0  0  0  1
B =
    0.5714   2.1429        0      -2.1429
    3.7143  -3.5714        0       5.5714
    2.0000  -3.0000   2.0000      3.0000
    2.0000  -3.0000        0       5.0000
ans =
    [  4/7,     15/7,  0,  -15/7]
    [  26/7,    -25/7,  0,   39/7]
    [  2,  -3,  2,  3]
    [  2,  -3,  0,  5]
```

得线性变换 σ 在基 $\boldsymbol{\alpha}_1,\boldsymbol{\alpha}_2,\boldsymbol{\alpha}_3,\boldsymbol{\alpha}_4$ 下的矩阵为 $\boldsymbol{B}=\begin{pmatrix}4/7 & 15/7 & 0 & -15/7\\ 26/7 & -25/7 & 0 & 39/7\\ 2 & -3 & 2 & 3\\ 2 & -3 & 0 & 5\end{pmatrix}$.

【例 4】 设 $\boldsymbol{A}=\begin{pmatrix}0 & -1 & 1\\ -1 & 0 & 1\\ 1 & 1 & 0\end{pmatrix}$，求一个正交矩阵 $\boldsymbol{P}$，使 $\boldsymbol{P}^{-1}\boldsymbol{A}\boldsymbol{P}=\boldsymbol{\Lambda}$ 为对角阵.

解 首先自定义一个名为 MySMT 的函数，将列向量组进行施密特正交化.

```
function[B] = MySMT(A)
%输入:A为列向量组所构成的矩阵,A=[a1,a2,a3,...,an]
%输出:B为施密特正交化之后的向量组所构成的矩阵,B=[b1,b2,b3,...,bn]
n=size(A,2);  %返回列向量组中向量个数
B(:,1)=A(:,1)/norm(A(:,1));        %将a1标准化后赋值给b1
for i=2:n
  ai=A(:,i);
  bi=ai;
  for j=1:i-1
    bi=bi-dot(ai,B(:,j))/norm(B(:,j))^2*B(:,j);
                              %施密特正交化,计算bi,dot(a,b)表示向量a和b的内积
  end
  B(:,i)=bi/norm(bi); %将bi标准化
end
end
```

输入语句：

```
A=[0 -1 1;-1 0 1;1 1 0];
[S,D]=eig(sym(A));          % 求特征向量和特征值
P=MySMT(S)                  % 将特征向量施密特正交化
P'*A*P,inv(P)*A*P           % 验证
```

输出结果：

```
P =
[-3^(1/2)/3,-2^(1/2)/2,(2^(1/2)*3^(1/2))/6]
[-3^(1/2)/3,2^(1/2)/2,(2^(1/2)*3^(1/2))/6]
[3^(1/2)/3,          0,(2^(1/2)*3^(1/2))/3]
ans =
[-2,0,0]
[0,1,0]
[0,0,1]
ans =
[-2,0,0]
[0,1,0]
[0,0,1]
```

实验八　欧几里得空间

一、实验目的

（1）通过本次实验加强对欧几里得空间、标准正交基、正交变换与对称变换等概念的理解；

（2）掌握求向量的内积、长度、夹角等的命令；

（3）掌握求度量矩阵的方法和将向量空间的基化成标准正交基的方法.

二、实验内容与方法

（一）求向量的内积、长度、夹角等语句

1. 向量的内积

```
dot(a,b)                              % 求向量 a,b 的内积
```

2. 向量的长度

```
sqrt(dot(a,a))(或 sqrt(sum(a.*a)))    % 求向量 a 的长度
```

3. 向量的夹角

```
c4=c3/c1*c2                           % 求向量 a,b 夹角的余弦
alpha=acos(c4)                        % 求向量 a,b 的夹角
```

4. 向量的距离

```
c= sqrt(dot(a-b,a-b))                 % 求向量 a 与向量 b 的距离
```

(二) 已知欧氏空间 V 的一组基 $\boldsymbol{\alpha}_1,\boldsymbol{\alpha}_2,\cdots,\boldsymbol{\alpha}_n$，将它们化成 V 的一组正交规范基的语句

输入矩阵 $\boldsymbol{A}=(\boldsymbol{\alpha}_1,\boldsymbol{\alpha}_2,\cdots,\boldsymbol{\alpha}_n)$，$\boldsymbol{P}$ 的列向量组由 $\boldsymbol{A}$ 的列向量组正交规范化得到：

```
P = orth(A)
```

【例 1】 设向量 $\boldsymbol{\alpha}=(1,-2,3,7,0,9,1,6)^{\mathrm{T}}$，$\boldsymbol{\beta}=(9,3,-7,10,2,1,-3,-6)^{\mathrm{T}}$，求 $\boldsymbol{\alpha},\boldsymbol{\beta}$ 的内积、长度、夹角与距离 $d(\boldsymbol{\alpha},\boldsymbol{\beta})=|\boldsymbol{\alpha}-\boldsymbol{\beta}|$.

解 输入语句：

```
a = [1 -2 3 7 0 9 1 6]
b = [9 3 -7 10 2 1 -3 -6]
c1 = dot(a,b)
c2 = sqrt(dot(a,a))
c3 = sqrt(dot(b,b))
c4 = c1/(c2 * c3)
aipha = acos(c4)
c5 = sqrt(dot(a-b,a-b))
```

输出结果：

```
a =
    1  -2  3   7   0   9   1   6
b =
    9   3  -7  10   2   1  -3  -6
c1 =
    22
c2 =
    13.4536
c3 =
    17
c4 =
    0.0962
aipha =
    1.4745   %弧度
c5 =
    20.6398
```

【例 2】 设 P^6 上的一组基为 $\boldsymbol{\alpha}_1=(1,1,0,0,1,1)$，$\boldsymbol{\alpha}_2=(2,1,3,-1,0,5)$，$\boldsymbol{\alpha}_3=(1,1,0,0,0,7)$，$\boldsymbol{\alpha}_4=(0,0,-1,-1,1,3)$，$\boldsymbol{\alpha}_5=(1,2,3,-1,-1,9)$，$\boldsymbol{\alpha}_6=(3,1,-9,7,-5,1)$，将其化成一组标准正交基.

解 输入语句：

```
a1 = [1 1 0 0 1 1]
a2 = [2 1 3 -1 0 5]
a3 = [1 1 0 0 0 7]
a4 = [0 0 -1 -1 1 3]
a5 = [1 2 3 -1 -1 9]
a6 = [3 1 -9 7 -5 1]
A = [a1' a2' a3' a4' a5' a6']
B = orth(A)
```

输出结果：

```
a1 =
    1  1  0  0  1  1
a2 =
    2  1  3  -1  0  5
a3 =
    1  1  0  0  0  7
a4 =
    0  0  -1  -1  1  3
a5 =
    1  2  3  -1  -1  9
a6 =
    3  1  -9  7  -5  1
A =
    1   2   1   0   1   3
    1   1   1   0   2   1
    0   3   0  -1   3  -9
    0  -1   0  -1  -1   7
    1   0   0   1  -1  -5
    1   5   7   3   9   1
B =
   -0.0344  -0.2803   0.3201   0.7686  -0.4443   0.1719
   -0.1192  -0.1606   0.1846   0.2560   0.8392   0.3951
   -0.5283   0.5109   0.6198  -0.0217   0.0217  -0.2734
    0.3305  -0.4290   0.2985   0.0394   0.2391  -0.7476
   -0.1456   0.3509  -0.5791   0.5646   0.1925  -0.4056
   -0.7583  -0.5723  -0.2341  -0.1511  -0.0597  -0.1274
```

得 $\boldsymbol{B}$ 的列向量组就是 P^6 的一组标准正交基.

【例 3】 设 $\boldsymbol{A}=\begin{pmatrix} 1 & -1 & 1 & -2 & 2 \\ -1 & 2 & 3 & 1 & 1 \\ 1 & 3 & 20 & 8 & 1 \\ -2 & 1 & 8 & 88 & 6 \\ 2 & 1 & 1 & 6 & 399 \end{pmatrix}$.

（1）验证 $\boldsymbol{A}$ 是正定矩阵；

（2）$\forall \boldsymbol{\alpha}=(x_1,x_2,x_3,x_4,x_5)$，$\boldsymbol{\beta}=(y_1,y_2,y_3,y_4,y_5)\in\mathbf{R}^5$，定义内积为$(\boldsymbol{\alpha},\boldsymbol{\beta})=\boldsymbol{\alpha}\boldsymbol{A}\boldsymbol{\beta}^{\mathrm{T}}$，则在这个定义之下 $\mathbf{R}^5$ 成一个欧氏空间. 求向量组 $\boldsymbol{\alpha}_1=(1,1,1,1,1)$，$\boldsymbol{\alpha}_2=(1,1,1,1,0)$，$\boldsymbol{\alpha}_3=(1,1,1,0,0)$，$\boldsymbol{\alpha}_4=(1,1,0,0,0)$，$\boldsymbol{\alpha}_5=(1,0,0,0,0)$的度量矩阵.

解　（1）输入语句：

```
A = [1 -1 1 -2 2;-1 2 3 1 1;1 3 20 8 1;-2 1 8 88 6;2 1 1 6 399]
a2 = det(A([1,2],[1,2]))                   %计算 A 的2阶顺序主子式
a3 = det(A([1,2,3],[1,2,3]))               %计算 A 的3阶顺序主子式
a4 = det(A([1,2,3,4],[1,2,3,4]))           %计算 A 的4阶顺序主子式
a5 = det(A)                                %计算 A 的5阶顺序主子式
```

输出结果：

```
A =
     1   -1    1   -2    2
    -1    2    3    1    1
     1    3   20    8    1
    -2    1    8   88    6
     2    1    1    6  399
a2 =
        1
a3 =
        3
a4 =
        53
a5 =
        1192
```

由于 **A** 的各阶顺序主子式均大于 0，所以 **A** 为正定矩阵.

（2）以 $\boldsymbol{\alpha}_1,\boldsymbol{\alpha}_2,\boldsymbol{\alpha}_3,\boldsymbol{\alpha}_4,\boldsymbol{\alpha}_5$ 为行向量构造矩阵 **B**，输入语句：

```
B = [1 1 1 1 1;1 1 1 1 0;1 1 1 0 0;1 1 0 0 0;1 0 0 0 0]
C = B*A*B'                                % 求度量矩阵
```

输出结果：

```
B =
    1  1  1  1  1
    1  1  1  1  0
    1  1  1  0  0
    1  1  0  0  0
    1  0  0  0  0
C =
    550  141   40   7   1
    141  131   36   4  -1
     40   36   29   5   1
      7    4    5   1   0
      1   -1    1   0   1
```

故 **C** 为基 $\boldsymbol{\alpha}_1,\boldsymbol{\alpha}_2,\boldsymbol{\alpha}_3,\boldsymbol{\alpha}_4,\boldsymbol{\alpha}_5$ 的度量矩阵.

【例 4】 求一个正交变换 $\boldsymbol{x}=\boldsymbol{P}\boldsymbol{y}$，把二次型 $f=x_1^2+2x_2^2+2x_1x_2+4x_1x_3+2x_2x_3$ 化为标准形.

解 输入语句：

```
A = [1 1 2;1 2 1;2 1 0];       % 输入二次型 f 的矩阵
[V,D] = eig(sym(A));           % 将 A 转为符号矩阵,并求特征值和特征向量
P = MySMT(V)                   % 进行施密特正交化,MySMT 函数见本章实验七
syms x1 x2 x3 X y1 y2 y3;
X = P * [y1;y2;y3];                  % 求变换关系
x1 = X(1),x2 = X(2),x3 = X(3)        % 显示变换关系
f = [y1,y2,y3] * D * [y1;y2;y3]      % 求 f 的标准形
```

输出结果：

```
P =
[6^(1/2)/6,3^(1/2)/3,-2^(1/2)/2]
[-6^(1/2)/3,3^(1/2)/3,          0]
[6^(1/2)/6,3^(1/2)/3,2^(1/2)/2]
x1 =
(3^(1/2)*y2)/3-(2^(1/2) * y3)/2 + (6^(1/2) * y1)/6
x2 =
(3^(1/2) * y2)/3-(6^(1/2) * y1)/3
x3 =
(2^(1/2) * y3)/2 + (3^(1/2) * y2)/3 + (6^(1/2) * y1)/6
f =
y1^2 + 4 * y2^2-y3^2
```

【例 5】 设 $\boldsymbol{\alpha}_1=\begin{pmatrix}1\\2\\-1\end{pmatrix},\boldsymbol{\alpha}_2=\begin{pmatrix}-1\\3\\1\end{pmatrix},\boldsymbol{\alpha}_3=\begin{pmatrix}4\\-1\\0\end{pmatrix}$，试用施密特正交化将其标准正交化.

解　输入语句：

```
a1 = [1;2;-1];
a2 = [-1;3;1];
a3 = [4;-1;0];
A = [a1,a2,a3];
B = MySMT(sym(A))      % 将矩阵 A 转化为符号矩阵,再进行施密特正交化
```

输出结果：

```
B =
[6^(1/2)/6,-3^(1/2)/3,8^(1/2)/4]
[6^(1/2)/3, 3^(1/2)/3,         0]
[-6^(1/2)/6,3^(1/2)/3,8^(1/2)/4]
```

参考文献

[1] 北京大学数学系前代数小组．高等代数[M]．5版．北京：高等教育出版社，2019.
[2] 丘维声．高等代数[M]．2版．北京：清华大学出版社，2019.
[3] 奥库涅夫．高等代数：上[M]．杨从仁，译．哈尔滨：哈尔滨工业大学出版社，2016.
[4] 奥库涅夫．高等代数：下[M]．杨从仁，译．哈尔滨：哈尔滨工业大学出版社，2016.
[5] 王文省，赵建立，于增海，等．高等代数[M]．济南：山东大学出版社，2004.
[6] 潘斌，于晶贤．线性代数及其应用[M]．北京：化学工业出版社，2020.